H. Rietschels Leitfaden der Heiz- und Lüftungstechnik

Zehnte, verbesserte Auflage

von

Prof. Dr.-Ing. **Heinrich Gröber**, VDI

Vorsteher der Versuchsanstalt für Heizungs- und Lüftungswesen
an der Technischen Hochschule, Berlin

Mit einem meteorologisch-klimatischen
und einem hygienischen Abschnitt
von

Dr. F. Bradtke, VDI

Oberassistent der Versuchsanstalt für Heizungs- und Lüftungswesen
an der Technischen Hochschule, Berlin

Mit 284 Textabbildungen
18 Zahlentafeln und den Hilfstafeln I—VII

Berlin
Verlag von Julius Springer
1934

ISBN-13: 978-3-642-89276-9 e-ISBN-13: 978-3-642-91132-3
DOI: 10.1007/978-3-642-91132-3

Softcover reprint of the hardcover 10th edition 1934

Vorwort.

Es erfüllt mich mit besonderer Freude, die zehnte Auflage des „Rietschel“ der Öffentlichkeit übergeben zu dürfen. Vier Jahrzehnte hindurch hat Rietschels Leitfaden dem deutschen Heizungswesen als Grundlage und Richtschnur gedient und einen wesentlichen Teil zu seinem Aufstieg beigetragen. Durch die vielen Übersetzungen in fremde Sprachen hat er auch das ausländische Heizungswesen weitgehend beeinflußt. Die Verantwortung, die darin liegt, ein solches Werk fortführen zu müssen, hat mich veranlaßt, den Entwicklungsgang des Buches durch die vielen Auflagen hindurch zu verfolgen.

Als Geheimrat Rietschel im Jahre 1893 seinen Leitfaden der Öffentlichkeit übergab, bezeichnete er ihn als „ein für den unmittelbaren Gebrauch der Praxis bestimmtes Werk“. Er dachte nicht an ein Lehrbuch, das auch für Anfänger bestimmt sein sollte, sondern er wandte sich an den Kreis der ausführenden Ingenieure, also an Fachleute, die bereits persönliche Erfahrung auf ihrem Gebiete besitzen.

Das Ziel, das Rietschel mit der ersten Auflage seines Leitfadens im Auge hatte, deckt sich weitgehend mit demjenigen, das einige Jahrzehnte später der Verband der Centralheizungs-Industrie mit seinen „Regeln“ verfolgte. Das geht schon daraus hervor, daß die Anregung zu dem Buch von dem damaligen Minister der öffentlichen Arbeiten ausging. Die Verhältnisse zu jener Zeit verlangten nämlich dringend eine größere Ordnung im Angebotswesen, und dazu mußten einheitliche Unterlagen für die Verhandlungen zwischen Architekt und Heizungsfachmann geschaffen werden. Auch innerhalb des Kreises der Heizungsfachleute selbst war eine größere Vereinheitlichung in den Anschauungs- und Arbeitsmethoden notwendig, weil damals noch das Fach im wesentlichen auf der persönlichen Erfahrung einzelner Praktiker ruhte.

Rietschel stellte sich also die Aufgabe, das ganze Heizungsfach zu gleichgerichteten Anschauungen zu erziehen und das Wissen und Können seiner Fachgenossen auf eine festere Grundlage zu stellen. In diesem Sinne hat er den schönen Satz geprägt: „Wissenschaftliche Behandlung allein gibt die Gewähr, daß man sich auf hellen Pfaden bewegt, und daß der Schritt, den man oft in der Praxis vom richtigen Wege tun muß, nicht zum Fehler wird.“

Im Verfolg dieser Erziehungsarbeit sah sich Rietschel veranlaßt, den Charakter des Buches mehr und mehr zu ändern, und schon im Vorwort zur dritten Auflage (1902) schrieb er, daß nunmehr das Buch auch als Lehrbuch zu betrachten sei.

Auch heute noch fallen dem Werk im wesentlichen zwei Aufgaben zu. Erstens soll es den Studierenden und den jungen Ingenieur — gleichgültig ob Fachschüler oder Hochschüler — mit den Grundlagen des Heizungs- und Lüftungswesens vertraut machen. Dieses Ziel hatte ich bei Abfassung der vorliegenden Auflage ganz besonders im Auge, doch hoffe ich, daß die allgemein gehaltenen, also lehrbuchmäßigen Teile das Interesse auch mancher älteren Fachgenossen finden.

In gleichem Maße war ich bemüht, auch der zweiten Aufgabe des „Rietschel“ gerecht zu werden, die ich darin sehe, die Einheitlichkeit und Einfachheit der Berechnungsverfahren zu erhalten, wenigstens soweit es sich um stets wiederkehrende Arbeiten handelt. Angesichts vieler Zeitschriftenaufsätze kann nicht scharf genug betont werden, daß die Berechnungsverfahren in unserem Gebiet nur drei Forderungen zu erfüllen haben: Sicherheit, Einfachheit und Einheitlichkeit. Es bedeutet einen schlechten Dienst an unserem Fach, wenn um einer angeblichen Erhöhung der Genauigkeit oder einer Steigerung der wissenschaftlichen Strenge willen Unruhe in die Fachkreise getragen wird, ohne daß ein ausreichender Gewinn dies rechtfertigen würde.

Wie bei jedem anderen technischen Buch lag auch hier die Aufgabe vor, den Leser mit den Fortschritten und technischen Neuerungen bekannt zu machen, jedoch war es notwendig, die Grenzen einzuhalten, die in dem Wesen eines Lehrbuches begründet sind. Es darf keine Neuerungen aufnehmen, die nicht ein Mindestmaß von Bewährung aufzuweisen haben, und es darf nicht Fragen entscheiden wollen, die heute noch im Kampf der Meinungen stehen. Die Erörterung solcher Fragen ist Sache der Zeitschriften.

Aus dieser Auffassung über die Ziele und Aufgaben des „Rietschel" ergab sich für mich die Notwendigkeit, bei der vorliegenden zehnten Auflage wieder eine Reihe von durchgreifenden Änderungen vorzunehmen, nachdem die neunte Auflage nur eine in Teilen ergänzte Überarbeitung der achten Auflage gewesen war.

Die Abschnitte über Warmwasserheizung und Niederdruckdampfheizung wurden durchgesehen und durch kleine Einfügungen ergänzt. Die Vakuumheizung, die in früheren Auflagen nur kurz erwähnt worden war, ist nun in ihren Grundzügen eingehend besprochen, vor allem mit dem Ziel, dem Anfänger einen Einblick in die physikalischen Zusammenhänge zu vermitteln, die hier etwas schwieriger sind als bei den anderen Dampfheizungen. Zum ersten Male erscheint in dieser Auflage die Warmwasserbereitung. Bei dem engen Zusammenhang dieses wichtigen Gebietes mit dem Heizungsfach hätte ein längeres Fehlen als ein offenkundiger Mangel des Buches angesehen werden müssen. Der Abschnitt über Fernheizung ist unter dem umfassenderen Titel „Fernverteilung der Wärme" und im sachlichen Zusammenhange mit den Abschnitten über Abwärmeverwertung und über Wärmespeicherung vollständig neu bearbeitet.

Der Abschnitt „Lüftung", der bei der letzten Auflage noch im wesentlichen unverändert aus den älteren Auflagen übernommen worden war, ist nunmehr vollständig neu. In erster Linie kam es darauf an, den Leser mit den physikalischen und hygienischen Grundlagen des Lüftungswesens vertraut zu machen, in zweiter Linie ihm die technische Anleitung zum Bau größerer künstlicher Lüftungsanlagen zu geben. Außerdem habe ich es für wichtig gehalten, die natürliche Lüftung wieder eingehender zu behandeln als dies in den letzten Auflagen geschehen war. Ich ging dabei von dem Gedanken aus, daß der Lüftungsingenieur sein Arbeitsfeld weiter fassen soll, als es vielfach geschieht. Er soll sich nicht darauf beschränken, nur große maschinelle Lüftungsanlagen bauen zu können, sondern er soll dem Architekten auch als Berater zur Seite stehen können, wenn es sich um Fragen der natürlichen Lüftung handelt. Nicht jedes Bauobjekt verträgt die finanzielle Belastung durch eine künstliche Lüftungsanlage, selbst wenn eine solche an sich wünschenswert wäre, und man ist dann gezwungen, mit natürlicher Lüftung das bestmögliche herauszuholen. Das ist aber nur zu erreichen bei verständnisvollem Eingehen auf die Gesetze der natürlichen Druckverteilung im Gebäude und auf die Bedingungen für natürlichen Luftwechsel. Zur Lösung solcher Fragen wird aber der Architekt zweckmäßigerweise den Lüftungsfachmann zu Rate ziehen, und deshalb sind alle diese Fragen in der vorliegenden Auflage eingehend behandelt.

Eine Neuerung in dieser Auflage stellt auch der Abschnitt über die meteorologisch-klimatischen Grundlagen der Heiz- und Lüftungstechnik dar, den mein

Oberassistent Dr. Bradtke übernommen hat. Darin werden Temperatur, Feuchtigkeit und Bewegung der Außenluft soweit behandelt, als es für die Berechnung und Überwachung der Anlagen notwendig oder von Nutzen ist.

Die Tabellen im Anhang und die Hilfstafeln I—VII wurden im wesentlichen in ihrem alten Umfang belassen, jedoch überarbeitet und neu geordnet.

Die Notwendigkeit, neue Abschnitte aufzunehmen, zwang auf der anderen Seite auch zu Kürzungen, sollte der Umfang des Buches und damit sein Preis nicht eine untragbare Höhe erreichen.

Vor allem habe ich die Besprechung all jener Fragen und Aufgaben gekürzt, die der Anfänger in der Praxis, also im Büro und vor allem auf der Baustelle, viel schneller und gründlicher lernt.

Sodann konnte ich diesmal auf den Abdruck der behördlichen Sicherheitsvorschriften, die vom Preußischen Ministerium für Handel und Gewerbe herausgegeben wurden, verzichten, denn wir dürfen hoffen, schon in der nächsten Zeit neue und für das ganze Reichsgebiet einheitlich geltende Bestimmungen zu erhalten.

In den Rahmen der Kürzungen fällt auch die gedrängtere Behandlung der hygienischen Grundlagen, die, um eine gewisse Einheitlichkeit in der Darstellung mit dem vorhergehenden meteorologisch-klimatischen Teil zu wahren, ebenfalls Dr. Bradtke bearbeitet hat. Wer tiefer in dieses Gebiet eindringen will und sich insbesondere für die medizinisch-wissenschaftliche Seite interessiert, muß auf den Abschnitt von Professor Dr. med. Bürgers, Königsberg, in der neunten Auflage verwiesen werden.

Zum Schlusse spreche ich meinem Assistenten Herrn Dipl.-Ing. Reichow meinen Dank und meine Anerkennung aus für seine eifrige und verständnisvolle Mitarbeit bei der Fertigstellung des Buches. Mit besonderer Freude danke ich meinem Oberassistenten Herrn Dr. Bradtke, der nicht nur die beiden erwähnten Abschnitte zur selbständigen Bearbeitung übernommen hat, sondern auch die Entwicklung des ganzen Buches durch seine Vorschläge in unseren gemeinsamen Beratungen ausschlaggebend gefördert hat.

Berlin, im Juli 1934.

Dr. Gröber.

Inhaltsverzeichnis.

Dritter Abschnitt. **Fernverteilung der Wärme.**

Vierter Abschnitt. **Die Warmwasserversorgung.**

Fünfter Abschnitt. **Lüftungsanlagen.**

Dritter Teil.

Zahlentafeln.

Einleitung.

Von den Heizanlagen unserer Wohn- und Arbeitsräume wird verlangt, daß sie auch bei tiefsten Außentemperaturen eine Innentemperatur von etwa 17—20 °C aufrechterhalten[1]. Die Heizeinrichtungen müssen also im Beharrungszustand dem Raum diejenige Wärme ersetzen, die er durch seine Begrenzungsflächen nach außen verliert. Die Größe dieser Wärmeverluste ist somit entscheidend für die Größe der Heizeinrichtungen und für die Höhe der Betriebskosten.

Zwei gänzlich verschiedene Vorgänge sind es, welche die Wärme aus dem Raum entführen. Der erste Vorgang ist der sogenannte Wärmedurchgang, welcher darin besteht, daß die Wärme vom Raum an die Innenfläche der Mauern, die Innenfläche der Glasscheiben usw. übertritt, diese dann bis zur Außenseite durchsetzt und von hier an die Außenluft übergeht, wobei bei dem letzteren Vorgang der Windanfall eine ausschlaggebende Rolle spielt. Die Wärme, welche auf diesem ersten Wege dem Raum verlorengeht, läßt sich mit genügender Genauigkeit berechnen. Über diesen eben geschilderten Vorgang lagert sich aber ein zweiter und leider völlig unkontrollierbarer Vorgang, indem durch die Undichtheiten der Umfassungswände warme Luft hinaus- und kalte Luft hereinströmt. Dieser Luftwechsel ist in außerordentlich hohem Maße vom Windanfall und von der Güte der Bauausführung abhängig. Es ist eine sehr häufige Erscheinung, daß Heizanlagen zwar bei den tiefsten Außentemperaturen vollständig ausreichen, solange Windstille herrscht, daß aber die Erwärmung der Räume schon bei +5 °C Außentemperatur völlig ungenügend ist, sobald sich starker Windanfall einstellt. In solchen Fällen liegt die Schuld meistens nicht an der Heizung, sondern an schlechter baulicher Ausführung des Gebäudes. In dieser Hinsicht können als Fehler des Gebäudes in Frage kommen: ungenügende Ausfüllung der Mörtelfugen mit Mörtel, schlechter Anschluß der Fensterstöcke an das Mauerwerk, undichte Falze an den Fensterflügeln, schlechte Dichtung der Rollädenkästen nach innen zu, ungenügendes Anpressen der Fenster durch die Schließvorrichtungen, so daß der Winddruck das Fenster nach innen zu etwas abheben kann u. a. m.

Die starke Abhängigkeit des Wärmebedarfes von der Güte der Bauausführung ist ein Umstand von solcher Wichtigkeit, daß ich ihn in diesem Lehrbuch mit Absicht an erste Stelle gesetzt habe[2].

---

[1] Hausen: Zur Messung der Lufttemperatur in geschlossenen Räumen. Gesundheits-Ing., Festnummer, Juli 1921.

[2] Schachner, R.: Gesundheitstechnik im Hausbau. München - Berlin: Oldenburg 1926. — Flügge, R.: Das warme Wohnhaus. Halle a. S.: Marhold 1926. — Scholtz, W.: Wärmewirtschaft im Siedlungsbau. Berlin: Lüdtke.

Erster Teil.

Beschreibung der Heiz- und Lüftungsanlagen.

Erster Abschnitt.

Örtliche Heizungen.

Der Begriff „örtliche Heizungen“ umfaßt Kachelofenheizung, Eisenofenheizung, Gasheizung und elektrische Heizung und bildet den Gegensatz zu dem Begriff „Zentralheizung“ mit den Systemen: Warmwasserheizung, Dampfheizung und Luftheizung einschließlich der gemischten Systeme.

I. Kachelöfen.

A. Allgemeines[1].

In den letzten Jahrzehnten hat der Kachelofen eine durchgreifende Umgestaltung erfahren. Schon äußerlich fällt die veränderte Form der Öfen auf, wie das Abb. 1 und 2 zeigt. Sehr schädlich waren bei den alten Öfen die vorspringenden Gesimse, welche ein Stauen und Abschneiden der darunter befindlichen Luftschichten bewirkten und so Teile der Kachelwand von der Wärmeabgabe an den Raum fast ausschalteten. Ferner war es verfehlt, die Öfen auf Sockel zu stellen, welche bis an die Wand reichen. Heute werden die Öfen ohne Gesimse ausgeführt. Die Rückseite ist vollständig glatt und muß 15—20 cm von der Wand abstehen. Die Öfen werden auf Füße gesetzt, um auch die untere Fläche als Heizfläche ausnutzen zu können. Damit eine bessere Erwärmung des Zimmers in der Nähe des Fußbodens erzielt wird, werden ferner die Öfen auch nicht mehr in schmaler und hoher Form, sondern in niederer und breiter Form ausgeführt.

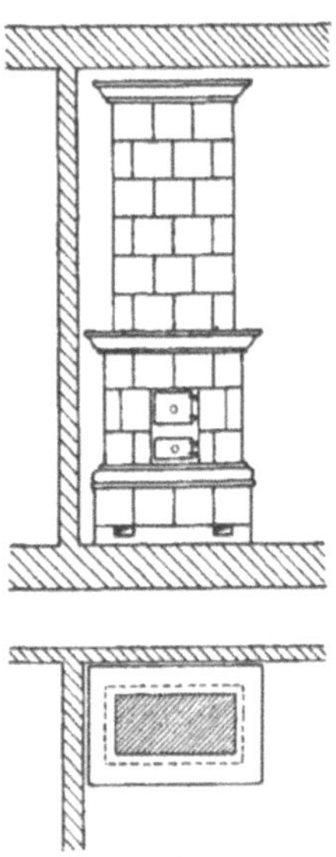

Abb. 1. Kachelofen älterer Bauart.

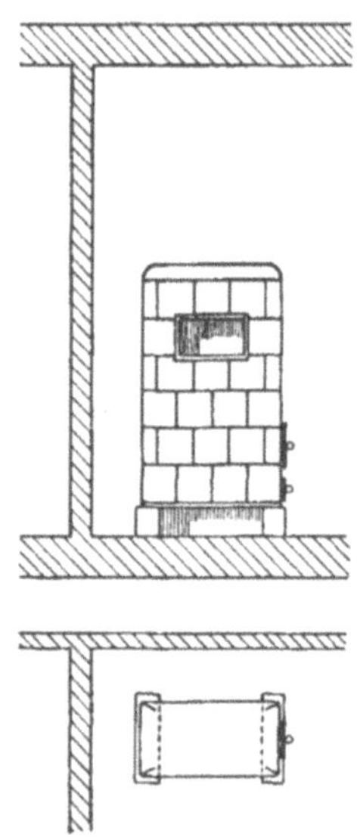

Abb. 2. Kachelofen neuerer Bauart.

Um Ablagerungen von Staub zu vermeiden, erhalten die Öfen nur wenige, ganz flache Verzierungen. Dies entspricht nicht nur den hygienischen Forderungen, sondern auch unserem heutigen Schönheitsempfinden, welches aufdringliche Ornamente ablehnt.

Auch der Innenausbau hat wesentliche Änderungen erfahren, die durch den Übergang von der vorwiegenden Holz- und Torffeuerung zur vorwiegenden Kohlenfeuerung

---

[1] Riedl: Feuerungs- und Heizungstechnik für Hausbrandanlagen. Berlin: Lüdtke 1922. — Ecker u. Riedl: Jahrbuch für das deutsche Ofensetzerhandwerk. Berlin: Lüdtke 1934.

und durch die verschärfte Forderung nach Brennstoffersparnis bedingt waren. Als man seinerzeit vom rostlosen Ofen zum Ofen mit Rost überging, baute man anfangs die Roste viel zu groß, so daß bei der im normalen Betrieb benötigten Brennstoffmenge die Roste nicht vollständig überdeckt wurden und durch die unbedeckten Rostspalten ein viel zu hoher Luftüberschuß sich einstellte. Da dies bekanntlich zu Brennstoffverschwendung führt, wählt man heute die Roste viel kleiner, etwa $\frac{1}{70}$ der Heizfläche, nach mancher Anschauung sogar nur $\frac{1}{150}$ der Heizfläche. Unter Heizfläche versteht man dabei die gesamte äußere wärmeabgebende Oberfläche des Ofens. Um ein vollständiges Ausbrennen der Schwelgase zu erreichen und um die Strahlung der Flammen möglichst auszunutzen, werden die Feuerräume sehr hoch gewählt, bei Kohlenfeuerungen mindestens 50 cm hoch.

Bei der Beurteilung des gewöhnlichen Kachelofens ohne Dauerbrandeinsatz und seiner Wirkungsweise muß man sich stets vor Augen halten, daß es sich dabei um einen Wärmespeichervorgang handelt. Der Brennstoff wird einmal täglich, bei großer Kälte zweimal täglich aufgegeben und muß dann ziemlich rasch abgebrannt werden, soll nicht aus feuerungstechnischen Gründen die Verbrennung unwirtschaftlich sein. Die Kachelwandung des Ofens hat dann die Aufgabe, diese in verhältnismäßig kurzer Zeit freiwerdende Wärme aufzuspeichern und langsam an den Raum abzugeben. Also muß nach dem Abbrennen des Feuers der Ofen vollständig dicht abgeschlossen werden können, damit nicht kalte Luft einströmt, den Ofen von innen heraus kühlt und die Wärme durch den Schornstein entführt. Es muß darum durch sorgfältige Ausführung dafür gesorgt werden, daß die Türen des Ofens, die Kachelwand und alle Anschlußstellen der Eisenteile an die Wand vollständig dicht sind. Eingetretene Schäden sind durch gründliche Instandsetzung sofort zu beheben.

Das deutsche Töpfer- und Ofensetzergewerbe hat unter dem Titel „Reichsgrundsätze für Kachelofen- und Kachelherdbau“ eine Schrift herausgegeben[1], in welcher alle jene Forderungen zusammengestellt sind, denen ein Ofen genügen muß, wenn er nach dem heutigen Stande des gewerblichen Wissens und Könnens in bezug auf Konstruktion und Ausführung für vollwertig angesprochen werden soll. Das Gewerbe hat seine Mitglieder auf die Einhaltung dieser Vorschriften verpflichtet, und es bemüht sich, darauf hinzuwirken, daß alle Auftraggeber, vor allem Staat und Gemeinden diese Reichsgrundsätze zur Grundlage für Lieferverträge machen.

Die nächsten Bestrebungen des Gewerbes sind darauf gerichtet, die Öfen so weit zu verbilligen und die Zeit für die Aufstellung so weit zu kürzen, als dies ohne Einbuße an Güte möglich ist. In erster Linie soll dazu die Normung dienen. Als Hauptnorm gilt die quadratische Kachel 22 × 22 cm, daneben ist noch ein zweites Maß 20 × 22 cm zugelassen. Im Anschluß an diese bereits vollzogene Normung der Kachelgrößen wurde die Normung der Eisenteile, d. i. der Roste, Feuerungstüren, Durchsichten usw. bearbeitet. Der zweite Weg zur Verbilligung und zur Beschleunigung des Aufbaues besteht in der Ausschaltung unnötiger Handarbeit auf der Baustelle. Heute wird noch jede Kachel vom Töpfergesellen von Hand auf das richtige Maß behauen und geschliffen. Die Bestrebungen gehen zur Zeit dahin, entweder von den Fabriken fertig auf Maß geschliffene Kacheln zu beziehen oder bei den einzelnen Ofensetzerbetrieben kleine Kachelschleifmaschinen aufzustellen. Außerdem sucht man das zeitraubende Ausfüttern der Kachel durch die Benutzung der Vollkacheln zu vermeiden (vgl. Abb. 3a u. b).

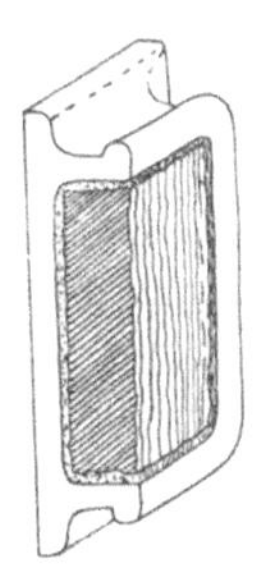

Abb. 3a. Ausgefütterte Ofenkachel.

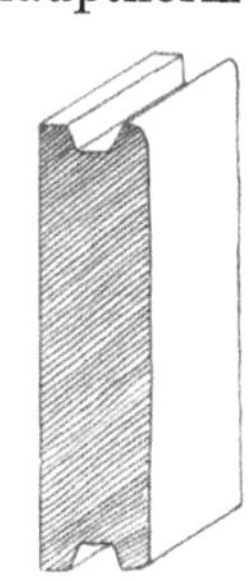

Abb. 3b. Vollkachel.

Über Berechnung der Kachelöfen vgl.: „Tabellen zur überschläglichen Bestimmung der Heizflächen vollwertiger Kachelöfen nach der Länge der Außenwände“, aufgestellt

[1] Reichsgrundsätze für Kachelofen- und Kachelherdbau. Berlin: Lüdtke 1934. 4. Aufl.

im Auftrage des Preußischen Ministeriums für Volkswohlfahrt unter Mitarbeit der Arbeitsgemeinschaft für Brennstoffersparnis e. V. in Berlin von Ingenieur Barlach, Berlin. Berlin: Lüdtke 1927.

B. Verschiedene Ofenbauarten.

a) Gewöhnliche Kachelöfen.

Die Abb. 4 zeigt einen Ofen neuerer Bauart in Ansicht und Schnitt. Schon äußerlich fallen sofort die obenerwähnten Merkmale eines neuzeitlichen Kachelofens, die glatte Form, die niedere und breite Bauart und der Aufbau auf Füßen auf. Die breite Bauart einerseits und die kleine Rostgröße andererseits geben den Raum frei für einen steigenden und einen fallenden Zug zu beiden Seiten der Feuerung, so daß durch einen Unterzug der untere Teil des Ofens kräftig erwärmt werden kann. Der Einbau einer Durchsicht im oberen Teil des Ofens ist von den älteren Bauarten übernommen.

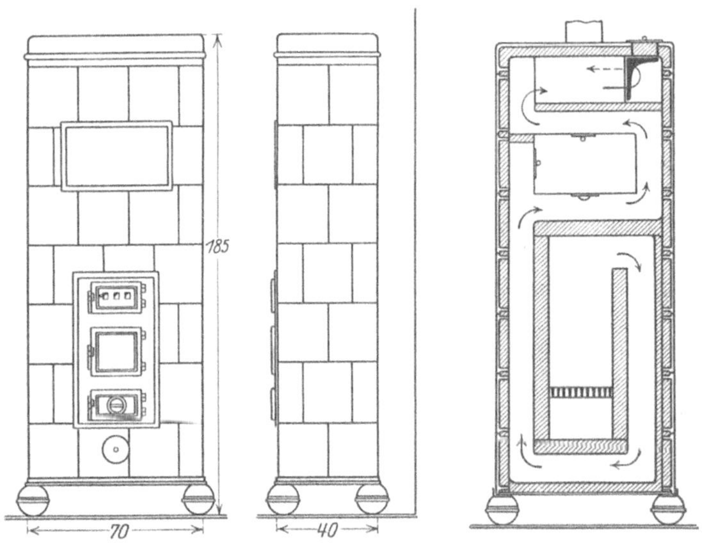

Abb. 4. Kachelofen mit Unterzug.

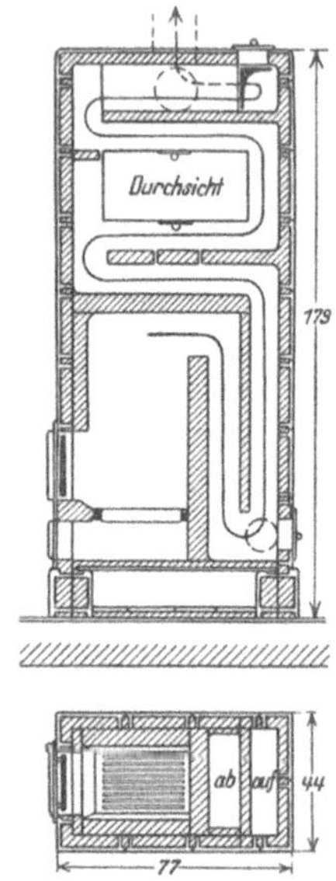

Abb. 5. Kachelofen mit Sturzzug.

Abb. 5 stellt einen Ofen ganz ähnlicher Bauart dar, nur ist die Feuerung nicht an der Breitseite, sondern an der Schmalseite des Ofens. Statt eines Unterzuges ist hier ein Sturzzug und ein steigender Zug an derselben Seite des Feuerraumes angeordnet.

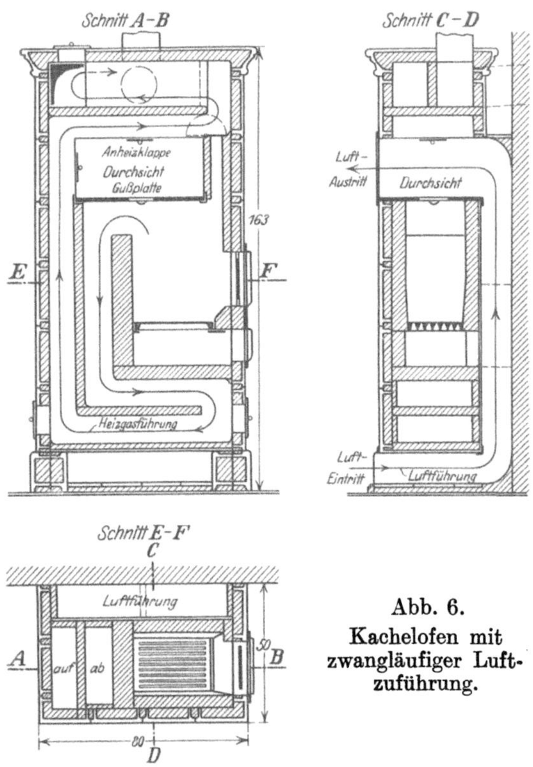

Abb. 6. Kachelofen mit zwangläufiger Luftzuführung.

b) Kachelöfen mit zwangläufiger Luftführung (Abb. 6).

Der Ofen entspricht in seinem inneren Ausbau ungefähr dem letztgenannten Ofen. Auch die äußere Form ist ähnlich, nur ist der Ofen nicht auf 4 Füße gestellt, sondern auf 2 Sockelleisten, die zusammen mit der verlängerten Seitenwand des Ofens einen Luftführungskanal bilden. Dadurch wird eine verstärkte Wärmeabgabe an der Rückseite des Ofens erzielt, wodurch besonders bei Öfen für große Räume an Ofengröße gespart werden kann. Bei der Ausführung ist auf gute Reinigungsmöglichkeit des Luftführungskanals zu achten.

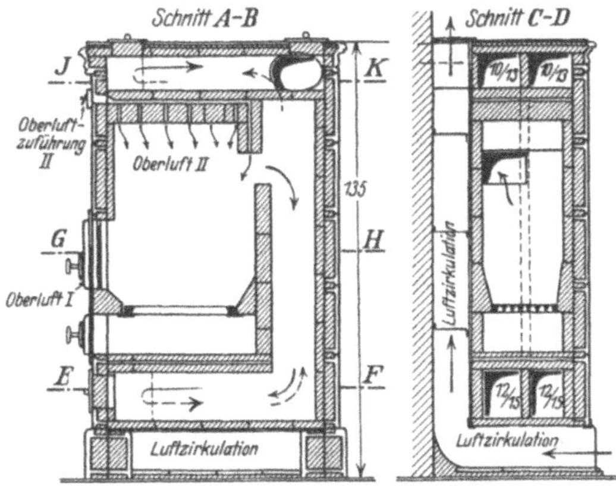
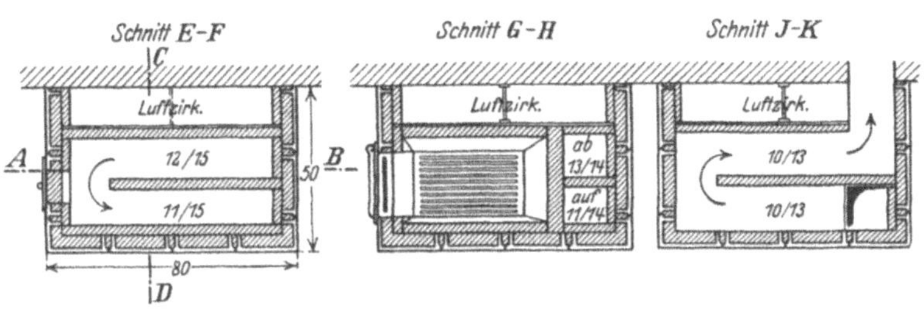

Abb. 7. Kachelofen für Holz und Torf.

c) Kachelöfen für Holz und Torf (Abb. 7).

Holz und Torf bedürfen zu ihrer Verbrennung sehr viel Oberluft. Deshalb ist außer der Oberluftzuführung *I* in der Feuertür noch eine zweite Oberluftzuführung *II* durch die Decke des Feuerraumes hindurch angeordnet. Diese letztgenannte Oberluft gelangt stark vorgewärmt in den Feuerraum und bewirkt dadurch eine sichere Nachverbrennung der aus dem Feuer abziehenden Schwelgase. In der Gesamtanordnung ähnelt der Ofen dem vorgenannten Ofen, indem er mit zwangläufiger Luftführung ausgestattet ist.

d) Kachelöfen mit Dauerbrandeinsatz (Abb. 8).

Ein eiserner Dauerbrandofen irgendwelcher Konstruktion mit

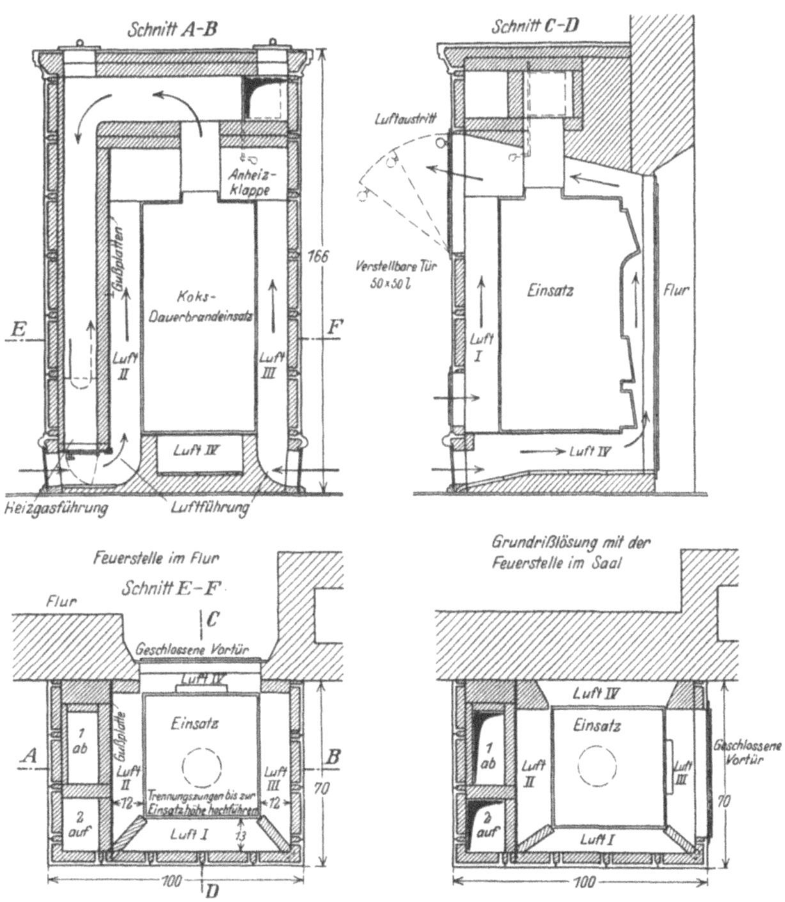

Abb. 8. Kachelofen mit Dauerbrandeinsatz.

glatten kastenförmigen Außenwänden ist frei so in eine Kachelummantelung eingesetzt, daß die Zimmerluft unten in den Mantel eintreten, in dem Zwischenraum zwischen Mantel und Eisenkasten hochsteigen und oben erwärmt in das Zimmer austreten kann. Es sind dies die in der Abb. 8 mit Luft *I* bis Luft *IV* gekennzeichneten Wege. Getrennt von diesen Wegen der Zimmerluft sind die Wege der Heizgase aus dem Feuer. Sie werden entweder nach dem Verlassen des Eisenofens sofort in den Schornstein geleitet, oder sie werden zwecks besserer Ausnutzung ihres Wärmeinhaltes nochmals durch gesonderte Züge im Kachelmantel geführt. Vgl. in der Abb. 8 die mit „*1 ab*“ und „*2 auf*“ bezeichneten Wege. Der in der Abbildung gekennzeichnete Ofen ist vom Flur aus heizbar. Meist ist jedoch die Anordnung so getroffen, daß die Feuertür im Zimmer selbst ist und der Ofen also vom Zimmer aus bedient werden muß.

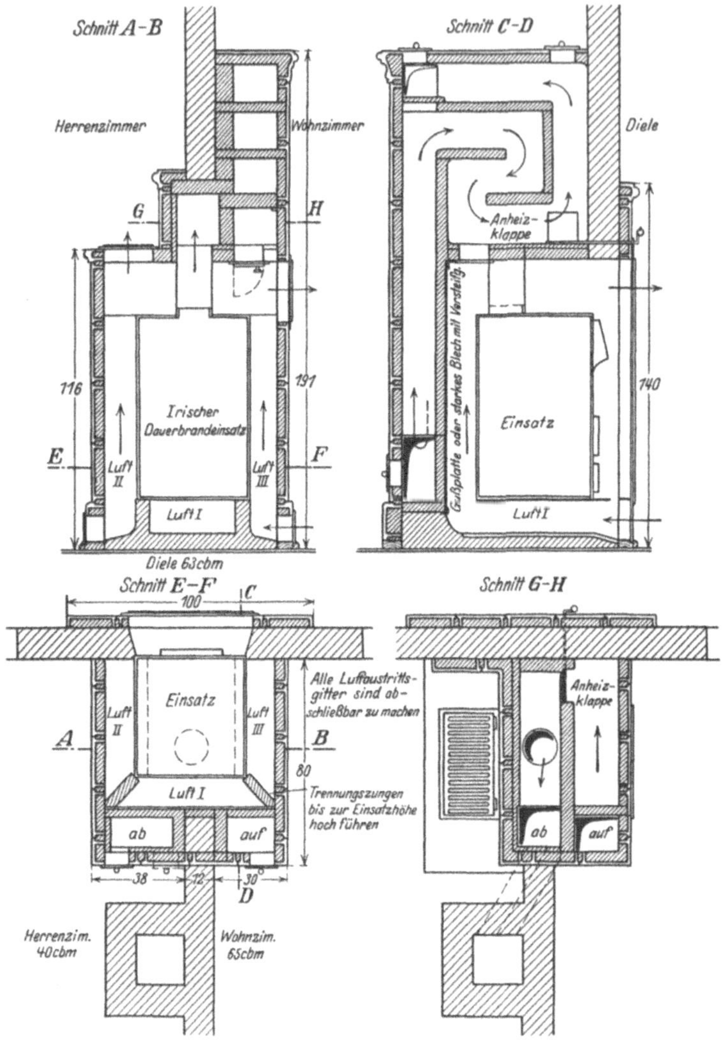

Abb. 9. Kachelofen für Mehrzimmerheizung.

e) Die Kachelofen-Mehrzimmerheizung.

Abb. 9 zeigt das Beispiel einer Kachelofen-Mehrzimmerheizung, wobei in diesem besonderen Falle die Bedienung vom Flur aus erfolgt und der Ofen in die Trennungswand zwischen zwei Zimmer eingebaut ist. Meist werden diese Öfen mit Dauerbrandeinsatz ausgerüstet. Solche Mehrzimmerheizungen können in der verschiedensten Weise ausgeführt werden. Auch wird vielfach eine Vereinigung des Küchenherdes mit dem Ofen des anstoßenden Zimmers durchgeführt. An besonders kalten Tagen wird der Nebenofen von einem eigenen Rost aus bedient, an mäßig kalten Tagen werden durch geeignete Klappenstellung lediglich die Abgase des Küchenherdes durch die Züge des Ofens geleitet.

II. Eiserne Öfen.

A. Allgemeines.

Im gleichen Schritt mit der Vervollkommnung der Kachelofenheizung im vergangenen Jahrzehnt war auch die Eisenofenindustrie bemüht, den eisernen Ofen den erhöhten Ansprüchen anzupassen, die heute an unsere Heizvorrichtungen in wärmetechnischer, hygienischer und ästhetischer Hinsicht gestellt werden. Da an den bewährten Bauarten der üblichen Größe und Gestalt der Öfen kaum etwas zu ändern war, richteten sich die neueren Bestrebungen hauptsächlich auf eine einwandfreie und gediegene Ausführung der Öfen. Denn es wurde rechtzeitig erkannt und auch durch Versuche bestätigt, daß durch eine erhöhte Qualität nicht nur die Heizleistung der Öfen verbessert, sondern auch der Heizbetrieb sicherer und einfacher gestaltet wird.

Die für die Herstellung hochwertiger Öfen notwendigen Maßnahmen ergeben sich aus der Eigenart des eisernen Ofens, die am besten durch einen Vergleich mit dem Kachelofen verdeutlicht werden kann. Bei der Kachelofenheizung wird die Wärmeabgabe an den Raum vorwiegend aus der in den Ofenwänden während des Heizens aufgespeicherten Wärme gedeckt. Ist dieser Wärmevorrat verbraucht, so muß der Ofen von neuem beheizt werden. Die Anpassung der Raumerwärmung an die Außentemperatur erfolgt nicht durch künstliche Regelung der Wärmeabgabe mittels besonderer Reguliervorrichtungen, sondern lediglich durch richtige Bemessung der zum täglichen Heizen benutzten Brennstoffmenge oder bei tiefer Außentemperatur durch zweimaliges Heizen an einem Tage. Im Gegensatz zu dem zeitweisen Feuerungsbetrieb und der Wärmespeicherung bei der Kachelofenheizung ist die Eisenofenheizung durch den Dauerbrand und das Fehlen der Wärmespeicherung gekennzeichnet. Letztere ist durch Brennstoffstapelung im Innern des Ofens ersetzt. Von der im Füllschacht oder Fülltrichter untergebrachten Brennstoffmenge wird bei ständigem Abbrand durch Einstellung der Verbrennungsluftmenge immer nur so viel verbraucht, als für die Raumerwärmung jeweils erforderlich ist. Für den Eisenofen ist daher die Ausbildung seiner Reguliervorrichtungen von allergrößter Bedeutung. Sie müssen eine genaue und zuverlässige Regelung des Abbrandes und damit der Raumerwärmung ermöglichen, ohne an die Überwachung zu große Ansprüche zu stellen. Die Qualität eines eisernen Ofens wird demnach in erster Linie durch die Beschaffenheit seiner Regulierorgane bestimmt.

Von einem hochwertigen Ofen ist ferner zu verlangen, daß er an allen Stellen, wo Wandteile aneinandergesetzt sind, vollkommen dicht ist, daß die Ofentüren fest schließen und mit guten Verschlüssen ausgerüstet sind. Sind diese Bedingungen nicht erfüllt, so wird einerseits durch das Eindringen von Falschluft der Wirkungsgrad des Ofens herabgesetzt, andererseits wird damit der Hauptvorzug des eisernen Ofens, seine Regulierbarkeit, so beeinträchtigt, daß die Einstellung eines bestimmten Abbrandes schwierig oder unmöglich ist.

Das Fehlen der Wärmespeicherung bietet den Vorteil, daß der Eisenofen dünnwandiger und in geringeren Raumabmessungen als der Kachelofen von gleicher Wärmeleistung hergestellt werden kann. So ergibt sich die Möglichkeit, eiserne Öfen von erheblichen Wärmeleistungen noch transportabel auszuführen. Mit der kleineren Heizfläche muß aber eine höhere Oberflächentemperatur als bei dem Kachelofen in Kauf genommen werden. Wegen dieses Zusammenhanges zwischen der Heizflächengröße und ihrer Temperatur empfiehlt es sich, den Ofen für einen gegebenen Wärmebedarf lieber etwas zu reichlich als zu knapp zu bemessen, weil zu hohe Oberflächentemperaturen aus gesundheitlichen Gründen vermieden werden müssen und weil dabei der Ofen erfahrungsgemäß bald undicht wird. Außerdem führt die bei zu klein gewählten Öfen notwendige Überlastung immer zu einem unwirtschaftlichen Heizbetrieb, d. h. zur Brennstoffverschwendung.

Die Rücksichtnahme auf die hygienischen Anforderungen muß besonders auch in der Ausbildung der Ofenheizfläche hervortreten. Diese soll möglichst wenig Gelegenheit zur Ablagerung und Versengung von Staub bieten und überall leicht zugänglich und reinigungsfähig sein. Im Gegensatz zu den früher üblichen, mit Verzierungen überladenen Öfen zeichnen sich daher die neueren Ausführungen durch große Einfachheit und vorwiegend ebene Wandflächen aus. Damit wird gleichzeitig auch den heutigen, nach Vereinfachung drängenden, kunstgewerblichen Bestrebungen entsprochen. Für diejenigen Ofenkäufer, welche farbige Heizflächen bevorzugen, ist durch die Herstellung emaillierter Öfen gesorgt, deren glatte Oberfläche auch in hygienischer Beziehung vorteilhaft ist.

Bei der Aufstellung eines eisernen Ofens ist darauf zu achten, daß die von seiner Oberfläche ausgehende Wärmestrahlung den zu beheizenden Raum nach möglichst vielen Richtungen ungehindert durchdringen kann. Es ist daher verfehlt, den Ofen in einer versteckten Ecke oder Nische oder von irgendwelchen Möbeln verdeckt unterzubringen. Außerdem wird bei einer solchen Aufstellung leicht die nötige Sauberhaltung des Ofens vergessen, und zu den heiztechnischen Nachteilen kommen dann noch die schädlichen Wirkungen der Staubversengung. Verkehrt ist ferner auch die Anordnung eines die Strahlung abfangenden Ofenschirmes. Wenn die Heizwirkung eines eisernen Ofens lästig wird, so ist dies immer ein Beweis dafür, daß er mit zu hohen Oberflächentemperaturen arbeitet, daß er also entweder unrichtig bedient oder wegen zu geringer Heizfläche überanstrengt wird.

Das häufig zu beobachtende, übermäßig lange und mehrfach gewundene Rauchrohr, das die aus dem Ofen abziehenden Verbrennungsgase noch für die Raumerwärmung nutzbar machen soll, hat so schwerwiegende Nachteile und wirkt so unschön, daß von der Verwendung einer solchen übertriebenen Zusatzfläche abzuraten ist. Nach neueren Untersuchungen soll die Rauchrohroberfläche höchstens gleich der halben Ofenheizfläche sein.

Seitens der Vereinigung deutscher Eisenofenfabrikanten und ihrer wärmetechnischen Abteilung in Kassel wird seit einer Reihe von Jahren durch Vorträge, Aufklärungsschriften[1] u. dgl. daran gearbeitet, die Kenntnis von den Eigenschaften und Vorzügen hochwertiger eiserner Öfen in die breitere Öffentlichkeit zu bringen. Insbesondere werden auch die Eisenhändler, die zwischen den Lieferwerken und den Ofenkäufern stehen und letzteren beratend zur Seite stehen sollen, in der erforderlichen Weise aufgeklärt. Ferner sind „Richtlinien für die Auswahl der Größe eiserner Zimmeröfen irischer und amerikanischer Bauart“[2] ausgearbeitet worden. Nach den darin befindlichen Heizleistungstafeln kann für jeden zu beheizenden Raum auf Grund seines Wärmebedarfes die richtige Ofengröße bequem ermittelt werden. Diese Richtlinien sind in letzter Zeit noch wesentlich erweitert worden in zwei Schriften mit dem gemeinsamen Titel: „Technische Richtlinien für eiserne Dauerbrandöfen“[3]. Der erste Teil behandelt Konstruktion und Ausführung, der zweite Heizleistungsangaben und Größenauswahl der Öfen.

B. Verschiedene Ofenbauarten.

Bei der Entwicklung des Eisenofens haben sich in den letzten Jahrzehnten zwei verschiedene Konstruktionstypen herausgebildet. Die Öfen der einen Bauart werden als „irische“, die der anderen Bauart als „amerikanische“ Dauerbrandöfen bezeichnet. Diese beiden Gruppen umfassen alle heut auf dem Ofenmarkt vorkommenden Eisenöfen, und selbst Spezialkonstruktionen können leicht der einen oder anderen Gruppe zugeordnet werden.

a) Irische Dauerbrandöfen.

Die Öfen irischer Bauart, von denen Abb. 10a die einfachste Bauart veranschaulicht, werden am häufigsten angetroffen. Ihr Hauptkennzeichen ist der geräumige,

---

[1] Der eiserne Zimmerofen. München: R. Oldenbourg. Heft 1—16 der Aufklärungsschriften der Wärmetechnischen Abteilung der Vereinigung Deutscher Eisenofenfabrikanten in Kassel.

[2] Heft 11 der genannten Aufklärungsschriften. [3] Hefte 15 u. 16 der Aufklärungsschriften.

zur Aufnahme eines größeren Brennstoffvorrates dienende Füllschacht *A*. Der diesen umschließende Ofenmantel *B*, der bei Vierkantöfen aus vier gußeisernen Platten, bei Rundöfen auch aus starkem Eisenblech hergestellt wird, trägt auf der Innenseite eine starke Schamotteausfütterung *C*, die den Eisenmantel vor zu starker Erhitzung schützen und damit auch die Strahlungswirkung des Ofens in den hygienisch zulässigen Grenzen halten soll. Der Füllschacht ist unten durch den Schüttelrost *D* abgeschlossen, dessen Ausbildung eine leichte Reinigung der Rostfläche von Asche und Schlacke ermöglicht. Der Stehrost *E* hinter der Feuertür soll das Anliegen und Herausfallen von Brennstoff verhindern. Über dem Füllschacht am Kopf des Ofens befindet sich einerseits die Fülltür *F* zum Nachfüllen von Brennstoff, andererseits der Rauchabzug *G* mit einer Drosselklappe *H*. Zur Regulierung des Abbrandes dient die in der Aschfalltür angebrachte Öffnung *J* mit einer Rosette oder einem Regulierschieber zum genauen Einstellen der Verbrennungsluftmenge.

Als verbesserte irische Öfen sind solche zu bezeichnen, bei welchen zwischen Füllschacht und Rauchrohranschluß ein Zugsystem mit Sturzzug eingeschaltet ist,

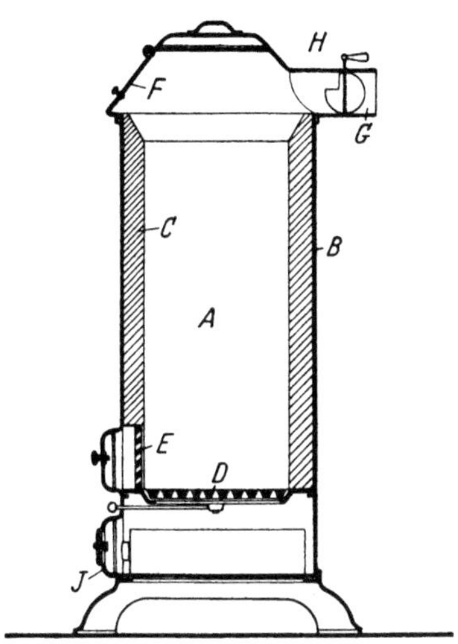

Abb. 10a. Irischer Ofen.

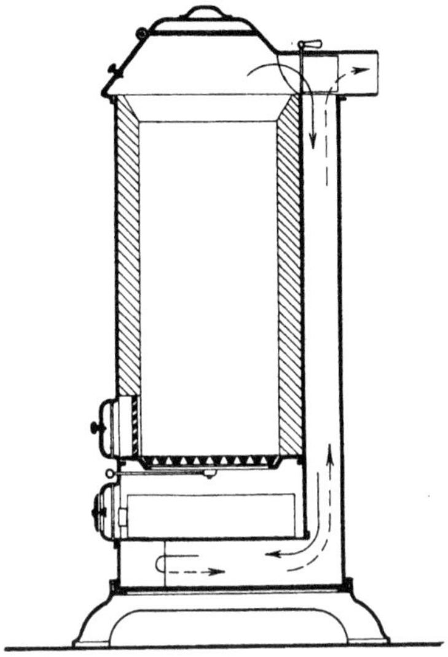
Abb. 10b. Irischer Ofen mit Sturzzug.

wodurch eine bessere Ausnutzung der Verbrennungsgase erzielt wird. Dieses Zug system kann neben dem Füllschacht wie in der Abb. 10b oder oberhalb desselben, in dem dann notwendigerweise erhöhten Ofenkopf, angeordnet sein. Bei Öfen nach Abb. 10b werden die Züge entweder nur vertikal geführt oder noch durch einen sogenannten Sockelzug unterhalb des Aschfallraumes ergänzt. Befindet sich das Zugsystem im Ofenkopf, so ist es bei manchen Ausführungen um einen Wärmespeicher oder um eine Kochkachel herumgelegt.

Bei allen irischen Öfen mit Sturzzug muß zur Erleichterung des Anheizens ein Kurzschlußweg zum Rauchrohr vorhanden sein, der durch eine Klappe geöffnet und nach Inbetriebsetzung des Ofens wieder verschlossen wird.

Im irischen Ofen können alle Arten von festen Brennstoffen verfeuert werden, doch wird man im Dauerbetrieb am zweckmäßigsten die hochwertigen gasarmen Brennstoffe: Anthrazit, Magerkohle und Koks verwenden.

b) Amerikanische Dauerbrandöfen.

Ein amerikanischer Dauerbrandofen ist in Abb. 11 dargestellt. Die wesentlichsten Kennzeichen dieser Ofenbauart sind der Korbrost *K* über dem gewöhnlichen Schüttelrost *P* und der vom Ofenkopf bis nahe an den Korbrost heranreichende Fülltrichter *F*.

Im Gegensatz zu dem gleichzeitig als Verbrennungsraum dienenden Füllschacht des irischen Ofens hat der Fülltrichter nur die Rolle eines Brennstoffbehälters, da sich der Verbrennungsvorgang nur innerhalb des Korbrostes abspielt. In dem Maße, wie hier der Brennstoff wegbrennt, sinkt neuer Brennstoff aus dem Fülltrichter herab. Das Nachfüllen von Brennstoff geschieht durch die mit Deckel verschließbare Füllöffnung im Ofenkopf. Die Regulierung des Abbrandes wird in derselben Weise wie bei irischen Öfen vorgenommen, und zwar entweder durch eine Regulieröffnung in der Aschfalltür oder durch eine besondere Zentralregulierung wie in der Abb. 11, wo diese Vorrichtung gleichzeitig auch zur Ein- oder Ausschaltung des Zugsystems S mit Sturz- und Sockelzug und des Kurzschlußweges L dient.

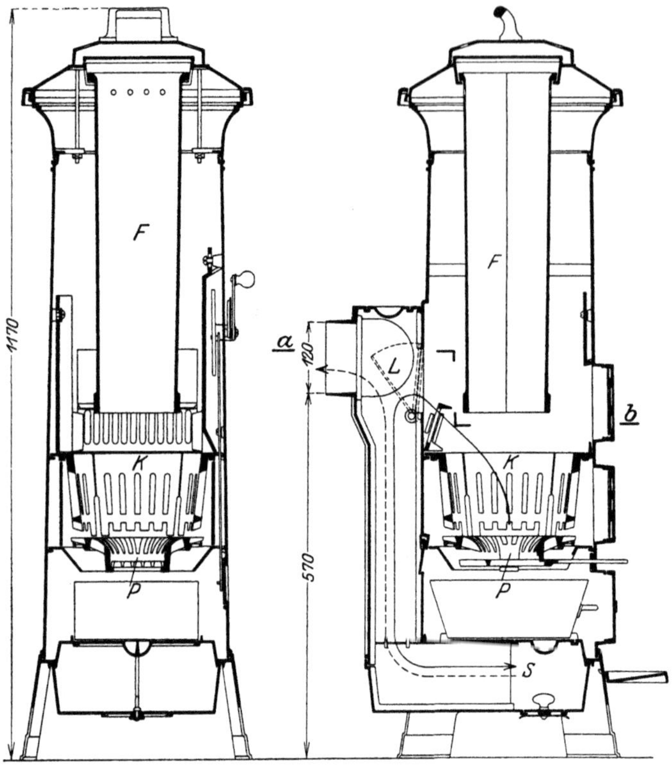

Abb. 11. Amerikanischer Dauerbrenner.

(F. Küppersbusch & Söhne, Schalke i. W.)

F = Füllschacht, K = Korbrost, P = Schüttelrost,
S = Führung der Rauchgase im Sturzzug,
L = Kurzschlußklappe zum Anheizen.

Für einen einwandfreien Betrieb des amerikanischen Ofens muß der Brennstoff kleinstückig sein, weil größere Stücke im Trichter leicht hängen bleiben und so das weitere Nachsinken von Brennstoff zum Rost verhindern. Ferner dürfen gasreiche Brennstoffe, die schon im Fülltrichter in Brand geraten können, nicht verwendet werden. Anthrazit und magere Steinkohle sind die besten Brennstoffe für diesen Ofen, da sie auch bei schwachem Ofenbetrieb gut weiterbrennen, während Koks wegen seiner hohen Entzündungstemperatur leicht erlischt.

III. Die Schornsteinfrage.

Der Schornstein dient dazu, die in der Feuerung entstehenden Abgase in die Außenluft abzuleiten. Gleichzeitig muß der Schornstein durch seine Zugstärke der Feuerung die nötige Luft zuführen. Da der Rost und das Brennstoffbett dem Luftdurchtritt einen erheblichen Widerstand entgegensetzen, ist eine genügende Zugstärke unter allen Umständen sicherzustellen.

A. Der Schornsteinzug.

Der Schornsteinzug entsteht durch den Unterschied zwischen dem spezifischen Gewicht der kalten Außenluft gegenüber dem spezifischen Gewicht der heißen Gase. Die Zugstärke errechnet sich aus der Gleichung

$$H = h(\gamma_a - \gamma_i) \cong c \cdot (t_i - t_a) .$$

Es bedeuten:

H den Schornsteinzug in mm WS,

h die lotrechte Schornsteinhöhe in m,

γ_i das spezifische Gewicht der Rauchgase in kg/m³,

γ_a das spezifische Gewicht der Außenluft in kg/m³,

c ein Zahlenfaktor,

t_i die Temperatur der Rauchgase in °C,

t_a die Temperatur der Außenluft in °C.

Der Schornsteinzug ist also um so größer, je höher der Schornstein und je größer der Temperaturunterschied zwischen der heißen Gassäule und der Außenluft ist.

Die Gasmenge, welche eine bestimmte Zugstärke zu fördern vermag, hängt von den Widerständen des gesamten Strömungsweges ab, also von den Widerständen innerhalb des Ofens und innerhalb des Schornsteines. In letzter Hinsicht ist von Einfluß die Länge des Schornsteines, seine Weite, die Rauhigkeit der Innenseite, die Zahl und Schärfe von Richtungsänderungen usw.

B. Der Schornstein.

Aus diesen Überlegungen ergeben sich für die Praxis folgende Gesichtspunkte:

1. Da die Schornsteine um so besser ziehen, je höher sie sind, müssen die Öfen in den verschiedenen Stockwerken dem verschiedenen Schornsteinzug angepaßt werden. Bei einem Ofen im vierten Stockwerk müssen die Züge kürzer und weiter sein als bei einem Ofen im Erdgeschoß.

2. Die Abkühlung der Rauchgase innerhalb des Schornsteines ist möglichst einzuschränken; deshalb dürfen Schornsteine nicht in die Außenwand gelegt werden. Ist dies in keiner Weise zu vermeiden, so ist die Außenseite des Schornsteines zu isolieren. Aus dem gleichen Grunde sind eiserne Verlängerungsrohre zu isolieren; noch besser ist es, die Schornsteinverlängerung in Mauerwerk auszuführen.

3. Zwecks Erzielung geringen Strömungswiderstandes sollen die Schornsteine eine möglichst glatte Innenfläche erhalten. Dies wird am sichersten durch sauberes Ausfugen bei Verwendung nur guter Mauersteine erreicht. Ein Innenputz würde zwar die Glätte erhöhen, trägt aber die Gefahr des Abbröckelns in sich. Die Verwendung von fertigen Formsteinen für den Bau der Kamine ist zu empfehlen.

Richtungsänderungen (das sog. Ziehen der Schornsteine) sind möglichst zu vermeiden, weil dadurch die Länge des Schornsteines wächst, vor allem aber, weil die Richtungsänderung selbst schon Zugverlust bewirkt. Ist ein Ziehen nicht zu vermeiden, so darf die Ablenkung nicht mehr als 30° betragen. Der Steinverband ist gemäß Abb. 12 auszuführen.

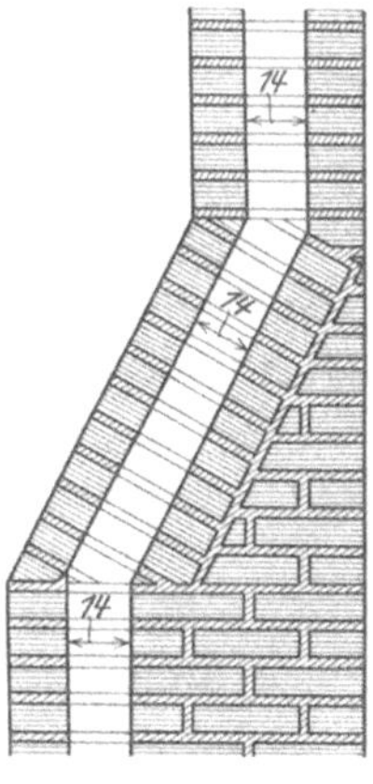

Abb. 12. Steinverband beim „Ziehen" eines Schornsteines.

Der lichte Querschnitt des Schornsteines ist hinsichtlich seiner Größe und Form überall beizubehalten, also auch im gezogenen Teil. Besonderes Augenmerk ist darauf zu richten, daß nicht durch Träger, durch zu tief eingesetzte Rauchrohre oder durch Schornsteinabdeckungen eine Drosselung der Rauchgase an einzelnen Stellen bewirkt wird.

4. Bei der Hochführung des Schornsteines über Dach ist dem Windanfall Rechnung zu tragen. Alle Arten von Abdeckungen, wie sie zum Zwecke des Regenschutzes oder als Verzierung manchmal verwendet werden, sind zu vermeiden, da sie in unkontrollierbarer Weise zu Windstörungen Veranlassung geben können. Am besten ist eine glatte Ausführung gemäß Abb. 13. Der Schornstein ist so weit über die Dachhaut hinauszuführen, daß er den Dachfirst überragt. Das Maß von

$^1/_2$ m, welches manche Bauordnungen dafür vorschreiben, genügt nicht, um bei Windanfall mit Sicherheit Zugstörungen durch die Dachflächen zu vermeiden. Steht der Schornstein weit seitwärts vom Dachfirst, so ergibt sich ein hoher freistehender Mauerpfeiler. Für den Schornsteinfeger sind in diesem Falle Steigeisen oder Laufbretter anzubringen; bei sehr großer freiragender Höhe ist auch noch eine Verankerung des Schornsteines notwendig. Aus alledem folgt, daß weit vom Dachfirst abstehende Schornsteine zu unschönen und unzweckmäßigen Ausführungen zwingen. Am besten ist die Lage des Schornsteins im Dachfirst selbst (Abb. 13). Recht unangenehme Zugstörungen treten dann auf, wenn der Schornstein von benachbarten Gebäudeteilen überragt wird (vgl. Abb. 14). Wind, welcher gegen diese Gebäudeteile strömt, erzeugt einen Staudruck (erhöhten Luftdruck), der dem Schornsteinzug entgegenwirkt. Starke Windstöße, welche gegen die Mauer prallen, können auf diese Weise zu einem Zurückschlagen der Flamme aus dem Ofen ins Zimmer führen.

Abb. 13. Günstig gelegener Schornstein.

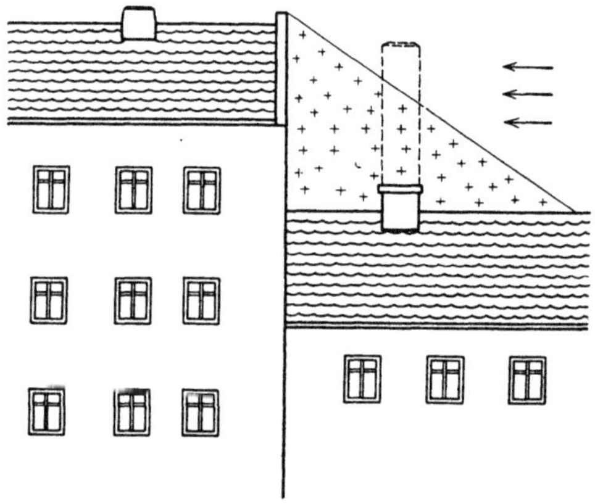

Abb. 14. Staudruck über einer Schornsteinmündung.

Gegen die Wirkung dieses Staudruckes hilft nur das Hochführen des Schornsteines bis über das Gebiet höheren Druckes hinaus. Drehbare Schornsteinaufsätze haben in diesem Falle keine Wirkung.

5. Im Laufe des Betriebes treten häufig Zugstörungen durch Eindringen sog. Falschluft in den Schornstein auf. Man versteht darunter kalte Luft, die durch irgendwelche Undichtheiten in den Schornstein gelangt, dort die Temperatur der Rauchgassäule herabsetzt und gleichzeitig den Schornstein überlastet. Solche Undichtheiten treten erfahrungsgemäß auf:

a) durch Offenlassen oder schlechtes Schließen der am Schornsteinfuß angebrachten Reinigungstüren;

b) durch Offenlassen oder schlechtes Schließen anderer an denselben Schornstein angeschlossener und nicht betriebener Öfen (Auflassen von Schütt-, Feuer- und Aschetüren),

c) durch schadhafte Außenwände des Schornsteines,

d) durch schadhafte Schornsteinzungen.

C. Lage des Schornsteines.

Ein großer Teil der Fehler an Schornsteinen ist auf falsche Anordnung des Schornsteines im Grundriß zurückzuführen. Diese Fehler sind deshalb besonders schwerwiegend, weil sie sich später durch Umbauten selten mehr beheben lassen. Der Architekt muß deshalb, um wirklich einwandfreie Lösungen zu erzielen, schon bei Einteilung der Räume und Anordnung der Öfen auf nachstehende Gesichtspunkte Rücksicht nehmen[1].

1. Die Lage des Schornsteins ist so zu wählen, daß die Durchdringung der Dachhaut bautechnisch leicht auszuführen ist (regendicht), und daß keine Zugstörungen durch Windstau eintreten können. Ein Schrägführen — ein Ziehen — der Schornsteine zu diesem Zwecke ist möglichst zu vermeiden.

2. Die Schornsteine sollen nicht in der Außenmauer liegen.

3. Auf gute Zugänglichkeit der Reinigungsöffnungen im Dachgeschoß und Kellergeschoß ist Rücksicht zu nehmen.

4. Nach Möglichkeit sollen die Schornsteine zu Gruppen, sog. „Bündeln" vereinigt werden. Dadurch erreicht man den feuerungstechnischen Vorteil, daß die Schornsteine sich gegenseitig erwärmen, wobei der Zug stärker ist, und den bautechnischen Vorteil, daß die Schornsteinanlagen billiger werden, und daß man weniger Durchdringungen der Dachhaut auszuführen hat.

5. Die lichte Weite nicht besteigbarer Schornsteine für Kleinöfen und Herde soll mindestens betragen[2]:

a) wenn nur eine Feuerung einmündet: 200 cm^2,
b) wenn zwei Feuerungen einmünden: 300 cm^2,
c) wenn drei Feuerungen einmünden: 450 cm^2,
d) wenn vier Feuerungen einmünden: 600 cm^2.

Mehr als vier Feuerungen sollen nicht in einen Kamin eingeleitet werden.

6. Für das im Innern eines Gebäudes liegende Schornsteinmauerwerk ist eine Mindeststärke von $^1/_2$ Stein vorgeschrieben, für außenliegendes Mauerwerk eine Mindeststärke von 1 Stein.

Über die Berechnung größerer Schornsteine vergleiche S. 27.

IV. Gasheizung.

A. Allgemeines.

Die Verfeuerung von Gas in Badeöfen, Warmwasserbereitern und Kochherden hat wegen ihrer Bequemlichkeit, Sauberkeit und schnellen Bereitschaft heute eine große Verbreitung gefunden. Der höhere Preis des Gases im Vergleich zur Kohle wird bei derartigen Feuerungen wegen der genannten Annehmlichkeit gern in Kauf genommen. Für die Raumheizung mit ihren gut durchgebildeten Öfen für die Einzelheizung und hochentwickelten Kesselbauarten für die Zentralheizung ist das Preisverhältnis der Brennstoffe ausschlaggebend, und auf diesem Gebiet kann daher das Gas mit den festen Brennstoffen im allgemeinen nicht in Wettbewerb treten. Nur in Ausnahmefällen kommt es in Frage, z. B. für die vorübergehende Heizung nicht ständig benutzter Räume wie Kirchen, Versammlungsräume, Fremdenzimmer, ferner auch als Übergangsheizung vor der endgültigen Inbetriebsetzung der Zentralheizung oder als Zusatzheizung bei strenger Kälte.

Den Vorteilen der Gasheizung, wie Fortfall von Transport und Lagerung des Brennstoffes, sauberer und einfacher Betrieb, rasches An- und Abstellen der Heizung entsprechend dem Bedarf und geringe Anlagekosten, stehen als Nachteile gegenüber: hohe Betriebskosten, Gefahr der Durchnässung des Schornsteins durch Wasserniederschlag aus den Abgasen, mögliche Explosions- und Vergiftungsgefahr und bauliche Schwierigkeiten bei der Anordnung der Abgaskanäle.

---

[1] Vgl. R. Flügge: Das warme Wohnhaus. Halle a. d. S.: C. Marhold 1927.

[2] Richtlinien des Bayerischen Staatsministeriums des Innern bearbeitet vom Bayer. Architekten- und Ingenieurverein und vom Bayerischen Wärmewirtschaftsverband.

B. Die Abführung der Abgase[1].

Während bei kleineren Gasfeuerungen, wie etwa den Gasflammen von Wohnungsherden, die Abgase unbedenklich in den Raum ausströmen dürfen, ist es bei größeren Anlagen, und zwar schon bei gewöhnlichen Zimmergasöfen, notwendig, die Abgase aus dem Raum abzuführen, da sonst eine unzulässige Verschlechterung der Raumluft eintreten könnte.

Bei Feuerungen für feste Brennstoffe hat der Schornstein zwei Aufgaben zu erfüllen. Einmal muß er die zur vollkommenen Verbrennung nötige Luftmenge durch den Rost und die Brennstoffschicht hindurchziehen, dann aber auch die Verbrennungsgase abführen. Bei der Gasfeuerung hat der Schornstein nur die zweite Aufgabe zu erfüllen, nämlich die entstandenen Verbrennungsgase fortzuleiten. Ein Ansaugen der Verbrennungsluft kommt hier nicht in Frage, da das Gas sich selbst mit der erforderlichen Luftmenge mischt. Ein bis in die Flammenzone wirkender Schornsteinzug würde nur einen unnötigen Luftüberschuß hervorrufen und damit den Wirkungsgrad der Gasfeuerung herabsetzen.

Um den Schornsteinzug von dem Verbrennungsraum des Gasheizofens fernzuhalten, werden in die Abgasleitung Zugunterbrecher eingebaut, in denen der Druckausgleich mit der Atmosphäre stattfindet. Diese Zugunterbrecher können einfache Beiluftöffnungen sein, die entweder in die Abgasleitung eingefügt oder mit dem Ofen selbst zusammengebaut sind.

Man muß befürchten, daß Windstöße, die auf den Schornstein auftreffen, sich durch diesen bis zur Verbrennungskammer fortpflanzen und dort Störungen der Verbrennung oder sogar ein Auslöschen der Flammen hervorrufen, so müssen Rückstausicherungen entweder in den Gasapparat selbst oder in die Abgasleitung eingebaut werden. Die Abb. 15a—c zeigen verschiedene Rückstausicherungen.

Die ausgezogenen Pfeile zeigen den normalen Weg der Abgase, die gestrichelten Pfeile den Weg bei Windstößen.

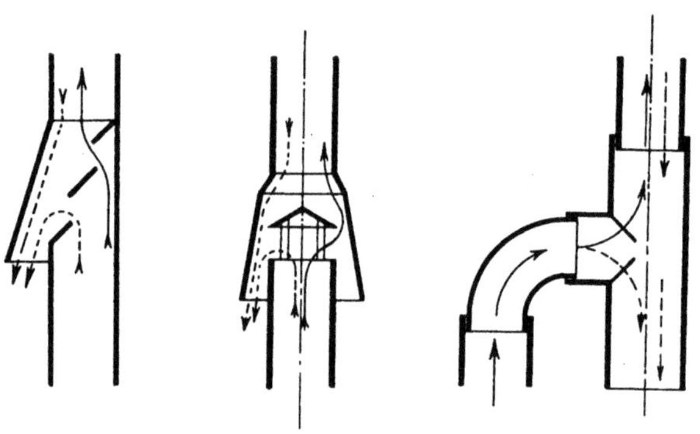

Abb. 15a. Abb. 15b. Abb. 15c.
Abb. 15a—c. Zugunterbrecher mit Rückstausicherung.

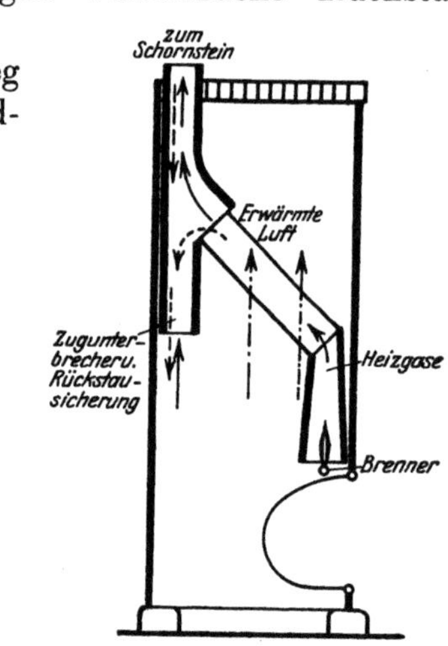

Abb. 16. Gasofen mit eingebautem Zugunterbrecher.

Häufig sind die in den Gasheizöfen vorhandenen Zugunterbrecher auch als Rückstausicherung ausgebildet, wie es z. B. Abb. 16 zeigt.

C. Sicherung des Auftriebes.

1 m³ normales Stadtgas liefert bei der Verbrennung etwa 700 g Wasserdampf. Der Taupunkt der Abgase hängt natürlich vom verwendeten Luftüberschuß ab. Bei

[1] Deutscher Verein von Gas- und Wasserfachmännern e. V.: Gas-Feuerstätten und -Geräte für Niederdruckgas. München: R. Oldenbourg 1928.

doppelter theoretischer Luftmenge liegt der Taupunkt bei etwa 50° C. Mit steigendem Wirkungsgrad steigt der Taupunkt, wächst also die Gefahr der Abscheidung von Kondenswasser. Dieses nimmt aus den Heizgasen Kohlensäure auf und auch schweflige Säure, falls das Gas trotz Reinigung noch Spuren von Schwefel enthält. Die entstehende Säurelösung greift Metalle an und kann somit leicht die Apparate und Abgasleitungen zerstören und die Schornsteinwände durchnässen. Ein weiterer Nachteil der Ausscheidung von Wasser ist die Verringerung des Auftriebes, da durch die „Trocknung" der Abgase, die auch durch kalte Schornsteinwände erfolgen kann, das spezifische Gewicht derselben vergrößert wird. Die Ausscheidung von Wasser wird unter normalen Verhältnissen, wenn die Abgastemperaturen nicht allzu niedrig sind, durch die im Zugunterbrecher eintretende „Falschluft" verhindert; diese setzt zwar die Temperatur der Abgase herunter, gibt aber dem Abgas-Luftgemisch eine geringere relative Feuchtigkeit, so daß die Gefahr der Erreichung des Taupunktes verringert wird. Damit übernimmt der Zugunterbrecher gleichzeitig die Aufgabe einer vielleicht durch Wasserausscheidungen in Frage gestellten Sicherung des Auftriebes[1].

Es ist nicht zweckmäßig, den Wirkungsgrad von Gasfeuerstätten zu hoch zu treiben, da durch die zu weit gehende Kühlung der Gase leicht Wasser abgeschieden werden kann, und damit Schwierigkeiten in der Abführung der Abgase eintreten können.

D. Ofensysteme.

Die Übertragung der Wärme in den Raum erfolgt teils durch Strahlung, teils durch Konvektion, und zwar werden bei den Gasöfen im allgemeinen beide Arten der Übertragung benutzt. Man spricht von Strahlungsöfen, wenn die Strahlung überwiegt, und von Konvektionsöfen, wenn mehr Wert auf die Konvektion gelegt ist.

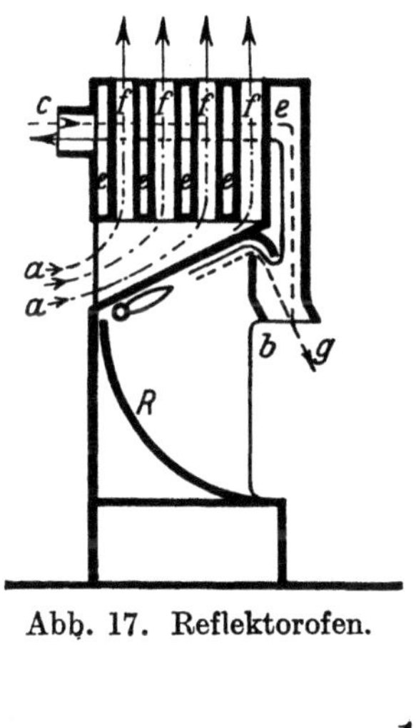

Abb. 17. Reflektorofen.

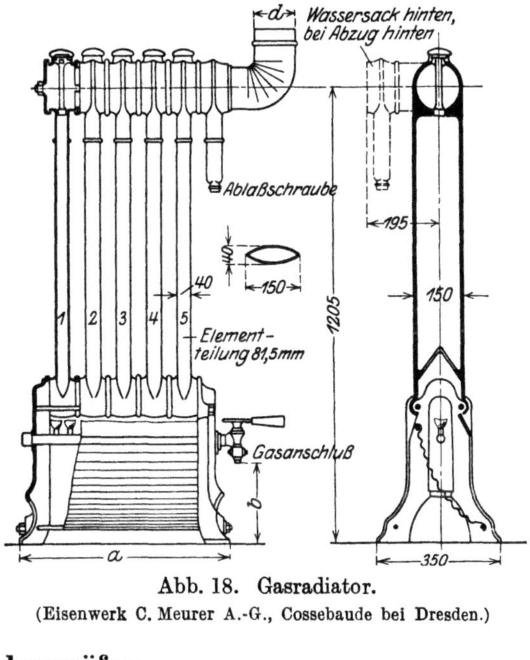

Abb. 18. Gasradiator.
(Eisenwerk C. Meurer A.-G., Cossebaude bei Dresden.)

1. Strahlungsöfen.

a) Der Reflektorofen (Abb. 17).

Die Heizung erfolgt durch Leuchtflammenbrenner. Ein Reflektor R aus blank poliertem Kupfer oder Messing strahlt einen Teil der Wärme in den Raum. Über dem Reflektor befindet sich ein Heizregister e, durch das die Abgase zum Abzugs-

[1] Wunsch, W.: Die Abführung der Abgase bei Gasheizöfen. Gas u. Wasserfach Bd. 69, S. 852. 1926.

rohr *c* abziehen. Bei *a* tritt Zimmerluft in den Ofen, durchströmt die Rohre *f* des Heizregisters und erwärmt sich dabei. *b—g* ist Zugunterbrecher und Rückstausicherung. Bei umgekehrtem Zug im Schornstein (Rückstau) treten die Abgase nicht bei *c* aus, sondern bei *b—g* ins Zimmer. Die Flammen bleiben ungestört. Ein Abdecken des Ofens durch Marmorplatten usw. verschönert zwar denselben, setzt aber den Wirkungsgrad herab durch Versperrung des Luftweges.

b) **Radiatoröfen** (Abb. 18).

Diese werden entweder aus Schmiede- oder Gußeisen hergestellt. Sie sind nach Art der Zentralheizungsradiatoren aus einzelnen Gliedern zusammengesetzt (Abb. 18). Die Glieder haben die Form flachgedrückter Rohre. Die einzelnen Elemente münden oben und unten in Abgassammelkanäle, werden mittels Anker zusammengehalten und durch Ringe mit Asbesteinlage abgedichtet. Am Gasabzug befindet sich ein Kondenswassersammler, der mit Hilfe einer Nebenluftöffnung als Zugunterbrecher und Rückstausicherung arbeitet.

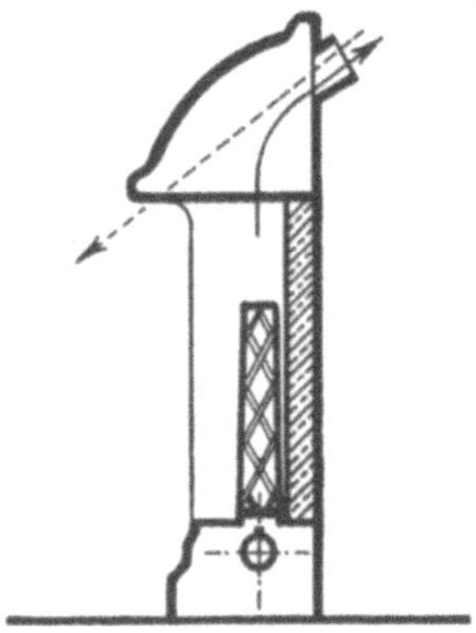

Abb. 19. Glühkörperöfen.

c) **Glühkörperöfen** (Abb. 19).

Im Gegensatz zu den bisher erwähnten Bauarten arbeiten die Glühkörperöfen mit entleuchteten Flammen (Bunsenbrenner). Über den Flammen sind Glühkörper aus Magnesia oder Ton angeordnet, die durch die Flammen zum Glühen gebracht werden und auf diese Weise den größten Teil der Wärme durch Strahlung in den Raum abgeben. Über den Glühkörpern ist meist noch ein Heizregister vorhanden, das einen weiteren Teil der Wärme durch Konvektion ausnutzt. Eine den Ofen nach oben abschließende Haube wirkt als Zugunterbrecher und Rückstausicherung.

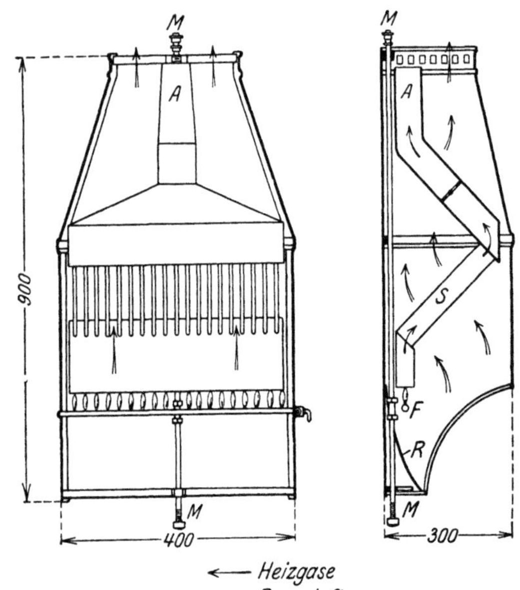

Abb. 20. Gas-Warmluftofen.
(Junkers & Co., Dessau.)

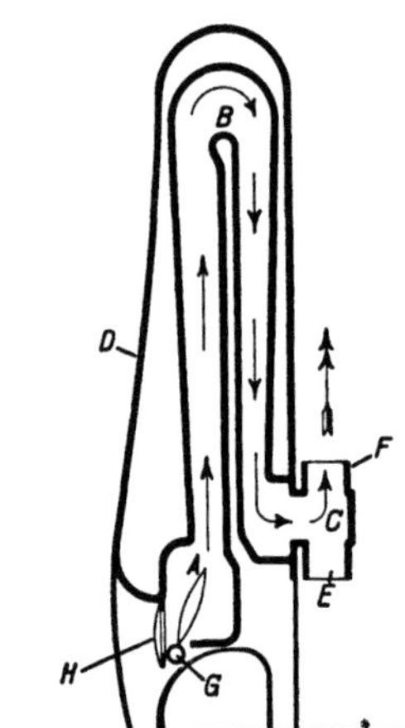

Abb. 21. Junkers „Gasiator".

2. Konvektionsöfen.

a) **Junkers Warmluftofen** (Abb. 20).

An einen kurzen ziemlich weit gehaltenen unteren Brennerschacht schließen sich schräg liegende flachgedrückte Rohre *S* an, die oben zu einem Sammelschacht zusammengefaßt sind. Die Abgaszüge sind ständig steigend, so daß die Abgase leicht abgeführt werden. Zugunterbrecher und Rückstausicherung sorgen für eine ungestörte Verbrennung. Die Raumluft umspült die Außenwände des Röhrensystems *S*, erwärmt sich dort und verläßt den Ofen durch den oberen Ofenschacht. Der Reflektor *R* strahlt einen Teil der Wärme der Flammen *F* in den Raum. Mit dem Gashahn steht ein Gestänge in Verbindung, das bei Kleinerstellen der Flammen automatisch eine Drosselklappe betätigt.

b) Junkers „Gasiator" (Abb. 21).

Um die bei den üblichen Gasöfen häufig bei Vollast auftretenden hohen Heizflächentemperaturen zu vermeiden, hat Professor Junkers einen Gasofen „Gasiator" mit indirekter Heizfläche konstruiert. Aus Abb. 21 ist zu ersehen, daß das Heizrohr *B* von einem Mantel *D* umgeben ist, der als indirekte Heizfläche wirkt. Damit wird die Gefahr einer Staubversengung bedeutend verringert.

V. Elektrische Heizung.

A. Allgemeines[1].

Was über die Vor- und Nachteile der Gasheizung gesagt wurde, gilt in verstärktem Maße für elektrische Heizung. Da bei elektrischer Heizung die Wärme ohne Verbrennungsprozeß erzeugt wird, steht sie in hygienischer Beziehung noch über der Gasheizung. Stete Betriebsbereitschaft, einfache Inbetriebsetzung und Unterbrechung der Heizung durch Ein- und Ausschalten des Stromes, Beweglichkeit der Heizkörper, Gefahrlosigkeit des Betriebes, bequeme Installation sind Vorteile, die hier noch mehr hervortreten als bei der Gasheizung. Der Wirkungsgrad der elektrischen Raumheizkörper ist höher als derjenige aller andern Heizarten. Er kann praktisch gleich 100 vH gesetzt werden. Aber auch der einzige Nachteil der elektrischen Heizung, die hohen Betriebskosten, fällt noch stärker ins Gewicht als bei der Gasheizung. Infolge der hohen Kosten für die Wärme aus elektrischer Energie kommt die elektrische Raumheizung fast ausschließlich, sogar in wasserkraftreichen Ländern, als Aushilfs- und Übergangsheizung in Betracht.

B. Bauarten der elektrischen Heizkörper[2].

Wie bei den Gasheizkörpern erfolgt die Übertragung der erzeugten Wärme an den Raum durch Konvektion, durch Strahlung oder durch beide Arten zusammen.

Im wesentlichen bestehen die elektrischen Heizöfen aus einer Anzahl von Heizwiderständen, die durch perforierte Bleche abgedeckt sind. Als Heizwiderstände dienen runde oder flache Drähte oder Bänder aus Metall von möglichst hohem spezifischen Widerstand, hohem Schmelzpunkt und geringer Oxydation. Die Drähte oder Bänder werden meistens als Spiralen gewickelt, um möglichst große Längen auf kleinem Raum unterzubringen. Die Widerstände sind in mehreren Gruppen (meist drei) angeordnet, um durch Ausschalten einzelner Gruppen die Wärmeentwicklung regulieren zu können (Freidrahtöfen).

[1] Hottinger und Imhof: Elektrische Raumheizung. Zürich: Fachschriftenverlag und Buchdruckerei A.-G. 1924. — Heepke, W.: Handbuch der elektrischen Raumheizung. Halle a. S.: Marhold 1923.

[2] Hottinger: Elektrische Raumheizung. Gesundheits-Ing. Bd. 47, S. 549—556 und 561—570. 1924.

Beim Transport dieser Öfen kommt es häufig vor, daß die Spiralen infolge von Schwingungen aneinanderstoßen und so leicht Kurzschluß hervorrufen oder gar zerbrechen. Um diesen Übelstand zu vermeiden und den Spiralen höhere Festigkeit und Starrheit zu geben, werden sie in Isoliermaterialien eingebettet. Damit ist gleichzeitig ein Vorteil in hygienischer Beziehung erreicht, da die Oberflächentemperatur der Heizflächen, die bei den nackten Spiralen ziemlich hoch ist, bei den *Öfen mit eingebetteten Leitern* bedeutend herabgesetzt ist.

Bei verschiedenen Bauarten der Freidrahtöfen werden die Querschnitte und Längen der Heizleiter so klein bemessen, daß die Drähte bis zur Rotglut erhitzt werden. Vorteile dieser Maßnahme sind kleinere Ofenabmessungen, geringes Gewicht, niedriger Preis selbst bei bedeutenden Leistungen, Nachteile die staubverbrennenden Glühdrähte und die Feuersgefahr. Bei den sogenannten elektrischen Heizsonnen sind die glühenden Heizdrähte auf einen kleinen Raum zusammengedrängt im Brennpunkt eines parabolischen Reflektors, der die erzeugten Wärmestrahlen in die vom Benutzer gewünschte Richtung reflektiert.

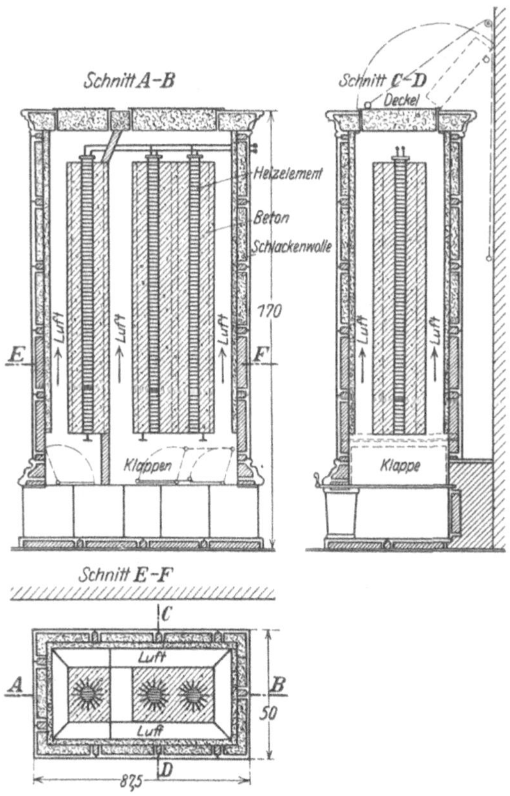

Abb. 22. Elektrischer Speicherofen (Schnitte).

Viele Elektrizitätswerke geben, um eine möglichst gleichmäßige Belastung zu erreichen, des Nachts verbilligten „Nachtstrom" ab. Um diesen Strom für Heizzwecke nutzbar zu machen, sind Speicheröfen entstanden, welche die benötigte Wärme mit Hilfe des Nachtstromes über Nacht aufspeichern und sie am Tage an den zu beheizenden Raum abgeben. Um den Speicherkörper gegen eine unbeabsichtigte Wärmeabgabe zu schützen, ist er von der eigentlichen wärmespendenden Heizfläche durch einen Luftmantel getrennt. Die Entladung erfolgt durch von Hand zu betätigende Schieber, die nach Öffnen Raumluft an den Speicherkörper herantreten lassen. Infolge der entstehenden Luftzirkulation tritt dann die Wärme vom Speicherkörper einmal direkt in den Raum, dann aber auch zu den Heizflächen über, die sie ihrerseits an den Raum abgeben.

Als Beispiel sei der in Abb. 22 dargestellte elektrische Kachelofen für Wärmespeicherung angeführt. Bei diesem Ofen liegen die Heizelemente in längsgerippten Gußrohren, die von einer Betonmasse umgeben sind. Diese Betonmasse, der Wärmespeicher, ist von der Außenkachelwand des Ofens durch einen Luftmantel getrennt. Bei geschlossenen Klappen wirkt dieser Mantel als Isolierschicht, bei geöffneten Klappen als Luftzirkulationskanal. Im oberen Teil des Ofens sind die Kacheln nicht ausgefüttert, sondern zwecks Isolierung mit Schlackewolle und Bimskies gefüllt. Der Boden und die Decke des Ofens sind mit Klappen versehen, von denen besonders die oberen gut schließen müssen. Zur Regulierung der Wärmeabgabe ist der Ofen in zwei Teile von der Größe $^1/_3$ und $^2/_3$ unterteilt.

Zweiter Abschnitt.

Zentralheizungen.

I. Allgemeines.

Der Begriff Zentralheizung umfaßt die Warmwasser-, die Dampf- und die Luftheizung. In allen drei Fällen wird die für die Beheizung vieler Räume nötige Wärme an einem Ort (Zentrale) erzeugt und durch den Wärmeträger (Wasser, Dampf, Luft) in die einzelnen Räume getragen.

Hieraus ergeben sich gemeinsam für alle drei Heizarten nachstehende Vorteile. Infolge der Zusammenfassung der Wärmeerzeugung in einer einzigen Feuerung kann diese technisch besser durchgebildet sein, und es wird meist auch bei der Bedienung etwas größeres technisches Verständnis vorhanden sein als bei der Einzelfeuerung. Bei mittleren und kleineren Heizungsanlagen wird meist Koks verbrannt, wodurch eine rauch- und rußfreie Feuerung gewährleistet ist. Ein weiterer Vorteil der Zentralisierung der Feuerung liegt in dem Fortfall aller Brennstoff- und Ascheförderung in den Zimmern.

Hervorzuheben ist ferner der geringe Platzbedarf der Heizkörper und die große Einfachheit ihrer Bedienung. Angenehm empfunden wird die Möglichkeit, Treppe, Vorraum, Badezimmer usw. bequem mit Heizung versehen zu können.

Naturgemäß bedingen alle diese Vorzüge die Aufwendung entsprechender Anlagemittel. Nichts ist verfehlter als falsches Sparen bei Beschaffung derartiger Einrichtungen. Zentralheizungen sind auch heute noch in jeder Hinsicht Vertrauenssache, und die Vergebung der Anlage an den billigst Anbietenden rächt sich meistens schwer.

II. Bauelemente der Warmwasser- und Dampfheizungen.

A. Kessel der Heizungsanlagen.

1. Gußeiserne Gliederkessel.

Der erste und sehr zweckmäßig eingerichtete Kessel dieser Art ist durch Ingenieur Strebel († 1898) gebaut worden. Seine Leitgedanken waren: Schaffung eines Massenerzeugnisses — Anwendung des billigen Gußeisens — Bildung von Kesseln verschiedener Heizflächengröße durch Aneinanderreihen gleichartiger Glieder — Vermeidung der Kesseleinmauerung — kleiner Platzbedarf bei geringer Höhe — Erzielung eines Dauerbetriebes bei möglichst seltener und einfacher Bedienung und Erzwingung eines wirtschaftlichen, rauch- und rußlosen Betriebes.

Die Notwendigkeit, einen bequemen Dauerbetrieb auch mit ungeschultem Heizer durchführen zu können, ist der Grund, weshalb die meisten Feuerungen der Gußkessel auf gasarmen Brennstoff, also vor allem Koks, eingestellt sind. Man unterscheidet Kessel mit unterem Abbrand und Kessel mit oberem Abbrand. Bei oberem Abbrand durchstreichen gemäß Abb. 23a die Verbrennungsgase den ganzen Brennstoffschacht von unten nach oben, erhitzen somit die im oberen Teil des Schachtes befindlichen Brennstoffvorräte, so daß auch diese meist ins Glühen geraten. Die Verbrennungsgase verlassen den Brennstoffschacht oben, daher der Name oberer Abbrand, und gelangen dann erst an die wasserbespülten Heizflächen. Bei dem Kessel mit unterem Abbrand Abb. 23b wird der Brennstoffvorrat nicht von den Heizgasen durchströmt, so daß er bei geordnetem Betrieb niemals zum Glühen kommt. Die Heizgase werden im unteren Teile des Brennstoffschachtes durch seitliche Kanäle abgeleitet. Der feuerungstechnische Vorteil besteht im Vergleich zum oberen Abbrand in der konstanten Höhe der Glühschicht und damit in einem konstanten Strömungswiderstand für die Verbrennungsgase. Von den Kesseln mit unterem Abbrand stellen alle Firmen Sonderkonstruktionen her, welche sich für gasreiche Brennstoffe, z. B. Briketts, eignen. Da diese Brennstoffe unter Flammenbildung verbrennen, brauchen sie außer der unteren Luftzuführung durch den Rost noch eine obere Luftzuführung. Abb. 23c zeigt einen solchen Kessel mit Oberluftkanal, welcher unter Umgehung des Rostes die Oberluft unmittelbar über dem Brennstoff zuführt.

Im allgemeinen kann dasselbe Kesselmodell mit wenig Abänderungen sowohl für Warmwasserheizung als auch für Niederdruckdampfheizung verwendet werden.

Abb. 23a. Oberer Abbrand.

Abb. 23b. Unterer Abbrand für gasarmen Brennstoff.

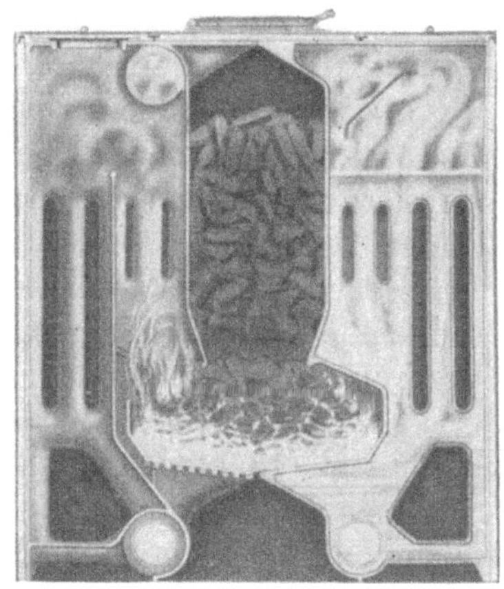

Abb. 23c. Unterer Abbrand für gasreichen Brennstoff.

Der Bau von Hochhäusern zwingt dazu, bei Warmwasserkesseln mit einem höheren Druck zu rechnen als früher. Manche Firmen bauen eigene Hochhauskessel, andere Firmen haben bei all ihren Großkesseln den Prüfdruck heraufgesetzt, und zwar wurde dies nicht durch Verstärkung der Wandung, sondern durch Verwendung anderen Gußeisens ermöglicht.

Die Kessel werden hinsichtlich der Größe ihrer Heizfläche in Gruppen geteilt. Leider ist die Abgrenzung dieser Gruppen und die Bezeichnung der einzelnen Kesseltypen bei den verschiedenen Firmen ziemlich verschieden und meist recht unübersichtlich. Die nachstehende Zusammenstellung kann darum nur als ungefährer Anhalt dienen. Man unterscheidet:

Zimmerkessel	bis 3 m² Heizfläche,	
Kleinkessel	„ 5 m² „	
Normalkessel	je nach Gliederzahl	3—15 m²
Mittelkessel	„ „ „	10—30 m²
Großkessel	„ „ „	20—50 m²

Die Zimmer- und Kleinkessel werden stets mit oberem Abbrand, die Großkessel stets mit unterem Abbrand ausgeführt. Bei den zwischenliegenden Größen, den Normalkesseln und den Mittelkesseln sind beide Feuerungsarten vertreten.

a) Normalkessel.

Die Abb. 24 stellt den obenerwähnten Strebel-Originalkessel dar. Er besteht hier z. B. aus 8 gleichartigen Mittelgliedern. Jedes dieser Glieder weist alle Teile eines

Kessels in sich auf, und zwar: *A* Rost, *B* Aschfall, *C* Füllschacht, *D* Rauchzüge, *E* Abgassammelraum, von dem der Fuchs entweder links, rechts oder unten abgeht.

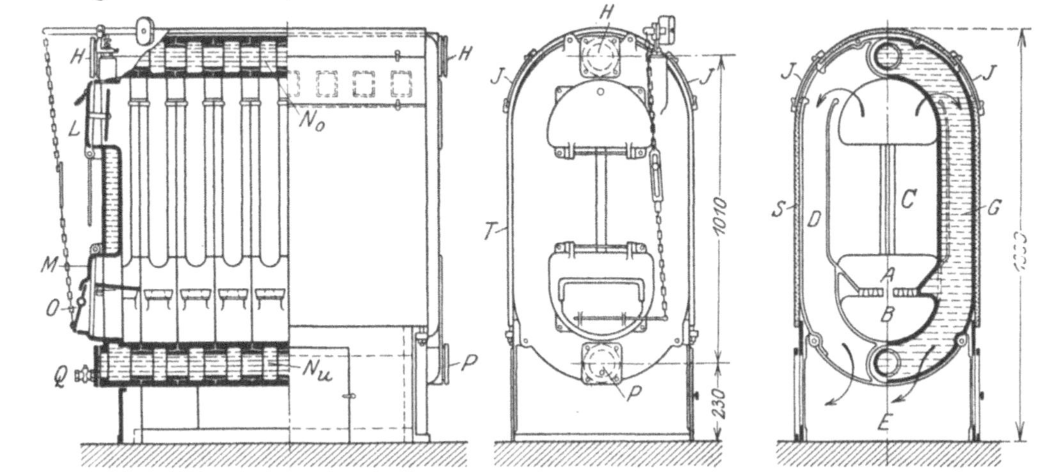

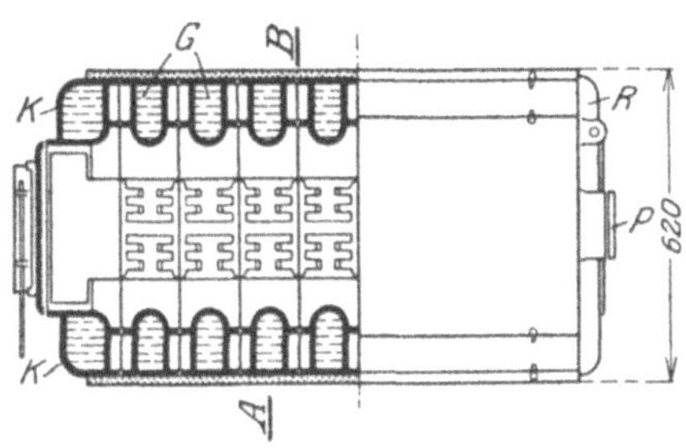

Abb. 24. Gußeiserner Gliederkessel.
(Strebelwerk, Mannheim.)

Das Kaltwasser kommt bei *P* aus der Leitung zurück, strömt durch die untere Nippelreihe N_u, gelangt durch die hohlen Kesselglieder *G* im Gegenstrom zu den durch *D* streichenden Abgasen nach der

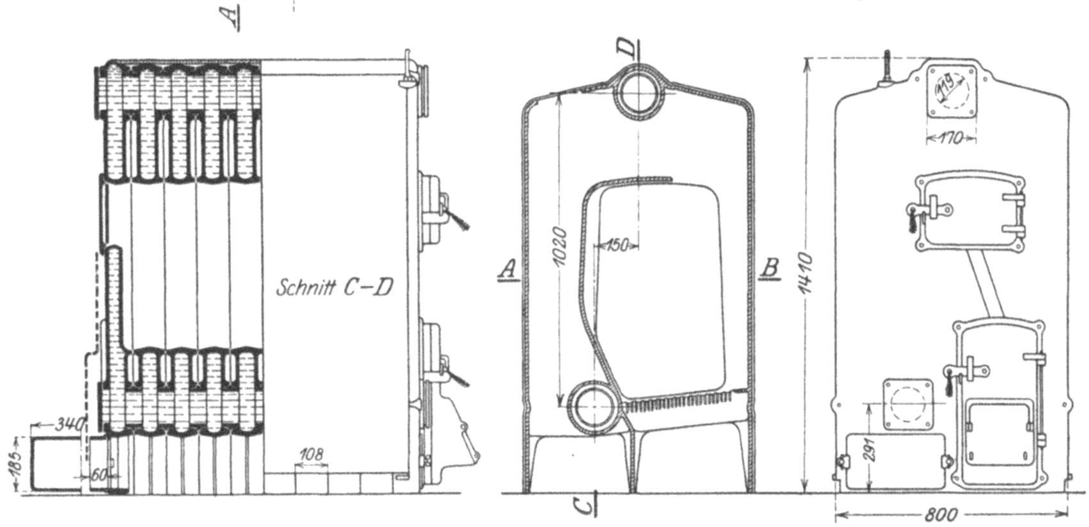

Abb. 25. Lollarkessel.
(Buderussche Eisenwerke, Wetzlar.)

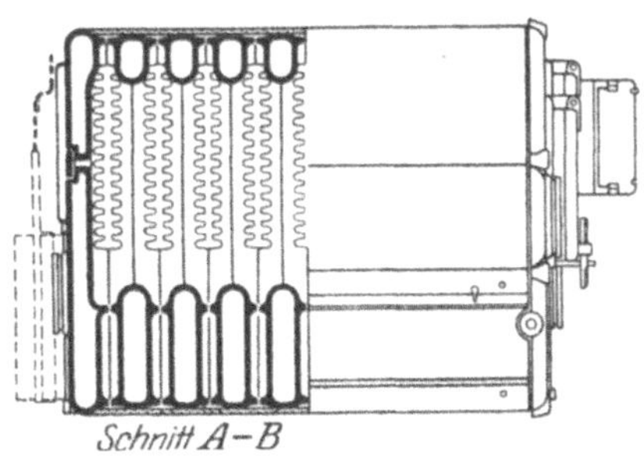

oberen Nippelreihe N_o und von dieser bei *H* (entweder am Vorder- oder am Endglied) in den Vorlauf der Heizung. Der Kessel weist bei *J* zwei Öffnungen auf, durch die die Reinigung der Rauchzüge *D*, selbst im Betriebe, möglich ist. Die Mittelglieder erhalten ein Vorderglied *K* angesetzt, das die Schüttür *L* für den Brennstoffeinwurf, die Schür- und Aschtür *M*, die Frischluftklappe *O*, die Anschlüsse *H* bzw. *P* für Heizwasser und schließlich den Füll- oder Entleerhahn Q enthält. In ähnlicher Weise bekommt der Kessel rückwärts das Endglied R, das die zweiten Anschlußstutzen für die Heizung (H bzw. P) aufweist.

Sämtliche Glieder werden durch konische Nippel verbunden, die, durch starke Pressen eingedrückt, metallisch dichten. Der Kessel wird ohne Einmauerung aufgestellt und vor Wärmeverlusten durch eine Schutzschicht S bewahrt. Ein Blechmantel T schließt den Kessel nach außen sauber ab. Durch Veränderung der Anzahl der Mittelglieder entstehen Kessel von verschiedener Größe.

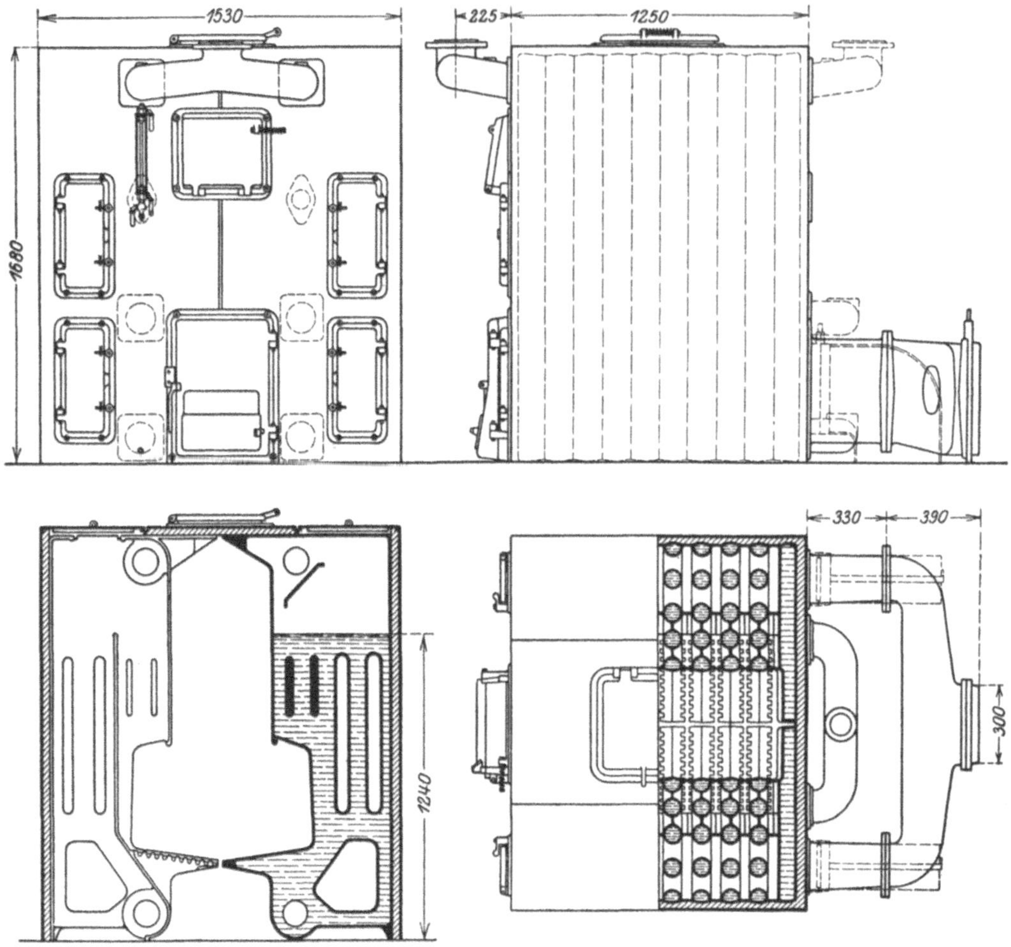

Abb. 26. Großkessel.
(Nationale Radiator-Gesellschaft, Schönebeck a. Elbe.)

Eine ähnliche Bauart weist der in Abb. 25 dargestellte Buderus-Lollarkessel auf. Bei ihm ziehen jedoch die Rauchgase nicht wie vorher nach beiden Seiten, sondern einseitig nach dem Fuchs ab. Alles übrige ist nach dem Vorstehenden ohne weiteres verständlich.

b) Mittel- und Großkessel.

Alle Großkessel und auch die meisten Mittelkessel erhalten außer der Tür in der Vorderwand noch eine obere Schüttöffnung, so daß die Beschickung gegebenenfalls durch kleine Rollwagen oder Hängewagen von oben erfolgen kann. Ferner werden die einzelnen Kesselglieder nicht als geschlossene wasserführende Ringe in einem Gußstück ausgeführt, sondern jedes Kesselglied besteht aus zwei völlig getrennten

Hälften, wie das Abb. 26 bei einem Großkessel für Niederdruckdampfheizung zeigt. Am unteren Teil der Rückseite des Kessels ist ein Verteilungsstück angebracht, welches das Kondensat oder das Rücklaufwasser beiden Kesselhälften getrennt zuführt. In gleicher Weise ist im oberen Teile des Vordergliedes oder des Rückgliedes ein Sammelstutzen angeschraubt, der aus beiden Kesselhälften zu einer gemeinsamen Vorlaufleitung führt. Jede Kesselgliedhälfte trägt die Hälfte des Rostes, welcher bei den meisten Bauarten als wassergekühlter Rost ausgebildet ist.

Abb. 27 a.

Abb. 27 a, b und c zeigt einen Großkessel in der Sonderausführung für Braunkohlenbriketts. Daß es sich um einen Kessel für gasreiche Brennstoffe handelt,

Abb. 27 b.

Abb. 27 c.

Abb. 27 a—c. Großkessel für Braunkohlenbrikett.
(Eca IV, Strebelwerk.)

zeigt der in der Abb. 27b deutlich sichtbare Kanal für Oberluftzuführung. Abb. 27a gibt die Vorderansicht mit den Armaturen des Kessels, Abb. 27c die Rückansicht mit dem Anschluß der beiden Kesselhälften an den Fuchs. Auch die beiden gemeinsam verstellbaren Rauchgasschieber sind zu erkennen.

c) Kleinkessel.

Für kleine Heizanlagen, Warmwasserbereitungen, Gewächshäuser usw. werden Kleinkessel von rund 0,5 bis 5,0 m² Heizfläche ausgeführt. Der allgemeine Grundgedanke ist der gleiche geblieben. Die Einzeldurchbildung paßt sich sinngemäß den kleinen Verhältnissen an. Einen derartigen Kleinkessel mit oberem Abbrand zeigt Abb. 28.

d) Zimmerheizkessel.

Bezüglich dieser Kessel sei auf S. 61 verwiesen.

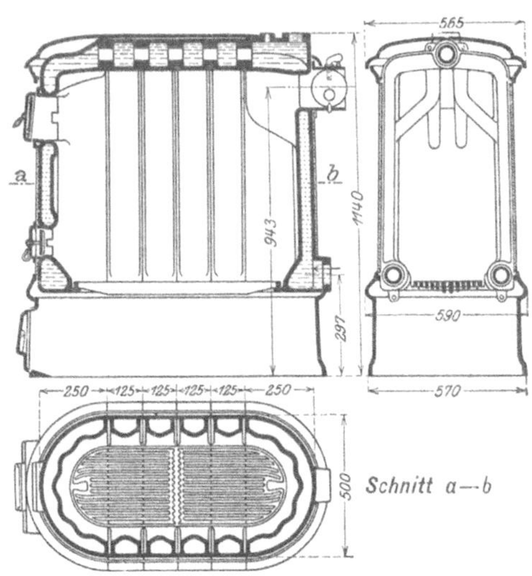

Abb. 28. Kleinkessel.
(Strebelwerk, Mannheim.)

2. Sonderbauarten von Kesseln.

Es gibt eine Reihe von Kesseln, die in den wesentlichen Teilen ihrer Konstruktion den bisher gekennzeichneten Gliederkesseln entsprechen, die aber als Sonderbauarten zu bezeichnen sind, entweder weil sie aus Stahl statt aus Gußeisen bestehen oder weil sie für Kohle statt für Koks eingerichtet sind. Ein Vertreter dieser Sonderbauweisen ist der in Abb. 29 dargestellte Anthrazitkessel, dessen feuerungstechnisches Kennzeichen der Schrägrost ist. Ein dachförmiger, wassergekühlter Doppelschrägrost *R* ist unterhalb des Brennstoffmagazins angeordnet. Das Brennstoffmagazin *M* ist unten gegen den Feuerraum zu durch zwei feuerfeste Hohlsteine *H* abgeschlossen, die nur einen schmalen Spalt zwischen sich lassen. Durch diesen Spalt sinkt der Brennstoff auf den Rost. Die Oberluftzufuhr erfolgt durch die beiden Hohlsteine *H*. Selbst Kohlen mit erheblichem Gasgehalt lassen sich noch wirtschaftlich verfeuern. Auf keinen Fall aber darf die Kohle backen. Der wirtschaftliche Vorteil dieser Kessel ist vor allem darin begründet, daß die Wärmeerzeugung sich stark schwankendem Bedarf besser anpassen läßt als bei Koksfeuer.

Abb. 29. Anthra-Kessel.
(Vereinigte Stahlwerke A.-G.)

3. Große schmiedeeiserne Kessel.

Bei sehr großen Anlagen werden schmiedeeiserne genietete Kessel verwendet. Die Bauart entspricht im allgemeinen den Hochdruckdampfkesseln, weshalb auf das entsprechende Gebiet des allgemeinen Maschinenbaues verwiesen werden kann. Die Ausrüstung der Kessel ist bei Niederdruckdampfkesseln die gleiche wie bei Hochdruckdampfkesseln, nur tritt an Stelle des Sicherheitsventils das Standrohr; bei Warmwasserkesseln fallen Sicherheitsventil, Wasserstandrohr und Probierhahn fort.

Bei der Projektierung einer größeren Kesselanlage wird man meist von der Wahl des Brennstoffes ausgehen, indem man unter Berücksichtigung von Zechenpreis, Frachtkosten, Heizwert und anderen feuerungstechnischen Eigenschaften die bei den örtlichen Verhältnissen wirtschaftlichste Brennstoffart bestimmt. Ferner hat man sich zu entscheiden, ob man eine automatische Feuerung oder Handbeschickung vorsehen will.

Nun erst kommt die Wahl der Kesselbauart. Hierfür ist außer den Anforderungen der Feuerung die Betriebsweise der Anlage maßgebend. Soll die Anlage plötzlichen starken Schwankungen im Wärmebedarf rasch folgen können, so verwendet man Kessel mit geringem Wasserraum, z. B. Wasserrohrkessel. Da aber solche Kessel ein geringes Speichervermögen haben, erfordern sie ständige und aufmerksame Bedienung oder automatische Feuerungsregelung. Dort, wo die Schwankungen nur kurze Zeit anhalten, ist es darum meist zweckmäßig, den entgegengesetzten Weg zu gehen und der Kesselanlage große Trägheit zu verleihen, indem man Kessel mit großem Wasserraum, also Flammrohrkessel, Siederohrkessel und ähnliche Bauarten verwendet.

4. Kessel für Gas und Heizöl.

Die Verwendung des Gases statt des Kokses in Zentralheizungskesseln würde wesentliche Vorteile mit sich bringen, die sich allerdings nicht immer nach Mark und Pfennig bewerten ließen, die aber doch stark ins Gewicht fallen würden, vor allem bei Privathäusern. Bei Verwendung des Gases käme in Fortfall:

1. die Sorge für rechtzeitige Bestellung des Kokses,
2. die Kontrolle der Lieferung auf Güte und Menge, sowie
3. die Notwendigkeit einer längeren Vorausbezahlung des Brennstoffes,
4. die Belästigung durch Staub beim Abladen und beim Verheizen des Kokses, beim Entfernen und beim Abfahren der Schlacke.

Der Kokskeller würde für andere Zwecke frei werden, und die Bedienung des Kessels würde weitaus einfacher und bequemer sein. Zudem besteht die Möglichkeit einer vollautomatischen Temperaturregelung in viel höherem Maße als bei festen Brennstoffen. Allen diesen Vorzügen des Gases, die in ähnlicher Weise auch für Öl gelten, steht nur ein Vorzug des Kokses gegenüber, und das ist der geringe Preis des Kokses. In der Gegenwart liegen die Verhältnisse nun so, daß nur in ganz wenigen Gegenden Deutschlands die Verwendung des Gases im Zentralheizungskessel wirtschaftlich möglich ist. Für die Verwendung des Gases sind besondere Heizkesselbauarten notwendig, denn es ist falsch, wie es bei Umbauten manchmal geschieht, in den Kokskessel einfach einen Gasbrenner einzubauen. Zwei Beispiele heute schon eingeführter Kessel zeigen Abb. 30 und Abb. 31.

Abb. 30. Gaskessel. (Rud. Otto Meyer.)

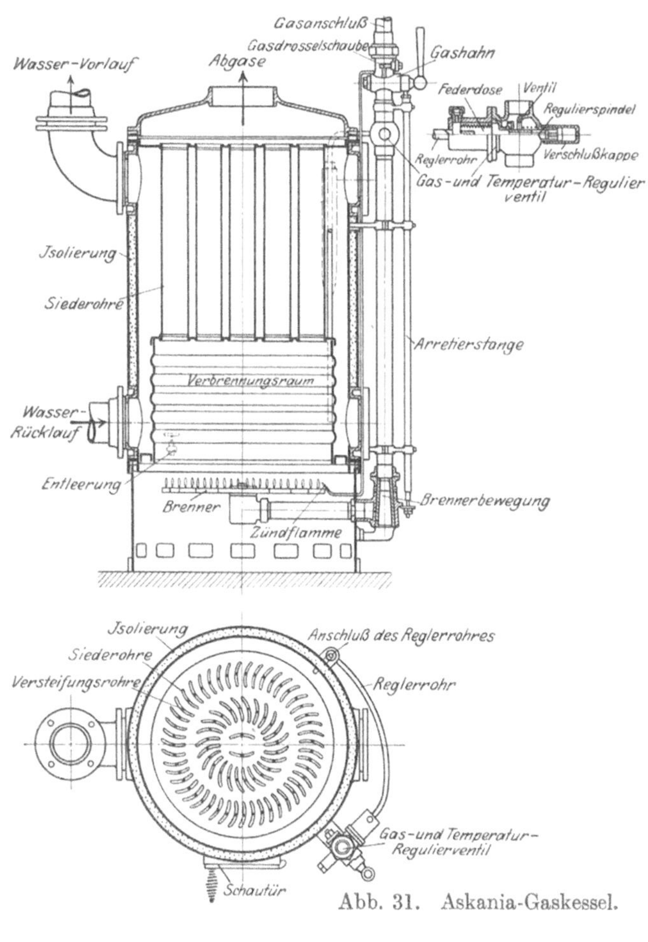

Abb. 31. Askania-Gaskessel.

5. Überschlägige Berechnung der Kessel und Unterteilung der Kesselheizfläche.

Über die genaue Berechnung der erforderlichen Kesselheizfläche vgl. man II. Teil, S. 144. Für eine überschlägige Berechnung der Kesselgröße und daran anschließend der Größe des Kesselraumes und des Kokslagers geht man von der Erfahrungstatsache aus (nach Uber), daß für mittlere und größere Gebäude bei guter Bauausführung und gewöhnlichen Verhältnissen auf 1 m³ umbauten Raum ein Wärmebedarf von etwa 16 kcal/h zu rechnen ist. Der gesamte stündliche Wärmebedarf Q des Gebäudes ergibt sich also durch einfache Multiplikation der Kubikmeter umbauten Raumes mit der Zahl 16 (vgl. II. Teil, S. 136).

Nimmt man nach Uber ferner an, daß 1 m² Kesselheizfläche unter ungünstigen Umständen und mit Rücksicht auf spätere Erweiterungen 4000 kcal/h nutzbar leistet, so erhält man die erforderliche Kesselheizfläche F aus der Beziehung:

$$F = \frac{Q}{4000}\,\mathrm{m}^2 .$$

Man hat nun zu entscheiden, auf wieviel Kessel man diese Heizfläche verteilen will. Ist die Anlage so klein, daß nur ein Kessel möglich ist, so ist die Anpassung des Betriebes an Schwankungen im Wärmebedarf schwierig. Damit nicht der Kessel für die Mehrzahl der Wintertage unnötig groß und damit unwirtschaftlich im Betriebe wird, wählt man die Kesselgröße etwas kleiner als errechnet und schafft bei strengerer Kälte die nötige Leistung durch Überlastung des Kessels, was allerdings nur auf Kosten der Wirtschaftlichkeit geschehen kann.

Bei zwei Kesseln hat man früher die erforderliche Heizfläche F derart unterteilt, daß man einen Kessel mit $\frac{1}{3}F$, den anderen mit $\frac{2}{3}F$ ausführte. Man konnte dadurch bei mildem Wetter den ersten, bei tieferer Außentemperatur den zweiten und bei strenger Kälte beide Kessel zusammen benutzen. Diesem Vorteil steht aber der erhebliche Nachteil gegenüber, daß bei Schadhaftwerden des größeren Kessels der kleinere auch bei Überlastung nicht in der Lage ist, die erforderliche Wärme zu schaffen. Man zieht daher meistens vor, zwei gleich große Kessel vorzusehen, von denen jeder bei einer noch zulässigen Überanstrengung ausreicht, den gesamten Betrieb aufrechtzuerhalten.

Die beste Unterteilung der Kessel erfolgt bei größeren Anlagen derart, daß mindestens drei gleich große Einheiten vorgesehen werden. Zwei von diesen sind dann bei noch annehmbarer Überlastung imstande, die insgesamt nötige Wärmeleistung zu erreichen. Andererseits ist zu bedenken, daß mit der fortschreitenden Unterteilung der Kessel die Bedienungsarbeit für die Anlage zunimmt. Man soll daher bei umfangreichen Anlagen zu Großkesseln übergehen und für noch größere Wärmeleistungen, wie erwähnt, schmiedeeiserne Kessel anwenden.

B. Kesselraum.

1. Größe des Kesselraumes.

Nach der überschlägigen Ermittlung der Kesselheizfläche lassen sich annähernd auch die Abmessungen des Kesselhauses festlegen. Hierüber wird der erwähnten Uberschen Abhandlung das Nachstehende auszugsweise entnommen. Bezeichne B die Kesselbreite und L die Kessellänge, so kann für gußeiserne Gliederkessel wie nebenstehend geschätzt werden:

Kesselheizfläche m²	B m	L m
3 bis 10	0,8	0,7 bis 1,40
11 „ 20	1,0	0,9 „ 1,60
21 „ 45	1,5	1,2 „ 2,0

Kleine Kessel bis 3 m² Heizfläche benötigen etwa 1 m² Grundfläche und ebensoviel als Vorplatz zum Schüren. Für mittlere und große Gußkessel ergibt sich nach Maßgabe der Abb. 32 die **Mindestgröße** des allein für die Kessel erforderlichen Raumes.

2. Ausgestaltung und Ausstattung des Kesselhauses.

Die Gesichtspunkte, welche bei der Ausgestaltung des Kesselhauses zu beachten sind, sollen an Hand des Beispieles in Abb. 32 besprochen werden. Wenn irgend angängig, sind die Kessel in Gruppen zu zweien anzuordnen. Die häufig anzutreffende Aufstellung von drei Kesseln in einer Gruppe hat den Nachteil, daß bei Schadhaftwerden des mittleren Kessels auch einer der beiden anderen außer Betrieb gesetzt werden muß. Die Kessel sind ferner so aufzustellen, daß sie dem Fenster gegenüberstehen, damit die Kesselvorderseite gut beleuchtet ist. Der Schornstein soll möglichst nahe beim Kessel liegen, da ein langer Fuchs zu Störungen der verschiedensten Art Veranlassung geben kann. Beim Fuchs muß für eine genügende Zahl leicht zugänglicher Reinigungsöffnungen gesorgt werden. Die Hauptreinigungsöffnung R_1 ist möglichst an die Stirnseite des Fuchses zu legen. Damit die Reinigungsarbeit bequem ausgeführt werden kann, muß der Abstand zur nächsten Wand mindestens $1^1/_2$ m betragen. Die gegenüberliegende Reinigungsöffnung R_2, die im Schornstein angebracht ist, dient zugleich zum Anschüren eines Lockfeuers. Reinigungsöffnungen R_3 in der oberen Seite des Fuchses sind nicht bequem, lassen sich aber oft nicht vermeiden. Für den Abstand der Kesselrückseite vom Fuchs sind die Maße, die in den Katalogen der Firmen über die Rauchrohre angegeben sind, zu beachten. Beim ersten Entwurf werden diese Maße meist unterschätzt, wodurch nachträglich Schwierigkeiten bei Unterbringung des Fuchses entstehen.

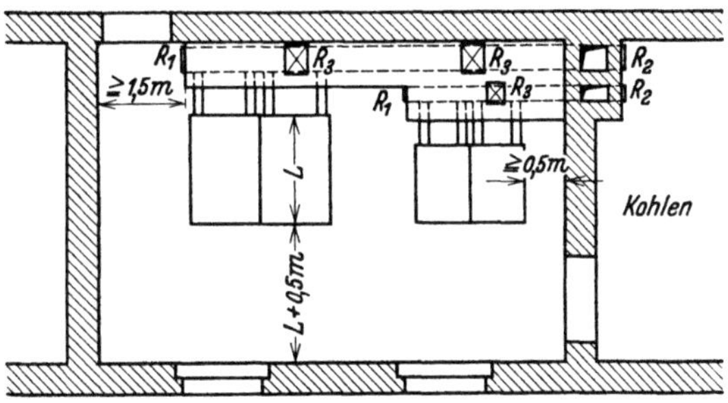

Abb. 32. Anordnung im Kesselraum.

Für die **Schornsteine** von Zentralheizungsanlagen gelten sinngemäß dieselben Gesichtspunkte wie für die kleineren Schornsteine von Kachelöfen und Herden (s. S. 10—13). Die Abgase irgendwelcher anderer Feuerungen, z. B. von Zimmeröfen, Herden oder gewerblichen Feuerungen dürfen nicht in die Schornsteine von Zentralheizungsanlagen eingeleitet werden.

Die baupolizeilichen Bestimmungen verlangen vielfach, daß jeder Kessel einen eigenen Schornstein bekommen soll, jedoch ist die Baupolizei jederzeit bereit, von dieser Forderung abzugehen, wenn ihr einwandfreie Vorschläge für die Zusammenfassung von Feuerungen gemacht werden. Bei großen Anlagen mit sehr vielen Kesseln empfiehlt es sich, drei, vier oder mehr Gruppen zu bilden, indem man je drei Kessel zu einer Einheit vereint und dieser einen gemeinsamen Schornstein gibt. Bei mittelgroßen Anlagen ist es zweckmäßig, eine Drei- oder Zweiteilung der Schornsteinanlage anzustreben, wie das schon bei der Aufteilung der Heizfläche besprochen wurde (s. S. 26). Der Kessel der Warmwasserversorgungsanlage soll stets einen eigenen Schornstein bekommen.

Für die Berechnung der Schornsteinweite legt man meist die nachstehende Gleichung zugrunde:

$$f(\text{m}^2) = \frac{1}{1200} \cdot \frac{\text{stündl. Rauchgasgewicht (in kg)}}{\sqrt{\text{Höhe des Schornsteins (in m)}}}\,.$$

Zur Bestimmung des Rauchgasgewichtes kann die Zahlentafel 4 S. 271 verwendet werden. Der Zahlenwert $\frac{1}{1200}$ entspricht mittleren Verhältnissen. Er muß erhöht werden bis auf $\frac{1}{900}$, wenn der Fuchs sehr viele Richtungs- und Querschnittsänderungen aufweist, wenn die Kesselbauart außergewöhnlich hohen Zug verlangt oder wenn andere ungünstige Umstände vorliegen. Bei außergewöhnlich günstigen Verhältnissen darf der Wert gegebenenfalls bis auf $\frac{1}{1500}$ herabgesetzt werden.

Jedes Kesselhaus muß **Zu- und Abluftkanäle** erhalten. Die Zuluftkanäle, durch welche die zur Verbrennung des Brennstoffes erforderliche Luftmenge hereinströmt, sind in einer Größe von etwa 50 vH des Schornsteinquerschnittes anzulegen. Für die Ablüftung des Kesselraumes werden am besten zwei Kanäle vorgesehen, von denen einer in der Nähe der Decke, der andere am Fußboden ausmündet. Beide Kanäle können nach etwa 2 m getrennter Hochführung vereinigt werden. Die Abluftkanäle sind zwischen geheizte Räume (also warm) zu legen und sollen mit etwa 25 vH des Schornsteinquerschnittes bemessen sein.

Um bei **Entleerungen** der Anlage das heiße Wasser nicht unmittelbar in die Kanalanlage leiten zu müssen (oft polizeilich verboten), sind am besten Kühlgruben anzunehmen, deren Größe dem Wasserinhalt der Anlage entspricht. In den Gruben soll sich das Wasser auf etwa 35° C abkühlen.

Schaltplatz. Bei größeren Anlagen ist im Kesselhaus oder in der Nähe desselben ein Schaltplatz vorzusehen, der die Vorlauf- und Rücklaufverteiler, die Fern- und gewöhnlichen Thermometer, die Anlasser und Fernsteller für die Lüftung und alle sonstigen, für die übersichtliche Betriebsführung von Fall zu Fall erforderlichen Einrichtungen enthalten soll.

3. Kokslager[1].

Der Brennstoffraum ist so groß wie irgend möglich zu bemessen, denn die hierfür aufgewendeten Kosten machen sich dadurch reichlich bezahlt, daß erhebliche Koksmengen im Sommer trocken eingekauft werden können. Es hängt von der Art des Gebäudes, insbesondere von der sonstigen Zweckbestimmung der Kellerräumlichkeiten ab, wie groß man den Brennstoffraum tatsächlich ausführen kann. Im allgemeinen wird man die Lagerung eines 2monatigen Bedarfes anstreben. Der Lagerraum soll für eine Schütthöhe von 1,0 m bis höchstens 1,5 m vorgesehen und durch Verschläge so abgeteilt sein, daß gleiche und bekannte Raummaße entstehen. Damit kann der Benutzer der Anlage, falls Raumteil um Raumteil entleert wird, mit einem Blick die noch vorhandenen Brennstoffmengen abschätzen.

Um die Größe des Brennstoffraumes zu bemessen, geht man von dem stündlichen Wärmebedarf Q des Gebäudes aus, wie man ihn schon für die Bemessung der Kesselheizfläche ermittelt hat. Man braucht zur Lagerung des Koksvorrates für einen außergewöhnlich kalten Tag bei 1,5 m Schütthöhe eine Bodenfläche $= \frac{Q}{100000}\,m^2$. Für die kalten Wintermonate Januar oder Februar rechnet man etwa mit dem 20fachen Betrag, für eine halbe Jahresrate etwa mit dem 50fachen Betrag dieser Fläche.

Der Koksraum liegt bei kleineren Kesseln, die vorn beschickt werden, in der gleichen Höhe wie der Kesselraum. Bei größeren Anlagen hat sich infolge ihrer Einfachheit die Beschickung von oben eingebürgert. Hierbei wird die Sohle des Koksraumes meist in der Höhe der Kesseloberkante angeordnet. Oftmals ist es durch Anwendung einfacher Hängebahnen möglich, zweckmäßige Anordnungen zu schaffen.

4. Lage des Kesselhauses.

Bei der Bearbeitung größerer Bauvorhaben soll der Architekt den Kesselraum schon in einem möglichst frühen Stadium des Vorprojektes festlegen, da eine Verlegung in einem späteren Stadium der Projektierung meist mit Nachteilen erkauft werden muß.

[1] Über die beim Einkauf des Kokses zu beachtenden Gesichtspunkte vgl. man nachstehenden Aufsatz A. Marx: Koks für zentrale Heizung und Warmwasserbereitung. Monatsblätter des Berliner Bezirksvereins Deutscher Heizungsingenieure Bd. 26, S. 77—86, S. 112—114, S. 144—145. 1927.

Mit Hilfe der Überschlagsrechnungen auf S. 26 und 28 wird zuerst der voraussichtliche Platzbedarf von Kessel- und Koksraum errechnet, und dann die geeignete Stelle im Grundriß des Gebäudes ausgewählt. Vor allem ist zu beachten, daß der Betrieb der Heizungsanlage, insbesondere das Anfahren des Kokses und das Aufladen der Schlacke den übrigen Gebäudebetrieb nicht stören darf. Gleichzeitig ist auf eine in bautechnischer und heiztechnischer Hinsicht einwandfreie Schornsteinanlage Rücksicht zu nehmen. Hierzu gehören: kurzer Fuchs, gerade Hochführung des Schornsteines ohne alle Knickung und richtige Lage der Schornsteinausmündung über Dach.

Gegenüber diesen beiden Forderungen einer bequemen Koksanfuhr und einer einwandfreien Schornsteinanlage treten andere Rücksichten, wie etwa eine zentrale Lage des Kesselhauses zwecks Verkürzung der Leitungen zurück.

5. Kokswahl.

Die Wahl der Koksart, ob Gas- oder Zechenkoks, ob von diesem oder jenem Revier usw., hängt von der Kesselbauart, der Art des Heizungsbetriebes, dem Kokspreise einschließlich Frachtkosten und von anderen Umständen ab[1].

Von besonderer Wichtigkeit ist die richtige Wahl der Korngröße. Die nebenstehende Tabelle über Kokskörnung gilt allgemein für Gaskoks und für viele Sorten Zechenkoks.

Bezeichnung der Korngrößen	Siebung
Brechkoks I . . .	über 60 mm
Brechkoks II . . .	von 40—60 mm
Brechkoks III . .	von 20—40 mm
Perlkoks	von 10—20 mm
Koksgrus	bis 10 mm

Die Wahl der Korngröße wird vornehmlich durch die Höhe der Glühschicht bestimmt. Bei Kesseln mit oberem Abbrand rechnet man die Glühschichthöhe von Oberkante Rost bis Unterkante Fülltür, bei Kesseln mit unterem Abbrand von Oberkante Rost bis Unterkante Füllschacht. Die Korngröße soll nach Barlach im Durchschnitt $^1/_7$ der Glühschichthöhe betragen. Nachstehend sind in einer Tabelle die Korngrößen von Ruhr-Zechenkoks für Kesselheizflächen von 1—50 m²

Bestimmung der Korngröße von Ruhr-Zechenkoks für gußeiserne Heizkessel von 1÷50 m² Heizfläche, mit 10÷60 cm Glühschichthöhe, gültig für Ober- und Unterabbrand-Feuerungen.

Mittlere Korngröße in cm.

Kesselheizfläche in m²		Siebung	1 m²	2	3	4	6	8	10	12	16	20	25	30	35	40	45	50	Siebung	Korngröße
Glühschichthöhe in cm	10	$^{10}/_{20}$	1,0 cm	1,1 cm	1,1 cm	1,2 cm	1,2 cm	1,3 cm	1,4 cm	1,4 cm	1,5 cm	1,6 cm	1,7 cm	1,9 cm	1,9 cm	1,9 cm	2,0 cm	2,0 cm	$^{15}/_{30}$	Brechkoks III
	15	„	1,5	1,6	1,7	1,8	1,9	2,0	2,1	2,2	2,3	2,4	2,6	2,7	2,8	2,9	2,9	3,0	$^{20}/_{40}$	
	20	$^{15}/_{30}$	2,0	2,1	2,2	2,3	2,5	2,6	2,8	2,9	3,1	3,3	3,4	3,6	3,8	3,9	3,9	4,0	$^{30}/_{50}$	Brechkoks II
	25	„	2,5	2,7	2,8	2,9	3,1	3,3	3,5	3,6	3,8	4,1	4,3	4,5	4,7	4,8	4,9	5,0	$^{40}/_{60}$	
	30	$^{20}/_{40}$	3,0	3,2	3,4	3,5	3,7	4,0	4,1	4,3	4,6	5,0	5,1	5,4	5,6	5,8	5,9	6,0	$^{50}/_{80}$	Brechkoks I
	35	„	3,5	3,8	3,9	4,1	4,3	4,6	4,8	5,0	5,4	5,7	6,0	6,3	6,6	6,7	6,9	7,0	$^{60}/_{90}$	
	40	$^{30}/_{50}$	4,0	4,3	4,5	4,7	5,0	5,2	5,5	5,7	6,1	6,5	6,8	7,2	7,5	7,7	7,8	8,0	$^{70}/_{100}$	
	45	„	4,5	4,8	5,0	5,3	5,6	5,9	6,2	6,4	6,9	7,3	7,7	8,1	8,5	8,6	8,8	9,0	„	
	50	$^{40}/_{60}$	5,0	5,4	5,6	5,9	6,2	6,6	6,9	7,2	7,7	8,1	8,6	9,0	9,4	9,6	9,8	10,0	$^{80}/_{120}$	
	55	„	5,5	5,9	6,2	6,4	6,8	7,2	7,6	7,9	8,4	8,9	9,4	9,9	10,3	10,6	10,9	11,0	„	
	60	$^{50}/_{80}$	6,0 cm	6,4 cm	6,7 cm	7,0 cm	7,4 cm	7,9 cm	8,3 cm	8,6 cm	9,2 cm	9,7 cm	10,3 cm	10,8 cm	11,3 cm	11,5 cm	11,8 cm	12,0 cm	„	

[1] Vgl. die Arbeit von K. Schmidt u. M. Rainer-Schmidt, Dresden: Wahl und Abnahme der richtigen Kokssorte für Zentralheizungen. Gesundheits-Ing. 1933, S. 373.

in Abhängigkeit von der Glühschichthöhe angegeben. Für leichten, schnell reagierenden Koks müssen diese Werte mit $^7/_5$, für besonders festen, langsam reagierenden Koks mit $^7/_9$ multipliziert werden.

C. Heizkörper.

1. Heizkörperformen.

a) Heizkörper aus glatten Rohren.

Eine mehrfach in der Nähe des Fußbodens hin und her geführte Rohrleitung (Abb. 33) stellt eine einfache und gute Heizfläche dar. Die Rohre weisen hohe Wärmeabgabe unter starkem Anteil der Strahlung auf, und sie lassen sich einfach und gut reinigen. Die Rohrheizschlange ist eine der ältesten Heizkörperformen, kam aber später nur noch selten zur Anwendung, abgesehen von Sonderfällen, wie z. B. bei Gewächshäusern.

Abb. 33. Rohrheizschlange.

Eine Abart ist das Rohrregister (Abb. 34), bei dem mehrere Rohre durch Endkästen zu einer Einheit verbunden werden. Auch stehende Rohrregister finden Anwendung.

Sowohl Heizschlange als Rohrregister galten in den letzten Jahrzehnten im wesentlichen als veraltet und wurden nur mehr dort verwendet, wo aus Platzgründen eine außergewöhnlich geringe Bautiefe verlangt wurde. Seit kurzem kommen sie aber wieder stark in Aufnahme, und zwar durch eine Neuerung im Bauwesen. Viele unserer neuen Büro- und Geschäftshäuser haben statt getrennt liegender Fenster durchlaufende Fensterbänder. Damit entsteht im Innenraum die durchlaufende glatte Fensterbank, und es fehlt die Fensternische für die Aufstellung des Heizkörpers. Eine richtige Wärmeverteilung im Raum verlangt ferner statt getrennt liegender Einzelheizkörper eine über die ganze Fensterwand durchlaufende Heizfläche. Für Räume mit Fensterbändern ist der Rohrheizkörper die gegebene Heizkörperform.

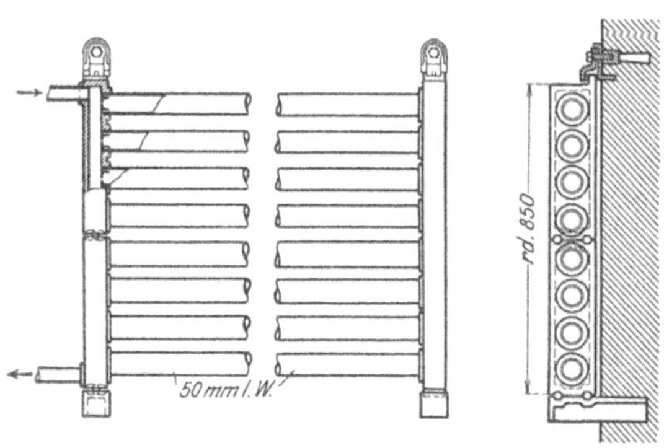

Abb. 34. Rohrregister.

b) Heizkörper aus Rippenrohren.

Sie entstanden aus dem Bestreben, die Heizfläche auf einen engen Raum zusammenzudrängen. Die frühere Herstellung aus Gußeisen ist heute durch die billigere aus Schmiedeeisen fast völlig verdrängt. Schmiedeeiserne Rohre werden so hergestellt, daß auf das Kernrohr Blechscheiben aufgezogen oder Blechbänder spiralig aufgewickelt werden.

Der Nachteil der Rippenrohre ist ihre geringe Reinigungsfähigkeit. Sie finden daher als unmittelbare Raumheizkörper jetzt nicht mehr Verwendung und werden nur für industrielle Heiz- und Kühlzwecke benutzt. Ihr Hauptanwendungsgebiet sind die Lufterhitzer (vgl. Abb. 201).

Für die aus Kupfer hergestellten Rippenheizkörper mit sehr engstehenden Lamellen gilt bezüglich der Reinigungsfähigkeit dasselbe wie für schmiedeeiserne Rippenrohre.

c) Radiatoren.

Der Leitgedanke bei ihrer Erfindung war die Schaffung eines Massenerzeugnisses, das durch Aneinanderfügen gleicher Glieder Heizkörper beliebig großer Fläche ergibt.

Die Verbindung der einzelnen Glieder erfolgt nach Abb. 35 durch Nippel, die mit zylindrischem oder konischem Rechts- und Linksgewinde versehen sind und die Abdichtung metallisch herbeiführen.

Die Abb. 36 und 37 zeigen die Grundform des Radiators, wie sie bis etwa 1920 fast allein üblich war und noch heute unter dem Namen „Großwasserraum-Radiator" bekannt ist. Die Abb. 36 stellt einen zweisäuligen Radiator dar, es gibt aber auch ein-, drei- und viersäulige Ausführungen. Ein Nachteil all dieser älteren Modelle ist der verhältnismäßig große Platzbedarf, vor allem aber der durch die große Säulenstärke bedingte große Wasserraum.

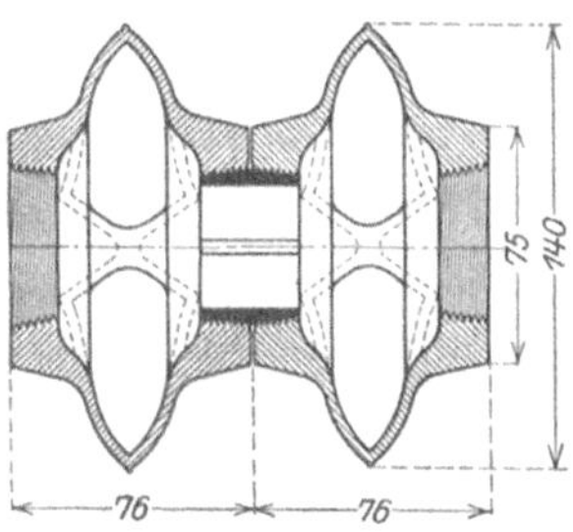

Abb. 35. Radiator-Nippelverbindung.

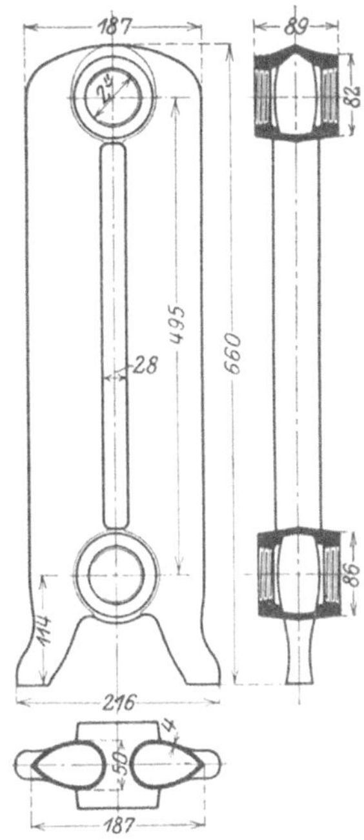

Abb. 36. Radiator.

Etwa um das Jahr 1920 kamen die „Kleinwasserraum-Radiatoren"[1] auf den Markt, die unter den Firmenbezeichnungen „Classic", „Logana", „Westfalia" usw. bekannt sind (Abb. 38). Durch Ausbildung ganz dünner Säulen konnte bei gleicher Heizfläche der Wasserinhalt stark verkleinert und durch enges Zusammenrücken der Säulen der Platzbedarf verringert werden. Dabei blieb die Wärmeleistung je Flächeneinheit verhältnismäßig hoch. Alle diese Vorteile wurden aber erkauft durch

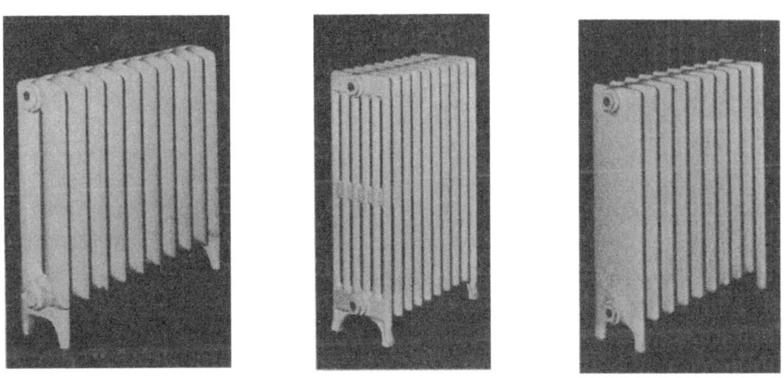
Abb. 37 bis 39. Die drei Grundtypen von Radiatoren.

den Nachteil einer geringen Reinigungsfähigkeit, der vor allem bei den vier- und sechssäuligen Ausführungen bald stark in Erscheinung trat.

In der Erkenntnis dieses Nachteiles entstanden etwa um 1930 die sogenannten Krankenhausmodelle, für deren Formgebung die Reinigungsfähigkeit in erster Linie entscheidend war und bei denen Nachteile, wie etwa größerer Platzbedarf, bewußt

[1] Die ebenfalls eingebürgerte Bezeichnung „Leichtradiatoren" ist zwar kürzer, kann aber zu Mißverständnissen führen, da es sich dabei keineswegs um eine leichtere, weniger feste Bauart handelt, sondern nur um ein geringeres Wassergewicht.

in Kauf genommen wurden. Sie haben alle großen Gliederabstand. Am besten ist die Reinigungsfähigkeit beim glatten einsäuligen Modell (Abb. 39).

Es bleibt nur zu bedauern, daß man für diese Modelle, die doch einer allgemein gültigen Forderung entsprechen, die eng umgrenzten Bezeichnungen „Krankenhausradiator", „Hospitalradiator", „Sanitasmodell" usw. gewählt hat, denn es entstehen dadurch nicht unbeträchtliche Hemmungen für die Einführung dieser Modelle bei Schulen, Wohnbauten usw.

Seit etwa zehn Jahren kommen in vermehrtem Maße schmiedeeiserne Radiatoren auf den Markt, deren Formen im wesentlichen den gußeisernen Radiatoren nachgebildet sind. Die einzelnen Glieder sind aus gestanzten Blechtafeln durch Schweißverfahren hergestellt und zu größeren Heizkörpereinheiten verbunden. Man hört vielfach die Ansicht, daß die schmiedeisernen Radiatoren infolge ihrer geringen Wandstärke eine höhere Wärmeleistung haben müßten als die dickwandigen, gußeisernen Radiatoren. Die Ansicht ist unrichtig, denn das Temperaturgefälle, das in der Wand aufgezehrt wird, ist auch bei gußeisernen Modellen so gering, daß es gegenüber dem Temperaturgefälle von der Oberfläche nach der Raumluft keine Rolle spielt. Die schmiedeeisernen Radiatoren haben meist sehr geringe Dicke der Glieder und dadurch in wünschenswerter Weise einen kleinen Wasserraum. Wegen der Schwierigkeit, die Naben der Glieder über ein bestimmtes Maß herauszupressen, ist jedoch der Gliederabstand bei den meisten Modellen außergewöhnlich gering. Dadurch haben die Heizkörper zwar geringen Raumbedarf, werden aber schlecht reinigungsfähig und haben einen verhältnismäßig geringen Anteil an Strahlung in ihrer Gesamtwärmeleistung.

Die früher üblichen Maßbezeichnungen der Radiatoren waren nicht eindeutig, deshalb wurden im Dezember 1927 neue Bezeichnungen festgesetzt, die nachstehend den alten Bezeichnungen gegenübergestellt sind:

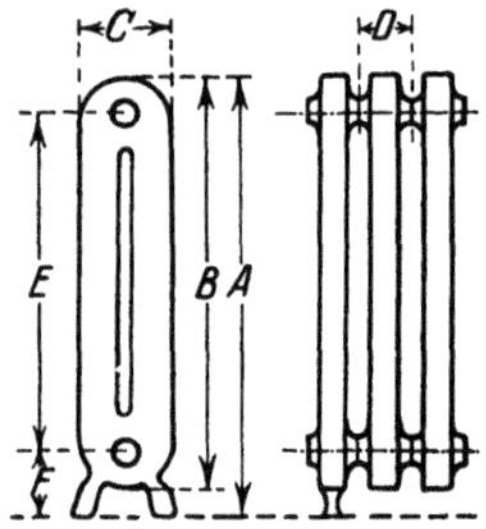

Abb. 40. Maßbezeichnung an Heizkörpern.

Neue Bezeichnung	Alte Bezeichnung
A Fußgliedhöhe	Ganze Höhe mit Fuß
B Mittelgliedhöhe	Ganze Höhe ohne Fuß
C Tiefe	Bautiefe oder Baubreite
D Baulänge	Baulänge
E Nabenabstand	Bauhöhe
F Untere Nabenhöhe	Unterer Nippelabstand

Die Änderungen werden im einzelnen wie folgt begründet:

An Stelle der Bezeichnung Nippel ist die Bezeichnung Nabe gewählt worden, da diese auch für geschweißte schmiedeeiserne Radiatoren brauchbar ist.

Die Benennungen „Höhe mit Fuß" und „Höhe ohne Fuß" wurden in „Fußgliedhöhe" und „Mittelgliedhöhe" umgewandelt, um für den Telegrammverkehr mit einem Wort auszukommen.

An Stelle von „Bautiefe" des Heizkörpers ist kurz „Tiefe" des Heizkörpers gewählt.

Bei der Bezeichnung Baulänge eines Gliedes ist dagegen die Vorsilbe „Bau-" belassen worden, weil sich die ganze Länge des Heizkörpers aus den Baulängen der einzelnen Glieder zusammenbaut.

Statt „Bauhöhe" ist die Benennung „Nabenabstand" gesetzt.

Statt der Bezeichnung „unterer Nippelabstand" ist nicht die Bezeichnung „unterer Nabenabstand", sondern „untere Nabenhöhe" gewählt, weil das Wort Nabenabstand für das bisherige Maß Bauhöhe verwendet wurde. Die ebenfalls vorgeschlagene Bezeichnung „untere Anschlußhöhe" wurde mit Rücksicht auf die exzentrischen Anschlüsse nicht angenommen.

d) Wand- und Plattenheizkörper.

Werden wie in Abb. 41 Radiatorenglieder mit der Breitseite parallel zur Wand aneinandergefügt, so entsteht ein Wandradiator. Der gußeiserne Wandradiator wurde vorwiegend in Amerika weiter entwickelt, und es wurden dort besonders geeignete Bauelemente mit ganz glatten oder profilierten Stirnflächen geschaffen.

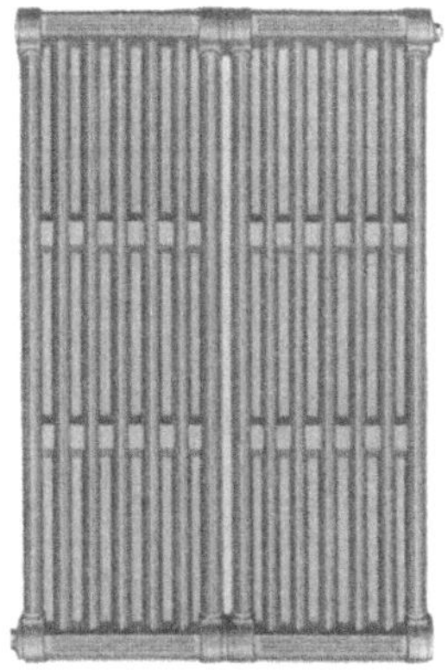

Abb. 41. Wandradiator.

Wandradiatoren haben, ähnlich wie Rohrregister, den Vorzug geringer Bautiefe, übertreffen aber diese in ihrer architektonischen Wirkung. Sie werden nicht nur vor der Wand angeordnet, sondern auch in die Wand eingelassen, wenn für die betreffenden Räume hervorspringende Heizkörper abgelehnt werden. Die Heizwirkung ist insofern günstig, als dem Raum große Strahlflächen zugekehrt sind, wodurch eine behagliche Erwärmung der unteren Raumzone erzielt wird. Zur Unterbringung der erforderlichen Heizfläche sind aber große Wandflächen nötig, und als ein Nachteil muß gelten, daß die Heizkörperrückseite schwer reinigungsfähig ist.

Die in Deutschland lange bekannten, aus größeren Blechtafeln hergestellten Plattenheizkörper sind hinsichtlich ihrer Heizwirkung wie Wandradiatoren zu bewerten.

2. Bewertungsmaßstäbe für Heizkörper.

Es besteht vielfach der Wunsch, für die Bewertung von Heizkörpern — und zwar sowohl bei vorhandenen Modellen als besonders bei Neukonstruktionen — ein einheitliches Bewertungsverfahren oder doch wenigstens einzelne feste Bewertungsmaßstäbe zu besitzen. In diesem Sinne sollen nachstehend die Anforderungen besprochen werden, die an die Heizkörper zu stellen sind. Sie lassen sich in folgender Weise gruppieren.

a) Niedriger Preis.

Der Preis eines Heizkörpers hängt natürlich von seiner Größe, also von seiner Heizfläche ab. Dabei ist allerdings zu beachten, daß der Preis der Flächeneinheit seinerseits wieder von vielen Einflüssen, wie Materialaufwand (also Wandstärke), Herstellungsschwierigkeiten usw. beeinflußt wird. Trotzdem bleibt das Bestreben richtig, für eine verlangte Wärmeleistung mit einer möglichst kleinen Heizfläche auszukommen. Man sucht deshalb die Form so zu gestalten, daß die Wärmedurchgangszahl möglichst hoch ist. In diesem Sinne ist also die Wärmedurchgangszahl, die man sonst nur beim Berechnen von Heizungsanlagen braucht, auch geeignet für einen Vergleich verschiedener Modelle. Sie ist also ein erster Bewertungsmaßstab für Heizkörper.

b) Zweckmäßige Erwärmung des Raumes.

Von einem Heizkörper verlangen wir nicht nur, daß er die verlangte Wärme ihrer Menge nach an den Raum abgibt, sondern er soll sie auch in zweckmäßiger Weise abgeben. Damit ist gemeint, daß er in erster Linie eine gute Erwärmung der unteren Raumhälfte erreichen soll. Das Wort „Raumwirkungsgrad", das von Professor Brabbée gebildet wurde, ist zwar vorzüglich geeignet, die Forderung, die man an den Heizkörper zu stellen hat, dem Sinne nach recht deutlich zu machen. Es gelingt aber nicht, den Begriff als Bewertungsmaßstab zahlenmäßig zu erfassen, nicht nur deshalb, weil die Messung einige Schwierigkeiten bereitet, sondern vor allem, weil die Größe, die man feststellen will, keine Eigenschaft des Heizkörpers allein, sondern weitgehend auch des Raumes ist, in dem der Heizkörper aufgestellt werden soll.

Erfahrungsgemäß entfallen von der Wärmeleistung der meisten Heizkörper etwa zwei Drittel auf Konvektion und etwa ein Drittel auf Strahlung. Konvektion bedeutet immer eine Beförderung der Wärme nach dem oberen Teil des Raumes, ist also nicht die zweckmäßigste Art der Wärmeabgabe. Besser ist die Wärmeabgabe durch Strahlung. Aus der Zeit der Hochdruckdampfheizung mit ihren hohen Oberflächentemperaturen hat sich noch bis in unsere Tage eine Scheu vor der Wärmestrahlung erhalten. Dies ist unbegründet, denn Strahlung bei niedriger Temperatur, sogenannte milde Strahlung, wird durchaus nicht unangenehm empfunden.

Um die Strahlung zu vermehren, soll der Heizkörper eine möglichst große Stirnfläche erhalten. Bei gegebener Heizfläche wird dann die Tiefe abnehmen. Am reinsten entsprechen dieser Forderung die Plattenheizkörper.

Im Gegensatz zu den vorstehenden Ausführungen gibt es unter den Heizungsaufgaben Sonderfälle, in denen starke Konvektion verlangt werden muß. Ein solcher Fall ist z. B. dort gegeben, wo man unter sehr großen Abkühlungsflächen (Fenster, kalte Wände) den herabsinkenden kalten Luftstrom abfangen muß. Dies erfordert ein dichtes Zusammenballen der Heizfläche bei kleiner Stirnfläche, unter Verzicht auf starke Strahlung.

Im Sinne obiger Ausführungen könnte man den Plattenheizkörper und vielleicht auch den einsäuligen Krankenhausradiator als typischen „Strahlungsheizkörper“ und den sechssäuligen Kleinwasserraum-Radiator als typischen „Konvektionsheizkörper“ bezeichnen.

c) Kleiner Wasserraum.

Die Warmwasserheizung hat im Vergleich zur Dampfheizung den Nachteil großer Trägheit, wie das auf Seite 64 noch eingehend besprochen werden wird. Die Ursache ist die große Speicherfähigkeit des Wassers. Daraus ergibt sich die Forderung, den Wasserinhalt der einzelnen Heizkörper und damit des ganzen Systems möglichst klein zu halten. Am leichtesten ist diese Forderung bei den reinen Rohrheizkörpern und bei den schmiedeeisernen Radiatoren zu erfüllen. Sehr gut sind auch die sogenannten Kleinwasserraum-Radiatoren vom Typus des „Classic-Radiators“. Beim einsäuligen Krankenhausmodell erreicht man dieses Ziel in ausreichendem Maße durch einen Säulenquerschnitt in Form einer möglichst schlanken Ellipse. Auch die meisten anderen neueren Bauarten suchen die Forderung eines kleinen Wasserraumes nach Möglichkeit zu erfüllen.

d) Geringer Platzbedarf.

Die Forderung nach geringem Platzbedarf ist an sich naheliegend, aber sie widerspricht zum Teil der oben angegebenen Forderung nach einer ausgiebigen Wärmestrahlung, die nur bei großer Stirnfläche zu erreichen ist. Es ergibt sich daraus, daß zwar eine geringe Tiefe immer erstrebenswert ist, daß dagegen der Forderung nach geringem Wandflächenbedarf Grenzen gezogen sind.

e) Gute Reinigungsfähigkeit.

Die Forderung einer bequemen und gründlichen Reinigungsfähigkeit eines jeden Heizkörpers kann nicht scharf genug betont werden. Ein zahlenmäßiger Bewertungsmaßstab läßt sich dafür natürlich nicht aufstellen.

f) Verschiedenes.

In diesem Absatz sollen eine Reihe weiterer Forderungen kurz zusammengefaßt werden, die man zum Teil mit den Worten „Konstruktive Gesichtspunkte“

bezeichnen könnte. Es gehören hierher: leichte und billige Herstellbarkeit einschließlich billigen Baustoffes, Korrosionsbeständigkeit des Baustoffes, geringes Gewicht zur Ersparnis an Fracht (vor allem bei Überseelieferungen), leichte Montage, gute Entlüftung, schöne Form u. a. m.

Wenn wir diese Übersicht der Anforderungen, denen jeder Heizkörper genügen soll, betrachten, so erkennen wir, daß sich der Wunsch nach einem einheitlichen Bewertungsverfahren oder doch wenigstens nach einzelnen festen Bewertungsmaßstäben kaum wird erfüllen lassen, denn die Forderungen sind nicht nur überaus zahlreich und vielgestaltig, sondern die Bedeutung der einzelnen Forderung ist je nach den Besonderheiten einer heiztechnischen Aufgabe eine stetig wechselnde.

Daraus ergibt sich auch, daß die Suche nach einem einzigen Modell, dem „günstigsten Heizkörpermodell" grundsätzlich verfehlt ist, daß vielmehr die Praxis eine Anzahl von Grundformen für Heizkörper braucht. Dies soll aber keineswegs besagen, daß es nicht möglich und zweckmäßig wäre, innerhalb der einzelnen Grundformen, z. B. innerhalb der Radiatoren, durch weiteren Ausbau der Normung zu einer Verringerung in der Zahl der Modelle zu gelangen. Vom rein technischen Standpunkte aus steht dem jedenfalls nichts entgegen.

3. Der Anstrich der Heizkörper.

Die Heizkörper erhalten einen Grundanstrich, der als Rostschutz dient und darüber einen Lackanstrich, der eine glatte und gut abwaschbare Oberfläche geben soll.

Über den Einfluß des Lackes auf die Strahlung des Heizkörpers und damit seine Wärmeabgabe herrschen vielfach falsche Vorstellungen. Versuche haben gezeigt, daß die Strahlzahlen aller üblichen Heizkörperanstriche praktisch gleich, also unabhängig von der Farbe (ob weiß, schwarz oder farbig) und sehr hoch, sogar noch etwas höher als die Strahlzahl der rohen Gußoberfläche sind.

Häufig werden Heizkörper mit Aluminiumbronze gestrichen, die Strahlzahl dieses Anstriches beträgt nur etwa ein Viertel derjenigen von Heizkörperlacken, und es wird deshalb die gesamte Wärmeabgabe des Heizkörpers um etwa 25% herabgesetzt.

4. Die Aufstellung des Heizkörpers.

Bei Aufstellung eines jeden Heizkörpers ist auf gute Reinigungsfähigkeit, auf möglichst ungehinderte Luftbewegung und auf freie Abstrahlung zu achten.

Die untere Kante des Heizkörpers soll 10, besser 12 cm über Boden liegen, und von der Rückwand soll der Heizkörper mindestens 5 cm entfernt sein.

Die Radiatoren werden am besten auf entsprechend geformte Stützen gelagert und durch Halter gesichert (Abb. 42a—c). Die Aufstellung auf Füßen ist nicht zu empfehlen, da sie die Reinigung des Fußbodens erschwert. Außerdem muß bei Neubauten mit dem Aufstellen der Heizkörper gewartet werden, bis der Fußboden gelegt ist, was meist sehr störend ist. Bei der Aufhängung der Heizkörper an Wandkonsolen kann dagegen die ganze Heizung fertiggestellt werden, ehe der Fußboden gelegt wird. Für Rabitzwände werden Stützen und Halter in besonderer Form geliefert.

Im übrigen ist bei der Aufstellung eines Heizkörpers folgendes zu beachten:

a) Der Heizkörper an einer Innenwand.

Die Aufstellung frei vor der Wand ist die günstigste, da hier Reinigungsfähigkeit, Luftdurchspülung und Wärmeausstrahlung am besten gesichert sind. Muß jedoch der Heizkörper aus räumlichen Gründen in eine Wandnische zurückgedrängt werden, so soll die Nische Abb. 42a nicht tiefer als unumgänglich notwendig sein. Ein geringes Vorstehen des Radiators ist häufig zulässig. Die obere Wölbung der Nische soll möglichst weit nach oben gerückt werden, um die Reinigungsmöglichkeit zu verbessern und das Luftabströmen zu erleichtern.

b) Der Heizkörper in der Fensternische.

Der Normungsentwurf für Radiatoren sieht für Fensterradiatoren nur mehr zwei Höhen, nämlich mit den Nabenabständen 500 und 600 mm vor. Das erste Modell ist bestimmt für lichte Fensterbretthöhen von 800 mm an aufwärts, das zweite Modell von 900 mm an aufwärts sowie für Fenster ohne Fensterbrett. Es ergeben sich damit die in Abb. 42b und 42c gezeichneten Höhenmaße. Dabei ist entsprechend der Forderung einer guten Reinigungsfähigkeit und guter Luftbewegung als Abstand des Fensterbrettes von der oberen Nabe 135 mm vorgesehen. Am besten ist es, wenn kein Fensterbrett vorhanden ist, da dann Reinigungsfähigkeit und Wärmeabgabe am günstigsten sind.

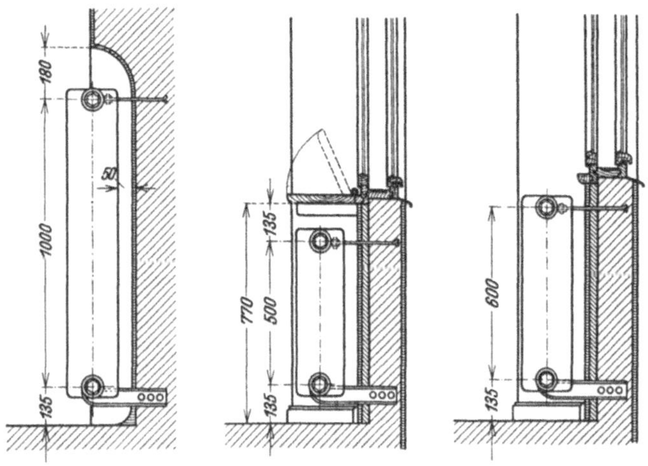

Abb. 42a. Abb. 42b. Abb. 42c.

Abb. 42a—c. Der Heizkörper in Wand- und Fensternischen.

Wenn die Fensterbrüstung nicht mindestens einen Stein stark ist, muß eine Isolierplatte aufgesetzt werden, denn gerade dort, wo die Wand durch den Heizkörper unmittelbar geheizt wird, muß ihr Wärmeschutz ausreichend sein.

Durch die obenstehenden Maßbedingungen ist also die Höhe des Heizkörpers gegeben, die Gesamtheizfläche ist durch den Wärmebedarf festgelegt. Frei ist dagegen noch die Wahl der Tiefe des Radiators und damit seine Gesamtlänge. Häufig wählt man ein möglichst tiefes Modell, um damit einen kleinen und billigen Heizkörper zu erhalten. Der Radiator kann dann aber so kurz werden, daß er die Fensternische der Breite nach nur zum geringen Teil ausfüllt — eine Lösung, die weder schön noch heiztechnisch günstig ist. Der Radiator soll vielmehr die Fensternische in ihrer ganzen Breite ausfüllen, denn die Stirnfläche des Radiators soll möglichst groß sein, um durch einen möglichst großen Anteil der Strahlung eine gute Erwärmung der unteren Raumhälfte zu erzielen.

c) Der Heizkörper in der Heizkörperverkleidung.

Verkleidungen sind, wenn irgend möglich, zu vermeiden. Ihr schwerster Nachteil ist die ungenügende Reinigungsfähigkeit von Radiator, Wand und Boden. Selbst wenn die Verkleidung noch so leicht und bequem abzunehmen ist, hat sie doch erfahrungsgemäß zur Folge, daß die Reinigung unterbleibt.

Ferner beeinträchtigt jede Heizkörperverkleidung die Wärmeabgabe des Heizkörpers, indem sie die Strahlung fast ganz unterdrückt, die Konvektion merklich behindert. Bei gut ausgebildeter Verkleidung beträgt die Gesamtminderung etwa 10 vH, bei schlechten Verkleidungen bis zu 30 vH. Um also die verlangte Wärmeleistung zu erzielen, muß die Heizfläche vergrößert werden, so daß zu den Kosten der Verkleidung noch die Kosten für die vermehrte Heizfläche hinzukommen. Auch bei richtig vermehrter Heizfläche bleibt immer noch der Nachteil, daß die Wärme jetzt fast ausschließlich durch Konvektion und nicht mehr durch Strahlung dem Raum zugeführt wird.

Lassen sich Heizkörperverkleidungen nicht vermeiden, so muß der Architekt davon dem Heizungsfachmann rechtzeitig Kenntnis geben. Für die Ausführung der Verkleidung gelten folgende Richtlinien:

1. Das Abnehmen der Verkleidung soll so bequem und einfach als möglich sein, denn nur dann ist mit einiger Wahrscheinlichkeit eine zeitweilige Reinigung zu erwarten.

2. Liegen bei der Verkleidung die Luftöffnungen an der Vorderseite (Abb. 43), sind also keine Gitter notwendig, so soll ihre Länge gleich der Heizkörperlänge sein, ihre Höhe mindestens gleich zwei Drittel der Heizkörpertiefe.

3. Liegt die Austrittsöffnung an der Oberseite (Abb. 44), so daß sie mit einem Gitter abgedeckt sein muß, so muß ihre Tiefe gleich der ganzen Tiefe des Heizkörpers sein, und die Summe der Öffnungen des Gitters soll nicht weniger als zwei Drittel der ganzen Gitterfläche betragen.

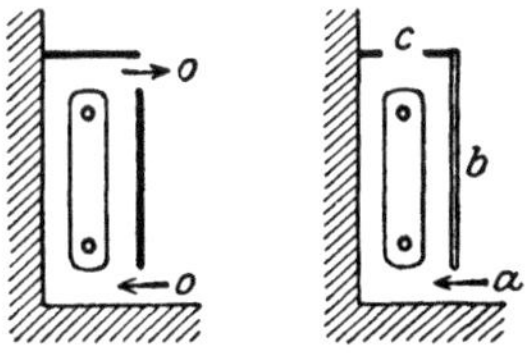

Abb. 43. Abb. 44.
Heizkörperanordnungen.

4. Ob die Stirnfläche der Verkleidung (*b* in Abb. 44) als Gitter oder als volle Fläche ausgeführt ist, spielt keine sehr große Rolle.

d) Der Aufstellungsort des Heizkörpers.

Bei den ältesten Zentralheizungsanlagen hatte man gewohnheitsgemäß die Heizkörper dort aufgestellt, wo die Kachelöfen standen, d. h. in einer Ecke an der Innenseite des Zimmers. Sehr bald trat aber der Wunsch auf, die Zimmerecken zum Aufstellen von Möbeln frei zu bekommen, und man stellte die Heizkörper in die Fensternische, da diese anderweitig meist nicht verwendbar ist. Es waren also reine Platzgründe, welche diese Umstellung herbeiführten. Verhältnismäßig spät erst erkannte man, daß diese Umstellung des Heizkörpers auch einen heiztechnischen Vorteil mit sich gebracht hatte. Die unnötig großen Zimmerhöhen, welche in der zweiten Hälfte des 19. Jahrhunderts bei Neubauten in Mode waren, bedingten auch große und hohe Fenster. Damit war aber eine starke Abkühlung der Zimmerluft an den Fenstern gegeben, und es traten Zugluft- und andere Belästigungen ein. Es zeigte sich nun, daß der Heizkörper, wenn er in der Fensternische aufgestellt wurde, hier Abhilfe schaffte (vgl. Abb. 45).

Da man heute wieder zu zweckmäßigen Zimmerhöhen und damit Fenstergrößen zurückgekehrt ist, spielt der geschilderte Umstand nicht mehr die große Rolle wie früher, und die Frage nach dem besten Platz für den Heizkörper ist neuerdings aufgetreten. Für die Aufstellung am Fenster spricht außer der Platzersparnis die oben geschilderte gleichmäßigere Erwärmung des Zimmers. Für die Aufstellung an der Zimmerinnenseite spricht nur die Verbilligung des Rohrnetzes durch Verkürzung der waagerechten Verteilleitungen im Keller.

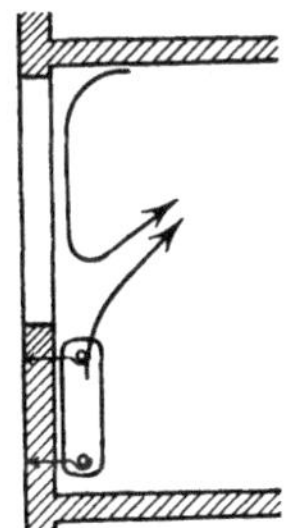
Abb. 45. Luftströmung am Fenster.

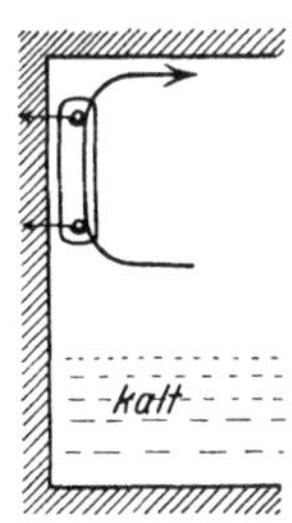

Abb. 46. Heizkörper, hochgestellt.

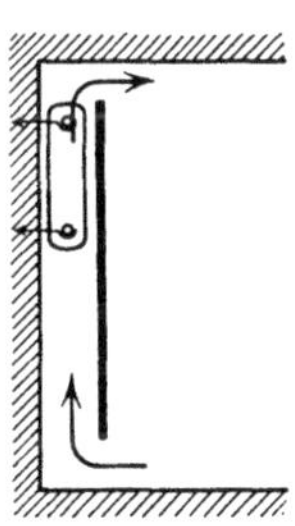
Abb. 47. Heizkörper, hochgestellt.

Man ist manchmal gezwungen, die Heizkörper in der oberen Hälfte des Raumes anzubringen. Dann besteht die Gefahr, daß der Luftumlauf und damit die Erwärmung sich hauptsächlich auf die oberen Schichten des Raumes erstreckt, so daß die unteren Schichten sich nur ungenügend erwärmen (Abb. 46). Ist das Hochstellen des Heizkörpers in keiner Weise zu umgehen, so kann man sich mit einer zwangläufigen Luftführung nach Abb. 47 behelfen.

Bei Räumen mit außergewöhnlich großen Abkühlungsflächen (Kirchen mit großen Fenstern, Hallen mit Oberlichten, Glas- oder Wellblechdächern) ist zur Vermeidung von Zugerscheinungen die Anordnung von gesonderten Heizflächen unmittelbar unter diesen Abkühlungsflächen erforderlich.

D. Rohrleitungen[1].

1. Rohre.

Von den für das Heizungsfach wichtigen Normungsarbeiten ist das Gebiet der Rohrnormung im Herbst 1929 zum Abschluß gebracht worden. Für Heizungsanlagen kommen fast ausschließlich die in den beiden Normblättern

DIN 2441 „Flußstahlrohre, Dampfrohre (dickwandige Gasrohre)",

DIN 2449 „Nahtlose Flußstahlrohre (handelsüblich)"

gekennzeichneten Rohre in Betracht.

Bei der einen Rohrart (DIN 2441) ist die Wandstärke so bemessen, daß die Rohre mit Gewinde versehen und durch Muffen oder Gewindefittings verbunden werden können. Bei der anderen Rohrart (DIN 2449) wird die Wandstärke durch das Aufschneiden eines Gewindes zu dünn, und die Verbindung von Rohren muß daher durch Flanschen oder Schweißung geschehen. Die beiden Gruppen entsprechen etwa den vor der Rohrnormung als Muffen- und Flanschenrohre bezeichneten Rohrarten.

Mit der Normung ist eine neue Bezeichnungsweise, die „Nennweite" der Rohre, eingeführt worden, welche mit mehr oder minder großer Abweichung dem Innendurchmesser der Rohre entspricht.

Zahlentafel 13 enthält die für die Praxis wichtigen Angaben über die genormten Rohre gemäß DIN 2441 und 2449.

a) Rohre gemäß DIN 2441.

Diese Rohre werden im Heizungsfach „verstärkte Gewinderohre" genannt, zum Unterschiede von den ebenfalls genormten Gewinderohren nach DIN 2440, die wegen ihrer geringen Wandstärke als Heizungsrohre nicht geeignet sind. Nach ihrer Herstellungsweise werden die verstärkten Gewinderohre in stumpfgeschweißte und nahtlose Gewinderohre unterteilt. Erstere werden von $^1/_8''$ bis $2''$, letztere von $^1/_8''$ bis $6''$ hergestellt. Die Rohre sind im Normblatt außer nach „Nennweiten" auch nach „Zoll" bezeichnet. Der für die Heizungstechnik in Frage kommende Bereich erstreckt sich von $^3/_8''$ bis $2''$ bzw. 10—50 mm Nennweite. Gemäß DIN 2441 ist bei der Bestellung eines verstärkten Gewinderohres in nahtloser Ausführung von z. B. 51 mm Innen- und 60 mm Außendurchmesser anzugeben: „Nahtloses Dampfrohr 2" DIN 2441".

Als Gewinde für diese Rohre ist das Withworth-Gewinde nach den Normblättern DIN 259 und DIN 2999 geeignet. Die Entscheidung darüber, ob die konische oder zylindrische Gewindeform für Rohranschlüsse zu bevorzugen ist, steht zur Zeit noch aus.

b) Rohre gemäß DIN 2449.

Diese Rohre, im Heizungsfach kurz „nahtlose Rohre" genannt, sind im Normblatt nach ganzzahligen Nennweiten von 4—400, unter Fortlassung der Zollbezeich-

[1] Ginsberg, O.: Heizungsmontage. München: R. Oldenbourg 1929. — Hottinger, M.: Von den Rohrnetzen bei Warmwasser- und Dampfheizungen, Brauchdampfanlagen und Warmwasserversorgungen. Gesundheits-Ing. Bd. 50 (1927), S. 677—680, 713—715 u. 779—783. — Mann, V.: Rohre. München: R. Oldenbourg 1928. — Rötscher, T.: Die Maschinenelemente. I. Bd. Berlin: Julius Springer 1927. — Schwedler, F.: Handbuch der Rohrleitungen. Berlin: Julius Springer 1932.

nung, geordnet. In der Heizungstechnik werden die Rohre im Bereich von etwa 50 bis 400 Nennweite gebraucht. Bei ihrer Bestellung ist der Außendurchmesser und die Wandstärke anzugeben, z. B. für ein Rohr von Nennweite 50: „Nahtloses Rohr 57 × 2,75 DIN 2449". Da die Rohre geringere Wandstärken als die vorher beschriebenen besitzen, eignen sie sich nur für die Rohrverbindung durch Flansche oder durch Schweißung. Letztere ist bei Rohren unter 50 Nennweite möglichst zu vermeiden, weil bei den engeren Rohren Schweißstellen erhebliche Druckverluste verursachen können.

2. Rohrverbindungen.

Die Art der Rohrverbindung und Rohrlagerung ist für den einwandfreien Betrieb der Anlagen von Wichtigkeit. Schlechte Verbindungsarten oder mangelhafte Ausführung der Verbindungen führen zu außerordentlichen Unzuträglichkeiten und verursachen oft erhebliche Kosten. Im Verbinden und Verlegen der Rohre, dem Aufstellen sowie Anschließen der Heizkörper und Kessel besteht die Hauptarbeit der Monteure und Helfer. Von ihrer Tüchtigkeit und Gewissenhaftigkeit hängt das Wohl und Wehe jeder Anlage wesentlich ab. Der Architekt ist oft geneigt, die besondere Wichtigkeit solcher Arbeiten zu unterschätzen.

a) Muffenverbindungen und Verschraubungen.

Die einfachste Verbindung erfolgt durch die Muffe, Abb. 48. Sie besteht aus Temperguß (Weichguß) und weist nur Rechtsgewinde auf. Muffe *M* wird unter Verwendung von Hanf und Dichtungskitt (Mangankitt) auf Rohr *A* aufgeschraubt und in gleicher Weise das Rohr *B* in *M* gedichtet. Die Verbindung setzt voraus, daß mindestens das Rohr *B* frei drehbar ist. Andernfalls erlaubt die Muffenverbindung kein Lösen eines fertig verlegten und befestigten Rohrstranges.

Liegen jedoch beide Rohre fest, oder will man in langen Rohrstrecken eine lösbare Verbindung schaffen, so wird das Langgewinde (Abb. 49a, b, c) benutzt. Die Rohre *A* und *B* werden in die richtige Lage gebracht, *A* trägt auf sich die Muffe *M* und den Gegenring *G*. Zur Rohrverbindung wird (Abb. 49 a) *M* auf *B* heruntergeschraubt (Abb. 49b) und gedichtet. Hierauf wird auf das Rohr *A* bei *D* Hanf gewickelt, Kitt gestrichen und nunmehr die Dichtung durch Nachziehen des Gegenringes *G* bewirkt. Die Außenansicht zeigt Abb. 49 c. Die Lösung der Verbindung ist höchst einfach. *G* wird auf *A* bis zur höchsten Stelle hinaufgeschraubt, die Dichtung *D* entfernt, *M* wie in Abb. 49a völlig auf *A* zurückgezogen, wodurch beide Rohrenden frei werden.

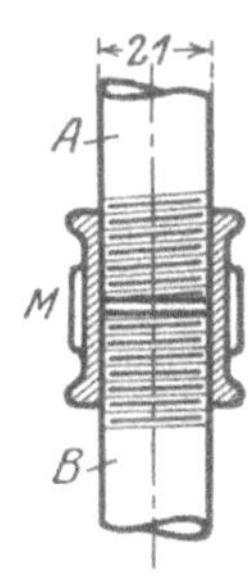

Abb. 48. Muffenverbindung.

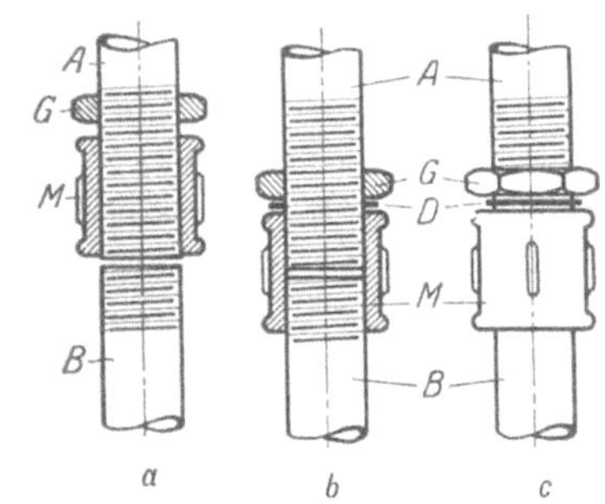

Abb. 49. Langgewinde.

Das Gegenstück zu diesen sog. festen Verbindungen bilden die leicht lösbaren Verschraubungen. Diese werden entweder mit

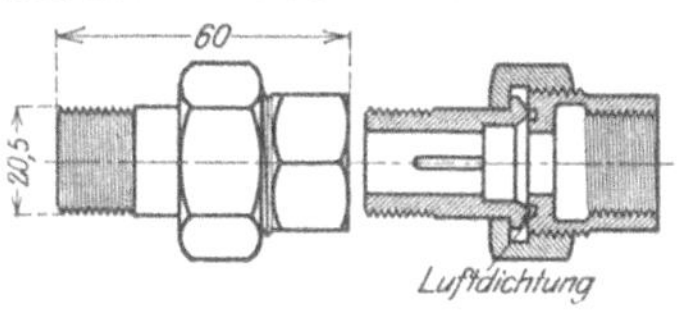

Abb. 50. Gerade Verschraubung.

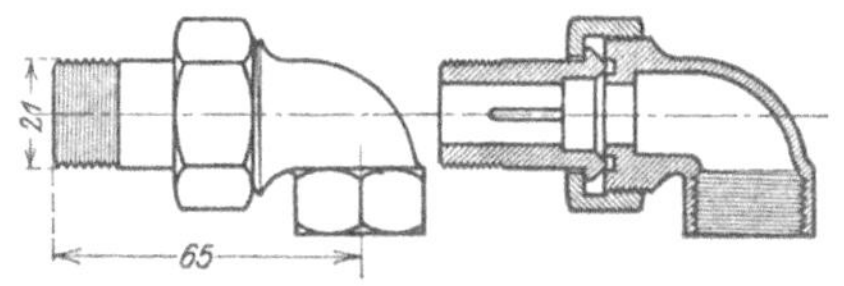

Abb. 51. Winkelverschraubung.

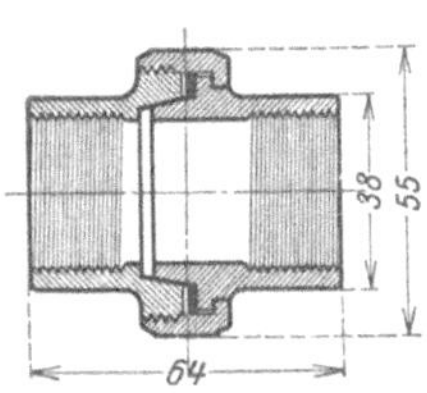

Abb. 52. Konische Verschraubung.

ebenen Dichtungsflächen (Abb. 50 und 51) oder mit konischer Dichtung (Abb. 52) ausgeführt. Die Abb. 50 und 51 zeigen eine bewährte Sonderausführung (Rud.

Otto Meyer, Hamburg), bei der ein doppelter Luftring nach Art der bekannten Labyrinthdichtungen wirkt.

Die Abb. 53—61 bringen eine Reihe Formstücke aus Temperguß, die für das Verbinden und Abzweigen von Muffenrohren verwendet werden. Abb. 61 zeigt ein T-Stück, bei dem durch Anpassung der Wandung an die Strömungsform eine Ver-

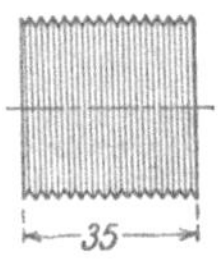

Abb. 53. Nippel.

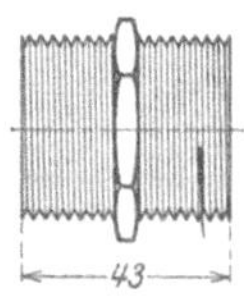

Abb. 54. Doppelnippel.

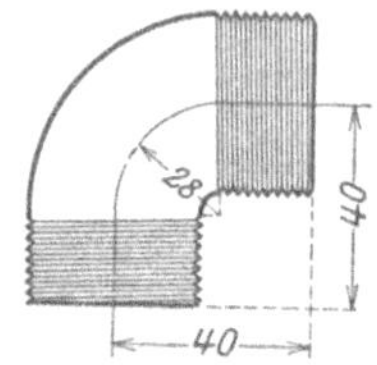

Abb. 55. Knie.

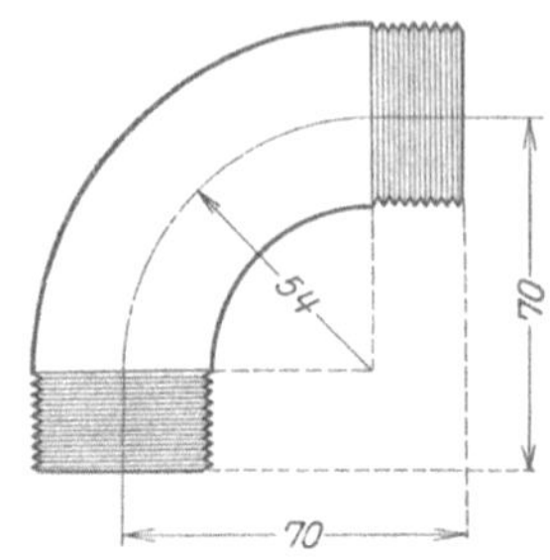

Abb. 56. Bogen.

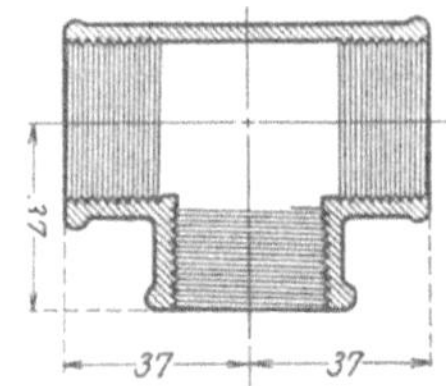

Abb. 57. T-Stück (gleichseitig).

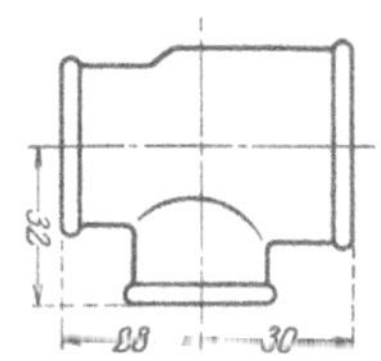

Abb. 58. T-Stück (Abzweig und Durchgang reduziert).

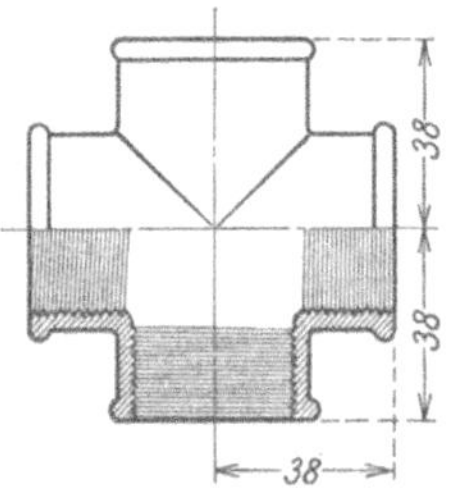

Abb. 59. Kreuzstück.

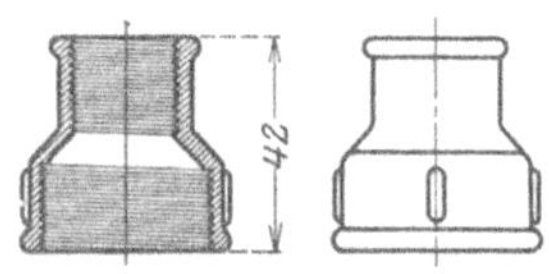

Abb. 60. Reduktionsmuffe.

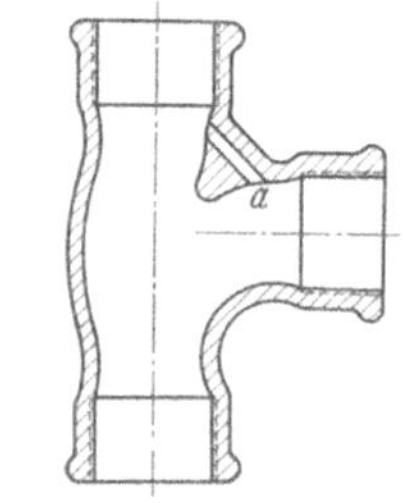

Abb. 61. Stromlinien-T-Stück. (Bergische Stahlindustrie, Remscheid.)

ringerung des Widerstandes gegenüber den gewöhnlichen T-Stücken erzielt wird. Die Bohrung *a* ist notwendig, damit bei senkrechtem Einbau des T-Stückes die Luft aus dem Heizkörper entweichen kann.

b) Flanschenverbindung.

Die Flanschenverbindung von Rohren ist grundsätzlich bei allen gebräuchlichen Heizungsrohren möglich.

Wird sie bei verstärkten Gewinderohren benutzt, was seltener vorkommt, so müssen Gewindeflanschen verwendet werden, die rund oder oval und mit oder ohne Ansatz hergestellt werden. Näheres über die genormten Flanschen dieser Art enthalten die Normblätter DIN 2550, 2555, 2560 und 2561.

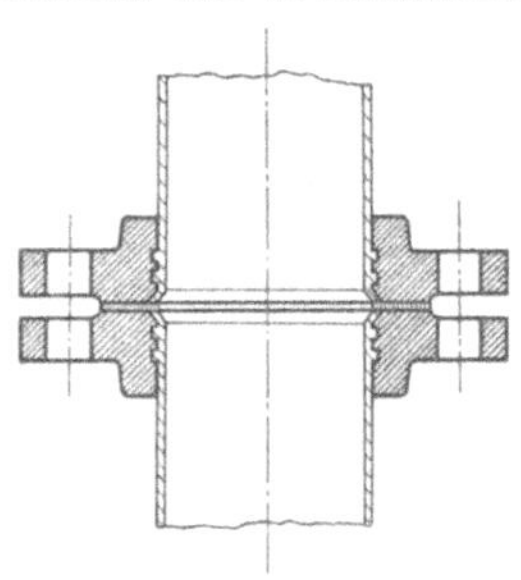

Abb. 62. Walzflanschen mit Ansatz.

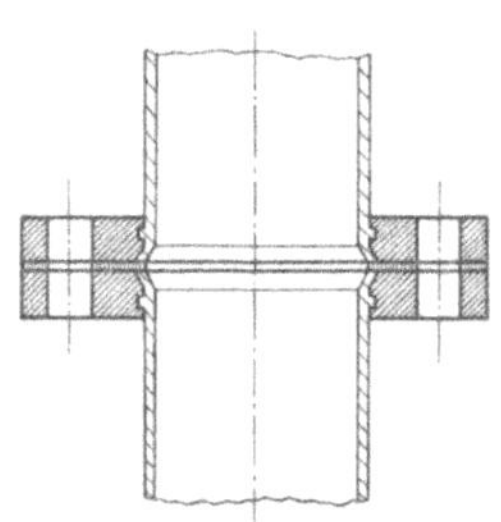

Abb. 63. Glatte Walzflanschen.

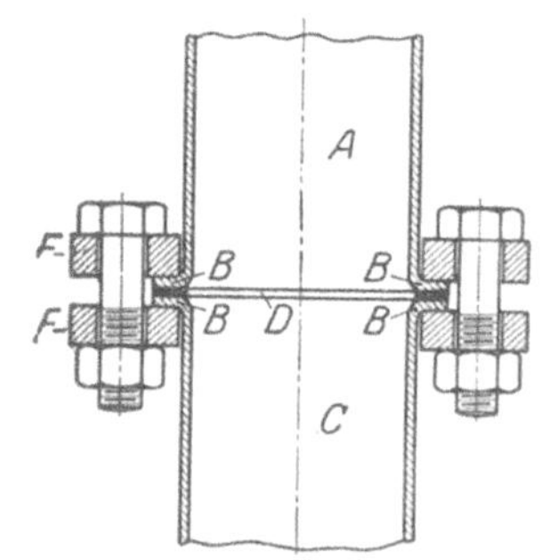

Abb. 64. Aufgebördelte Bordringe mit Überwurfflanschen.

Bei nahtlosen Rohren ist die Flanschenverbindung neben der Schweißung die einzig mögliche Verbindungsart von Rohren. Die hierbei am häufigsten verwendeten Flanschen sind Walzflanschen in glatter Ausführung oder mit Ansatz, wie sie aus den Normblättern DIN 2575, 2580, 2581 und 2582 ersichtlich sind.

Weiteres über Flanschennormung enthalten die Normblätter DIN 2501, 2502, 2531, 2532 und 2533.

In den Abb. 62—64 sind drei verschiedene Flanschenverbindungen von Rohren dargestellt.

c) Rohrverbindung durch Schweißen.

In den letzten Jahren hat sich das Schweißen auch in der Heizungsindustrie in weitgehendem Maße eingebürgert, allerdings herrscht bei den verschiedenen Firmen noch keine Einheitlichkeit darüber, in welchen Fällen bzw. in welchem Ausmaß die Verbindung durch Flanschen bzw. Muffen durch die Verbindung mittels Schweißen ersetzt werden soll.

Im allgemeinen kann man sagen, daß die Flanschverbindung nach Möglichkeit durch die Schweißung ersetzt werden soll, weil erstere stets die Gefahr des Undichtwerdens in sich trägt, weil die Anbringung der Isolierung verteuert wird und weil selbst bei Verwendung von Flanschenkappen die Flanschverbindung einen höheren Wärmeverlust bedingt. Man wird darum nur so viel Flanschen zulassen, daß keine allzu langen Rohrstrecken entstehen, welche bei Erweiterungs- oder Instandsetzungsarbeiten unbequem würden. Häufig genügen dafür aber schon die Flanschen an Ventilen und anderen Formstücken.

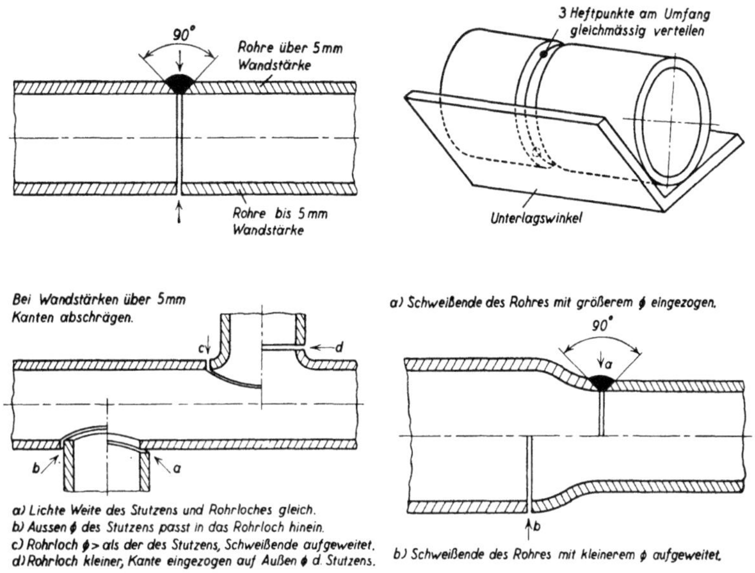

Abb. 65. Rohrverbindungen durch Schweißen.

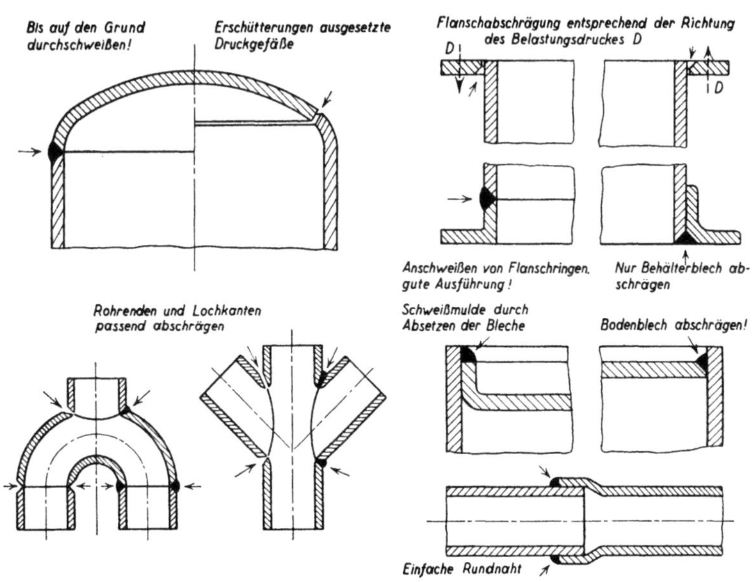

Abb. 66. Rohrverbindungen durch Schweißen.

Bei engen Rohren, den sogenannten Muffenrohren, wird man mit der Verwendung der Schweißung bedeutend vorsichtiger sein müssen, da beim engen Rohr die Schweißung nicht nur viel schwieriger auszuführen ist, sondern sich auch Fehler in der Schweißung, z. B. Querschnittsverengungen, weit stärker bemerkbar machen.

In weit höherem Maße als bei anderen Rohrverbindungen hängt bei der Schweißung alles von der Gewissenhaftigkeit und Tüchtigkeit des Arbeiters ab. Die Abb. 65 und 66 sind den Lehrmitteln von Schweißerkursen entnommen.

d) Druckprobe der fertigen Leitungen.

Nach Fertigstellung aller Rohrverbindungen ist die ganze Anlage, einschließlich Kessel und Heizkörper, zunächst mit kaltem Wasser unter einem Druck zu prüfen, der 2 at mehr beträgt als der höchste Betriebsdruck. Hierbei ist anzunehmen, daß Undichtigkeiten nicht vorhanden sind, wenn das Manometer der Druckpumpe innerhalb 15 Minuten keinen Rückgang zeigt. Alsdann sind unter kräftigem Heizen nicht nur die tropfenden, sondern sämtliche Verschraubungen und Flanschen nachzuziehen. Nach mehrtägiger einwandfreier Probeheizung können die Mauerschlitze hohl zugemauert werden. Es empfiehlt sich, über die geschlossenen Schlitze ein grobmaschiges Drahtgewebe zu legen und hierauf erst den Putz aufzutragen. Flanschen dürfen nicht unter Putz verlegt werden, sondern sind stets zugänglich zu belassen.

Alle Mauerschlitze, Decken- und Wanddurchbrüche sollen schon bei der Ausführung des Gebäudes berücksichtigt werden. Hierdurch lassen sich sehr erhebliche Ersparnisse an Maurerarbeiten erzielen. Naturgemäß ist dies nur bei rechtzeitiger Vergebung der Heizungsanlagen möglich.

3. Rohrhülsen, Rohrlagerung, Ausdehnung.

Bei Durchführung der Rohre durch Mauern oder Decken sind fest einzumauernde schmiede- oder gußeiserne Rohrhülsen (Abb. 67—69) anzuwenden, in denen sich die Rohre mit genügendem Spiel frei bewegen können. Der Wand- oder Deckenaustritt kann zweckmäßig durch einen einfachen Wandverschluß verkleidet werden, der meist einteilig, wenn nötig zweiteilig geliefert wird. Bei der Anbringung dieser Einrichtungen ist große Sorgfalt darauf zu verwenden, daß das Rohr unter keinen Umständen an den Hülsen oder Verschlüssen anliegt. Ist dies der Fall, so treten — sowohl beim Anheizen als auch beim Abkühlen der Rohre — äußerst unangenehme Geräusche auf, die infolge des Vorbeischiebens des Rohres an den festsitzenden Hülsen entstehen. Ebenso ist zu beachten, daß durch unsachgemäßes Anbringen der Wandanschlüsse der anliegende Putz von der Wand abplatzen kann.

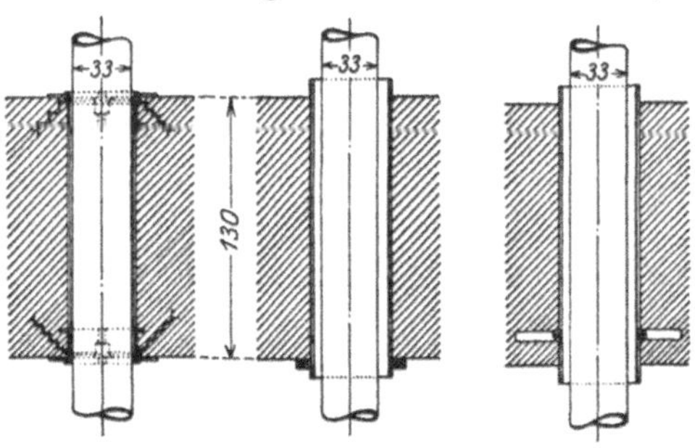

Abb. 67. Abb. 68. Abb. 69.
Rohrdurchführungen durch Mauern und Decken.

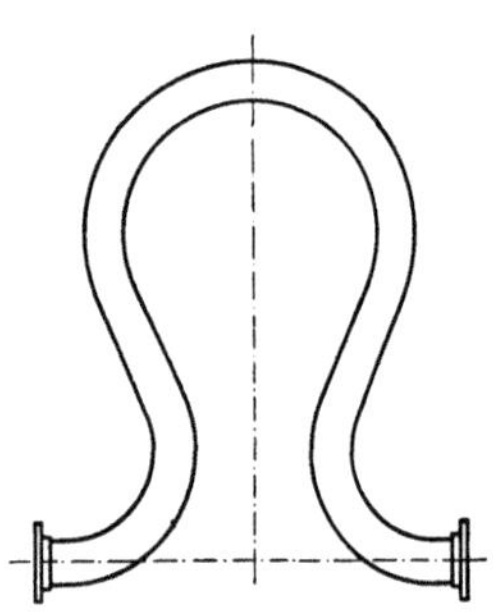
Abb. 70. Rohrbogen.

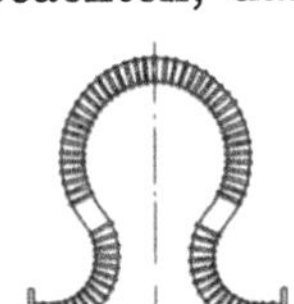
Abb. 71. Wellrohr.

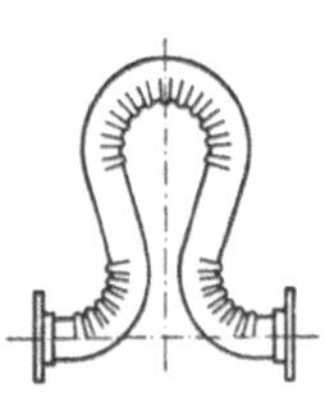
Abb. 72. Faltenrohr.

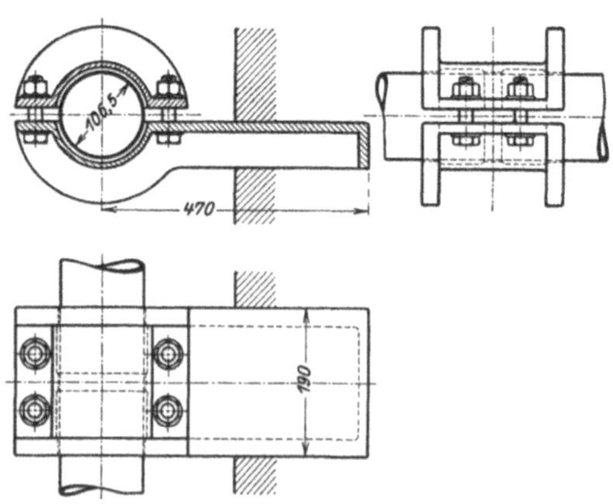

Abb. 73. Festschelle.

Besondere Maßnahmen sind erforderlich, um die durch Erwärmung hervorgerufene Längenausdehnung der Rohre auszugleichen. Bei Warmwasserheizungen ist mit einer Dehnung von etwa 1 mm für 1 m Rohr zu rechnen.

Bei größeren Leitungen braucht man besondere Ausdehnungsstücke. Meist verwendet man sogenannte Omegabogen, die entweder als glatte Rohre Abb. 70,

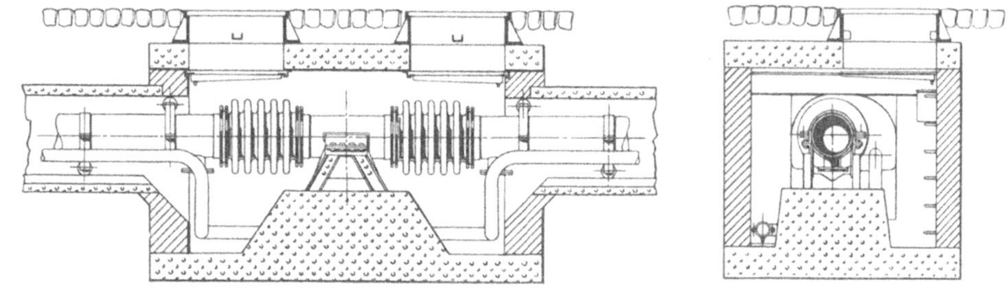

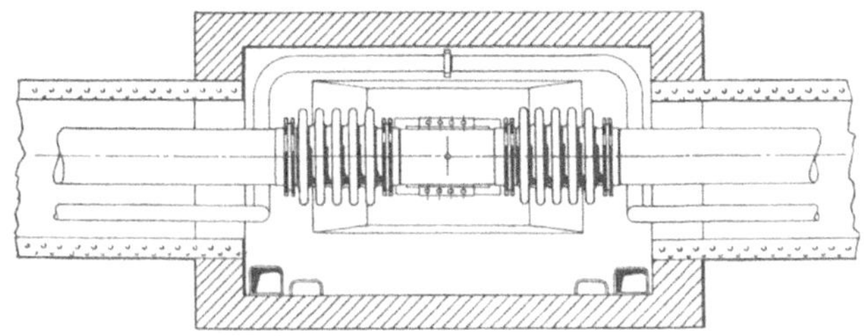

Abb. 74. Festpunkt.
(Charlottenburger Fernheizwerk, Rud. Otto Meyer.)

als Wellenrohre Abb. 71 oder als Faltenrohre Abb. 72 ausgeführt sein können. Die Omegabogen, besonders die aus glattem Rohr hergestellten, beanspruchen viel Platz und sind deshalb nicht immer unterzubringen. Man kann dann ein gerades Wellrohr verwenden (vgl. Abb. 74).

Zwischen je zwei Ausdehnungsstücken muß ein Festpunkt eingeschaltet werden, der den Rückdruck aufnimmt. Eine Festschelle für Leitungen mittlerer Größe zeigt Abb. 73, einen Festpunkt für große Leitungen Abb. 74. Die Kräfte, die aufgenommen werden müssen, sind zum Teil sehr erheblich, und es gibt Fälle, in denen diese starken Kräfte vermieden werden müssen. Dann kann man entweder einen Metallschlauchausgleicher (Abb. 75) oder einen Stopfbüchsenausgleicher (Abb. 76) verwenden. Die Unterstützungen des Rohres außerhalb der Festpunkte müssen ein Ausweichen nach allen Richtungen ermöglichen. Abb. 77 stellt eine Hängeschelle für

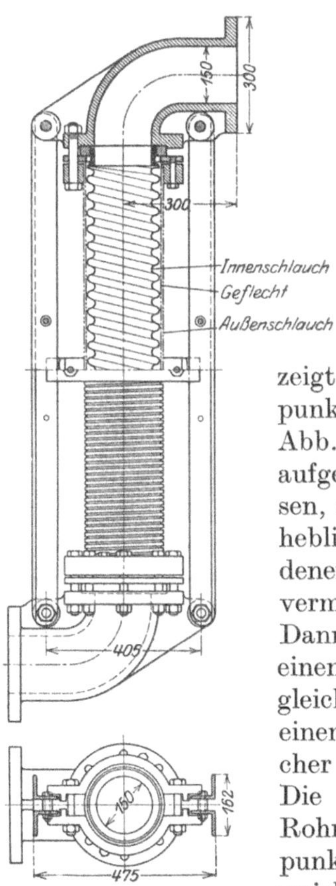

Abb. 75. Metallschlauchausgleicher.
(Metallschlauchfabrik Pforzheim.)

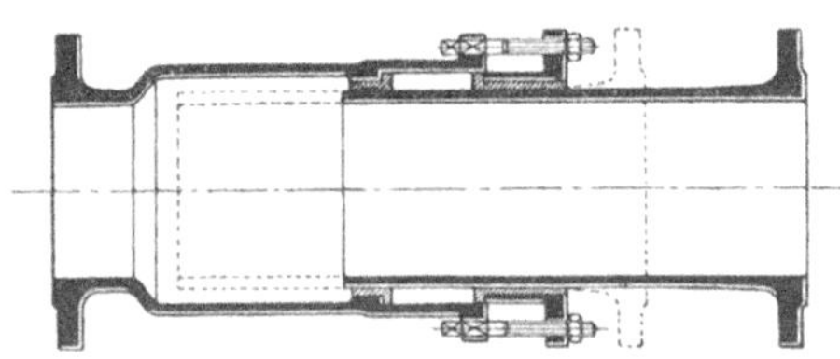

Abb. 76. Stopfbüchsenausgleicher.

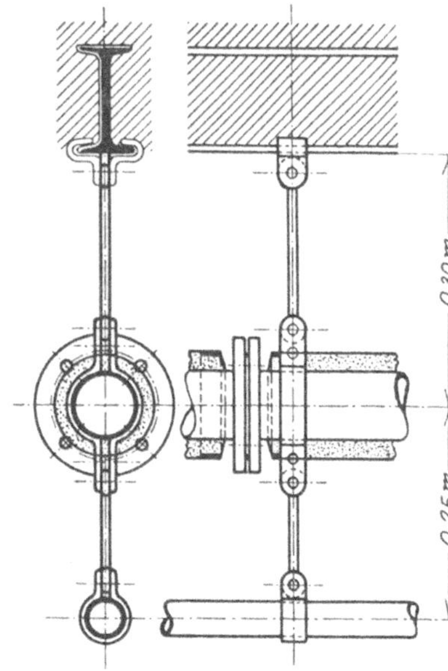

Abb. 77. Hängeschelle.

zwei Rohrleitungen dar, Abb. 78 einen Rollenstuhl. Für sehr große Leistungen verwendet man Rollenstühle nach Abb. 79.

Bei den kleineren Rohrleitungen, wie sie im Innern von Gebäuden bei den Heizungen vorkommen, sind häufig besondere Dehnungs-

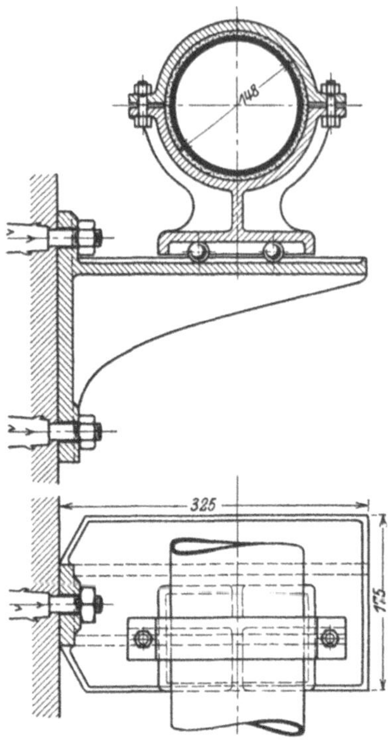

Abb. 78. Nach allen Seiten bewegliche Kugelschelle.

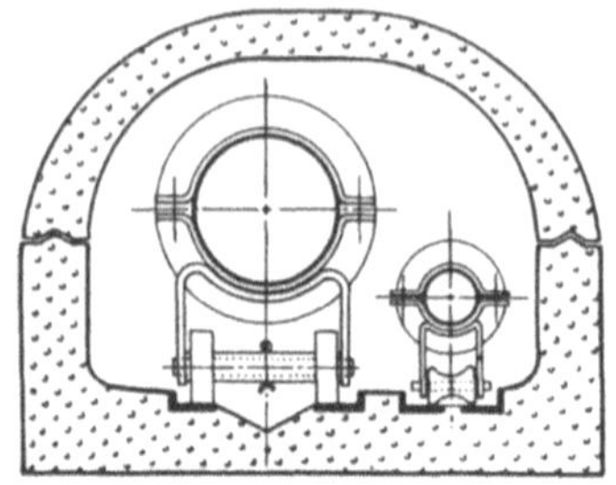

Abb. 79. Fernheizkanal. (Charlottenburger Fernheizwerk, Rud. Otto Meyer.)

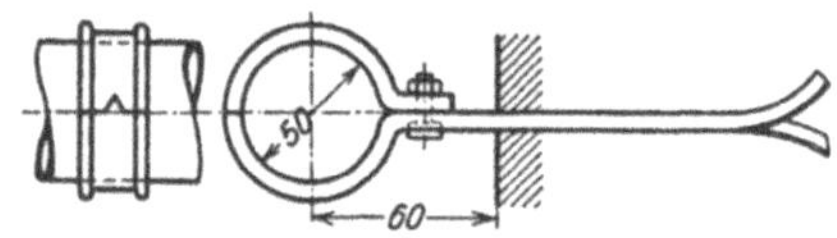

Abb. 80. Rohrschelle für kleine Rohrdurchmesser.

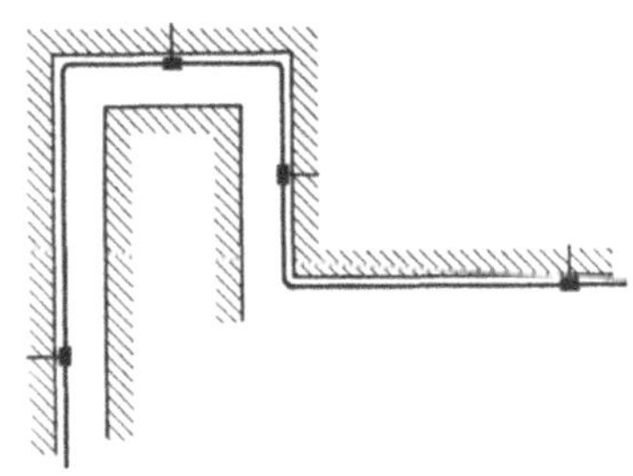

Abb. 81. Dehnungsausgleichung bei kleinen Rohrdurchmessern.

ausgleicher nicht notwendig, da diese Rohre selten über sehr große Strecken in einer Geraden fortgeführt werden. Man gewinnt dann eine genügende Nachgiebigkeit des Rohrstranges, wenn man die Schellen (Abb. 80) nicht an den Ecken anbringt, sondern in der Mitte der geraden Rohrstrecken (vgl. Abb. 81).

4. Wärmeschutz.

Die Ausführung der Rohrisolierung ist je nach dem verwendeten Isoliermittel ganz verschieden. So werden z. B. Seidenzöpfe einfach um das Rohr gewickelt. In gleicher Weise verfährt man mit Juteschläuchen, die mit Korkmehl oder pulverförmigem Stoff gefüllt sind. Kieselgur und ähnliche Stoffe werden zu einem Brei angerührt und dann zwecks langsamer Trocknung in dünnen Schichten auf das geheizte Rohr aufgetragen. In neuerer Zeit hat sich auch ein Trockenstopfverfahren eingeführt; dabei wird ein Blechmantel in vorgeschriebenem Abstand um das Rohr gelegt und befestigt und dann der Zwischenraum zwischen Rohr und Mantel mit pulverförmigem Stoff so fest ausgestopft, daß kein Zusammensacken eintreten kann. Die Ausführung ist sowohl bei waagerechten als senkrechten Rohren möglich. Feste Isoliermittel, wie Korksteine, gebrannte Kieselgursteine, werden als zweiteilige Schalen um das Rohr gelegt und befestigt[1]. Ist die Isolierung aufgetragen, so wird

[1] Eine neuartige Isolierung besteht in der Verwendung von blanken Aluminiumfolien. — Vgl. E. Schmidt: Z. V. d. I. Bd. 71 (1927), S. 1395.

das Ganze zum Schutze gegen Beschädigung mit einer Bandage umwickelt. Von den Flanschen müssen die Isolierungen so weit abstehen, daß die Flanschenschrauben nicht nur angezogen, sondern auch ausgewechselt werden können. Bei senkrechten Rohren wird häufig vergessen, die Isolierung unten gegen den Flansch abzustützen. Dann tritt nach einiger Zeit ein Abreißen und Herunterrutschen der Isolierung entsprechend Abb. 82 ein.

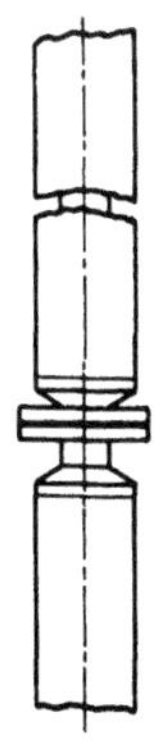
Abb. 82. Rohrisolierung ohne Abstützung.

Die frei bleibenden Teile Flansch und Rohransatz würden einen sehr großen Wärmeverlust bedingen, wenn sie unisoliert blieben. Eine nackte Flanschenverbindung hat etwa den gleichen Wärmeverlust wie eine 3 bis 4 m lange nackte Leitung. Die Isolierung der Flanschen ist eine unbedingt notwendige Arbeit, wenn sie auch keineswegs einfach auszuführen ist. Erstens muß ein Undichtwerden der Flanschen sofort von außen bemerkbar sein, zweitens müssen die Flanschenisolierungen leicht abgenommen und wieder befestigt werden können, drittens sollen die Kosten nicht zu hoch sein. Es gibt verschiedene Ausführungsformen der Flanschenisolierung. Entweder man umwickelt die Flanschen mit Seidenzöpfen, Juteschläuchen und ähnlichem oder man umgibt sie mit Glasgespinstmatten, die mit Draht befestigt werden. Andere Ausführungsformen sind zweiteilige Formstücke aus Isolierstein oder doppelwandige Blechkappen, deren Hohlwandung mit einem Isoliermittel gefüllt wird. — Über die Berechnung der Isolierung s. II. Teil, S. 145.

5. Absperrorgane in Leitungen.

Als Absperrorgane in Rohrleitungen kommen in erster Linie Ventile und Schieber in Frage. Der Normenausschuß der Deutschen Industrie sowie die verschiedenen Herstellerfirmen haben sich in den letzten zehn Jahren bemüht, die Ventile in ihrer

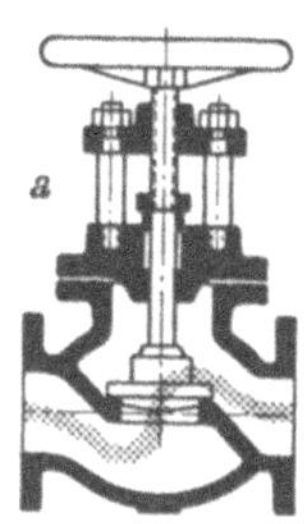

Dinorm-Ventil $\zeta = 4{,}1$

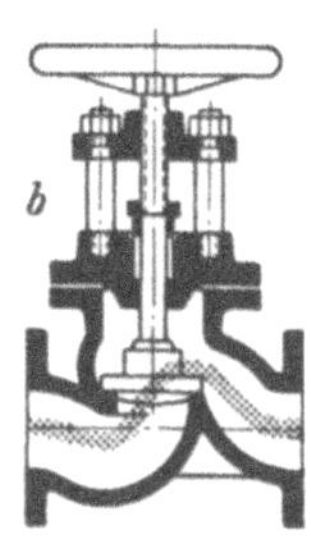

Reform-Ventil $\zeta = 3{,}2$

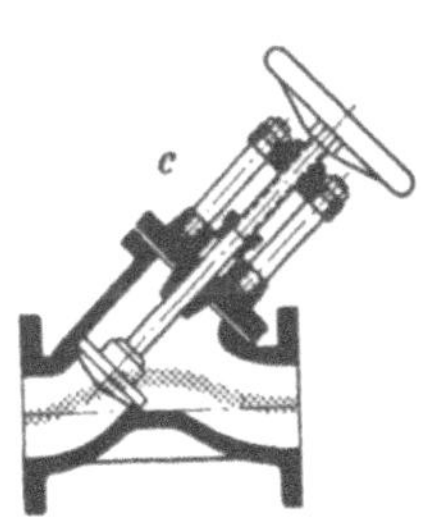

Koswa-Ventil $\zeta = 2{,}6$

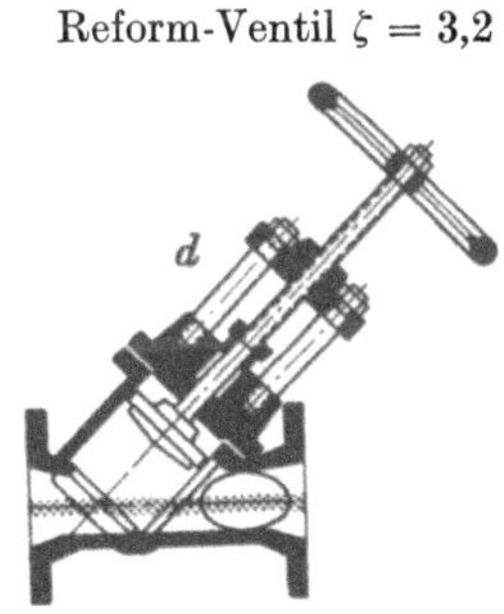

Patent-Freifluß-Ventil $\zeta = 0{,}6$

Abb. 83a—d. Entwicklung der Ventilformen.

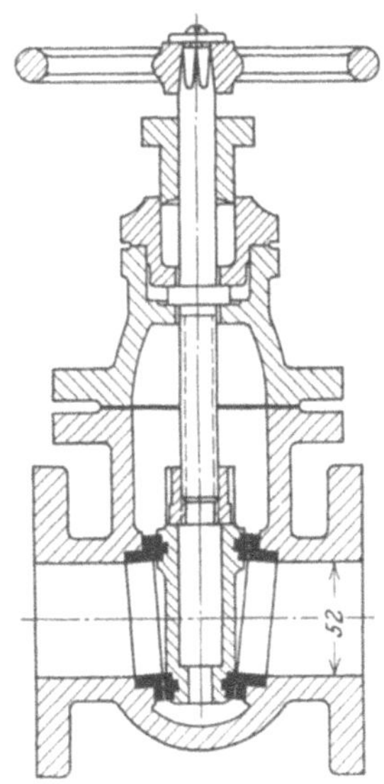

Abb. 84. Schieber.

Konstruktion und werkstattmäßigen Ausführung gegenüber früher wesentlich zu verbessern. Insbesondere wurde dabei eine Verminderung des Widerstandes angestrebt, was durch geeignete Formgebung der Strömungswege, in den meisten Fällen durch Schräglegen des Ventilsitzes erreicht wurde (vgl. Abb. 83 a bis d).

Die Bedeutung des dort angegebenen ζ-Wertes ist auf Seite 158 erläutert. Einen sehr geringen Strömungswiderstand bieten die Schieber Abb. 84.

Über Ventile vor Heizkörpern vgl. S. 59. Über Sicherheitswechselventile vgl. S. 54.

6. Entwässerung von Dampfleitungen und Kondensatrückführung.

Besondere Beachtung verdient bei Dampfleitungen die Entwässerung der Leitung, d. h. die Trennung des im Rohr gebildeten Kondensates vom Dampf durch den Wasserabscheider und die Entfernung des Kondensates aus der Leitung durch den Wasserableiter oder Kondenstopf.

a) Wasserabscheider.

Der Feuchtigkeitsgehalt des Dampfes in einer Leitung wird nach Prozenten gerechnet, und zwar besagt eine Angabe von beispielsweise 10 vH Feuchtigkeit, daß die Strömung 90 Gewichtsteile trockenen Dampf und 10 Gewichtsteile Wasser mit sich führt, wobei dieses Wasser teils als geschlossener Strom an der Sohle der Leitung strömt, teils als fein verteilte Tropfen im Dampfstrom schwebt. Wiederholte Versuche[1] haben gezeigt, daß der Anteil des Wassers in Tropfenform den geringen Betrag von 1 vH nicht überschreitet. Soll eine Leitung entwässert werden, so genügt es deshalb meistens, wenn man das an der Sohle fließende Wasser entfernt, und dies ist sehr leicht möglich. Eine in die Flanschenverbindung eingebaute Drosselscheibe nach Abb. 85 erfüllt diese Aufgabe vollständig. Will man einen besonderen Wasserabscheider einbauen, so soll dieser von einfachster Bauart (Abb. 86) (niedriger Druckverlust) und möglichst klein sein (geringer Wärmeverlust). Die Entfernung des im Dampf schwebenden Wassers ist sehr schwer möglich und in weitaus den meisten Fällen auch unnötig. Durch Wasserabscheider mit mehrfach hintereinander geschalteten Prallplatten läßt sich die Feuchtigkeit auf etwa 0,5 vH herabsetzen. Solche Wasserabscheider haben aber einen beachtenswerten Druckverlust.

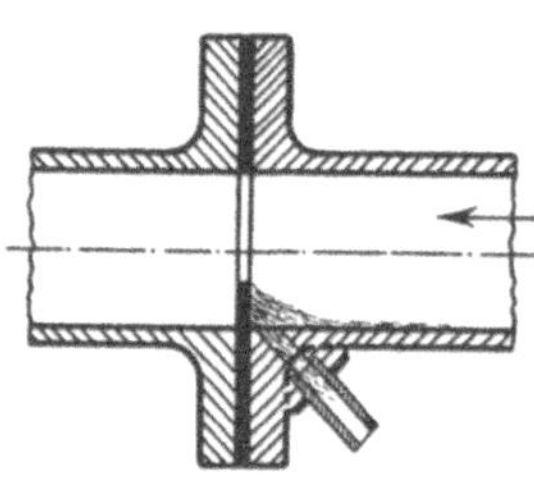

Abb. 85. Entwässerung durch Drosselflansch.

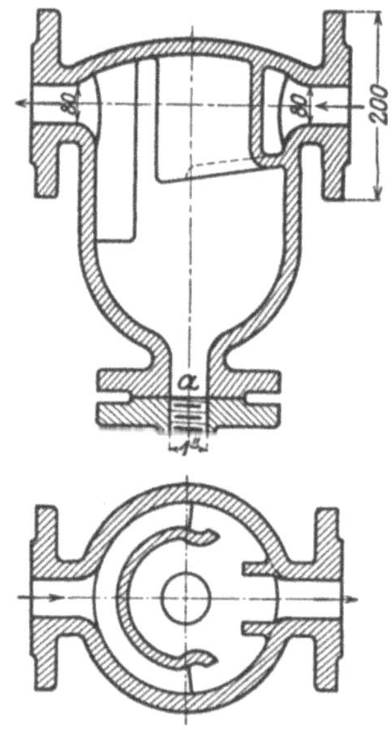

Abb. 86. Wasserabscheider.

Dampfleitungen sollen grundsätzlich mit Gefälle in Richtung der Dampfströmung verlegt werden, damit Dampf und Kondensat in der gleichen Richtung fließen. Da dies bei Steigleitungen nicht möglich ist, soll die Hauptleitung vor dem Beginn der Steigung durch einen Wasserabscheider entwässert werden. Ferner soll in die Hauptleitung vor jeden Dampfverbraucher ein Wasserabscheider eingebaut werden, damit den Heizflächen nur trockener Dampf zugeführt wird.

b) Kondenstöpfe.

Das Kondensat, das den Wasserabscheidern entströmt, und das Kondensat, das die dampfverbrauchenden Wärmeapparate liefern, steht zunächst noch unter Kesseldruck. Dagegen steht die Kondensatleitung, in die es übergeführt werden

[1] Sendtner: Die Bestimmung der Dampffeuchtigkeit mit dem Drosselkalorimeter und seine Anwendung zur Prüfung von Wasserabscheidern. Dissertation München 1910; Mitt. über Forschungsarbeiten d. V. d. I. Heft 98 u. 99. Berlin 1911. — Deinlein: Versuche über die Abhängigkeit der Dampffeuchtigkeit von der Kesselbelastung, Z. bayr. Rev.-V. 1913, S. 135 und 1914, S. 203. — Hencky: Die Größe des Feuchtigkeitsgehaltes von Wasserdampf. Z. bayr. Rev.-V. 1920, S. 165 u. 175.

soll, unter Atmosphärendruck. Der Kondenstopf ist die Schleuse, die das Kondensat aus der einen Leitung in die andere Leitung übertreten läßt, den Dampf jedoch zurückhält.

Die Größe des Kondenstopfes muß der im normalen Betrieb anfallenden Kondensatmenge angepaßt sein, da sowohl ein zu groß als ein zu klein gewählter Kondenstopf unwirtschaftlich arbeitet. Beim Anheizen einer kalten Anlage entstehen jedoch außergewöhnlich große Kondensatmengen, die ein für die normale Betriebszeit richtig bemessener Kondenstopf meist nicht zu fördern vermag. Es ist deshalb in jedem Kondenstopf eine Umgehungsleitung oder ähnliche Vorrichtung eingebaut, die nur während der Anwärmung der Anlage eingeschaltet ist, beim Übergang zum normalen Betrieb aber wieder ausgeschaltet wird.

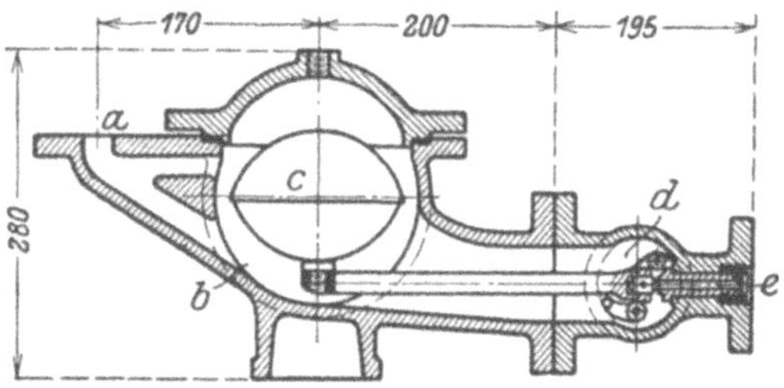

Abb. 87. Kondenstopf mit geschlossenem Schwimmer. (Dreyer, Rosenkranz u. Droop, Hannover)

Man unterscheidet:

1. Töpfe mit geschlossenem Schwimmer,
2. Töpfe mit offenem Schwimmer,
3. Ausdehnungstöpfe,
4. Töpfe ohne bewegliche Teile.

Einen Kondenstopf (Kondensat-Ableiter) der ersten Art zeigt Abb. 87. Das bei *a* ankommende Kondensat tritt in den Hohlkörper *b*, in dem sich ein Schwimmer *c* befindet. Dieser steuert ein Ventil *d* derart, daß dieses bei gesenkter Schwimmerstellung „zu" ist. Allmählich füllt sich der Hohlraum *b* mit Wasser, der Schwimmer *c* hebt sich und öffnet nunmehr das Ventil *d*. Der hinter *a* stehende Dampf drückt jetzt das Kondensat durch *d* bei *e* fort. Mit dem abströmenden Kondensat sinkt aber auch der Schwimmer *c* und schließt das Ventil *d*.

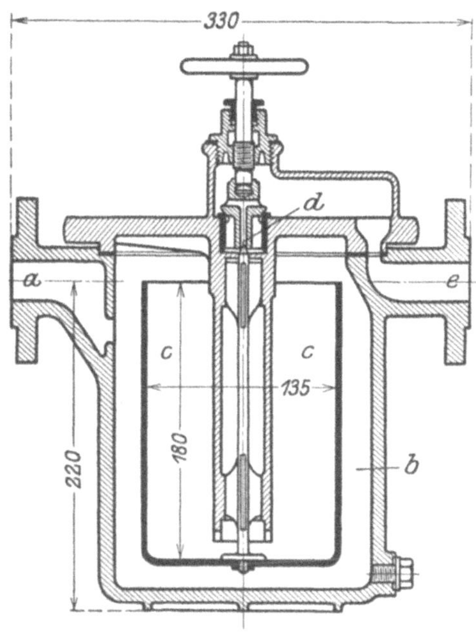

Abb. 88. Kondenstopf mit offenem Schwimmer (Freifalltopf). (Jäger, Rothe und Nachtigall, Leipzig.)

Einen Vertreter der Töpfe zweiter Art (mit offenem Schwimmer, auch Freifalltöpfe genannt) zeigt Abb. 88. Das bei *a* ankommende Kondensat tritt in den Hohlraum *b*, den es immer weiter anfüllt. In dem in *b* sich sammelnden Kondensat steht der Schwimmer *c* (Freifalltopf) in seiner obersten Lage und schließt dadurch das Nadelventil *d*. Das in *b* ansteigende Kondensat erreicht endlich die Oberkante von *c* und tritt nun in den Freifalltopf *c* selbst ein. Sobald das Gewicht des sich mit Wasser füllenden Schwimmers *c* größer ist als sein Auftrieb, senkt sich *c* und öffnet dadurch das Nadelventil *d*. Der hinter *a* stehende Dampfdruck treibt nun das Wasser durch die hohle Achse in den Deckelteil und dann bei *e* fort. Ist so viel Wasser aus *c* fortgeschafft, daß der Auftrieb den Topf *c* hochtreibt, so schließt sich damit das Nadelventil und das Spiel beginnt von neuem.

Die dritte Bauart (Ausdehnungstöpfe) vertritt der Rohrfederableiter Abb. 89. Das bei *a* ankommende Dampfwassergemisch ist zunächst sehr heiß und tritt so in den Hohlkörper *b*. Darin befindet sich eine Rohrfeder *c*, die mit einer leicht siedenden Flüssigkeit gefüllt ist. Das Sieden tritt ein, die Feder *c* dehnt sich aus und schließt das Nadelventil *d*. Allmählich kühlt sich das Dampfwassergemisch ab, die verdampfte Flüssigkeit in *c* kondensiert wieder, die Rohrfeder *c* zieht sich zusammen, das Ventil *d* öffnet sich und der hinter *a* stehende Dampf drückt das Kondensat bei *e* aus. Durch den nachfolgenden Dampf steigt die Temperatur in *b*, die Flüssigkeit in *c* verdampft, und der geschilderte Vorgang wiederholt sich.

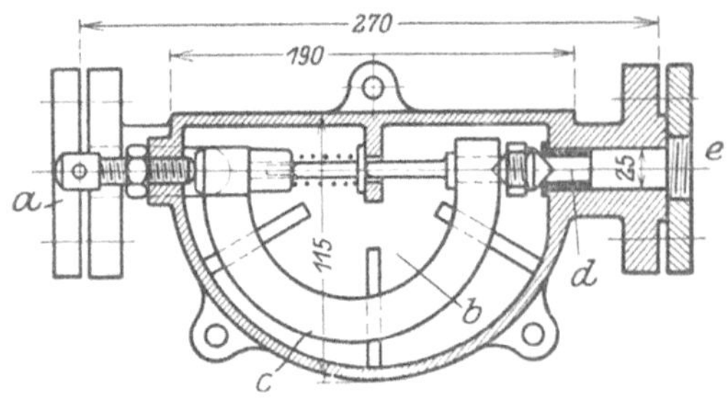

Abb. 89. Rohrfederableiter.
(Jäger, Rothe und Nachtigall, Leipzig.)

Ein Beispiel der vierten Bauart (Töpfe ohne bewegliche Teile) ist in der Abb. 90 dargestellt. Die Wirkung eines solchen **Prallplattenkondenstopfes** beruht darauf, daß das Kondensat eine Anzahl enger und weiter Kanäle durchströmen muß. Diese Kanäle wirken dabei nach Art der Labyrinthdichtungen.

Kondenstöpfe sind aus zweierlei Ursache eine Quelle dauernden Wärmeverlustes. Die erste Ursache liegt darin, daß jeder Kondenstopf etwas Dampf durchläßt. Diese Menge ist bei einem einwandfrei arbeitenden Kondenstopf nicht so groß, daß sie ernstlich ins Gewicht fallen würde. Erfahrungsgemäß neigen aber die Kondenstöpfe sehr zu Störungen, und dann können große Mengen Dampf unbemerkt und dauernd in die Kondensatleitung übertreten. Alle Kondenstöpfe bedürfen deshalb einer sorgfältigen Überwachung und leider auch sehr häufiger Reparatur. In großen Betrieben braucht man hierfür eigene Arbeitertrupps. Um die Kontrolle und die Reparaturen der Kondenstöpfe leicht durchführen zu können, müssen sie übersichtlich angeordnet, richtig bezeichnet und so aufgestellt sein, daß sie leicht zugänglich sind. Jeder Kondenstopf an wichtiger Stelle muß eine Umgehungsleitung nach Abb. 91 besitzen, damit er ohne Störung des Betriebes ausgebaut werden kann. Die Umgehungsleitung kann dann vorübergehend die Aufgabe des Kondenstopfes übernehmen, indem das Absperrventil entsprechend gedrosselt wird.

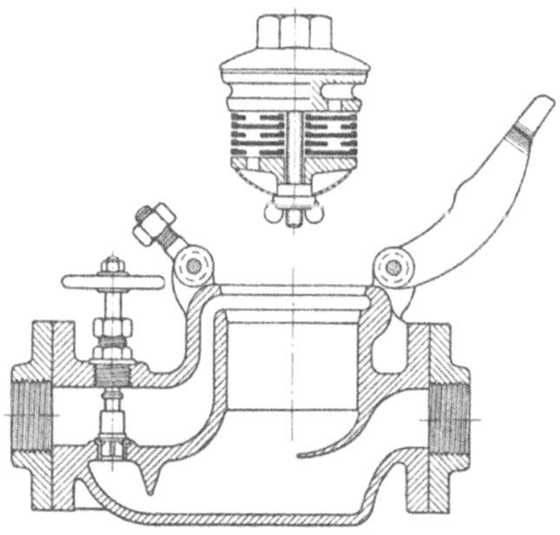
Abb. 90. Prallplatten-Kondenstopf.
(Gerdts, Bremen.)

Die zweite Quelle für Wärmeverluste darf man eigentlich nicht dem Kondenstopf zur Last legen, denn sie ist mit dem Übertritt des Kondensates aus dem Gebiet höheren Druckes vor dem Kondenstopf in das Gebiet niederen Druckes hinter dem Kondenstopf naturnotwendig verbunden, denn bei dieser Druckentlastung tritt immer ein Nachverdampfen aus dem Kondensat ein. Der Wärmeinhalt des so gebildeten Dampfes geht meist für den Betrieb verloren. Auf 1 kg Kondensat bezogen sind dies bei 3 ata Dampfdruck 34 kcal, bei 5 ata Dampfdruck 54 kcal.

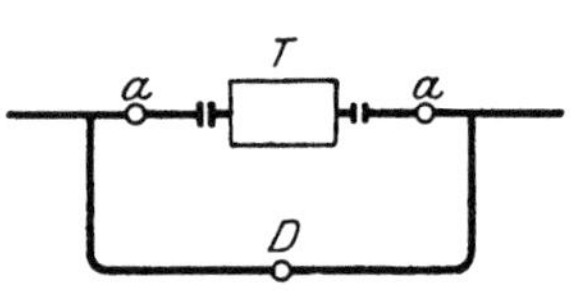

Abb. 91.
T = Kondenstopf,
a = Absperrventil,
D = Absperrventil in der Umgehungsleitung.

Bei diesem Vorgang geht aber nicht nur die Wärme, sondern auch das Kondensat selbst verloren und muß durch Zusatzspeisewasser ersetzt werden. Bei 3 ata sind dies 6 vH, bei 5 ata 10 vH Kondensatverlust.

c) Rückführung des Kondensates.

Alles Kondensat muß — soweit es sich irgend ermöglichen läßt — restlos gesammelt werden, denn es stellt vorgewärmtes und bereits gereinigtes Speisewasser dar. Als unvermeidbare Verlustquelle haben wir das Nachverdampfen im Kondenstopf kennen gelernt. Dazu kommen aber in der Praxis eine Reihe weiterer Verlustquellen, die sich nur bei schärfster Überwachung des Netzes, also bei bester Disziplin im Betrieb auf ein erträgliches Maß herunterdrücken lassen.

Die Rückführung des Kondensates nach dem Kesselhaus ist am einfachsten, wenn die ganze Kondensatleitung mit ständigem Gefälle nach dem Kesselhaus zu verlegt werden kann. Ist dies nicht möglich, so sind Kondensatpumpen oder automatische Kondensatrückspeiser zu verwenden. Die Bauart eines solchen Rückspeisers zeigt Abb. 92. Das von *a* kommende Kondensat füllt den Topf *T* und hebt den Schwimmer *S* bis zum Stellring *R*. Bei weiterem Wasserzulauf wird schließlich der Auftrieb so groß, daß das Kippgewicht *K* umfällt, wodurch gleichzeitig der Dampfeinlaß *E* geöffnet wird. Durch den Druck des eintretenden Kesseldampfes fließt nunmehr das Wasser durch den Auslaß *A* ab. Beim Entleeren sinkt der Schwimmer und dreht das Kippgewicht wieder zurück.

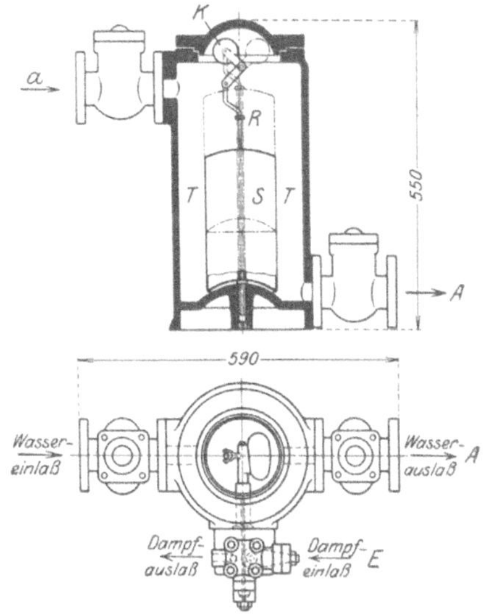

Abb. 92. Krantzscher Rückspeiser.

Über die Berechnung der Kondensatleitungen s. II. Teil, S. 197. Ist in seltenen Fällen die Rückführung des Kondensats technisch undurchführbar oder wirtschaftlich nicht berechtigt, so läßt man das Wasser in die Kanalanlage abfließen. Dann ist aber die Vorschaltung einer Grube nötig, in der sich das Wasser unter 40° C abkühlt.

7. Reduzierventile (Druckminderer).

Die Reduzierventile können entweder gewichts- oder federbelastet ausgeführt werden (Abb. 93 und 94). Zu beachten ist, daß durch die Druckminderung eine geringe Überhitzung entsteht (Dampftrocknung).

Zu den Abbildungen ist folgendes zu bemerken:

Abb. 93. Gewichtsbelasteter Druckminderer. Der Dampf kommt von *a* und trifft das Ventil *b*. Besonders zu beachten ist, daß dies Ventil als ein entlastetes Ventil konstruiert sein muß. Dieses Ventil wird vom Kolben *c* (Labyrinthdichtung) gesteuert. Er steht unter dem Einfluß des reduzierten Druckes, dessen Höhe die Gewichtsbelastung *d* bestimmt.

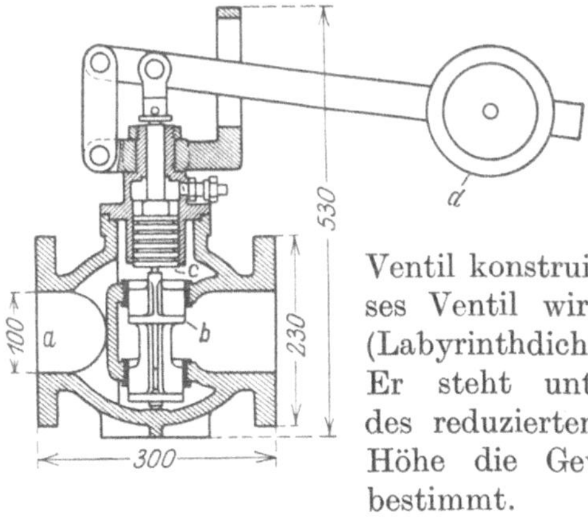

Abb. 93. Gewichtbelasteter Druckminderer. (Schäffer & Budenberg, Magdeburg-Buckau.)

Abb. 94. Federbelasteter Druckminderer. Der Dampf kommt von *a* und trifft das entlastete Ventil *b*. Dieses wird

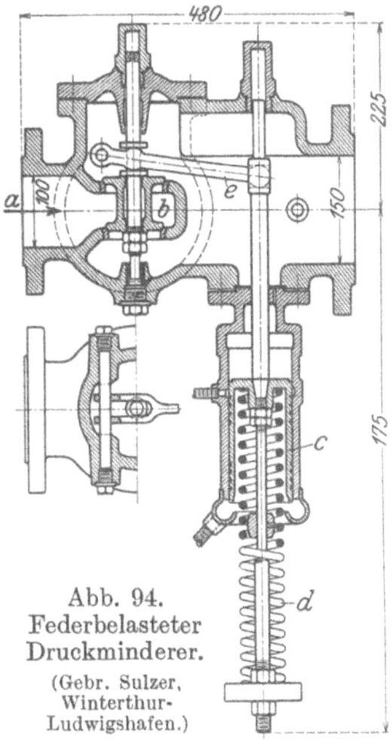

Abb. 94. Federbelasteter Druckminderer. (Gebr. Sulzer, Winterthur-Ludwigshafen.)

durch den Hebel *e* gesteuert, der die Bewegung des Kolbens *c* aufnimmt. Letzterer steht unter dem Einfluß des reduzierten Druckes, dessen Höhe die Federbelastung *d* bestimmt.

Eine andere Bauart stellt Abb. 95 dar. Hier wird der Druck durch das Gewicht einer Quecksilbersäule verstellbarer Höhe eingeregelt. Der von *A* kommende Hochdruckdampf durchströmt zunächst ein zwischen die Flanschen *B* geklemmtes Reinigungssieb. Er gelangt dann zu einem entlasteten Doppelsitzventil *C*, dessen Stellung durch den Quecksilberschwimmer *D* bedingt ist. Steigt die Dampfspannung auf der Niederdruckseite, so wird das Quecksilber im Gefäß *E* und damit der Schwimmer *D* herabgedrückt, das Doppelsitzventil drosselt den Dampfzutritt, die Spannung auf der Niederdruckseite fällt. Gleichzeitig mit dem

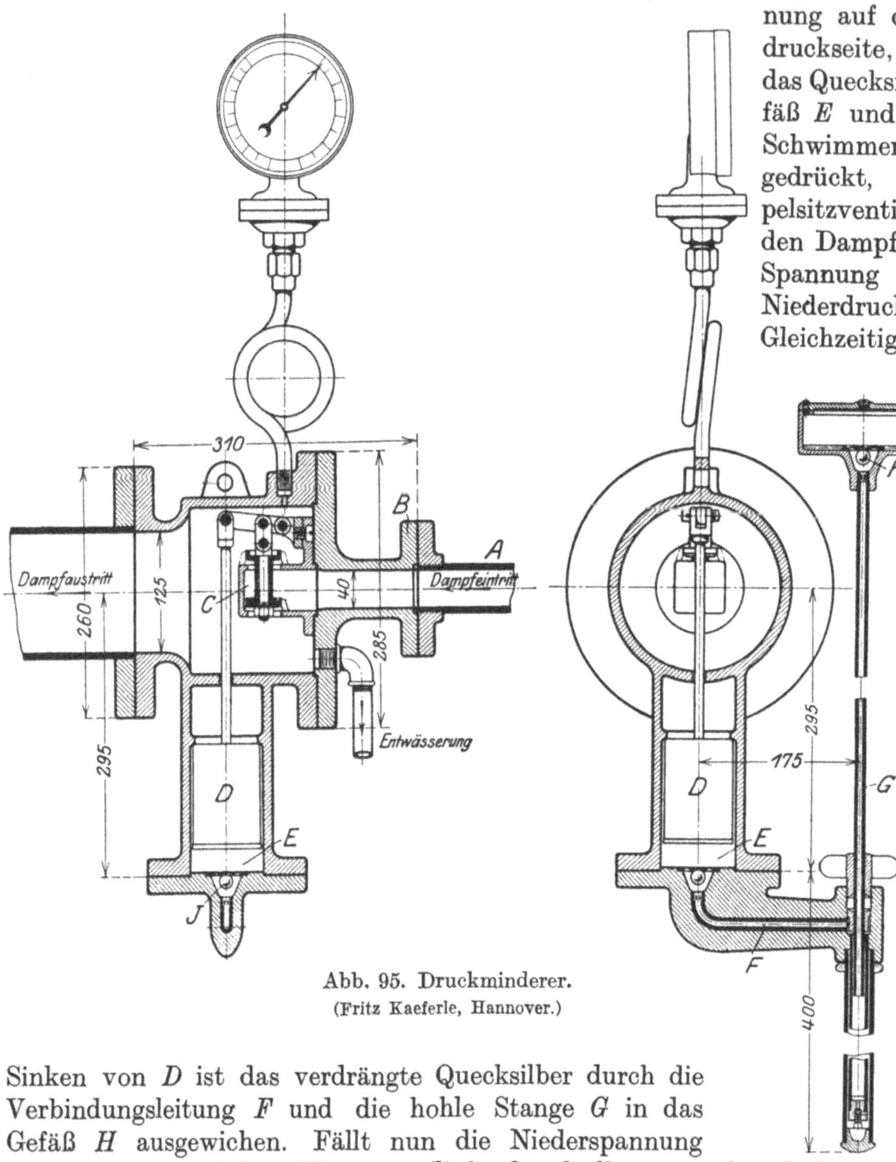

Abb. 95. Druckminderer.
(Fritz Kaeferle, Hannover.)

Sinken von *D* ist das verdrängte Quecksilber durch die Verbindungsleitung *F* und die hohle Stange *G* in das Gefäß *H* ausgewichen. Fällt nun die Niederspannung unter den eingestellten Wert, so fließt Quecksilber von dem hohen Stand in *H* nach *E*, hebt den Schwimmer und öffnet das Ventil *C*, wodurch das Spiel von neuem beginnt. Die Kugeln *J*, *K* stellen kleine Sicherheitsabsperrungen vor, die ein Ausschleudern des Quecksilbers verhindern. Die Höhe der gewünschten Niederspannung kann (innerhalb bestimmter Grenzen) durch Heben bzw. Senken des Gefäßes *H* eingestellt werden. Bei sorgsamer Wartung arbeiten diese Druckminderer ausgezeichnet und drosseln z. B. von 6 at in einer Stufe zuverlässig auf 500 mm WS ab.

III. Warmwasserheizungen.

A. Allgemeines.

Die Warmwasserheizungen unterscheiden sich von den Heißwasserheizungen dadurch, daß bei ihnen die Wassertemperatur 100° C und damit der Druck 1 ata niemals überschreitet. Um dies sicherzustellen, muß der Wasserinhalt der Anlage mit der Atmosphäre in freier Verbindung stehen.

Die Warmwasserheizung wird als Schwerkraft- und als Pumpenheizung ausgeführt. Bei der Schwerkraftheizung wird der Wasserumlauf dadurch bewirkt, daß das abgekühlte (schwerere) Fallstrangwasser das heiße (leichtere) Steigstrangwasser hochdrückt. Man findet manchmal den Umlauf so erklärt, daß dem wärmeren Wasser ein natürliches Bestreben innewohne, in die Höhe zu steigen. Sinngemäß spricht man dann von Auftriebsheizungen. Diese Erklärung ist natürlich nicht richtig, denn auch das heiße Wasser unterliegt der Wirkung der Schwerkraft. In den weitaus meisten Fällen schadet diese falsche Vorstellung nicht, in einigen Sonderfällen aber vermag sie doch zu falschen Schlüssen zu verleiten, und es ist darum gut, sich nur an das Wort „Schwerkraftheizung“ und an die erste Erklärung zu gewöhnen.

Bei sehr weit ausgedehnten Anlagen reicht die Schwerkraftwirkung nicht aus, um einen genügenden Wasserumlauf zu erzielen, und man baut dann eine Pumpe in den Hauptstrang ein.

B. Schwerkraftheizung.

1. Führung der Rohrstränge.

a) Obere Verteilung, Zweirohrsystem (Abb. 96).

Vom Kessel *K* wird das heiße Wasser durch den Hauptsteigstrang zur oberen Verteilleitung *OV* geführt. An diese schließen sich die Fallstränge an, die das heiße Wasser nach den Heizkörpern führen. Aus ihnen strömt das abgekühlte Wasser durch den anderen Teil der Falleitungen nach dem Keller zur gemeinsamen Sammelleitung *S* und aus dieser zum Kessel.

Am höchsten Punkt der oberen Verteilleitung ist das Ausdehnungsgefäß angeschlossen, das beim Anwärmen der Anlage die überschüssigen Wassermengen aufnehmen muß. Durch das Ausdehnungsgefäß ist die freie Verbindung mit der Atmosphäre hergestellt, so daß auch bei einem Überheizen des Kessels der Druck nicht über eine Atmosphäre ansteigen kann. Durch das Ausdehnungsgefäß hindurch erfolgt ferner die Entlüftung des ganzen Rohrnetzes. Zu diesem Zwecke müssen, wie Abb. 96 zeigt, alle Leitungen vom tiefsten Punkt beginnend bis zum Ausdehnungsgefäß ansteigen, damit beim Füllen des Systems die Luft aus Kessel, Rohrleitung und Heizkörpern entweichen kann. Diese Rohranordnung heißt Zweirohrsystem, weil jeder Heizkörpergruppe zwei Fallstränge zugeordnet sind.

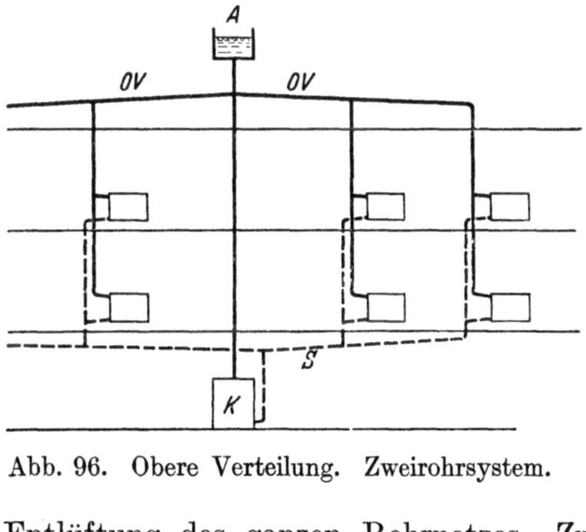

Abb. 96. Obere Verteilung. Zweirohrsystem.

b) Obere Verteilung, Einrohrsystem (Abb. 97).

Die Anordnung ist sinngemäß dieselbe wie in Abb. 96, nur wird hier das aus dem Heizkörper austretende Wasser in denselben Fallstrang zurückgeführt, daher der Name Einrohrsystem.

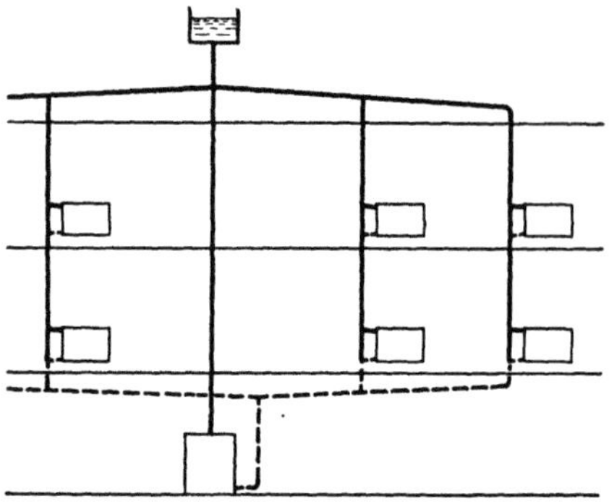

Abb. 97. Obere Verteilung. Einrohrsystem.

c) Untere Verteilung (Abb. 98).

Hier erfolgt die Wasserverteilung schon im Keller. Von den verschiedenen Stellen der unteren Verteilleitung *UV* steigt das heiße Wasser durch die Steigstränge hoch, tritt aus den Heizkörpern abgekühlt in die Fallstränge *F*, gelangt hier in den Keller und kommt über die gemeinsame Sammelleitung *S* wieder zum Kessel. Auf eine der Steigleitungen ist das Ausdehnungsgefäß aufgesetzt. Zum Zwecke der Entlüftung wird die untere Verteilleitung sowie auch die Sammelleitung mit Neigung verlegt. Von dem obersten Ende einer jeden Steigleitung ist durch ein Entlüftungsrohr die Verbindung mit dem Ausdehnungsgefäß hergestellt. Bei der einen Ausführungsform werden die Entlüftungsleitungen

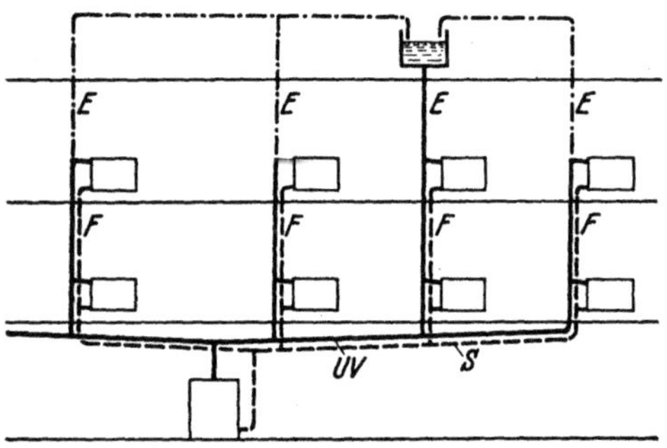

Abb. 98. Untere Verteilung.

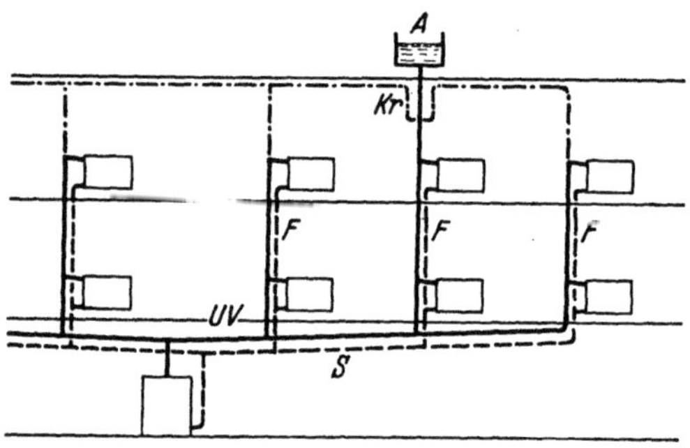

Abb. 99. Untere Verteilung mit gekröpften Entlüftungsleitungen.

im Dachraum verlegt und sie werden dann von oben her zu dem Ausdehnungsgefäß geführt. Bei ungeheizten Dachräumen besteht dann aber die Gefahr, daß die in den Dachraum hereinragenden ruhenden Wassersäulen (*E* in Abb. 98) einfrieren. Man muß deshalb häufig die Entlüftungsleitungen in das oberste, noch beheizte Stockwerk verlegen (Abb. 99). Ohne die Kröpfungen an der Stelle *Kr* würden sich die Entlüftungsleitungen mit Wasser füllen, und es könnten Zirkulationen zwischen Teilen des Systems eintreten, die man vermeiden muß. Durch die Kröpfungen erzielt man Luftsäcke in den Entlüftungsleitungen, die eine Zirkulation verhindern.

d) Anwendung von oberer und unterer Verteilung sowie von Zwei- und Einrohrsystem.

Die Erfahrung lehrt, daß die Wasserbewegung bei oberer Verteilung schneller in Gang kommt als bei unterer Verteilung und im allgemeinen auch kräftiger ist. Sie gibt ferner kühlere Keller, da weniger Rohrleitungen den Keller durchziehen. Die Erwärmung des Dachraumes durch die oberen Verteilleitungen ist nicht restlos als Verlust zu bewerten, in manchen Fällen ist sie sogar erwünscht. Die Anlagekosten sind bei unterer Verteilung im allgemeinen etwas niedriger.

Es ergeben sich so eine Reihe von Überlegungen, die nach dem jeweils vorkommenden Falle die Entscheidung beeinflussen werden. Unter sonst gleichen Verhältnissen wird untere Verteilung bei kleinen und mittleren Anlagen, obere Verteilung hingegen bei waagerecht weit ausgedehnten Bauten mit schlechten Umtriebsverhältnissen angewendet.

In der Regel kommt das Zweirohrsystem zur Anwendung. Das Einrohrsystem hat als Vorteil die besonders einfache Rohrführung. Seine Nachteile sind: Gegenseitige Beeinflussung der im gleichen Strang angeordneten Heizkörper und Notwendigkeit der Vergrößerung der unteren Heizflächen.

2. Sicherheitsvorrichtungen.

a) Grundlagen.

Wie schon auf Seite 51 erwähnt, sind die Warmwasserheizungen dadurch gekennzeichnet, daß die Temperatur des Wassers nicht über 100° C steigen kann, weil der Wasserinhalt dauernd mit der Atmosphäre in Verbindung steht. Die Behörden verlangen nun, daß diese Verbindung in allen Fällen auch wirklich gewährleistet ist und durch kein Versehen oder keine Nachlässigkeit im Betriebe aufgehoben werden kann. In der Hauptsache laufen diese Bestimmungen darauf hinaus, daß zwischen jedem einzelnen Kessel und dem Ausdehnungsgefäß eine freie, durch kein Absperrorgan abschließbare Rohrverbindung (Sicherheitsausdehnungs- bzw. Sicherheitsrücklaufleitung) besteht. Es wird aber nicht verlangt, daß diese Sicherheitsleitungen immer in ihrer ganzen Länge als eigene Leitungen neben den schon bestehenden Strängen ausgeführt werden, vielmehr können Vorlauf- und Steigstrang bzw. Rücklauf- und Fallstrang zur Herstellung dieser Verbindungen mit benutzt werden, vorausgesetzt nur, daß in dem betreffenden Zug der Rohrführung keine Absperrung möglich ist und die Leitung überall mit Steigung verlegt ist.

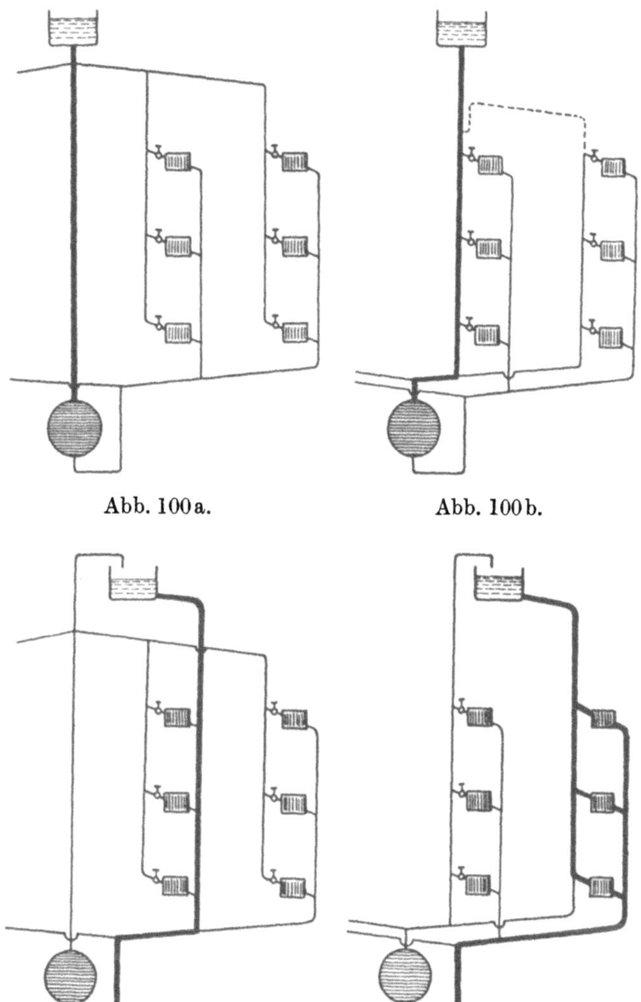

Abb. 100a. Abb. 100b. Abb. 100c. Abb. 100d.

Abb. 100a—d. Sicherheitsleitungen.

Für die Sicherheitsausdehnungsleitung verwendet man bei oberer Verteilung meist die Steigleitung, Abb. 100a, bei unterer Verteilung einen der Steigstränge, Abb. 100b. Die Sicherheitsrücklaufleitung führt man gewöhnlich in den oberen Teil eines Rücklauffallstranges, Abb. 100c, ein. Man kann auch den Vorlauffallstrang verwenden, Abb. 100d, hat dann aber dafür zu sorgen, daß keiner der Heizkörper dieses Stranges ein Absperrventil erhält.

Solange sämtliche Kessel ohne Absperrorgan mit dem Sammelrohr verbunden sind, Abb. 101a, bereitet die Herstellung einer ununterbrochenen Verbindung keine Schwierigkeit. Meist wird aber jeder Kessel sowohl an seinem Anschluß an den Vorlauf, Abb. 101b, als auch an seinem Anschluß an den Rücklauf ein Absperrorgan erhalten, um ihn vorübergehend vom Wasserumlauf ausschalten und bei Reparaturen ausbauen zu können. Gerade beim Wiedereinbau nach Reparaturen wird leicht das Öffnen der Absperrventile vergessen, was zu Kesselexplosionen führt.

Eine erste Sicherungsmöglichkeit besteht in der Anwendung eines sogenannten Sicherheitswechselventils mit angebauter Ausblaseleitung (vgl. Abb. 101c). Dieses

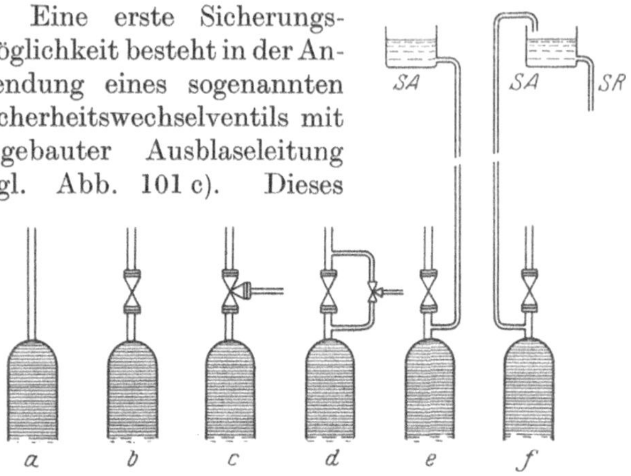

Abb. 101a—f.
Zu Abschnitt „Sicherheitsvorrichtungen".

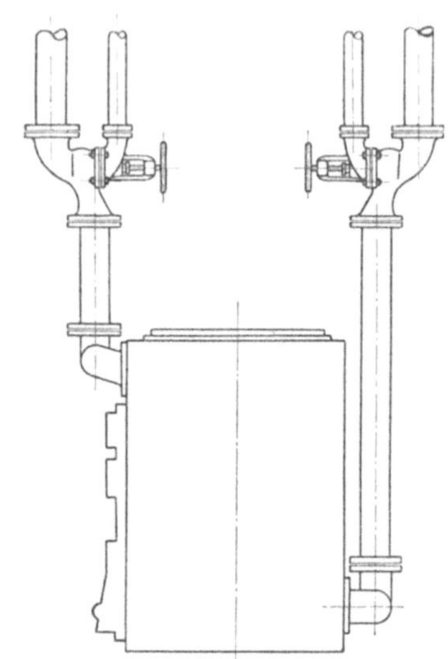

Abb. 103. Einbau zweier Koswa-Ventile in die Hauptleitungen eines Kessels.

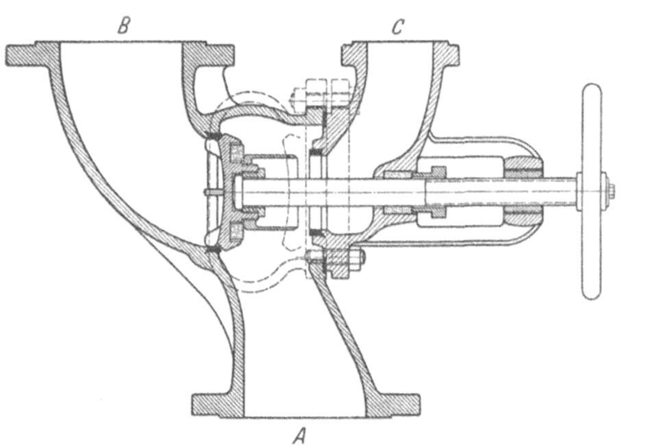

Abb. 102. Koswa-Wechsel-Ventil.

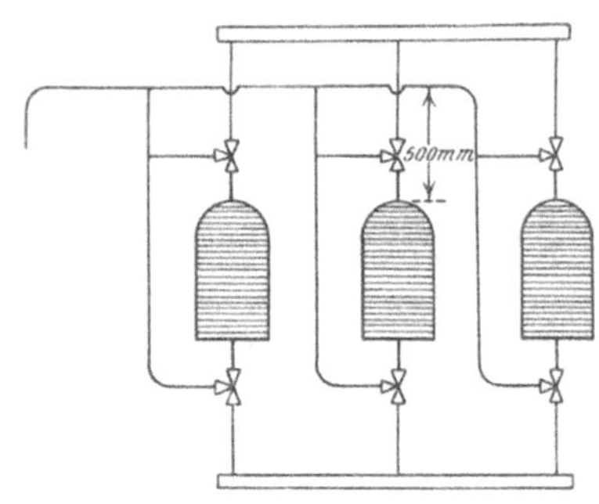

Abb. 104.
Wechselventile im Vor- und Rücklauf.

Wechselventil ist nach dem Gedanken des Dreiwegehahnes gebaut. Es gestattet nur zwei Verbindungen, Abb. 102. Bei der Betriebsstellung ist der Durchgang von A nach B freigegeben, d. h. der Kessel mit dem Vorlauf verbunden und die Verbindung des Kessels und des Vorlaufes mit dem Ausblaserohr vollständig aufgehoben. Bei der zweiten allein noch möglichen Stellung AC ist der Kessel mit dem Ausblaserohr und damit auch mit der Atmosphäre verbunden, dagegen ist der Vorlauf abgesperrt. Den Einbau solcher Ventile veranschaulicht Abb. 103. Während des Umstellens geht Wasser durch die Ausblaseleitung verloren. Dieser Wasserverlust läßt sich vermindern, indem man gemäß Abb. 101d als Hauptabsperrorgan ein gewöhnliches Ventil einbaut, eine Umgehungsleitung von kleinerem Durchmesser anordnet und in diese ein kleines Sicherheitswechselventil einsetzt.

Die Anordnung dreier Kessel mit Wechselventilen im Vorlauf und im Rücklauf zeigt Abb. 104. Es ist nicht notwendig, daß die Ausblaseleitungen sämtlicher

Wechselventile getrennt geführt werden, sie können auch zu einer gemeinsamen Ausblasesammelleitung zusammengezogen werden. Diese Ausblasesammelleitung ist möglichst 500 mm über Kesseloberkante zu legen, damit zeitweise ausgeschaltete Kessel mit Wasser gefüllt bleiben. Das Ende der Ausblasesammelleitung muß so gelegt werden, daß der Kesselwärter auf etwa austretendes Dampfwassergemisch unbedingt aufmerksam wird, daß aber andererseits durch dieses heiße Gemisch niemand gefährdet werden kann.

Eine andere Ausführungsmöglichkeit besteht darin, daß man zwischen Kessel und Absperrorgan eine unabsperrbare Leitung, die Sicherheitsausdehnungsleitung (Abb. 101e) anschließt, sie bis zum Ausdehnungsgefäß hochführt und dort in gewöhnlicher Weise unten anschließt. Dabei besteht aber der Nachteil, daß bei einer Entleerung des betreffenden Kessels das Ausdehnungsgefäß leer läuft. Dies wird verhindert, wenn man die Sicherheitsausdehnungsleitung über dem Wasserspiegel, am besten von oben her in das Ausdehnungsgefäß einführt (Abb. 101f). Dann ist aber der Einbau einer zweiten Sicherheitsleitung mit Sicherheitswechselventil, der Sicherheitsrücklaufleitung, nötig.

Nachdem der Leser durch die vorstehenden Ausführungen mit dem Zweck der Sicherheitsvorrichtungen und ihren wesentlichen Bauteilen wie Wechselventil, Sicherheitsausdehnungs- und Sicherheitsrücklaufleitungen bekannt gemacht wurde, sollen in nachstehendem einige der vielen Ausführungsformen besprochen werden. Da einheitliche Sicherheitsvorschriften für das ganze deutsche Reich nicht bestehen, sind die in Preußen zur Zeit noch gültigen Bestimmungen dabei zugrunde gelegt.

b) Ausführungsformen.

Hinsichtlich der Anordnung der Sicherheitsleitungen unterscheidet man zwei Ausführungsformen, die man heute kurz als Ausführung *A* und Ausführung *B* be-

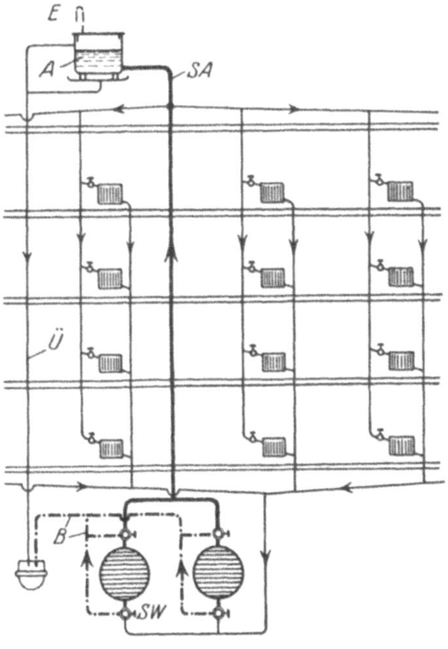

Abb. 105. Bauart *A* bei oberer Verteilung.

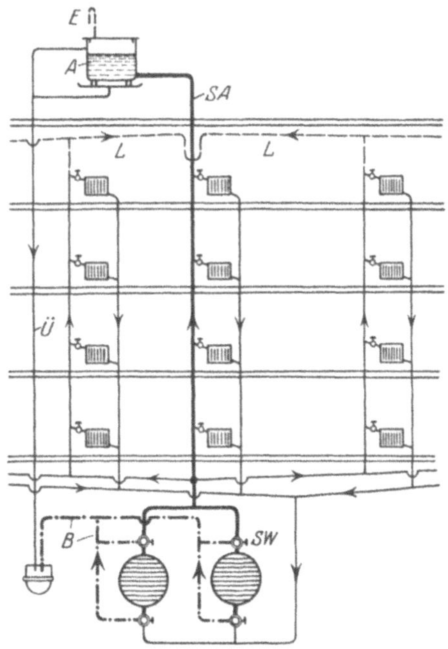

Abb. 106. Bauart *A* bei unterer Verteilung.

zeichnet. Die Ausführung *A* ist äußerlich dadurch gekennzeichnet, daß nur e i n e Sicherheitsleitung vorhanden ist, nämlich die Sicherheitsausdehnungsleitung, und daß diese im unteren Teile des Ausdehnungsgefäßes einmündet. Bei der Ausführungsform B sind zwei Sicherheitsleitungen vorhanden, die Sicherheitsausdehnungsleitung, welche über dem Wasserspiegel in das Ausdehnungsgefäß einmündet, und die Sicher-

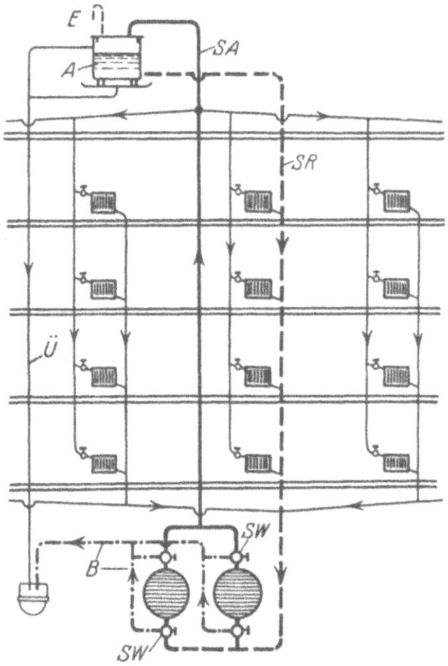

Abb. 107. Bauart B bei oberer Verteilung.

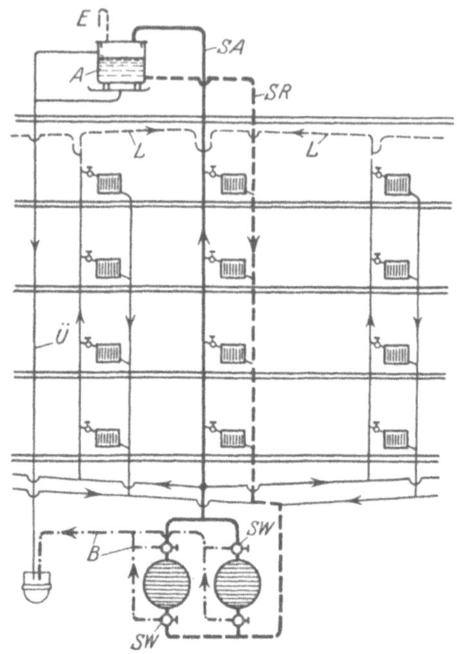

Abb. 108. Bauart B bei unterer Verteilung.

heitsrücklaufleitung, welche am tiefsten Punkt des Ausdehnungsgefäßes angeschlossen werden muß und zum Rücklauf führt.

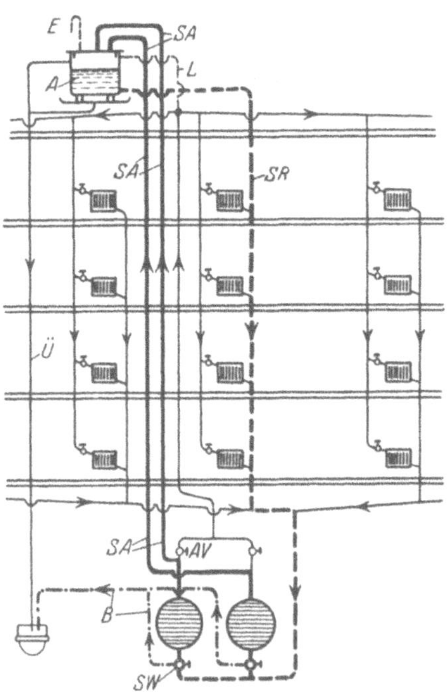

Abb. 109. Bauart B bei oberer Verteilung.
(Wechselventile nur im Rücklauf.)

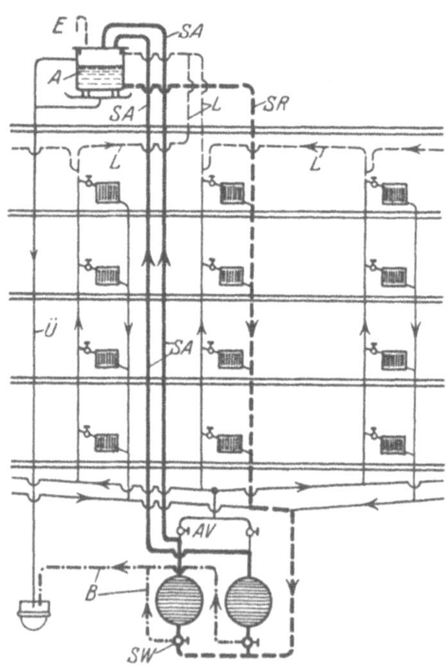

Abb. 110. Bauart B bei unterer Verteilung.
(Wechselventile nur im Rücklauf.)

Abb. 105 und Abb. 106 zeigen zwei Strangschemen mit Sicherungen nach Ausführungsform A, und zwar zeigt Abb. 105 obere Verteilung, Abb. 106 untere Verteilung. Die Kessel sind beide im Vorlauf und im Rücklauf durch Sicherheitswechselventile absperrbar. Abb. 107 und Abb. 108 zeigen Ausführungsformen nach Bauart *B*, wiederum für obere und untere Verteilung, beide Kessel im Vor- und Rücklauf durch Sicherheitswechselventile absperrbar. Abb. 109 und Abb. 110 zeigen eine etwas veränderte Form der Ausführungsart *B*, indem hier nur im Rücklauf der Kessel Sicherheitswechselventile eingebaut sind. Im Vorlauf sind diese Wechselventile vermieden und durch gewöhnliche Absperrventile und zwei getrennte Sicherheitsausdehnungsleitungen ersetzt.

Die Wechselventile im Rücklauf lassen sich ebenfalls vermeiden, indem man zwei getrennte Sicherheitsrücklaufleitungen nach oben führt. Bei dieser Anordnung ist aber für jeden Kessel ein besonderes Ausdehnungsgefäß notwendig, damit beim Entleeren eines Kessels nur das zugehörige Ausdehnungsgefäß leer läuft.

c) Lichte Weiten der Sicherheitsleitungen.

Da die Sicherheitsleitungen nicht nur die Aufgabe haben, das beim Hochheizen der Anlage langsam sich ausdehnende Wasser fortzuleiten, sondern bei fehlerhafter Bedienung gegebenenfalls auch große Mengen Dampfwassergemisch sicher abführen müssen, so sind für die lichten Weiten dieser Rohre behördlicherseits genaue Vorschriften aufgestellt worden, und zwar werden die verlangten Rohrweiten durch Formeln aus der Heizfläche *H* abgeleitet. In den Formeln ist die Heizfläche in Quadratmetern einzusetzen, dann ergibt sich der Durchmesser in Millimetern. Werden mehrere Kessel zu einer unter sich unabsperrbaren Gruppe vereinigt, so sind sie wie ein einzelner Kessel zu betrachten. Es ist also die Summe der einzelnen Heizflächen in die Rechnung einzusetzen.

Auf Grund der preußischen Bestimmungen gilt bei Ausführung nach Form *A* für Sicherheitsausdehnungsleitungen

$$d_1 = 14{,}9 \cdot H^{0{,}356},$$

für Umgehungsleitungen, Durchgangsquerschnitt der Sicherheitswechselventile und Ausblaseleitungen

$$d_2 = 13{,}8 \cdot H^{0{,}435}.$$

Die Formeln für d_1 und d_2 ergeben folgende Werte:

Kessel		bis 4 m²	Heizfläche:	$d_1 = 25$ mm		Kessel		bis 4 m²	Heizfläche:	$d_2 = 25$	mm
„	über 4	„ 10 „	„	$d_1 = 34$	„	„	über 4	„ 8 „	„	$d_2 = 34$	„
„	„ 10	„ 15 „	„	$d_1 = 39$	„	„	„ 8	„ 11 „	„	$d_2 = 39$	„
„	„ 15	„ 28 „	„	$d_1 = 49$	„	„	„ 11	„ 18 „	„	$d_2 = 49$	„
„	„ 28	„ 42 „	„	$d_1 = 57$	„	„	„ 18	„ 26 „	„	$d_2 = 57$	„
„	„ 42	„ 60 „	„	$d_1 = 64$	„	„	„ 26	„ 34 „	„	$d_2 = 64$	„
						„	„ 34	„ 42 „	„	$d_2 = 70$	„
						„	„ 42	„ 50 „	„	$d_2 = 76$	„
						„	„ 50	„ 60 „	„	$d_2 = 82$	„
						„	„ 60	„ 70 „	„	$d_2 = 88$	„
						„	„ 70	„ 80 „	„	$d_2 = 94$	„
						„	„ 80	„ 95 „	„	$d_2 = 100$	„

Sind die Umgehungsleitungen länger als 3 m oder die Ausblaseleitungen länger als 15 m, so sind die errechneten Durchmesser auf das nächstgrößere Handelsmaß zu vergrößern.

Bei Ausführung nach Form *B* gilt für Sicherheitsausdehnungsleitungen

$$d_3 = 15 + \sqrt{20 \cdot H},$$

für Sicherheitsrücklaufleitungen

$$d_4 = 15 + \sqrt{10 \cdot H}.$$

Die Werte für d_3 und d_4 sind nachstehend aufgeführt:

Kessel bis 8 m²	Heizfläche:	$d_3 = 25$ mm	Kessel bis 10 m²	Heizfläche:	$d_4 = 25$ mm
„ „ 20 „	„	$d_3 = 34$ „	„ „ 36 „	„	$d_4 = 34$ „
„ „ 30 „	„	$d_3 = 39$ „	„ „ 58 „	„	$d_4 = 39$ „
„ „ 56 „	„	$d_3 = 49$ „	„ „ 115 „	„	$d_4 = 49$ „
„ „ 84 „	„	$d_3 = 57$ „			
„ „ 120 „	„	$d_3 = 64$ „			

Übersteigt die Länge **einer** Leitung, in der waagerechten Projektion gemessen, das Maß von 20 m oder die Zahl der Richtungsänderungen die Zahl 8, so ist die lichte Weite **beider** Sicherheitsleitungen auf das nächstfolgende Handelsmaß zu erhöhen. Die Sicherheitsausdehnungsleitung ist außerdem in den waagrechten Strecken mit reichlicher Steigung und mit Krümmungsradien von mindestens der 3fachen lichten Weite zu verlegen.

Die so errechneten Durchströmungsquerschnitte können auch auf mehrere Rohre, z. B. Steigstränge, verteilt werden, von denen allerdings keiner enger als 25 mm sein darf.

3. Ausdehnungsgefäß[1].

Abb. 111 und Abb. 112 zeigen das Ausdehnungsgefäß mit den verschiedenen Anschlüssen. Ein Überlaufrohr *Ü* sorgt dafür, daß ein festgesetzter Höchstwasserstand nicht überschritten werden kann. Um auch einen niedersten Wasserstand nach Möglichkeit zu sichern, gibt ein Melderohr *M* dem Kesselwärter die Möglichkeit, vom Kesselhaus aus zu kontrollieren, ob ein vorgeschriebener Mindestwasserstand nicht unterschritten ist. Zu diesem Zweck führt dieses Melderohr bis zum Kesselhaus und ist dort mit einem Hahn verschlossen. Wenn nach dem Öffnen dieses Hahnes nur kurze Zeit Wasser ausfließt, so war nur das Melderohr voll Wasser, der Wasserstand im Ausdehnungsgefäß aber unter die Einmündung des Melderohres gesunken, und es muß sofort Wasser nachgefüllt werden. Diese Probe ist jedoch nicht ganz sicher, denn schließt der Kesselwärter den Hahn wieder zu früh, so kann dies zu Fehlschlüssen führen. Es ist deshalb zweckmäßig, an das untere Ende des Melderohres keinen Ablaßhahn, sondern ein empfindliches Manometer zu setzen, welches den Druck der Wassersäule im Melderohr mißt. Um die Empfindlichkeit dieser Anzeige zu steigern, wird in diesem Fall ein Ausdehnungsgefäß mit kleiner Grundfläche und großer Höhe gewählt.

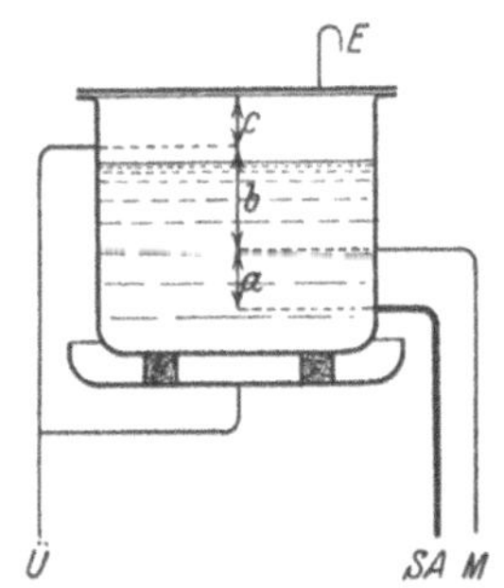

Abb. 111. Ausdehnungsgefäß bei Sicherheitsleitung Bauart *A*.

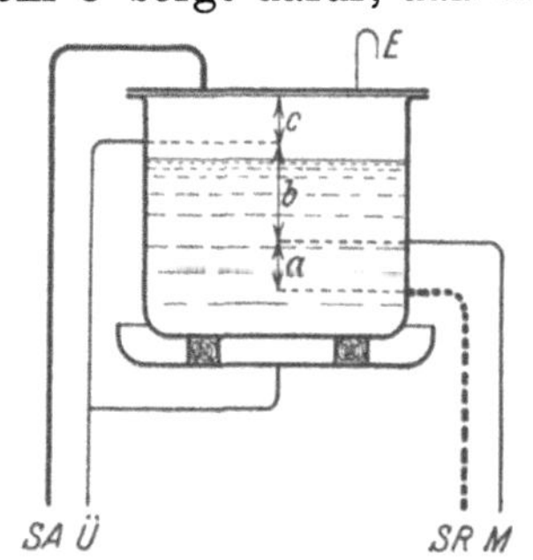

Abb. 112. Ausdehnungsgefäß bei Sicherheitsleitung Bauart *B*.

Sicherheitsausdehnungsleitung in Abb. 111 und Sicherheitsausdehnungs- sowie Sicherheitsrücklaufleitung in Abb. 112 sind gemäß den früher erwähnten Bestimmungen angeschlossen. Der Deckel des Gefäßes ist mit einem Entlüftungsrohr *E* zu versehen, für dessen Durchmesser die Gleichung von d_3 (s. o.) gilt. Die Höhe *a* (vgl. Abb. 111) wählt man etwa gleich 15 cm, die Höhe *c* etwa gleich 10 bis 20 cm. Die Höhe *b* errechnet sich aus der Bedingung, daß das Ausdehnungsgefäß zwischen dem mindest zulässigen und dem höchst möglichen Wasserstand die doppelte Ausdehnung des Wasserinhaltes der Anlage aufnehmen kann.

Nach den Bestimmungen über „Sicherheitsvorrichtungen" ist das Ausdehnungsgefäß mit den Zuleitungen frostsicher anzuordnen. Manchmal genügt es, das Gefäß

[1] Zaruba: Über die Berechnung des Ausdehnungsgefäßes. Gesundheits-Ing. 1920, S. 341.

im Dachraum in unmittelbarer Nähe des Schornsteins anzubringen. Sicherer ist es jedoch, das Ausdehnungsgefäß in das Treppenhaus zu verlegen, das hierzu allerdings erweitert und überhöht werden muß. In jedem Fall müssen das Gefäß und die Zuleitungen guten Wärmeschutz erhalten.

4. Strangabsperrung.

Es ist wichtig, das Rohrnetz so auszubilden, daß bei etwaiger Beschädigung eines Heizkörpers alle übrigen Heizflächen in Betrieb bleiben können. Dies läßt sich dadurch erreichen, daß jeder Heizkörper im Vor- und Rücklaufanschluß eine Absperrvorrichtung erhält, wovon die eine gleich zur „Voreinstellung" benutzt werden kann. Eine solche Ausführung ist infolge der großen Zahl der erforderlichen Ventile (Hähne) teuer. In den meisten Fällen wird daher von der Möglichkeit der Ausschaltung der einzelnen Heizkörper Abstand genommen und dafür Strangabsperrung vorgesehen. Zu diesem Zwecke erhält jeder Strang (Abb. 113) 2 Absperrvorrichtungen S_1 und S_2, wobei die oberen Absperrvorrichtungen mit Lufteinlaß, die unteren mit Wasserablaßstutzen versehen sind. Bei Beschädigung eines Heizkörpers wird der betreffende Strang entleert, während die ganze übrige Anlage ungestört in Betrieb bleibt. Als Strangabsperrungen werden statt gewöhnlicher Ventile, die einen sehr großen Strömungswiderstand aufweisen, mit Vorteil Schrägsitzventile oder Strangschieber benutzt.

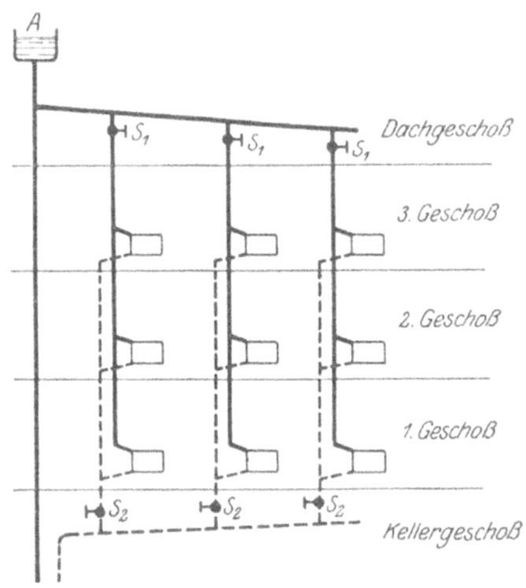

Abb. 113. Anordnung von Strangabsperrvorrichtungen bei Warmwasserheizungen.

5. Regelvorrichtungen für Warmwasserheizkörper.

Die heute üblichen Heizkörperventile entstanden durch konstruktive Vereinigung zweier Regelorgane, nämlich der Handregelung und der Voreinstellung.

1. Die Handregelung benutzt der Bewohner des Raumes, um seine Heizkörper anzustellen oder abzustellen.

2. Die Voreinstellung braucht der Monteur, wenn er bei der Probeheizung die einzelnen Heizkörper auf gleichmäßige Erwärmung einregeln will.

Abb. 114 zeigt ein solches Ventil im Schnitt. Der Ventilkegel mit der Ventilspindel und dem Handrad bildet zusammen mit seinem Ventilsitz das Organ der Handregelung. Der gesamte engschraffierte Teil ist die Voreinstellung. Ihr wesentlicher Bestandteil ist der Schirm A, der die Form eines Halbzylinders hat, und der so verdreht werden kann, daß er die Ausströmöffnung B mehr oder weniger verdeckt. Die Verdrehung erfolgt durch einen Steckschlüssel, der bei C in einer Nut angreift. Die Lage dieser Nut läßt den Grad der Voreinstellung von außen erkennen.

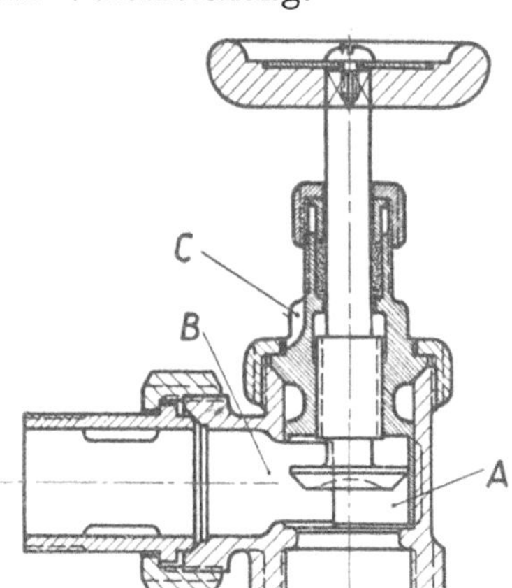

Abb. 114.
Regulierventil mit Voreinstellung.
(Buschbeck und Hebenstreit, Bischofswerda i. S.)

In Abb. 115 ist eine ähnliche Konstruktion dargestellt, bei welcher jedoch das Handregelorgan nicht als Ventil, sondern als Hahn ausgebildet ist.

Eine andere Ausführung der Voreinstellung zeigt Abb. 116. Die Einstellung geschieht hier durch einen vom Inneren der Hohlspindel aus verstellbaren Regelkonus. Dieser Konus hat eine sehr geringe Steigung und gestattet somit eine sehr feine Einregulierung der Voreinstellung.

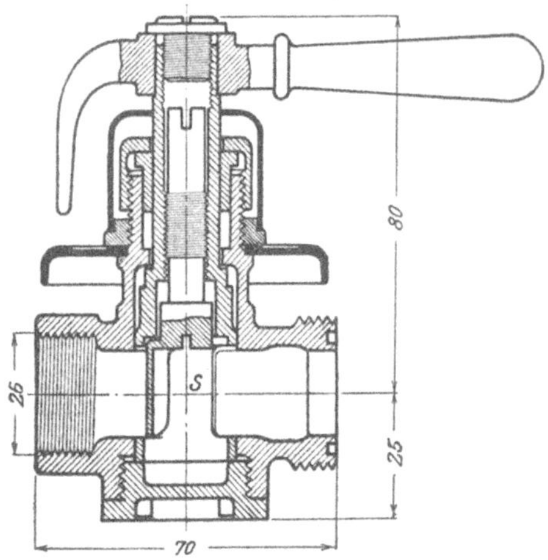

Abb. 115. Regelhahn mit Voreinstellung.

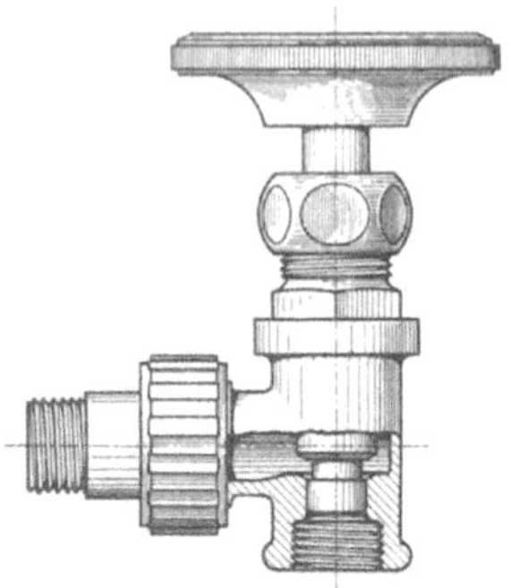

Abb. 116. Regulierventil mit Voreinstellung. (Waldemar Pruß G. m. b. H. Hannover.)

Die Forderungen, die man an ein gutes Heizkörperventil stellt, sind:

1. Die Ventilspindel soll im Gehäuse gut abgedichtet sein, bei eingetretener Undichtheit muß eine Reparatur bequem und schnell ausführbar sein.

2. Das Einregeln der Voreinstellung muß bequem und mit wenig Zeitaufwand möglich sein. Da die Ventile meist mit waagerechter Spindel eingebaut werden, ist es am besten, wenn das Einregeln von vorne, also von der Handradseite aus erfolgt.

3. Der Stand der Voreinstellung muß entweder ohne weiteres von außen zu erkennen sein, oder er muß mindestens schnell und bequem nachgeprüft werden können. Eine Änderung der Voreinstellung durch Laien muß nach Möglichkeit verhindert sein.

6. Zubehör für Warmwasserkessel.

Vorlaufthermometer. Jeder Kessel soll im Vorlauf ein Thermometer besitzen, das die Wassertemperatur anzeigt. Dazu muß die Quecksilberkugel unmittelbar im Wasserstrom liegen oder in eine im Wasserweg liegende Kapsel eingebettet sein, die mit Quecksilber gefüllt wird.

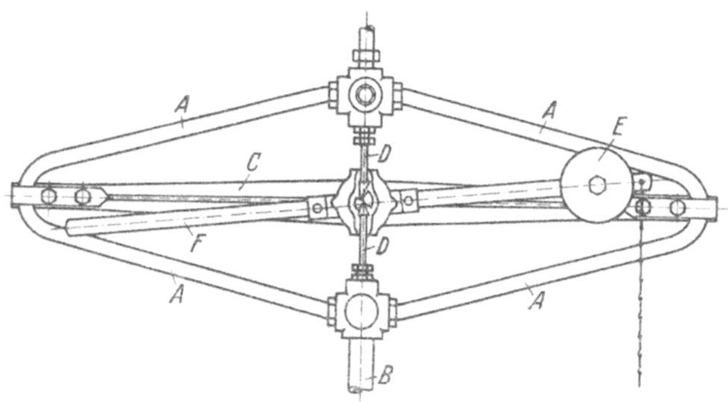

Abb. 117. Verbrennungsregler für Warmwasserkessel.

Füllung bzw. Entleerung. Am tiefsten Punkt der Kesselanlage ist ein abschließbarer Füll- bzw. Entleerstutzen vorzusehen. Dieser wird mit der Wasserleitung durch einen Schlauch verbunden. Fehlt die Druckwasserleitung, so erfolgt die Füllung unter Benutzung einer Handpumpe. Die Füll- bzw. Entleerleitung soll abnehmbar sein, damit der Heizer die Dichtheit der Abschlußvorrichtungen überprüfen kann und vor falschen Handgriffen bewahrt bleibt.

Verbrennungsregler. Jeder gußeiserne Gliederkessel erhält einen Verbrennungsregler, welcher die Brenngeschwindigkeit so regelt, daß eine eingestellte

Vorlauftemperatur selbsttätig eingehalten wird. Er besteht z. B., wie Abb. 117 zeigt, aus einer Stahlrohranordnung *A*, die vom Vorlaufwasser von *B* her durchflossen wird. Die Querdehnung ist durch die Zugstange *C* verhindert. Steigt die Wassertemperatur über den eingestellten Wert, so dehnt sich die Anordnung in lotrechter Richtung. Diese Dehnung bewirkt ein Entfernen der exzentrisch angreifenden Druckstangen *DD* voneinander. Das Gewicht *E* bewegt den Hebel *F* mit seinem rechten Ende abwärts und steuert mit Hilfe einer dort eingehängten Kette die Zuluftklappe. Fällt die Wassertemperatur unter den eingestellten Wert, so bewirken die Druckstangen *DD* ein Anheben des Gewichtes *E* und ein Drehen des Hebels *G* in entgegengesetzter Richtung.

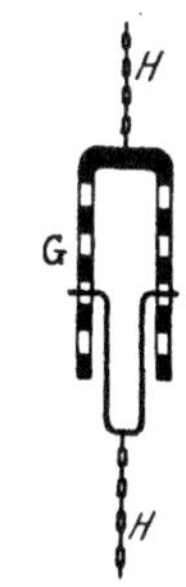

Abb. 118. Stellvorrichtung.

Der Regler wird nun von Hand aus dadurch eingestellt, daß der Heizer die Stellvorrichtung *G* der Kette *H* in ein bestimmtes Loch einhängt (Abb. 118). Dadurch wird eine generelle Regelung bewirkt und die gesamte Heizung den jeweils herrschenden Außentemperaturen angepaßt. Außer dem besprochenen Verbrennungsregler gibt es noch eine große Anzahl anderer Vorrichtungen dieser Art, die demselben Zweck dienen.

7. Kleinheizung.

Für die Beheizung von einzelnen Wohnungen, von Siedlungen und Villen sowie von anderen kleineren Objekten hat sich im letzten Jahrzehnt eine besondere Ausführungsform der Schwerkraft-Warmwasserheizung ausgebildet, die durch folgende Merkmale gekennzeichnet ist:

Erstens die Verwendung eines Kleinkessels besonderer Bauart, sogenannter Zimmerheizkessel, der nicht im Keller, sondern in einem der zu beheizenden Räume selbst aufgestellt wird. Man wählt dafür ein größeres Zimmer, die Diele oder auch die Küche. Die Kessel sind doppelwandige Gußkessel (vgl. Abb. 119 und Abb. 120) mit Füllschacht und oberem Abbrand.

Abb. 119 u. 120. Zimmerheizkessel „Camino“. (Strebelwerk.)

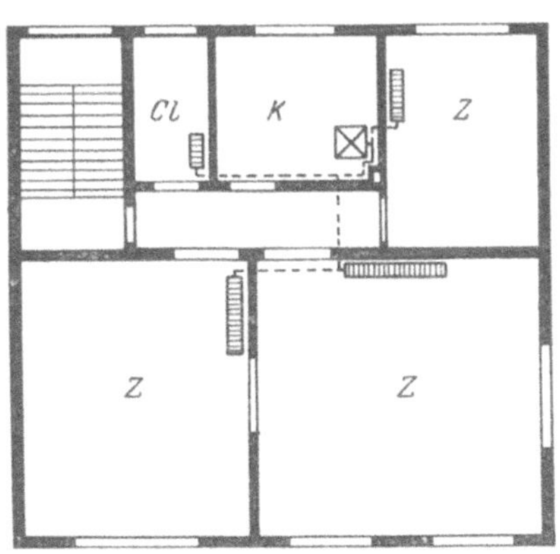

Abb. 121. Heizkörper an den Innenwänden.

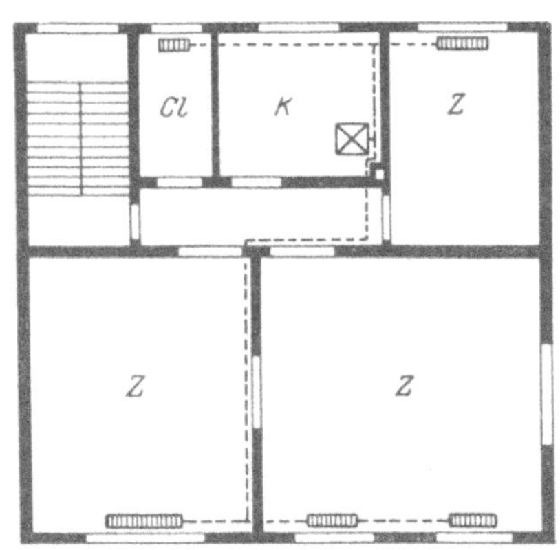

Abb. 122. Heizkörper unter den Fenstern.

Das zweite Merkmal ist die Aufstellung der Heizkörper nicht am Fenster, sondern an der Innenseite der Zimmer. Da kleinere Wohnungen, Siedlungshäuser usw.

meist niedere Zimmerhöhen und damit auch kleinere Fenster haben, kann nach den Ausführungen auf S. 37 von einer Aufstellung der Heizkörper unter den Fenstern Abstand genommen werden. Dadurch ergibt sich der Vorteil, daß die Rohrnetze kürzer und billiger werden, und daß trotz der geringen Auftriebshöhe ein einwandfreier Wasserumlauf erzielt wird. Abb. 121 und Abb. 122 zeigen, wieviel gedrängter das Rohrnetz durch die Aufstellung der Heizkörper an der Innenseite wird. In Abb. 123 ist eine zusammengebaute Heizung dargestellt. In dieser Abbildung hat man sich zwischen dem Heizkessel und den drei Heizkörpern die vier Wände zu denken, welche die vier Räume trennen.

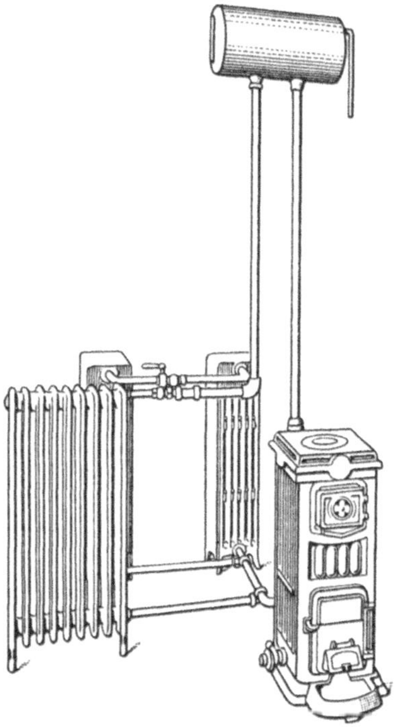

Abb. 123. Kleinheizung „Narag". (Nationale Radiator-Ges.)

C. Pumpenheizung.

1. Allgemeines.

Die Pumpenheizung ist eine gewöhnliche Warmwasserheizung, bei der zur Beschleunigung des Umlaufes eine Pumpe eingebaut ist.

Die Vorzüge jeder Warmwasserheizung (S. 66) gelten auch für die Pumpenheizung. Während aber die Schwerkraftheizungen nur für kleinere und mittlere Anlagen ausführbar sind, da für größere Rohrnetze die geringe Druckhöhe zu unwirtschaftlich großen Rohrdurchmessern führen würde, ist die Pumpenheizung auch für Gebäude mit großer waagerechter Ausdehnung anwendbar. Sind mehrere getrennt liegende Gebäude an eine gemeinsame Heizung angeschlossen, so wird die Pumpenheizung zur Fernheizung (s. S. 89). Ein Nachteil der Pumpenheizung liegt in der Beschaffung, Wartung und den Betriebskosten der Pumpe.

Man soll von der gewöhnlichen Schwerkraftheizung nur dann zur Pumpenheizung übergehen, wenn die genaue Nachrechnung des Falles erhebliche Ersparnisse an Betriebskosten (einschließlich Tilgung und Verzinsung der Anlage) ergibt und eine sachverständige Wartung der Maschinen gesichert erscheint.

2. Ausführung.

Kesselanlage, Heizkörper und Ausführung der Rohrleitungen sind grundsätzlich dieselben wie bei der Schwerkraftheizung. Auch die Rohrführung in ihren beiden Hauptformen der oberen und unteren Verteilung ist im wesentlichen dieselbe.

Die Pumpe wird meist in den Rücklauf eingebaut. Wird die Pumpe in den Vorlauf eingebaut, so daß sie aus dem Kessel saugt, so besteht die Gefahr von Dampfbildung und Wasserschlägen.

Bezüglich der Sicherheitsleitung ist eine Ausführungsmöglichkeit in Abb. 124 dargestellt.

Besondere Beachtung ist der Entlüftung zuzuwenden, da durch die hohen Strömungsgeschwindigkeiten das Ausscheiden der Luft aus dem Wasserstrom bedeutend erschwert wird. Man bringt deshalb im oberen Verteilpunkt (vgl. Abb. 125) eine Erweiterung an, das sogenannte Entlüftungsgefäß *EG*, in der das Wasser zur Ruhe kommt und die Luft sich ausscheiden kann.

Eine andere Ausführungsform gibt Abb. 126. Vom Kessel strömt das Wasser durch eine Steigleitung zu einem Entlüftungsgefäß, das sich seinerseits wieder in das Ausdehnungsgefäß entlüftet. Die Vorlaufleitungen führen steigend bis zum

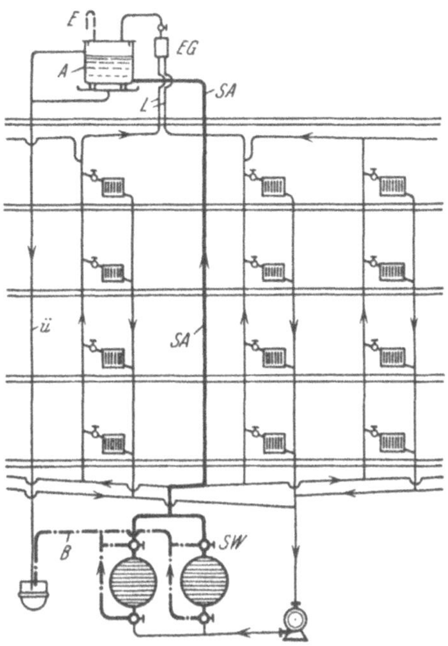

Abb. 124. Pumpenheizung, Ausführungsmöglichkeit der Sicherheitsleitungen.

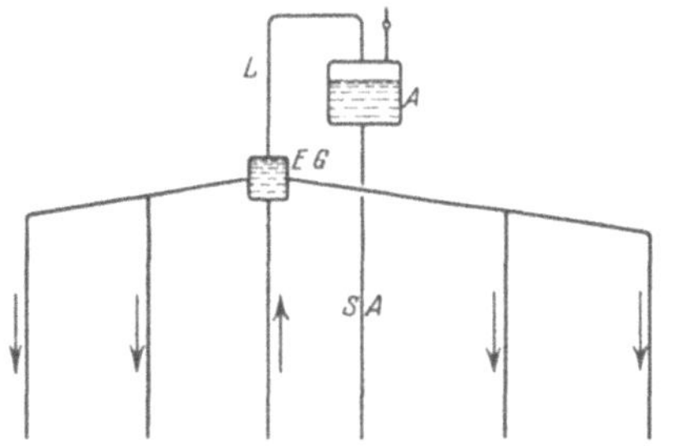

Abb. 125.

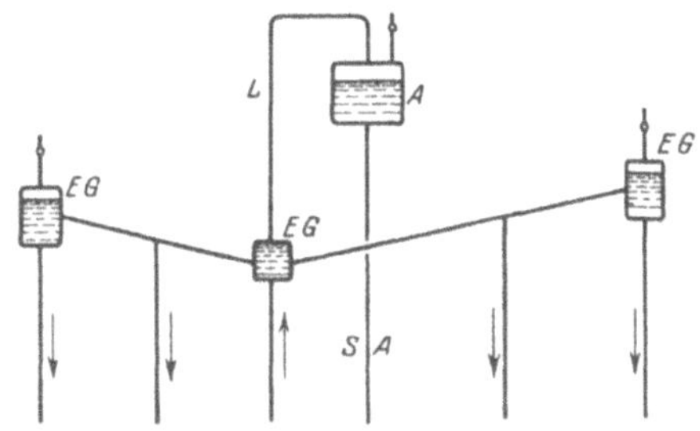

Abb. 126.

Abb. 125 u. 126. Pumpenheizung, Entlüftung bei oberer Verteilung.

letzten Strang, woselbst wieder jeweils ein Entlüftungsgefäß angebracht ist. Die letztgenannten Entlüftungsgefäße sind von Zeit zu Zeit von Hand zu entlüften.

Es kommt bei Pumpenheizungen manchmal vor, daß die der Pumpe nächstgelegenen Stränge sehr stark abgedrosselt werden müssen. Diese Anordnung, die zu manchen Unzuträglichkeiten führt, wird bei der von Tichelmann benutzten Rohrführung (Abb. 127) vermieden.

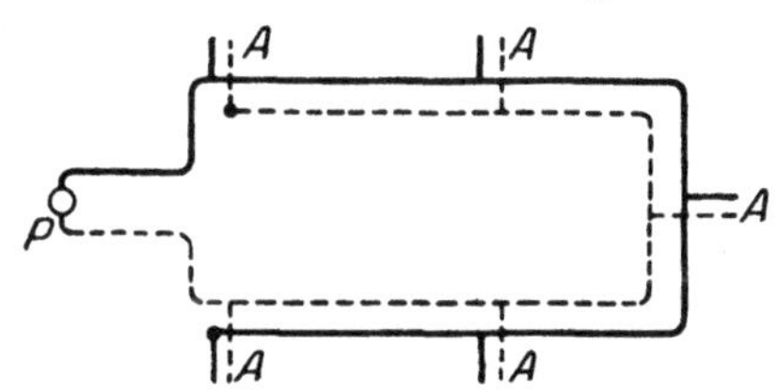

Abb. 127. Rohrführung nach Tichelmann.

Oftmals wird versucht, bei einer für Pumpenwirkung berechneten Anlage die Pumpe nur zum Anheizen oder bei sehr strengem Frost als Zusatzantrieb zu benutzen. Dies ist nur dann möglich, wenn der Pumpendruck so niedrig angenommen wird, daß sich die Strömungsverhältnisse der Pumpenheizung nur wenig von den durch die Schwerkraftswirkung hervorgebrachten Strömungsvorgängen unterscheiden. Bei der Berechnung der Pumpenheizung darf dann die Schwerkraftswirkung nicht vernachlässigt werden. Die Berechnung des Rohrnetzes von Pumpenheizungen ist im II. Teil, S. 184, enthalten.

Die Pumpe ist so aufzustellen und so mit der Rohrleitung zu verbinden, daß durch sie keine Geräusche in die Anlage übertragen werden (schallsicherer Pumpenaufbau auf dämpfender Unterlage, ruhiger Lauf des Antriebsmotors, nicht zu hohe Drehzahl, Verwendung dicker Gummischeiben zwischen Pumpen- und Rohrleitungsflanschen). Der Betrieb der Pumpe ist unter allen Umständen sicherzustellen. Es ist daher zweckmäßig, in jedem Falle zwei voneinander völlig unabhängige Antriebsmotore zu beschaffen, von denen einer als Reserve dient. In manchen Fällen empfiehlt sich die Trennung in Tag- und Nachtpumpen zwecks Betriebskostenersparnis.

D. Betriebseigenschaften der Warmwasserheizungen.

1. Die Begriffe: generelle Regelung, örtliche Regelung und Selbstregelung.

Unter genereller Regelung versteht man die vom Kesselhaus, also von zentraler Stelle aus betätigte Anpassung der Heizung an die schwankende Außentemperatur. Das Mittel dazu ist die Veränderung der Vorlauftemperatur am Kessel. Da jedes Gebäude und auch jede Heizungsanlage ihre Besonderheiten hat, läßt sich der Zusammenhang zwischen Kesselvorlauftemperatur und Außentemperatur nicht allgemein gültig feststellen. Als Anhalt kann gelten:

Außentemperaturen von rd.	—20	—10	±0	±10	+15° C
Vorlauftemperaturen von rd.	90	75	60	45	35° C

Weisen mehrere Raumgruppen gegeneinander verschiedene Betriebsverhältnisse, z. B. Lage nach Süden und Norden oder Windangriff und geschützte Lage usw. auf, so soll man jeder Gruppe getrennten Vorlauf geben, um durch verschiedene Vorlauftemperaturen in den einzelnen Systemen eine Teilregelung der ganzen Gebäudeheizung durchführen zu können. Häufig sind dann auch getrennte Rückläufe nötig.

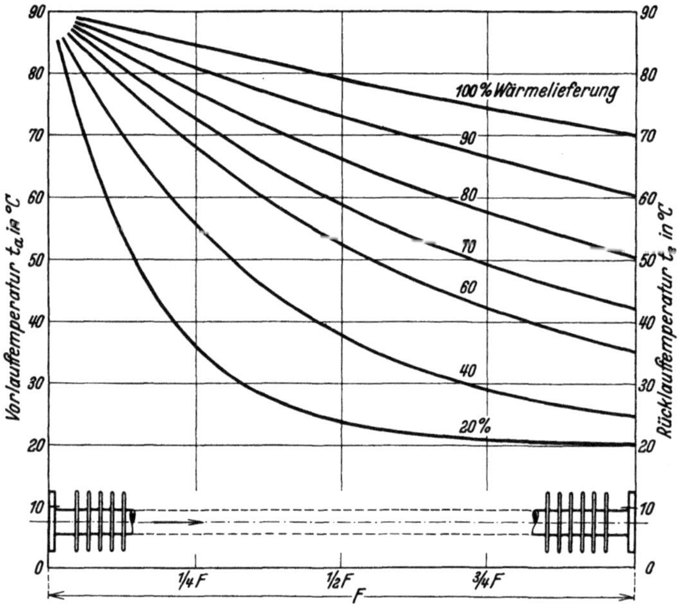

Abb. 128. Verlauf der Wassertemperatur längs der Heizfläche bei verschiedener Wärmelieferung.

Die Warmwasserheizung vermag zwar dem schwankenden Wärmebedarf mit hinreichender Genauigkeit zu folgen, aber nicht immer mit hinreichender Schnelligkeit. Wegen des großen Speichervermögens des Wassers dauert es geraume Zeit, ehe sich eine veränderte Feuerführung in einer veränderten Wassertemperatur auswirkt. Man spricht deshalb von einer großen Trägheit der Warmwasserheizung. Durch die Verwendung der Kleinwasserraum-Radiatoren an Stelle der alten Modelle konnte hierin eine nicht unerhebliche Besserung gegen früher erzielt werden. Bei den Schwerkraftheizungen dauert es ferner wegen der geringen Umlaufgeschwindigkeit auch noch lange, ehe in weit entfernt liegenden Heizkörpern sich eine Temperaturänderung bemerkbar macht. Pumpenheizungen mit ihrer größeren Wassergeschwindigkeit haben diesen Nachteil in viel geringerem Maße.

Unter örtlicher Regelung versteht man die durch Verstellung des Heizkörperventiles betätigte Änderung der Wärmelieferung eines einzelnen Heizkörpers. Die Änderung wird eingeleitet durch eine Änderung der Wassermenge. Abb. 128 zeigt den Verlauf der Wassertemperatur längs der Heizfläche und die Wärmelieferung des Heizkörpers bei konstanter Eintrittstemperatur (90° C), aber veränderter Wassermenge. Die Wärmelieferung im Normalfall (also mit 70° C Austrittstemperatur) ist mit 100 vH bezeichnet. Es wurde zur Darstellung eine waagerechte Heizkörperform gewählt, weil dann das Diagramm sinnfälliger ist als bei einem stehenden Heizkörper. Dem Wesen nach gilt jedoch der Zusammenhang für alle Heizkörperformen in gleicher Weise.

Aus der nächsten Abb. 129 ist zu erkennen, in welchem Ausmaß die Wassermenge abgedrosselt werden muß, damit eine gewünschte Minderung der Wärmeleistung erzielt wird. Will man die Wärmelieferung um nur 20 vH vermindern, so muß man die Wassermenge um nahezu 60 vH drosseln. Von einer Proportionalität zwischen Wärmelieferung und Wassermenge kann also gar keine Rede sein. Damit ist auch eine Proportionalität zwischen Wärmelieferung und Verstellwinkel des Heizkörperventiles nicht vorhanden. Dies gilt schon für die Pumpenheizung, in vermehrtem Maße aber für die Schwerkraftheizung, bei der noch eine weitere störende Ursache hinzukommt. Bei Minderung der Wärmelieferung, z. B. um 20 vH, geht — gemäß Abb. 128 — die Austrittstemperatur von 70° auf 51° zurück. Damit wächst der Gewichtsunterschied im Fall- und Steigstrang, und rückwirkend zieht nun der Fallstrang wieder mehr Wasser durch den Heizkörper.

In der Erkenntnis dieser Umstände werden heute bei den Heizkörperventilen die Bezeichnungen $^1/_4$, $^1/_2$, $^3/_4$ und Volleistung weggelassen und durch die beiden Aufschriften „offen“ und „zu“ ersetzt. Unser Heizkörperventil ist also kein Regulierventil, sondern nur ein Absperrventil.

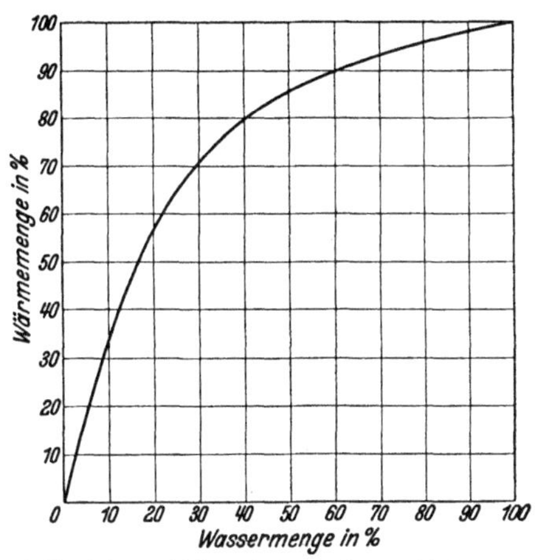

Abb. 129. Abhängigkeit der gelieferten Wärmemenge von der durchfließenden Wassermenge.

Eine wichtige Betriebseigenschaft der Warmwasserheizung, insbesondere der Schwerkraftheizung, bezeichnet man mit dem Wort „Selbstregelung“. Wir knüpfen dazu an die obige Bemerkung bei der Regelung durch das Heizkörperventil an. Hier sahen wir, daß bei einer verhältnismäßig großen Veränderung der Wassermenge sich die Wärmelieferung nur wenig ändert und daß sich ferner bei der Schwerkraftheizung sofort innere Kräfte auslösen, die eine durch das Ventil eingeleitete Veränderung der Wassermenge wieder rückgängig zu machen trachten, so daß also die Schwerkraftheizung ein sehr stabiles System darstellt. Wir haben bisher, als wir von der Regelung sprachen, diese Eigenschaft als Nachteil kennengelernt, dürfen nun aber nicht übersehen, daß diese Eigenschaft in anderer Hinsicht auch überaus wertvoll ist, denn sie macht die Warmwasserheizung auch unempfindlich gegen unbeabsichtigte Veränderungen und Störungen. Wenn z. B. bei der Berechnung der Anlage sich ein Rechenfehler eingeschlichen hat, oder wenn bei der Montage eine größere Unachtsamkeit unterlaufen ist, so macht sich dies aus dem obengenannten Grunde nur in stark abgeschwächtem Ausmaße bemerkbar. Der Selbstregelung ist es zu danken, daß Heizungsanlagen mit beachtlichen Fehlern bei hoher Vorlauftemperatur annähernd befriedigend arbeiten können. Mit abnehmender Vorlauftemperatur nimmt allerdings die Selbstregelung in ihrer Wirkung stark ab und die Fehler der Anlage treten dann erst in Erscheinung. Man ist gezwungen, solche Heizungen in der Übergangszeit mit unnötig hoher Temperatur zu betreiben, um einen annähernd gleichmäßigen Gang der Anlage zu erzielen. Daraus folgt die bekannte Regel, daß man das Arbeiten einer Heizungsanlage nicht bei hohen, sondern bei niedrigen Vorlauftemperaturen prüfen und beurteilen soll.

2. Vor- und Nachteile der Warmwasserheizungen.

Die Warmwasserheizungen weisen gegenüber den später zu besprechenden Dampfheizungen vier Nachteile auf:

1. Die Anlagekosten der Warmwasserheizung sind verhältnismäßig hoch.

2. Wegen der Trägheit der Heizung ist eine rasche Anpassung der Wärmelieferung an schwankende Außentemperaturen oder sonstige Änderungen des Wärmebedarfes nicht möglich; dies gilt in besonderem Maße für Schwerkraftheizungen. Als Abhilfe baut man manchmal Heizungsanlagen als ein Mittelding zwischen Schwerkraft- und Pumpenheizung, indem man die Anlage als Schwerkraftheizung berechnet und im allgemeinen auch als solche betreibt, zum Aufheizen aber eine Pumpe in Gang setzt.

3. Die Heizkörperventile sind im allgemeinen nicht als Regelventile, sondern nur als Anstell- und Absperrventile zu gebrauchen.

4. Es besteht ohne Zweifel die Gefahr des Einfrierens bei unsachgemäßer Bedienung. Ein gutes Schutzmittel dagegen ist eine kleine Öffnung im Heizkörperventil, durch welche auch bei geschlossenem Ventil eine geringe Wasserbewegung stattfindet. Naturgemäß ist dann eine vollkommene Abstellung der Heizung in den betreffenden Räumen nicht mehr möglich.

Alle diese Nachteile werden aber reichlich aufgewogen durch die Vorteile der Warmwasserheizung. Es sind dies:

1. Die niedrigen Heizkörpertemperaturen, welche die Warmwasserheizung zur hygienisch besten Heizart machen.

2. Die gute generelle Regelung, die sich in einem günstigen Brennstoffverbrauch auswirkt.

Aus den obigen Erwägungen ergibt sich das Anwendungsgebiet der Warmwasserheizung. Sie steht überall dort an erster Stelle, wo es sich um eine angenehme und gleichmäßige Erwärmung von Räumen handelt und wo die hygienischen Forderungen eine beachtenswerte Rolle spielen. Wohngebäude aller Art, wie Miethäuser, Siedlungen und Villen, dann Krankenhäuser, Verwaltungsgebäude, Gewächshäuser usw. werden sonach mit Warmwasserheizung zu versehen sein.

IV. Niederdruckdampfheizung.

A. Verhalten des Dampfes im Heizkörper.

Wir denken uns einen vollständig kalten und mit Luft gefüllten Heizkörper. Das Regulierventil A, Abb. 130, soll vorerst ganz geschlossen und die Leitung vor dem Regulierventil mit Dampf von geringem Überdruck gefüllt sein. Öffnet man nun langsam das Regulierventil, so tritt Dampf in den Heizkörper ein. Für sein Verhalten im Heizkörper ist in erster Linie die Tatsache wesentlich, daß das spezifische Gewicht der Luft sogar bei 100° C noch das $1^1/_2$fache desjenigen des Dampfes ist, daß also der Dampf auf der Luft schwimmt. Der Dampf wird also von oben her den Heizkörper anfüllen und dabei die Luft nach unten aus dem Heizkörper herausdrängen. Damit dies möglich ist, muß die aus dem Heizkörper herausführende Leitung, die Kondensleitung, mit der Atmosphäre in Verbindung stehen. Indem der Dampf so vordringt, bespült er immer mehr Heizfläche, und schließlich ist die Heizfläche so groß geworden, daß sie gerade hinreicht, die eintretende Dampfmenge vollständig niederzuschlagen, d. h. die Trennungslinie zwischen Dampf und Luft (Linie $D—E$ der Abb. 130) kommt zum Stillstand. Dreht man nun das Regulierventil noch etwas weiter auf, so strömt mehr Dampf ein, die Trennungslinie $D—E$ rückt

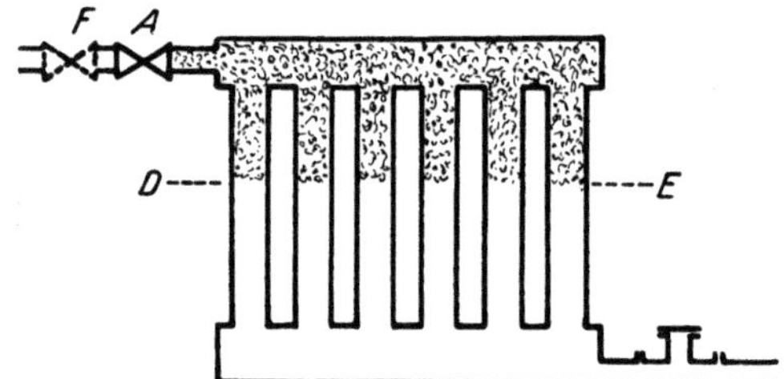

Abb. 130. Niederdruckdampfheizkörper, halb gefüllt.

weiter nach unten, die Heizfläche und damit auch die Wärmeabgabe des Heizkörpers nimmt zu. Umgekehrt ist der Vorgang, wenn man das Regulierventil stärker schließt. Die Trennungsfläche *D—E* rückt nach oben, und die Heizfläche sowie die Wärmeabgabe wird kleiner. Bei diesem Zurückgehen des Dampfes wird durch die Kondensleitung, die ja, wie oben erwähnt, mit der Atmosphäre in Verbindung stehen muß, wieder Luft angesaugt. Die Wärmeabgabe des einzelnen Heizkörpers kann also verändert werden, d. h. die Niederdruckdampfheizung ist regulierbar. (Örtliche Regelung, vgl. S. 64.)

An der Sohle aller waagerechten Kondensleitungen strömt Kondensat, darüber liegt ruhende Luft, die nur während eines Reguliervorganges etwas nach dem Heizkörper zu- oder von ihm wegwandert. Bei einer einwandfreien Anlage darf kein Dampf in die Kondensleitung übertreten, da sonst mannigfache Störungen, vor allem das bekannte knatternde Geräusch, auftreten würden. Um das Übertreten des Dampfes zu vermeiden, darf nicht mehr Dampf in den Heizkörper einströmen, als seine Heizfläche niederzuschlagen vermag. Dies läßt sich erreichen, wenn vor dem Regulierventil nur ein geringer Überdruck herrscht. Die Versuche haben ergeben, daß etwa 200 mm WS am zweckmäßigsten sind. Das Rohrnetz muß also so berechnet sein, daß infolge der Reibungsverluste der Druck von der Kesselspannung am Anfang der Leitung bis auf 200 mm vor dem Heizkörper abfällt. Da sich dies aber infolge Ungenauigkeiten in der Rohrnetzberechnung nicht immer vollständig durchführen läßt, wird vor dem Regulierventil *A* ein Voreinstellventil *F* eingebaut. Meist sind, wie schon auf S. 59 gezeigt, Voreinstellventil und Regulierventil konstruktiv in einem einzigen Organ vereint. Für Niederdruckdampfheizkörper werden die gleichen Regulierventile verwandt wie für Warmwasserheizkörper. Das Voreinstellventil wird vom Monteur bei der Probeheizung so einreguliert, daß bei ganz offenem Handrad kein Dampf in die Kondensleitung übertritt. Um dies beobachten zu können, wird in die Kondensleitung unmittelbar nach dem Heizkörper ein T-Stück *C* mit verschließbarem Abzweig eingesetzt (vgl. Abb. 130). Den Stopfen nimmt der Monteur bei der Probeheizung heraus, um feststellen zu können, ob die Kondensleitung frei von Dampf ist.

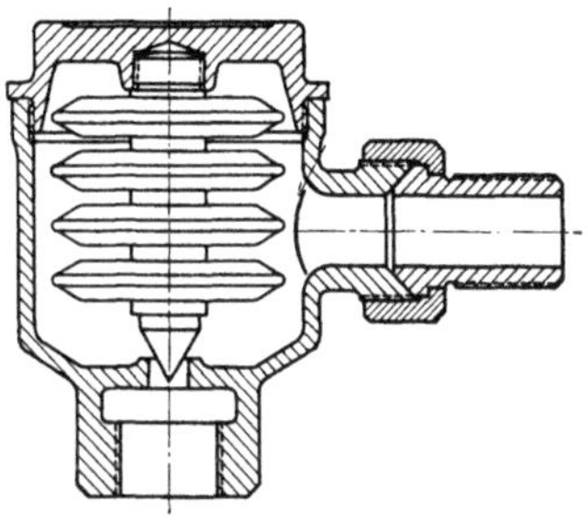

Abb. 131. Ausdehnungsdampfstauer.

Oft nützt man den Heizkörper nicht ganz aus und stellt die Voreinstellung des Ventils so ein, daß auch beim höchsten Druck ein kleiner Heizkörperteil kalt bleibt. Dieser Restteil soll bei Spannungsschwankungen ein „Durchschlagen" des Heizkörpers verhindern.

Um die Kondensleitung zwangläufig dampffrei zu halten, empfiehlt sich in manchen Fällen auch die Verwendung von Dampfstauern. Es sind dies Organe, die den Zweck haben, Kondenswasser abfließen, aber keinen oder nur wenig Dampf austreten zu lassen. In Abb. 131 ist ein Ausdehnungs-Dampfstauer dargestellt.

B. Rohrführung.

Bei der Anordnung der Rohre ist vor allem darauf zu achten, daß das Kondensat, welches sich in den Dampfleitungen bildet, möglichst in der gleichen Richtung wie der Dampf strömt. Man wird darum die Dampfrohre stets, im Sinne der Dampfströmung gerechnet, mit Gefälle und nicht mit Steigung verlegen. Bei Steigleitungen läßt es sich nicht vermeiden, daß das Kondensat dem Dampf entgegenströmt, man soll deshalb den waagerechten Hauptstrang vor der Abzweigung der Steigleitung entwässern.

1. Obere Verteilung (Abb. 132).

Der Dampf wird vom Kessel aus in einem oder mehreren starken Steigsträngen nach dem Dachgeschoß geführt, dort verteilt und in den Fallsträngen F_1 abwärts zu den Heizkörpern geleitet. Das Kondensat wird durch den zweiten Teil der Fallstränge F_2 nach dem Keller und über die Sammelleitung S nach dem Kessel geleitet. Das Wasser steht bei b um den Betrag $a\,b$ höher als im Kessel, wobei die Strecke $a\,b$ dem Kesseldruck — ausgedrückt in Meter Wassersäule — entspricht. Die Verbindung der Kondensatleitung mit der Atmosphäre, deren Notwendigkeit auf Seite 66 erläutert wurde, ist durch das bei c eingezeichnete Rohr gegeben. Die Öffnung dieses Rohres soll nach unten weisen, damit durch sie keine Schmutzteilchen in die Leitung fallen können. Die Entlüftung c muß um etwa 300 mm über der Stelle b liegen.

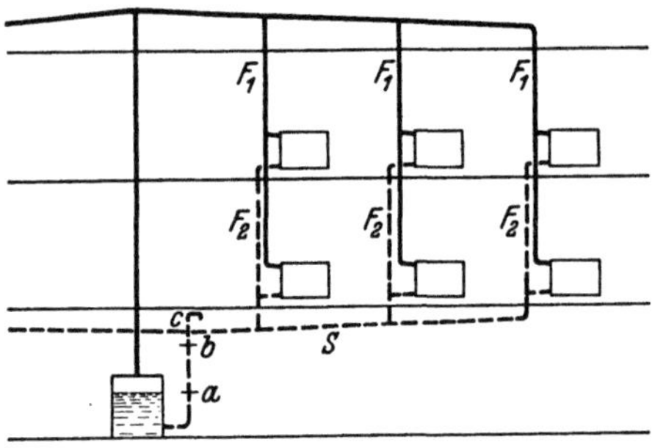

Abb. 132. Niederdruckdampfstrangschema, obere Verteilung.

2. Untere Verteilung mit hochliegender Kondensleitung (Abb. 133).

Die Verteilung erfolgt im Kellergeschoß, und zwar müssen, wie schon oben erwähnt, die Verteilleitungen mit Gefälle in der Dampfrichtung verlegt werden. Die Steigstränge S_1 und S_2 führen den Dampf den Heizkörpern zu, und die Fallstränge F_1 und F_2 leiten das Kondensat nach dem Keller zurück in die gemeinsame Sammelleitung, die mit Gefälle nach dem Kessel zu verlegt ist. Die Entwässerung der Verteilleitung an der Stelle E, also beim Abzweig des Steigstranges S_2, erfolgt durch eine Wasserschleife. Diese ist ein U-Rohr, in dessen beiden Schenkeln das Kondensat entsprechend dem Kesseldruck verschieden hoch steht und in dem soviel Kondensat anfällt, bis bei b' ein Übertreten des Kondensates in die Kondensatsammelleitung erfolgen kann. Die Schleife muß stets etwas länger ausgeführt werden, als dem Betriebsdruck entspricht, um ein Durchschlagen der Wasserschleife bei vorkommenden Druckschwankungen zu vermeiden. Die Wasserschleifen haben also genau dieselbe Aufgabe zu erfüllen wie ein Kondenstopf, haben aber den Vorteil, daß sie keinerlei bewegliche Teile besitzen, also immer einwandfrei arbeiten, und daß sie beliebig große und kleine Kondensatmengen einwandfrei abzuführen vermögen.

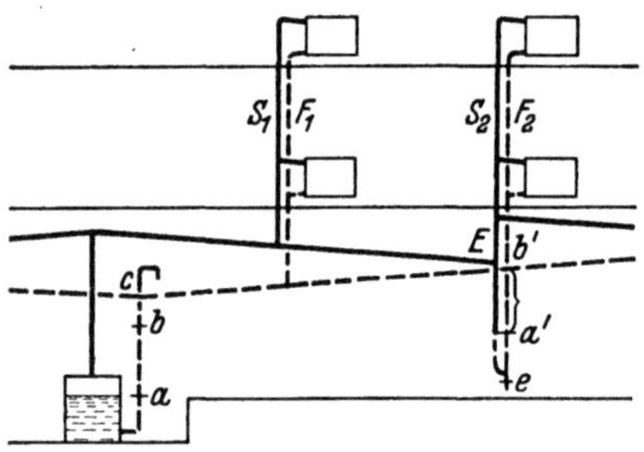

Abb. 133. Niederdruckdampfstrangschema, untere Verteilung, hochliegende Kondensleitung.

3. Untere Verteilung mit tiefliegender Kondensleitung (Abb. 134).

Die Dampfverteilung erfolgt wie bei hochliegender Kondensleitung. Die Kondensleitung liegt unter dem Kesselwasserstand, steht also immer bis zur Linie $b\,b$ voll Wasser. Man glaubte, daß sie dadurch vor Zerstörung (Rosten) besser geschützt sei als die in Abb. 133 dargestellte hochliegende Leitung. Nach neueren Erfahrungen werden die tiefliegenden Leitungen aber nicht weniger zerstört als die hochliegenden.

Die Entwässerung der Dampfleitung geschieht durch einfache Verbindung mit der Kondensleitung, Wasserschleifen sind mithin überflüssig. Die Entlüftung erfolgt bei *c*. Damit alle Teile der Anlage einwandfrei be- und entlüftet werden können, müssen sämtliche Kondensatfallstränge an eine horizontale Entlüftungsleitung *d—d* angeschlossen werden. Die Leitung *d—d* muß 300 mm über dem Wasserstand *b—b* liegen. Bei tiefliegender Leitung müssen die Türen unterfahren werden (Fußbodenkanal), wobei eine besondere Luftleitung *f* (Abb. 134) nötig wird. Die im Fußboden liegenden Rohrteile können bei Außentüren leicht einfrieren.

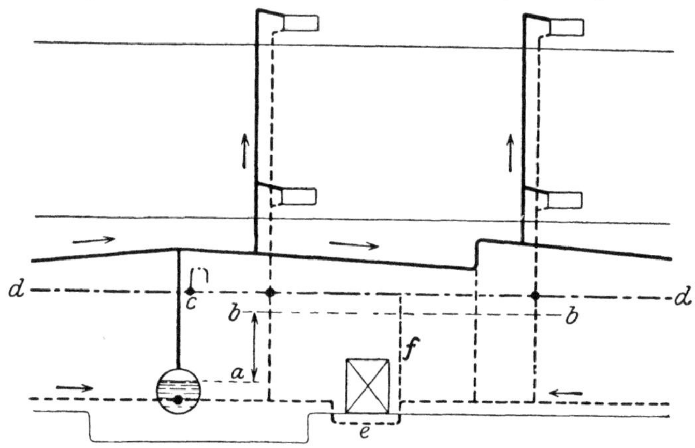

Abb. 134. Tiefliegende Kondensleitung.

Die Kesselhaushöhe ist von der Wahl der Rohrführung abhängig. Sie ergibt sich z. B. für Abb. 133 wie folgt:

Höhe des Wasserstandes *a*	1500 mm
Betriebsdruck *a b*	1000 „
Sicherheitszuschlag bis *c*	300 „
Gefälle der Kondensleitung = je 5 mm auf 1 m, daher z. B. bei 50 m	250 „
Zuschlag zwischen Oberkante Rohr und Kellerdecke	200 „
Daher lichte Kesselhaushöhe	3250 mm

Die kleinste Kesselhaushöhe ergibt sich bei oberer Verteilung, hierauf folgt untere Verteilung mit tiefliegender Kondensleitung, während die untere Verteilung mit hochliegender Kondensleitung die größte Kellerraumhöhe erfordert.

C. Dampferzeugung.

Niederdruckdampfheizungen arbeiten mit folgenden Drücken:

0,05 bis 0,1 atü bei Anlagen mit einer waagerechten Ausdehnung bis 200 m,
0,15 atü „ „ „ „ „ „ „ 300 m,
0,20 atü „ „ „ „ „ „ „ 500 m.

Bei Kesseln mit Drücken von mehr als 0,5 atü gelten die gesetzlichen Bestimmungen für Hochdruckdampfkessel.

In Industriebetrieben wird der Dampf für Heizzwecke oft aus Hochdruckdampf gewonnen, indem man diesen in einem Reduzierventil oder besser in einer Kraftmaschine (Abdampfverwertung) sich auf 1,0 bis 1,5 ata entspannen läßt. Hierüber vgl. S. 92ff.

Im allgemeinen jedoch wird der Niederdruckdampf in den auf S. 19 bis 25 beschriebenen Kesseln erzeugt. Für Niederdruckdampfheizungen erfordern die Kessel eine Reihe besonderer Zubehörteile.

D. Zubehör für Dampfkessel.

Manometer. Jeder Kessel muß ein empfindliches Manometer erhalten, das die Dampfspannung in $^1/_{100}$ atü abzulesen gestattet. Die Betriebsspannung ist besonders kenntlich zu machen.

Wasserstand. Die Kessel sind mit Marken für den höchsten (mittleren) und tiefsten Wasserstand auszurüsten.

Verbrennungsregler. Eine der Hauptforderungen eines einwandfreien Betriebes ist die möglichst genaue, selbsttätige Einhaltung der von Hand aus eingestellten Dampfspannung. Diesem Zweck dienen die Verbrennungsregler. Abb. 135 zeigt einen sog. Membranregler. Der von *a* kommende Dampf drückt bei wachsender Spannung stärker auf die Membran *b*, wodurch der entlastete Hebel *c* gesteuert wird. Dieser drosselt mit Hilfe einer (verstellbaren) Kette die Zuluftklappe des Kessels. Bei zu stark abfallendem Druck hebt ein Gewicht den Hebel an, worauf sich die Luftzufuhr zum Rost weiter öffnet. Zwischen *a* und *b* befindet sich Sperrwasser, wodurch die Lebensdauer der Membran verlängert wird. Die Einstellung des gewünschten Dampfdruckes erfolgt durch Verschiebung des Gewichtes und Längenänderung der oben erwähnten Kette.

Standrohr. Niederdruckdampfkessel sind nur dann von der behördlichen Genehmigung befreit, wenn Einrichtungen getroffen sind, die das Überschreiten eines Höchstdruckes von 0,5 atü gleich 5 m WS unter allen Umständen verhindern. Diese Begrenzung der Spannung wird durch das Standrohr erreicht.

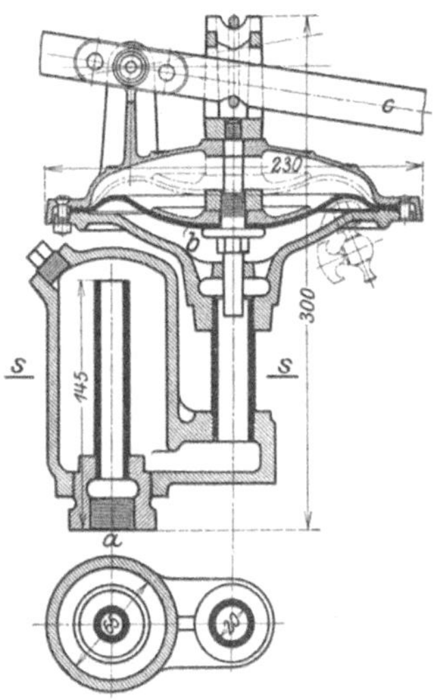

Abb. 135. Membranregler.
(Nationale Radiator-Gesellsch., Berlin.)

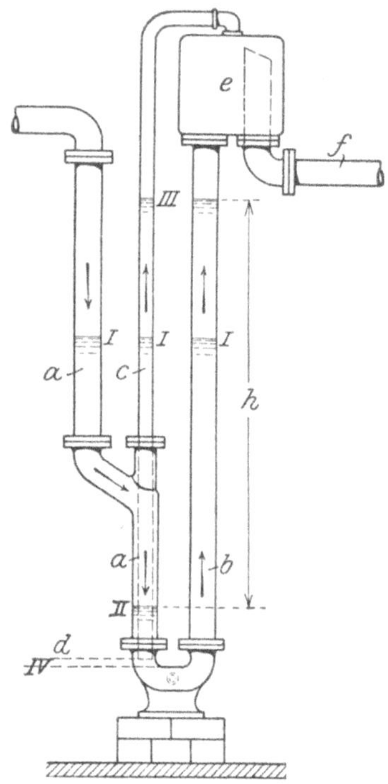

Abb. 136. Standrohr.
(Rud. Otto Meyer, Hamburg.)

Die Standrohre werden meistens so ausgeführt, daß bei Überschreiten des Höchstdrukkes das Sperrwasser nicht in die Atmosphäre, sondern in ein Gefäß tritt, aus dem es bei Fallen des Druckes in das Standrohr zurückkehrt. Eine derartige, als Sicherheitsstandrohr bezeichnete Einrichtung stellt Abb. 136 dar. Das Rohr *a* steht mit dem Dampfraum des Kessels in Verbindung. Es bildet mit dem Rohr *b* zusammen ein U-Rohr, in dem das Wasser zunächst in beiden Schenkeln gleich hoch steht (I). Im unteren Teile von *a* steckt noch das nach oben verlängerte Rohr *c*, das den gleichen Wasserstand I aufweist. Tritt nun Dampfdruck auf, so sinkt das Wasser in *a* bis II, dagegen steigt es in *b* und *c* bis III. Die Höhe *h* der Wassersäule ist gleich der Betriebsspannung des Kessels. Steigt diese nun weiter, so fällt das Wasser in *a* bis unter die tiefste Kante *d* des Rohres *c* und stößt aus *c* das Wasser in das Gefäß *e* aus. Nunmehr bläst Dampf durch *c* über *e* und das Rohr *f* ins Freie. Fällt hierauf die Kesselspannung, so geht das Wasser aus *e* durch das Rohr *b* wieder nach *a* bzw. *c*, und der alte Stand ist hergestellt. Steigt aber die Dampfspannung weiter, so gelangt Dampf schließlich in die Ebene IV, worauf das Hauptstandrohr *b* abbläst. Fällt nun der Druck, so tritt das im Gefäß *e* befindliche Wasser wieder in die Standrohre zurück.

Durch das vorherige Abblasen des Nebenstandrohres *c* werden die bedeutenden Wasserverluste, die beim Entleeren des Hauptstandrohres eintreten, vermieden.

Die Niederdruckdampfkessel müssen gesetzlich „mit einem unverschließbaren, in den Wasserraum hinabreichenden Standrohr von nicht über 5 m Höhe oder durch eine andere von der Zentralbehörde des Bundesstaates genehmigte Sicherheitsvorrichtung verbunden sein". Für Preußen gilt eine Sonderbestimmung, die besagt, „daß bei Kochkesseln, in denen Dampf aus Wasser durch Einwirkung von Feuer erzeugt wird, an Stelle des 5 m hohen, 8 cm weiten, in den Wasserraum reichenden Standrohres allgemein gestattet werde, vom Dampfraum ausgehende, nicht abschließbare Rohre in Heberform oder mit mehreren auf- und absteigenden Schenkeln anzuwenden[1], deren aufsteigende Äste zusammen bei Wasserfüllung nicht über 5 m, bei Quecksilberfüllung nicht über 0,37 m Höhe haben dürfen, während der lichte Durchmesser runder Rohre überall bei einer wasserberührten Heizfläche

bis zu	1	m^2	mindestens	25 mm	bis zu	7,5	m^2	mindestens	55 mm
„ „	2	„	„	30 „	„ „	8,5	„	„	60 „
„ „	3	„	„	35 „	„ „	10	„	„	65 „
„ „	4	„	„	40 „	„ „	11,5	„	„	70 „
„ „	5	„	„	45 „	„ „	13	„	„	75 „
„ „	6	„	„	50 „	über	13	„	„	80 „

betragen muß.

Hat das Standrohr oder ein Teil desselben einen anderen als runden Querschnitt, so ist eine Querschnittsgröße maßgebend, die der Kreisfläche mit dem angegebenen Durchmesser gleichkommt.“

V. Hochdruckdampfheizung.

Die Hochdruckdampfheizung ist dadurch gekennzeichnet, daß der Dampf im Heizkörper eine höhere Spannung als 1 ata besitzt, etwa 1,5 bis 3 ata. Damit ergeben sich dann Heizflächentemperaturen von 110 bis 130° C. Da solche Temperaturen vom hygienischen Standpunkte aus nicht zulässig sind, soll diese Heizungsart für Wohn- und Arbeitsräume nicht verwendet werden. Nur Ausnahmefälle rechtfertigen die Verwendung der Hochdruckdampfheizung.

Das Verhalten des Dampfes im Heizkörper ist hier wesentlich anders als bei der Niederdruckheizung. Es ist nicht möglich, die Heizkörper nur teilweise mit Dampf zu füllen, denn bei den hohen Drücken müßten die Durchgangsquerschnitte der Regulierventile so klein werden, daß dies praktisch nicht ausführbar ist. Die Hochdruckheizkörper erhalten deshalb keine Regulier-, sondern nur Absperrventile. Eine Regulierung ist deshalb nur in der Weise möglich, daß man den Heizkörper unterteilt und nur eine veränderliche Zahl von Teilheizflächen in Betrieb nimmt. Der Dampf füllt aber nicht nur den Heizkörper, sondern er tritt auch in die Kondensleitung über und füllt auch diese mit Dampf unter hohem Druck. Aus diesem Grunde muß der Heizkörper nicht nur ein Absperrventil am Dampfeintritt, sondern auch ein Absperrventil am Dampfaustritt erhalten, da er sonst auf dem Umweg über die anderen nicht abgestellten Heizkörper von rückwärts geheizt würde.

Will man das Übertreten von Dampf in die Kondensleitung vermeiden, so muß hinter jedem Heizkörper oder doch hinter einzelnen Heizkörpergruppen ein Dampfstauer oder ein Kondenstopf eingebaut werden.

Führung der Heizstränge. Die beste Strangführung ergibt sich bei oberer Verteilung. Der ankommende Dampf wird entwässert und durch einen Druckminderer auf die Heizspannung gebracht. Der Dampf steigt dann hoch und versorgt mit oberer Verteilung die einzelnen Stränge. Das Kondensat fließt stets in der Strömungsrichtung des Dampfes. — Ungünstiger ist die untere Verteilung, da die Steig-

[1] Deinlein, W.: Über die Bemessung von mehrschenkligen Überdruck- und Vakuumüberdruck-Standrohren. Z. bayr. Rev.-V. 1927, S. 58. — Grellert, M.: Heberförmige Standrohre und Schwimmerregulatoren für hohe Dampfdrücke in niedrigen Räumen. Gesundheits-Ing. 1930, S. 566.

stränge nicht einwandfrei entwässert werden können und in ihnen das Kondensat dem Dampf entgegenströmt. Trotzdem wird die letztere Ausführung als die billigere meist gewählt. Über die Berechnung des Rohrnetzes s. II. Teil, S. 194.

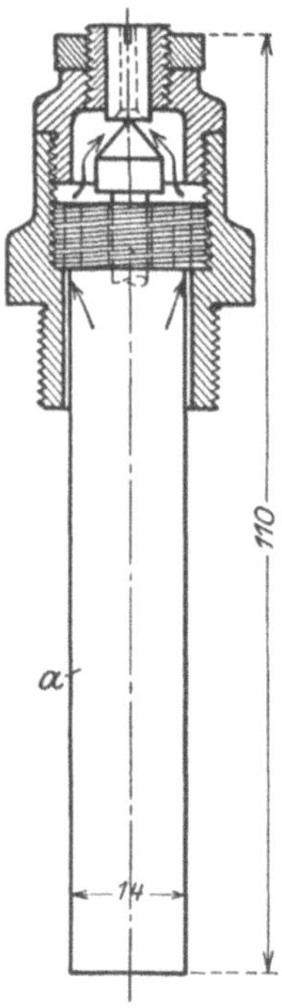

Abb. 137. Selbsttätiger Entlüfter.

Entlüftung der Heizkörper. Als Heizkörper werden am besten glatte Rohre benutzt, die sich gut entlüften können. Aber auch alle anderen auf S. 30 bis 33 angeführten Heizkörperarten sind verwendbar. Heizkörper, die sich schlecht entlüften, erhalten Entlüftungsventile (oder Hähne), die eine tägliche Bedienung erfordern. Dies kann durch Verwendung selbsttätiger Entlüfter (Abb. 137) überflüssig gemacht werden, die jedoch öfters kontrolliert werden müssen. Die Vorrichtungen werden oft gleichzeitig als Belüfter (kurz Selbstlüfter genannt) ausgeführt, was insbesondere bei schmiedeeisernen Heizkörpern nötig ist. Nach Abstellen des Dampfes tritt nämlich in der Heizfläche rasch eine verhältnismäßig hohe Luftleere auf, die bei nicht rechtzeitiger Belüftung zu einer Zerstörung des Heizkörpers führen kann. Zu Abb. 137 ist folgendes zu bemerken. Der Ventilkegel sitzt auf einem Ausdehnungskörper, welcher am Boden der Hülse *a* befestigt ist. Der Entlüfter wird derart aufgeschraubt, daß der Ausdehnungskörper von dem Heizmittel umspült werden kann. Beim Anheizen entweicht die Luft in der Pfeilrichtung. Tritt Dampf an den Ausdehnungskörper, so wird das am Austritt befindliche Ventil geschlossen und der Luft der Weg versperrt. Beim Abheizen geht der Vorgang umgekehrt vor sich.

Über die Berechnung der Heizflächen s. II. Teil, S. 140.

VI. Vakuumheizung.

Unter dem Namen „Vakuumheizung“ findet man die verschiedenartigsten Systeme vereint, von denen aber ein großer Teil den Namen zu Unrecht führt. Deshalb ist in Abb. 138 eine Bauart dargestellt, die das Wesen der echten Vakuumheizung möglichst deutlich zu erläutern gestattet. Dabei ist nur ein einziger Heizkörper gezeichnet, um die besonderen Verhältnisse eines verzweigten Rohrnetzes vorerst auszuschalten.

Es stellt dar: *K* den Kessel, *L* die Luftpumpe,
H den Heizkörper, *M* den Motor der Luftpumpe,
St den Dampfstauer, R_1 und R_2 zwei Regler.
S das Kondensat-Sammelgefäß,

Den Zusammenhang zwischen Druck des Dampfes und seiner Temperatur, also auch der Temperatur der Heizfläche, gibt nachstehende Zusammenstellung:

Druck ata	0,1	0,2	0,3	0,4	0,5	0,6	0,7	0,8	0,9	1,0
Temp. °C	45	60	69	75	81	86	89	93	96	99

Für das Verständnis der Betriebsweise der Vakuumheizung ist es notwendig, sich stets zu vergegenwärtigen, daß das Dampfvakuum nicht durch die Luftpumpe (fälschlich Vakuumpumpe genannt) erzeugt wird, sondern nur durch die Kondensationswirkung der Heizflächen im Zusammenwirken mit einer geregelten, also begrenzten Dampfzufuhr zum Heizkörper.

In nachstehender Tabelle sind einige zur Beurteilung des Vakuumverfahrens wichtige Zahlenwerte für zwei Betriebszustände, die man als die Grenzfälle bei der

Vakuumheizung betrachten kann, nämlich 95 und 65° C Dampftemperatur an dem Beispiel eines Heizkörpers mit 6,0 m² Heizfläche zusammengestellt.

Betriebszustand	Temperatur der Heizfläche	Temperaturunterschied gegen den Raum	Wärmedurchgangszahl	Heizfläche	Wärmeleitung	Dampf		
						Druck	Kondensationswärme	Stündliche Menge
—	°C	°C	$\frac{\text{kcal}}{\text{m}^2 \cdot \text{h} \cdot {}^\circ\text{C}}$	m²	$\frac{\text{kcal}}{\text{h}}$	ata	$\frac{\text{kcal}}{\text{kg}}$	kg/h
I	95	75	7,25	6	3260	0,862	542,4	6,00
II	65	45	6,22	6	1680	0,255	559,7	3,00

Die Zahlentafel zeigt, daß der gewählte Heizkörper eine Dampfmenge von 6 kg/h bei 95° Dampftemperatur braucht, dagegen nur 3 kg Dampf, wenn er mit 65° arbeiten soll. Würde ihm im zweiten Falle mehr als 3 kg Dampf zugeführt werden, so könnten die Heizflächen die einströmende Dampfmenge nicht verarbeiten, der Dampfdruck würde steigen und damit auch die Temperatur, und zwar so lange, bis nun bei der höheren Heizflächentemperatur die vermehrte Dampfmenge aufgezehrt werden kann. Die Einhaltung eines bestimmten Vakuums ist also in erster Linie von der richtigen Begrenzung der Dampfzufuhr abhängig. Der Heizer muß das Feuer so zurückhalten, daß nicht mehr Dampf erzeugt wird, als die Heizflächen zu kondensieren vermögen. Als Kennzeichen dient dem Heizer natürlich der Druck im Kessel. Dieser muß um das Maß des — allerdings sehr geringen — Druckabfalles im Rohrnetz höher sein als der im Heizkörper gewünschte Druck. Um von der Geschicklichkeit des Heizers unabhängig zu sein, kann eine automatische Regelung (Regler R_1 in Abb. 138) eingeführt werden, welche die Feuerführung entweder vom Vakuum im Kessel oder noch besser unmittelbar vom Vakuum im Heizkörper aus steuert. In vielen Fällen ist man nicht gezwungen, die Dampfzumessung mit der Feuerführung zu betätigen, sondern man betreibt den Kessel mit beliebig höherem Druck und schaltet ein Reduzierventil zwischen Kessel und Rohrnetz, wobei dann dieses die Begrenzung der Dampfzufuhr übernimmt.

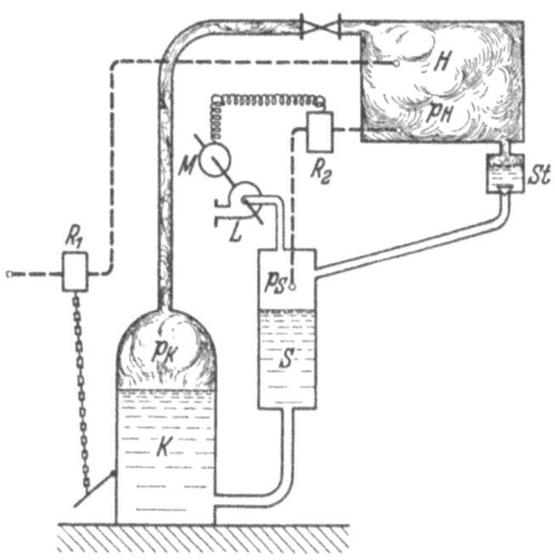

Abb. 138. Schema einer Vakuumheizung.

Nun erst kommen wir zu den beiden Aufgaben, die der Luftpumpe zufallen. Erstens muß sie für eine hinreichende Luftleere im Kondensatsammelgefäß sorgen, um das Abfließen des Kondensates aus dem Heizkörper zu ermöglichen. Hierbei ist folgendes zu beachten: Wenn das Kondensat, das sich unten im Heizkörper angesammelt hat, genügend abgekühlt ist, öffnet sich zwar der Dampfstauer, aber das Kondensat kann nur dann aus dem Heizkörper nach dem Sammelgefäß abfließen, wenn der Druck p_S im Kondensatsammelgefäß noch etwas niedriger ist als der Druck p_H im Heizkörper. Die Druckdifferenz $(p_H - p_S)$ ist von der Länge und Weite der Kondensatleitung abhängig und wird durch den Regler R_2 automatisch geregelt, indem dieser bei Über- oder Unterschreiten bestimmter Grenzwerte den Elektromotor der Luftpumpe ein- oder ausschaltet. Die Schaffung und Erhaltung der Druckdifferenz $(p_H - p_S)$ ist die eine Aufgabe der Luftpumpe.

Solange im Kondensatsammelgefäß der eben gekennzeichnete Unterdruck herrscht, ist auch die andere Aufgabe der Luftpumpe erfüllt, nämlich die Fortschaffung der Luft aus dem Heizkörper. Die damit erzielte Luftleere ist für das einwandfreie Arbeiten der Anlage zwar unbedingt notwendig, sie ist aber nicht die

Ursache des Dampfvakuums — wie vielfach geglaubt wird —, sondern nur die Voraussetzung dafür, daß sich der Heizkörper mit dem Dampf niedriger Spannung füllen kann. Die Arbeitsweise ist folgende: Die durch Undichtheiten des Rohrnetzes eingedrungene Luft sammelt sich, da sie schwerer als der Dampf gleichen Druckes ist, immer im unteren Teil des Heizkörpers, und sie wird deshalb zugleich mit dem Kondensat nach dem Sammelgefäß abgeführt und dort durch die Luftpumpe ins Freie gefördert.

Von Interesse ist noch der Unterschied zwischen den Wasserspiegeln im Kondensatsammelgefäß und im Kessel. Er ergibt sich aus dem Unterschied ($p_K - p_S$), vermehrt um den kleinen Betrag, der dem Strömungswiderstand des Kondensates in der Rückleitung entspricht.

Ein Standrohr ist behördlicherseits auch bei der Vakuumheizung vorgeschrieben, denn es kann auch hier durch Betriebsstörungen vorübergehend Überdruck in der Anlage entstehen, der aber mit 0,5 atü automatisch und unbedingt verläßlich begrenzt sein muß. Das Standrohr muß bei der Vakuumheizung besonders ausgebildet sein, damit nicht im normalen Betrieb durch dasselbe Luft in den Kessel eingesaugt werden kann.

Wie schon erwähnt, ist in Abb. 138 der Einfachheit halber vorerst nur ein einziger Heizkörper gezeichnet. In Wirklichkeit ist zwischen Kessel und Kondensat-Sammelgefäß ein verzweigtes Rohrnetz mit vielen Heizkörpern geschaltet. Dem Wesen nach ändert sich dadurch nicht sehr viel. Der Druck im Sammelgefäß wird noch etwas niedriger gehalten werden müssen, weil die längeren Kondensatrückleitungen dem abfließenden Kondensat einen größeren Widerstand entgegensetzen. Ferner wird der Kesseldruck etwas höher gewählt werden müssen, da bei den längeren Dampfzuführungsleitungen nach den Heizkörpern ein größerer Druckabfall eintreten wird.

Die Vakuumheizung tritt in erster Linie mit der Warmwasserheizung in Wettbewerb, denn sie besitzt mit dieser gemeinsam die Vorteile einer generellen Regelbarkeit und niedriger, also hygienisch einwandfreier Oberflächentemperatur. Darüber hinaus hat sie den Vorteil geringer Trägheit. Die Vakuumheizung ist überall dort, wo sie als Abwärmeheizung mit Kraftanlagen gekuppelt wird, besonders wirtschaftlich (vgl. S. 95).

Einer ausgedehnteren Verbreitung steht entgegen, daß sie an das technische Können und die Zuverlässigkeit nicht nur der ausführenden Firma, sondern vor allem des Betriebspersonals doch recht hohe Anforderungen stellt. Im praktischen Betriebe ist ferner ein dauerndes Dichthalten des ganzen Rohrnetzes, vor allem der Heizkörperventile, sehr schwer erreichbar, denn das Auffinden von undichten Stellen ist weit schwieriger als bei einer Heizung mit innerem Überdruck. Aus diesem sowie auch noch anderen Gründen ist ein Dampfdruck von 0,25 ata schon sehr schwer zu halten, und damit ergibt sich als untere Grenze des Regelbereiches eine Temperatur von 65° C — ein Wert, der bei der Warmwasserheizung noch erheblich unterschritten werden kann.

Zum Schlusse soll noch kurz von einem System gesprochen werden, das ebenfalls als Vakuumheizung bezeichnet wird, aber das Prinzip der Vakuumheizung nicht rein verkörpert. Es wird dabei an Heizungen gedacht, die im wesentlichen den Niederdruckdampfheizungen gleichen, bei denen aber am Ende der Kondensatrückführung eine Pumpe eingebaut ist, welche die Luft aus dem Heizkörper entfernt. Man erreicht dadurch mit Sicherheit, daß der Dampf alle Heizkörper gleichmäßig erfüllt, auch wenn gegebenenfalls bei der Berechnung oder bei der Montage des Rohrnetzes Fehler unterlaufen sein sollten. Bis hierher wäre die Heizung noch nicht als Vakuumheizung anzusprechen. Zu beachten bleibt aber folgender Umstand. Da an der Austrittsstelle der Heizkörper im allgemeinen keine Dampfstauer eingebaut sind, saugt die Pumpe auch Dampf an und bewirkt damit einen Unterdruck im System. Die Unterdrücke, die auf diese Weise erzielt werden können, sind aber nur sehr gering. Ein offenkundiger Nachteil der Anlagen ist, daß sie grundsätzlich unwirtschaftlich arbeiten müssen, denn es ist sinnwidrig, den Dampf zuerst mit großem Brennstoffaufwand zu erzeugen, um ihn dann zum Teil wieder in der Pumpe unausgenutzt zu vernichten.

An dieser Stelle muß auch auf einen wesentlichen Unterschied zwischen der Vakuumheizung und der sogenannten Milddampfheizung, die vor etwa 15 Jahren vermehrt in Aufnahme kam, hingewiesen werden. Bei der Milddampfheizung wird im Heizkörper ein Dampfluftgemisch hergestellt und das Mischungsverhältnis so geregelt, daß die dem Partialdruck des Dampfes entsprechende Temperatur mit der gewünschten Heizflächentemperatur übereinstimmt. Die reine Milddampfheizung hat keine Luftpumpe. Die Milddampfheizung wurde nur deswegen hier erwähnt, weil manche Vakuumheizungen gewollt oder ungewollt nach einem Zwischenverfahren aus beiden Systemen betrieben werden. Es mag sein, daß damit auch ganz erträgliche Betriebsresultate erzielt werden, man muß sich aber im klaren sein, daß solche Anlagen nicht als Vakuumheizungen bezeichnet werden dürfen.

VII. Luftheizung.

A. Allgemeines.

Unter Luftheizungen werden jene Heizarten verstanden, bei denen die Erwärmung der Räume durch heiße Luft erfolgt. Die Erwärmung der Luft geschieht an metallischen Heizflächen, die entweder durch Rauchgase oder durch Dampf oder Wasser erhitzt werden. Man unterscheidet deshalb Feuerluftheizungen bzw. Dampf- oder Wasserluftheizungen. Alle erwähnten Arten können in dreierlei Weise betrieben werden:

a) Ansaugen von Frischluft, Ausstoßen der Abluft = Frischluftheizung.

b) Wiederansaugen der Abluft, keine Erneuerung der Raumluft = Umluftheizung.

c) Verbindung der Frischluft- und Umluftheizung.

Da bei der Umluftheizung fortwährend die verbrauchte und mit Staub durchsetzte Raumluft an die Heizflächen geführt wird und von dort weiter verschlechtert den Räumen zuströmt, ist Umluftheizung hygienisch nachteilig.

Wird die Bewegung der Luft allein durch ihren natürlichen Auftrieb bewirkt, so spricht man von „Auftriebsheizung". Diese ist stets vom Wind und den Temperaturverhältnissen der Außenluft abhängig. Ein unter allen Umständen gesicherter Betrieb ist nur bei Verwendung von Ventilatoren zu erreichen.

B. Feuerluftheizung.

1. Ausführung.

Die Feuerluftheizung wird in der Regel nur als Auftriebsheizung (ohne Bläser) ausgeführt. Die sehr starke Abhängigkeit der Wirkung der Anlage von den Wind- und Temperaturverhältnissen der Außenluft ist dann unbestreitbar. Reinigen der Luft durch Filter ist infolge des hohen Druckverlustes solcher Einrichtungen ausgeschlossen.

Die Heizkammer muß möglichst tief liegen, damit günstige Auftriebsverhältnisse für die Heizluft entstehen. Im allgemeinen haben alle Ausführungen über gewöhnliche Luftheizkammern (s. S. 116) sinngemäß auch hier Geltung.

Über die Einzelteile dieser Heizart ist folgendes zu sagen:

a) Luftheizöfen.

Als Luftheizofen kann grundsätzlich jeder beliebige Ofen verwendet werden. Da indessen meist große Heizleistungen erforderlich sind, müssen die Öfen eine diesem Zweck besonders angepaßte Bauart erhalten. Die hierbei zu erfüllenden Bedingungen sind: zusammengedrängte Form, nirgends zu hohe Oberflächentemperaturen, gleichmäßige Verteilung der Wärme, gutes Umspülen aller Heizflächen mit Luft, Ausdehnungsfähigkeit sämtlicher Teile, geringe Fugenzahl, leichte Zugänglichkeit, einfache und dennoch gründliche Reinigungsmöglichkeit von Staub, Entfernung von Ruß und Asche ohne Betreten der Heizkammer, Schüttfeuerung, selbsttätige Verbrennungsregler.

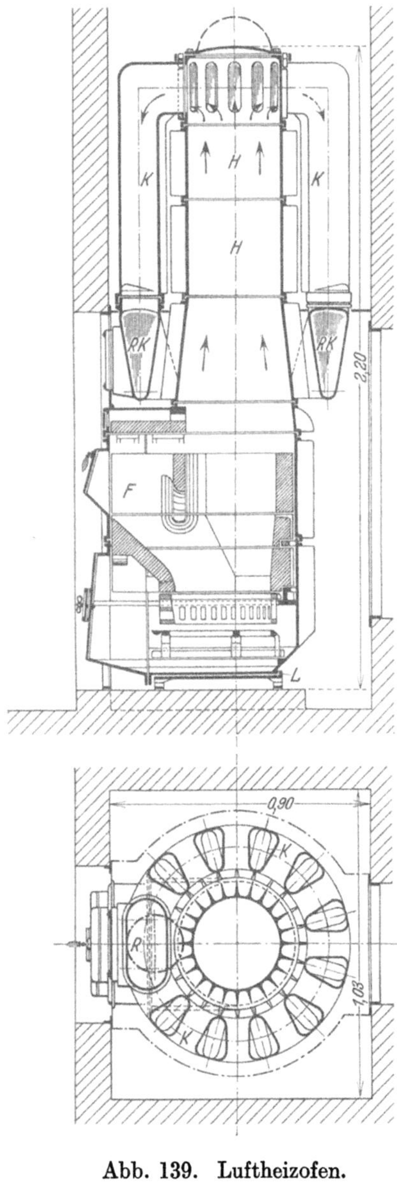

Abb. 139. Luftheizofen. (Kori, Berlin.)

Sorgfältig ist darauf zu achten, daß das Ausströmen unverbrannter Gase (Kohlenoxyd) in die Heizkammer unbedingt verhindert wird, aus welchen Gründen auch die Verwendung völlig abschließender Rauchschieber bedenklich erscheint. Ausreichende Mindestöffnungen in den Schiebern dürften allerdings so groß ausfallen, daß eine wirksame Abschwächung der Feuerung kaum zu erzielen ist. Man muß deshalb den Abbrand durch Drosselung der Luftzufuhr zum Rost regeln.

Von den gangbaren Bauarten von Luftheizöfen ist in Abb. 139 eine Ausführung dargestellt. Der Brennstoff gelangt durch den Füllschacht *F* auf den Rost. Die Verbrennungsgase durchziehen den inneren Heizzylinder *H* und treten dann in die strahlenförmig angeordneten Heizkästen *K*, die mit ihrem unteren Ende auf dem keilförmigen Ringkanal *RK* aufsitzen. Das Rauchrohr *R* leitet die Rauchgase zum Schornstein. Die Raumluft streicht von unten her durch die Heizkammer, umspült dabei die Heizflächen des Heizzylinders und der Heizkästen, um so erwärmt oben die Heizkammer zu verlassen.

b) Kanalanlage.

Die Kanäle einer Luftheizung sind genau so wie die Kanäle jeder Lüftungsanlage zu behandeln. Um den inneren Zusammenhang der Darstellung nicht zu beeinträchtigen, soll hier auf den Abschnitt „Kanalanlage" S. 120 verwiesen werden. Da die Leitungen aber verhältnismäßig hoch erwärmte Luft führen, ist für einen guten Schutz vor Abkühlung zu sorgen. Zu beachten ist dabei, daß der Wärmeverlust der Luft erheblich werden kann, weshalb die bezüglichen Verhältnisse rechnerisch verfolgt werden müssen. Die sehr ins Gewicht fallenden Abkühlungsvorgänge schließen die Anwendung der Luftheizung für räumlich ausgedehnte Bauwerke aus.

Umluftkanäle sind, wie erwähnt, aus hygienischen Gründen und mit Rücksicht auf schwierige Leitungsführung bedenklich. Für große Räume werden sie zwecks rascheren Hochheizens und zur Erzielung von Brennstoffersparnissen dennoch angewendet.

c) Zu- und Abluftöffnungen.

Auch hier findet das über Lüftungsanlagen Gesagte (s. S. 109ff.) sinngemäße Anwendung. Hervorzuheben ist noch, daß die Temperatur bei Eintritt der Luft in die Räume nicht mehr als 40—50° C betragen soll.

2. Vor- und Nachteile, Anwendungsgebiet.

Vorteile: Niedrige Anlagekosten — keine Raumheizkörper — Unmöglichkeit des Einfrierens — gleichzeitige Lüftung der Räume — seltene und dann nur einfache Ausbesserungsarbeiten.

Nachteile: Fast immer erhebliche Beeinflussung durch Wind- und Temperaturverhältnisse der Außenluft — Unmöglichkeit richtiger Verteilung der Wärmezufuhr für jeden Raum — störende Abhängigkeit zwischen Wärme- und Luftbedarf bei Vorhandensein mehrerer Räume — meistens zu hoch erwärmte Heizflächen und daher hygienisch nicht einwandfreie Luftbeschaffenheit — oft zu hohe Einströmungstemperaturen der Luft — Zugerscheinungen.

Anwendungsgebiet. Früher häufig angewendet, ist die Feuerluftheizung zur Zeit auf wenige Sonderfälle beschränkt: Kirchen, bei denen die Forderung geringster Kosten alle anderen Überlegungen zurücktreten läßt, sowie windgeschützte oder zum mindesten in wärmetechnischer Beziehung gut ausgeführte Baulichkeiten. Die Eignung der Feuerluftheizung erfordert von Fall zu Fall sorgfältige Nachprüfung.

C. Dampf- und Wasser-Luftheizungen.

1. Ausführung.

Eine gut durchgebildete Dampf- oder Wasser-Luftheizung unterscheidet sich in ihrem ganzen technischen Aufbau so wenig von einer Lüftungsanlage, daß in allen wesentlichen Punkten auf den späteren Abschnitt „Lüftungsanlagen" verwiesen werden darf. Ein Unterschied besteht darin, daß die Luft den Räumen mit etwa 40 bis 50° zuströmt, also bedeutend wärmer ist als bei Lüftungsanlagen. Daher sind die Wärmeverluste der Kanäle beträchtlich, so daß hier auf guten Wärmeschutz zu sehen ist. Die Vermeidung hohen Wärmeverlustes zwingt manchmal dazu, Luftheizanlagen für weiter auseinanderliegende Räume zu trennen und statt einer gemeinsamen, mehrere örtlich auseinanderliegende Heizkammern anzuordnen. Das erscheint auch dann nötig, wenn die für die einzelnen Räume erforderlichen Lufttemperaturen verschieden sind (z. B. Tresorheizung bei einer sonst nur Lüftungszwecken dienenden Anlage).

Zur Erwärmung der Luft werden heute im allgemeinen Rohrbündel mit glattem Rohr nicht mehr verwendet, sondern nur mehr die später (S. 119) erwähnten Lamellenheizkörper (vgl. Abb. 201). Bei der Verwendung von Dampf als Heizmedium besteht die Gefahr der Staubversengung, und zwar ist hier nicht viel Unterschied zwischen Hochdruckdampfheizung und Niederdruckdampfheizung. Wenn auch während des Betriebes sich wegen der hohen Luftgeschwindigkeit nur wenig Staub auf den Flächen festsetzen wird, so ist dies doch anders während der Betriebspause, und dadurch ergibt sich ein Einblasen verdorbener Luft nach längeren Betriebspausen. Besser als Dampf ist die Verwendung von Warmwasser als Wärmeträger. Dabei ist aber die Gefahr des Einfrierens gegeben. Es kann nämlich vorkommen, daß bei unachtsamer Bedienung die Lüftung angestellt wird, bevor das Wasser in den Heizkörpern ordentlich durchwärmt ist. Um die Anwärmzeit zu verkürzen, ist der Einbau von Pumpen zu empfehlen. Bei Dampfheizung ist die Gefahr des Einfrierens bedeutend geringer, vorausgesetzt, daß die Kondensatleitung einwandfrei ausgeführt ist.

Die Regelung der Heizleistung erfolgt am besten und einfachsten durch eine doppelte Mischklappe (K in Abb. 140). Sie ist so eingerichtet, daß sie z. B. den Kaltluftkanal öffnet und gleichzeitig den Warmluftkanal schließt, so daß die Luftmenge unverändert bleibt und nur ihre Temperatur sich ändert.

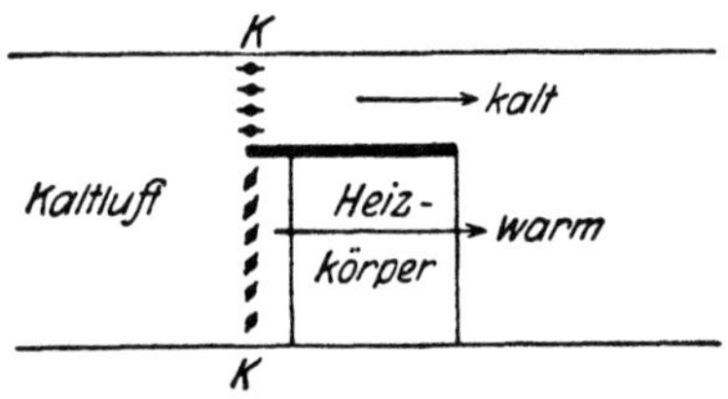

Abb. 140. Regelung der Lufttemperatur durch Mischklappen.

2. Hallen- oder Großraumheizung.

Große Hallen, Kirchen, Ausstellungshallen, Werkstätten, Montagehallen usw. werden oft zweckmäßig mit Heißluft beheizt. Wo man auf geringe Baukosten Wert legt, wie bei Werkstätten, werden die Luftkanäle oft nicht in die Wand oder vor die Wand gelegt, sondern als einfache Blechrohre mit Ausströmstutzen waagerecht durch den Raum gezogen und an der Decke aufgehängt (Abb. 141). Laufen aber im Raum viele Transmissionen, oder braucht ein Kran freie Bahn, so ist diese Bauart nicht anwendbar. In solchen Fällen wird eine größere Anzahl einzelner mit Gebläse und Elektromotor versehener Heizapparate im Raum aufgestellt und an die Dampf- und Kondensatleitung angeschlossen. Diese Apparate sind entweder nur für reinen Umluftbetrieb eingerichtet, wie der in Abb. 142 gezeigte Wandapparat, oder zugleich für Frischluft und Umluft wie der in Abb. 143 schematisch gezeigte Apparat.

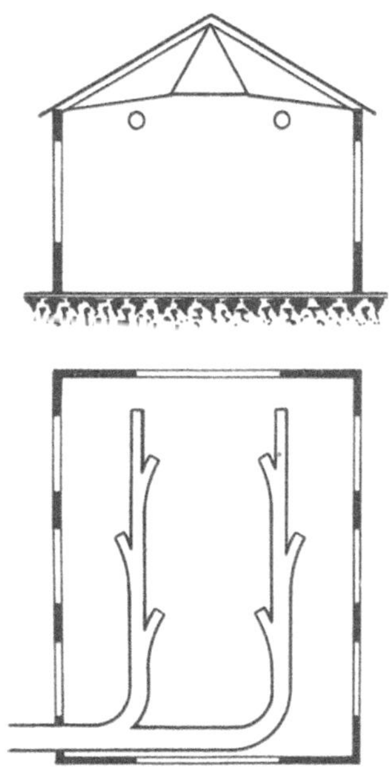
Abb. 141. Hallenheizung. (Zentrale Lufterwärmung.)

Abb. 142. Einzellufterhitzer für Umluft. (Danneberg & Quandt, Berlin.)

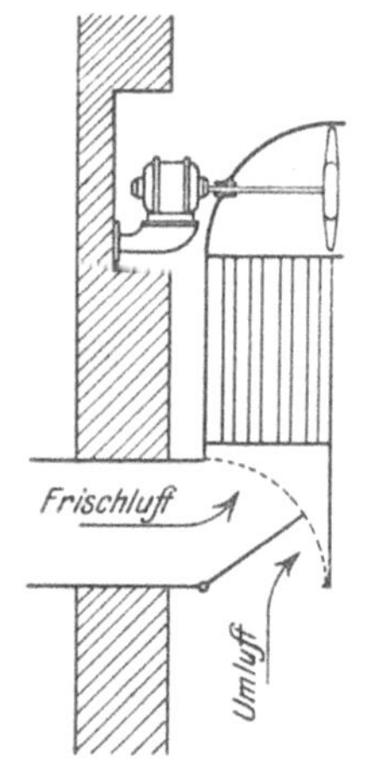

Abb. 143. Einzellufterhitzer für Um- und Frischluft.

3. Vor- und Nachteile, Anwendungsgebiet.

Vorteile: Leichte Regelbarkeit — keine Raumheizkörper — Möglichkeit kräftiger Lüftung — Überdruck in den Räumen und daher Verhinderung von Zugerscheinungen — gesundheitlich vorteilhaft, falls Frischluftheizung ausgeführt wird.

Nachteile: Erhebliche Betriebskosten bei Frischluftheizung — schwierige Betriebsverhältnisse bei Versorgung vieler Räume von stark verschiedenem Wärme- und Lüftungsbedürfnis.

Anwendungsgebiet. Dampf- und Wasser-Luftheizungen werden vorteilhaft verwendet, wenn es sich um die Heizung und Lüftung einzelner großer Räume handelt,

z. B. Theater, Konzerträume, große Versammlungs- und Sitzungssäle, großräumige Fabrikhallen. In allen diesen Fällen wird in der Regel nicht Auftriebsheizung ausgeführt, sondern es gelangen mit Bläsern betriebene Luftheizanlagen zur Anwendung. Die „Hallenheizung" nimmt, wie gezeigt wurde, eine besondere Stellung ein.

VIII. Vor- und Nachteile sowie Anwendungsgebiete der einzelnen Zentralheizungssysteme.

In den nachstehenden Absätzen können natürlich nur die allerwichtigsten Vor- und Nachteile erwähnt werden. Ebenso ist die Übersicht der Anwendungsgebiete nicht als ein starres Schema zu betrachten. Es wird immer Fälle geben, in denen sich eine andere Wahl des Heizungssystems rechtfertigt als hier angeführt.

1. Die Warmwasserheizung ist das zur Zeit am meisten bevorzugte System. Als Schwerkraftheizung ist die Warmwasserheizung nur für kleine und mittlere Anlagen ausführbar, als Pumpenheizung dagegen für Anlagen jeder beliebigen Ausdehnung. Der Hauptvorteil der Warmwasserheizung liegt in den niedrigen und darum hygienisch einwandfreien Oberflächentemperaturen. Ein weiterer Vorzug ist ihre vorzügliche Regelbarkeit sowohl hinsichtlich der ganzen Anlage als auch einzelner Teilsysteme. Ein Nachteil der Warmwasserheizung ist ihre große Trägheit, die einerseits durch die großen Wassermengen und andererseits durch die langsame Strömungsgeschwindigkeit verursacht ist. Die Trägheit ist deshalb bei der Pumpenheizung geringer als bei der Schwerkraftheizung, und sie ist bei Anlagen mit Leicht- oder Kleinwasserraumradiatoren geringer als bei Anlagen mit den Radiatoren älterer Bauart. Die Warmwasserheizung eignet sich für alle Arten von Wohn- und Bürogebäuden, also Miethäuser, Villen, staatliche und städtische Dienstgebäude, insbesondere aber für jene Fälle, wo in hygienischer Hinsicht besonders hohe Forderungen gestellt werden, also vor allem bei Schulen und Krankenhäusern.

2. Bei der Niederdruckdampfheizung sind die Oberflächentemperaturen zwar nicht mehr so günstig wie bei der Warmwasserheizung, aber immerhin noch als hygienisch durchaus zulässig zu betrachten. Ein Hauptvorteil dieses Systems ist die Möglichkeit eines raschen Anheizens und Abstellens der ganzen Anlage sowie des einzelnen Heizkörpers. Auch sind die Kosten für das Rohrnetz und die Heizkörper niedriger als bei Warmwasserheizungen. Das System kann für Anlagen jeder Größe angewandt werden. Ein Nachteil des Systems liegt, wie schon erwähnt, in den etwas höheren Heizflächentemperaturen, vor allem aber in der Schwierigkeit einer generellen Regelung. Der stoßweise Betrieb ist nur ein unvollkommener Ersatz für die generelle Regelung. Die Niederdruckdampfheizung kommt zur Anwendung bei Gasthöfen, Versammlungsräumen, Theatern, Bürogebäuden usw.

3. Die Vakuumheizung hat mit der Warmwasserheizung die beiden Vorzüge einer hygienisch einwandfreien Oberflächentemperatur und einer guten generellen Regelbarkeit gemeinsam. Des weiteren ist sie dort überall äußerst wirtschaftlich, wo es sich um die Verwendung von Abdampf aus einer Kraftmaschine handelt, und sie ist darum sehr geeignet für Fabriken mit eigener Dampfkraftanlage. Aber auch als reine Heizanlage verdient sie mehr Beachtung, als ihr bisher zuteil wurde. Ein Nachteil liegt in der Schwierigkeit der Bedienung.

4. Hochdruckdampfheizung gibt zwar eine äußerst billige Anlage, ist aber wegen der hohen Oberflächentemperaturen vom hygienischen Standpunkte aus abzulehnen. Nur ganz seltene Fälle rechtfertigen ihre Verwendung.

5. Die Luftheizung ist zur Beheizung von Gebäuden mit vielen einzelnen kleineren Räumen nicht sehr geeignet. Dagegen hat sie sich vorzüglich bewährt bei

großen hallenartigen Räumen wie etwa Werkstätten und Montagehallen, Ausstellungs- und Festhallen, Kirchen usw. Ob die zentrale Lufterwärmung mit Verteilung durch ein Kanalnetz oder die getrennte Lufterhitzung in räumlich verteilten Apparaten gewählt wird, hängt von den örtlichen Verhältnissen ab.

Dritter Abschnitt.

Fernverteilung der Wärme.

I. Allgemeines.

Wird eine größere Anzahl weit auseinanderliegender Gebäude von einer einzigen Stelle aus beheizt, so spricht man von einer Fernheizung. Fernheizungen kommen zur Ausführung bei größeren Krankenhäusern, die in Pavillonbauweise erstellt sind, bei großen Fabriken, bei Siedlungen usw. Die größten Fernheizwerke sind die sogenannten Stadtheizungen — fälschlich Städteheizungen genannt —, bei denen Stadtgebiete von der Ausdehnung eines oder mehrerer Quadratkilometer in einer einzigen Heizungsanlage zusammengefaßt werden (vgl. S. 90).

Als Überschrift dieses Abschnittes ist nicht das Wort „Fernheizung" gewählt worden, sondern die allgemeinere Bezeichnung „Fernverteilung", denn in vielen Fällen ist die Wärmeversorgung zum Zwecke der Heizung nur eine Teilaufgabe der Anlage; so braucht man in Krankenhäusern in den verschiedensten Gebäuden außerdem noch Warmwasser zu Badezwecken, Heißwasser für die Küche und Wäscherei, Dampf verschiedener Spannung für Küche, Wäscherei, Desinfektion usw. Ähnliche Verhältnisse gelten bei Fabriken und anderen Bauten.

In solchen Fällen kann es zweckmäßig sein, die verschiedenen Wasser- und Dampfarten nicht schon in der Zentrale einzeln zu erzeugen und durch getrennte Netze den Verbrauchsstellen zuzuführen, sondern in einem einzigen Wärmeträger die Wärme über das Gelände zu verteilen und in den Gebäuden erst durch Umformung die gewünschte Art des Dampfes oder Heißwassers zu erzeugen. (Daß man häufig eine Zwischenlösung anwenden muß, soll hier nur angedeutet, aber nicht weiter ausgeführt werden.) Für die Fernverteilung können als Wärmeträger verwendet werden: Dampf, Heißwasser (über 100° C) und Warmwasser (unter 100° C).

II. Die Umformer.

Für die Umformung des Wärmeträgers an der Verbrauchsstelle kommen vier Fälle in Frage:

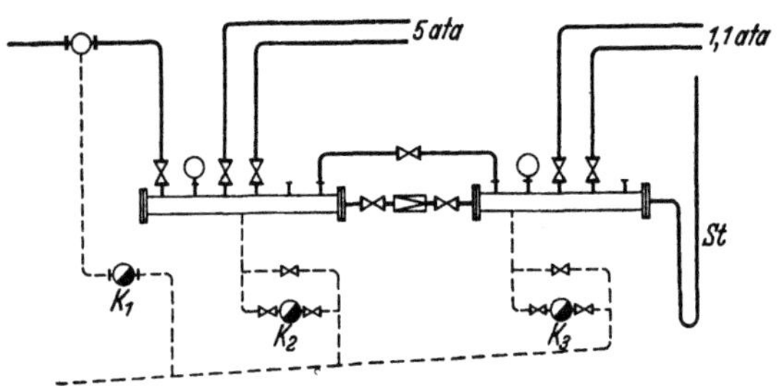

Abb. 144. Umformstation; Hochdruckdampf → Niederdruckdampf.

a) Umformer: Hochdruckdampf → Niederdruckdampf.

Abb. 144 stellt eine Dampfverteilstelle mit Druckminderung dar, bei der aus einer Dampfleitung mit 5 ata zwei Verbraucher mit 5 ata und zwei Verbraucher mit 1,1 ata zu versorgen sind. *St* ist ein Standrohr, das durch ein Sicherheitsventil ersetzt werden kann, wenn behördlicherseits nicht ausdrücklich die Verwendung eines Standrohres vorgeschrieben ist. K_1, K_2 und K_3 sind drei Kondenstöpfe mit und ohne Umgehungsleitung. Parallel mit dem Reduzierventil ist eine Umgehungsleitung mit einem Drosselventil vorgesehen, um bei vorübergehendem Ausbau des Reduzierventils dessen Aufgabe dem handgesteuerten Ventil übertragen zu können.

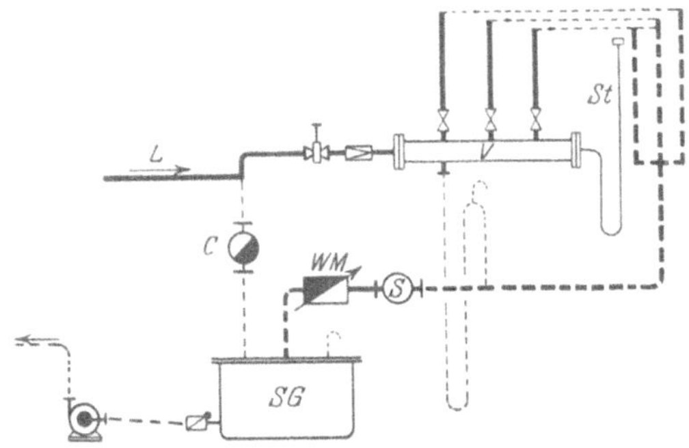

Abb. 145. Anschluß einer Niederdruckdampfheizung.

Soll an einer solchen Verteilstelle auch die verbrauchte Wärme gemessen werden, so kann man entweder die zugeführte Dampfmenge mit einem Dampfmesser oder — was meist zweckmäßiger ist — das Kondensat mit einem Wassermesser bestimmen. Die Schaltung ergibt sich aus Abb. 145. Die Leitung L führt über einen Absperrschieber und ein Reduzierventil dem Verteiler V der Heizung den Dampf zu. Das Kondensat aus der Heizung wird direkt, das Kondensat aus dem Verteiler über eine Wasserschleife zu einem Schlammsammler S und dann zum Wassermesser WM geführt. Durch die Messung des Kondensats erfolgt die Messung der an das Gebäude gelieferten Wärme. Aus dem Kondensatsammelgefäß SG wird dann das gemessene Kondensat zusammen mit dem nicht gemessenen Kondensat des Kondenstopfes C wieder der Zentrale zugeführt. Abb. 146 zeigt einen Hausanschluß des Charlottenburger Fernheizwerkes.

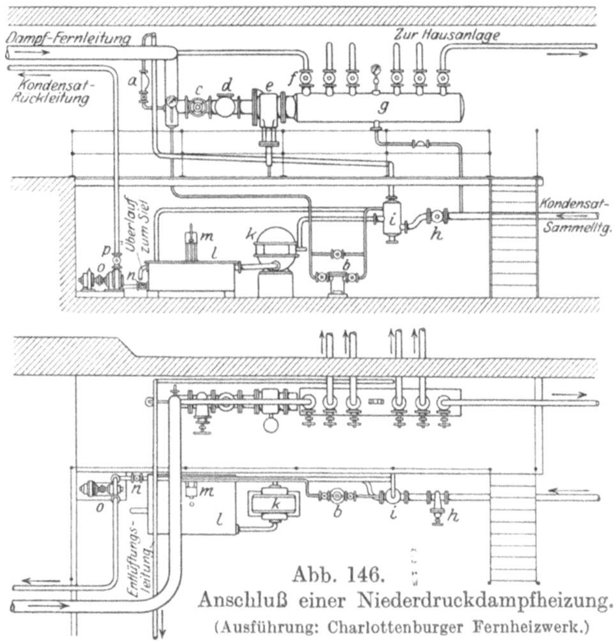

Abb. 146. Anschluß einer Niederdruckdampfheizung.
(Ausführung: Charlottenburger Fernheizwerk.)

Erläuterung: a = Ent- und Belüfter, b = Entwässerung, c = Absperrventil, d = Schlammfang, e = Druckminderer, f = Umgehungsventil, g = Verteiler, h = Absperrschieber, i = Druckausgleichs- und Entlüftungsgefäß, k = Kondenswassermesser, l = Kondensatsammelgefäß, m = Schwimmerschalter, n = Rückschlagventil, o = Elektropumpe, p = Absperrventil.

b) Umformer: Hochdruckdampf → Warmwasser.

Eine Ausführungsform der Dampfwarmwasserbereiter ist in Abb. 147 dargestellt. Der Dampf kommt bei D an, durchströmt die Rohre U und tritt durch N als Kondensat (bzw. als Wasser-Dampfgemisch) aus. Das Heizungswasser strömt im Rücklauf R zu, streicht, durch die Scheidewand S gezwungen, im Gegenstrom

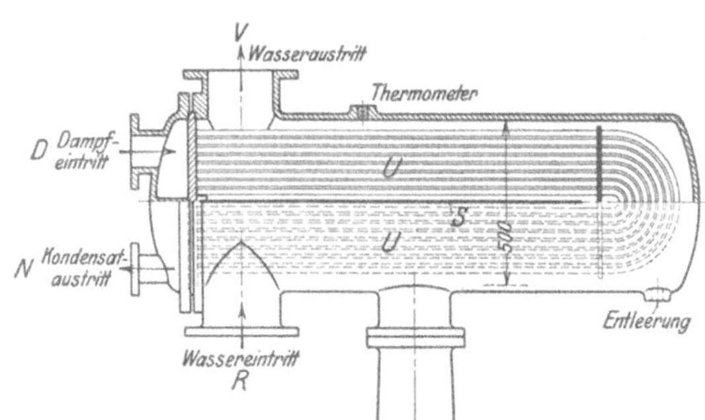

Abb. 147. Gegenstromapparat. Umformung: Dampf → Warmwasser.
(Hoffmannwerk, Leuben-Dresden.)

zum Dampf und verläßt den Apparat durch die Vorlaufleitung V. Die U-Form der Rohre ist deswegen beliebt, weil die Rohrausdehnung dadurch in einfachster Weise gesichert ist. Nach Abnahme der Dampf- und Kondensatanschlüsse kann das gesamte Rohrbündel aus dem Gegenstromapparat leicht herausgezogen werden. Die Regelung der Wassertemperatur kann durch entsprechendes Drosseln der Dampfmenge erfolgen. Hierzu können auch selbsttätige Regler benutzt werden.

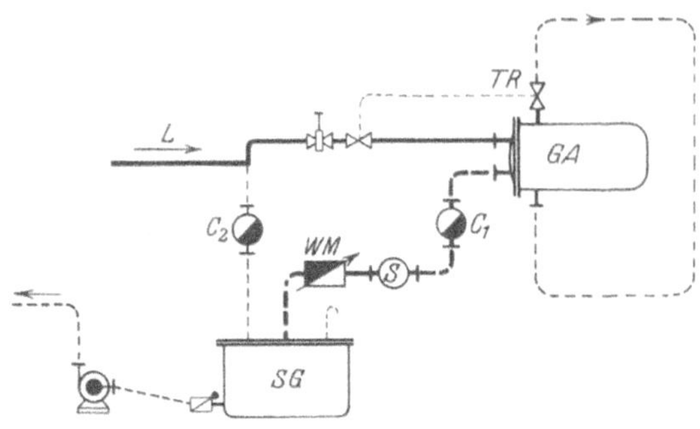

Abb. 148. Anschluß einer Warmwasserheizung.

Abb. 148 zeigt den Anschluß einer Warmwasserheizung an das Dampffernnetz. Bei dem Gegenstromapparat *GA*

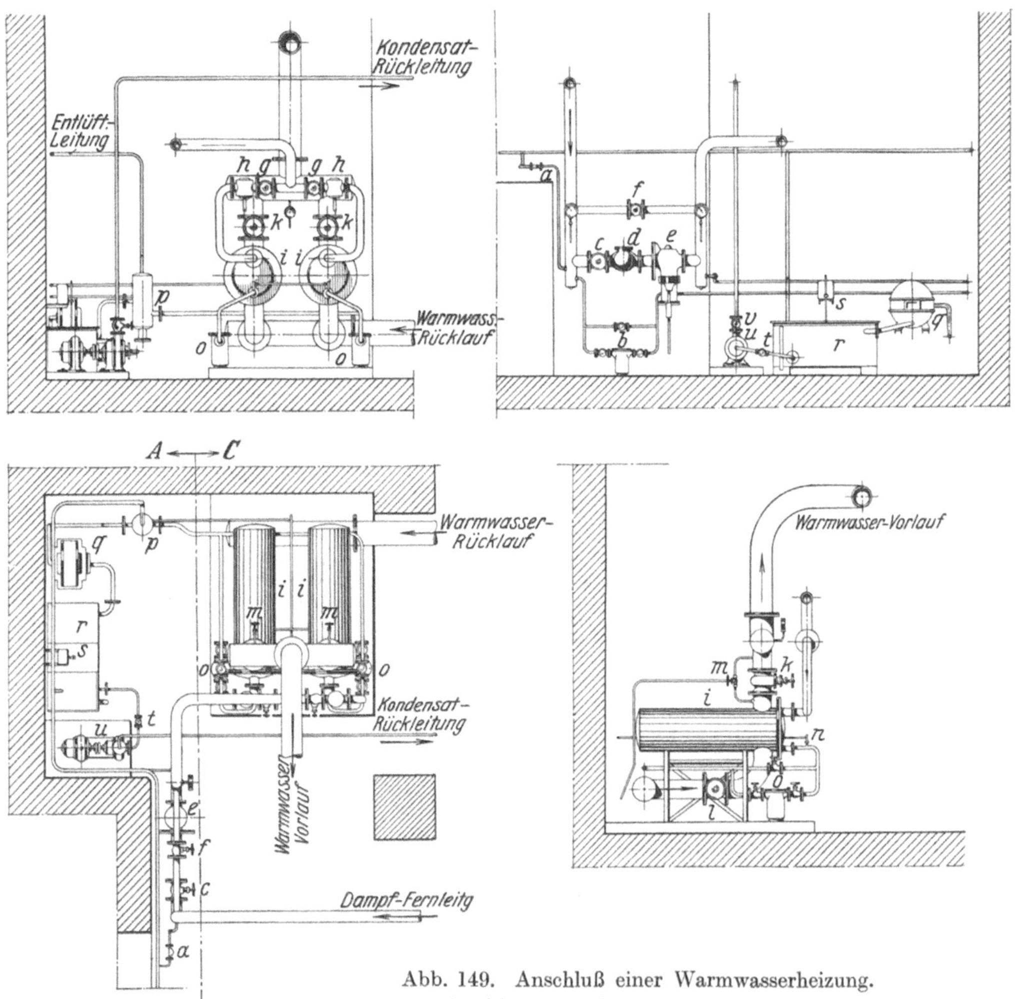

Abb. 149. Anschluß einer Warmwasserheizung.
(Ausführung: Charlottenburger Fernheizwerk.)

Erläuterung:

a = Ent- und Belüfter,
b = Entwässerung,
c = Absperrventil,
d = Schlammfang,
e = Druckminderer,
f = Umgehungsventil,
g = Absperrventil,
h = Temperaturregler,
i = Gegenstromapparat,
k = Absperrschieber,
l = Absperrschieber,
m = Dreiwegehahn,
n = Ent- und Belüfter,
o = Entwässerung,
p = Druckausgleichs- und Entlüftungsgefäß,
q = Kondenswassermesser,
r = Kondensatsammelgefäß,
s = Schwimmerschalter,
t = Rückschlagventil,
u = Elektropumpe,
v = Absperrventil.

ist unten der Rücklauf, oben der Vorlauf der Heizung angeschlossen. Der Temperaturregler *TR* hält die eingestellte Vorlauftemperatur selbsttätig konstant.

Die Abb. 149 zeigt in ausführlicher Darstellung die Hausanschlüsse des Charlottenburger Fernheizwerkes.

c) Umformer: Heißwasser → Warmwasser.

Dazu verwendet man Gegenstromapparate, die den in Abb. 147 dargestellten gleich sind, nur haben die beiden Anschlüsse *D* und *N* gleichen Durchmesser.

Ein anderer Weg besteht in dem Zumischen von kaltem Rücklaufwasser zum Heißwasser. Das Verfahren ist in der Ausführung sehr bequem und einfach, ist aber nur dort anwendbar, wo im Warmwassernetz der hohe Druck des Heißwassernetzes zulässig ist.

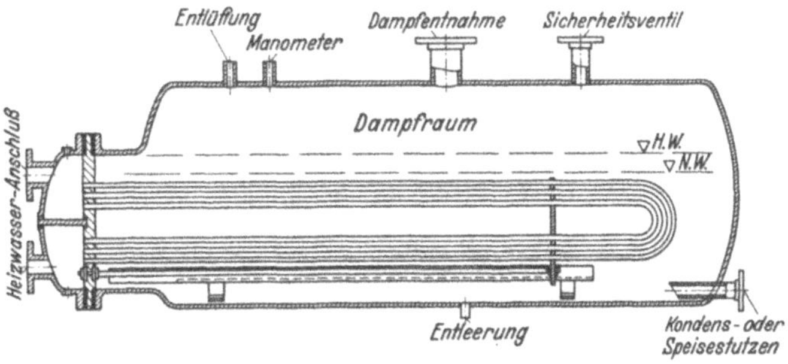

Abb. 150. Umformer: Heißwasser → Niederdruckdampf.

d) Umformer: Heißwasser → Niederdruckdampf.

Hierzu werden Apparate gemäß Abb. 150 verwendet. Sie sind den Gegenstromapparaten nach Abb. 147 ähnlich, haben aber großen Durchmesser, damit ein ausreichend großer Wasser- und Dampfraum geschaffen wird.

III. Fernverteilung mit Dampf als Wärmeträger.

A. Erzeugung und Speicherung des Hochdruckdampfes.

Für die Fernverteilung wird im allgemeinen ein Druck von etwa 2 bis 6 ata gewählt. Der Dampf wird entweder als Frischdampf in direkt gefeuerten schmiedeeisernen Kesseln (vgl. S. 24) oder in Abhitzekesseln (S. 97) erzeugt oder er wird als Abdampf bei Kraftmaschinenanlagen gewonnen. Im letzteren Falle gelten die auf S. 93 unter Abdampfverwertung dargelegten Grundsätze. Für die Speicherung des Dampfes können sowohl Gleichdruck- als Gefällespeicher Verwendung finden.

B. Ermittlung des wirtschaftlichsten Leitungsdurchmessers.

Die Ermittlung der Rohrdurchmesser ist nur gemeinsam mit der Wahl des Druckes am Anfang der Leitung zu lösen. Beide Fragen lassen sich nicht trennen, wie folgende Überlegung zeigt:

Wird der Durchmesser der Rohre sehr klein gewählt, so wird das Rohrnetz billig und damit der Kapitaldienst niedrig. Mit kleiner werdendem Durchmesser wächst aber der Druckverlust in der Leitung und zwingt zu hohem Dampfdruck am Beginn der Leitung. Dies bedeutet meist hohe Betriebskosten. Wird umgekehrt der Durchmesser sehr groß gewählt, so wird zwar der Anfangsdruck niedrig, die Kosten des Rohrnetzes und damit der Kapitaldienst aber sehr hoch. Die Entscheidung erfolgt nach dem Grundsatz, daß die Summe aus dem Kapitaldienst der Anlage und den laufenden Betriebskosten ein Minimum wird.

Bei den Überlegungen ist es wesentlich, ob das Netz mit Frischdampf oder mit Abdampf gespeist wird. Bei Frischdampf kann der Anfangsdruck ziemlich hoch gewählt werden, ohne daß damit die Wirtschaftlichkeit der Anlage sehr stark sinkt. Das erklärt sich daraus, daß die Erzeugungswärme des Dampfes nur sehr wenig mit der Spannung zunimmt. Anders liegen die Verhältnisse, wenn das Netz mit Abdampf aus einer Kraftanlage gespeist wird. Dann bedeutet hoher Anfangsdruck in der Leitung auch hohen Gegendruck an der Maschine und damit starke Einbuße der Maschine an Leistung. Es gibt bei jedem Projekt nur einen einzigen wirtschaftlich günstigsten Durchmesser. Die Gedanken, die zu seiner Ermittlung führen, sollen nachstehend an einem besonders einfachen Beispiel gezeigt werden:

„Von einer Zentrale aus soll Dampf nach einem 1000 m entfernten Verteilpunkt geleitet werden. Am Verteilpunkt soll 5 ata Druck herrschen und der stündliche Dampfbedarf 10000 kg betragen. Zur weiteren Vereinfachung der Aufgabe soll angenommen sein, daß diese Dampfmenge während der ganzen 8760 Stunden des Jahres unverändert bleibt.“

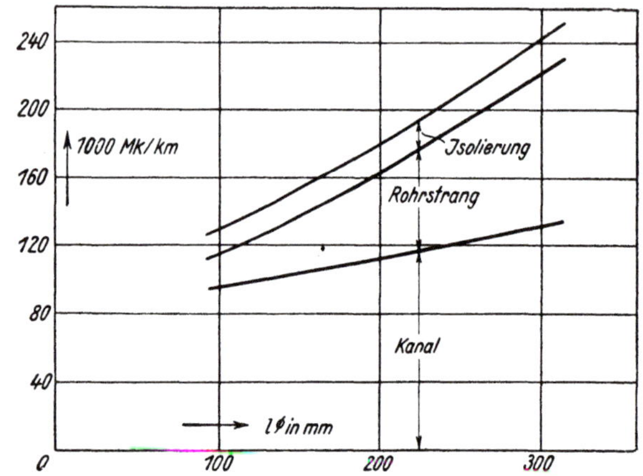

Abb. 151. Anlagekosten für eine Fernleitung.

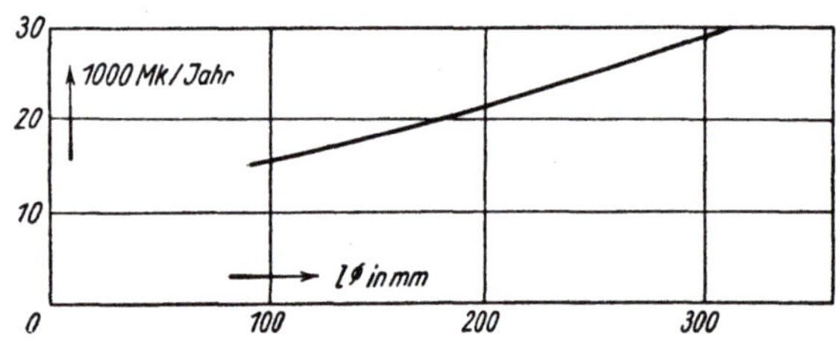

Abb. 152. Kapitaldienst für eine Fernleitung.

a) Ermittlung des Kapitaldienstes.

Die Kosten für 1000 m Rohrleitung samt Kanalbau sind weitgehend von der gewählten Ausführungsweise, insbesondere auch von der Art des Baugrundes und den Grundwasserverhältnissen abhängig, so daß sich keine allgemeingültigen Preisangaben machen lassen. Nach Mitteilungen, die ich der Firma Rud. Otto Meyer und Herrn Margolis verdanke, können als ungefähre Mittelwerte die in Abb. 151 graphisch dargestellten Kosten gesetzt werden. Die Kosten sind dabei in die drei Teilbeträge für Kanalherstellung, Rohrstrang und Isolierung unterteilt, und man sieht, daß jeder dieser Teilbeträge mit dem Durchmesser wächst. Die Abbildung läßt ablesen, daß z. B. bei 200 mm Rohrdurchmesser eine Strecke von 1000 m etwa 180000 M. kostet. Unter der Annahme von 8 vH Verzinsung, 1 vH Instandhaltung und 20jähriger Abschreibungsdauer errechnet sich der in Abb. 152 dargestellte Kapitaldienst.

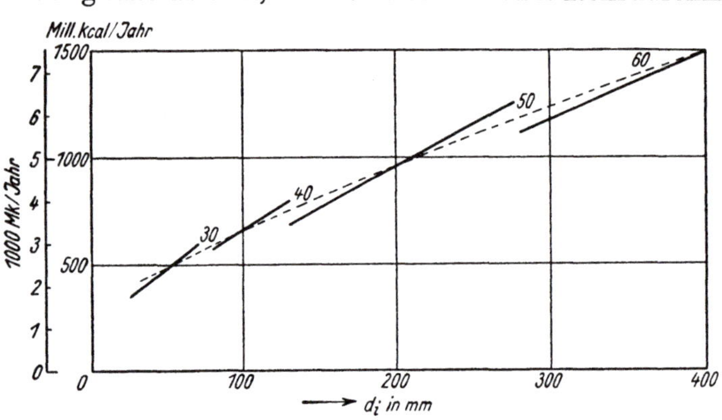

Abb. 153. Wärmeverluste einer Fernleitung.

b) Ermittlung der Wärmeverluste.

Um die stündlichen Wärmeverluste berechnen zu können, ist der Zusammenhang zwischen Isolierstärke und Rohrdurchmesser nach der von Cammerer angegebenen Tabelle (II. Teil, S. 149) gewählt. Abb. 153 gibt den stündlichen Wärmeverlust von 1000 m

Rohrlänge in Abhängigkeit vom Rohrdurchmesser wieder. Unter der Annahme, daß die Leitung das ganze Jahr in Betrieb ist, und daß 1000000 kcal mit 5 M. Selbstkosten angesetzt werden, ergeben sich die in der zweiten senkrechten Teilung angegebenen Werte für den jährlichen Wärmeverlust.

c) Wirkung des Druckverlustes.

Es bleibt noch zu ermitteln, wie sich die Einbuße der Kraftmaschine durch den erhöhten Gegendruck wirtschaftlich auswirkt, wobei der Selbstkostenpreis für die Kilowattstunde mit 3 Pf. angesetzt wird.

Würde die Dampfmaschine am Verteilpunkt aufgestellt werden, so könnte sie unmittelbar mit 5 ata Gegendruck arbeiten. Ist dagegen, wie verlangt, die Maschine am Anfang der Leitung aufgestellt, so ist der Gegendruck um den Betrag des Druckverlustes höher zu wählen, und diese Erhöhung des Gegendruckes bzw. ihre wirtschaftliche Auswirkung ist der Fernleitung zur Last zu legen. Eine Maschine mit 20 ata Eintrittsspannung würde bei 5 ata Gegendruck und 10 t stündlichem Dampfverbrauch etwa 595 kW leisten.

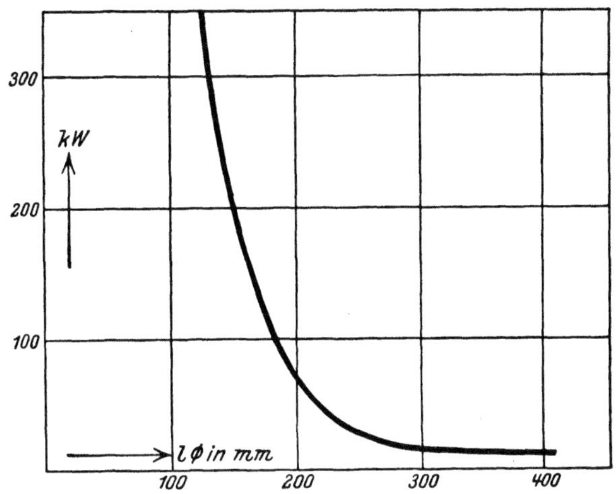

Abb. 154. Leistungseinbuße der Gegendruckmaschine, abhängig vom Rohrdurchmesser.

Die gesamten jährlichen Ausgaben für den Transport der Wärme summieren sich aus dem Kapitaldienst (Abb. 152), den jährlichen Wärmeverlusten (Abb. 153) und der Einbuße an Maschinenleistung durch den Druckabfall im Rohrstrang (Abb. 154). Diese Summierung ist in Abb. 155 ausgeführt, und man sieht daraus, daß bei dem Durchmesser 255 mm die Summe ihren Kleinstwert hat, so daß also dieser Durchmesser sich als der wirtschaftlich günstigste Durchmesser ergibt. Der Verlauf der Kurve läßt ferner erkennen, daß ein zu groß gewählter Durchmesser die Wirtschaftlichkeit der ganzen Anlage nur wenig herabdrückt, daß dagegen ein zu klein gewählter Durchmesser wegen des rasch steigenden Druckverlustes sich sofort sehr ungünstig äußert. Man darf also den Durchmesser eher etwas zu groß als zu klein wählen, auch aus dem anderen Grunde, weil sich dann gegebenenfalls eine spätere Verstärkung des Betriebes leichter ermöglichen läßt.

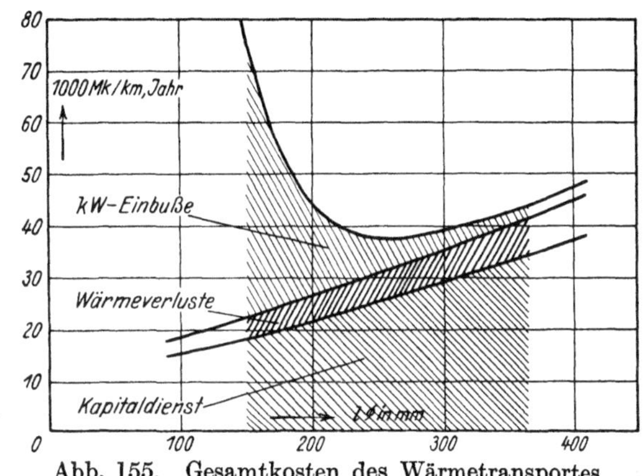

Abb. 155. Gesamtkosten des Wärmetransportes, abhängig vom Rohrdurchmesser.

Abb. 155 läßt auch ablesen, um wieviel der Dampf durch die Übertragung sich verteuert. Dividiert man die jährlichen Ausgaben durch die Zahl der Stunden im Jahre (8760 bei Dauerbetrieb), so ergibt sich, daß die verwendeten 10000 kg Dampf an der Verwendungsstelle (also in 1 km Entfernung) um 4,20 M. teurer sind als an der Erzeugungsstelle.

Für die Berechnung des wirtschaftlichsten Durchmessers ist nachstehender Umstand zu beachten. Bei einer bestehenden Anlage sind alle Größen, die der Wirtschaftlichkeitsberechnung zugrunde gelegt sind, im wesentlichen konstant. Nur die stündliche Dampfmenge wird während des Betriebes stark schwanken. Man darf nun nicht die Höchstdampfmenge der Rohrstrecke einsetzen, sondern nur einen Mittelwert. Da in der Formel für den Druckverlust (vgl. S. 190) das Dampfgewicht in der 2. Potenz auftritt, so muß man bei der Mittelwertsbildung die großen Dampfmengen stärker berücksichtigen als die niedrigen.

C. Verlegung und Ausstattung längerer Dampfleitungen.

Wie schon auf S. 67 erwähnt wurde, sollen Dampfleitungen stets mit Gefälle verlegt werden, damit das Kondensat mit dem Dampf in gleicher Richtung strömt. Vor jeder Verwendungsstelle des Dampfes, sei dies eine Kraftmaschine oder ein Wärmeaustauschapparat, muß in die Leitung ein Wasserabscheider eingebaut werden. Bei sehr langen Leitungen muß auch an einigen Zwischenstellen entwässert werden (Abb. 156).

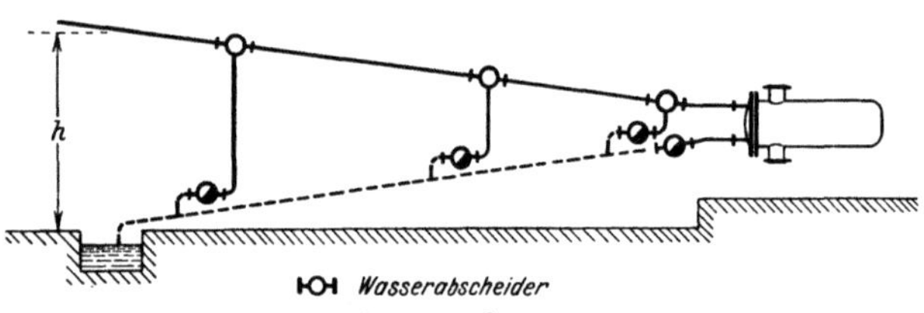

Abb. 156. Entwässerung einer Dampfleitung.

Erlauben es die Verhältnisse nicht, die Leitung in einer geraden Linie mit stetigem Gefälle zu verlegen, so muß gemäß Abb. 157 die Leitung sägeförmig verlegt werden. Vor jedem Anstieg der Leitung muß neu entwässert werden.

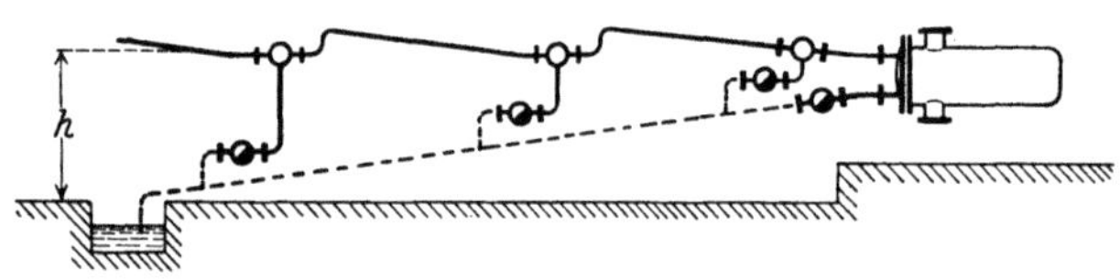

Abb. 157. Entwässerung einer Dampfleitung.

Das Kondensat darf man in den meisten Fällen nicht abfließen lassen, sondern muß es wieder zum Kessel zurückführen. Am einfachsten ist es, wenn man die ganze Kondensatleitung mit Gefälle nach dem Kesselhaus verlegt, das Kondensat dort in einer Grube sammelt und von hier aus mit Speisepumpen in den Kessel zurückführt. Wenn es aber die Geländeverhältnisse nicht gestatten, die Kondensleitung in dieser Weise mit durchgehendem Gefälle zu verlegen, so muß man am Ende der Leitung das Kondensat in einer Grube sammeln, von wo es durch eine Pumpe zum Kesselhaus gedrückt wird. Oft schaltet man einen Hochbehälter dazwischen, so daß von hier aus das Kondensat mit Gefälle nach dem Kesselhaus geleitet werden kann (Abb. 158). Die Pumpen werden meist elektrisch angetrieben, und zwar schalten sich die Pumpen selbst ein, wenn in der Kondensatgrube ein gegebener Höchstwasserstand erreicht ist.

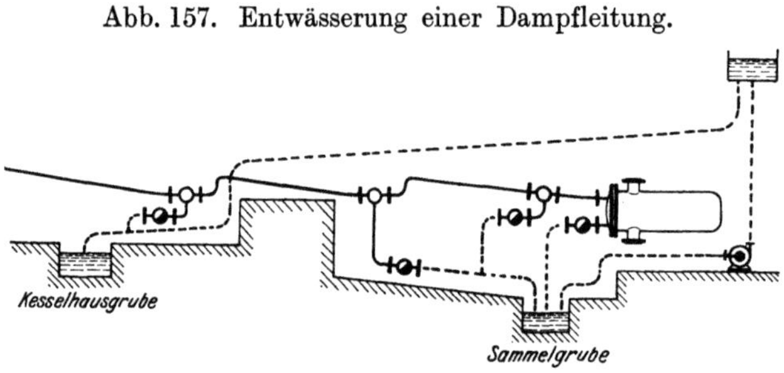

Abb. 158. Entwässerung einer Dampfleitung.

D. Die Nachteile der Kondensatbildung in der Leitung.

Es ist zu beachten, daß man bei Fernverteilung von Dampf meist Dampfleitung und Kondensatleitung in einem verhältnismäßig niedrigen Rohrkanal unterbringen muß, und daß es dabei nicht leicht ist, den Dampf- und Kondensatleitungen die oben verlangten Neigungen zu geben. Vermehrt können die Schwierigkeiten werden, wenn ungünstige Geländeverhältnisse vorliegen.

Schon früher (S. 49) ist davon gesprochen worden, daß die Forderung einer einwandfreien Entwässerung der Dampfleitungen und einer möglichst restlosen Rückführung des Kondensates zum Kesselhaus im praktischen Betriebe nur bei schärfster Überwachung des Netzes erfüllt werden kann. Bei den Fernleitungen kommt hinzu, daß infolge der großen räumlichen Entfernungen die Zahl der Störungsquellen vermehrt und die einwandfreie Überwachung der Anlage erschwert ist.

In diesen baulichen und betrieblichen Schwierigkeiten der Entwässerung und Kondensatrückführung liegt der größte Nachteil der Dampffernnetze gegenüber den nun zu besprechenden Heißwassernetzen begründet.

IV. Fernverteilung mit Heißwasser als Wärmeträger.

Je nach den besonderen Aufgaben der Anlage wählt man als Vorlauftemperatur 120 bis 180°, was einem Sättigungsdruck von etwa 2 bis 10 ata entspricht.

Die Vorteile des Heißwasserfernnetzes gegenüber dem Dampffernnetz ergeben sich fast alle aus dem Wegfall der Kondensatbildung in der Leitung mit den schon früher geschilderten Wasser- und Wärmeverlusten (vgl. S. 49). Auch ergibt sich eine größere Freiheit in der Führung des Rohrkanals.

Ein weiterer Vorteil der Heißwasserheizung ist bei industriellen Wärmeverbrauchern wichtig, indem sich hier eine genauere Einhaltung der Temperatur an den Heizflächen und eine größere Gleichmäßigkeit der Temperaturverteilung über die Heizflächen bei Heißwasser leichter als bei Dampf erzielen läßt.

Zum Betriebe der Anlage sind Umwälzpumpen für das Heißwasser nötig, und darin besteht ein Nachteil der Heißwassernetze gegenüber den Dampfnetzen.

A. Die Erzeugung und Speicherung des Heißwassers.

Dort, wo an sich Dampf vorhanden ist, kann das Heißwasser mit Hilfe von Gegenstromapparaten erzeugt werden. Für die Schaltung der Anlage sind die im Abschnitt „Abdampfverwertung“ (S. 92) angegebenen Gesichtspunkte maßgebend. Da bei Heißwasserfernleitungen ein offenes Ausdehnungsgefäß, wie wir es später bei den Warmwasserfernleitungen (S. 89) kennenlernen werden, nicht möglich ist, muß hier durch einen Windkessel mit Sicherheitsventil Ersatz für das offene Ausdehnungsgefäß geschaffen werden.

In den meisten Fällen ist es zweckmäßiger, das Heißwasser in direkt gefeuerten Wasserkesseln zu erzeugen. Solche Kessel haben gegenüber den normalen Dampfkesseln dadurch günstigere Arbeitsbedingungen, daß die Kesselflächen rein bleiben, weil die notwendige Zusatzspeisewassermenge hier äußerst gering ist. Da Kessel und Rohrnetz vollständig mit Wasser gefüllt sind, brauchen auch solche Anlagen einen Windkessel, wenn nicht das Verfahren der Firma Caliqua verwendet wird, bei dem ein gewöhnlicher Großwasserraum-Dampfkessel verwendet wird. Das Vorlaufwasser wird dicht unterhalb des niedrigsten Wasserspiegels abgezogen und das Rücklaufwasser an der untersten Stelle des Kessels wieder zugeführt. Der Dampfraum des Kessels (vgl. Abb. 159 u. 160) wirkt hier als Dampfpolster und macht damit den obenerwähnten Windkessel entbehrlich. Es ergibt sich so eine wesentliche Vereinfachung der Bauart unter Beibehaltung aller obenerwähnten Vorteile des Heißwassersystems für Rohrnetz- und Kesselanlage. Dem Dampfraum des Kessels kann, wenn es sein muß, auch Dampf zum Betriebe einer Kraftmaschine entnommen werden.

Bei allen Heißwassernetzen besteht die Möglichkeit der Dampfbildung im Rohr und damit die Gefahr von Wasserschlägen. Das Wasser, das im Kessel noch unter Sättigungstemperatur gestanden hatte, gelangt auf seinem Wege durch die Vorlaufleitung bei fast unveränderter Temperatur nach Stellen niederen Druckes, was zur Nachverdampfung im Rohr führen muß. (Als Ursachen der Druckminderung kommt nicht nur Reibungsverlust in Frage, sondern auch verringerter statischer Druck bei verschiedener Höhenlage der Leitung.) Um Dampfbildung zu vermeiden, mischt man deshalb dem Vorlaufwasser unmittelbar nach Verlassen des Kessels oder auch schon im Kessel kälteres Rücklaufwasser zu.

Wenn das Heißwasser mit Gegenstromapparaten erzeugt wird oder wenn das Speichervermögen des Wasserkessels nicht ausreicht, sind besondere Heißwasserspeicher vorzusehen. Sie werden als sogenannte Verdrängungsspeicher ausgebildet und als solche in den Wasserumlauf eingeschaltet (vgl. Abb. 159).

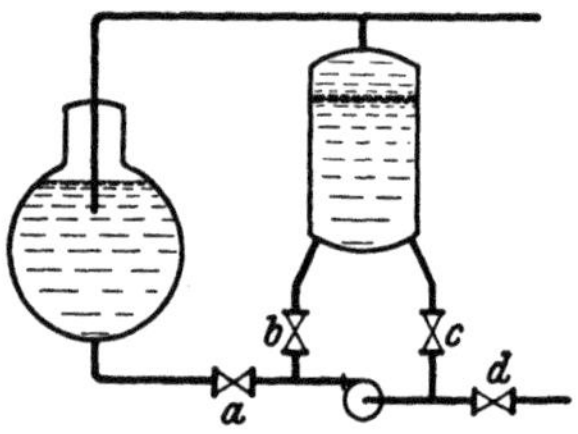

Abb. 159. Verdrängungsspeicher.

Um die Betriebsweise der Anlage zu zeigen, sollen drei Grenzfälle besprochen werden:

Erster Fall. Die Heizung soll nur aus dem Kessel gespeist werden, der Speicher soll ausgeschaltet sein. Dann ist Ventil *a* und *d* zu öffnen, *b* und *c* zu schließen.

Zweiter Fall. Der Kessel soll bei abgeschalteter Heizung den Speicher aufladen. Dann ist Ventil *a* und *c* zu öffnen, *b* und *d* zu schließen. Die Saugleitung der Pumpe holt hierbei kaltes Wasser aus dem Speicher heraus und die Vorlaufleitung drückt über das Ventil *a* Kesselwasser von oben in den Speicher hinein.

Dritter Fall. Die Heizung soll bei abgeschaltetem Kessel nur mit dem Speicher betrieben werden. Dann ist Ventil *a* und *c* zu schließen, *b* und *d* zu öffnen. Die Druckleitung der Pumpe preßt durch das Ventil *b* hindurch kaltes Rücklaufwasser von unten her in den Speicher und drängt so das warme Speicherwasser in das Netz hinaus.

Die normalen Betriebszustände liegen zwischen diesen Grenzfällen, indem z. B. der Kessel gleichzeitig die Heizung versorgt und den Speicher auflädt, oder indem die Heizung teils aus dem Kessel, teils aus dem Speicher mit Wasser gespeist wird.

B. Das Heißwasserrohrnetz.

Wie schon auf S. 87 erwähnt, können hier im Vergleich zum Dampfnetz die Rohrstränge und damit auch der Rohrkanal völlig frei nach den Forderungen des Geländes verlegt werden.

Zur Bestimmung des Rohrdurchmessers muß man die umzuwälzende Wassermenge kennen. Diese ergibt sich bei bekannter Wärmelieferung des Netzes aus dem Temperaturunterschied zwischen Vorlauf- und Rücklauftemperatur. Um die Wassermenge möglichst klein zu erhalten, wird man den Temperaturunterschied möglichst groß wählen.

Ist die Wassermenge ermittelt, so geht man zur Bestimmung des Rohrdurchmessers über, wobei man von der Überlegung ausgeht, daß kleine Rohrdurchmesser zwar ein billiges Rohrnetz, aber einen hohen Strömungswiderstand bedingen. Die Entscheidung ergibt sich wieder wie früher S. 83 aus der Forderung, daß die Summe aus Kapitaldienst und laufenden Betriebsausgaben ein Minimum sein muß. Als laufende Betriebsausgaben gelten hier der Geldwert der Wärmeverluste und die Kosten des Stromes für die Umwälzpumpen.

C. Verwertung des Heißwassers.

Die Abb. 160 zeigt den Anschluß von drei verschiedenen Verbrauchsstellen an das Fernnetz.

Beim Anschluß einer Warmwasserheizung ist zu beachten, daß infolge der hohen Temperaturen des Heißwassers und auch infolge des hohen Druckes das Wasser des Fernnetzes nicht unmittelbar in die Raumheizkörper geleitet werden darf. Deshalb muß die Heizung mit Hilfe eines Gegenstromapparates (*A* der Abb. 160) angeschlossen werden. Die Wärmelieferung des Gegenstromapparates und damit die Vorlauftemperatur der Heizung wird mit Hilfe des Ventiles *a* geregelt.

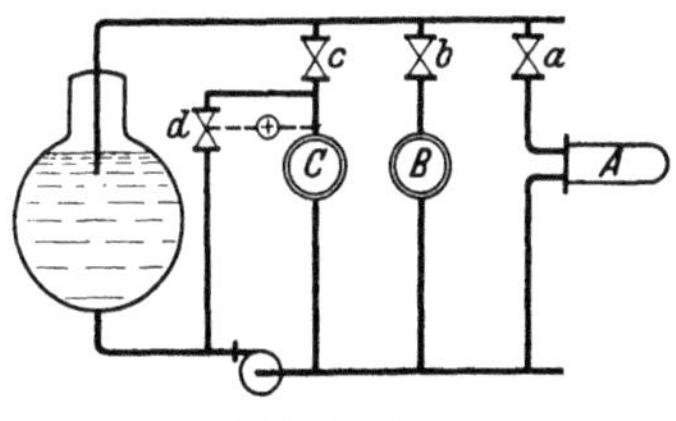

Abb. 160. Verwertung des Heißwassers.

Beim Anschluß anderer Wärmeverbraucher, wie eines Lufterhitzers, eines Kochkessels oder irgendeines anderen Apparates ist zu entscheiden, ob das Heizgut gegen die hohen Heizflächentemperaturen empfindlich ist oder nicht. Ist es unempfindlich, so kann dieser Apparat (vgl. Apparat *B*) unmittelbar zwischen Vor- und Rücklaufleitung geschaltet und mit Hilfe des Ventils *b* geregelt werden. Wenn dagegen das Heizgut hohe Heizflächentemperaturen nicht verträgt, so muß entweder mit Hilfe eines Gegenstromapparates eine Umformung des Wärmeträgers stattfinden, oder es muß kaltes Rücklaufwasser an der Eintrittsstelle des Heißwassers in den Apparat zugemischt werden (vgl. Apparat *C*). Die Temperaturregelung erfolgt mit Hilfe der beiden Ventile *c* und *d*.

V. Fernverteilung mit Warmwasser als Wärmeträger.

Wasser unter 100° und damit unter 1 ata wird als Wärmeträger nur bei reinen Gebäudeheizanlagen verwendet. Es besteht dabei der Vorteil der generellen Regelung des ganzen Fernheizwerkes (vgl. Stadtheizung S. 90).

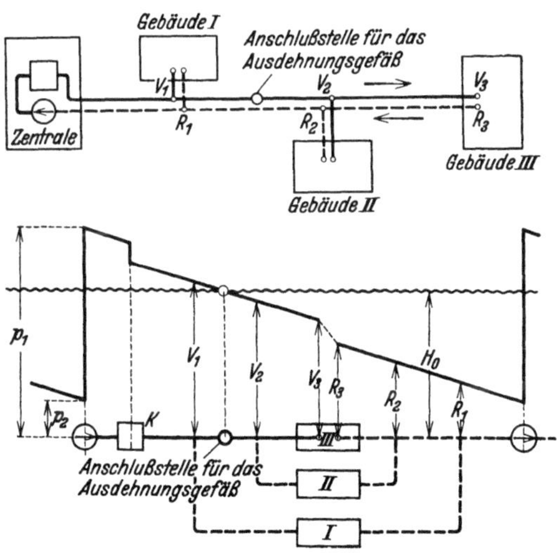

Abb. 161. Pumpenfernheizung. Anschluß dreier Gebäude. Druckverhältnisse.

Die Abb. 161 zeigt den Anschluß dreier Gebäudeheizungen an eine Zentrale. Die Punkte $V_1 R_1$ bzw. $V_2 R_2$ bzw. $V_3 R_3$ sind die Anschlußstellen der Gebäudeheizungen an die Fernleitungen. Um die Druckverhältnisse im Netz besprechen zu können, sind in Abb. 161 in schematischer Weise Hauptvorlauf und Hauptrücklauf in einer Geraden ausgestreckt, und darüber sind die jeweiligen Drucke aufgetragen. p_2 bedeutet hierin den Druck im Saugstutzen der Pumpe, p_1 im Druckstutzen der Pumpe. Für die Wahl der Pumpendrücke sind folgende Überlegungen maßgebend. Der Druck p_2 vor der Pumpe muß so hoch gewählt werden, daß bei der Temperatur des Rücklaufwassers sicher keine Verdampfung durch Druckentlastung eintreten kann. Die Druckdifferenz $(p_1 — p_2)$, unter der die Pumpe arbeitet, wird meist aus wirtschaftlichen Erwägungen, d. h. im Hinblick auf die entstehenden Stromkosten, für den Betrieb der Pumpe gewählt.

Die Druckdifferenz $p_1 - p_2$ wird im Fernnetz durch die Widerstände aufgebraucht, wobei im Schema der Druckabfall als geradlinig angenommen ist. Die Ordinaten über den Punkten V bzw. R bedeuten die Drücke, die an den betreffenden Stellen in der Hauptleitung herrschen. Die Druckdifferenz zwischen V_3 und R_3 ergibt sich aus den Erfordernissen des Rohrnetzes der Heizung im Gebäude 3. Man sieht ohne weiteres aus dem Schema, daß dann die näher am Kesselhaus liegenden Gebäudeheizungen unter einer viel höheren Druckdifferenz stehen. Nicht immer gelingt es, durch genügend enge Bemessung der Rohrnetze in der Gebäudeheizung diese große Druckdifferenz aufzubrauchen, und man muß darum an den Stellen V_1 oder R_1 Drosselstellen einbauen. (Die verschiedene Höhe des Betriebsdruckes der einzelnen Gebäudeheizungen läßt sich von vornherein vermeiden, wenn man Hauptvorlauf und Hauptrücklauf nach dem Tichelmanschen Verfahren anordnet (vgl. S. 63). Um die richtige Anschlußstelle für das Ausdehnungsgefäß zu finden, gehen wir von der Überlegung aus, daß der Druck an dieser Stelle sich nicht wesentlich ändern darf, wenn die Pumpe in Betrieb genommen wird oder wenn sie stillgelegt wird. Bedeutet H_0 die Höhenlage des Ausdehnungsgefäßes, die in den meisten Fällen durch die Gebäudehöhe vorgeschrieben sein wird, so stellt die im Schema Abb. 161 gezogene horizontale Wellenlinie den Druck im Rohrnetz dar, wenn die Pumpe stillsteht. Der Schnitt dieser Wellenlinie mit der Linie des Druckabfalles kennzeichnet dann diejenige Stelle, an der das Ausdehnungsgefäß an dem Hauptstrang angeschlossen werden muß.

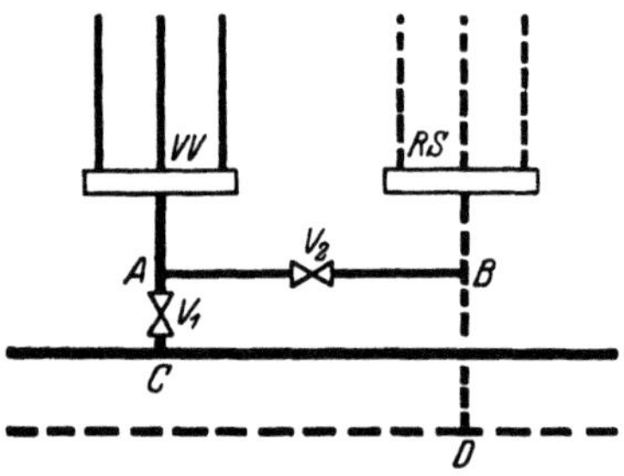

Abb. 162.
Anschluß der Gebäudeleitungen.

Der Anschluß der Gebäudeheizungen an die Fernleitung kann auf verschiedene Weise erfolgen.

Eine Lösung ist in Abb. 162 gezeichnet. Vom Vorlaufverteiler VV strömt das Wasser in die Heizung des Gebäudes und kehrt unter der Wirkung der Schwere durch den Rücklaufsammler RS und über die Leitung BA wieder zum Vorlaufverteiler zurück. Darüber lagert sich eine zweite Strömung, die vom Hauptvorlauf C abzweigt, ebenfalls durch die ganze Heizung strömt und bei D in den Hauptrücklauf einmündet. Bei A vereinigen sich die beiden Wasserströme und es kann durch geeignete Stellung der beiden Ventile V_1 und V_2 die jeweils gewünschte Vorlauftemperatur im Verteiler der Heizung eingestellt werden. Bei einer derartigen Heißwasserheizung ist also eine zweifache generelle Regelung möglich. Einmal kann durch Veränderung der Temperatur im Hauptvorlauf die ganze Fernheizung generell geregelt werden. Ferner kann jedes Gebäude für sich wieder generell geregelt werden durch Einstellung der beiden Ventile V_1 und V_2.

VI. Stadtheizungen.

Unter den Fernheizungen nehmen die Stadtheizungen dadurch eine besondere Stellung ein, daß sie nicht Hilfsbetriebe sind wie die Fernheizungen in großen Krankenhäusern und Fabriken, sondern selbständige, auf Erwerb eingestellte Unternehmungen.

Die Einführung der Stadtheizung bringt die mannigfachsten Vorteile mit sich, von denen der wichtigste die Verminderung der Rauch- und Rußentwicklung ist. Die heutige starke Rauchentwicklung in den Städten ist nämlich nicht in erster Linie auf das Anwachsen der Industrie zurückzuführen, sondern auf das enge Zusammendrängen vieler Tausender von Haushaltfeuerungen in unseren großen und dicht bebauten Städten. Da durch Einführung der Stadtheizung diese Verhältnisse bedeutend besser werden, wird mit Recht verlangt, daß man die Fernheizungen nicht nur vom Standpunkte eines Erwerbsunternehmens betrachten dürfe, sondern daß die Städte solche Fernheizungen gegebenenfalls als Zuschußbetriebe bauen sollten. Als weiterer Vorzug sei das starke Zurückgehen des Kohlentransportes und der Ascheabfuhr im Innern der Städte erwähnt. Zu diesen Vorteilen, welche in erster Linie der Allgemeinheit zugute kommen, treten eine Reihe weiterer Vorzüge für Hauseigentümer und Mietparteien. Es sind dies dieselben Vorzüge, welche schon auf S. 25 bei der Besprechung der Gasheizung erwähnt wurden.

Wenn trotz dieser vielen Vorzüge die Entwicklung des Fernheizwesens nur langsam fortschreitet, so liegen die Gründe dafür allein in den Schwierigkeiten beim Transport der Wärme, und zwar sind dies nicht so sehr technische Schwierigkeiten als vielmehr wirtschaftliche Schwierigkeiten, die auf den hohen Preis des Rohrnetzes zurückzuführen sind. Dieser Preis setzt sich zusammen aus den Kosten für die Erdarbeiten bis zur Fertigstellung des Kanals und den Kosten für die eigentlichen Rohrstränge samt Isolierung.

Die rasche Entwicklung, welche die Schweißtechnik im letzten Jahrzehnt genommen hat, hat in einschneidender Weise auf den Bau der Fernheizwerke zurückgewirkt. Während man früher die einzelnen Rohrschüsse nur durch Flanschen verbinden konnte, ist man heute in der Lage, Rohrstrecken von 50 bis 100 m und mehr zu einem Stück zusammenzuschweißen. Die Folge davon ist eine ganz bedeutende Erhöhung der Betriebssicherheit, die sich vor allem darin auswirkt, daß man keine begehbaren Kanäle mehr für die Rohrleitungen nötig hat, sondern dieselben in niedere, zum Teil aus fertigen Formstücken bestehende Kanäle verlegen kann und nur alle 50 bis 100 m einen Einsteigschacht vorzusehen braucht. Die Verbindung der Rohre durch Schweißen verbilligt also nicht nur den Rohrstrang, sondern noch in bedeutend höherem Maße die Erdarbeiten, und es ist unstreitig in erster Linie der Einführung der Schweißtechnik zuzuschreiben, wenn heute Fernheizwerke in größerer Zahl gebaut werden können.

In neuester Zeit versucht man die Kosten der Rohrnetze noch weiter zu senken, indem man auf Rohrkanäle verzichtet, statt dessen die isolierten Rohre noch mit einem besonderen Schutzmantel umgibt und so direkt ins Erdreich verlegt[1]. Die bisherigen Versuche erlauben noch kein abschließendes Urteil darüber, ob sich eine solche Ausführung im Betriebe auf die Dauer bewährt.

Die Frage, ob man eine Stadtheizung als Abwärmeverwertungsanlage an ein Kraftwerk anschließen oder als reines Heizwerk mit Frischdampf betreiben soll, läßt sich nicht allgemein entscheiden. Vom wärmewirtschaftlichen Standpunkte aus scheint der Abwärmebetrieb allein berechtigt zu sein. Aber die bedeutend größere Einfachheit des reinen Heizbetriebes ist ein sehr wichtiges Moment zu seinen Gunsten, und zwar handelt es sich dabei nicht nur um die einfachere technische Betriebsführung, sondern auch um die einfachere kaufmännische Verwaltung und die einfacheren organisatorischen Verhältnisse. Im allgemeinen neigt man in Europa dazu, nur Heizkraftwerke zu bauen. In Amerika hat man lange Zeit die reinen Heizwerke bevorzugt und ist in letzter Zeit ebenfalls zu vermehrter Abdampfverwertung übergegangen.

Die zweite Frage ist, ob man als Wärmeträger im Fernnetz Warmwasser, Heißwasser oder Dampf von 3 bis 5 ata verwenden soll.

Werden nur Wohnungsheizungen und keine industriellen und gewerblichen Betriebe angeschlossen, so verdient Warmwasser wegen der Möglichkeit einer generellen Regelung im ganzen Netz den Vorzug. Dem Wohnungsinhaber ist hierbei ein Überheizen der Wohnung und Verschwenden mit Wärme nicht so leicht möglich als bei

[1] Cammerer, J. S.: Der Wärmeverlust von Rohrleitungen im Erdreich. Arch. Wärmewirtsch. 1932, S. 29. — Mattar: Dampf- und Warmwasserleitungen in der Erde. Wärme 1933, S. 222.

den anderen beiden Systemen, und es kann deshalb hier mit den Abnehmern eine Pauschale je Heizperiode und Wohnung vereinbart werden. Die Werbung neuer Teilnehmer am Heizwerk ist aber viel leichter und darum auch erfolgreicher, wenn man eine feste Summe nennen kann, als wenn man, wie es bei der Zählerberechnung der Fall ist, nur versichern kann, daß bei vernünftiger Sparsamkeit die Kosten nicht höher werden als bei eigener Kesselanlage. Die Vorteile des Warmwasserheizwerkes liegen also auf rein wirtschaftlichem, oder besser gesagt, kaufmännischem Gebiet und sind in der Eigenschaft des Stadtheizwerkes als einem geschäftlichen Unternehmen begründet.

Sollen auch gewerbliche und industrielle Betriebe an das Fernnetz angeschlossen werden, so verlangen diese eine konstante Temperatur des Wärmeträgers, und es verbietet sich damit die generelle Regelung. Zudem muß die Temperatur nun wesentlich höher liegen. Aus beiden Gründen besteht für den Abnehmer die Möglichkeit, Wärme zu verschwenden, und dadurch verbietet sich die Pauschalabrechnung. Für die Entscheidung, ob Heißwasser oder Dampf verwendet werden soll, sind nur die schon früher auf S. 80 genannten rein technischen Gesichtspunkte entscheidend.

VII. Abwärmeverwertung[1].

A. Abdampfverwertung.

In Anlehnung an die Schaltbilder der Elektrotechnik hat sich auch für Schaltbilder größerer Dampfanlagen eine einheitliche Darstellungsweise herausgebildet, von der im nachstehenden Gebrauch gemacht wird[2]. Die Bedeutung der einzelnen Zeichen gibt die Übersicht in Abb. 163. Das Schaltbild wird so angeordnet, daß

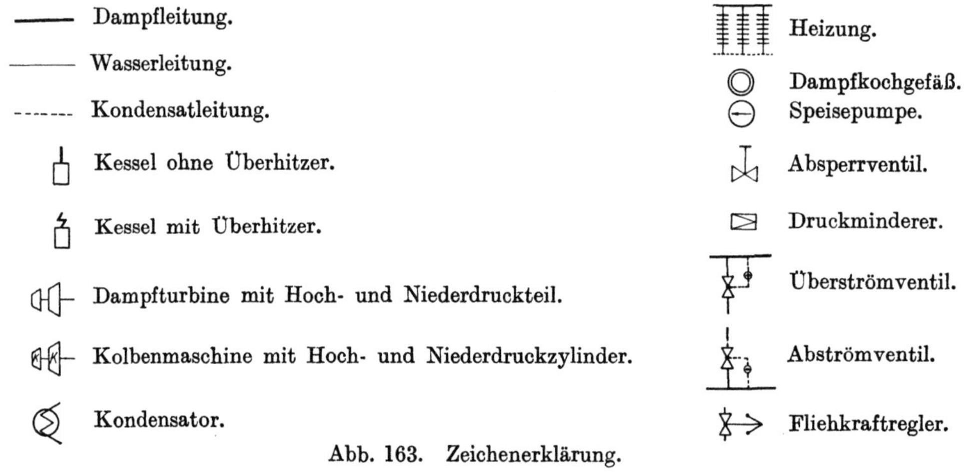

Abb. 163. Zeichenerklärung.

die waagerechten Linien gleichen Wärmeinhalt des Stoffes angeben, und zwar von oben nach unten mit abnehmendem Wärmeinhalt. Der Kreislauf des Stoffes geht im Uhrzeigersinne, so daß der Kessel stets in der linken oberen Ecke der Zeichnung, der Kondensator in der rechten unteren Ecke erscheint.

Das Wesen der Abdampfverwertung kann als bekannt vorausgesetzt werden. Es soll hier nur an einigen Beispielen gezeigt werden, wie sich die Heizungsanlage in einen allgemeinen Abwärmebetrieb eingliedert.

[1] De Grahl: Verwertung von Abfall- und Überschußenergie. Berlin: V. d. I.-Verlag 1927. — Reutlinger-Gerbel: Kraft und Wärmewirtschaft in der Industrie. Berlin und Wien: Julius Springer 1927. — Stein: Regelung und Ausgleich in Dampfanlagen. Berlin: Julius Springer 1926.

[2] Stender: Schaltbilder im Wärmekraftbetrieb. Berlin: V. d. I.-Verlag 1928.

Die Heizung selbst wird in gewöhnlicher Weise ausgeführt, nur wird jetzt der Hauptverteiler der Heizung nicht an eine eigene Kesselanlage, sondern an die Abdampfleitung der Kraftmaschine angeschlossen. Um die Leistungseinbuße der Kraftmaschine durch den Anschluß der Heizung möglichst klein zu halten, wird man den Druck am Hauptverteiler der Heizung so niedrig halten, als es mit Rücksicht auf den Druckabfall im Leitungsnetz irgend möglich ist. Im allgemeinen wird man bei nicht allzu großen Anlagen mit 1,5 bis 2 at im Hauptverteiler auskommen können.

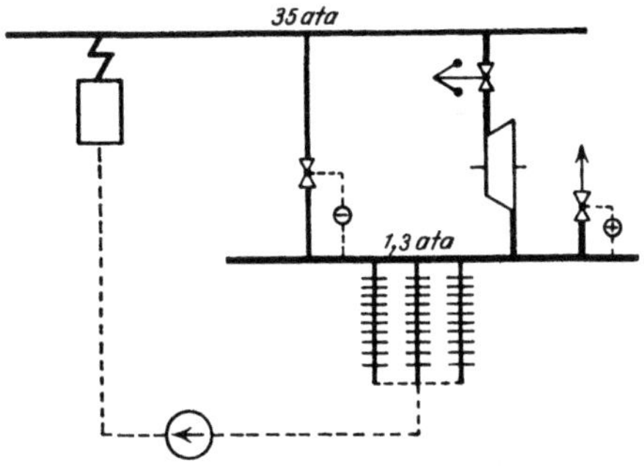

Abb. 164. Gegendruckmaschine allein.

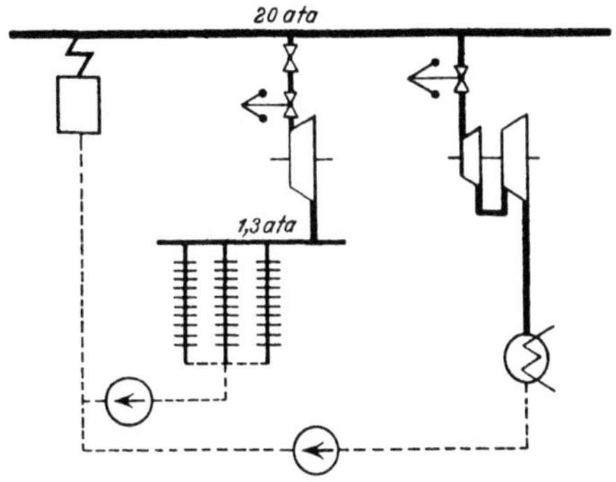

Abb. 165. Gegendruckmaschine und Kondensationsmaschine.

Abb. 164 zeigt den reinen Gegendruckbetrieb bei Vorhandensein einer einzigen Kraftmaschine. Der Druck im Hauptverteiler der Heizung und damit der Gegendruck der Maschine richtet sich, wie oben erwähnt, nach der Größe des Heizungsnetzes. Die Kesselspannung errechnet sich aus der Überlegung, daß die von der Heizung benötigte Dampfmenge bei dem Druckabfall von Kesselspannung auf Gegendruck die gewünschte Leistung zu liefern vermag. Ist Kesselspannung und Gegendruck gewählt, so ist damit auch das Verhältnis von Kraftleistung und Wärmelieferung ein für allemal festgelegt. Braucht die Heizung mehr Dampf, als die Dampfmaschine Abdampf liefert, so muß der Heizung durch ein Reduzierventil aus der Hochdruckleitung Frischdampf zugeführt werden. Braucht umgekehrt die Heizung weniger Dampf, so muß der Überschuß an Abdampf durch ein Sicherheitsventil ins Freie auspuffen. Da sowohl das Reduzieren von Hochdruckdampf als auch das Auspuffen von Abdampf unwirtschaftlich ist, so stellt das reine Gegendruckverfahren keine sehr günstige Lösung der Koppelung von Heiz- und Kraftbetrieb dar.

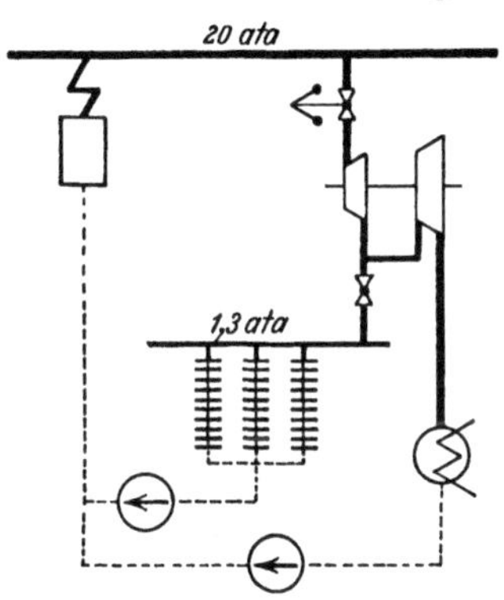

Abb. 166. Entnahmemaschine.

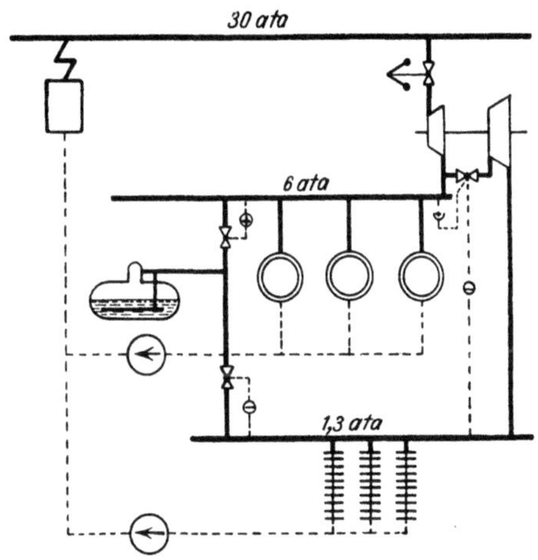

Abb. 167. Entnahmemaschine und Dampfspeicher.

Abb. 165 zeigt das Zusammenarbeiten von einer Gegendruckmaschine mit einer Kondensationsmaschine, und zwar ist angenommen, daß der Betrieb wesentlich mehr Kraft braucht, als die Gegendruckmaschine allein zu liefern vermag. An Stelle der Kondensationsmaschine kann auch Fremdstrombezug treten. Die Regelung der Gegendruckmaschine ist so getroffen, daß sie nur so viel Energie abgibt, als der augenblicklichen Heizdampfmenge entspricht. Alle darüber hinausgehende Energie liefert die Kondensationsmaschine.

Eine Mittelstellung zwischen den beiden geschilderten Anordnungen nimmt die in Abb. 166 dargestellte Entnahmemaschine ein. Nach der Hochdruckstufe der Turbine wird der Dampf geteilt. Der eine Teil geht in den Hauptverteiler der Heizung, der andere in die Niederdruckstufe der Turbine. Die Regelung der Anlage ist folgende: Steigt bei unverändertem Kraftbedarf der Dampfbedarf der Heizung, so sinkt zuerst der Druck im Hauptverteiler der Heizung. Das Entnahmeventil läßt dann mehr Dampf in diesen übertreten. Infolgedessen bekommt der Niederdruckteil der Turbine zu wenig Dampf, und die Drehzahl der Maschine geht zurück. Sofort läßt der Fliehkraftregler mehr Dampf in die Maschine treten, und allmählich stellt sich ein neuer Gleichgewichtszustand ein. Umgekehrt erfolgt die Regelung, wenn bei gleichbleibendem Kraftbedarf der Heizdampfbedarf sinkt.

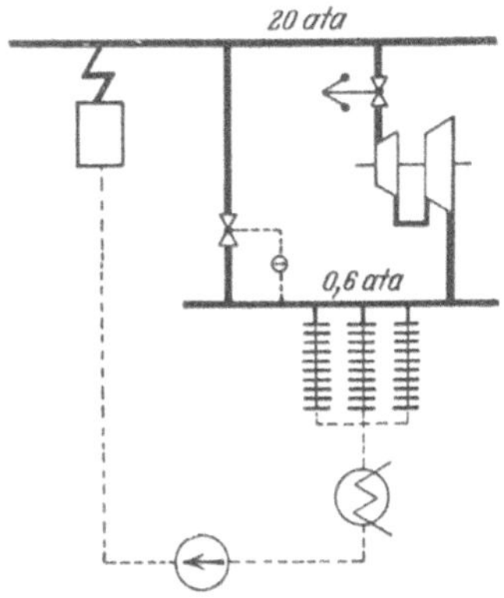

Abb. 168. Vakuumheizung.

Bei sehr stark schwankendem Kraft- und Heizdampfbedarf kann der Einbau eines Dampfspeichers wirtschaftlich sein. Dieser kann entweder als Gleichdruckspeicher mit der Kesselanlage verbunden sein oder als Gefällespeicher (Ruths-Speicher) in das Dampfnetz eingefügt sein. Abb. 167 zeigt das Schema einer größeren Anlage, bei der drei Dampfnetze verschiedenen Druckes vorhanden sind, nämlich 30 ata, 6 ata und 1,3 ata. Die Dampfmaschine ist als Entnahmemaschine ausgebildet und verwertet das Druckgefälle zwischen Hochdruck und Mitteldruck sowie zwischen Mitteldruck und Niederdruck. Mehrere

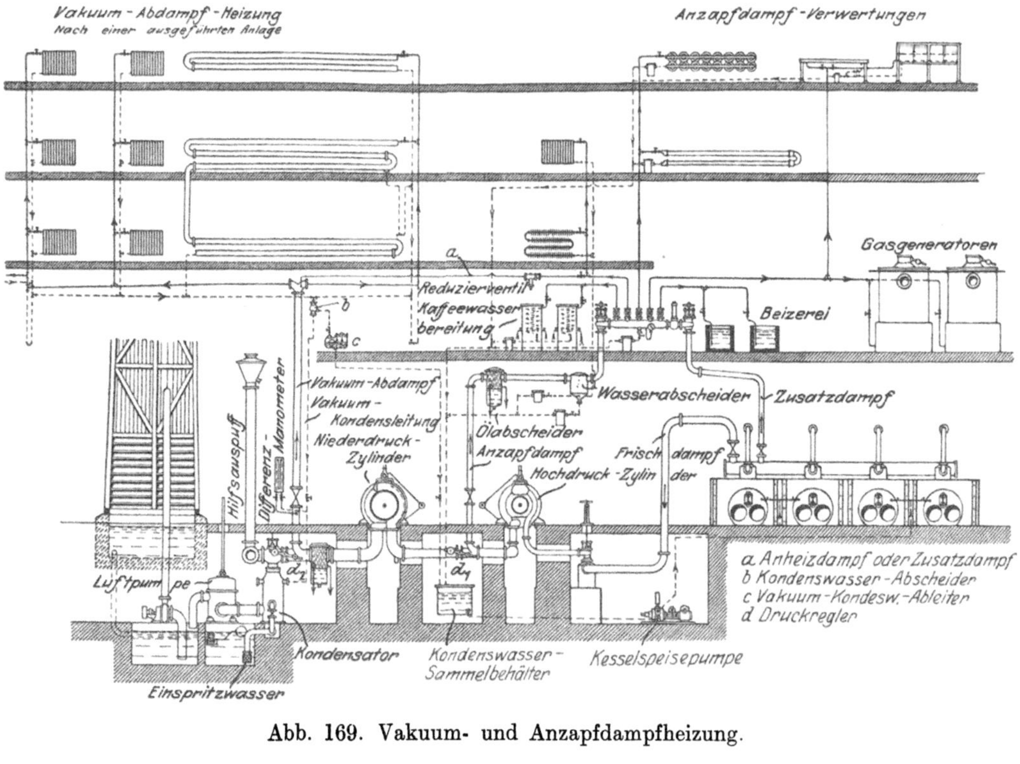

Abb. 169. Vakuum- und Anzapfdampfheizung.

Dampfkochgefäße sind an das Mitteldrucknetz, die Heizung an das Niederdrucknetz angeschlossen. Der Ruths-Speicher ist zwischen Mittel- und Niederdrucknetz eingeschaltet und kann bei seinem Aufladen von 1,3 ata auf 6 ata je Kubikmeter Wasserinhalt etwa 90 kg Dampf speichern (vgl. Hütte, 26. Aufl., Bd. I, S. 544).

Abb. 168 zeigt das Schaltschema einer Vakuumheizung. Die Heizung ist hierbei als Vorkondensator vor den eigentlichen Kondensator geschaltet. Durch Änderung des Vakuums im Kondensator läßt sich die Temperatur der Heizflächen der Außentemperatur anpassen. Das Beispiel einer größeren Anlage mit Vakuumheizung und Zwischendampfverwertung zeigt Abb. 169[1].

Der Frischdampf wird, nachdem er in dem Hochdruckzylinder gearbeitet hat, dem Niederdruckzylinder zugeführt. Bei d_1 befindet sich ein Druckregler. An dieser Stelle wird Anzapfdampf abgenommen, der nach Entölung und Wasserabscheidung zu einem Verteiler geleitet wird, um von hier aus den verschiedenen Verwendungszwecken zugeführt zu werden. Der Verteiler kann auch mit Zusatzdampf aus den Kesseln gespeist werden. An dem Verteiler befindet sich ein Stutzen mit der Leitung a, um je nach Bedarf Dampf in die Unterdruckheizung einführen zu können.

Der von d_1 aus in den Niederdruckzylinder geleitete Dampf wird, nachdem er hier wiederum Arbeit geleistet hat, dem Einspritzkondensator zugeführt. Vorher ist noch ein Dampfentöler und bei d_2 ein Druckregler angeordnet, von dem aus der Vakuumdampf in die Heizungsanlage geht. In der Zeichnung sind noch zu erkennen: der Hilfsauspuff, der Kühlturm, die Luftpumpe und das Differentialmanometer. Letztere nicht zu entbehrende Meßvorrichtung dient zur Beobachtung des eingestellten Vakuums.

Der Druckregler d_2 hat verschiedene Aufgaben zu erfüllen. Er dient an kalten Tagen zur Verschlechterung des Vakuums, um mit höheren Dampftemperaturen arbeiten zu können. Bei milder Witterung wird aber der Regler so eingestellt, daß der Dampf in erforderlicher Menge in die Heizung strömt, die dann als Kondensator wirkt. Ferner hat der Regler noch die Aufgabe, bei den verschiedenen Belastungsschwankungen der Maschine die Dampfzufuhr zur Heizung zu sichern und überschüssigen Dampf in den Kondensator abzuführen.

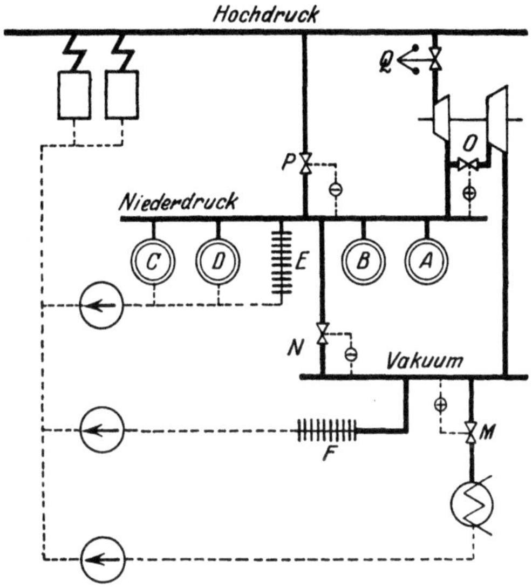

Abb. 170. Schaltbild zur Abbildung 169.

Abb. 170 zeigt das zu dieser Anlage gehörige Schaltschema, und zwar bedeuten:

A Gasgenerator.
B Beizerei.
C Wärmeschränke.
D Kaffeewasserbereitung
E Niederdruckheizung.
F Vakuumheizung.

Wenn im Vakuumdampfnetz der Druck über ein vorgeschriebenes Maß steigt, so öffnet sich das Überströmventil *M* und läßt mehr Dampf nach dem Kondensator entweichen. Wenn umgekehrt der Dampfdruck unter eine vorgeschriebene Grenze sinkt, so läßt das Reduzierventil *N* aus dem Niederdrucknetz Dampf zuströmen. In gleicher Weise wie hier der Druck im Vakuumnetz durch die beiden Ventile *M* und *N* in engen Grenzen gehalten wird, wird auch der Druck im Niederdrucknetz durch die beiden Ventile *O* und *P* in engen Grenzen gehalten. Das Ventil *O* und der Fliehkraftregler *Q* sorgen für richtige Verteilung des Dampfes auf Hochdruck- und Niederdruckteil der Kraftmaschine.

[1] Entnommen Schulze: Die Vakuumdampfheizung. Mitteilungen der Wärmestelle des Vereins deutscher Eisenhüttenleute.

Dampf-Warmwasserheizungen und Dampf-Luftheizungen lassen sich unschwer in eine Abdampfanlage eingliedern. Man braucht nur an einen

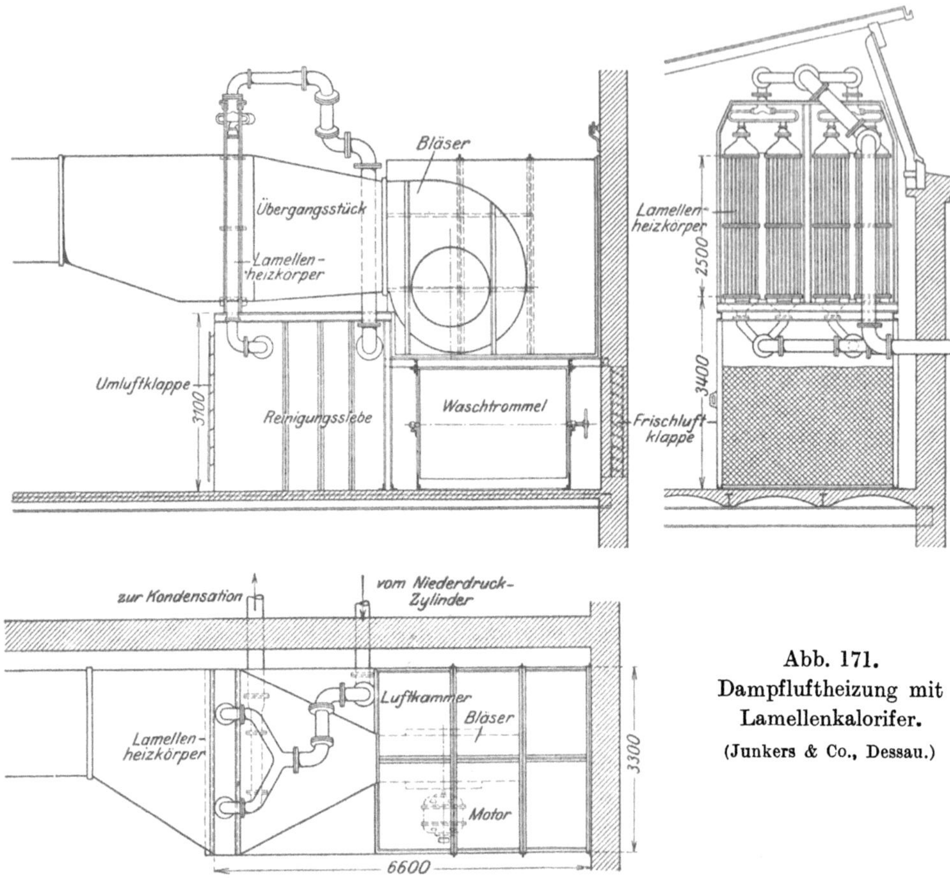

Abb. 171. Dampfluftheizung mit Lamellenkalorifer. (Junkers & Co., Dessau.)

Dampfverteiler mit etwa 1 bis 1,3 ata einen Wärmeaustauschapparat nach Abb. 171 oder einen anderen Lufterhitzer einzuschalten. Eine andere Ausführungsform zeigt Abb. 172. Hier ist der Warmwasserbereiter als Kondensator hinter die Maschine geschaltet. Durch entsprechende Einstellung des Vakuums lassen sich verschiedene Vorlauftemperaturen der Heizung einregeln. Reicht das Kondensat der Maschine nicht aus, so wird noch ein zweiter Warmwasserbereiter oder ein Wassernacherhitzer über ein Reduzierventil an die Hochdruckleitung angeschlossen.

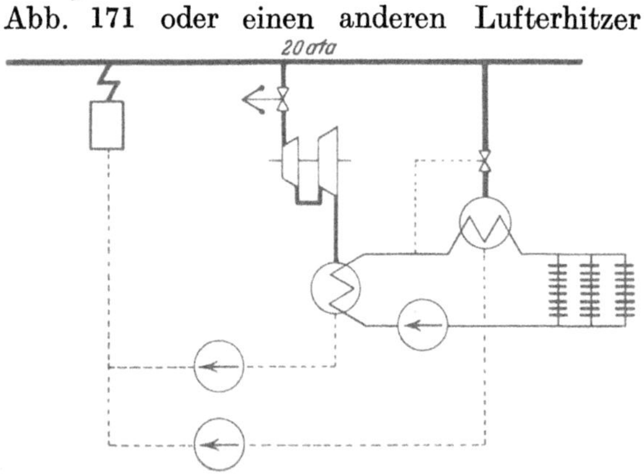

Abb. 172. Warmwasserbereiter als Kondensator.

B. Weitere Arten der Abwärmeverwertung.

Bei Dieselmotoren läßt sich die in dem Kühlwasser und den Abgasen enthaltene Wärme zur Heizung und für Trockenzwecke verwenden. Andere Abwärmequellen ergeben sich in den Betrieben von Kokereien, Gaswerken, Hüttenwerken, Brikettfabriken, bei Schmiedeöfen, keramischen Öfen und anderem mehr, bei denen im allgemeinen durch Abhitzekessel (s. Abb. 173) die in den anfallenden Abgasen enthaltene Wärme noch für andere Zwecke nutzbar gemacht wird.

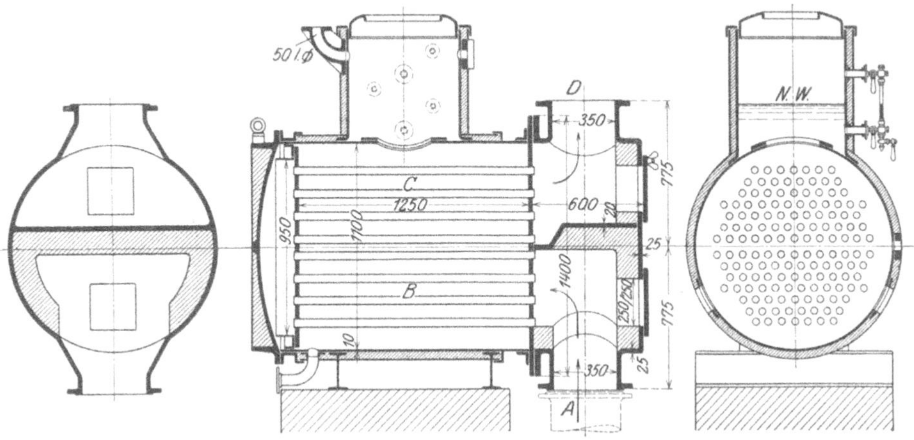

Abb. 173. Abhitzekessel. (Gebr. Körting, Hannover.)

C. Die Gesetze der Speicherung[1].

Die nachstehenden Ausführungen gelten nicht nur für die besprochenen Fälle der Speicherung von Dampf, sondern sie gelten in sinngemäßer Anwendung auch für die Speicherung von Wärme in Gestalt von Heißwasser, für die Speicherung von Stoffmengen in den Wasser- und Gasbehältern der städtischen Werke, für die Speicherung elektrischer Energie in Akkumulatoren sowie überhaupt für alle Aufgaben der Speicherung.

Wir beginnen mit dem Beispiel der Dampflieferung aus einer mit Speicher verbundenen Kesselanlage. Der Bedarf an Dampf sei starken zeitlichen Schwankungen unterworfen, dagegen soll die Dampflieferung konstant sein, indem sie aus einer Kesselanlage mit konstanter Feuerführung erfolgt. In der Abb. 174a ist durch die stark ausgezogene Linie über einen Zeitraum von 24 Stunden der schwankende Dampfbedarf in Tonnen pro Stunde gegeben. In dieser Abbildung ist statt des allgemeinen Falles einer Kurve eine gebrochene Linie gewählt, um dem Leser ein Planimetrieren zu ersparen und statt dessen ein Abzählen der Flächenteile zu ermöglichen. Zur Bestimmung der Dampflieferung des Kessels brauchen wir nur die Fläche unter der stark ausgezogenen Linie zu bestimmen und dann durch ein Rechteck gleicher Grundlinie zu ersetzen. Die Höhe des Rechteckes ist im vorliegenden Falle 6 t/h, und damit ist die Größe des Kessels gegeben. Dagegen ist die notwendge Größe des Speichers und sein Ladezustand in einem gegebenen Augenblick aus diesem Bild nicht unmittelbar abzulesen. Wir brauchen dazu noch eine zweite Darstellung, die in Abb. 174b gegeben ist. Darin bedeutet die Ordinate den Ladezustand des Speichers in Tonnen. Wir setzen den Ladezustand am linken Rande des Schaubildes vorerst einmal willkürlich gleich Null. In den ersten 2 Stunden haben wir gemäß dem oberen Schaubild einen stündlichen Dampfüberschuß von 2 t, also nimmt der Speicher in den ersten 2 Stunden 4 t auf. Das drückt sich im mittleren Schaubild in einem Anstieg der Linie um 4 t aus. Für die nächstfolgenden 2 Stunden ergibt sich ein Dampfmehrbedarf von 4 t/h. Die Kurve des Ladezustandes fällt deshalb um 8 t. Durch Fortsetzung dieses Verfahrens ist die gebrochene Linie

[1] Goldstern, W.: Dampfspeicheranlagen. Berlin: Julius Springer 1933.

entstanden. Man sieht aus ihr, daß der Speicher am Ende der 2. Stunde vollständig aufgeladen, am Ende der 16. Stunde vollkommen entladen ist, und man kann an der Teilung auf der rechten Seite des Bildes ablesen, daß ein Gesamtspeichervermögen von 22 t erforderlich ist.

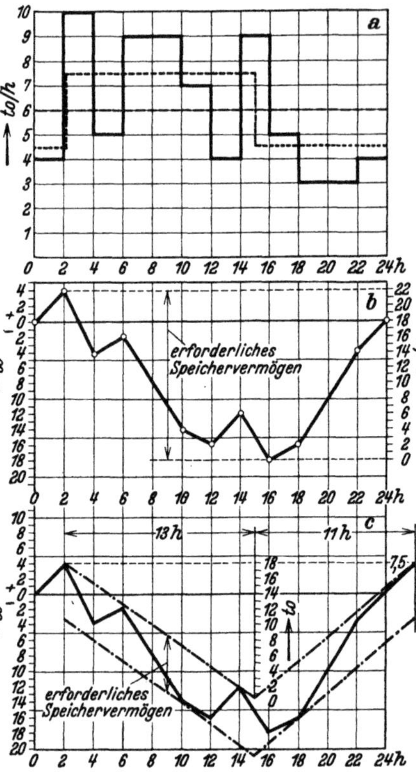

Abb. 174a—c. Speicherung.

Der Speicher läßt sich verkleinern, wenn man auf die Forderung einer stets gleichbleibenden Feuerführung verzichtet. Abb. 174a zeigt, daß von der 2. bis etwa zur 16. Stunde im allgemeinen viel, von der 16. bis zur 2. Stunde im allgemeinen wenig Dampf gebraucht wird. Man kann also den Kessel im ersten Zeitraum etwas überlasten, im zweiten Zeitraum nicht voll ausnutzen. Durch das in Abb. 174c dargestellte zeichnerische Verfahren läßt sich die in beiden Zeiträumen notwendige Dampflieferung sowie die neue Speichergröße ermitteln. Man zeichnet zuerst wieder wie im mittleren Bild die gebrochene Linie und schließt diese dann zwischen zwei gebrochene parallele Linienzüge (strichpunktiert) ein. Der senkrechte Abstand beider Linien kennzeichnet das nunmehr erforderliche Speichervermögen. Wir lesen auf der Teilung an der rechten Seite des Bildes etwa 7,5 t ab. Die verlangte Dampflieferung für beide Zeiträume ergibt sich aus folgender Überlegung. Während des ersten Zeitraumes, der von der 2. bis zur 15. Stunde reicht, also 13 Stunden umfaßt, hat der Kessel nicht nur wie im ersten Fall 6 t Dampf pro Stunde zu liefern, sondern außerdem noch 18 t. Das gibt bei konstanter Feuerführung eine Mehrlieferung von 18 : 13 = 1,4 t/h. Von der 15. bis zur 2. Stunde, also im Verlauf von 11 Stunden, braucht er um 18 : 11 = 1,6 t/h weniger als 6 t zu liefern. Durch Übertragen dieser Werte in die Abb. 174a zeigt sich, daß die Kesselanlage von der 2. bis zur 15. Stunde stündlich 7,4 t/h und von der 15. bis zur 2. Stunde stündlich 4,4 t/h Dampf liefern muß. Das Verfahren läßt sich noch dadurch erweitern, daß man statt mit zwei, mit drei oder mehr Betriebszuständen der Kesselanlage rechnet. Dann wird natürlich das strichpunktierte Linienpaar statt zweifach gebrochen mehrfach gebrochen.

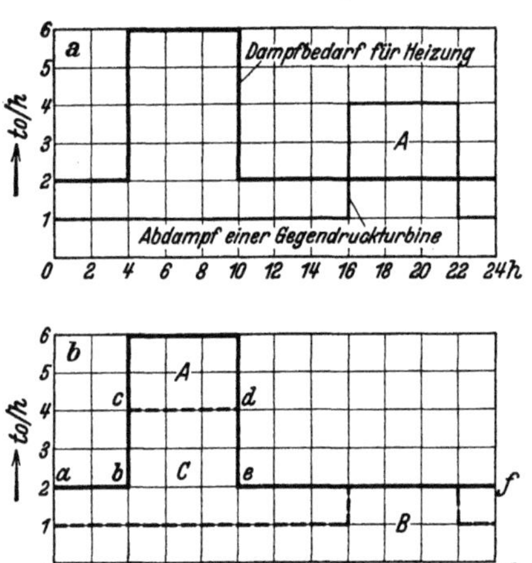

Abb. 175a und b. Speicherung.

Bei den bisherigen Fällen war nur der zeitliche Verlauf des Dampf**bedarfes** vorgeschrieben, während der zeitliche Verlauf der Dampf**lieferung** nach Zweckmäßigkeitsgründen frei gewählt werden konnte. Die Aufgabe ändert sich grundsätzlich, wenn auch die Kurve der Dampflieferung vorgegeben ist, wie das z. B. der Fall ist, wenn der Dampf als Abdampf von Gegendruckturbinen anfällt. Ein solches Beispiel zeigt Abb. 175a. Hier ist sofort zu erkennen, daß in den Abendstunden ein Überschuß an Abdampf eintritt, der gespeichert werden kann, um am nächsten Morgen zur Deckung der Spitze des Heizdampfbedarfs herangezogen zu werden. Wir sehen aber auch sofort, daß er zur vollständigen Deckung nicht ausreicht und daß Dampfmangel eintritt, der aus anderen Quellen gedeckt werden muß. In Abb. 175b ist nochmals der Verlauf des Heizdampfbedarfes dargestellt. Die Spitze, die aus dem Speicher gedeckt werden kann, ist durch die Fläche A gekennzeichnet, die der Fläche A in Abb. 175a gleich sein muß. Die Fläche B stellt jene Dampfmenge dar, die zuerst in der Turbine und dann unmittelbar darauf in der Heizung verwendet wird. Die Fläche C ist die fehlende Dampfmenge, die entweder von einer besonderen Niederdruckkesselanlage geliefert werden muß oder über ein Reduzierventil aus dem Hochdruckkessel zu entnehmen ist. Der Linienzug a, b, c, d, e, f stellt im letzteren Falle die Belastung der Hochdruckkesselanlage dar. Um diese gleichmäßiger zu gestalten, kann man den Speicher größer ausführen als es der Fläche A entspricht und kann dann unmittelbar aus dem Hochdruckkessel den Speicher aufladen.

Vierter Abschnitt.

Die Warmwasserversorgung[1].

1. Die Bereitung des Warmwassers.

Da der Warmwasserverbrauch von Wohngebäuden starken zeitlichen Schwankungen unterworfen ist, muß mit der Warmwasserbereitungsanlage immer eine Speicherung verbunden sein. Der in Abb. 176 mit B bezeichnete große Kessel stellt diesen Speicher dar. Da in ihm zugleich die Erwärmung erfolgt, erhielt er den leider sehr unschönen und auch unrichtigen Namen „Boiler". Das kalte Wasser aus dem städtischen Netz tritt von unten her ein und oben als erhitztes Gebrauchswasser aus. Die Erwärmung im Boiler erfolgt an einem Rohrbündel (meist Rohrregister genannt), das in seinem Innern von heißem Wasser durchströmt wird. Die Erhitzung dieses Wassers, kurz „Heizwasser" genannt, erfolgt in den meisten Fällen in einem gewöhnlichen koksbeheizten gußeisernen Kessel. Das Heizwasser strömt oben aus dem Kessel, durchfließt das Rohrregister und kehrt abgekühlt unter der Wirkung seiner Schwere nach dem Kessel zurück. Natürlich ist auch hier, wie bei der gewöhnlichen Schwerkraftheizung, ein Ausdehnungsgefäß notwendig, da der Druck des Heizwassers aus Sicherheitsgründen nicht über eine Atmosphäre steigen darf. In manchen Fällen wird statt des Heizwassers auch Niederdruckdampf verwendet.

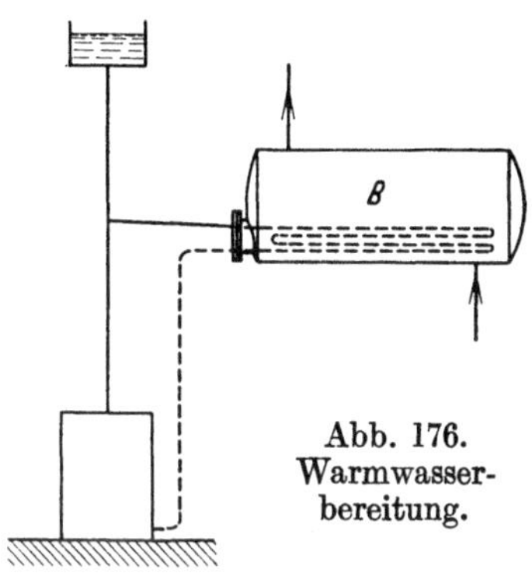

Abb. 176. Warmwasserbereitung.

Es ist im allgemeinen nicht zweckmäßig, von demselben Kessel, der die Heizungsanlage versorgt, auch die Warmwasseranlage zu betreiben, denn die Warmwasserversorgungsanlage braucht eine konstante über das ganze Jahr gleichbleibende Heizwassertemperatur, während die Gebäudeheizung infolge der Notwendigkeit einer generellen Regelung eine veränderliche Wassertemperatur verlangt. Es besteht zwar die Möglichkeit, den Kessel mit der jeweils höheren Temperatur zu betreiben und in demjenigen System, das die niedrigere Temperatur verlangt, diese durch Zumischen von kälterem Rücklaufwasser zu erzeugen, jedoch haben sich die hierauf beruhenden Bauarten nicht sehr eingebürgert.

[1] Ginsberg, O.: Warmwasser-Speicher. Z. Heizung u. Lüftung 1933, Heft 11, S. 169. — Marx, A.: Neuere Warmwasserbereiter. Haustechn. Rdsch. 1933, S. 427; Über Warmwasserversorgungsanlagen. Heizung und Lüftung 1928, Heft 10, S. 133. — Allmenröder, E.: Wärmespeicherung bei Warmwasserbereitungsanlagen. Gesundheits-Ing. 1930, Kongreßheft S. 28.

Um Steinablagerungen in den Rohrleitungen des Gebrauchswassers usw. zu vermeiden, soll das Wasser im allgemeinen nicht höher als auf 60° C erhitzt werden. Nur zum Betrieb von Geschirrspülmaschinen in Großküchen und von Waschmaschinen braucht man Wasser von höherer Temperatur. Hier ist dann eine Wasseraufbereitung zweckmäßig bzw. notwendig. Außer der Gefahr der Steinablagerung liegt bei den Warmwasserversorgungsanlagen eine äußerst unangenehme Störungsquelle vor in Gestalt der Korrosion[1], die teils an den Rohrregistern, teils an den Boilerwänden auftritt. Bei Großanlagen kann man sich dagegen durch Einbau einer Wasseraufbereitungsanlage schützen. Bei kleineren Anlagen ist dies meist nicht möglich und man sucht deshalb in anderer Weise eine Abhilfe zu finden.

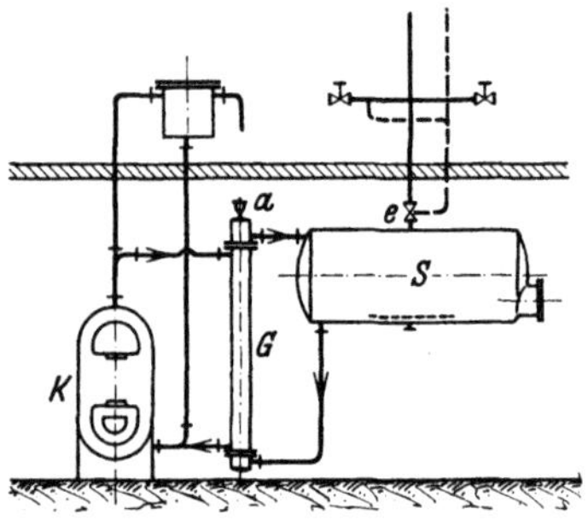

Abb. 177. System Zopick.

Nachstehend sind zwei Abarten der bisher beschriebenen Anordnung erwähnt, die neben anderen Vorteilen auch einen Schutz gegen Korrosion bieten sollen. Wie bei allen Maßnahmen gegen die Korrosion läßt sich auch hier ein endgültiges Urteil erst nach mehrjähriger Erfahrung in verschiedenen Städten abgeben. Bei der Verschiedenheit des Wassers in den einzelnen Städten und bei dem großen Einfluß der Wassereigenschaften auf den Ablauf der Korrosion berechtigt weder eine günstige noch eine ungünstige Erfahrung in zwei oder drei Städten schon zu einem allgemeinen Urteil.

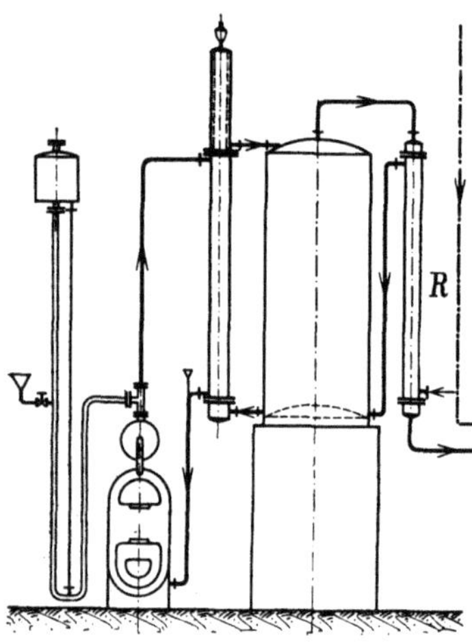

Abb. 178.
System Zopick mit Rückkühler.

Eine erste Abart des ursprünglichen Systems ist in Abb. 177 dargestellt[2]. Die Heizflächen werden aus dem Speicher *S* herausgenommen und in Form eines stehenden Gegenstromapparates *G* zwischen Kessel *K* und Speicher *S* aufgestellt. Dadurch erzielt man eine kräftigere Bespülung der Heizflächen und kann sie deshalb kleiner ausbilden. Auch der Speicher wird jetzt günstiger ausgenutzt. Bei der älteren Bauart mischt sich nämlich im Speicher kaltes und warmes Wasser, was ein Absinken der Temperatur bei stärkerer Entnahme an warmem Wasser bedingt und im praktischen Betriebe zu großer Verschwendung an Wasser und Wärme führt. Bei der abgeänderten Anordnung arbeitet der Speicher als Verdrängungs- oder Schichtspeicher, und es steht deshalb bei geladenem und bei fast entladenem Speicher im oberen Teil, also am Anschluß der Zapfleitung, immer Wasser von annähernd gleich hoher Temperatur bereit.

Das Verfahren erstrebt ferner bei denjenigen Wassersorten, bei welchen die Korrosion in erster Linie auf Gasausscheidungen zurückzuführen ist, einen weitgehenden Schutz gegen Korrosion. Bei dem beschriebenen Verfahren sollen Gasausscheidungen in erster Linie dadurch vermieden werden, daß man das Wasser über seine Gebrauchstemperatur hinaus erwärmt und dann vor Eintritt ins Netz wieder rückkühlt. Die Erhitzung des Wassers und damit die Gasausscheidung vollzieht sich im Gegenstromapparat und deshalb ist auf dessen oberes Ende ein

[1] Kröhnke, O., u. Stiegler, L.: Die Entstehung und Verhütung der Korrosion an Heizungs- und Warmwasserbereitungsanlagen. Halle a. S.: Industrie-Verlag Carl Haenchen 1933. — Naumann, E.: Korrosionsschutz bei Warmwasserversorgungsanlagen. Z. VDI 1934, S. 472.

[2] Oberingenieur F. Döbel, Berlin: Neueste Fortschritte der Warmwasserbereitung. Z. Heizung u. Lüftung, November 1933, Nr. 11. (Beschrieben ist das Verfahren des Ingenieurs Zopick.)

automatischer Luftausscheider *a* aufgesetzt. Die Rückkühlung des Wassers auf Gebrauchstemperatur erfolgt bei kleineren Anlagen durch Zumischen von Zirkulationswasser in einem Düsenstock (Buchstabe *e* in Abb. 177), bei größeren Anlagen ist hierfür nach Abb. 178 ein besonderer Rückkühler *R* vorgesehen.

Da durch die Überhitzung die Luft nicht restlos entfernt wird, könnte noch nachträglich sowohl im Speicher als im Verteilrohrnetz Luft sich ausscheiden, wenn der Druck im Speicher oder im Netz vorübergehend sinken würde. Um solche Druckentlastungen, die beim Zapfen eintreten, möglichst zu mindern, wird die Anschlußleitung des Speichers an die Kaltwasserleitung so groß wie möglich ausgeführt, jedenfalls erheblich stärker als die Zapfleitungen.

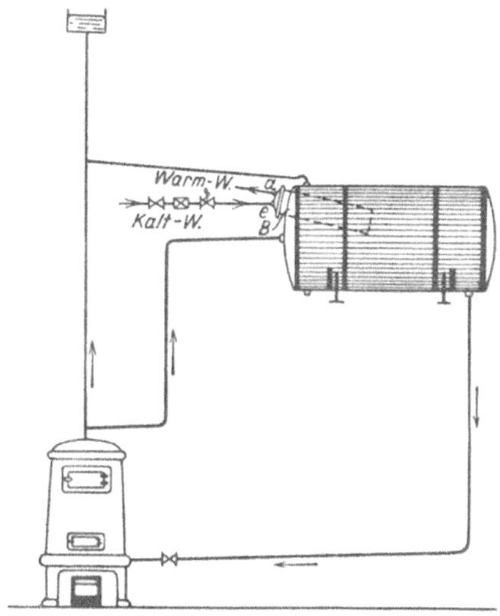

Abb. 179. Warmwasserbereiter mit eingebauter Durchflußbatterie.

Das Wesen der zweiten Abart des ursprünglichen Systems besteht darin, daß man nicht mehr das erwärmte Gebrauchswasser speichert, sondern die Speicherung auf das Heizwasser verlegt. Man vertauscht nämlich die Strömungswege des Heiz- und des Gebrauchswassers, indem man das Heizwasser durch den Boiler, das zu erwärmende Gebrauchswasser durch das Rohrregister führt (vgl. Abb. 179). Das Rohrregister erhält dann eine etwas andere Ausbildung und wird als „Heizbatterie" oder Durchflußerwärmer bezeichnet, vgl. Abb. 180. Die Vorteile dieses Verfahrens (bekannt unter den Firmennamen CTC und Etaka) sind:

1. In den Boiler, dessen Inneres bisher am stärksten der Korrosion ausgesetzt war, gelangt jetzt nur mehr das Heizwasser, das sich nicht erneuert und dessen Steinablagerung sowie Gasabscheidung deshalb sehr bald aufhört.

2. Das Gebrauchswasser, das stets aufs neue gelöste Stoffe und Gase in die Anlage hereinbringt, durchströmt jetzt die Heizbatterie in so kurzer Zeit, daß eine Ablagerung und Schädigung der Rohrwandungen nicht zu erwarten ist. Während der Betriebspausen, vor allem während der Nacht, kommt zwar das Wasser in der Batterie zur Ruhe, aber der Wasserinhalt dieser Batterie ist hinreichend gering, so daß keine nennenswerten Schädigungen eintreten können.

Abb. 180. Heizbatterie. (CTC.)

3. Das Wasser wird erst kurz vor seiner Verwendung erwärmt, so daß die Zapfstellen das Wasser in unabgestandenem und einwandfreiem Zustand liefern.

4. Der Boiler steht nur mehr unter einem Druck, der der Höhenlage des Ausdehnungsgefäßes entspricht. Dafür steht jetzt die Heizbatterie unter dem Drucke des städtischen Netzes. Diese ist aber gegen hohen Druck nicht so empfindlich, so daß selbst starke Wasserschläge im städtischen Netz der Anlage keinen Schaden zufügen können.

Diesen unzweifelhaften Vorteilen des neuen Systems steht allerdings ein Hauptnachteil gegenüber: Nach dem Beginn des Zapfens sinkt die Gebrauchswassertemperatur rasch und nähert sich einem konstanten Wert, der um so niedriger liegt, je größer die gezapfte Wassermenge ist. Es ist daher bei Projektierung einer solchen Anlage von Fall zu Fall zu prüfen, ob dieser Nachteil in Kauf genommen werden kann.

Das geschilderte Verfahren wird nicht nur für kleine Anlagen in Wohngebäuden, sondern auch für große Anlagen verwendet[1], wobei dann meist die Heizbatterie aus dem Kessel herausgenommen, nach Art der Gegenstromapparate neben dem Speicher aufgestellt und als Durchlauferhitzer geschaltet wird.

2. Das Rohrnetz.

Einen Überblick über das Strangschema gibt Abb. 181. Die Vorlaufleitung, die aus dem Boiler oben herausführt, leitet mit unterer, seltener mit oberer Verteilung, nach den einzelnen Zapfstellen. Die in der Abb. 181 gestrichelte Linie nennt man die Zirkulationsleitung. Sie hat folgenden Zweck: Wenn längere Zeit nicht mehr gezapft wurde, hat sich in den Leitungen das Wasser abgekühlt, und es dauert geraume Zeit, bis nach dem Aufdrehen des Hahnes vom Boiler her heißes Wasser nachgeströmt ist. Man vermeidet dies, indem man vom oberen Ende des Steigstranges eine Leitung nach dem Boiler zurückführt. Infolge der Abkühlung in den Rohren tritt dann im Rohrsystem eine Strömung ein, ähnlich derjenigen in einer Schwerkraftheizung. Solche Zirkulationsleitungen sind natürlich nur dort notwendig, wo häufig geringe Wassermengen gezapft werden. Bei Steigsträngen, an welche nur Bäder angeschlossen sind, ist die Zirkulationsleitung unnötig.

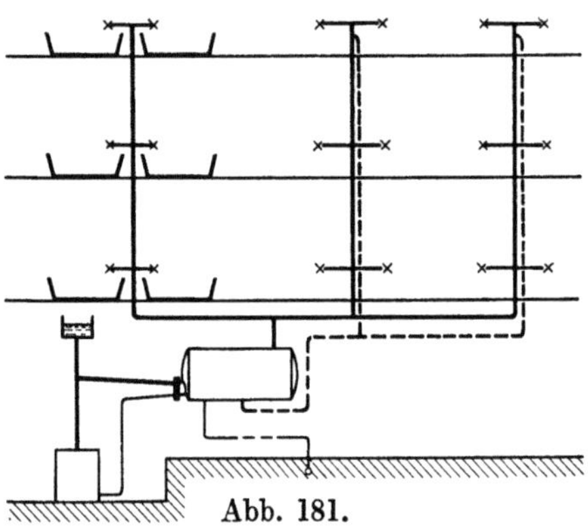

Abb. 181. Strangschema einer Warmwasserbereitung.

Für den Anschluß des Boilers an das städtische Netz sind zwei Ausführungen üblich. Entweder schließt man den Boiler an ein Schwimmkugelgefäß an, das im Dachraum aufgestellt und an das städtische Netz angeschlossen ist, oder man schließt den Boiler unmittelbar an das Netz an. Das letztere Verfahren verlangt die Beachtung einer Reihe behördlicher Vorschriften (Einbau eines Rückschlagventils usw.), die den Zweck haben, ein Zurücktreten von Wasser aus dem Boiler in das Netz unter allen Umständen zu vermeiden, gibt aber sonst die einfachere Anordnung. Das erste Verfahren mit dem Schwimmkugelgefäß hat den Vorteil, daß das Verteilungsnetz unter stets gleichem Druck steht, und daß Wasserschläge aus dem städtischen Netz auf den Boiler vermieden sind. Es hat aber den Nachteil, daß im Schwimmkugelgefäß eine Verunreinigung des Wassers möglich ist und ist daher mit Recht in vielen Städten verboten.

Fünfter Abschnitt.

Lüftungsanlagen[2].

I. Allgemeines.

A. Notwendigkeit des Luftwechsels.

In gewerblichen und Fabrikbetrieben wird eine Luftverschlechterung häufig durch das Arbeitsverfahren hervorgerufen. In Gasträumen ist es der Speisengeruch und der Zigarrenrauch, in künstlich erhellten Räumen die Wärmeabgabe der Be-

[1] Wierz: Gesundheits-Ing. 1931, S. 717.

[2] Die Lüftung von Aufenthalts- und Versammlungsräumen. Vorträge und Ansprachen, gehalten im Verein Deutscher Heizungs-Ingenieure Bezirk Berlin E. V. Verlag des Kuratoriums der Z. Heizung u. Lüftung des VDHI. Berlin 1933.

leuchtung, die eine Lüftung der dem Aufenthalt von Menschen dienenden Räume notwendig machen.

Von besonderer Bedeutung ist für uns die Luftverschlechterung, die durch den Menschen selbst hervorgerufen wird. Infolge physiologischer Vorgänge beim Lebensprozeß gibt der Mensch dauernd Wärme, Kohlensäure, Wasserdampf und die sogenannten Riech- oder Ekelstoffe an die umgebende Luft ab.

Die stündlich abgegebenen Mengen sind aus nebenstehender Tabelle zu ersehen:

	Kohlensäure l/Std.	Ekelstoffe	Wasserdampf g/Std.	Wärme kcal/Std.
Ruhender Mann . .	20	un-	40	100
Arbeitender Mann .	36	meßbar	130	250

Zur Kennzeichnung für das Maß der eingetretenen Luftverschlechterung spricht man von einem Temperaturmaßstab, einem Kohlensäuremaßstab usw.

1. Der Kohlensäuremaßstab.

Durch den Atmungsprozeß des Menschen tritt im Raum eine Abnahme des Sauerstoffgehaltes und eine Zunahme des Kohlensäuregehaltes ein. Selbst in den kleinsten und dichtest besetzten Räumen erreicht jedoch der Kohlensäuregehalt nur wenige Promille. Nach Angabe der Hygieniker können jedoch 1 bis 2 vH Kohlensäure wochenlang ohne Schädigung ertragen werden. Die Kohlensäureanreicherung der Luft ist also vom hygienischen Standpunkte aus ohne Bedeutung und es scheint deshalb der Kohlensäuremaßstab für die Lüftungstechnik kein geeignetes Merkmal zu sein (vgl. unten).

2. Der Maßstab der Riech- oder Ekelstoffe.

Diese Stoffe sind komplizierte organische Verbindungen, die teils durch die Haut, teils durch den Atem abgegeben werden. Ihre Mengen sind so gering, daß sie chemisch nicht oder nur äußerst schwer nachzuweisen oder gar zu messen sind, selbst dann nicht, wenn sie sich durch den Geruch schon deutlich bemerkbar machen. In dieser Erkenntnis hat schon Pettenkofer zu ihrer Bestimmung auf den Kohlensäuremaßstab zurückgegriffen, indem er annahm, daß die Anreicherung mit Kohlensäure und die Anreicherung mit Riechstoffen parallellaufen, und er glaubte feststellen zu können, daß bei einem Anwachsen des Kohlensäuregehaltes auf 1 ‰ die Anreicherung an Riechstoffen die hygienisch zulässige Grenze erreicht hat, also lange bevor der Kohlensäuregehalt an sich bedenklich wäre. Indirekt kommt also dem Kohlensäuremaßstab nun doch eine wichtige Bedeutung zu.

3. Der Temperatur- und der Feuchtigkeitsmaßstab.

Die dritte und vierte Wirkung, nämlich die Wärmeentwicklung und Wasserdampfabgabe, müssen wir gemeinsam besprechen. Sie haben zur Folge, daß in einem gefüllten Saal Temperatur und Feuchtigkeit gleichzeitig ansteigen, so daß die Wärmeabgabe des Körpers durch Leitung und Konvektion seitens der umgebenden Luft und die Wärmeabgabe durch Verdunstung des Wassers auf der Haut gleichzeitig zurückgehen. Daraus ergibt sich eine Wärmestauung im Körper, die in überfüllten Sälen zu ähnlichen Erscheinungen führt, wie sie im Freien an schwülen Sommertagen als Hitzschlag bekannt sind. Es gilt heute als ziemlich feste Tatsache, daß die größeren und kleineren gesundheitlichen Störungen in überfüllten Räumen nicht auf Sauerstoffmangel oder Kohlensäureübermaß, auch nicht auf ein Übermaß an Riech- oder Ekelstoffen, sondern fast allein auf die hohen Temperaturen, verbunden mit zu hoher Feuchtigkeit, zurückzuführen sind.

B. Die Begriffe: zeitweise Lüftung und Dauerlüftung.

Der Verschlechterung der Luft muß durch Zufuhr frischer und Abfuhr der verunreinigten Luft entgegengearbeitet werden. In Abb. 182 ist der zeitliche Verlauf des Luftzustandes dargestellt, indem als Abszisse die Zeit aufgetragen ist, als Ordinate die Luftbeschaffenheit, wobei die Ordinate als einer der obenerwähnten Maßstäbe zu deuten ist. Die Ordinate OA gibt den Anfangszustand der Luft, die Ordinate OB die hygienisch zulässige Grenze der Luftverschlechterung an.

Die Luftverschlechterung im gefüllten Saal nimmt entsprechend den Kurven AC oder AD stetig zu und nähert sich asymptotisch einem Beharrungszustand. Dieser ist nur vom Betrag der stündlichen Luftzufuhr pro Kopf abhängig, dagegen von der Saalgröße unabhängig. Für den ersten Teil der Kurven und damit für die Schnelligkeit der Luftverschlechterung am Anfang ist außerdem noch der Rauminhalt des Saales pro Kopf entscheidend. Über die angenäherte Berechnung der Kurven s. II. Teil S. 202.

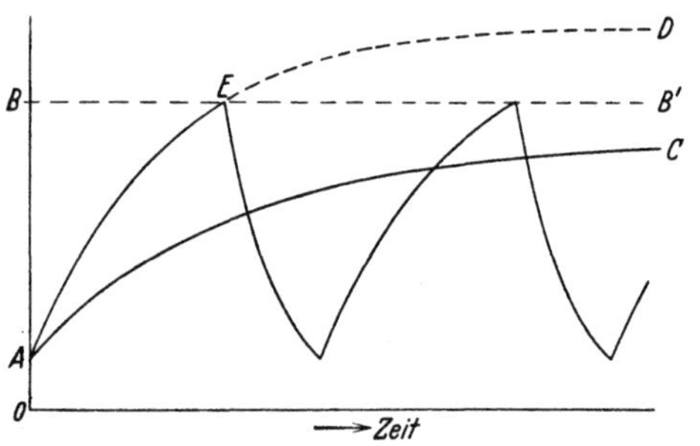

Abb. 182.
Zeitlicher Verlauf des Luftzustandes.

Man unterscheidet hinsichtlich des zeitlichen Verlaufes der Luftzufuhr zwischen zeitweiser Lüftung und Dauerlüftung.

1. Zeitweise Lüftung.

Ist die Luftzufuhr gering und die Besetzung des Saales sehr stark, so wird die Verschlechterung der Luft sehr schnell zunehmen (Kurve AD in Abb. 182) und bald die hygienisch zulässige Grenze erreichen (Punkt E). Nach Erreichen dieser Grenze muß zu einem kräftigen Luftwechsel übergegangen werden, der den Saal gründlich durchspült, damit möglichst bald wieder der Anfangszustand der Luft erreicht wird. Meist muß dazu der Saal von den Menschen verlassen werden (Lüftungspausen). Wenn es sich nur darum handeln würde, den Luftinhalt zu erneuern, so wäre dazu nur kurze Zeit erforderlich. Man muß aber bedenken, daß während der Besetzung des Raumes sich die Stoffe der Luftverschlechterung, also die Atemstoffe, der Zigarrenrauch, der Essensdunst usw., auf den Raumwänden und den Einrichtungsgegenständen festgesetzt haben und von diesen später wieder abgegeben werden. Dem kräftigen Durchspülen des Raumes fällt darum auch die Aufgabe zu, die Gegenstände mit frischer Luft zu reinigen, gleichsam abzuwaschen. Dies wird verhältnismäßig schnell erreicht werden können bei Räumen, deren Ausstattung nur aus Mauerwerk und Holz besteht, wie z. B. bei Schulzimmern, und darum ist hier eine Pause von $^1/_4$ Stunde ausreichend. Die Lüftungszeit muß aber viel länger sein bei Räumen mit tapezierten Wänden, mit Polstermöbeln usw. Es ist darum nicht berechtigt, wenn manche Siedlungsverwaltungen zum Zwecke der Brennstoffersparnis von den Mietern verlangen, daß sie im Winter morgens nur $^1/_4$ Stunde lüften dürften. Vom hygienischen Standpunkte aus ist hierfür 1 Stunde Mindestdauer zu verlangen.

2. Dauerlüftung.

Ist der Luftwechsel hinreichend groß, so wird die hygienisch zulässige Grenze nicht überschritten. In unserer Abb. 184 verläuft also die Kurve AC ganz unterhalb der Linie BB'. Bei so ausreichender Luftzufuhr kann deshalb der Saal beliebig lange benutzt werden, ohne daß Lüftungspausen eingelegt werden müssen.

C. Erfahrungszahlen für den Luftwechsel.

In vielen Fällen kann es zweckmäßig sein, den notwendigen Luftwechsel nach den später (S. 204) angegebenen Richtlinien zu berechnen. Meist begnügt man sich mit Erfahrungssätzen, deren Angabe in zweierlei Form üblich ist. Entweder gibt man an, wieviel Kubikmeter Luft pro Kopf und Stunde zuzuführen sind, oder wievielmal in der Stunde der Luftinhalt des Raumes zu erneuern ist. Die Angabe als Luftzufuhr pro Kopf wählt man bei Räumen, deren stärkste Besetzung bekannt ist, wie z. B. Theatern, Schulräumen usw. Die Angabe einer Luftwechselzahl wählt man, wo die Stärke der Besetzung keine so klar erkennbare Rolle spielt. Nach den Erfahrungen der Praxis sowie nach den Angaben von Professor Bürgers, Königsberg, kann etwa angenommen werden:

Räume mit bekannter Besetzung.

Versammlungsräume, Theater im Winter . . .	20 bis 30 m^3 pro Kopf und Stunde
Versammlungsräume, Theater im Sommer . .	40 „ 50 „ „ „ „ „
Schulen: für Kinder bis zu 10 Jahren	15 „ „ „ „ „
Schulen: für Kinder über 10 Jahre	15 „ 25 „ „ „ „ „
Krankenräume, einbettiges Zimmer	70 „ „ „ „ „
Krankenräume, mehrbettiges Zimmer	50 „ „ „ „ „
Kinderkrankenzimmer	35 „ „ „ „ „
Gefängnisräume	10 „ „ „ „ „
Einzelzellen	20 „ „ „ „ „

Räume mit unbekannter Besetzung.

Wohnräume, Büros	Luftwechsel 1- bis 2fach pro Stunde
Treppenhäuser	„ ½- „ 2 „ „ „
Gasthausräume	„ 5 „ „ „
Baderäume	„ 2- „ 3 „ „ „
Aborte[1]	„ 5 „ „ „
Küchen	„ 10- „ 40 „ „ „
Kirchen	„ 3 „ „ „
Theater	„ 3- „ 5 „ „ „

II. Die natürliche Druckverteilung im Innern von Gebäuden.

Das Innere eines Gebäudes hat nur an wenigen Tagen des Jahres mit der Außenluft völlig gleiche Temperatur. Meist ist es wärmer, seltener kälter. Auch die einzelnen Räume eines Gebäudes sind untereinander oft verschieden warm. Da verschieden warme Luft auch verschieden schwer ist, wird der Luft im Gebäude durch solche Temperaturunterschiede eine Druckverteilung aufgezwungen, die eindeutig bestimmt ist und im wesentlichen eine Druckabstufung in der Senkrechten darstellt. Anders ist die Druckverteilung, wenn Wind auf dem Gebäude steht, da sich dann eine Druckabstufung in waagerechter Richtung ergibt.

Als natürliche Druckverteilung in einem Gebäude bezeichnet man diejenige, die sich unter der gemeinsamen Wirkung von Temperatur und Wind einstellt. Ventilatoren dürfen also dabei nicht wirksam sein. Sinngemäß bezeichnet man dann mit „natürlichem Luftwechsel" diejenigen Luftströmungen, die unter der

[1] Uber: Lüftung von Aborträumen. Gesundheits-Ing. 1918, S. 57 u. 163.

Einwirkung der natürlichen Druckverteilung entstehen, wenn Öffnungen oder Undichtheiten in den Außen- bzw. Innenwänden der Luft den Weg freigeben.

Die Aufgaben, die uns im Anschluß an die natürliche Druckverteilung interessieren werden, sind einmal der Luftaustausch mit der freien Atmosphäre — also das Lüften im eigentlichen Sinne —, davon soll erst im Abschnitt III gesprochen werden, und dann die Luftströmungen innerhalb des Gebäudes, die vielfach unerwünscht sind und darum abgedrosselt werden müssen. So besteht, um nur einige Beispiele zu nennen, bei Großküchen die Gefahr, daß durch offene Türen und Verbindungsgänge, durch Speisenaufzüge und ähnliches der Küchendunst nach den Gasträumen strömt. Bei anderen Gebäuden, etwa bei Schulen und Krankenhäusern, besteht die Möglichkeit, daß die hohen Treppenhäuser die Luft aus den Abortanlagen nach den Gängen saugen. Auch lästige Zugerscheinungen, die in unteren Teilen der Räume häufig auftreten, sind auf Wirkung der natürlichen Druckverteilung zurückzuführen. Diese Beispiele zeigen, daß die Erzielung eines ausreichenden Luftwechsels nur ein Teilgebiet der Lüftungstechnik darstellt, daß vielmehr die Abriegelung von Räumen und Raumgruppen, also die Unterbindung oder Umlenkung von Luftströmungen innerhalb des Gebäudes, ein mindestens ebenso wichtiges Gebiet der Lüftungstechnik ist.

In erster Linie muß schon der Architekt bei der Anordnung der Räume auf die Schaffung einer zweckmäßigen Druckverteilung bedacht sein. Nicht in allen Fällen wird dies aber gelingen. Dann muß durch Ventilatoren oder andere künstliche Maßnahmen die gewünschte Druckverteilung dem Gebäude nachträglich aufgezwungen werden.

A. Druckverteilung unter alleiniger Wirkung von Temperaturunterschieden.

Um hierüber Klarheit zu gewinnen, seien zunächst die Druckverhältnisse betrachtet, die in einem allseits geschlossenen Raum R auftreten, falls dieser höher als die umgebende Luft erwärmt wird (Abb. 183). Es sei t_2 die Außen- und t_1 die Innentemperatur, wobei $t_1 > t_2$ ist. Denkt man sich in der mittleren Raumhöhe Öffnungen O vorhanden, so findet in der Ebene dieser Öffnungen Druckausgleich statt. Die Ebene EE heißt Ausgleichsebene (neutrale Zone), der Druck in ihr sei p (kg/m²).

Betrachtet man eine unterhalb EE liegende Schicht, z. B. s, so ergibt sich folgendes: Im Rauminneren hat der Druck von p auf p_1 zugenommen, wobei

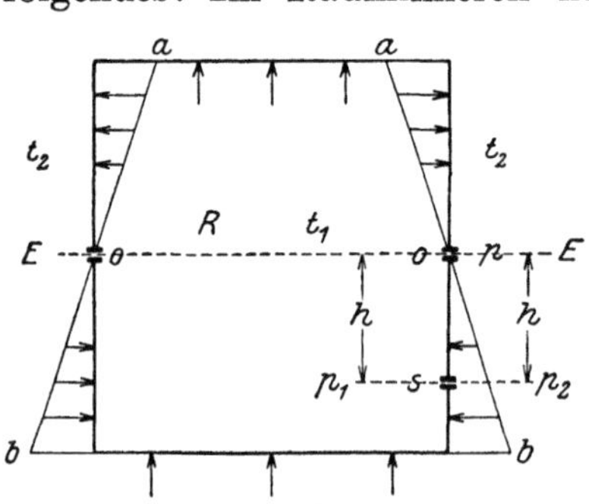

Abb. 183. Druckverteilung in einem erwärmten Raum.

$$p_1 = p + h\,\gamma_1$$

ist. Hierin bedeutet h den lotrechten Abstand der Schicht s von der Ausgleichsebene EE in m, γ_1 das Raumgewicht in kg/m³ der Innenluft von der Temperatur t_1. Außerhalb des Raumes hat der Druck von p auf p_2 zugenommen, wobei

$$p_2 = p + h\,\gamma_2$$

ist, wenn γ_2 das Raumgewicht in kg/m³ der Außenluft von der Temperatur t_2 bezeichnet.

Da $t_1 > t_2$ und damit $\gamma_1 < \gamma_2$ ist, wird

$$p_2 > p_1 ,$$

d. h. in der Schicht s wirkt ein Überdruck von außen nach innen. Dieser wächst mit der lotrechten Entfernung der betrachteten Schicht von der Ausgleichsebene und ist am größten am Raumfußboden. Die auf diese Weise unterhalb der Ausgleichsebene entstehende Druckverteilung ist in Abb. 183 angedeutet. Genau das

Entgegengesetzte findet oberhalb der Ausgleichsebene statt, so daß dort ein gegen die Decke zunehmender Überdruck von innen nach außen auftritt, wie in Abb. 183 ersichtlich.

Bringt man die Öffnungen O nicht in der halben Höhe der Wand, sondern im unteren Teile der Wand an, so rückt die Ausgleichsebene nach unten, wie das Abb. 184 vergegenwärtigt. Die Decke und der ganze obere Teil der Wand stehen unter starkem inneren Überdruck, der Fußboden unter schwachem Unterdruck. Umgekehrt liegen die Verhältnisse, wenn man die Öffnungen O in den oberen Teil der Wand verlegt (Abb. 185). Dann wird der Raum unter Unterdruck gesetzt. Legt man die Verbindung mit der Atmosphäre und damit die Ausgleichsebene noch höher, also über den Raum hinaus (Abb. 186), so wird der Unterdruck noch mehr verstärkt.

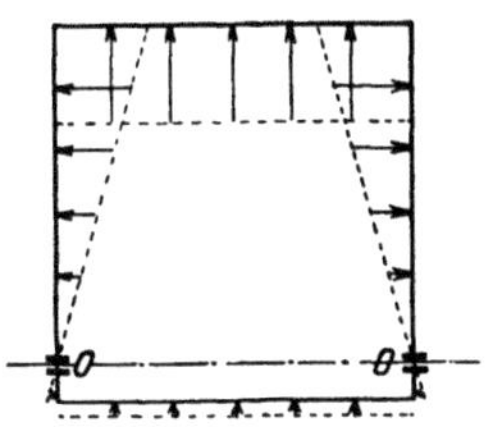

Abb. 184.

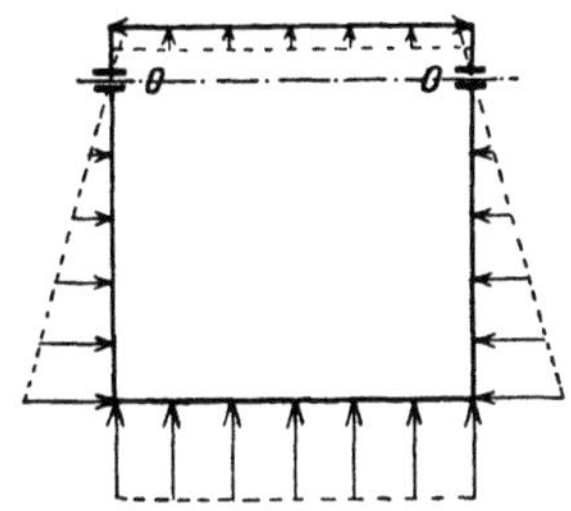

Abb. 185.

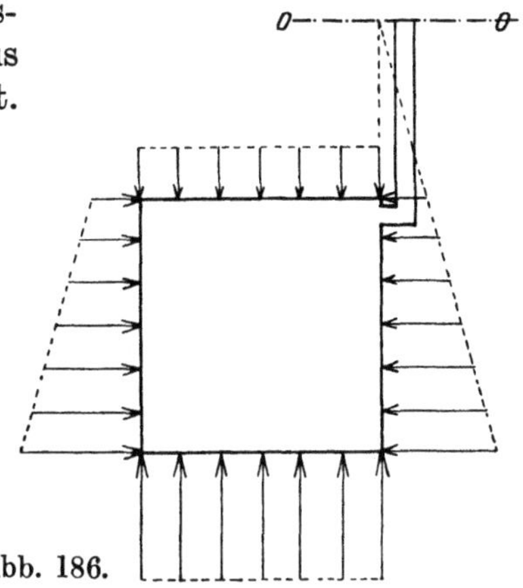

Abb. 186.

Abb. 184 bis 186. Druckverteilung in einem erwärmten Raum.

Solange der Raum nur die Öffnungen O hat, im übrigen die Umfassungswände dicht sind, können die Überdruck- bzw. Unterdruckkräfte nicht zur Wirkung kommen. Unsere Räume in der Praxis weisen nun zwar keine Öffnungen in der Ausgleichsebene, wohl aber zahllose feine, ziemlich gleichmäßig über bzw. unter der Ausgleichsebene vorhandene Öffnungen (Durchlässigkeit des Mauerwerks) auf, die hinsichtlich ihrer Wirkung den Öffnungen O in der Ebene EE gleichkommen. Aus diesem Grunde sind auch in der nebenstehenden Abb. 187 die Öffnungen O nicht mehr gezeichnet.

In Abb. 187 ist der Schnitt durch ein mehrstöckiges Gebäude mit durchgehendem Treppenhaus gezeichnet und die Temperaturen der Räume und des Treppenhauses sowie der Außenluft eingetragen. Für die Außenwand AB sind die Druckverteilungen in den einzelnen Stockwerken nach früherem ohne weiteres verständlich. Ein gleiches gilt für die andere Außenwand CD. Nur ist zu beachten, daß hier die schräge Linie, welche die Druckpfeile verbindet, steiler liegt als auf der rechten Seite, entsprechend dem geringeren Temperaturunterschied. An der Innenwand EF kommen beide Wirkungen zusammen und ergeben die in Abb. 187 eingezeichnete Druckverteilung. Man sieht, daß das Treppenhaus in seinem unteren Teil nicht nur gegen die freie Atmosphäre, sondern auch gegen die Nebenräume starken Unterdruck hat und daß Überdruck im oberen Teil des Treppenhauses herrscht. Zahlenmäßig sind die Druckunterschiede sehr klein. So ergibt die Rechnung für ein fünfstöckiges Treppenhaus bei $+10°$ C Innentemperatur und $-10°$ C Außentemperatur einen Unterdruck im Erdgeschoß von ziemlich genau 1 mm WS.

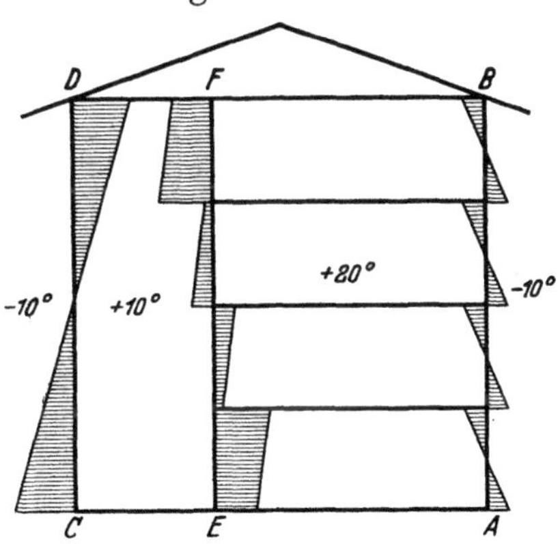

Abb. 187.
Druckverteilung in einem Gebäude.

Solche Drucke reichen aber erfahrungsgemäß vollständig aus, um in einem Gebäude merkliche Luftströmungen zu bewirken. Befindet sich nun z. B. im Erdgeschoß eine Großküche, so ist mit Sicherheit damit zu rechnen, daß das Treppenhaus die Küchendünste ansaugt und in den oberen Stockwerken nach den anstoßenden Räumen drückt. Sichere Abhilfe schafft hier nur der Einbau einer künstlichen Lüftungsanlage in der Küche, die in diesem Falle als Sauglüftung auszubilden ist. Ihre Aufgabe ist nicht in erster Linie, für reine Luft in der Küche zu sorgen, sondern für einen Unterdruck, der größer ist als der im unteren Teile des Treppenhauses herrschende.

Die Abb. 187 ist unter der Annahme gezeichnet, daß das Treppenhaus allseitig abgeschlossen ist, daß also nur die unvermeidlichen Undichtheiten der Wände vorhanden sind. Wird unten die Eingangstür oder oben ein Fenster geöffnet, so verschiebt sich die Druckverteilung im Treppenhaus gemäß Abb. 184 und 185.

In ähnlicher Weise wie die Treppenhäuser wirken Fahrstuhlschächte und Speisenaufzüge, ferner bei Theatern das hohe Bühnenhaus, bei Warenhäusern die hohen, offenen Lichthöfe u. a. m.

B. Druckverteilung unter alleiniger Wirkung des Windanfalles.

Steht ein Gebäude frei im Wind, so entsteht auf der Luvseite ein Überdruck, der bei sehr großen Gebäudefronten bis fast zur vollen Höhe des dynamischen Druckes der Luft ansteigen kann. Für die Abschätzung dieses Druckes ergeben folgende Werte einen Anhalt:

bei schwachem Wind	2 m/sek,	dynamischer Druck . . .	0,27 mm WS
„ mittlerer Windstärke . . .	5 „ ,	„ „ . . .	1,60 „ „
„ Sturm	10 „ ,	„ „ . . .	6,6 „ „

Auf der Leeseite bildet sich ein Unterdruck von etwa einem Drittel der oben angegebenen Beträge. In Abb. 188 ist für den Fall einer Windgeschwindigkeit von 5 m/sek die Druckabstufung im Innern des Gebäudes schätzungsweise eingetragen. Unter der Einwirkung der Undichtheit der Außen- und Zwischenwände wird also ein Luftstrom das ganze Gebäude durchziehen. Bei sehr freier Lage des Gebäudes und bei schlecht schließenden Fenstern und Türen kann dadurch der natürliche Luftwechsel der Räume auf das Doppelte, selbst auf das Dreifache des Betrages bei Windstille ansteigen.

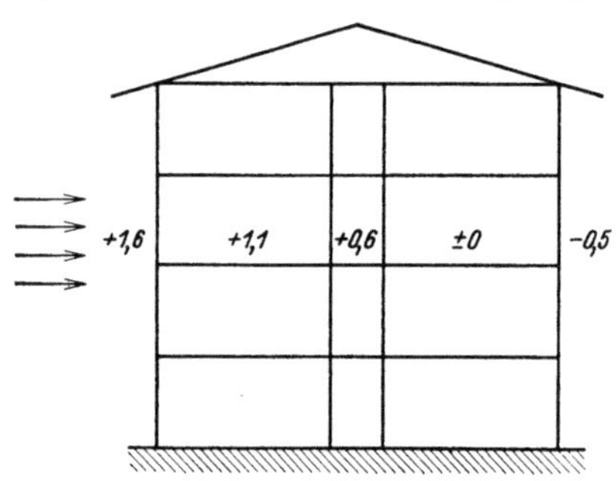

Abb. 188. Druckverteilung unter dem Einfluß des Windes.

III. Die Durchführung des Luftwechsels.

Wir wenden uns nunmehr der zweiten Aufgabe der Lüftungstechnik, nämlich der Erzielung eines ausreichenden und zweckmäßig durchgeführten Luftwechsels zu. Hierbei sind bei einer konkreten Aufgabe zwei Fragen wichtig:

1. Tritt die erhoffte Lufterneuerung auch tatsächlich ein?

2. Werden nicht etwa durch die Luftströmungen so lästige Zugerscheinungen hervorgerufen, daß die Luftzufuhr wieder abgestellt werden muß?

A. Die Erzielung des Luftwechsels.

Luftaustausch zwischen dem zu lüftenden Raum und seinem Nebenraum oder dem Raum und der freien Atmosphäre ist nur möglich, wenn Druckunterschied vorhanden ist. Dieser kann aber seinerseits nur entstehen aus Temperaturunterschieden, aus Windanfall oder aus Ventilatorpressung. Also muß mindestens eine der drei Ursachen wirksam sein, wenn sich Luftwechsel soll einstellen können. Aber damit ist erst die Voraussetzung für die Strömung gegeben. Druckunterschied kann nur dann zur Förderung ausreichender Luftmengen führen, wenn auch ausreichend freie Strömungswege für die Luft vorhanden sind. Um den Sinn dieser Forderung richtig darstellen zu können, knüpfen wir an die Unterscheidung zwischen Belüftungs- und Entlüftungsanlagen an, die bei künstlicher Lüftung manchmal getroffen wird. Gemeint ist damit, daß in einem Fall der Ventilator als Druckventilator in den Zuluftwegen, im anderen Fall als Saugventilator in den Abluftwegen sitzt. Man sollte für beide Bauarten nur die später (S. 115) eingeführten Bezeichnungen Überdruck- und Unterdrucklüftung verwenden und die beiden ersterwähnten Namen Be- und Entlüftungsanlagen grundsätzlich vermeiden, denn sie verleiten erfahrungsgemäß zu einer falschen Einstellung gegenüber dem ganzen Problem. Sie unterstützen die Auffassung, als ob es sich in einem Fall nur um die Zuführung frischer Luft, im anderen Fall nur um die Abführung der verbrauchten Luft handeln würde. Beide Male vergißt man, daß man nur dann in den Saal Frischluft einführen kann, wenn man die gleiche Menge alter Luft aus dem Saal austreten läßt, und daß man nur dann die verbrauchte Luft aus dem Saal herausholen kann, wenn man gleich viel Frischluft zutreten läßt. Deshalb gilt der wichtige lüftungstechnische Grundsatz:

Die Forderung eines geringen Strömungswiderstandes gilt in gleicher Weise für die Luftzuführungs- wie für die Luftabführungswege.

Der Gedanke, daß die Luft schon durch Undichtheiten des Raumes ihren Abgang oder ihren Zugang finde, ist nicht richtig, und seine Anwendung rächt sich immer in ungenügendem Luftwechsel — bei künstlichen Lüftungsanlagen außerdem in ungewöhnlich hohem Stromverbrauch. Es ist notwendig, auf diese Verhältnisse immer wieder hinzuweisen, weil erfahrungsgemäß sehr viele ausgeführte Anlagen bestehen, bei denen diese scheinbar selbstverständlichen Grundsätze völlig außer acht gelassen wurden.

B. Die Vermeidung von Zugerscheinungen.

Es ist ein häufiger Fall, daß künstliche Lüftungsanlagen abgestellt werden müssen oder daß in Sälen mit Fensterlüftung die Fenster geschlossen bleiben müssen, weil die Klagen über Zugbelästigung dazu zwingen.

Bei dem Worte „Zug“ denken wir nicht so sehr an die Belästigung, die uns Luftströmungen in Innenräumen durch ihre Bewegung empfinden lassen, als vielmehr durch das Kältegefühl, das sie hervorrufen. Wir gehen bei den nachstehenden Überlegungen von der Tatsache aus, daß Luft von etwa 19° C als angenehm empfunden wird, weil sie unserem Körper bei normaler Bekleidung gerade jene Wärmemenge entzieht, die abgeführt werden muß, um ihn im Wärmegleichgewicht zu halten. Dies gilt aber nur, solange die Luft ruht. Kommt die Luft in Bewegung etwa dadurch, daß zwei gegenüberliegende Fenster geöffnet werden, so entzieht jetzt die strömende Luft unserem Körper mehr Wärme, und wir empfinden die Luftströmung als kalt. Wärmere Luft, z. B. Luft von 25° C, wird erst bei ziemlich hohen Geschwindigkeiten dieselbe Abkühlung bewirken wie ruhende Luft von 19° C. Solch warme Luft darf also ziemlich schnell strömen, ehe wir sie als lästig empfinden. Luft unter 18° C ist schon in ruhendem Zustand für unser Empfinden zu kalt. Bewegt sich solche Luft, so kann sich die Kälteempfindung bis zur Unerträglichkeit steigern.

Aus diesen Überlegungen lassen sich für die Durchführung der Lüftung folgende Gesichtspunkte ableiten:

Ist ein Saal zu lüften, dessen Temperatur noch eine Steigerung zuläßt, wie etwa ein halbgefüllter Saal im Winter, so bereitet die Vermeidung von Zugbelästigung bei der Zuführung der Luft keine Schwierigkeiten, da man die Luft hinreichend über Raumtemperatur erwärmen kann. Man kann dann mit der Einströmgeschwindigkeit ziemlich hoch gehen, ohne daß die Insassen eine lästige Abkühlung empfinden.

Anders liegen die Verhältnisse, wenn ein Saal zu lüften ist, der keine weitere Wärmezufuhr verträgt oder wenn gar durch die Lüftung ein Temperaturrückgang bewirkt werden soll, wie dies bei überfüllten Sälen auch im Winter vorkommt. Dann muß man die Luft kälter einführen, als die Raumtemperatur ist. Um dabei Zugerscheinungen zu vermeiden, darf erstens die Zulufttemperatur nur wenige Grade unter Raumtemperatur gesenkt werden, und andererseits dürfen nur ganz geringe Einströmgeschwindigkeiten angewandt werden. (3° C unter Raumtemperatur und 0,3 m/s können als ungefähre, aber keineswegs in allen Fällen bindende Zahlenwerte gelten. Sie sind dann einzuhalten, wenn Personen in unmittelbarer Nähe der Einströmöffnung sitzen.) Bei diesem geringen Temperaturunterschied ergeben sich für eine vorgeschriebene Kühlwirkung sehr große Luftmengen, und dieser Umstand, zusammen mit den geringen Einströmgeschwindigkeiten, führt auf sehr große Einströmquerschnitte, deren Unterbringung aus baulichen Gründen oft recht schwierig ist. (Vgl. später S. 122.)

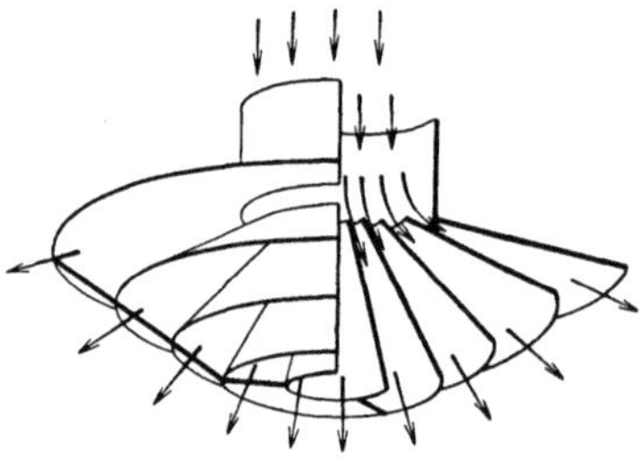

Abb. 189. Anemostat.

Um auch große Luftmengen durch kleine Austrittsöffnungen in den Raum einführen zu können, verwendet man mit gutem Erfolg sogenannte Anemostaten (Abb. 189). Der Luftstrom wird hierbei in mehrere Teilströme zerlegt und durch trichterförmige Leitbleche nach allen Richtungen des Raumes gleichmäßig verteilt, wobei die Luftgeschwindigkeit sehr stark herabgesetzt wird. Zugerscheinungen können infolgedessen bei Anwendung dieser Apparate nicht auftreten. Ihre Verwendungsmöglichkeit ist sehr vielseitig, zumal sie sich auch architektonisch meist gut in den Raum einfügen lassen.

C. Die Begriffe natürliche Lüftung und künstliche Lüftung.

Es besteht seit langem das Bedürfnis, bei den Lüftungseinrichtungen zwischen natürlicher und künstlicher Lüftung unterscheiden zu können, aber es herrscht bisher noch keine Einigkeit darüber, welches Kennzeichen man für die Trennung aufstellen soll. Ich werde im folgenden als künstliche Lüftungsanlagen nur diejenigen bezeichnen, zu deren Betrieb besondere Kosten aufzuwenden sind. In diesem Sinne ist folgende Einteilung entstanden:

1. Natürliche Lüftung	2. Künstliche Lüftung
Selbstlüftung,	Ventilationsschacht mit Abluft-erwärmung,
Fensterlüftung,	Ventilationsschacht mit einfachem Abluft-ventilator,
einfacher Ventilationsschacht,	große maschinelle Lüftungsanlagen.
Ventilationsschacht mit Ausnutzung des Windes.	

IV. Natürliche Lüftung.

A. Selbstlüftung eines Raumes.

Unter Selbstlüftung eines Raumes versteht man jenen Luftwechsel, der auch bei geschlossenen Fenstern und Türen infolge der Undichtheiten der Raumbegrenzung eintritt. Pettenkofer, Lange und Gosebruch (vgl. 8. Auflage des Leitfadens S. 111) sowie andere Forscher haben nachgewiesen, daß alles Mauerwerk porös ist, und sie haben auch die Luftdurchlässigkeit verschiedener Steine gemessen. Diese Untersuchungen haben aber wesentlich an Bedeutung verloren, weil die Erfahrung gezeigt hat, daß bei unseren Wohn- und Arbeitsräumen üblicher Ausführung die Porösität des Mauerwerkes nur eine ganz untergeordnete Rolle gegenüber den viel größeren Undichtheiten an Fenstern und Türen spielt. Wenn deshalb in späterem von der Güte der Bauausführung hinsichtlich Dichtheit die Rede sein wird, so ist dabei in erster Linie an die Fenster gedacht.

Die Größe des Luftwechsels ist bei Windstille und Windanfall verschieden. Bei Windstille wird die Druckverteilung nach früherem nur durch den Temperaturunterschied zwischen innen und außen bewirkt. Die Druckunterschiede sind also nur gering. Trotzdem hat die Erfahrung gezeigt, daß unter der Voraussetzung normaler Bauausführung bei Wohnräumen und anderen schwach besetzten Räumen die Selbstlüftung ausreicht. Wenigstens gilt dies für die kälteren Jahreszeiten. Mit steigender Außentemperatur geht allerdings der Druckunterschied und damit der Luftwechsel stark zurück und kann das mindest zulässige Maß unterschreiten. Da aber bei höherer Außentemperatur in den meisten Fällen ein Öffnen der Fenster möglich ist, so entsteht dadurch weiter kein Nachteil.

Bei Windanfall durchzieht gemäß Abb. 188 ein Luftstrom der Quere nach das ganze Gebäude, und es kann dadurch statt eines ausreichenden Luftwechsels ein Übermaß eintreten, so daß selbst bei geschlossenen Fenstern und Türen sich Zugbelästigungen einstellen. Heiztechnisch macht sich das Übermaß an Luftwechsel dadurch bemerkbar, daß die dem Wind zugekehrten Räume zu kalt bleiben, während die dem Wind abgekehrten Räume überheizt werden. Kennzeichnend hierfür sind jene Fälle, in denen eine Heizung zwar bei Frost und Windstille vollständig befriedigt, dagegen bei starkem Windanfall versagt, auch wenn die Außentemperatur noch über Null Grad ist. Die Schuld liegt in solchen Fällen selten in rein technischen Mängeln der Heizung oder in einer falschen Anwendung der Zuschläge bei Wärmebedarfsberechnung, sondern in schlechter Bauausführung, vor allem der Fenster. Zu verlangen ist: gutes Holz, einwandfreie Tischlerarbeit, zweckmäßige Konstruktion des Fensterverschlusses und zweckmäßige Bauart der Rolladenkästen. Besonderes Augenmerk ist ferner auf dichtes Einfügen des Fensterstockes in das Mauerwerk zu richten. (Vgl. hierzu Einleitung S. 1.)

B. Fensterlüftung.

Wir wollen auch hier zuerst den Windanfall ausschalten und nur die Wirkung des Temperaturunterschiedes betrachten.

Ist in einem größeren Fenster nur eine kleine Scheibe in mittlerer Höhe zu öffnen, wie dies in der Abb. 190 bei dem ersten Fenster gezeichnet ist und wie man dies bei älteren Gebäuden öfter findet, so entspricht diese offene Fensterscheibe vollständig der kleinen Öffnung „O" in Abb. 183, und sie kann, da in ihr die Ausgleichebene liegt, keinen Luftwechsel bewirken. Ähnlich liegen die Verhältnisse bei dem aufklappbaren oberen Fensterflügel (2. Fenster der Abb. 190). Durch Öffnen des Kippflügels wird lediglich die Ausgleichebene in den oberen Teil des Raumes verlegt, wie ein Vergleich mit Abb. 185 zeigt. Auch in diesem Falle würde das Öffnen eines einzigen Fensterflügels keinen Luftwechsel bewirken, wenn die Umfassungswände des Raumes überall vollkommen dicht wären. Da dies aber selten der Fall ist, wird infolge des Unterdruckes, den die hohe Lage der Öffnung erzeugt, durch die Undichtheiten der Raumbegrenzung Luft eingesaugt und dieser Luftwechsel genügt in vielen Fällen.

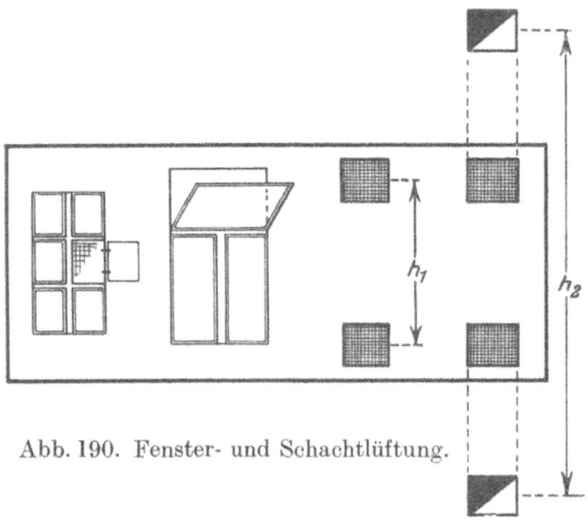

Abb. 190. Fenster- und Schachtlüftung.

Ein kräftigerer Luftwechsel, wie man ihn vor allem beim kurzdauernden Durchlüften eines Zimmers erstrebt, ist erst dann möglich, wenn das Fenster in voller Höhe, also von der Fensterbank bis zum Fenstersturz, geöffnet wird. Dann strömt über die Fensterbank ausreichende Menge kalter, also frischer Luft in den Raum herein, und die gleiche Menge warmer, also schlechter Luft entweicht unter dem Fenstersturz. Während des weitaus größten Teiles des Jahres reicht der Temperaturunterschied aus, um die eben geschilderte Wirkung zu erzielen. Nur während einiger Wochen der heißesten Jahreszeit ist der Temperaturunterschied so gering, daß die Lüftung durch Öffnen des Fensters unzureichend wird.

Wenn in vorstehendem mehrere Male von der Möglichkeit eines Versagens der Fensterlüftung gesprochen wurde, so war dabei vorausgesetzt, daß auf der gegenüberliegenden Seite des Raumes nicht ebenfalls Fenster oder Türen sind, die geöffnet werden können, d. h. daß Querlüftung sich nicht einstellen kann. Als Triebkraft für die Querlüftung kommt in erster Linie der Wind in Frage. Da nur ganz wenige Stunden des Jahres völlige Windstille herrscht, müßte man mit der Möglichkeit

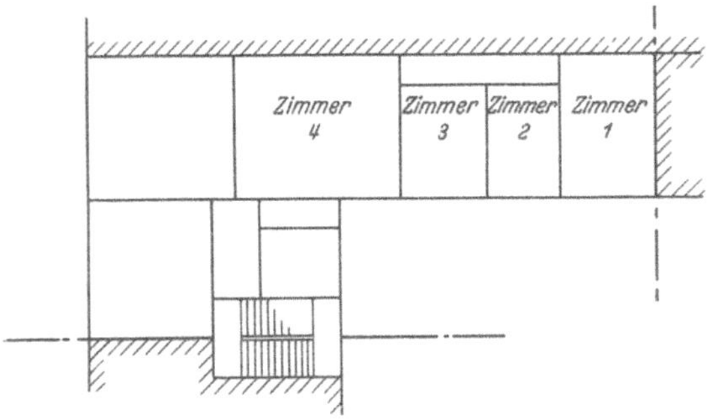

Abb. 191. „Berliner“ Wohnungsgrundriß.

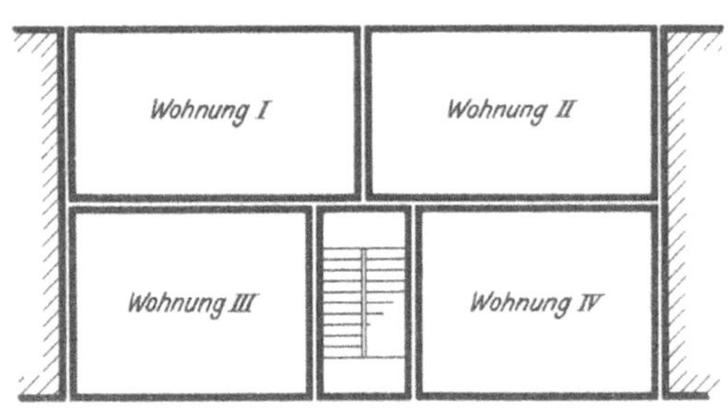

Abb. 192. „Vierspänner“-Wohnung.

einer Querlüftung im allgemeinen rechnen können. Man muß aber bedenken, daß große Teile unserer Städte so dicht bebaut sind, daß kein Luftstrom zwischen die Häuser gelangen kann, selbst wenn in höheren Lagen Wind herrscht. Hier schafft ein anderer Umstand ein klein wenig Abhilfe. Zwischen den Höfen der Gebäude und den Straßen besteht meist ein geringer Temperaturunterschied, welcher bewirkt, daß die Höfe einen geringen natürlichen Unterdruck besitzen und damit die Tendenz haben, durch die Häuser Luft hindurchzusaugen. Es muß freilich zugestanden werden, daß diese Wirkung nur gering ist. Bedauerlicherweise gibt es aber in unseren Großstädten Wohnungsgrundrisse, die auch diese letzte Lüftungsmöglichkeit im Sommer verhindern. Als Beispiel sei hier der ältere sogenannte Berliner Wohnungsgrundriß genannt (vgl. Abb. 191). Für die ganze Reihe der Zimmer 1, 2, 3 und 4, die mittelbar oder unmittelbar an die Grenzmauer stoßen, ist jede Querlüftung unmöglich. In neuester Zeit wird zwar der Berliner Grundriß nicht mehr verwendet, dafür wird bei Neubauten ein anderer Fehler gemacht. Es werden Gebäude ausgeführt, bei denen vier Wohnungen an einem Treppenhaus vereinigt sind, sogenannte Vierspännerwohnungen, und bei denen durchgehende Trennwände die Querlüftung vereiteln (vgl. Abb. 192). Solche Grundrißlösungen sind abzulehnen.

C. Lüftungsschacht ohne Nachhilfe.

Ist bei größeren Räumen und Sälen die Fensterlüftung aus irgendeinem Grunde nicht durchführbar oder nicht ausreichend, so sind besondere Ein- und Austrittsöffnungen in der Wand anzubringen, welche am wirksamsten sind, wenn die Auftriebshöhe (h_1 in Abb. 190) möglichst groß gewählt wird. Durch besondere Zuluft- und Abluftkanäle läßt sich die Auftriebshöhe noch über die Zimmerhöhe hinaus vergrößern (h_2 in Abb. 190). In den meisten Fällen wird nur der nach oben führende Teil der Kanäle als sogenannter Abluftschacht ausgeführt, dann wird aber häufig der oben (auf S. 109) gekennzeichnete Fehler gemacht, daß man mit dem Zuströmen der Luft sich auf die Undichtheiten der Fenster und Türen verläßt. Bei richtiger Ausführung soll die Zuluft durch hinreichend große Öffnungen in der Wand entweder aus dem Freien oder aus dem Vorplatz entnommen werden.

1. Die Luftzuführung.

Die Entnahme der Luft aus dem Vorraum hat den Vorteil, daß sie die Gefahr der Zugbelästigung meist vermeidet, eine Gefahr, die bei unmittelbarer Entnahme aus dem Freien gegeben ist. Sie stellt aber die Wirkung des Schachtes in Frage, denn nach dem, was früher über den Einfluß der hohen Treppenhäuser gesagt wurde, herrscht im Vorplatz ebenfalls Unterdruck. Nur wenn dieser größer ist als der Unterdruck im Raum, kann der gewünschte Luftwechsel eintreten. Das setzt voraus, daß die Temperatur im Abluftschacht höher ist als im Treppenhaus. Damit kann aber nicht mit Sicherheit gerechnet werden.

Wird die Luft unmittelbar aus dem Freien entnommen, so treten leicht Zugerscheinungen in der Nähe der Eintrittsöffnungen auf. Die Gefahr läßt sich vermindern, unter Umständen auch ganz beseitigen, wenn die Luft vor Eintritt in den Raum an einem Heizkörper vorübergeführt, also vorgewärmt wird. Es gibt Ausführungen, bei denen die Zuluftöffnung in der Fensterbank sitzt und der normale Raumheizkörper zur Erwärmung der Zuluft dient. Schnee und Regen kann durch geeigneten Schutz der äußeren Entnahmeöffnungen abgehalten werden, dagegen gelingt es fast nie, den Einfluß des Windes so vollkommen zu beseitigen, daß störende Wirkungen mit Sicherheit ausgeschlossen sind. In Gebäuden an lärmenden Straßen ist dieses Verfahren ebenfalls ausgeschlossen. Bei der Einführung der Frischluft hinter Heizkörpern ist die Reinigungsmöglichkeit nicht nur für den Heizkörper, sondern auch für alle Teile des Luftweges unbedingt zu fordern. Man kann in der Praxis Ausführungen finden, die in dieser Beziehung den einfachsten Forderungen der Hygiene geradezu Hohn sprechen.

2. Unzuverlässigkeit der Schachtlüftung.

Wie schon erwähnt, beruht die Wirksamkeit der Abluftschächte auf dem Temperaturunterschied zwischen der Luft im Schornstein und derjenigen im Freien. Dies setzt also voraus, daß das Gebäude in seinen gesamten Mauermassen wärmer ist als die Außenluft. Während der Heizperiode wird dies in ausreichendem Maße der Fall sein. Aber schon während der Übergangsjahreszeiten geht der Temperaturunterschied und damit der Luftwechsel zurück und hört schließlich ganz auf.

Während mehrerer Wochen der heißesten Jahreszeit wird sogar der umgekehrte Fall eintreten, daß das Gebäude kühler ist als die Außenluft, so daß der Abluftschacht dann in umgekehrter Richtung arbeitet.

Zu der geschilderten Unzuverlässigkeit der Auftriebskräfte kommen noch die vielen Störungsmöglichkeiten durch den Wind, die schon früher bei den Heizschornsteinen erörtert wurden, so daß die Wirksamkeit der Luftschächte eine sehr fragliche ist. Man sucht deshalb ihre Wirksamkeit durch besondere Maßnahmen sicherzustellen, von denen hier nur die erste, nämlich die Ausnutzung des Windes, besprochen werden soll. Die anderen beiden Maßnahmen, der Einbau eines Heizkörpers in den Schacht und die Verwendung eines Abluftventilators, gehören zur künstlichen Lüftung.

D. Lüftungsschacht mit Ausnutzung des Windes.

Durch Saugköpfe, die ähnlich den Schornsteinaufsätzen ausgebildet sind, sucht man die Kraft des Windes zur Unterstützung des Auftriebes heranzuziehen. Der Wert dieser Abhilfe ist aber ein fragwürdiger. Daß die Saugköpfe bei Windstille unwirksam sind, ist selbstverständlich, ja sie sind dann sogar in geringem Maße schädlich, indem sie das freie Abströmen der Luft etwas behindern. Bei Wind können sie tatsächlich eine saugende Wirkung ausüben, richtige Konstruktion natürlich vorausgesetzt. Da aber das Versagen des Luftschachtes meist bei einem Wetter eintritt, das mit Windstille verbunden ist, hat die ganze Maßnahme nur geringen Wert. Berechtigt sind die Saugköpfe nur dort, wo sie störende, örtliche Luftströmungen abfangen müssen. Man sollte sie deshalb richtiger mit Windschutzhauben bezeichnen.

Eine größere Bedeutung haben sie nur bei Fahrzeugen (Schiffen, Eisenbahnen usw.), da hier während der Fahrt mit einem nach Stärke und Richtung eindeutig gegebenen Luftstrom gerechnet werden kann. (Weitere Einzelheiten über Saug- und Preßköpfe s. 9. Auflage des Leitfadens S. 110.)

V. Künstliche Lüftung.

A. Lüftungsschacht mit Erwärmung der Abluft.

Um im Sommer die Wirkung der Abluftschächte nach Möglichkeit sicherzustellen und sie im Winter zu steigern, kann man in den Abluftschacht eine Heizvorrichtung (Gasflamme, Wasser- oder Dampfheizkörper) einbauen. Zwei Ausführungen des Einbaues der Heizkörper zeigen Abb. 193 und 194. Die letztere Art erleichtert die Reinigung des Heizkörpers. Da die Luft bei diesen Einrichtungen erst nach dem Verlassen des Raumes erwärmt wird, bedeutet der Wärmeaufwand für diese Maßnahme stets einen Verlust, und zwar nicht nur im Sommer, sondern auch im Winter. Wir müssen uns aber vergegenwärtigen, daß ein einwandfreies und unter allen Umständen gesichertes Lüften ohne Betriebskosten durch kein Verfahren möglich ist.

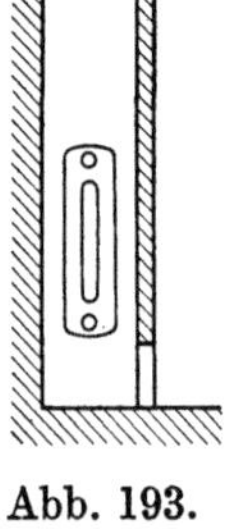

Abb. 193. Radiator im Abluftschacht.

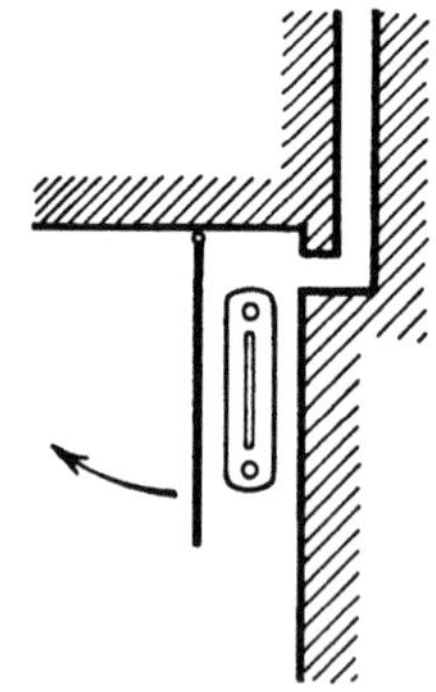

Abb. 194. Erwärmung der Abluft durch einen Radiator. (Der Schirm links vom Heizkörper ist aufklappbar.)

Infolge künstlicher Erwärmung der Abluft ist die Wirksamkeit der Luftschächte von der Außentemperatur unabhängig, aber sie bleibt immer noch stark vom Windanfall abhängig, denn es ist nicht möglich, mit der Erwärmung der Abluft so weit zu gehen, daß der Auftrieb einen störenden Windeinfluß immer und mit Sicherheit überwinden könnte.

B. Lüftungsschacht mit kleinem Abluftventilator.

Wenn der Ventilator und sein Motor richtig gewählt und richtig eingebaut sind, und wenn auch für genügend große Zuströmöffnungen gesorgt ist, kann der gewünschte Luftwechsel jederzeit mit Sicherheit erzielt werden. Als Betriebskosten sind hier die Kosten für den Strom des Motors in Rechnung zu stellen. Ein Nachteil ist, daß die Ventilatoren und Motoren der meisten handelsüblichen Bauarten nicht genügend geräuschlos arbeiten. Über das zugfreie Einführen der Zuluft gelten wieder die auf S. 109 beschriebenen Gesichtspunkte.

C. Große maschinelle Lüftungsanlagen.

1. Vor- und Nachteile und Anwendungsgebiet.

Vorteile. Nur diese mit Ventilatoren betriebenen Anlagen sind unabhängig von allen Temperatur- und Windverhältnissen der Atmosphäre. Sie gestatten es, jedem Raum eines größeren Gebäudes Überdruck oder Unterdruck in der für ihn geeigneten Höhe aufzuzwingen und ihm die nötige Luftmenge zuzumessen. Die großen zur Verfügung stehenden Druckkräfte gestatten ferner den Einbau einwandfreier Einrichtungen zur Reinigung der Luft, zu ihrer Trocknung oder Befeuchtung und zu ihrer Erwärmung oder Kühlung, und sie gewähren eine weit größere Freiheit in der Linienführung der Kanäle und in der Wahl der Kanalquerschnitte als dies bei Schwerkraftlüftungen möglich ist.

Nachteile. Die Anlagen erfordern, falls sie einwandfrei gebaut und betrieben werden sollen, ziemlich hohe Herstellungs- und Betriebskosten, und sie stellen an die Bedienung ziemlich hohe Anforderungen in bezug auf technisches Können und Gewissenhaftigkeit. Es ist wichtig, daß die Betriebskosten einschließlich der Bedienungskosten richtig erkannt und in den Haushaltplan als ordentliche Dauerausgaben vorgesehen werden. Geschieht dies nicht, so erfolgen bei der Benutzung der Gebäude alsbald Betriebseinschränkungen oder Unterbrechungen der Lüftung, wodurch mehr Schaden entsteht, als wenn die Anlagen überhaupt nicht ausgeführt worden wären.

Anwendungsgebiet. Mit Ventilatoren betriebene Druck- und Sauglüftungen werden für Versammlungsräume, Theater, Lichtspielhäuser, Schulen usw. angewandt. Besonders wichtige, aber auch schwierige Aufgaben werden häufig bei der Lüftung von Fabrikräumen gestellt, wenn nämlich der Arbeitsprozeß sehr enge Schranken für die Schwankung von Temperatur und Feuchtigkeit vorschreibt, so z. B. bei den Spinnereibetrieben. Besonders hohe Anforderungen an die Reinheit der Luft werden bei Operationssälen, aber auch bei manchen industriellen Betrieben gestellt.

2. Wahl von Unter- oder Überdrucklüftung.

Schon auf S. 108 ist erwähnt worden, daß man Räume, in welchen störende Gerüche entstehen, unter Unterdruck setzen muß, damit diese Gerüche nicht in die Nebenräume entweichen können, daß man aber diesen Unterdruck nicht zu groß wählen darf, damit die Zugbelästigungen möglichst gering gehalten werden. Wegen dieser Zuggefahr wird man Unterdrucklüftungen nur dort anwenden, wo es unbedingt notwendig ist, z. B. bei Aborten, Küchen usw. Diese Überlegungen zwingen von selbst bei den meisten größeren Anlagen zu einer Zweiteilung der Lüftungsanlage. Die Hauptanlage wird als Überdrucklüftung ausgeführt, nur für die mit Unterdruck auszustattenden Räume werden kleinere, örtlich begrenzte Unterdruckanlagen eingebaut.

3. Entnahme und Aufbereitung der Frischluft.

Die hierzu nötigen Einrichtungen sind aus den beiden Abb. 195 und 196 zu ersehen. Die erstgenannte Abbildung zeigt eine Ausführung, bei welcher alle Luftwege aus gemauerten Kanälen und Kammern bestehen. Im Hof oder Garten des Gebäudes steht die Luftentnahmestelle *A*, die in verschiedenster Weise ausgeführt werden kann. Unter der Erde führt der Kanal *B* zum Gebäude, und zwar zuerst zur Staubkammer *C*, in der sich die schwereren Verunreinigungen von selbst absetzen können. Hier ist auch das Luftfilter in Gestalt eines Tuchfilters *D* eingebaut. Von hier aus strömt die Luft durch das Heizkörpersystem *E* zu einer zweiten Kammer, aus welcher der Ventilator *F* die Luft ansaugt und in das Verteilnetz drückt. Eine Umgehungsöffnung mit Jalousieklappe *G* gestattet, einen Teil der Luft am Heizkörper vorbeizuführen, um so durch Mischung von kalter und warmer Luft die Regelung der Lufttemperatur in weiten Grenzen ausführen zu können.

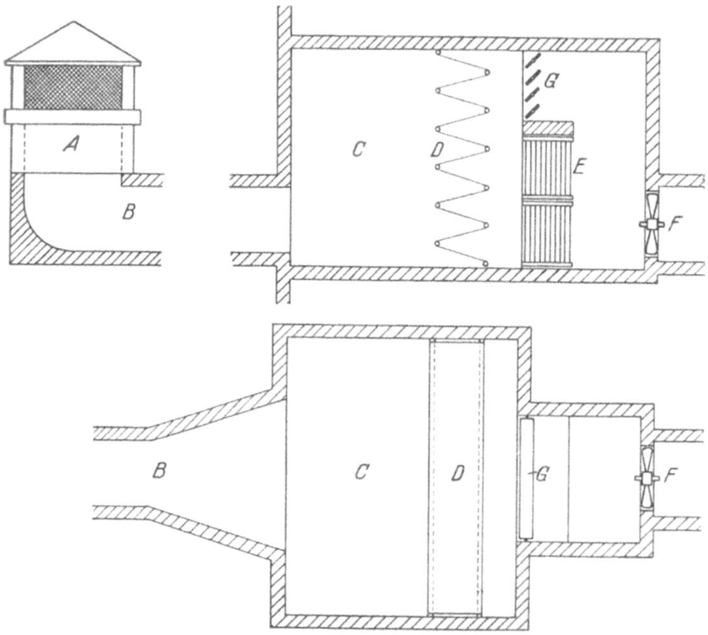

Abb. 195. Luftkammer. (Ausführung in Mauerwerk.)

Abb. 196 zeigt eine andere Bauart, welche heute meist bevorzugt wird, und bei welcher die Luftwege aus genieteten oder verschweißten Blechtafeln konstruiert sind. Es kann dann die ganze Lüftungsanlage in der Fabrik fertiggestellt werden,

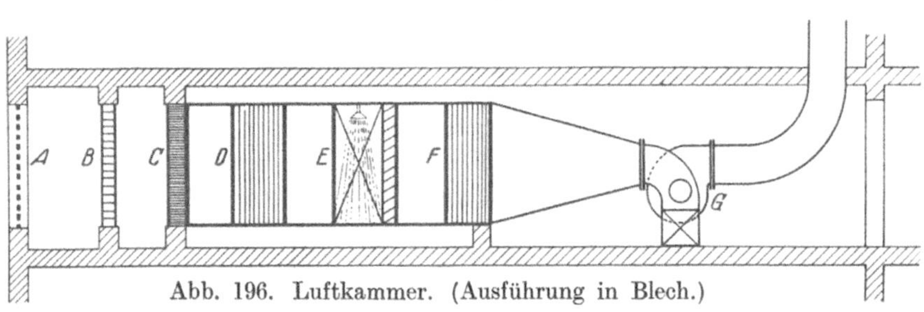

Abb. 196. Luftkammer. (Ausführung in Blech.)

während das Gebäude sich noch im Bau befindet, und braucht später nur montiert zu werden. Bei den kurzen Bauzeiten, welche heute gefordert werden, besteht darin ein nicht zu unterschätzender Vorteil. Bei *A* (Abb. 196) strömt die Frischluft ein. In vielen Fällen ist der Raum für eine große Staubkammer nicht vorhanden; man wendet dann ein Vorfilter *B* an, das nur die gröberen Verunreinigungen abfängt, dafür aber auch nur sehr geringen Widerstand hat. An dieses Vorfilter schließt sich der Reihe nach das Hauptfilter *C*, der Vorwärmeheizkörper *D*, die Luftbefeuchtungseinrichtung *E* mit Tropfenfänger, der Nachwärmeheizkörper *F* und der Ventilator *G* an. Als solcher wird heute meist ein Zentrifugalventilator gewählt.

Bei einfachen Anlagen fehlt die Luftbefeuchtung und damit entfällt auch die Trennung der Heizkörper in Vorwärme- und Nachwärmeheizkörper.

Bei sehr sorgfältig durchgebildeten Anlagen, wie sie manchmal bei Versammlungsräumen, häufiger bei gewerblichen und Industriebetrieben und ihren Lagerräumen (Zigarettenfabriken und ähnlichem) vorkommen, sind nicht nur Einrichtungen zum Erwärmen und Befeuchten, sondern auch zum Kühlen und Trocknen der Luft vorgesehen. Außerdem haben solche Anlagen sehr gut durchgebildete Meßeinrichtungen und meist auch selbsttätige Regelung. Auf solche Anlagen werden manchmal die Bezeichnungen Wetterverfertiger, Klimaanlage oder Luftkonditionierungsanlage angewendet.

a) Entnahme der Luft.

Die Entnahme der frischen Luft hat an einer vor Wind, Staub, Rauch und Ruß geschützten Stelle mit lotrechten und nicht waagerechten Einfallsöffnungen zu erfolgen.

Zum Fernhalten von Blättern, Tieren usw. ist die Entnahmestelle mit einem nicht zu weiten Gitterwerk zu versehen. Kurz hinter der Entnahmestelle soll eine Verschlußvorrichtung vorgesehen werden, die bei Betriebsunterbrechungen zu schließen ist, damit die Anlage während dieser Zeit nicht von außen her verstaubt.

Am einfachsten ist die Aufgabe, wenn ein Garten in erreichbarer Nähe ist, aus dem man mit einem Kanal nach Abb. 195 die Luft entnehmen kann. Am schwierigsten ist sie im Innern der Großstädte zu lösen. Die Luft von der Straßenseite her zu nehmen, verbietet sich von selbst. Ein anderer naheliegender Gedanke, nämlich die Luft über Dach zu entnehmen, hat sich ebenfalls als falsch erwiesen, da die Messungen ergeben haben, daß gerade in Höhe der Dächer die Luft wegen der vielen Schornsteine am meisten verunreinigt ist. Man hilft sich heute meist damit, daß man die Luft aus dem Hof, und zwar etwa in halber Höhe des Gebäudes, entnimmt. Voraussetzung ist dabei, daß nicht irgendwelche gewerblichen oder sonstigen Betriebe die Luft im Hof verschlechtert haben. Es muß ohne weiteres zugegeben werden, daß auch diese dritte Lösung nicht befriedigend ist, aber bei allgemein schlechten Luftverhältnissen im Innern der Großstädte muß man auf eine wirklich zufriedenstellende Lösung verzichten und dafür um so mehr Sorgfalt auf die Reinigung der Luft verwenden.

b) Staubkammern.

Staubkammern sind Erweiterungen des Luftweges zu großen Räumen derart, daß die Luft eine möglichst kleine Geschwindigkeit annimmt. Infolgedessen setzen sich die schwereren Verunreinigungen ab. Der Widerstand einer solchen Kammer ist gering, jedoch ist darauf zu achten, daß infolge der meist plötzlichen Querschnittsänderungen die volle Geschwindigkeitshöhe verlorengeht. Staubkammern müssen derartig ausgebildet sein, daß in ihnen nicht etwa eine Verschlechterung der Luft eintritt. Deshalb sollen die Wände, die Decke und der Fußboden mit Fliesen oder Wandplatten versehen sein oder einen ganz glatten, harten Anstrich erhalten. Bewährt hat sich — allerdings nur bei vollkommen trockenem Mauerwerk — folgende Ausführungsart: putzen, filzen, mit Gipsölmischung abglätten, mehrfach mit Ölfarbe streichen, lackieren. Derartig behandelte Flächen können mit feuchten Tüchern ausreichend gesäubert werden.

Die Staubkammer ist begehbar und mühelos zugänglich anzuordnen, aber doch so, daß sie nicht als Vorrats- oder Geräteraum, auch nicht zu Durchgangszwecken benutzt werden kann. Selbstverständlich muß sie gegen das Eintreten von Grundwasser und Grundluft gesichert sein.

c) Luftfilter.

In Abb. 195 ist noch das früher allgemein übliche Stoffilter gezeichnet. Diese Art von Filtern werden jedoch heute fast nicht mehr verwendet. Sie werden entweder durch die unter Abschnitt „d“ beschriebene Berieselungseinrichtung oder durch die ölbenetzten Metallfilter ersetzt.

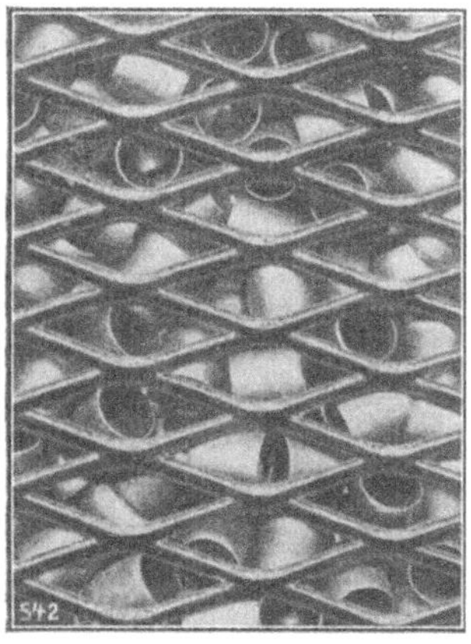

Abb. 197 a. Filterkasten mit Raschigringen. (Sauberer Zustand.)

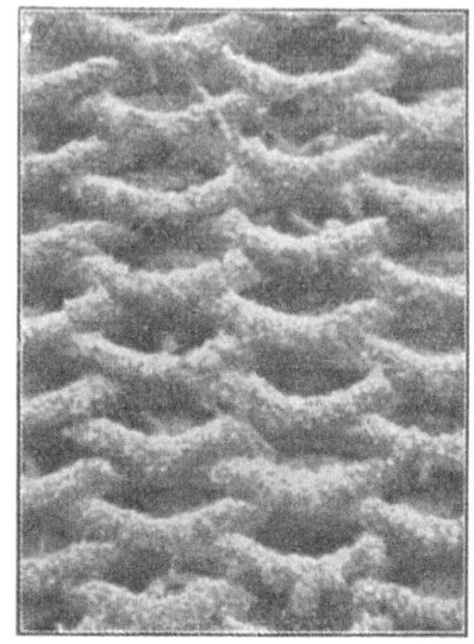

Abb. 197 b. Filterkasten mit Raschigringen. (Verstaubt.)

Der Anstoß zur Ausbildung dieser neuen Bauart war der Tuchmangel während des Krieges. Aus dieser Ersatzbauweise hat sich aber eine Konstruktion von dauerndem Wert entwickelt. Die Luft wird gegen Flächen geleitet, welche mit einer dünnen Schicht eines Öles überzogen sind, das stark klebt, aber nicht eintrocknet und nicht verharzt. Als Träger dieser Ölhaut dienen entweder Streiffilter aus Metall oder Raschig-Ringe. Man bezeichnet mit Raschig-Ringen kurze Rohrstücke, deren Höhe gleich dem Durchmesser ist, und die sich deshalb beim Einschütten in einen Hohlraum völlig regellos lagern. Abb. 197a und 197b zeigen einen einzelnen Filterkasten mit Raschig-Ringen, Abb. 198 eine andere Bauart mit ölbenetzten Blechpaketen. Aus solchen Kästen werden dann die Filterwände aufgebaut. Steht aus räumlichen Gründen nur geringe Höhe für die Filterwand zur Verfügung, so können diese Kästen gemäß Abb. 199 auch schräg eingebaut werden. Die Filter zeichnen sich durch große Reinheit der gelieferten Luft, verhältnismäßig geringen Druckverlust und hohe Feuersicherheit aus. Sie müssen natürlich, ebenso wie die Tuchfilter, in regelmäßigen Zeiträumen ge-

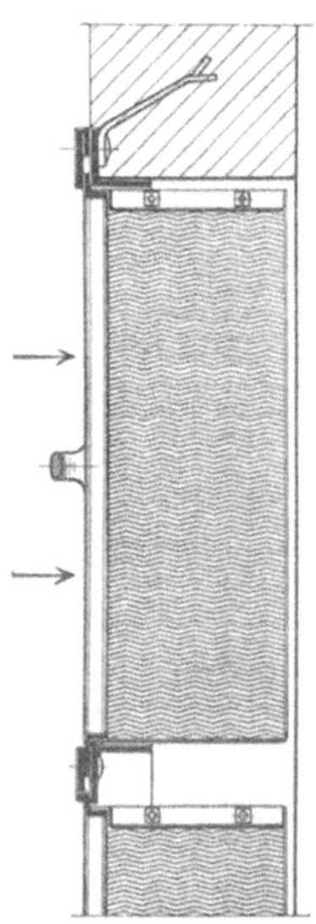

Abb. 198. Filterkasten mit Blechpaketen. (Gea-Filter)[1].

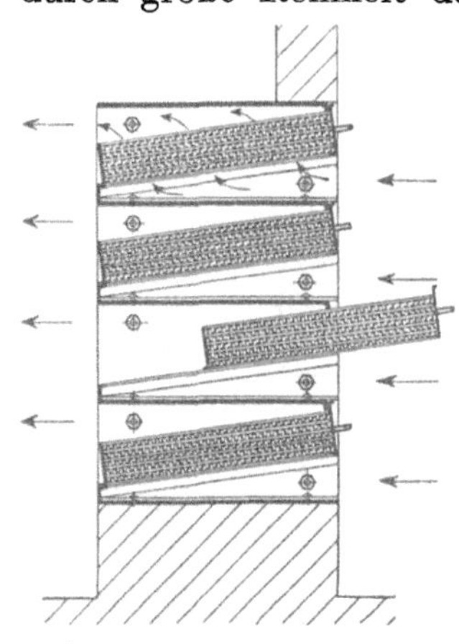

Abb. 199. Filterwand mit schräg eingebauten Kästen. (Delbag-Filter)[2].

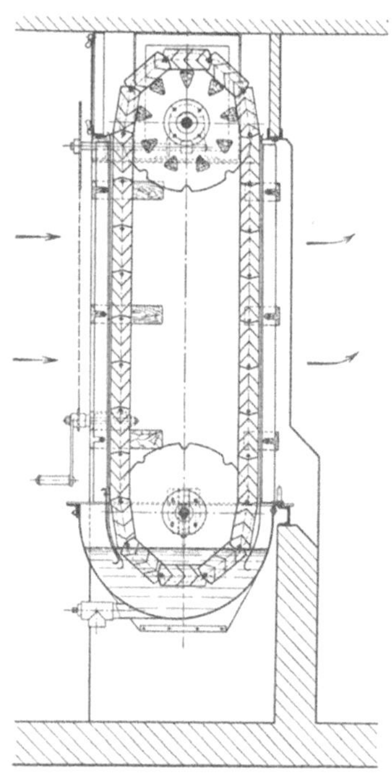

Abb. 200. Phönixfilter.

[1] Gesellschaft für Entstaubungsanlagen, Bochum. [2] Deutsche Luftfiltergesellschaft, Berlin-Halensee.

reinigt werden. Zur Überwachung des Druckverlustes werden Druckmesser eingebaut. Die Reinigungsarbeit von Hand wird erspart durch Verwendung einer Filterbauart nach Abb. 200. Hier läuft ein Filterband nach Art eines Wanderrostes, jedoch in vertikaler Richtung, über zwei Wellen und taucht bei seiner Umdrehung dauernd in ein Ölbad ein. Es ist also nur erforderlich, dieses Ölbad hin und wieder zu erneuern.

d) Luftheizkörper und Befeuchtungseinrichtungen.

Zur Erwärmung der Luft verwandte man früher entweder Röhrenkessel oder Röhrenbündel aus glatten Rohren. Diese älteren Heizkörperarten sind heute fast vollständig durch die Rippenrohr- bzw. Lamellenheizkörper nach Abb. 201 verdrängt. Wenn eine Luftbefeuchtungsanlage vorhanden ist, so ist es aus Gründen, die später besprochen werden (II. Teil S. 226), notwendig, den Heizkörper in einen Vor- und einen Nachwärmeheizkörper aufzuteilen und zwischen beiden die Befeuchtungsanlage anzuordnen.

Abb. 201.
Lufterhitzer aus Rippenrohren.
(Netzschkauer Maschinenfabrik.)

Die Luftbefeuchtungseinrichtungen[1] können aus einem System von Streudüsen bestehen, das einen dünnen Wasserschleier senkrecht zur Strömungsrichtung der Luft erzeugt. Meist muß man mehrere Schleier hintereinander verwenden, um eine hinreichende Wirkung zu erzielen. Wenn der Druck der Wasserleitung nicht ausreicht, um eine hinreichend feine Zerstäubung des Wassers zu erzielen, so sind Druckwasserpumpen einzubauen.

Eine andere Art von Befeuchtungseinrichtungen besteht in einem Regenapparat, dessen Wirksamkeit erhöht werden kann, wenn man das Wasser über Rieselkörper (saubere Steine, Raschig-Ringe) fließen läßt. Soll die Einrichtung zum Kühlen der Luft verwendet werden, so reicht dazu die Temperatur des Wassers (11 bis 14°C bei Tiefbrunnen) meist nicht aus, und man muß durch Kälteanlagen für eine tiefere Temperatur des Wassers sorgen und treibt dann, um an Kosten für das Kühlen zu sparen, das Wasser im Kreislauf durch die Anlage.

4. Die Ventilatoren[2].

Zum Antrieb der Ventilatoren (Abb. 202) dienen im allgemeinen Elektromotoren[3]. In den meisten Fällen sind diese mit der Ventilatorachse direkt gekuppelt. Riemenantrieb kann zweckmäßig sein, wenn sehr niedrige Drehzahlen des Ventilators gefordert werden.

Über die Betriebseigenschaft der Ventilatoren ist auf S. 218 Näheres ausgeführt. Die richtige Wahl von Ventilatoren und Elektromotoren erfordert große Erfahrung, und es ist darum im allgemeinen zweckmäßig, sich mit dem Ventilatorfachmann rechtzeitig ins Benehmen zu setzen[4].

---

[1] Hirsch, M.: Künstliche Regelung der Luftbeschaffenheit in Gebäuderäumen. Gesundheits-Ing. 1926, Bd. 49, S. 188—194. — Silberberg, L.: Luftbehandlung in Industrie- und Gewerbebetrieben. Berlin: Julius Springer 1932. — Bürgers u. Fleischer: Das letzte Wort zur Frage der Luftbefeuchtung. Gesundheits-Ing. 1926, Bd. 49, S. 196—199.

[2] Wiesmann, E.: Die Ventilatoren. Berlin: Julius Springer 1930. — Hüttig: Die Zentrifugalventilatoren und Zentrifugalpumpen und ihre Antriebsmaschinen. Leipzig: Otto Spamer 1919.

[3] Hottinger: Der Elektromotorantrieb von Pumpen und Ventilatoren bei Pumpenheizungen und lufttechnischen Anlagen. Elektroindustrie Zürich 1926, S. 576, 655.

[4] Fuchs, G.: Ventilatoren für Lüftungsanlagen unter Berücksichtigung möglichster Geräuschlosigkeit. Heizung u. Lüftung Berlin 1932, S. 30.

Eine wichtige Forderung ist die Geräuschlosigkeit des ganzen Betriebes. Vor allem gilt dies für Konzertsäle und Theater. Die Geräusche können aus den verschiedensten Ursachen heraus entstehen. In erster Linie können von den Lagern der Motore und Ventilatoren Vibrationen ausgehen, die sich entweder als Schall durch die Luft oder als Schwingungen und Erschütterungen durch das Fundament fortpflanzen. Die Störungen lassen sich vermindern durch gutes Auswuchten der rotierenden Teile und durch besonders sorgfältige Bauart der Lager (Gleitlager laufen wesentlich ruhiger als Kugellager). Um die Ausbreitung der Erschütterungen zu verhindern, sollen die Grundplatten der Maschinen auf Schwingungsdämpfern gelagert werden. Beim Aufstellen der Maschinen auf Zwischendecken besteht auch bei schwingungsdämpfenden Unterlagen die Gefahr des Mitschwingens der ganzen Decke. Um dies zu vermeiden, sollen die Maschinen auf besondere Trägerkonstruktion gestellt werden, die das Gewicht der Maschinen auf die Wände übertragen. Natürlich müssen diese Träger ihrerseits schall- und schwingungsisoliert in den Wänden gelagert sein.

Abb. 202. Meteor-Ventilator.

Die bisher geschilderten Schwingungen — sowohl die hörbaren Geräusche als die nicht hörbaren nur fühlbaren Schwingungen — bezeichnet man meist kurz als Körperschall. Daneben kann als weitere Störungsquelle sogenannter Luftschall auftreten. Hierher gehören z. B. die Luftwellen, die von den Schlägen der einzelnen Ventilatorflügel auf die Luft ihren Ausgang nehmen. Sie bilden häufig die Ursache des Brummens der Lüftungsanlagen. Die Störung kann besonders stark werden, wenn dazu an irgendeiner Stelle der Anlage Resonanzerscheinungen auftreten. Die nächstliegende Abhilfe, die Änderung der Drehzahl, ist aus betrieblichen Gründen selten möglich. Man ist meist zum Einbau eines neuen Flügelrades mit anderer Teilung und anderen Einström- und Ausströmwinkeln gezwungen.

Eine zweite Art von Luftschall bildet das Rauschen. Es ist meist eine Folge zu hoher Strömungsgeschwindigkeit und entsteht durch Reibung der Luft an den Kanalwänden oder durch Stoßwirkung an den Kanten der Abzweigstellen. Außergewöhnlich hohe Geschwindigkeit kann auch auftreten, wenn bei den Lüftungsgittern die Öffnungen der Gitter allzu eng gemacht sind.

5. Kanalanlage.

Die Berechnung der Kanalanlage ist im II. Teil S. 208 behandelt. Sie ist ebenso wie die Berechnung der Heizungsrohrsysteme nicht mit voller Sicherheit bzw. hoher Genauigkeit durchführbar. Wie dort braucht man darum auch hier bei stark verzweigten Leitungen die Möglichkeit einer Voreinstellung beim Probebetrieb. Man baut deshalb häufig an den Ausmündungen der Zu- und Abluftkanäle in die Räume oder an den Abzweigstellen der Kanäle örtliche Regelvorrichtungen in Form von Stellklappen oder Schiebern ein, die beim Probebetrieb eine feste Einstellung erhalten. Hinsichtlich der Ausführung der Kanäle stehen zwei Forderungen in erster Reihe, nämlich gute Reinigungsfähigkeit und geringer Strömungswiderstand.

a) Gute Reinigungsfähigkeit.

Es muß zugegeben werden, daß die Erfüllung dieser Forderung in baulicher Hinsicht manche Erschwernisse bringt. Bedenkt man aber, daß nicht reinigungsfähige Teile schon nach kurzer Zeit stark verschmutzen, daß dieser Zustand Jahre und Jahrzehnte fortbestehen kann, und daß durch die ungereinigten Teile sämtliche den Menschen zuzuführende Luft streicht, so erkennt man die unbedingte Notwendigkeit dieser Forderung. Zu bemerken ist noch, daß eine derartige Reinigung nicht alle Tage vorgenommen zu werden braucht, sondern daß es für die Kanalanlage genügt, sämtliche Teile innerhalb etwa Jahresfrist einmal gründlich zu säubern. Die Angabe, daß Kanäle, in denen verhältnismäßig hohe Luftgeschwindigkeiten herrschen, sich selbst reinigen, ist unzutreffend. Man muß außerdem mit der Verschmutzung der Kanäle während der Betriebspausen rechnen.

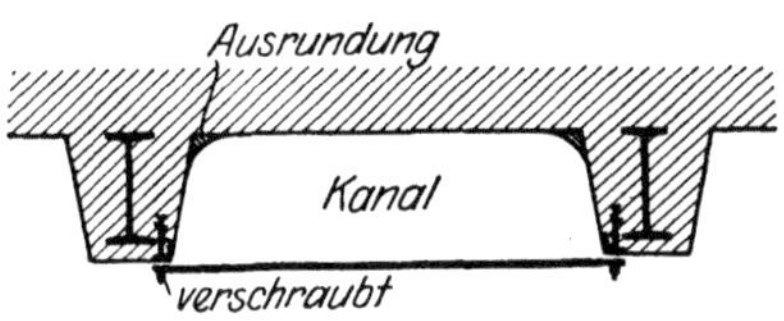

Abb. 203 a. Kanalausführungen.

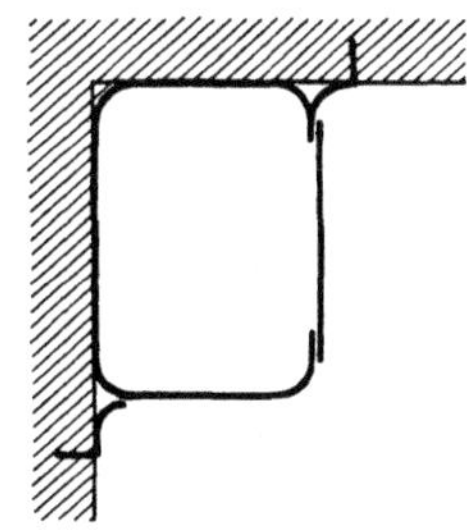

Abb. 203 b.

Um die Reinigung überhaupt zu ermöglichen, müssen die Kanäle zugänglich angeordnet und schon in ihrer Formgebung so gestaltet sein, daß ihre Säuberung möglich ist (Abb. 203 a und b). Blechkanäle sollen außen und innen verzinnt und so verbunden werden, daß glatte Innenflächen entstehen. Waagerechte Kanäle sollen begehbar sein, Fußbodenkanäle sind nur dann zulässig, wenn sie nach Entfernung der Deckplatten gut und sicher gesäubert werden können.

b) Geringer Strömungswiderstand.

Dies ist notwendig, um die Stromkosten für den Ventilator niedrig zu halten. Die Kanalquerschnitte sollen möglichst groß gewählt werden, damit die Strömungsgeschwindigkeit gering wird. Alle Richtungsänderungen müssen mit großem Krümmungsradius ausgeführt werden, und die Abzweigungen der Seitenkanäle von einem Hauptkanal müssen unter sehr spitzem Winkel erfolgen. Lassen sich scharfe Richtungsänderungen nicht vermeiden, so sind Lenkbleche gemäß Zeichnung 204 anzubringen. (S. Ingenieur-Archiv, III. Bd., 1932, S. 531.) Nach Versuchen von K. Frey, Danzig (Forschung 1933, S. 67

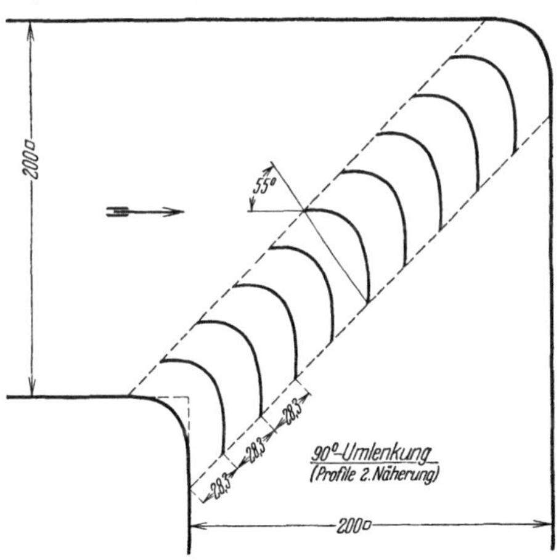

Abb. 204. Lenkbleche.

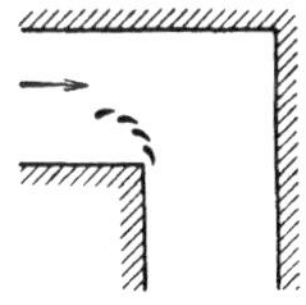

Abb. 205. Leitflächen.

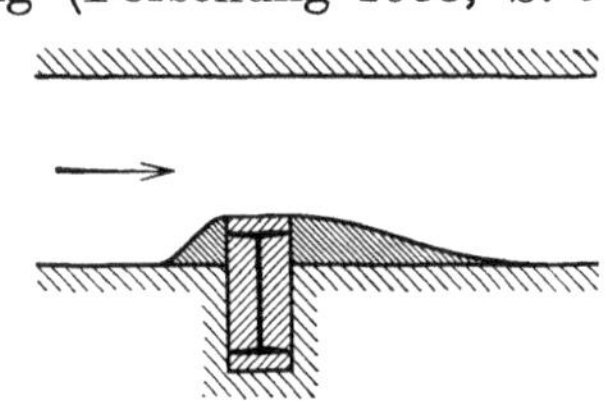

Abb. 206. Luftkanal mit hereinragendem Träger.

und 1934, S. 105), sind unterteilte Leitflächen nach Abb. 205 zu empfehlen, die nicht so sehr darauf abzielen, den ganzen Luftstrom bei der Umlenkung zu erfassen, als vielmehr das Ablösen der Grenzschicht von der Wand zu vermeiden, da darin die Hauptursache für die Wirbelbildung und damit für den Druckverlust zu suchen ist.

Um den Strömungswiderstand gering zu halten, sind ferner alle Änderungen der Größe oder Gestalt eines Querschnittes in schlankem Übergang auszuführen.

Läßt es sich z. B. nicht vermeiden, daß ein tragender Bauteil in den Kanal hineinragt (Abb. 206), so muß durch Ausfüllen der Ecken jede starke Wirbelbildung im Luftstrom vermieden werden. Ein glattes Abströmen der Luft hinter dem Hindernis ist hierbei noch wichtiger als ein stoßfreies Anströmen an das Hindernis.

Um die beiden Forderungen einer guten Reinigungsfähigkeit und eines geringen Strömungswiderstandes erfüllen zu können, muß das ganze Kanalnetz nach Möglichkeit schon beim Herstellen der Baupläne sorgfältig durchdacht werden können. Es ist leider ein häufiger Fall, daß die Lüftungsfirma erst dann herangezogen wird, wenn der Rohbau des Gebäudes schon fertig ist. Die Folgen sind trotz nun vermehrter Baukosten doch noch ein schlecht reinigungsfähiges Kanalnetz und unnötig hohe Stromkosten für den Ventilator.

6. Bauliche Ausführung der Lufteinström- und Luftausströmöffnungen.

Es soll vorerst nur die bauliche Ausgestaltung solcher Öffnungen besprochen werden ohne Rücksicht auf ihre Verwendung zur Zuführung oder Abführung der Luft. Die Unterbringungs- und Ausgestaltungsmöglichkeiten für diese Öffnungen sind je nach den räumlichen Verhältnissen, vor allem aber je nach den künstlerischen Forderungen des Architekten überaus verschieden. Es ist darum den Studierenden nur zu raten, sich bei Gelegenheit des Besuches von Theatern, Lichtspielhäusern, Gaststätten usw. die verschiedenen Ausführungsmöglichkeiten genau anzusehen.

Im oberen Teil der Räume bietet die Unterbringung der nötigen Öffnungsquerschnitte keine Schwierigkeiten. Die häufigste und einfachste Ausführung ist eine rechteckige Durchbrechung der Wand, die mit einem weitmaschigen Gitter überspannt ist. Soll die Durchbrechung der Wand dem Auge nicht so offen dargeboten werden, sondern möglichst zurücktreten, so können irgendwelche Verzierungen der Decke oder des oberen Teiles der Wände mit durchbrochenen Ornamenten ausgestattet werden. Auch die Hohlkehle zwischen Decke und Wand läßt sich zur Führung der Luft benutzen.

Bedeutend schwieriger ist die Unterbringung der nötigen Öffnungsquerschnitte im unteren Teil der Räume. Hierbei müssen wir von der Überlegung ausgehen, daß die Forderungen der Lüftungstechnik am besten erfüllt werden, wenn die Luft durch Öffnungen, die gleichmäßig über dem ganzen Boden verteilt sind, dem Raum zugeführt wird. Es ist dabei aber nicht zulässig, unmittelbar im Fußboden waagerechte Gitter anzubringen, da der Staub, der sich von den Schuhen abwetzt, auf diese Weise in die Luftkanäle fallen würde. Die Gitter müssen also senkrecht stehen.

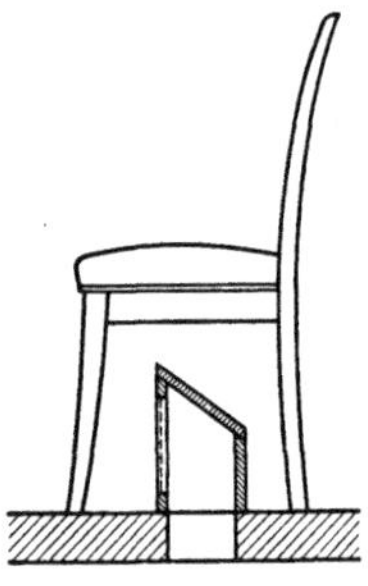
Abb. 207. Luftausströmöffnung unter einem Stuhl.

In Sälen mit ansteigenden Bankreihen, also mit treppenartigem Boden — wie in Hörsälen oder den Rängen der Theater — können die Gitteröffnungen in die senkrechten Teile der Stufen gelegt werden. Bei Sälen mit waagerechtem Boden und festen Bankreihen — wie im Parkett der Theater — ist eine Lösung nach Abb. 207 möglich. Unter den Bankreihen liegt ein Luftzuführungskanal, dessen vordere Fläche die Gitter trägt und dessen abgeschrägte obere Fläche als Fußstütze für die dahinter liegende Bankreihe dient.

In Sälen mit ebenem Boden ohne feste Bankreihen, also in Räumen, bei denen der Fußboden für die Luftzuführungsöffnungen nicht zur Verfügung steht, bereitet es meist große Schwierigkeiten, die Öffnungen in der nötigen Anzahl, Größe und räumlichen Verteilung unterzubringen, da dann nur der untere Teil der Wandfläche dafür zur Verfügung steht. Ein großer Teil derselben fällt bei Sälen durch die Eingangstüren und irgendwelche Einrichtungsgegenstände weg. Außerdem gestattet der Architekt nur ungern die Unterbrechung des Wandsockels oder der Wandverkleidung durch Aus- oder Einströmöffnungen. Nur bei verständnisvollem und vor allem rechtzeitigen Zusammenarbeiten von Architekt und Lüftungsfachmann ist eine sowohl in technischer als ästhetischer Hinsicht zufriedenstellende Lösung möglich.

7. Richtung der Luftbewegung.

Es handelt sich in diesem Abschnitt um die wichtige Frage, ob man die Luft durch die oberen Öffnungen einströmen und durch die unteren Öffnungen ausströmen lassen soll, oder in entgegengesetztem Sinne durch den Raum führen soll. Man bezeichnet beide Lüftungsarten als Lüftung von oben nach unten bzw. von unten nach oben. Außerdem kommt — vor allem bei großen, aber niedrigen Räumen — noch die Zuführung auf der einen Seite des Raumes und die Abführung auf der anderen Seite, also die Querlüftung, in Frage.

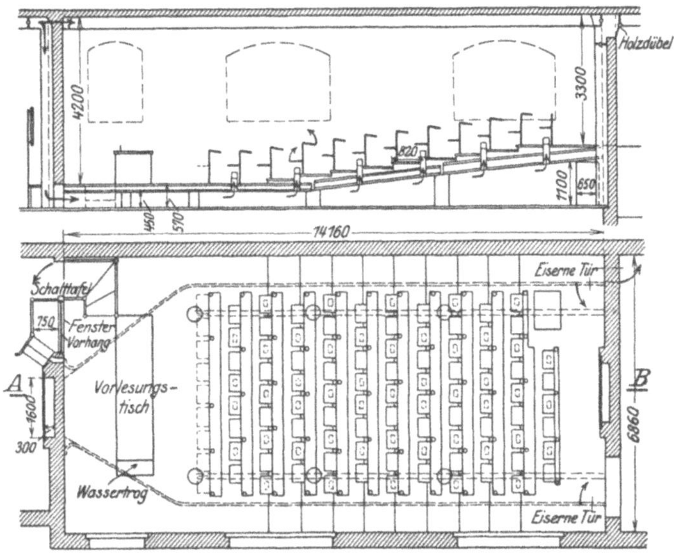

Abb. 208. Hörsaallüftung der Versuchsanstalt.

Die beste Art der Lüftung ist zweifelsohne jene, die an jeder Stelle der Luftverschlechterung sofort frische Luft in ausreichender Menge zuführt. Betrachtet man daraufhin z.B. ein Theater, einen Hörsaal usw., so würde es am zweckmäßigsten sein, jedem Anwesenden Frischluft zuzuleiten. Diese Erkenntnis führt unmittelbar zu einer Bauart nach Abb. 208 und dem Betrieb der Anlage mit Luftzuführung von unten nach oben. In der Tat gelang es, auf diese Weise in dem Hörsaal der Versuchsanstalt für Heiz- und Lüftungswesen (Abb. 208) überraschend gute Wirkungen sowohl hinsichtlich der Heizung als auch der Lüftung und Kühlung zu erzielen. Es ist dort möglich, den Luftwechsel bis auf das Zehnfache des Rauminhaltes zu steigern, ohne daß Zugbelästigungen eintreten. Die Anordnung nach Abb. 208 hat aber den Nachteil, daß sie nur dort anwendbar ist, wo die ganze Bodenfläche zur Zuführung der Luft zur Verfügung steht, und daß sie ziemlich hohe Baukosten verursacht.

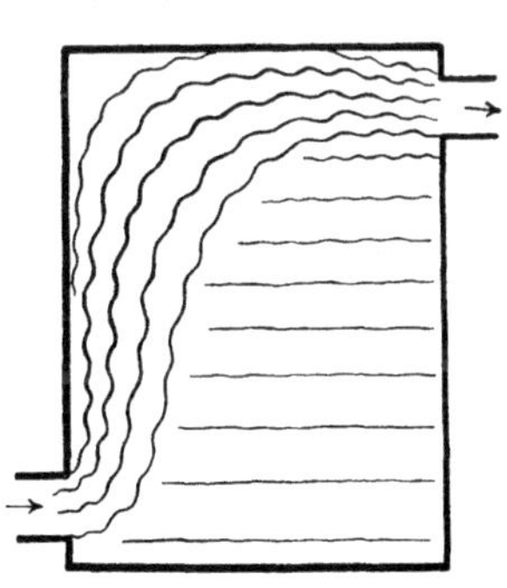

Abb. 209. Einführung warmer Luft unten.

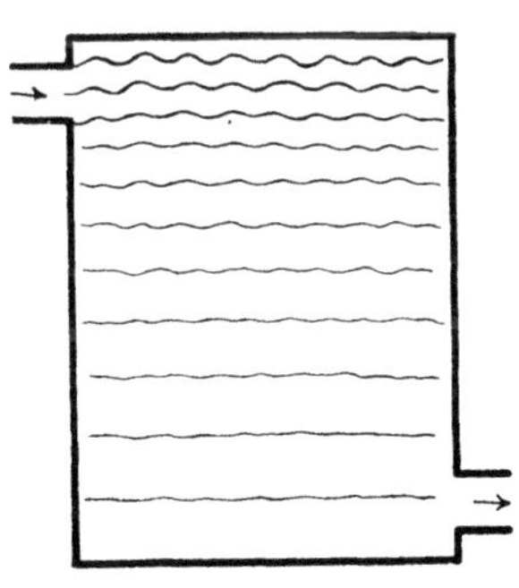

Abb. 210. Einführung warmer Luft oben.

Wenn die Bodenfläche nicht zur Verfügung steht, wenn also die Luftöffnungen nur in den Wänden angebracht werden können, dann ergibt sich — vor allem bei hohen Räumen — ein grundsätzlicher Unterschied, ob die Zuluft wärmer oder kälter als die Raumluft ist. Ist die Zuluft wärmer (vgl. Abb. 209), so wird sie infolge ihres geringeren Gewichtes von der Öffnung aus sofort nach der Decke steigen und dort durch die oberen Öffnungen abströmen. Es besteht also die Gefahr, daß sich tote

Lufträume bilden. Eine gleichmäßige Durchspülung des Raumes wird dann erreicht, wenn man die warme Luft oben einführt und unten abzieht (Abb. 210). Aus derselben Überlegung heraus muß man die kältere Luft unten einführen und oben abziehen. Man kann also die Regel aufstellen, daß man die Luft entgegen ihrer natürlichen Bewegungstendenz durch den Raum drücken muß, wenn man eine gleichmäßige Durchspülung des ganzen Raumes erzielen will. Aus dem Umstand, daß die Forderung einer gleichmäßigen Durchspülung nicht die einzige zu beachtende Forderung ist, ergibt sich aber, daß obige Regel nicht starr angewandt werden darf.

Hat man Räume mit großer waagerechter Ausdehnung, aber verhältnismäßig geringer Höhe zu belüften, so verlieren die Begriffe Lüftung von unten nach oben und von oben nach unten an Bedeutung. Man bringt dann meist sowohl Eintritts- als Austrittsöffnungen in der oberen Raumhälfte an und erzielt so Querlüftung durch den ganzen Raum (vgl. Abb. 211).

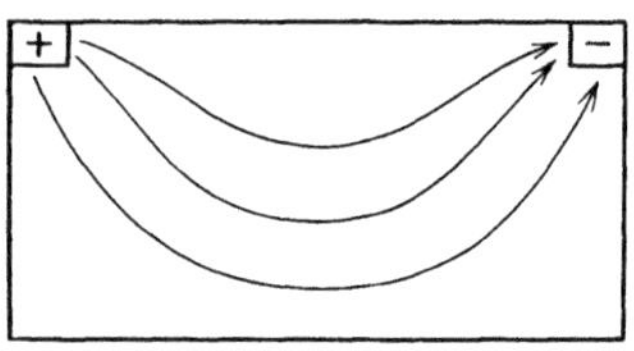

Abb. 211. Querlüftung.

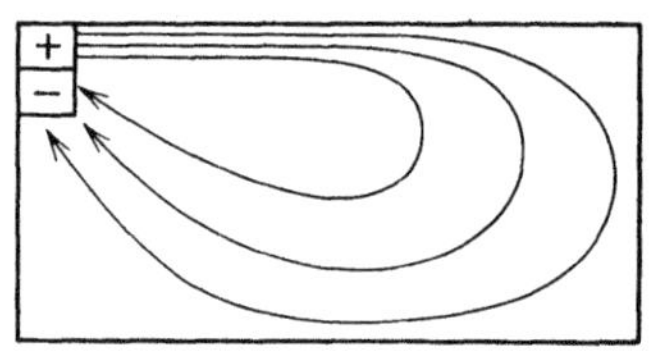

Abb. 212. Umwälzlüftung.

Ein vollständig anderes Verfahren ist in Abb. 212 dargestellt. Hier sind Zu- und Abluftkanal beide übereinander dicht unter der Decke angeordnet. Im Zuluftkanal herrscht höherer Druck, als es sonst üblich ist, und die Ausströmöffnungen sind klein und als einzelne Düsen oder als düsenartige Schlitze ausgebildet. Infolge der hierdurch erzielten hohen Austrittsgeschwindigkeit strömt die Luft rasch unter der ganzen Decke entlang und kehrt dann langsam durch die untere Raumhälfte zurück nach den Abströmöffnungen.

8. Regel- und Meßeinrichtungen[1].

Zur einwandfreien Überwachung und Bedienung einer Lüftungsanlage sind eine Reihe von Meßgeräten und Regeleinrichtungen notwendig, die verteilt an geeigneten Stellen in der Anlage anzuordnen sind. Die Ablesestellen der Meßgeräte und die Betätigungseinrichtungen der Regelgeräte werden am besten in einem Zentralbedienungsraum vereinigt.

Als Regelorgane kommen in Frage:

1. Die Anlasser der Elektromotoren,
2. die Regelorgane zur Erwärmung und Befeuchtung der Luft,
3. die Klappen und Schieber der Luftleitungen.

Hierbei ist zu beachten, daß die Stellung der Klappen von außen und möglichst auch vom Zentralbedienungsraum aus zu erkennen sein muß.

Als Meßorgane kommen in Frage:

1. Die Thermometer,
2. die Feuchtigkeitsmesser,
3. die Einrichtungen zum Messen der Luftmengen,
4. die Manometer zum Messen des Über- oder Unterdruckes,
5. die Voltmeter und Amperemeter der Elektromotoren.

Zur Messung der Luftmenge dient eine Verengung in der Leitung, die am besten nach Art des Venturirohres ausgebildet wird. Es lassen sich nur dann einigermaßen verlässige Meßergebnisse erzielen, wenn die Meßstelle in einem störungsfreien Strömungsfeld liegt. Deshalb muß vor der Meßstelle eine gerade und innen vollständig glatte Beruhigungsstrecke und hinter der Meßstelle eine ebenso beschaffene Auslauf-

[1] Liesegang, W.: Elektrisches Messen und Regeln in Lüftungsanlagen. Z. Heizung u. Lüftung 1933, S. 17.

strecke vorhanden sein. Die Beruhigungsstrecke soll eine Länge von etwa dem Zehnfachen, die Auslaufstrecke etwa dem Sechsfachen des Durchmessers der Leitung an der engsten Stelle aufweisen. Es muß zugegeben werden, daß die Herstellung einer so langen geraden Strecke vielfach auf Schwierigkeiten stößt. Die Schwierigkeiten müssen aber überwunden werden, da die Möglichkeit für eine zuverlässige Messung der Luftmenge unbedingt vorzusehen ist.

VI. Kühlung der Räume.

Zur Durchführung dieser Aufgabe stehen im wesentlichen zwei Wege offen. Entweder man stellt im Raum Kühlkörper auf nach Art der Warmwasserheizkörper, die von gekühlter Sole durchströmt werden, oder man führt dem Raum durch eine Lüftungsanlage gekühlte Luft zu.

Von der Aufstellung von Kühlkörpern im Raum ist abzuraten. Einesteils wird durch sie die wichtige Entfeuchtung der Raumluft nicht in genügender Weise erzielt, andererseits bildet sich an den Kühlkörpern Schwitzwasser, das in hygienischer und technischer Hinsicht höchst unerwünscht ist.

Das einzig richtige Verfahren ist die Kühlung durch eine Lüftungsanlage.

Bei der Aufgabe, die hier zu erfüllen ist, handelt es sich nicht nur um die Kühlung der Luft, sondern oft weit mehr um die Trocknung der Luft, denn bekanntlich sind im Sommer nicht jene Tage die unangenehmsten, an denen das Thermometer am höchsten steht, sondern die Tage mit sehr hoher Feuchtigkeit, die sogenannten schwülen Tage (vgl. S. 242). Sind bei solcher Witterung in einem Saale sehr viel Menschen versammelt, so werden die Luftverhältnisse durch die Wärme- und Feuchtigkeitsabgabe der Rauminsassen noch weiter verschlechtert. Solch ungünstige Temperatur- und Feuchtigkeitsverhältnisse können zwar auch im Winter bei stark überfüllten Räumen eintreten. Aber die Aufgabe ist lüftungstechnisch im Winter bedeutend leichter, weil genügend kühle und vor allem genügend trockene Frischluft zur Einführung in den Raum zur Verfügung steht.

Die Frischluftanlage wird auch bei Kühlanlagen, ähnlich wie in Abb. 196 dargestellt, ausgeführt. Die Luft durchstreicht zuerst ein Vorfilter oder eine Staubkammer und ein Hauptfilter, daran reiht sich der Kühlkörper, der nach Art der Lufterhitzer (Abb. 201) oder als einfaches Rippenrohrsystem ausgebildet sein kann. An diesen Kühlkörpern scheiden sich an schwülen Tagen beträchtliche Wassermengen aus, deshalb müssen sie rostbeständig sein, und es ist hinter dem Kühlkörper ein Tropfenfänger einzubauen. Da die Luft zwecks ausgiebiger Trocknung stark unterkühlt werden muß, ist eine nachträgliche Wiedererwärmung notwendig, weil sonst im Raum Zugbelästigungen entstehen würden. In vielen Fällen kann man die Frischluftanlage räumlich so anordnen, daß die Luftfilter und Nachwärmeheizkörper für Sommer und Winter gemeinsam sind, der Kühlkörper mit seinem Tropfenfänger aber in einer Umgehungsleitung der Winteranlage liegt.

Als Kühlflüssigkeit für die Kühlkörper kommt in Frage Leitungswasser, Grundwasser oder auch Sole, die durch Kältemaschinen gekühlt ist.

Leitungswasser. Die Wirkung ist abhängig von der Wassertemperatur. Diese beträgt z. B. in Berlin 10 bis 12° C, in Wien 7 bis 8° C. Bedenkt man, daß die Luft, um genügend entfeuchtet zu werden, auf rund 12° C unterkühlt werden muß, so erkennt man, daß z. B. in Berlin für die Lösung der gleichen Aufgabe wesentlich größere Kühlflächen erforderlich werden als in Wien.

Grundwasser. Die Temperatur des Grundwassers ist z. B. in Berlin 10 bis 11° C, in Wien 14 bis 16° C. Es ist daher ersichtlich, daß z. B. in Wien durch Grundwasser keine ausreichenden Wirkungen erzielbar sind, es sei denn, daß dieses Wasser weiter unterkühlt wird.

Sole. Bei Anwendung von Sole können die Kühlflächen naturgemäß wesentlich kleiner sein, immerhin werden noch große Räume benötigt. Dazu tritt noch der Platzbedarf für die Kältemaschinen. Die Ausgaben für Anlage- und Betriebskosten sind hoch. Trotz dieser Schwierigkeiten wird man die Ausführung derartiger Anlagen wählen müssen, wenn alle anderen Mittel versagen und Kühlung unbedingt erforderlich erscheint. Hinsichtlich der Kühlmaschinen muß besonders auf geräuschschwachen Betrieb der Maschinen an sich und auf deren Anordnung derart geachtet werden, daß in den benutzten Räumen keine Störungen z. B. durch Resonanz auftreten. So selbstverständlich diese Forderung erscheint, so schwer ist es in vielen Fällen, ihr zu entsprechen.

Die Berechnung der Kühlanlagen ist, soweit sie innerhalb der Grenzen des vorliegenden Werkes behandelt werden kann, im II. Teil, S. 226 besprochen.

Die mittlere höchste Außentemperatur kann in unseren Breiten mit 33° C im Schatten, die einzuhaltende Raumtemperatur mit 22 bis 23° C angesetzt werden, wobei eine relative Feuchtigkeit von 60 bis 70 vH nicht überschritten werden soll. Die Temperatur der in die Räume einströmenden Luft darf nicht zu niedrig angenommen werden, so daß die einzuführenden Luftmengen meist erheblich sind. Einwandfreie Verhältnisse können nur bei Vorhandensein einer großen Anzahl von Einströmöffnungen und bei möglichst fein verteilter Luft geschaffen werden (vgl. S. 122).

Zweiter Teil.

Berechnungen.

Dimensionen und Formelzeichen.

Als Einheit der Länge gilt in diesem Buch überall das Meter, nur Rohrdurchmesser werden in Millimetern angegeben. Die Zeit wird im allgemeinen in Stunden gemessen, vor allem gilt dies in Verbindung mit Wärmeangaben, z. B. beim Wärmebedarf von Räumen, bei Leistung von Heizflächen u. a. m. Dagegen wird bei der Berechnung von Strömungsvorgängen mit der Sekunde als Zeiteinheit gerechnet, z. B. gilt stets für Strömungsgeschwindigkeiten die Einheit ,,Meter pro Sekunde". Diese zweierlei Zeiteinheiten sind zwar äußerst lästig, jedoch ist vorerst eine Änderung nicht möglich.

Die Einheit der Wärmemenge ist in diesem Lehrbuch nicht als WE, sondern als kcal bezeichnet (gesprochen: Kilokalorie und nicht Kilogrammkalorie). Ich berufe mich dabei auf die Stellungnahme des Normenausschusses. Diese wieder stützt sich auf das ,,Gesetz über die Temperaturskala und die Wärmeeinheit vom 7. August 1924"[1].

Bei der Entscheidung, ob ,,Kilokalorie" oder ,,Wärmeeinheit" als Bezeichnung zu wählen sei, war für jene Stellen, welche die Reichsregierung beraten haben, folgende Schlußfolgerung maßgebend:

Längeneinheiten sind: Meter, Millimeter, Zoll engl. usw.,

Zeiteinheiten sind: Jahr, Stunde, Sekunde,

Gewichtseinheiten sind: Kilogramm, Gramm, Pfund engl.,

folglich muß auch gelten:

Wärmeeinheiten sind: Kilokalorie, Kalorie, British Thermal Unit.

Das Wort ,,Wärmeeinheit" kennzeichnet die Art der Einheit, also den umfassenderen Begriff und die Worte ,,Kilokalorie, Kalorie" die Größe verschiedener solcher Wärmeeinheiten.

Bei den Rechnungen haben die Buchstaben im allgemeinen folgende Bedeutungen:

h = Höhe . . . . (m)
l = Länge . . . . (m)
d oder D = Durchmesser . . . . (mm)
f oder F = Fläche . . . . (m^2)
t_0 = Temperatur im Freien . . . . (° C)
t_R = Temperatur in einem Raum . . . . . . (° C)
t_E = Eintrittstemperatur . . . . (° C)
t_A = Austrittstemperatur . . . . (° C)

[1] Veröffentlicht im Reichsgesetzblatt v. 12. VIII. 1924, Teil I, S. 679; abgedruckt in der Z. Instrumentenk. Nr. 44, S. 475. Okt. 1924.

t_v	=	Vorlauftemperatur	(° C)
t_r	=	Rücklauftemperatur	(° C)
t_D	=	Dampftemperatur	(° C)
z	=	Zeit	(h oder s)
G	=	Luft- oder Wassermenge (Gewicht) . . .	(kg)
W	=	Wassermenge (Volumen)	(m^3)
V	=	Luftmenge (Volumen)	(m^3)
V_s	=	sekundliche Luftmenge	(m^3/s)
V_h	=	stündliche Luftmenge	(m^3/h)
Q	=	Wärmemenge	(kcal)
Q_h	=	Wärmemenge je Stunde	(kcal/h)
$Q_{m^2, h}$	=	Wärmemenge je m^2 und pro Stunde . .	($kcal/m^2 \cdot h$)
γ	=	spezifisches Gewicht	(kg/m^3)
ϱ	=	Massendichte	($kg \cdot h^2/m^4$)
λ	=	Wärmeleitzahl	($kcal/m \cdot h \cdot {}^\circ C$)
α	=	Wärmeübergangszahl	($kcal/m^2 \cdot h \cdot {}^\circ C$)
k	=	Wärmedurchgangszahl	($kcal/m^2 \cdot h \cdot {}^\circ C$)
w	=	Strömungsgeschwindigkeit	(m/s)
p_1	=	Anfangsdruck	(mm WS = kg/m^2)
p_2	=	Enddruck	(mm WS = kg/m^2)
$p_1 - p_2$	=	Druckabfall.	(mm WS)
$\frac{p_1 - p_2}{l} = R$	=	Druckgefälle	(mm WS/m)

I. Wärmebedarfsberechnung.

Es ist nicht zu bestreiten, daß die Wärmebedarfsberechnung äußerst zeitraubend und umständlich ist. Deshalb ist anzustreben, daß bei Wettbewerben nicht jede einzelne Firma diese Rechnung für ihr Projekt selbst durchzuführen braucht, sondern daß ihr die Wärmebedarfszahlen der einzelnen Räume von der Bauleitung zur Verfügung gestellt werden. Durch wen die Bauleitung diese Zahlen feststellen läßt und wie sie für diese Arbeit entschädigt wird, ist Sache rechtzeitiger Vereinbarung aller Beteiligten.

Im Interesse des Bauherrn könnte man noch weitergehen und verlangen, daß die Bauleitung sämtliche konkurrierenden Firmen auf die gleichen Wärmebedarfs zahlen verpflichtet, denn der Wärmebedarf ist unabhängig von der Heizungsanlage; er ist eine reine Gebäudeeigenschaft, und seine Ermittlung sollte dem Drucke des Wettbewerbes entzogen werden.

Diese Forderung gilt nicht nur beim Wettbewerb einzelner Firmen gegeneinander, sondern sie gilt sinngemäß auch beim Wettbewerb verschiedener Heizungssysteme gegeneinander, z. B. Kachelöfen gegen eiserne Öfen oder Kachelöfen gegen Zentralheizung.

A. Grundbegriffe.

Wenn zwei Räume, die durch eine Wand getrennt sind, verschiedene Temperaturen besitzen, so findet durch die Wand hindurch ein Wärmeaustausch statt, den man als Wärmedurchgang bezeichnet. Bei genauerer Betrachtung zeigt sich, daß sich dieser Wärmeaustausch aus drei Teilvorgängen aufbaut, aus einem Wärmeübergang vom wärmeren Raum an die anliegende Wandoberfläche, aus einem Wärmeleitvorgang von dieser Oberfläche durch die Wand hindurch zur anderen Oberfläche und aus nochmals einem Wärmeübergang von dieser letztgenannten Oberfläche an den kälteren Raum.

Es bezeichnen

t_i und t_a die beiden Raumtemperaturen (innen und außen),

Θ_i und Θ_a die beiden Oberflächentemperaturen,

δ die Dicke der Wand,

F die Größe der Wandfläche,

Q_h die in der Stunde durch die Wand hindurchgehende Wärmemenge.

Für die beiden Wärmeübergänge gelten die Gleichungen

$$Q_h = \alpha_i F \cdot (t_i - \Theta_i)$$

und $$Q_h = \alpha_a F \cdot (\Theta_a - t_a)\,.$$

Die Wärmemenge ist also proportional der Größe F der Wandfläche und dem Temperaturunterschied zwischen Raum und Wandoberfläche. Man nennt

die Verhältniszahl α: die Wärmeübergangszahl,

ihren Kehrwert $\frac{1}{\alpha}$: den Wärmeübergangswiderstand.

Für die Wärmeleitung durch die Wand gilt

$$Q_h = \lambda \cdot F \cdot \frac{\Theta_i - \Theta_a}{\delta} = \frac{\lambda}{\delta} \cdot F(\Theta_i - \Theta_a)\,.$$

Die Wärmemenge ist also proportional der Größe F der Wandfläche und proportional dem Temperaturunterschied $(\Theta_i - \Theta_a)$, ferner umgekehrt proportional der Dicke δ der Wand. Man nennt

die Verhältniszahl λ: die Wärmeleitzahl des Wandstoffes,

den Bruch $\frac{\lambda}{\delta} = \Lambda$ die Wärmedurchlässigkeit der Wand,

den Kehrwert $\frac{\delta}{\lambda} = \frac{1}{\Lambda}$: den Wärmedurchlässigkeitswiderstand der Wand.

Im Beharrungszustand muß dieselbe Wärmemenge, welche auf der einen Seite in die Wand eintritt, auch die Wand durchsetzen und an der Gegenseite wieder die Wand verlassen. Es gelten also alle drei Gleichungen mit demselben Wert Q_h (siehe linken Teil der nachstehenden Rechnung).

$$\begin{array}{l||l}
Q_h = \alpha_i \cdot F \cdot (t_i - \Theta_i) & t_i - \Theta_i = \frac{Q_h}{F} \cdot \frac{1}{\alpha_i} \\
Q_h = \frac{\lambda}{\delta} \cdot F \cdot (\Theta_i - \Theta_a) & \Theta_i - \Theta_a = \frac{Q_h}{F} \cdot \frac{\delta}{\lambda} \\
Q_h = \alpha_a \cdot F \cdot (\Theta_a - t_a) & \Theta_a - t_a = \frac{Q_h}{F} \cdot \frac{1}{\alpha_a} \\
\hline
 & t_i - t_a = \frac{Q_h}{F} \cdot \left(\frac{1}{\alpha_i} + \frac{\delta}{\lambda} + \frac{1}{\alpha_a}\right)
\end{array}$$

In diesen drei linken Gleichungen sind außer der Wärmemenge Q_h, um deren Bestimmung es sich handelt, noch die beiden Oberflächentemperaturen Θ_i und Θ_a unbekannt. Diese müssen deshalb zuerst aus der Rechnung eliminiert werden. Zu diesem Zwecke löst man alle drei Gleichungen nach ihrer Temperaturdifferenz auf (rechter Teil der Rechnung) und addiert dann die drei Gleichungen; dabei heben sich links die Werte Θ_i und Θ_a heraus, und nur die Differenz beider Raumtemperaturen bleibt bestehen.

Man löst nun die Gleichung wieder nach Q_h auf und erhält

$$Q_h = \frac{1}{\frac{1}{\alpha_i} + \frac{\delta}{\lambda} + \frac{1}{\alpha_a}} \cdot F \cdot (t_i - t_a) = k \cdot F \cdot (t_i - t_a)\,. \tag{1}$$

Dies ist die Grundgleichung des Wärmedurchganges.

Man nennt

die Verhältniszahl k: die Wärmedurchgangszahl,

ihren Kehrwert $\frac{1}{k}$: den Wärmedurchgangswiderstand.

Für eine Wand mit mehreren Schichten von den Dicken δ_1, δ_2, δ_3 ... und den Wärmeleitzahlen λ_1, λ_2, λ_3 ... würde eine Wiederholung der obigen Rechnung die Gleichung liefern:

$$\frac{1}{k} = \frac{1}{\alpha_i} + \frac{\delta_1}{\lambda_1} + \frac{\delta_2}{\lambda_2} + \frac{\delta_3}{\lambda_3} + \cdots \frac{1}{\alpha_a}$$
$$= \frac{1}{\alpha_i} + \frac{1}{\Lambda_1} + \frac{1}{\Lambda_2} + \frac{1}{\Lambda_3} + \cdots \frac{1}{\alpha_a}.$$

Der gesamte Wärmedurchgangswiderstand der Wand summiert sich also aus den Wärmeübergangswiderständen an den beiden Oberflächen und aus den Wärmedurchlässigkeitswiderständen der sämtlichen Schichten.

Besteht eine dieser Schichten aus einer Luftschicht, so darf hier nicht der Wärmedurchlässigkeitswiderstand $\frac{1}{\Lambda}$ gleich Dicke δ der Luftschicht geteilt durch Wärmeleitzahl λ der Luft gesetzt werden, weil bei Luftschichten der Wärmetransport nicht nur durch Leitung, sondern auch durch Strömung der Luft und durch Strahlung erfolgt. Für Luftschichten, wie sie im Hochbau vorkommen, kann man nach Professor Schmidt, Danzig, als Wärmedurchlässigkeitswiderstand $\frac{1}{\Lambda}$ die Werte der Zahlentafel 8, S. 274, setzen.

B. Aufbau der Rechnung.

Die Berechnung des Wärmebedarfs von einzelnen Räumen und ganzen Gebäuden ist hier im engsten Anschluß an die „Regeln für die Berechnung des Wärmebedarfs und der Heizkörper- und Kesselgrößen von Warmwasser- und Niederdruckdampf-Heizungsanlagen" dargestellt[1], die unter der Nummer 4701 als Dinorm anerkannt sind.

Der Wärmebedarf eines Raumes, d. i. diejenige Wärmemenge, welche der Heizkörper dem Raum zuführen muß, setzt sich zusammen aus dem Wärmeverlust, den der Raum im Beharrungszustand durch seine Begrenzungsflächen (Mauern, Türen, Fenster, Decke und Fußboden) erleidet, und aus einem Zuschlag für das Wiederhochheizen nach Betriebspausen. Um den erstgenannten Teil, den Wärmeverlust im Beharrungszustand, zu bestimmen, rechnet man mit Hilfe der Gleichung

$$Q_h = k \cdot F \cdot (t_i - t_a)$$

den Wärmeverlust unter Voraussetzung besonders einfacher Verhältnisse aus. Auf diesen so ermittelten Wert, den man den „zuschlagfreien Wärmeverlust" nennt, kommen noch eine Reihe von Zuschlägen, welche den verschiedenen ungünstigen Einflüssen Rechnung tragen.

Es sind der Reihe nach folgende Werte zu ermitteln:

<table>
<tr><td>Zuschlagfreier Wärmeverlust . . . .</td><td rowspan="5">Wärmeverlust im Beharrungszustand</td><td rowspan="6">Wärmebedarf</td></tr>
<tr><td>Zuschlag für Himmelsrichtung. . . . .</td></tr>
<tr><td>„ „ Windanfall . . . .</td></tr>
<tr><td>„ „ Räume mit mehreren Außenflächen .</td></tr>
<tr><td>„ „ besonders hohe Räume . . . . .</td></tr>
<tr><td>Zuschlag für Anheizen nach Betriebspausen und Hochheizen nach Betriebseinschränkungen . . . .</td><td></td></tr>
</table>

Zur Durchführung dieser Rechnung bedient man sich zweckmäßigerweise eines Vordruckes, dessen Einteilung auf S. 135 dargestellt ist.

[1] Erschienen im Selbstverlag des Verbandes der Centralheizungs-Industrie E. V. Berlin W 9, Linkstr. 29.

Ehe mit der Berechnung des Wärmebedarfs begonnen werden kann, müssen seitens des Architekten verläßliche Angaben über das zu beheizende Gebäude vorliegen. Diese müssen enthalten:

1. Einen Lageplan, aus dem die Himmelsrichtung und die Art des Windzutrittes zu erkennen sind,
2. die notwendigen Grundrisse und Schnitte des Gebäudes,
3. Angaben über die bauliche Ausführung der Wände usw. Dabei ist seitens des Architekten zu berücksichtigen, daß Außenwände bewohnter Räume so beschaffen sind, daß ihre Wärmedurchgangszahlen niemals größer als 1,4 sind (also mindestens gleichwertig dem Wärmeschutz einer 38 cm starken Ziegelmauer). Bei höheren Wärmedurchgangszahlen ist Verbesserung des Wärmeschutzes durch innere Verkleidung mit Isolierplatten (Holz, Kork, imprägnierter Torf usw.) anzustreben.

C. Einzelheiten der Berechnung.

1. Angaben über die Innentemperatur t_i.

In einem geheizten Raum ist die Temperatur in der Nähe des Bodens niederer als an der Decke. Besonders groß ist der Unterschied bei sehr hohen Räumen. Als maßgebend gilt die Temperatur in 1,5 m Höhe über dem Fußboden, gemessen in der Mitte des geschlossenen zugfreien Raumes.

Wenn nicht durch den Auftraggeber andere Temperaturen vorgeschrieben werden, so sind für Wohn- und Arbeitsräume im allgemeinen 20° C, für Treppenhäuser, Flure, Aborte usw. 15° C zugrunde zu legen.

Eine ausführliche Zusammenstellung der anzunehmenden Temperaturen mit getrennten Angaben für Wohnhäuser, Geschäfts- und Verwaltungsgebäude, Schulen, Krankenhäuser, Fabriken usw. enthalten die „Regeln“.

2. Angaben über die Temperatur t_a.

a) Als Temperatur im Freien.

Als tiefste Außentemperatur ist im allgemeinen nicht diejenige einzusetzen, welche in der betreffenden Gegend jemals gemessen wurde, sondern es genügt jene Temperatur, welche durchschnittlich alle Jahre zwei- bis dreimal erreicht wird. Die selten vorkommenden noch tieferen Temperaturen wird man im Betriebe unter Ausnutzung der Speicherfähigkeit der Gebäudemassen durch ein zeitweiliges Anstrengen der Anlage überwinden können.

Bei den starken klimatischen Verschiedenheiten innerhalb des Deutschen Reiches ist es nicht möglich, mit einer einheitlichen Temperatur im ganzen Reich zu rechnen. Die „Regeln“ enthalten deshalb in ihrer Zahlentafel 1 für 385 Städte die in Rechnung zu stellenden Außentemperaturen. Im allgemeinen ist hier —15° C eingesetzt, in besonders kalten Gegenden —20° C und in günstigeren Fällen —10° C.

Nachstehend sind für einige wichtige Städte aus allen Teilen des Reiches die anzunehmenden Außentemperaturen angegeben:

Königsberg	—20° C	Helgoland	—10° C	Stuttgart	—15° C
Breslau	—15° C	Düsseldorf	—10° C	München	—15° C
Leipzig	—15° C	Karlsruhe	—15° C	Wien	—15° C
Berlin	—15° C				

b) Als Temperatur eines ungeheizten Nebenraumes.

Grenzt der zu berechnende Raum an einer Seite an einen ungeheizten Nebenraum, so müßte dessen Temperatur erst aus den Temperaturen der ihn umgebenden geheizten Räume und aus der Temperatur der Außenluft berechnet werden. Da diese Berechnung sehr umständlich ist, wird von ihr meist abgesehen. Es sind dann je nach der Außentemperatur der betreffenden Gegend für die Temperatur der angrenzenden ungeheizten Nebenräume die Werte der Zahlentafel 5 (S. 272) zugrunde zu legen.

3. Abkühlungsflächen *F*.

Bei den Abmessungen der Wände sowie der Fußböden und Decken gelten als Länge und Breite die lichten Raummaße; als Höhe der Wände ist aber nicht die lichte Raumhöhe, sondern die Stockwerkhöhe von Fußbodenoberkante zu Fußbodenoberkante einzusetzen. Für die Bestimmung der Fenster- und Türgröße ist nicht die Glasfläche oder der Holzrahmen, sondern die innere Leibung der Maueröffnung zu messen.

Die Längen- und Flächenmaße in m bzw. m^2 können auf eine Stelle hinter dem Komma abgerundet werden.

Zur Kennzeichnung der einzelnen Abkühlungsflächen bei der Rechnung sind folgende Abkürzungen üblich:

EF	Einfachfenster,	BT	Balkontür mit Glasfüllung,	D	Decke,
DF	Doppelfenster,	IW	Innenwand,	Da	Dach,
IT	Innentür,	AW	Außenwand,	EO	Einfaches Oberlicht,
AT	Außentür,	FB	Fußboden,	DO	Doppeltes Oberlicht.

4. Wärmedurchgangszahlen *k*.

Die Werte der Wärmedurchgangszahlen befinden sich auf S. 275 bis 277, und zwar enthält:

Zahlentafel 9/I: *k*-Werte für Normalwände,
Zahlentafel 9/II: *k*-Werte für Isolierwände,
Zahlentafel 9/III: *k*-Werte für Dächer,
Zahlentafel 9/IV: *k*-Werte für Decken- und Fußbodenkonstruktionen,
Zahlentafel 9/V: *k*-Werte für Türen, Fenster und Oberlichte.

Die in diesen Zahlentafeln enthaltenen Wärmedurchgangszahlen gelten für Bauten guter Ausführung und normalen Feuchtigkeitsgehaltes, wie er sich etwa ein Jahr nach Beendigung des Rohbaues einstellt. Vor Verschwinden der Baufeuchtigkeit treten bei vollwandigen Ziegelbauten, bei Schlackenbeton usw. bis zu 30 vH, bei Leichtbeton bis zu 50 vH höhere Wärmedurchgangszahlen auf.

Bemerkung zu Zahlentafel 9/IV: Decken- und Fußbodenkonstruktionen.

Bei den *k*-Werten ist angenommen, daß die Decke oder der Fußboden auf der anderen Seite ebenfalls von einem Innenraum begrenzt wird. Ist das nicht der Fall, so sind die *k*-Werte der entsprechenden Bauart des Abschnittes „Dächer" zugrunde zu legen.

Die Abstufung der *k*-Werte in zwei Spalten ist notwendig, weil die Temperaturschichtung und die Luftströmung in den Räumen verschieden ist bei Wärmedurchgang von unten nach oben und bei Wärmedurchgang von oben nach unten, d. h. je nachdem, ob der darüber liegende Raum kälter oder wärmer ist.

Bemerkung zu Zahlentafel 9/V: Türen, Fenster und Oberlichte.

In dieser Zahlentafel sind zwei Spalten für die Wärmedurchgangszahlen angegeben.

Spalte 1 gilt für Fenster und Oberlichte mit vollständig abgedichteten Fugen, also z. B. für eingemauerte Fenster oder für Fenster, deren Fugen durch besondere Maßnahmen vollständig abgedichtet sind.

Spalte 2 gilt für gewöhnliche Türen und Fenster zum Öffnen, deren Fugen guter Bauausführung entsprechen.

Diese Zweiteilung der *k*-Werte ist aus folgendem Grunde notwendig:

Bekanntlich ist für den Wärmeverlust eines Gebäudes neben der Außentemperatur auch der Windanfall zu beachten. Erstens erhöht der Windanfall die äußere Wärme**über**gangszahl, aber selbst eine starke Erhöhung dieses Wertes wirkt sich im allgemeinen nur durch eine geringe Erhöhung der Wärme**durch**gangszahl aus, so daß diese erste Wirkung des Windes nicht von großem Einfluß ist. Anders ist dies bei der zweiten Wirkung des Windes, bei dem Eindringen von kalter Luft durch die Undichtheiten der Außenhaut des Gebäudes. Zwar findet bei geheizten Räumen schon bei Windstille ein Luftwechsel statt, denn der Temperaturunterschied zwischen innen und außen bewirkt auch Druckunterschiede. Aber erst wenn Wind auf dem Gebäude steht, wird dieser Luftwechsel beträchtlich. Er kann dann sogar so groß werden, daß Heizungen, die bei tiefster Außentemperatur ausreichen, schon bei mäßiger Kälte versagen, wenn starker Windanfall herrscht. Darum ist es notwendig, diesem Windanfall vor allem bei der Wärmedurchgangsberechnung für Fenster weitgehend Rechnung zu tragen.

Bei den vollständig dichten Fenstern und Türen kann kein nennenswerter Luftwechsel eintreten, und der Wärmeverlust spielt sich als ein reiner Vorgang des Wärmedurchganges ab. Die k-Werte der ersten Spalte sind deshalb allein nach der Gleichung

$$\frac{1}{k} = \frac{1}{\alpha_i} + \frac{1}{\alpha_a} + \frac{1}{\Lambda_1} + \frac{1}{\Lambda_2}$$

(vgl. S. 130) errechnet.

Bei den Fenstern mit Fugen lagert sich über den reinen Wärmedurchgang noch ein Wärmetransport durch Luftwechsel, dem man am einfachsten durch einen Zuschlag auf die k-Werte der ersten Spalte Rechnung trägt. Die k-Werte der zweiten Spalte sind deshalb nicht mehr reine Wärmedurchgangszahlen im physikalischen Sinne.

5. Zuschläge für Himmelsrichtung, Räume mit mehreren Außenflächen, Windangriff.

Diese Zuschläge sind für die einzelnen Teile der Außenflächen und für jeden der Fälle I, II und III getrennt einzusetzen.

Fall:	Zuschläge für:		Wand	Fenster und Türen
I	Himmelsrichtung	N, NW, NO, O W, SW, SO	10% 5%	
II	Räume mit mehreren Außenflächen oder mit Erkerausbauten	mit Fenster oder Tür in einer Außenfläche	5%	10%
		mit Fenster oder Tür in mehreren Außenflächen	5%	25%
III	Lage der Außenflächen in bezug auf Windangriff. Nur bei N, NO und O-Lage	a) ungünstig	5%	25%
		b) außergewöhnlich ungünstig	10%	50%

Erläuterungen:

Zu I: Zuschlagfrei ist also nur die reine Südrichtung.

Zu II: Für die Bemessung der Zuschläge ist es gleichgültig, ob die beiden Außenflächen gegenüberliegen oder aneinanderstoßen.

Zu III: Der Fall III kommt nur in Frage für die den besonders abkühlenden Winden ausgesetzten Außenflächen, also bei Nord-, Nordost- und Ostlage.

Es sei ausdrücklich betont, daß es sich bei den Angaben über den Windzutritt nicht um Windstärke oder andere meteorologische Angaben für die Gegend handelt, sondern lediglich um die mehr oder weniger freie Lage des Gebäudes, also um eine Kennzeichnung, inwieweit sich der Wind auf das ganze Gebäude oder auf Teile desselben auswirken kann. In diesem Sinne unterscheiden die Regeln außer der normalen zuschlagfreien Lage (z. B. im Innern von Städten bei geschlossener Bauweise) zwei Fälle:

a) ungünstige Lage, z. B. Außenflächen, denen in einem Abstand von 40 m keine Erhebungen mindestens gleicher Höhe (Häuser, Hügel, Wälder usw.) gegenüberstehen,

b) außergewöhnlich ungünstige Lage, z. B. ungeschützte Lage auf freien Erhebungen, an Flüssen und Seen.

6. Zuschläge für Betriebsunterbrechung.

Nach Betriebseinschränkungen und Betriebsunterbrechungen ist ein Wiederhochheizen des Gebäudes nur bei vorübergehend vermehrter Wärmezufuhr möglich, darum sind besondere Zuschläge, die „Anheizzuschläge" zu machen, die wie folgt ermittelt werden:

Aus der täglichen Benutzungsdauer der Räume ergibt sich die Dauer der täglichen Heizpausen, und daraus, unter Berücksichtigung des geplanten Heizungssystems, die Betriebsweise der Kesselanlage.

Außer dem durchgehenden Betrieb, der keine Anheizzuschläge erfordert, unterscheidet man drei Fälle:

I. Ununterbrochener Betrieb mit Betriebseinschränkung bei Nacht,
II. täglich 9- bis 11stündige Betriebsunterbrechung,
III. täglich 12- bis 15stündige Betriebsunterbrechung.

Für alle drei Fälle ist für das Wiederhochheizen eine Zeit von 3 Stunden angenommen.

Bei der Wahl einer Betriebsweise als Grundlage für die Rechnung ist zu beachten, daß man im allgemeinen an den Tagen außergewöhnlicher Kälte, für welche ja die Wärmebedarfsrechnung gilt, nachts keine volle Betriebsunterbrechung eintreten lassen und noch weniger ein Wiederhochheizen in der kurzen Zeit von 3 Stunden verlangen kann.

Die Betriebsweise I, also diejenige mit den geringsten Anheizzuschlägen, darf deshalb der Rechnung zugrunde gelegt werden, sofern nicht die Eigenart des Baues und seine täglichen Benutzungszeiten zur Betriebsweise II oder III zwingen, welche als Sonderfälle zu betrachten sind.

Dauern die täglichen Betriebsunterbrechungen noch länger als 15 Stunden oder finden gar mehrtägige Betriebsunterbrechungen statt, so wäre es nicht zweckmäßig, die Anheizzuschläge noch weiter zu erhöhen, da man hierdurch Anlagen erhalten würde, die in den meisten Fällen unwirtschaftlich groß würden. Man rechnet darum auch in diesen Fällen im allgemeinen mit Betriebsweise III, muß sich aber dann mit längeren Anheizzeiten als 3 Stunden abfinden.

Die Größe der Zuschläge für Betriebsunterbrechung hängt außer von der gewählten Betriebsweise noch von den Eigenschaften des Baustoffes der Wand ab, und zwar ist maßgebend die dem geheizten Raum zugekehrte Schicht; Putz, Tapete, und Stoffbespannungen bleiben dabei unberücksichtigt.

Zahlentafel 10b enthält die entsprechenden Zahlenwerte.

7. Zuschläge für hohe Räume.

Auf den nach vorstehenden Angaben errechneten Wärmebedarf einschließlich aller Zuschläge ist für Räume von über 4,0 m lichter Höhe noch ein Zuschlag zu machen von 1 vH für je 0,5 m Überhöhe, jedoch nicht über 20 vH.

Bei Treppenhäusern bleibt dieser Zuschlag fort.

8. Durchführung einer Wärmebedarfsberechnung.

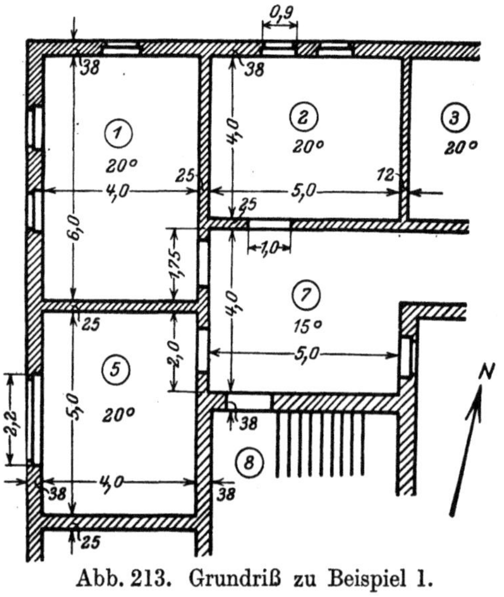

Abb. 213. Grundriß zu Beispiel 1.

Beispiel 1. Für die Räume 1 und 2 des in Abb. 213 dargestellten Grundrisses ist der Wärmebedarf zu ermitteln. Hierbei ist von nachstehenden Annahmen auszugehen:

Über den dargestellten Räumen liegen Lagerräume mit $+10°$ C Raumtemperatur, unter den Räumen befindet sich das Kellergeschoß.

Bauliche Annahmen:

Geschoßhöhe 3,8 m.

Deckenstärke 0,3 m.

Fenster- und Türhöhe 2,0 m.

Außen- und Innenwände: Ziegelmauerwerk, beiderseits verputzt (Zahlentafel 9/I).

Überall Doppelfenster (Zahlentafel 9/V).

Decke und Fußboden (Zahlentafel 9/IV).

Es wird angenommen, daß für die Nordseite mit ungünstigen Windverhältnissen (Fall a) zu rechnen ist.

Bezüglich der Betriebsunterbrechung wird nur Betriebseinschränkung bei Nacht angenommen. (Betriebsweise I.)

Alles andere, auch die Lage nach den Himmelsrichtungen, geht aus Abb. 213 hervor. Die Lösung der Aufgabe ist nachstehend mit Benützung des Vordruckes durchgeführt.

Berechnung des Wärmebedarfes.

1	2	3	4	5	6	7	8	9	10	11	12	13	14	15	16	17	18	19	20
													Zuschläge						
Bezeichnung	Himmelsrichtung	Wandstärke	Wärmedurchgangszahl	Temperaturunterschied	Länge	Höhe und Breite	Fläche	Anzahl	Abzug	In Rechnung gestellt	Temperaturunterschied × Wärmedurchgangszahl	Wärmeverlust	Himmelsrichtung	mehrere Außenflächen	Windangriff	Betriebsunterbrechung	Zuschlagsfaktor	Wärmebedarf	Bemerkung
		cm	kcal/m²·h·°C	°C	m	m	m²		m²	m²	kcal/m²·h	kcal/h	vH	vH	vH	vH		kcal/h	
1. Wohnzimmer 20° C, I = 84,0 m³.																			
DF	N	—	3,5	35	0,9	2,0	1,8	1	—	1,8	122,5	220	10	25	25	—	1,60	352	Z.-T. 9/V
AW	N	38	1,34	35	4,0	3,8	15,2	1	1,8	13,4	46,9	628	10	5	5	15	1,35	848	Z.-T. 9/I
DF	W	—	3,5	35	0,9	2,0	1,8	2	—	3,6	122,5	441	5	25	—	—	1,30	573	
AW	W	38	1,34	35	6,0	3,8	22,8	1	3,6	19,2	46,9	900	5	5	—	15	1,25	1125	
IT	—	—	3	5	1,0	2,0	2,0	1	—	2,0	15,0	30	—	—	—	—	1,00	30	Z.-T. 9/V
IW	—	25	1,33	5	1,75	3,8	6,7	1	2,0	4,7	6,7	31	—	—	—	15	1,15	36	
FB	—	—	0,53	15	6,0	4,0	24,0	1	—	24,0	8,0	192	—	—	—	2	1,02	196	Z.-T. 9/IV
D	—	—	0,58	10	6,0	4,0	24,0	1	—	24,0	5,8	139	—	—	—	2	1,02	142	
																		3302	
2. Schlafzimmer 20° C, I = 70,0 m³.																			
DF	N	—	3,5	35	0,9	2,0	1,8	2	—	3,6	122,5	441	10	—	25	—	1,35	595	
AW	N	38	1,34	35	5,0	3,8	19,0	1	3,6	15,4	46,9	722	10	—	5	15	1,30	938	
IT	—	—	3	5	1,0	2,0	2,0	1	—	2,0	15,0	30	—	—	—	—	1,00	30	
IW	—	25	1,33	5	5,0	3,8	19,0	1	2,0	17,0	6,7	114	—	—	—	15	1,15	131	
FB	—	—	0,53	15	5,0	4,0	20,0	1	—	20,0	8,0	160	—	—	—	2	1,02	163	
D	—	—	0,58	10	5,0	4,0	20,2	1	—	20,0	5,8	116	—	—	—	2	1,02	118	
																		1975	

D. Sonderfälle.

1. Bestimmung des Wärmebedarfs nach dem Rauminhalt.

In vielen Fällen muß man den Wärmebedarf eines Gebäudes schätzen, ohne nähere Angaben über die Ausführung zu besitzen. Ministerialdirektor Dr.-Ing. e. h. Uber hat sich das Verdienst erworben, auf Grund statistischer Ermittlungen den Wärmebedarf, bezogen auf 1 m³ Rauminhalt, festzulegen und die Zahlen nach Gebäudeart und Größe zu ordnen. Nachstehende Zusammenstellung ist den Veröffentlichungen Ubers entnommen[1].

Umbauter Raum in m³	Geheizter Raum		Wärmebedarf in den mittleren Provinzen	
	vH des umbauten Raumes	im ganzen m³	kcal für 1 m³	im ganzen kcal/h
Gerichtsgebäude:				
5 000 bis 7 500	50	2 500 bis 3 750	30	75 000 bis 112 500
7 500 „ 10 000	60	4 500 „ 6 000	27	121 500 „ 162 000
10 000 „ 50 000	70	7 000 „ 35 000	25	245 000 „ 875 000
über 50 000	75	37 500	20	750 000

Fortsetzung der Zusammenstellung nächste Seite.

[1] Uber: Bau- und Betriebstechnisches für Zentralheizungen in preußischen Staatsgebäuden. Berlin: Ernst & Sohn 1915. — Uber: Bau- und Betriebstechnisches für Zentralheizungen. Berlin: Ernst & Sohn 1916.

Umbauter Raum in m³	Geheizter Raum vH des umbauten Raumes	Geheizter Raum im ganzen m³	Wärmebedarf in den mittleren Provinzen kcal für 1 m³	Wärmebedarf in den mittleren Provinzen im ganzen kcal/h
Gefängnisse:				
5 000 bis 10 000	50	2 500 bis 5 000	32	80 000 bis 160 000
10 000 „ 20 000	65	6 500 „ 13 000	27	175 500 „ 351 000
20 000 „ 50 000	75	15 000 „ 37 500	22	330 000 „ 825 000
Krankenhäuser bei Gefängnissen:				
1 600 bis 4 100	55	880 bis 2 255	60	52 800 bis 135 300
Verwaltungsgebäude:				
7 400 bis 50 000	70	5 180 bis 35 000	28	145 000 bis 980 000
50 000 „ 122 000	60	30 000 „ 73 200	20	600 000 „ 1464 000
Höhere Lehranstalten:				
10 000 bis 20 000	65	6 500 bis 13 000	30	195 000 bis 390 000
Seminare:				
Externate:				
13 600 bis 14 300	65	8 800 bis 9 300	24	211 200 bis 223 000
Internate:				
22 500 bis 31 700	65	14 600 bis 20 600	22	321 200 bis 453 200

Aus dieser Zusammenstellung läßt sich nachstehende übersichtliche Tabelle ableiten:

Umbauter Raum m³	Beheizter Raum vH des umbauten Raumes	Stündlicher Wärmebedarf im ganzen kcal/h	Stündlicher Wärmebedarf, bezogen auf 1 m³ beheizten Raum	Stündlicher Wärmebedarf, bezogen auf 1 m³ umbauten Raum
bis 5000	50	75000	30	15,0
5000 bis 10000	60	75000 bis 160000	27	16,2
10000 „ 20000	65	160000 „ 310000	24	15,6
20000 „ 50000	70	310000 „ 770000	22	15,4
50000 u. mehr	75	770000 „	20	15,0

Die letzte Spalte dieser Tabelle zeigt, daß der Wärmebedarf, bezogen auf 1 m³ umbauten Raum, ziemlich unabhängig von der Größe des Gebäudes ist. Unter Berücksichtigung einer kleinen Aufrundung kann man mit 16 kcal je Stunde und Kubikmeter umbauten Raum rechnen.

2. Kirchenheizung.

Die Aufgabe, eine Kirche zu heizen, ist das Schulbeispiel für eine Reihe von Heizungsaufgaben, die am besten durch nachstehende vier Bedingungen gekennzeichnet sind:

1. Räume von bedeutender Größe,
2. dicke, schwere Wände,
3. mehrtägige Betriebsunterbrechung,
4. Benutzungsdauer von nur wenigen Stunden.

Bei so großen Räumen mit schweren Außenwänden würde sich ein Beharrungszustand erst nach mehrtägigem Anheizen erreichen lassen, was natürlich bei einer Benutzungsdauer von nur wenigen Stunden aus wirtschaftlichen Gründen nicht durchführbar ist. Man verzichtet deshalb darauf, das ganze Gebäude hochzuheizen und sucht nur so rasch wie möglich die Raumluft und die oberste Schicht der Wandinnenseite zu erwärmen. Anheizzeiten von 5 bis 6 Stunden haben sich im allgemeinen als zweckmäßig erwiesen.

Die Wärme, die während des Aufheizvorganges dem Raum zugeführt wird, wird wie folgt verwendet: Ein erster Teil der Wärme dient zur Erhöhung der Lufttemperatur, ein zweiter Teil entweicht durch die Fenster nach außen, und ein dritter Teil dringt mehr oder weniger tief in die Wände ein. Der erste Teil ist in vollem Ausmaße als Nutzwärme zu betrachten. Der zweite Teil der Wärme, der durch die Fenster entweicht, ist in vollem Maße als Verlust zu werten. Der dritte Teil, das ist diejenige Wärme, die in die Wände eindringt, ist nur zum Teil als Verlust zu werten, denn wir wollen ja mit der zugeführten Wärme nicht nur die Raumluft erwärmen, sondern auch die Innenseite der Wände. Dies ist notwendig, erstens, um die Abstrahlung der menschlichen Körper nach den kalten Wänden zu beschränken und zweitens, um die Zugerscheinungen zu vermeiden, die bei beheizten Kirchen erfahrungsgemäß äußerst lästig werden können — eine Störung, die bei unbeheizten Kirchen wegen der allgemeinen Temperaturgleichheit gänzlich unbekannt war.

Man kann das Zustandekommen dieser Zugerscheinungen am besten an Hand der elektrischen Fußbankheizung besprechen. Bei diesem Verfahren werden in die Kirchenbänke elektrische Heizkörper eingebaut, deren Aufgabe lediglich darin bestehen soll, den Boden, auf dem die Kirchenbesucher ihre Füße aufstellen, etwas zu erwärmen. Sie haben also nicht die Aufgabe, die Raumluft in der Nähe der Kirchenbesucher oder gar die ganze Kirche hochzuheizen. Infolge der Wärmeabgabe dieser Heizkörper sowie der Wärmeabgabe der Menschen entsteht über den Bankreihen ein schwacher, nach oben steigender Luftstrom, der natürlich durch Zuströmen frischer Luft von der Seite her wieder ersetzt werden muß (vgl. Abb. 214). So lange nun die Fußbankheizung wirklich nur in diesem geringen Maße ausgeführt ist, ist eine Zugbelästigung nicht zu befürchten. Vielfach wird jedoch die Heizenergie größer gewählt als dem obigen Zwecke entspricht, oder es wird eine Dampfheizung unter die Fußbänke verlegt. Dann bewirkt die vermehrte Wärmeentwicklung nicht nur einen viel stärkeren aufsteigenden Luftstrom, sondern auch ein vermehrtes Nachströmen der Luft von der Seite her. Da sich diese an den kalten Wänden stark abgekühlt hat, leiden die äußeren Plätze in den Bankreihen unter einer unerträglichen Zugerscheinung.

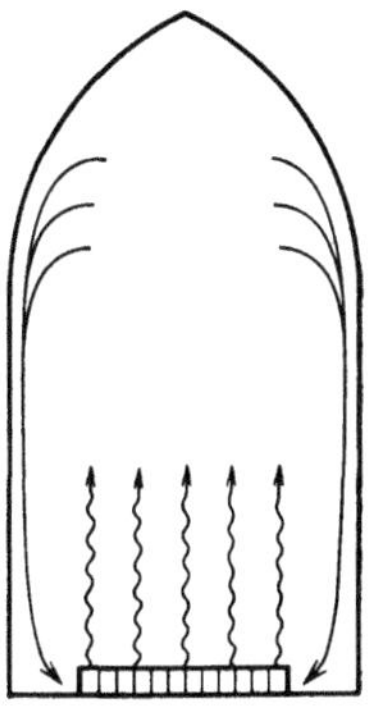

Abb. 214. Luftströmungen in einer Kirche bei Fußbankheizung.

Man sieht aus diesem Beispiel, daß es bei der Aufgabe der Kirchenheizung nicht allein darauf ankommt, die aus der Wärmebedarfsberechnung sich ergebende Wärmemenge zuzuführen, sondern die errechnete Gesamtheizfläche richtig aufzuteilen und die einzelnen Heizkörper zweckmäßig unter den kalten Fenstern und Wandflächen anzuordnen. In manchen Fällen wird es notwendig sein, noch besondere Zusatzheizkörper zur Vermeidung von Zugerscheinungen aufzustellen.

Eine genaue Berechnung aller dieser Vorgänge würde zu ziemlich großen rechnerischen Schwierigkeiten führen, deshalb ist noch heute die von Rietschel in seiner ersten Auflage des Leitfadens wiedergegebene Kirchenformel in der Praxis üblich. Ich entnehme nachstehende Darstellung wörtlich aus der letzten von Rietschel selbst bearbeiteten Auflage.

„Bei Anwendung möglichst den Wärmeverlusten entsprechend verteilter Heizfläche in den Räumen ist die erforderliche stündliche Wärmemenge:

$$Q_h = \frac{F k (t_R - t_0)}{2} + F_1\left(23 + \frac{5(t_R - t_1)}{z}\right). \tag{2a}$$

Bei Anwendung von Luftheizung zur Erwärmung der Räume und bei einer Heizungsanlage, die eine möglichst den Wärmeverlusten entsprechend verteilte Heizfläche nicht gestattet, ist die erforderliche stündliche Wärmemenge:

$$Q_h = \frac{F k (t_R - t_0)}{2} + F_1\left(40 + \frac{10(t_R - t_1)}{z}\right). \tag{2b}$$

In den beiden Gleichungen bedeutet:

F die Fensterfläche in m²,
F_1 die Fläche sämtlicher Wände, der Decke, des Fußbodens, der Säulen usw. in m²,
k die Wärmedurchgangszahl für Glas (k für einfaches Glas $= 6$),
t_R die verlangte Innentemperatur,
t_1 die Anfangstemperatur beim Anheizen (etwa zu 0° C anzunehmen),
t_0 die niedrigste Außentemperatur,
z die Anheizdauer in Stunden.

Bei einer Raumhöhe über 12 m ist bei Luftheizung (auch Kanalheizung) für jedes weitere Meter zu der berechneten Wärmemenge ein Zuschlag von 5 vH zu geben.

Je kürzer die Anheizdauer z gewählt wird, um so geringere Wärmemengen werden die Wände innerhalb dieser Zeit aufgenommen haben und um so lebhaftere Luftbewegung wird in dem Raume herrschen. Da bei einer sachverständig ausgeführten Anlage nicht allein innerhalb der gewünschten Zeit die geforderten Wärmegrade erzielt, sondern auch Zugerscheinungen möglichst vermieden werden müssen, ist es wünschenswert, den Beharrungszustand der Erwärmung der Raumluft möglichst rasch zu erreichen, also die Anheizdauer nicht zu lang zu bemessen, ihn aber bereits mehrere Stunden vor Benutzung des Raumes eintreten zu lassen. Da indes in der Praxis mit dem Anheizen vor der Benutzung des Raumes kaum eher begonnen wird, als die angegebene Anheizdauer beträgt, so empfiehlt es sich, die Anheizdauer für die Berechnung nicht zu lang anzunehmen (z. B. für Kirchen etwa 5 bis 6 Stunden), für den Betrieb aber um einige Stunden länger vorzuschreiben.“

Um die Besprechung dieser Berechnungsweise etwas zu vereinfachen, ändere ich in der zweiten Gleichung den Zahlenwert 40 in den Zahlenwert 46 um. Bei einer Berechnungsweise, die auf so unsicheren Grundlagen beruht, erscheint mir eine derartige Änderung unbedenklich. Wir können dann die beiden Gleichungen (2a) und (2b) in eine einzige Gleichung (2c) zusammenfassen:

$$Q_h = F\,\frac{k(t_R - t_0)}{2} + m\,F_1\left(23 + \frac{5(t_R - t_1)}{z}\right). \tag{2c}$$

Das erste Glied dieser Gleichung gibt den Wärmeverlust durch die Fenster wieder. Das zweite Glied bedeutet diejenige Wärmemenge, die in die Wände eindringt, und man sieht, daß die hierfür stündlich zuzuführende Wärmemenge um so größer ist, je kürzer die Anheizzeit gewählt wird. Der Faktor m wird gleich 1 oder gleich 2 gesetzt, gemäß den beiden Angaben bei den Gleichungen (2a) und (2b). Streng genommen müßte die Gleichung noch ein drittes Glied enthalten, das die Wärme darstellt, die man zwecks Erhöhung der Lufttemperatur im ganzen Innenraum vorsehen muß. Dieser Betrag ist jedoch im allgemeinen ganz gering; nur bei Kirchen außergewöhnlicher Größe erreicht er einen Wert, der rechnungsmäßig eine Rolle spielen könnte, wenn nicht die ganze Wärmebedarfsrechnung bei Kirchen überhaupt eine große Unsicherheit aufweisen würde. Die zur Erhöhung der Lufttemperatur aufzuwendende Wärme ist also meist zu vernachlässigen, allerdings nur dann, wenn die Umfassungswände der Kirche hinreichend luftdicht sind. Es dürfen also keine Deckendurchbrüche oder andere Undichtheiten vorhanden sein, da diese zusammen mit den häufig sich öffnenden Kirchentüren bei der großen Auftriebshöhe ganz beträchtliche Luftmengen von außen in die Kirche hereinbringen würden. Ist eine solche Dichtheit der Kirche nicht zu erreichen, so muß die Luftmenge geschätzt und die nötige Wärmemenge berechnet werden.

Gegen das Rietschelsche Verfahren zur Berechnung des Wärmebedarfes von Kirchen kann man einwenden, daß in der Gleichung (2c) bei beiden Summanden der formelmäßige Aufbau in keiner Weise den physikalischen Gesetzen entspricht.

Von dieser Tatsache ausgehend ist deshalb auch das ganze Rietschelsche Verfahren schon mehrfach beanstandet worden[1]. Da jedoch die Bemühungen, die alte Berechnungsweise durch ein neues, einwandfreies, aber auch einfaches Verfahren zu ersetzen, bis jetzt noch zu keinem Erfolg geführt haben, war ich gezwungen, vorerst noch einmal die alte Darstellung zu bringen.

II. Berechnung von Heizflächen.

A. Allgemeines.

Ähnlich wie bei dem Wärmedurchgang durch Gebäudewände handelt es sich auch bei Heizflächen um einen Vorgang des Wärmedurchganges, nur liegen hier auf beiden Seiten der Wand keine luftgefüllten Räume, sondern Wasser-, Gas- oder Dampfströme.

Auch hier gilt die Hauptgleichung für den Wärmedurchgang, in der wir aber jetzt statt t_i und t_a die Bezeichnungen t_1 und t_2 setzen wollen. Dabei kennzeichnet der Zeiger „1" stets die heißere, der Zeiger „2" stets die kältere Flüssigkeit. Es ist also

$$Q_h = k \cdot F \cdot (t_1 - t_2)$$

und

$$k = \frac{1}{\frac{1}{\alpha_1} + \frac{\delta}{\lambda} + \frac{1}{\alpha_2}}.$$

Es sei darauf aufmerksam gemacht, daß hier selbst bei ganz dünnen Wänden, z. B. Blechen, die Dicke δ der Wand in Metern einzusetzen ist. Die Wärmeleitzahl der Wand kann man annehmen:

bei Eisen zu etwa	50 kcal/m · h · °C
„ Aluminium zu etwa	175 „ „ „
„ Kupfer zu etwa	300 „ „ „

Die Wärmeübergangszahlen α schwanken innerhalb sehr weiter Grenzen; als erster und ganz ungefährer Anhalt kann gelten

bei sog. ruhender Luft	3 bis 30
„ bewegter Luft	10 „ 500
„ bewegten, nicht siedenden Flüssigkeiten . . .	200 „ 5000
„ siedenden Flüssigkeiten	4000 „ 6000
„ kondensierenden Dämpfen	7000 „ 12000

Die Grundgleichung des Wärmedurchganges dürfte strenggenommen nur auf ein Flächenelement dF angewandt werden, da sich im allgemeinen durch den Wärmeaustausch die Temperaturen der beiden strömenden Flüssigkeiten bzw. Gase längs der Trennungswand ändern. Von diesem Flächenelement dF müßte man durch Integration auf die ganze Heizfläche übergehen. Man kann diese Integration vermeiden, indem man zwar mit der ganzen Fläche F rechnet, dafür aber eine mittlere Temperaturdifferenz Δ_m einführt, also setzt:

$$Q_h = k \cdot F \cdot \Delta_m .$$

Über die Ermittlung dieser Temperaturdifferenz Δ_m aus den Eintrittstemperaturen t_{1E} und t_{2E} und den Austrittstemperaturen t_{1A} und t_{2A} wird bei den einzelnen Aufgaben gesprochen werden.

[1] Schmitz, J.: Beheizung von Kirchen. Haustechnische Rundschau 1932, S. 153—158. — Körting, J.: Betrachtungen über Kirchenheizungen. Haustechnische Rundschau 1933, S. 361—363.

B. Berechnung von Raumheizkörpern.

1. Allgemeines über Raumheizkörper.

Bei Raumheizkörpern kann strenggenommen für die Raumluft von einer gerichteten regelmäßigen Strömung nicht gesprochen werden. Es haben deshalb auch die Begriffe Ein- und Austrittstemperatur der Luft keinen praktischen Wert, und man rechnet statt mit den Temperaturen t_{2E} und t_{2A} mit der mittleren Raumtemperatur t_R, die man in 1,5 m Höhe über Fußboden mißt.

Die Wärmedurchgangszahlen k für Heizkörper werden im allgemeinen nicht aus den einzelnen Teilwiderständen errechnet, sondern durch direkte Versuche ermittelt.

Die Zahlentafel 11 (S. 278) gibt die Werte der Wärmedurchgangszahlen für alle gangbaren Höhen gußeiserner und schmiedeeiserner Radiatoren mit einem geringsten freien Raum zwischen den einzelnen Elementen von nicht unter 25 mm. Krankenhausradiatoren, deren geringster Gliederabstand meist größer als 25 mm ist, sind laut Beschluß des Normenausschusses wie Leichtradiatoren zu bewerten. Die Zahlentafel 11 enthält ferner Mittelwerte für glatte Rohrheizflächen sowie für Rippenrohre.

Für verkleidete Heizkörper vermindert sich der Wärmedurchgang um 10 bis 30 vH je nach Art der Verkleidung. Es empfiehlt sich, vor Beginn der Rechnung zu klären, welche Heizkörper Verkleidungen erhalten sollen und welche Art der Verkleidung gewählt werden soll.

2. Heizkörper für Dampfheizungen.

Bei Dampfheizkörpern kann man nicht nur an der Außenseite mit einer einheitlichen Luft- und Raumtemperatur t_R rechnen, sondern auch an der Innenseite mit einer einheitlichen Innentemperatur, nämlich mit der zum Dampfdruck gehörigen Sättigungstemperatur. Man setze also $t_{1E} = t_{1A} = t_D$. Da in den k-Werten die Wärmeübergangszahl an die Raumluft enthalten ist und diese mit der Heizflächentemperatur etwas steigt, so sind auch die k-Werte etwas mit der Dampftemperatur veränderlich. Die k-Werte der Zahlentafel 11 für Niederdruckdampfheizkörper sind bei einem Unterschied von 80° C zwischen mittlerer Dampftemperatur (100° C) und Raumtemperatur (20° C) ermittelt.

Aus der Gleichung
$$Q_h = k \cdot F_D \cdot (t_D - t_R)$$
folgt
$$F_D = \frac{Q_h}{k \cdot (t_D - t_R)}.$$

Beispiel 2. Für eine Niederdruckdampfheizung ist ein dreisäuliger Leichtradiator von 160 mm Tiefe mit 2000 kcal stündlicher Wärmeabgabe zu berechnen. Der Heizkörper soll vor einer Fensterbrüstung mit 850 mm Höhe stehen, soll 50 mm niedriger als die Fensterbrüstung sein und mit 100 mm Abstand vom Fußboden auf Wandträgern ruhen. Ferner ist angenommen: keine Verkleidung, kein Fensterbrett, Raumtemperatur 20° C.

Lösung. Aus den vorgegebenen Maßen errechnet sich die Mittelgliedhöhe zu 850 — 50 — 100 = 700 mm. Zu dieser errechneten Mittelgliedhöhe sucht man in dem Katalog einer Firma die zugehörige handelsmäßig vorrätige Mittelgliedhöhe. Diese sei 675 mm und der zugehörige Nabenabstand 600 mm.

Nach Zahlentafel 11 gehört zu dieser Bauhöhe eine Wärmedurchgangszahl von etwa $k = 7,8$.
Die Temperaturdifferenz zwischen Dampf und Raumluft ist 100 — 20 = 80° C.
Nach S. 139 ist dann die erforderliche Heizfläche
$$F = \frac{2000}{7,8 \cdot 80} = 3,2 \text{ m}^2.$$

Heizfläche eines Gliedes: 0,23 m² (nach Firmenkatalog).
Zahl der Glieder: 3,2 : 0,23 = 14 Glieder.
Baulänge eines Gliedes: 50 mm (nach Firmenkatalog).
Länge des Heizkörpers: 14 · 50 = 700 mm.

3. Heizkörper für Warmwasserheizungen.

Die mittlere Wassertemperatur kann man mit genügender Annäherung gleich dem arithmetischen Mittel aus der Wassereintrittstemperatur t_E und der Wasseraustrittstemperatur t_A setzen.

Die Wassereintrittstemperatur t_E ist nach den „Regeln" mit 90° C anzunehmen.

Für die Wahl der Austrittstemperatur t_A ist folgende Überlegung maßgebend: Die Wärmeleistung der Heizkörper läßt sich auf zweifache Weise durch eine Gleichung festsetzen. Sie errechnet sich einmal aus dem stündlichen Wassergewicht G_h und aus der Temperaturabsenkung $(t_E - t_A)$ des Wassers zu:

$$Q_h = G_h \cdot c \cdot (t_E - t_A).$$

Ein zweites Mal ist sie aus der Wärmedurchgangsgleichung

$$Q_h = k \cdot F \cdot \left(\frac{t_E + t_A}{2} - t_R\right)$$

zu errechnen.

Wählt man nun einen sehr hohen Wert der Austrittstemperatur, so ergibt sich aus der zweiten Gleichung eine hohe mittlere Wassertemperatur, dadurch eine große Temperaturdifferenz zwischen innen und außen und damit bei einer bestimmten Wärmeleistung ein kleiner Wert F, also ein billiger Heizkörper. Eine hohe Austrittstemperatur bedeutet aber andererseits eine geringe Temperaturabsenkung des Wassers und damit — zufolge der ersten Gleichung — eine große Wassermenge. Man erhält also ein teures Rohrnetz.

Umgekehrt führt ein niederer Wert der Austrittstemperatur auf teure Heizkörper und billige Rohrnetze.

Man wird darum bei weitverzweigten Anlagen — lange Rohrstrecken und wenig Heizkörper — die Temperaturabsenkung sehr groß wählen und umgekehrt bei dichtgedrängten Anlagen — kurze Rohrstrecken und viel Heizkörper — die Temperaturabsenkung sehr klein wählen. Als Mittelwert kann eine Absenkung um 20° C gelten.

Die k-Werte der Zahlentafel 11 sind bei einem Unterschied von etwa 60° C zwischen mittlerer Heizkörpertemperatur und Raumtemperatur gefunden.

Beispiel 3. Für eine Warmwasserheizung ist ein dreisäuliger Leichtradiator von 160 mm Tiefe mit 2000 kcal stündlicher Wärmeabgabe zu berechnen. Die Raumverhältnisse in der Fensternische sind dieselben wie im Zahlenbeispiel oben.

Lösung. Zu einem Heizkörper mit 600 mm Nabenabstand gehört nach Zahlentafel 11 für Warmwasser eine Wärmedurchgangszahl von etwa $k = 6,7$.

Die mittlere Temperaturdifferenz zwischen Wasser und Raumluft errechnet sich unter Annahme einer Vorlauftemperatur von 90° C und einer Rücklauftemperatur von 70° C zu

$$\frac{90 + 70}{2} - 20 = 60^\circ \text{C}.$$

Nach S. 139 ist dann die erforderliche Heizfläche

$$F = \frac{2000}{6,7 \cdot 60} = 5,0 \text{ m}^2.$$

Heizfläche eines Gliedes = 0,23 m² (nach Firmenkatalog).

Zahl der Glieder $= \frac{5,0}{0,23} = 22$.

Baulänge eines Gliedes: 50 mm (nach Firmenkatalog).

Länge des Heizkörpers: $22 \cdot 50 = 1100$ mm.

C. Berechnung von Wärmeaustauschapparaten.

Bei den Wärmeaustauschapparaten im engeren Sinne ändern sich häufig die Temperaturen einer oder beider Flüssigkeiten längs der Heizflächen in solchem Betrage, daß zur Berechnung der mittleren Temperaturdifferenz nicht mehr wie bei den Warmwasserheizkörpern der Begriff des arithmetischen Mittels benutzt werden darf, sondern eine genauere Rechnung erforderlich ist.

Wir kennzeichnen in den Gleichungen

die heißere Flüssigkeit mit dem Zeiger 1,
„ kältere Flüssigkeit „ „ „ 2,
„ Eintrittstemperatur „ „ „ E,
„ Austrittstemperatur „ „ „ A

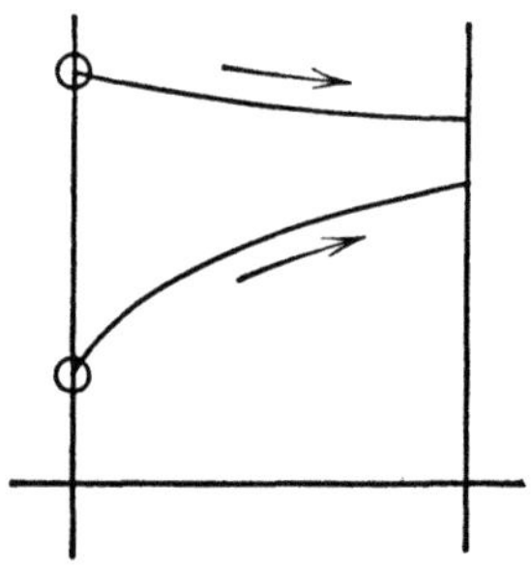

Abb. 215a.
Gleichstrom $G_1 c_1 > G_2 c_2$.

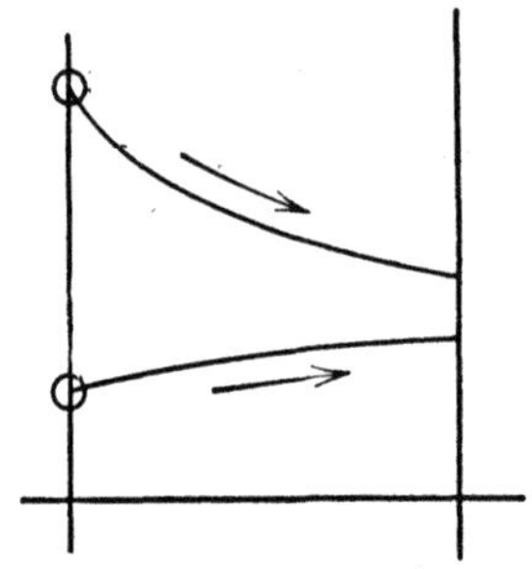

Abb. 215b.
Gleichstrom $G_1 c_1 < G_2 c_2$.

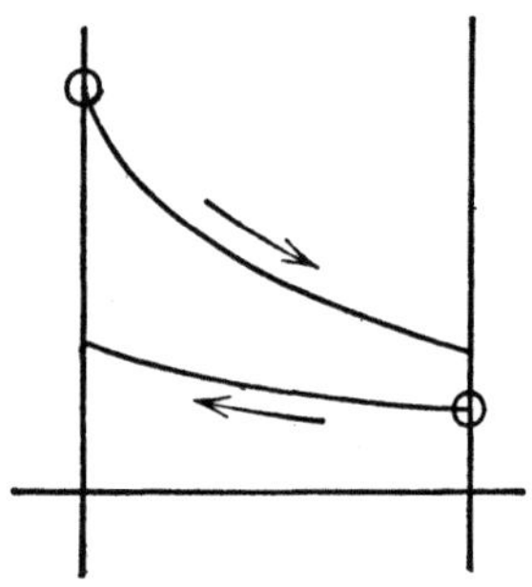

Abb. 215c.
Gegenstrom $G_1 c_1 < G_2 c_2$.

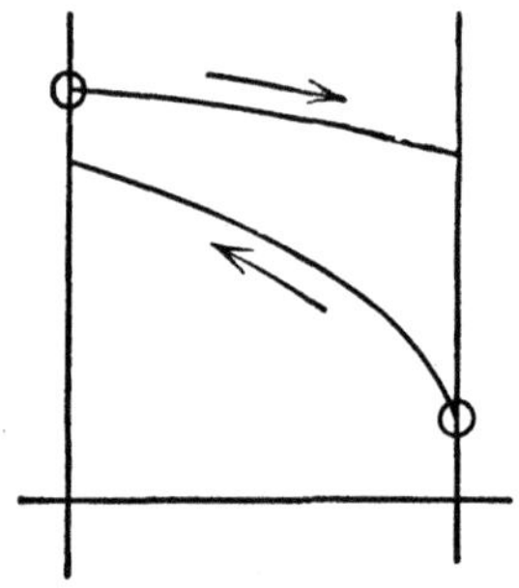

Abb. 215d.
Gegenstrom $G_1 c_1 > G_2 c_2$.

und bezeichnen mit G_1 und G_2 die stündlichen Flüssigkeitsgewichte und mit c_1 und c_2 die spezifischen Wärmen beider Flüssigkeiten.

Aus der Temperaturabsenkung jeder Flüssigkeit lassen sich dann zwei Gleichungen für die ausgetauschte Wärme aufstellen. Man erhält:

$$\left.\begin{aligned} Q_h &= G_1 \cdot c_1 \cdot (t_{1E} - t_{1A}) \\ \text{und} \quad Q_h &= G_2 \cdot c_2 \cdot (t_{2A} - t_{2E}). \end{aligned}\right\} \qquad (3)$$

Das Produkt Gc nennt man auch den Wasserwert; man vergleicht durch diesen Begriff die gegebene Flüssigkeitsmenge mit jener Wassermenge, welche zur gleichen Temperaturerhöhung die gleiche Wärmemenge erfordert.

Durch Zusammenfassung der letzten beiden Gleichungen ergibt sich

$$\frac{t_{1E} - t_{1A}}{t_{2A} - t_{2E}} = \frac{G_2 \cdot c_2}{G_1 \cdot c_1}, \qquad (3a)$$

und daraus folgt erstens, daß sich die Temperaturabsenkungen beider Flüssigkeiten umgekehrt wie die Wasserwerte verhalten, und zweitens, daß bei der Formulierung einer Aufgabe von den sechs maßgebenden Größen, nämlich den vier Temperaturen und den zwei Gewichten, nur fünf willkürlich gewählt werden dürfen. Die sechste Größe ist aus Gleichung (3a) zu ermitteln. Meist wird diese sechste Größe eine der beiden Austrittstemperaturen oder eines der beiden Flüssigkeitsgewichte sein.

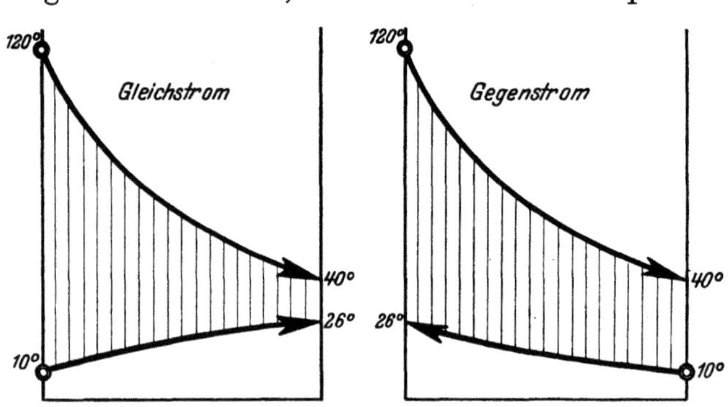

Abb. 216. Temperaturverlauf bei Gleich- und Gegenstrom.

Außer den vier Haupttemperaturen t_{1E}, t_{1A}, t_{2E}, t_{2A} interessiert in vielen Fällen auch der Verlauf der Flüssigkeitstemperaturen längs der Wand. Dieser Verlauf der Temperaturen ist wesentlich verschieden, je nachdem Gleichstrom oder Gegenstrom angenommen ist und je nachdem der Wasserwert der wärmeren oder derjenige der kälteren Flüssigkeit größer ist. Die Abb. 215a—d geben ein ungefähres Bild der vier Möglichkeiten.

Aus den vier Haupttemperaturen läßt sich der mittlere Temperaturunterschied Δ_m beider Flüssigkeiten errechnen.

Man trägt diese vier Temperaturen gemäß Abb. 216 in ein Schaubild ein, wobei man nur zu beachten hat, ob Gleich- oder Gegenstrom vorliegt. Nun sieht man nach, auf welcher Seite der Unterschied zwischen den Temperaturen beider Flüssigkeiten klein und auf welcher Seite er groß ist, und bezeichnet diese Unterschiede demgemäß mit Δ_k und Δ_g. Nach einer Gleichung, die in ihrer ursprünglichen Form schon von Grashof stammt, ist dann der mittlere Temperaturunterschied

$$\Delta_m = \Delta_g \cdot \frac{1 - \frac{\Delta_k}{\Delta_g}}{\ln \frac{\Delta_g}{\Delta_k}} = \Delta_g \cdot f\left(\frac{\Delta_k}{\Delta_g}\right). \tag{4}$$

Der Verlauf dieser Funktion ist in Abb. 217 wiedergegeben.

Sind die Temperaturänderungen beider Flüssigkeiten nicht allzu groß, so kann Δ_m auch näherungsweise wie folgt bestimmt werden. Man bildet für jede Flüssigkeit das arithmetische Mittel aus Eintritts- und Austrittstemperatur und setzt Δ_m gleich dem Unterschied dieser arithmetischen Mittel. Also ist angenähert

$$\Delta_m = \frac{t_{1E} + t_{1A}}{2} - \frac{t_{2E} + t_{2A}}{2}. \tag{5}$$

Der Näherungswert für $\frac{\Delta_m}{\Delta_g}$, der dieser Gleichung entspricht, ist in Abb. 217 durch die gestrichelte Gerade dargestellt. Man sieht aus dieser Abbildung, daß der Näherungswert von dem genauen Wert nicht allzusehr abweicht, solange das Verhältnis $\Delta_k : \Delta_g$ nicht viel kleiner ist als 0,5.

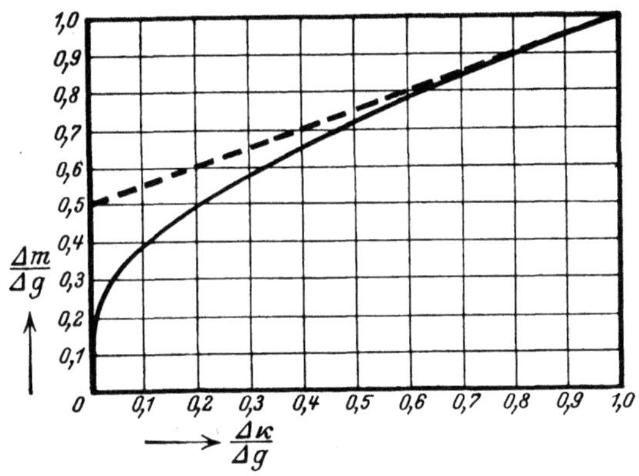

Abb. 217. Abbildung der Gleichung (4).

Beispiel 4. In einem Wärmeaustauschapparat sollen stündlich 2,5 m³ einer heißen Flüssigkeit vom spez. Gewicht $\gamma_1 = 1100$ [kg/m³] und der spez. Wärme 0,727 [kcal/kg · °C] von 120° C auf 40° C gekühlt werden. Zur Kühlung stehen stündlich 10 m³ Wasser von 10° C zur Verfügung. — Es sind die rechnerischen Grundlagen zur Konstruktion des Wärmeaustauschapparates zu ermitteln.

1. Bestimmung der noch fehlenden vierten Temperatur (Austrittstemperatur des Kühlwassers): Die Wärme, welche die heiße Flüssigkeit abgibt, ist

$$Q_1 = 2{,}5 \cdot 1100 \cdot 0{,}727 \cdot (120 - 40) = 160000 \text{ kcal/h}.$$

Die Wärme, welche das Kühlwasser aufnimmt, ist

$$Q_2 = 10 \cdot 1000 \cdot 1{,}0 \cdot (t_{2A} - 10).$$

Da $Q_2 = Q_1$ sein muß, errechnet sich die Austrittstemperatur des Kühlwassers zu

$$t_{2A} = 10 + \frac{160000}{10000} = 26° \text{ C}.$$

2. Bestimmung der mittleren Temperaturdifferenz Δ_m: Durch Herstellung einer Zeichnung gemäß Abb. 218 oder auch nur durch eine kurze Überlegung findet man für Gegenstrom

$$\Delta_k = 30° \text{ C} \quad \text{und} \quad \Delta_g = 94° \text{ C}.$$

Daraus

$$\frac{\Delta_k}{\Delta_g} = \frac{30}{94} = 0{,}32$$

und aus Abb. 219

$$\frac{\Delta_m}{\Delta_g} = 0{,}60.$$

Endlich ergibt sich:

$$\Delta_m = \Delta_g \cdot 0{,}60 = 56{,}5° \text{ C}.$$

3. Bestimmung der Heizfläche: Unter Annahme eines Erfahrungswertes für die Wärmedurchgangszahl, z. B. $k = 1000$, ergibt sich aus der Gleichung

$$Q_h = k \cdot F \cdot \Delta_m$$

die Heizfläche zu

$$F = \frac{Q_h}{k \cdot \Delta_m} = \frac{160000}{1000 \cdot 56{,}5} = 2{,}8 \text{ m}^2.$$

D. Berechnung der Kesselheizfläche.

Bei der Übertragung der Wärme aus der glühenden Koksschicht oder den Heizgasen nach der Wasserfüllung handelt es sich ebenfalls um einen Vorgang des Wärmedurchganges, so daß auch hier die Grundgleichung des Wärmedurchganges angewandt werden könnte. Aus Zweckmäßigkeitsgründen sieht man jedoch von diesem Rechenverfahren ab und rechnet direkt mit der Wärmelieferung je m² Kesselheizfläche, die man die Heizflächenbelastung K nennt. Diese Größe ist von der Dimension kcal/m² · h und ist ein reiner Erfahrungswert. Steigert man bei einer Anlage die Belastung über einen bestimmten Wert hinaus, so nimmt der Wirkungsgrad des Kessels sehr rasch ab.

Wirtschaftlich günstige Werte für den Dauerbetrieb gibt die nachstehende Zahlentafel, welche den Regeln entnommen ist.

	Für Wasser		Für Dampf	
	Koks	Braunkohlenbriketts [1]	Koks	Braunkohlenbriketts [1]
1. Glieder- und schmiedeeiserne Kleinkessel				
a) ohne Züge	12000	10000	10000	8000
b) mit Zügen	8000	7000	7000	6000
	Koks oder Steinkohle	Braunkohle oder Braunkohlenbriketts [1]	Koks oder Steinkohle	Braunkohle oder Braunkohlenbriketts [1]
2. Flammrohr und Sattelkessel				
a) ohne Heizrohre	8000	7000	7500	6500
b) mit Heizrohren	7000	6000	6500	5800
3. Heizrohrkessel (Wasser umspült die Rohre außen) Verhältnis von Rost- zu Heizfläche etwa 1 : 30	7000	6000	6500	5800
4. Wasserrohrkessel (Wasser durchströmt die Rohre innen) Verhältnis von Rost- zu Heizfläche etwa 1 : 30	7000	6000	6500	5800

Als Heizfläche wird im allgemeinen die gesamte feuerberührte Kesselfläche gerechnet. Eine Ausnahme machen die eingemauerten schmiedeeisernen Dampfkessel, bei welchen die dampfberührte Heizfläche nicht mitgerechnet wird.

Die Wärmeleistung, welche vom Kessel verlangt wird, setzt sich zusammen aus dem stündlichen Wärmebedarf des Gebäudes, wie ihn der normale Rechnungsgang ergibt, also mit Anheizzuschlägen, dann aus dem stündlichen Wärmeverlust des Kessels und der Rohrleitungen im Beharrungszustand und ferner dem Wärmeaufwand für das Anwärmen der Eisen- und Wassermassen der Heizungsanlage nach Betriebsunterbrechungen. Dieser letztere Betrag wird jedoch nur berücksichtigt, wenn auch bei großer Kälte der Betrieb täglich unterbrochen wird.

[1] Die Werte gelten als Richtlinien. Bei Sonderausführungen von Kesseln können höhere Heizflächenbelastungen zugrunde gelegt werden. (Zusatz lt. Beschluß des Fachnormenausschusses für Heizungen vom 10. Sept. 1929).

Der Wärmeverlust der Rohrleitungen und der Wärmeaufwand für das Hochheizen des ganzen Systems muß bei sehr großen Anlagen (Fernheizungen) rechnerisch ermittelt werden. Bei den gewöhnlichen Gebäudeheizungen genügt es aber, diese Werte als Prozentsätze auf den Wärmebedarf des Gebäudes in Rechnung zu stellen.

Die erforderliche Kesselheizfläche ergibt sich dann nach der Gleichung

$$F = \frac{Q}{K} \cdot (1 + a + b),$$

hierin ist

F die Kesselheizfläche in m^2,
Q der Wärmebedarf des Gebäudes in kcal/h,
K die Heizflächenbelastung in $kcal/m^2 \cdot h$,
a eine Zuschlaggröße für die Wärmeverluste des Kessels und der Rohrleitungen,
b eine Zuschlaggröße für das Anwärmen der Eisen- und Wassermassen der Anlage nach Betriebsunterbrechungen.

Bei Heizungen ohne Fernleitung ist die Zuschlaggröße a für die Wärmeverluste von Kessel und Rohrleitungen wie folgt einzusetzen:

Für Anlagen, bei welchen die Rohrleitungen geschützt liegen, Steigestränge an den Innenwänden, Verteilungsleitungen mit Wärmeschutz in warmen Räumen . . . . $a = 0{,}05$

Für Anlagen, bei welchen die Rohrleitungen weniger geschützt liegen, Steigestränge an den Außenwänden, Verteilungsleitungen mit Wärmeschutz in kalten Räumen . . . . $a = 0{,}10$

Für Anlagen, die besonders ungünstig liegende und weit verzweigte Rohrleitungen, Steigestränge in Mauerschlitzen der Außenwände, Verteilungsleitungen mit Wärmeschutz im kalten Dachgeschoß besitzen $a = 0{,}15$

Für Fernleitungen sind die Wärmeverluste gesondert zu berechnen.

Die Zuschlaggröße b für das Anwärmen der Eisen- und Wassermassen der Heizungsanlage nach Betriebsunterbrechungen ist nur zu berücksichtigen, wenn auch bei großer Kälte der Betrieb täglich unterbrochen wird (Betriebsweise II und III, vgl. S. 134). Sie beträgt

bei Warmwasserheizungen . . . . $b = 0{,}20$
bei Dampfheizungen . . . . $b = 0{,}10$

Die Zuschlaggröße b braucht nicht berücksichtigt zu werden, wenn Aushilfskessel vorgesehen sind.

III. Berechnungen von Rohrisolierungen.

A. Allgemeines.

Der Wärmeverlust eines isolierten Rohres nimmt bekanntlich mit zunehmender Isolierdicke ab. Aus Abb. 218, welche für ein beliebig gewähltes Zahlenbeispiel in der Kurve „a" den Zusammenhang zwischen Isolierstärke und Wärmeverlust zeigt, erkennt man, daß schon sehr dünne Isolierschichten eine beträchtliche Verminderung der Wärmeverluste gegenüber dem nackten Rohr bewirken, daß aber mit zunehmender Schichtdicke die Verminderungen des Verlustes immer kleiner werden. Andererseits zeigt die Kurve b der gleichen Abbildung, daß mit zunehmender Isolierstärke das Volumen der Isolierung, damit das Gewicht und damit näherungsweise auch der Preis der Isolierung sehr rasch ansteigt. Es wird also bald eine Grenze erreicht sein, bei der eine weitere Vermehrung der Isolierdicke nicht mehr zweckmäßig ist. Das Kennzeichen dieser Grenze, also der „wirtschaftlichsten Isolierstärke", ergibt sich aus folgender Überlegung, die erstmalig von Gerbel und von Hottinger veröffentlicht wurde.

Aus den stündlichen Wärmeverlusten der Leitung errechnet sich der Geldwert der jährlichen Wärmeverluste durch Berücksichtigung der jährlichen Betriebsstundenzahl und der Selbstkosten der Wärme (bezogen auf eine Million kcal). Wie dieser Wert sich mit der Stärke der Isolierung vermindert, zeigt die Kurve A in Abb. 219,

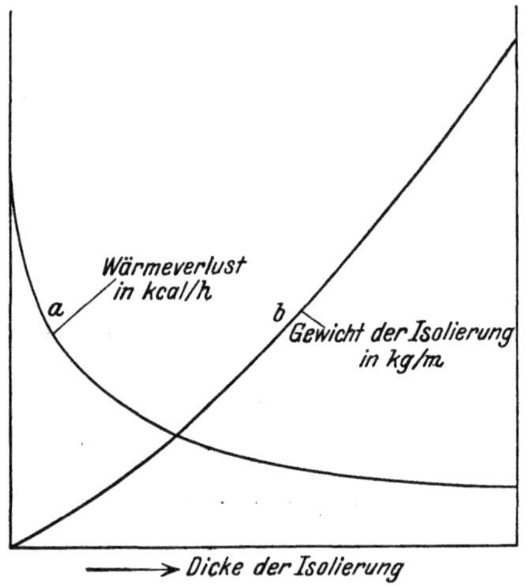

Abb. 218.

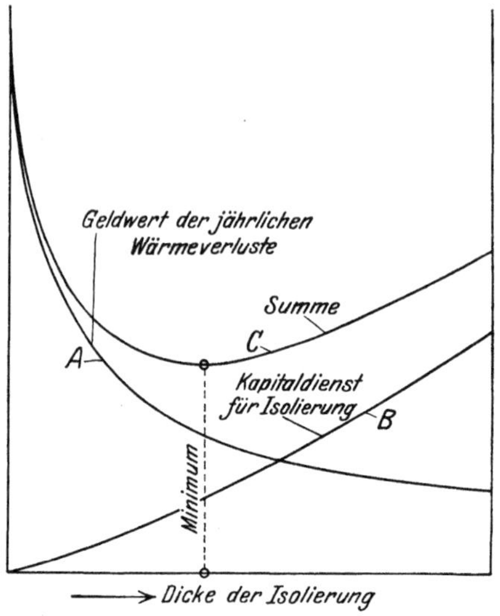

Abb. 219.

Abb. 218 u. 219. Zu: Wirtschaftlichste Isolierstärke.

welche der Kurve a in Abb. 218 ähnlich ist. Die zweite Kurve B in Abb. 219 stellt den jährlichen Kapitaldienst für die Isolierung dar, der sich aus dem Preis der Isolierung, einer angenommenen Lebensdauer und einer angenommenen Verzinsungsquote ermittelt. Die Summe aus beiden Kurven, die Kurve C, stellt die gesamte Aufwendung für die Wärmeverluste und Kapitaldienst dar. Sie zeigt bei irgendeiner Isolierstärke ein Minimum, und dies ist die wirtschaftlichste Isolierstärke.

B. Ermittlung der wirtschaftlichsten Isolierstärke.

Die rechnerische Durchführung des oben angedeuteten Gedankens ist eine ziemlich zeitraubende Arbeit, da im allgemeinen nicht nur verschiedene Isolierstärken, sondern auch verschiedene Isolierstoffe und oft auch noch verschiedene Rohrdurchmesser zur Wahl stehen. Eine große Erleichterung sind die Zahlen- und Kurventafeln, welche Cammerer veröffentlicht hat[1]. Für die Isolierung von Leitungen bei Heizungsanlagen sind eine ganze Reihe von vereinfachenden Annahmen zulässig, und dadurch vereinfachen sich auch die Zusammenhänge so weit, daß sie sich in einer einzigen Tabelle darstellen lassen (s. obenstehende Zahlentafel).

Wirtschaftlichste Isolierstärken.

Temperaturdifferenz zwischen Rohr und Luft			
50° C		100° C	
Lichter Rohrdurchmesser in mm	Wirtschaftliche Isolierstärke in mm	Lichter Rohrdurchmesser in mm	Wirtschaftliche Isolierstärke in mm
10 bis 30	20	10 bis 20	20
		20 „ 30	30
30 „ 70	30	30 „ 45	40
		45 „ 70	50
70 „ 100	40	70 „ 100	60
Ebene Wand	50	Ebene Wand	80

[1] Cammerer: Auswahl, Bemessung und Berechnung des Wärmeschutzes bei Heizungsanlagen nach neuzeitlichen Gesichtspunkten. W.S.W.-Mitt. der Firma Rheinhold & Co., Berlin, Nr. 4 v. 10. Okt. 1927. Verlag: Julius Springer, Berlin.

Diese Zahlentafel, welche ebenfalls dieser Arbeit von Cammerer entnommen ist, ist unter der Annahme errechnet, daß die Leitung im Inneren von Gebäuden liegt, also keinem Windanfall und Regen ausgesetzt ist. Bei Aufstellung der Tabelle sind ferner zugrunde gelegt: eine jährliche Benutzungsdauer von 4800 Stunden, ein Wärmepreis von 10 M. für die Million kcal und eine jährliche Verzinsungs- und Amortisationsquote von 15 bis 20 vH.

C. Berechnung der Wärmeverluste.

Da die Wärme vom strömenden Wärmeträger zuerst an die innere Fläche der Rohrwandung übergehen muß, dann nacheinander die Rohrwandung und die Isolierung durchsetzen und endlich von der Außenseite der Isolierung an die Raumluft übertreten muß, so handelt es sich hierbei um einen Vorgang des Wärmedurchganges. Die Gleichung für den Wärmedurchgang durch ein Rohr ist von ähnlicher Bauart wie die Gleichung des Wärmedurchgangs durch eine ebene Wand; sie lautet nämlich:

$$Q_h = k_{\text{Rohr}} \cdot \pi \cdot L \cdot (t_i - t_a)\,. \tag{6}$$

Der Unterschied gegenüber der Wärmedurchgangsgleichung für ebene Wände ist vor allem der, daß sich diese Gleichung nicht auf eine Fläche, sondern auf eine Länge, nämlich die Länge des Rohres, bezieht, und daß die Wärmedurchgangszahl k_{Rohr} eine etwas andere Form erhält als die Wärmedurchgangszahl k bei ebener Wand. Zwar gilt auch hier der Satz, daß sich der gesamte Wärmedurchgangswiderstand aus den einzelnen Teilwiderständen zusammensetzt, aber für diese Teilwiderstände gelten andere Werte. Es ist nämlich

$$k_{\text{Rohr}} = \frac{1}{\frac{1}{\alpha_i d_i} + \frac{1}{2\lambda_E} \cdot \ln\frac{d_m}{d_i} + \frac{1}{2\lambda_J} \cdot \ln\frac{d_a}{d_m} + \frac{1}{\alpha_a \cdot d_a}}\,, \tag{6a}$$

darin bedeuten:

λ_E die Wärmeleitzahl des Eisens,
λ_J die Wärmeleitzahl der Isolierung,
d_i den Innendurchmesser des Rohres,
d_m den Außendurchmesser des Rohres, zugleich den Innendurchmesser der Isolierung,
d_a den Außendurchmesser der Isolierung.

Setzt man in der Gleichung des Wärmedurchganges durch das Rohr die Temperaturdifferenz gleich 1° C und die Länge des Rohres gleich 1 m, so ergibt sich die Größe $k_{\text{Rohr}} \cdot \pi$, die man den Einheitswärmeverlust nennt. Zur bequemen Ermittlung dieser Größe hat das Forschungsheim für Wärmeschutz in München Kurventafeln aufgestellt, die später Cammerer in Tabellenform übertragen hat. Diese Tabellen berücksichtigen fast alle in der Praxis vorkommenden Verhältnisse hinsichtlich der strömenden Flüssigkeit und der Temperatur sowie des Bewegungszustandes der Außenluft. Aus diesen großen Tabellen[1] hat Cammerer später einen Auszug hergestellt, der sich ebenso wie die Tabelle der wirtschaftlichsten Isolierstärke nur auf die Rohre bei Heizungsanlagen bezieht. Die Vereinfachungen, die Cammerer angenommen hat, sind am besten an Hand eines Zahlenbeispieles zu erläutern.

Wir berechnen den Einheitswärmeverlust für ein Rohr von 82,5 mm innerem Durchmesser und 89 mm Außendurchmesser mit 50 mm Isolierschichtauflage von einer Wärmeleitzahl 0,10. Im Inneren des Rohres strömt heißes Wasser von 90° C.

[1] Cammerer: Zahlentafeln zur Bestimmung des Wärmeverlustes isolierter Rohrleitungen. W.S.W.-Mitt. der Firma Rheinhold & Co., Berlin, Nr. 4 v. 16. Okt. 1926. Verlag: Julius Springer, Berlin.

Dabei sei $\alpha_i = 1000$ und $\alpha_a = 7$ gesetzt:

$$\frac{1}{\alpha_i d_i} = \frac{1}{1000 \cdot 0{,}0825} = 0{,}012$$

$$\frac{1}{2\lambda_E} \cdot \ln\frac{d_m}{d_i} = \frac{1}{2 \cdot 50} \ln\frac{89}{82{,}5} = 0{,}001$$

$$\frac{1}{2\lambda_J} \cdot \ln\frac{d_a}{d_m} = \frac{1}{2 \cdot 0{,}10} \cdot \ln\frac{189}{89} = 3{,}765$$

$$\frac{1}{\alpha_a d_a} = \frac{1}{7 \cdot 0{,}189} = 0{,}756$$

$$\frac{1}{k_{\text{Rohr}}} = 4{,}53$$

$$k_{\text{Rohr}} = 0{,}22;$$

$$k_{\text{Rohr}} \cdot \pi = 0{,}69.$$

Diese Rechnung zeigt, daß von den vier Teilwiderständen des Wärmedurchganges die ersten beiden, nämlich der Wärmeübergangswiderstand an der Innenseite und der Wärmeleitwiderstand der Eisenwandung, ganz bedeutungslos sind, und daß sich der ganze Wärmedurchgangswiderstand zu 83 vH auf die Rohrisolierung und zu 17 vH auf den äußeren Wärmeübergangswiderstand verteilt. Man kann deshalb mit großer Annäherung für den Einheitswärmeverlust den Ausdruck setzen

$$k_{\text{Rohr}}\,\pi = \frac{1}{\frac{1}{2\lambda_J} \cdot \ln\frac{d_a}{d_m} + \frac{1}{\alpha_a \cdot d_a}} \cdot \pi. \qquad (6\,\text{b})$$

Da α_a sehr wenig veränderlich ist (etwa $= 7$), so hängt für ein gegebenes Rohr die Größe des Einheitswärmeverlustes nur mehr von der Wärmeleitzahl λ_J und der Isolierstärke s ab, und diese Abhängigkeit von zwei Größen läßt sich in einer Zahlentabelle darstellen. Auf dieser Grundlage hat Cammerer für jedes Rohr handelsüblichen Durchmessers eine Tabelle aufgestellt und diese Tabelle zu einer Tabellenreihe zusammengefügt, die auf den folgenden Seiten mit Genehmigung des Verfassers abgedruckt ist.

In die Leitung eingebaute Formstücke werden dadurch berücksichtigt, daß man sie in ihrem Wärmeverlust gleich einer bestimmten Länge isolierten Rohres setzt und sich die Rohrstrecke um diese Beträge verlängert denkt. Es gilt

1 nackter Flansch	3 m	isoliertes	Rohr
1 mit Flanschkappen isolierter Flansch	0,5 m	,,	,,
1 wie die Rohrleitung isolierter Flansch	0 m	,,	,,
1 nacktes Ventil	5—7 m	,,	,,
1 isoliertes Ventil	3 m	,,	,,
für Rohraufhängungen	10 vH	der Gesamtlänge	

Beispiel 5. Für eine Warmwasserheizung mit unterer Verteilung ist das Vorlaufrohr zu isolieren. Die Länge der Leitung ist 50 m. In dieser Leitung sind eingebaut: sechs Flanschenpaare mit Isolierkappen, zwei isolierte Ventile und drei isolierte T-Stücke. Innendurchmesser $= 88{,}5$, Außendurchmesser des Rohres $= 95$ mm, Wärmeleitzahl $\lambda_J = 0{,}10$.

1. Wie stark soll die Isolierung gewählt werden?
2. Wie groß ist bei 75° C Vorlauftemperatur der stündliche Wärmeverlust?
3. Wie groß ist ungefähr der Geldwert dieser Wärmeverluste während einer Heizperiode?

Zu 1. Der Temperaturunterschied zwischen Rohr und Luft ist etwa 50° C, also gehört nach der Zahlentafel auf S. 146 zu etwa 90 mm Rohrdurchmesser eine Isolierstärke von 40 mm.

Zu 2. Der Einheitswärmeverlust ist nach der Zahlentafel auf S. 153 gleich 0,790.

(Fortsetzung des Beispiels s. S. 153.)

Einheitswärmeverlust isolierter Rohrleitungen.

a) Verstärkte Gewinderohre.

Innendurchmesser in engl. Zoll	Durchmesser in mm	Wärmeleitzahl in kcal/m·h·°C	Einheitswärmeverlust in kcal/m · h · °C bei einer Isolierstärke in mm von						
			20	30	40	50	60	70	80
1/8	3,2/9	0,04	0,127	0,112					
		0,05	0,153	0,136					
		0,06	0,179	0,160					
		0,07	0,203	0,184					
		0,08	0,226	0,207					
		0,09	0,248	0,228					
		0,10	0,269	0,249					
		0,11	0,289	0,269					
		0,12	0,308	0,289					
		0,13	0,327	0,309					
		0,14	0,346	0,328					
1/4	6,4/13	0,04	0,151	0,131					
		0,05	0,182	0,160					
		0,06	0,212	0,188					
		0,07	0,239	0,214					
		0,08	0,266	0,240					
		0,09	0,291	0,265					
		0,10	0,316	0,289					
		0,11	0,341	0,311					
		0,12	0,365	0,333					
		0,13	0,387	0,355					
		0,14	0,408	0,376					
3/8	9,5/16,5	0,04	0,170	0,146					
		0,05	0,204	0,178					
		0,06	0,238	0,209					
		0,07	0,268	0,238					
		0,08	0,298	0,267					
		0,09	0,326	0,293					
		0,10	0,353	0,319					
		0,11	0,378	0,344					
		0,12	0,402	0,369					
		0,13	0,425	0,393					
		0,14	0,448	0,417					
1/2	12,7/20	0,04	0,190	0,161	0,143				
		0,05	0,228	0,196	0,176				
		0,06	0,265	0,230	0,208				
		0,07	0,298	0,262	0,237				
		0,08	0,331	0,293	0,266				
		0,09	0,361	0,322	0,295				
		0,10	0,390	0,350	0,323				
		0,11	0,418	0,377	0,349				
		0,12	0,446	0,404	0,375				
		0,13	0,471	0,430	0,400				
		0,14	0,495	0,455	0,425				
5/8	15,9/24	0,04	0,209	0,176	0,158				
		0,05	0,250	0,214	0,192				
		0,06	0,292	0,253	0,227				
		0,07	0,328	0,286	0,257				
		0,08	0,364	0,320	0,288				
		0,09	0,397	0,350	0,320				

Innendurchmesser in engl. Zoll	Durchmesser in mm	Wärmeleitzahl in kcal/m·h·°C	Einheitswärmeverlust in kcal/m · h · ° C bei einer Isolierstärke in mm von						
			20	30	40	50	60	70	80
5/8	15,9/24	0,10	0,431	0,381	0,352				
		0,11	0,460	0,411	0,378				
		0,12	0,489	0,442	0,405				
		0,13	0,515	0,468	0,433				
		0,14	0,540	0,495	0,462				
3/4	19,1/26	0,04	0,219	0,184	0,164				
		0,05	0,263	0,224	0,199				
		0,06	0,307	0,264	0,235				
		0,07	0,343	0,298	0,267				
		0,08	0,380	0,332	0,300				
		0,09	0,416	0,365	0,333				
		0,10	0,452	0,398	0,367				
		0,11	0,481	0,429	0,393				
		0,12	0,510	0,461	0,420				
		0,13	0,540	0,488	0,450				
		0,14	0,565	0,515	0,480				
7/8	22,2/30	0,04	0,240	0,199	0,178				
		0,05	0,287	0,242	0,215				
		0,06	0,334	0,286	0,252				
		0,07	0,374	0,323	0,287				
		0,08	0,414	0,360	0,323				
		0,09	0,453	0,395	0,358				
		0,10	0,492	0,430	0,393				
		0,11	0,525	0,465	0,422				
		0,12	0,558	0,500	0,452				
		0,13	0,585	0,525	0,483				
		0,14	0,615	0,555	0,515				
1	25,4/33	0,04	0,256	0,212	0,188	0,167			
		0,05	0,306	0,256	0,227	0,204			
		0,06	0,356	0,301	0,266	0,242			
		0,07	0,398	0,340	0,303	0,277			
		0,08	0,441	0,380	0,340	0,313			
		0,09	0,480	0,416	0,376	0,347			
		0,10	0,520	0,453	0,412	0,382			
		0,11	0,555	0,489	0,443	0,413			
		0,12	0,590	0,525	0,475	0,444			
		0,13	0,620	0,555	0,510	0,474			
		0,14	0,650	0,585	0,540	0,505			
1 1/4	31,7/41	0,04	0,298	0,243	0,212	0,188			
		0,05	0,354	0,293	0,256	0,229			
		0,06	0,410	0,343	0,300	0,269			
		0,07	0,458	0,389	0,343	0,311			
		0,08	0,505	0,435	0,386	0,352			
		0,09	0,553	0,475	0,426	0,390			
		0,10	0,600	0,515	0,465	0,428			
		0,11	0,638	0,555	0,500	0,460			
		0,12	0,675	0,595	0,535	0,492			
		0,13	0,710	0,630	0,570	0,525			
		0,14	0,745	0,665	0,605	0,560			

Innendurchmesser in engl. Zoll	Durchmesser in mm	Wärmeleitzahl in kcal / m·h·°C	Einheitswärmeverlust in kcal/m · h · °C bei einer Isolierstärke in mm von						
			20	30	40	50	60	70	80
$1^1/_2$	38,1/47	0,04	0,328	0,266	0,230	0,204	0,186		
		0,05	0,390	0,319	0,277	0,246	0,227		
		0,06	0,452	0,371	0,324	0,288	0,268		
		0,07	0,505	0,422	0,372	0,334	0,309		
		0,08	0,555	0,473	0,419	0,379	0,350		
		0,09	0,610	0,515	0,460	0,420	0,389		
		0,10	0,660	0,560	0,500	0,461	0,422		
		0,11	0,705	0,605	0,545	0,496	0,468		
		0,12	0,745	0,645	0,585	0,530	0,496		
		0,13	0,780	0,685	0,620	0,570	0,530		
		0,14	0,815	0,720	0,655	0,605	0,565		
$1^3/_4$	44,4/53	0,04	0,358	0,289	0,246	0,219	0,198		
		0,05	0,426	0,346	0,298	0,265	0,242		
		0,06	0,493	0,402	0,350	0,310	0,286		
		0,07	0,550	0,459	0,401	0,358	0,331		
		0,08	0,605	0,515	0,452	0,406	0,375		
		0,09	0,660	0,565	0,496	0,451	0,417		
		0,10	0,715	0,610	0,540	0,495	0,458		
		0,11	0,765	0,655	0,585	0,535	0,494		
		0,12	0,810	0,700	0,625	0,570	0,530		
		0,13	0,850	0,740	0,665	0,610	0,565		
		0,14	0,890	0,780	0,705	0,645	0,600		
2	50,8/60	0,04	0,392	0,314	0,266	0,236	0,213		
		0,05	0,466	0,377	0,323	0,284	0,261		
		0,06	0,540	0,440	0,379	0,332	0,308		
		0,07	0,605	0,498	0,434	0,385	0,354		
		0,08	0,665	0,555	0,488	0,437	0,400		
		0,09	0,725	0,610	0,540	0,486	0,445		
		0,10	0,780	0,660	0,585	0,535	0,490		
		0,11	0,835	0,710	0,630	0,575	0,530		
		0,12	0,885	0,760	0,675	0,615	0,570		
		0,13	0,930	0,805	0,720	0,655	0,610		
		0,14	0,970	0,850	0,760	0,695	0,645		

b) Nahtlose Rohre.

Äußerer Durchmesser in engl. Zoll	Durchmesser in mm	Wärmeleitzahl in kcal / m·h·°C	Einheitswärmeverlust in kcal/m · h · °C bei einer Isolierstärke in mm von						
			20	30	40	50	60	70	80
$2^1/_2$	57,5/63,5	0,04	0,410	0,327	0,276	0,245	0,221		
		0,05	0,488	0,392	0,336	0,295	0,270		
		0,06	0,565	0,456	0,394	0,345	0,318		
		0,07	0,630	0,520	0,450	0,399	0,366		
		0,08	0,690	0,580	0,505	0,452	0,413		
		0,09	0,755	0,635	0,555	0,501	0,459		
		0,10	0,815	0,685	0,605	0,550	0,505		
		0,11	0,870	0,735	0,655	0,595	0,550		
		0,12	0,920	0,785	0,700	0,640	0,590		
		0,13	0,965	0,835	0,745	0,680	0,630		
		0,14	1,01	0,880	0,790	0,720	0,670		

Äußerer Durchmesser in engl. Zoll	Durchmesser in mm	Wärmeleitzahl in kcal/m·h·°C	Einheitswärmeverlust in kcal/m · h · °C bei einer Isolierstärke in mm von 20	30	40	50	60	70	80
2¾	64/70	0,04	0,440	0,350	0,294	0,259	0,234		
		0,05	0,475	0,419	0,375	0,313	0,286		
		0,06	0,610	0,488	0,420	0,367	0,338		
		0,07	0,680	0,555	0,478	0,423	0,388		
		0,08	0,745	0,620	0,535	0,479	0,437		
		0,09	0,810	0,680	0,590	0,535	0,486		
		0,10	0,875	0,735	0,645	0,585	0,535		
		0,11	0,930	0,790	0,695	0,635	0,580		
		0,12	0,985	0,840	0,745	0,680	0,625		
		0,13	1,04	0,890	0,795	0,725	0,670		
		0,14	1,09	0,940	0,840	0,765	0,710		
3	70/76,2	0,04	0,470	0,372	0,312	0,273	0,247	0,226	
		0,05	0,560	0,446	0,379	0,331	0,302	0,278	
		0,06	0,650	0,520	0,445	0,388	0,357	0,330	
		0,07	0,725	0,590	0,505	0,447	0,409	0,378	
		0,08	0,795	0,660	0,565	0,505	0,461	0,426	
		0,09	0,865	0,720	0,625	0,565	0,515	0,476	
		0,10	0,935	0,780	0,680	0,620	0,565	0,525	
		0,11	0,995	0,835	0,735	0,670	0,610	0,570	
		0,12	1,05	0,890	0,785	0,715	0,655	0,615	
		0,13	1,11	0,945	0,835	0,760	0,700	0,655	
		0,14	1,16	1,00	0,885	0,805	0,745	0,695	
3¼	76,5/83	0,04	0,505	0,395	0,330	0,289	0,260	0,238	
		0,05	0,600	0,475	0,401	0,350	0,318	0,292	
		0,06	0,690	0,555	0,471	0,411	0,376	0,346	
		0,07	0,770	0,630	0,535	0,473	0,431	0,397	
		0,08	0,850	0,700	0,600	0,535	0,486	0,448	
		0,09	0,925	0,765	0,660	0,595	0,540	0,505	
		0,10	1,00	0,825	0,720	0,655	0,595	0,555	
		0,11	1,07	0,885	0,780	0,705	0,645	0,605	
		0,12	1,13	0,945	0,835	0,755	0,695	0,650	
		0,13	1,19	1,01	0,885	0,805	0,740	0,690	
		0,14	1,24	1,06	0,935	0,850	0,785	0,730	
3½	82,5/89	0,04	0,535	0,417	0,348	0,304	0,273	0,249	0,233
		0,05	0,635	0,500	0,423	0,369	0,334	0,306	0,287
		0,06	0,730	0,585	0,497	0,433	0,395	0,362	0,340
		0,07	0,815	0,665	0,565	0,497	0,453	0,416	0,390
		0,08	0,900	0,740	0,630	0,560	0,510	0,469	0,440
		0,09	0,980	0,805	0,695	0,625	0,570	0,525	0,490
		0,10	1,06	0,870	0,760	0,685	0,625	0,580	0,540
		0,11	1,13	0,935	0,820	0,740	0,680	0,630	0,580
		0,12	1,20	1,00	0,880	0,795	0,730	0,680	0,640
		0,13	1,26	1,06	0,935	0,845	0,775	0,725	0,685
		0,14	1,31	1,12	0,985	0,890	0,820	0,765	0,730
3¾	88,5/95	0,04	0,560	0,438	0,366	0,317	0,286	0,260	0,243
		0,05	0,665	0,525	0,443	0,386	0,349	0,319	0,299
		0,06	0,770	0,610	0,520	0,454	0,411	0,377	0,355
		0,07	0,860	0,695	0,590	0,525	0,471	0,434	0,407
		0,08	0,945	0,775	0,660	0,590	0,530	0,490	0,458
		0,09	1,03	0,845	0,725	0,655	0,590	0,545	0,510

Äußerer Durchmesser in engl. Zoll	Durchmesser in mm	Wärmeleitzahl in kcal/m · h · °C	Einheitswärmeverlust in kcal/m · h · °C bei einer Isolierstärke in mm von						
			20	30	40	50	60	70	80
$3^3/_4$	88,5/95	0,10	1,11	0,915	0,790	0,715	0,650	0,600	0,565
		0,11	1,18	0,980	0,850	0,770	0,705	0,655	0,615
		0,12	1,25	1,04	0,910	0,825	0,755	0,705	0,660
		0,13	1,32	1,11	0,970	0,880	0,805	0,750	0,710
		0,14	1,38	1,17	1,03	0,930	0,855	0,795	0,755
4	94,5/102	0,04	0,595	0,462	0,386	0,333	0,298	0,271	0,252
		0,05	0,705	0,555	0,466	0,405	0,364	0,332	0,313
		0,06	0,810	0,645	0,545	0,476	0,430	0,393	0,374
		0,07	0,905	0,730	0,620	0,545	0,493	0,452	0,425
		0,08	1,00	0,815	0,695	0,615	0,555	0,510	0,476
		0,09	1,09	0,890	0,765	0,680	0,620	0,570	0,530
		0,10	1,17	0,960	0,835	0,745	0,680	0,625	0,585
		0,11	1,25	1,03	0,895	0,805	0,735	0,680	0,635
		0,12	1,32	1,09	0,955	0,860	0,785	0,735	0,685
		0,13	1,39	1,16	1,02	0,915	0,840	0,785	0,735
		0,14	1,46	1,23	1,08	0,970	0,890	0,830	0,785
$4^1/_4$	100,5/108	0,04	0,620	0,480	0,401	0,346	0,310	0,282	0,261
		0,05	0,735	0,580	0,486	0,422	0,380	0,346	0,322
		0,06	0,850	0,675	0,570	0,498	0,449	0,409	0,383
		0,07	0,950	0,765	0,650	0,570	0,515	0,470	0,439
		0,08	1,05	0,850	0,725	0,640	0,580	0,530	0,494
		0,09	1,14	0,925	0,795	0,705	0,645	0,590	0,550
		0,10	1,23	1,00	0,860	0,770	0,705	0,650	0,605
		0,11	1,31	1,07	0,930	0,835	0,760	0,710	0,660
		0,12	1,38	1,14	0,995	0,895	0,815	0,766	0,710
		0,13	1,46	1,21	1,06	0,955	0,870	0,815	0,760
		0,14	1,53	1,28	1,12	1,01	0,925	0,860	0,810

c) Ebene Wand.

Wärmeleitzahl in kcal/m² · h · °C	Einheitswärmeverlust in kcal/m² · h · °C bei einer Isolierstärke in mm von						
	20	30	40	50	60	70	80
0,04	1,58	1,13	0,880	0,720	0,610	0,525	0,466
0,05	1,88	1,35	1,07	0,880	0,745	0,645	0,570
0,06	2,17	1,57	1,25	1,03	0,875	0,765	0,675
0,07	2,43	1,77	1,42	1,17	1,01	0,875	0,775
0,08	2,65	1,97	1,58	1,31	1,13	0,985	0,875
0,09	2,90	2,15	1,74	1,45	1,25	1,09	0,975
0,10	3,11	2,33	1,89	1,58	1,36	1,20	1,07
0,11	3,31	2,50	2,03	1,71	1,47	1,30	1,16
1,12	3,51	2,67	2,17	1,83	1,58	1,39	1,25
0,13	3,69	2,83	2,31	1,95	1,69	1,49	1,34
0,14	3,87	2,98	2,44	2,06	1,79	1,58	1,42

(Fortsetzung des Beispiels 5 von S. 148.)

Für die Rechnung ist die Rohrlänge wie folgt einzusetzen:

Tatsächliche Länge . . . . = 50 m
6 Flanschenpaare, bewertet mit je 0,5 m. . . . = 3 m
2 Ventile, bewertet mit je 3,0 m . . . . = 6 m
3 T-Stücke, bewertet mit je 1,0 m . . . . . . = 3 m
Aufhängung, bewertet mit 10 vH der Rohrlänge = 5 m
67 m

Der stündliche Wärmeverlust errechnet sich dann aus:

$$Q_h = k_{\text{Rohr}} \cdot \pi \cdot L\,(t_i - t_a) = 0{,}790 \cdot 67 \cdot (75 - 20) = 2910 \text{ kcal/h}.$$

Zu 3. Bei 4800 Betriebsstunden je Heizperiode und 10 M. Selbstkosten je 1 Million kcal ist der Wert des jährlichen Wärmeverlustes

$$2910 \cdot [\text{kcal/h}] \cdot 4800\,[\text{h}] \cdot \frac{10}{10^6}\,[\text{M./kcal}] = 130\,[\text{M.}].$$

Diese Wärme ist natürlich nur dann als reiner Verlust zu buchen, wenn sie vollständig für die Erwärmung des Gebäudes verloren ist.

IV. Die Gesetze für die Strömung in Leitungen.

Bei allen Aufgaben aus dem Gebiete der Heizungs- und Lüftungstechnik bleiben die Strömungsgeschwindigkeiten so niedrig, daß für die Strömung von Gasen und die Strömung von tropfbaren Flüssigkeiten genau dieselben Gesetze gelten. Da die deutsche Sprache leider kein Wort besitzt, das beide Arten von strömenden Medien zusammenfaßt, müssen wir das Wort „Flüssigkeit" immer im weiteren Sinne auffassen, also Gas und Dampf mit einschließen.

A. Der Strömungszustand und die Reynoldssche Zahl.

In einer klaren Flüssigkeit kann man den Strömungszustand durch feinverteilte schwebende Teilchen eines festen Körpers sichtbar machen. Bei genügend langsamer Strömung sind in gerader Leitung die Bahnen der einzelnen Teilchen parallele Linien zur Achse, und selbst bei Krümmungen in der Leitung bilden die Bahnen ein geordnetes System von Kurven. Ist dagegen die Geschwindigkeit der Strömung groß, so herrscht ein ganz anders gearteter Strömungszustand. Von einer geradlinigen oder sonst irgendwie geordneten Bewegung der einzelnen Teilchen ist nichts mehr zu beobachten. Die Teilchen schwirren vielmehr ganz unregelmäßig durcheinander, und wenn es möglich wäre, die Wege der einzelnen Teilchen zu verfolgen, so würde man erkennen, daß sie sich auf ganz unregelmäßigen, sich vielfach durchschlingenden, oft rückläufigen Bahnen bewegen, und daß sich überdies diese Bahnen fortgesetzt ändern.

Den erstgeschilderten Strömungszustand nennt man die geordnete oder laminare Strömung, den zweitgeschilderten Zustand die ungeordnete oder turbulente Strömung. Der Übergang von dem einen zum anderen Strömungszustand erfolgt bei einer Strömung in g e r a d e r Leitung plötzlich, und man nennt den Zustand, bei dem dieses Umschlagen der Bewegung eintritt, den kritischen Zustand.

Das Eintreten des kritischen Zustandes hängt nicht nur von der Strömungsgeschwindigkeit, sondern auch vom Rohrdurchmesser ab, und zwar derart, daß bei einem doppelt so weiten Rohr der kritische Zustand schon bei einer halb so großen Geschwindigkeit auftritt. Entscheidend ist also das Produkt $w \cdot d$, worin w die Strömungsgeschwindigkeit und d den Durchmesser bedeutet. Außerdem ist noch die kinematische Zähigkeit ν der Flüssigkeit von Einfluß. Eingehende Versuche haben gezeigt, daß der kritische Zustand erreicht ist, wenn die sog. Reynoldssche Zahl Re, d. i. die Größe $\frac{w \cdot d}{\nu}$, etwa den Wert 2320 annimmt. Der Ausdruck $\frac{w \cdot d}{\nu}$ kann auch als $\frac{w \cdot d \cdot \varrho}{\eta}$ geschrieben werden, worin ϱ die Massendichte und η die Zähigkeit bezeichnet.

Nachstehende Zahlentafel enthält einige Werte der kinematischen Zähigkeit $\nu = \frac{\eta}{\varrho}$ und des spez. Gewichts γ von Wasser, Luft und Sattdampf.

Wasser			Luft (1 kg/cm²)			Sattdampf			
t °C	$10^6 \nu$ m²/s	γ kg/m³	t °C	$10^6 \nu$ m²/s	γ kg/m³	p ata	t °C	$10^6 \nu$ m²/s	γ kg/m³
0	1,79	1000	0	13,7	1,25	1	99,1	21,6	0,58
20	1,00	998	20	15,5	1,17	1,5	110,8	15,4	0,85
40	0,66	992	40	17,5	1,09	2	119,6	12,1	1,11
60	0,48	983	60	19,5	1,03	3	132,9	8,8	1,62
80	0,37	972	80	21,6	0,97	4	142,9	7,0	2,12
100	0,30	958	100	23,7	0,92	5	151,1	5,9	2,61

Die folgende Zahlentafel gibt für die gleichen Flüssigkeiten den Wert der kritischen Geschwindigkeit in Abhängigkeit vom Rohrdurchmesser wieder und läßt erkennen, daß bei Strömungen, wie sie in der Technik vorkommen meist mit turbulenter Strömung zu rechnen ist.

Kritische Geschwindigkeiten in Rohren.

		t	Kritische Geschwindigkeit in m/s bei d = 10 mm	50 mm	100 mm	200 mm	300 mm
Wasser		0° C	0,42	0,083	0,042	0,021	0,014
		20° C	0,23	0,046	0,023	0,012	0,0077
		60° C	0,11	0,022	0,011	0,0056	0,0037
		100° C	0,070	0,014	0,0070	0,0035	0,0023
Luft 1 ata		0° C	3,2	0,64	0,32	0,16	0,11
		20° C	3,6	0,72	0,36	0,18	0,12
		40° C	4,1	0,81	0,41	0,20	0,14
Sattdampf	1 ata	99,1° C	5,0	1,0	0,50	0,25	0,17
	1,5 ata	110,8° C	3,6	0,71	0,36	0,18	0,12
	2 ata	119,6° C	2,8	0,56	0,28	0,14	0,094
	3 ata	132,9° C	2,0	0,41	0,20	0,10	0,068
	4 ata	142,9° C	1,6	0,32	0,16	0,081	0,054
	5 ata	151,1° C	1,4	0,27	0,14	0,068	0,046

Die Bedeutung der Reynoldsschen Zahl erschöpft sich nicht darin, daß sie das Eintreten der Turbulenz kennzeichnet, sondern sie spielt auch bei allen Gesetzen über den Ablauf der turbulenten Strömung eine ausschlaggebende Rolle (vgl. z. B. S. 157).

B. Die Begriffe „statischer und dynamischer Druck".

Der Begriff des Druckes kann für ruhende Flüssigkeiten als bekannt vorausgesetzt werden. Einer Erörterung bedarf jedoch dieser Begriff für bewegte Flüssigkeiten, da hier zwischen dem statischen Druck, dem dynamischen Druck und dem Gesamtdruck zu unterscheiden ist.

Die Regeln des VDI. für Leistungsversuche an Ventilatoren definieren die drei Drucke durch folgenden Wortlaut:

1. Statischer Druck (p_{st}) ist der innere Druck einer geradlinig strömenden Flüssigkeit, also der Druck, den ein im Flüssigkeitsstrom mit gleicher Geschwindigkeit mitbewegtes Druckmeßgerät anzeigen würde. Der statische Druck ist auch der Druck, den eine parallel zur Kanalwand strömende Flüssigkeit auf diese ausübt.

2. Dynamischer Druck oder Staudruck (Geschwindigkeitsdruck p_d) ist die größte Drucksteigerung, die in einem Flüssigkeitsstrom vor dem Mittelpunkt eines Hindernisses auftritt und gleichbedeutend mit dem Druck, der zur Beschleunigung der Flüssigkeit aus der Ruhe auf die betreffende Geschwindigkeit erforderlich ist; er ergibt sich aus der Formel:

$$p_d = \frac{w^2}{2}\frac{\gamma}{g}\ kg/m^2\ (mm\ WS), \tag{7}$$

worin bedeuten:

w die mittlere Strömungsgeschwindigkeit in m/s,
γ das Raumgewicht der Flüssigkeit in kg/m³,
g die Erdbeschleunigung in m/s².

3. Gesamtdruck ist die algebraische Summe des statischen und des dynamischen Druckes

$$p_g = p_{st} + p_d = p_{st} + \frac{w^2}{2}\frac{\gamma}{g}. \tag{8}$$

C. Die Strömung einer idealen Flüssigkeit.

Durch die Leitung mit veränderlicher Weite, welche Abb. 220 darstellt, soll in der Zeiteinheit das Flüssigkeitsgewicht G strömen. Bedeuten F_1, F_2, F_3 die Strömungsquerschnitte an den Stellen 1, 2, 3, so gilt die Gleichung:

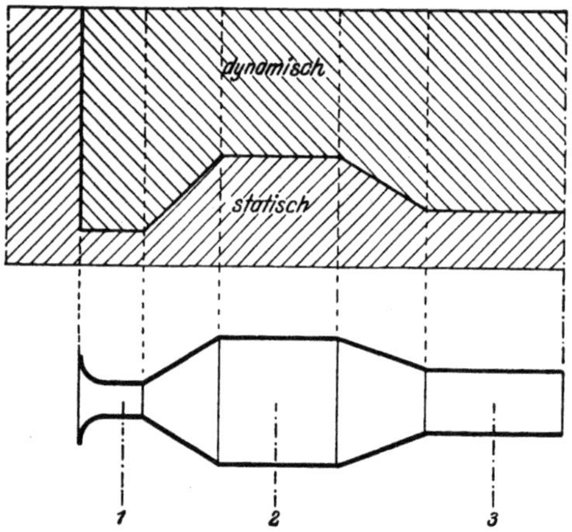

Abb. 220. Statischer, dynamischer und Gesamtdruck bei verlustloser Strömung.

$$G = F_1 w_1 \gamma_1 = F_2 w_2 \gamma_2 = F_3 w_3 \gamma_3.$$

Da bei den Aufgaben unseres Gebiets $\gamma_1 = \gamma_2 = \gamma_3$ gesetzt werden kann, ist

$$w_1 = \frac{G}{\gamma}\frac{1}{F_1}; \qquad w_2 = \frac{G}{\gamma}\frac{1}{F_2}; \qquad w_3 = \frac{G}{\gamma}\frac{1}{F_3},$$

d. h. die Geschwindigkeiten verhalten sich umgekehrt wie die Querschnitte.

Für eine ideale Flüssigkeit, also eine Flüssigkeit ohne Zähigkeit, gilt der Satz, daß der Gesamtdruck längs eines Stromfadens, unabhängig vom Querschnitt, an allen Stellen gleich groß ist.

Als Gleichung angesetzt, liefert dieser Satz die Bernoullische Gleichung

$$p_0 = p_{st_1} + \frac{w_1^2}{2}\frac{\gamma}{g} = p_{st_2} + \frac{w_2^2}{2}\frac{\gamma}{g} = p_{st_3} + \frac{w_3^2}{2}\frac{\gamma}{g}. \tag{9}$$

An den engen Stellen der Leitung, wo die Geschwindigkeit und damit der dynamische Druck groß ist, muß also der statische Druck klein sein und umgekehrt, d. h. es findet ein dauernder Umsatz von dynamischem Druck in statischen Druck und umgekehrt statt.

In dem Raum links in der Abb. 220, aus dem die Flüssigkeit abströmt, soll sie ruhen. Der dynamische Druck ist hier also gleich Null, und der Gesamtdruck ist gleich dem statischen Druck p_0.

D. Die Strömung einer wirklichen Flüssigkeit.

Bei einer wirklichen, also mit Zähigkeit behafteten Flüssigkeit findet durch Reibung eine dauernde Umwandlung von mechanischer Energie in Wärme statt. Infolgedessen wird der oben geschilderte Umsatz von dynamischem und statischem

Druck von einer Abnahme des Gesamtdruckes längs der Leitung überlagert. Auf zwei Querschnitte angewendet lautet jetzt die Gleichung (9)

$$p_{st_1} + \frac{w_1^2}{2}\frac{\gamma}{g} = \left(p_{st_2} + \frac{w_2^2}{2}\frac{\gamma}{g}\right) + (p_{g_1} - p_{g_2}). \tag{10a}$$

$p_{g_1} - p_{g_2}$ bedeutet den bleibenden Verlust an Druck. Nach den statischen Drucken aufgelöst, lautet die Gleichung:

$$p_{st_1} - p_{st_2} = (p_{g_1} - p_{g_2}) + \frac{1}{2}(w_2^2 - w_1^2)\frac{\gamma}{g}. \tag{10b}$$

Wir besprechen vorerst nur Fälle, bei denen sich innerhalb der untersuchten Rohrstrecke Flüssigkeitsmenge und Querschnitt nicht ändert und verschieben die Besprechung der allgemeinen Fälle auf später (s. S. 209). Dann ist $w_1 = w_2 = w$, und die Gleichung (10b) vereinfacht sich auf

$$p_{st_1} - p_{st_2} = p_{g_1} - p_{g_2} = p_1 - p_2. \tag{10c}$$

Es hat sich in der Heizungstechnik als zweckmäßig erwiesen, bei der Berechnung der Druckverluste in Leitungen zu unterscheiden zwischen den Druckverlusten in den geraden Rohrstrecken und den Druckverlusten in den Einzelwiderständen. Mit letzterem Ausdruck bezeichnet man alle Krümmer, T-Stücke, Ventile usw., aber auch alle Verengungen und Erweiterungen in der Leitung. In Anlehnung an die Gesetze der alten Hydraulik setzt man für beide Fälle den bleibenden Druckverlust proportional dem dynamischen Druck, man rechnet also mit einer Gleichung von der Form

$$p_1 - p_2 = (\text{Prop. Faktor}) \cdot \frac{w^2}{2}\frac{\gamma}{g}.$$

1. Das Druckgefälle im geraden Rohr.

Strömt eine Flüssigkeit durch ein gerades Rohr, so nimmt der Druck in der Flüssigkeit längs des ganzen Rohres geradlinig ab. Bezeichnet l die Länge des Rohres, p_1 den Anfangsdruck, p_2 den Enddruck, so nennt man

$p_1 - p_2$ [mm WS] den Druckabfall und

$\frac{p_1 - p_2}{l}\left[\frac{\text{mm WS}}{\text{m}}\right]$ das Druckgefälle, das allgemein mit dem Buchstaben R bezeichnet wird.

Für das Druckgefälle gilt die Gleichung:

$$R = \frac{p_1 - p_2}{l} = \lambda\,\frac{1}{d}\cdot\frac{w^2}{2}\frac{\gamma}{g} \tag{11}$$

und für den Druckabfall:

$$Rl = p_1 - p_2 = \lambda\,\frac{l}{d}\cdot\frac{w^2}{2}\frac{\gamma}{g}. \tag{12}$$

Der als Widerstandszahl bezeichnete Beiwert λ läßt sich als Funktion der Reynoldsschen Zahl $Re = \frac{w \cdot d}{\nu}$ darstellen. Für glatte gezogene Rohre aus Messing, Kupfer oder Blei gilt nach neueren Forschungen[1] die Gleichung:

$$\lambda_{\text{glatt}} = a + \frac{b}{Re^n}. \tag{13}$$

Die in der Heizungstechnik verwendeten schmiedeeisernen Rohre gehören zu den rauhen Rohren und haben daher eine größere Widerstandszahl als glatte Rohre.

[1] Jakob, M. und Erk: Der Druckabfall in glatten Rohren usw., Forschungsarb. d. VDI. Bd. 267. 1924.

Bei der schon im Vorwort zur 9. Auflage erwähnten Neuauswertung[1] der Brabbéeschen Versuche an Muffen- und Flanschenrohren[2] ergab sich

$$\lambda = \lambda_{\text{glatt}} + \frac{c}{d} \cdot Re^m$$

oder mit Benutzung von Gleichung (13)

$$\lambda = a + \frac{b}{Re^n} + \frac{c}{d} Re^m. \tag{14}$$

In dieser Gleichung bezeichnen die Buchstaben a, b, c, n, m Festwerte.

Die Widerstandszahl λ ist hiernach gleich der Widerstandszahl für glatte Rohre, vermehrt um ein Zusatzglied, das von der Reynoldsschen Zahl Re, dem Rohrdurchmesser d und der im Beiwert c enthaltenen Rauhigkeit der Rohre abhängt.

Der Ausdruck für λ ist, wie erforderlich, dimensionslos, denn Re ist dimensionslos und der Quotient c/d des Zusatzgliedes enthält im Zähler c die Rauhigkeit, welche ebenso wie der Rohrdurchmesser d die Dimension einer Länge besitzt.

Werden in der Gleichung (14) für die Beiwerte und Exponenten die aus den Versuchen ermittelten Zahlenwerte eingesetzt, so lautet die Gleichung für die Widerstandszahl der Heizungsrohre

$$\lambda = 0{,}0072 + \frac{0{,}61}{Re^{0{,}35}} + \frac{2{,}9 \cdot 10^{-5}}{d} \cdot Re^{0{,}108}. \tag{14a}$$

Die für das Rohrmaterial der Heizungstechnik ermittelte Formel für die Widerstandszahl λ besitzt allgemeine Gültigkeit, d. h. sie ist unabhängig davon, ob durch diese Rohre Wasser, Dampf oder ein anderes Medium strömt. Die Art des Mediums ist in der Formel durch die in der Reynoldsschen Zahl $Re = \frac{wd}{\nu}$ enthaltenen kinematischen Zähigkeit ν berücksichtigt.

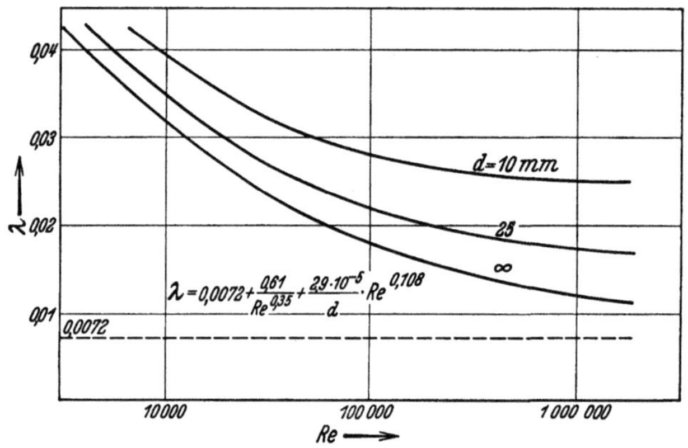

Abb. 221. Widerstandszahl $\lambda = f(Re)$.

Gleichung (14a) ist in Abb. 221 zeichnerisch dargestellt, wobei die Reynoldssche Zahl als Abszisse im logarithmischen Maßstab aufgetragen ist. Die Kurve für $d = \infty$ gilt gleichzeitig für das vollkommen glatte Rohr beliebigen Durchmessers.

Für einen bestimmten Rohrstrang und ein und dasselbe strömende Medium, also konstante Werte d und ν, ändert sich in der Reynoldsschen Zahl und damit in der Gleichung (14a) nur die Geschwindigkeit, und auch diese bei den meisten technischen Aufgaben höchstens im Verhältnis 1 : 10. Da sich der Wert λ mit dem Wert der Reynoldsschen Zahl nur verhältnismäßig schwach ändert, ist es oft möglich, für ein und dieselbe Aufgabe einen konstanten Wert für λ anzunehmen, wodurch sich die ganze weitere Rechnung wesentlich vereinfacht.

2. Der Druckabfall in Einzelwiderständen.

Für den Druckabfall im Einzelwiderstand gilt die Gleichung

$$Z = p_1 - p_2 = \zeta \cdot \frac{w^2}{2} \frac{\gamma}{g}. \tag{15}$$

[1] Vgl. F. Bradtke: Das Druckgefälle in geraden Rohrstrecken. Ges.-Ing. 1930, Kongreßnummer.

[2] Nach der Rohrnormung entsprechen den Muffenrohren die „verstärkten Gewinderohre", den Flanschenrohren die „nahtlosen Rohre", vgl. S. 38.

Der Beiwert ζ ist in erster Linie durch die Gestalt des Einzelwiderstandes bestimmt; er ist von anderen Einflüssen, wie etwa Dichte und Zähigkeit sowie Geschwindigkeit der strömenden Flüssigkeit so weit unabhängig, daß diese Einflüsse vernachlässigt werden können. Im Gegensatz zum Beiwert λ [vgl. Gleichung (14)] ist deshalb der Beiwert ζ von der Reynoldsschen Zahl unabhängig gesetzt und gilt als reiner Formwert des Einzelwiderstandes, der im allgemeinen nur durch den Versuch bestimmt werden kann.

3. Der Druckabfall in einer Teilstrecke.

Unter einer Teilstrecke versteht man ein Stück eines Rohrnetzes (z. B. Abb. 222), in welchem sich die Menge der strömenden Flüssigkeit nicht ändert, also kein Abzweig vorhanden ist, und in dem sich auch der Rohrdurchmesser nicht ändert. Dann ist auch die Strömungsgeschwindigkeit in diesem Teil des Rohrnetzes konstant.

Der Druckabfall $(p_a - p_b)$ in der ganzen Teilstrecke ist

$$p_a - p_b = \sum R l + \sum Z = \sum \lambda \frac{l}{d} \cdot \frac{w^2}{2} \frac{\gamma}{g} + \sum \zeta \cdot \frac{w^2}{2} \frac{\gamma}{g} = \sum \left(\lambda \cdot \frac{l}{d} + \zeta\right) \cdot \frac{w^2}{2} \frac{\gamma}{g}. \quad (16\text{a})$$

Zur weiteren Besprechung dieser Gleichung möchte ich von einem Verfahren Gebrauch machen, das zwar in der Heizungstechnik wenig angewandt wird, aber doch einiges Interesse verdient. Man kann nämlich jedem Einzelwiderstand eine gleichwertige Rohrstrecke l' zuordnen nach der Gleichung

$$\lambda \cdot \frac{l'}{d} = \zeta .$$

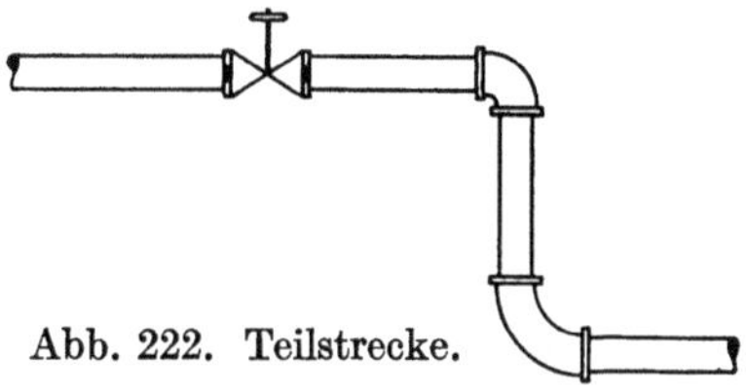

Abb. 222. Teilstrecke.

Die Gleichung (16a) geht dann über in

$$p_a - p_b = \lambda \frac{\sum (l + l')}{d} \cdot \frac{w^2}{2} \frac{\gamma}{g} = \lambda \frac{l^*}{d} \cdot \frac{w^2}{2} \frac{\gamma}{g}, \quad (16\text{b})$$

wobei l^* eine für die Zwecke der Rechnung gedachte Gesamtrohrlänge darstellt.

Zum Schluß führen wir noch statt der Strömungsgeschwindigkeit das stündliche Flüssigkeitsvolumen V ein mittels der Gleichung

$$V = \frac{d^2 \pi}{4} \cdot w \cdot 3600$$

und erhalten

$$p_a - p_b = \lambda \frac{l^*}{d} \cdot \frac{1}{2} \frac{V^2 \cdot 4^2}{3600^2 \cdot d^4 \cdot \pi^2} \cdot \frac{\gamma}{g} = \frac{1}{15{,}9 \cdot 10^6} \cdot \frac{\gamma}{g} \cdot \frac{l^*}{d^5} \cdot V^2 . \quad (16\text{c})$$

Diese Gleichung ist für das Verständnis der Vorgänge in Rohrleitungen wichtig, weil sie zeigt, wie der Druckabfall stark von der Flüssigkeitsmenge (Faktor V^2) und noch viel stärker (Faktor d^{-5}) vom Rohrdurchmesser beeinfußt wird.

V. Berechnung der Rohrnetze von Warmwasserheizungen.

A. Der Grundgedanke der Rechnung.

Der Gang der Rechnung soll an dem in Abb. 223 gezeichneten eintachen Heizsystem, das nur aus dem Heizkessel und einem Heizkörper besteht, erläutert werden. Dabei sei angenommen, daß Temperaturänderungen des Wassers nur im Heizkörper und im Kessel, nicht aber in den Rohrleitungen stattfinden.

1. Der wirksame Druck.

Die Kraft, welche das Wasser in Umlauf setzt, ist der Gewichtsunterschied zwischen der schwereren Wassersäule im Rücklauf und der leichteren Wassersäule im Vorlauf. Es bezeichne:

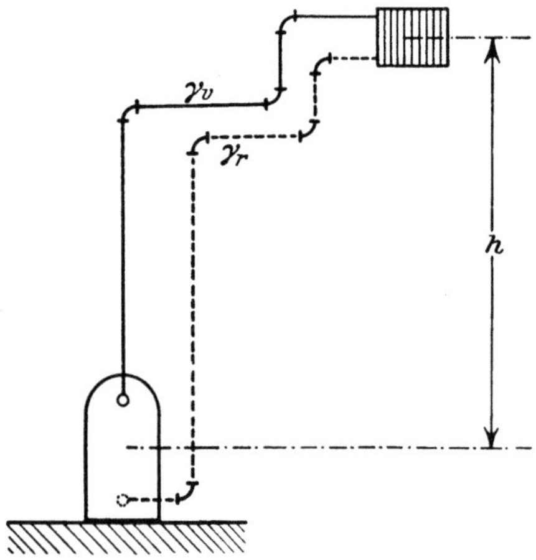

Abb. 223. Zur Ableitung der Gleichung (17).

H den gesuchten wirksamen Druckunterschied in mm WS,

h den Höhenunterschied zwischen Kesselmitte und Heizkörpermitte in m,

γ_v das spez. Gewicht des Wassers im Vorlauf in kg/m³,

γ_r das spez. Gewicht des Wassers im Rücklauf in kg/m³.

Dann gilt die Gleichung:

$$H = h \cdot (\gamma_r - \gamma_v)\,[\text{kg/m}^2]. \qquad (17)$$

Hierbei sei daran erinnert, daß eine Druckangabe in kg/m² stets zahlenmäßig gleich ist der Druckangabe in mm WS.

2. Die Grundgleichung für den Wasserumlauf im Rohrnetz.

Unter dem Einfluß des wirksamen Druckes H stellt sich eine Bewegung des Wassers im Rohrnetz ein. Die Strömungsgeschwindigkeit steigt so lange an, bis die gesamten Strömungswiderstände, nämlich die Summe aus allen Einzelwiderständen plus der Summe aller Widerstände in den geraden Rohrstrecken, gleich der wirksamen Druckhöhe sind. Daraus ergibt sich die Grundgleichung

$$H = \Sigma Z + \Sigma R l \qquad (18\,\text{a})$$

oder

$$H - \Sigma Z = \Sigma R l. \qquad (18\,\text{b})$$

Die Einzelwiderstände lassen sich erst dann rechnerisch erfassen, wenn der Durchmesser der Strömungswege annähernd bekannt ist. Man teilt deshalb den ganzen Rechnungsgang in eine vorläufige Rechnung und eine Nachrechnung.

Zum Zwecke der vorläufigen Rechnung nimmt man an, daß je nach dem Charakter des Gebäudes oder der Heizanlage die Einzelwiderstände einen erfahrungsmäßig bekannten Bruchteil (a vH der wirksamen Druckhöhe) aufzehren und der Rest für die geraden Rohrstrecken übrigbleibt. Der Bruchteil der Einzelwiderstände ist für gewöhnliche Wohngebäudeheizungen etwa 50 vH, für Fernleitungen etwa 10 bis 20 vH. Über genauere Werte s. Zahlentafel 17, S. 291.

Die Grundgleichung lautet nun in dritter Form:

$$H - \frac{a}{100} H = H \cdot \left(\frac{100 - a}{100}\right) = \Sigma R l. \qquad (19)$$

Mit dem Druckverlust, wie er auf der linken Seite der letzten Gleichung steht, berechnet man nun ein gedachtes Rohrnetz, von dem man sich vorstellt, daß in allen Formstücken die Strömung reibungslos verläuft, dafür aber nur der um a vH verminderte Druck zur Verfügung steht. Es ist üblich, die Rohrnetze so zu berechnen, daß innerhalb desselben Rohrzuges nicht die Strömungsgeschwindigkeit w, sondern das Druckgefälle R konstant ist. Damit wird

$$R = \left(\frac{100 - a}{100}\right) \cdot \frac{H}{\Sigma l}, \qquad (20)$$

also eine Größe, die aus dem Rohrplan ohne Mühe zu errechnen ist.

3. Ableitung weiterer Gleichungen.

Zur rechnerischen Verwertung dieses Druckgefälles in den geraden Rohrstrecken geht man von der Gleichung (11) aus:

$$R = \frac{p_1 - p_2}{l} = \lambda \frac{1}{d} \cdot \frac{w^2}{2} \frac{\gamma}{g}.$$

In dieser Gleichung ist w eine noch unbekannte Größe, die wir zunächst auf das stündliche Wassergewicht G_h zurückführen mit Hilfe der Gleichung:

$$G_h = \frac{d^2 \pi}{4} \cdot 10^{-6} \cdot w \cdot 3600 \cdot \gamma. \tag{21}$$

Der Faktor 10^{-6} ergibt sich aus der Umrechnung der Durchmesser von Metern in Millimeter und der Faktor 3600 aus der Umrechnung von der sekundlichen auf die stündliche Wassermenge.

Gleichung (21) nach w aufgelöst, ergibt

$$w = \frac{10^4}{9\pi} \cdot \frac{1}{\gamma} \cdot \frac{G_h}{d^2}. \tag{22}$$

Wird dieser Ausdruck in Gleichung (11) eingesetzt, so erhält man:

$$R = \frac{p_1 - p_2}{l} = 6{,}4 \cdot 10^6 \cdot \frac{\lambda}{\gamma} \cdot \frac{G_h^2}{d^5}. \tag{23}$$

Bei der Warmwasserheizung ist die stündliche Wassermenge G_h eines Stromkreises bei vorgeschriebener Wärmeleistung Q_h durch die Vorlauf- und Rücklauftemperatur bestimmt.

Nach den neuen Regeln sind für diese Temperaturen 90° und 70° C vorgeschrieben.

Es ist:

$$G_h = \frac{Q_h}{90 - 70} = \frac{Q_h}{20}.$$

Gleichung (23) lautet dann unter Einführung dieses Wertes für G_h und für $\gamma = 972$:

$$\boldsymbol{R = \frac{p_1 - p_2}{l} = 16{,}5 \cdot \lambda \cdot \frac{Q_h^2}{d^5}}. \tag{24}$$

Um das Auswerten der 5. Wurzel zu ersparen, wurden die großen Hilfstafeln (Innenseite des Buchdeckels) berechnet.

4. Beschreibung der Hilfstafel I bzw. II.

Die Haupttabelle enthält in der linken und rechten Randspalte das Druckgefälle R, im Kopf die Nennwerte der Rohre und in jedem Tabellenfeld zuerst die stündliche Wärmemenge Q_h und darunter die später benötigte sekundliche Wassergeschwindigkeit w.

Die Tabelle gibt also gemäß Gleichung (24) den Zusammenhang zwischen R, Q_h und d und dient zur bequemen zahlenmäßigen Verwertung dieser Gleichung.

Es sei darauf aufmerksam gemacht, daß die Widerstandszahl λ von w und d, damit also auch von Q_h und d abhängt. Diese Abhängigkeit ist bereits bei der Aufstellung der Hilfstafel berücksichtigt. Ferner ist zu erwähnen, daß die nach der Gleichung (24) berechneten Werte von R noch um 5 vH erhöht wurden als Sicherheitszuschlag für unkontrollierbare Zusatzwiderstände, die sich bei der Ausführung der Anlagen ergeben.

Die Hilfstafel I umfaßt das Zahlengebiet für Schwerkraftheizungen, die Tafel II für Pumpenheizungen.

Bemerkung zu den Hilfstafeln I und II.

(Im Streifband am Schluß des Buches.)

Die Hilfstafeln sind für einen Temperaturunterschied $(t_v - t_r)$ von 20° C entworfen worden. Für alle gewöhnlichen Fälle, bei denen mit dem letztgenannten Unterschied gearbeitet wird, können sie ohne weiteres benutzt werden. Ist dagegen ein anderer Temperaturunterschied, z. B. mit t° C gegeben, so sind die durch die einzelnen Teilstrecken zu fördernden Wärmemengen zunächst mit $20/t$ zu multiplizieren; hierauf können die Hilfstafeln unmittelbar verwendet werden.

Beispiel 6. (Vorübung zum Handhaben der Hilfstafel.) In einem 10 m langen Stromkreis mit einer Vorlauftemperatur von 90° C und einer Rücklauftemperatur von 70° C soll eine Wärmemenge von 35000 kcal/h gefördert werden. Es steht eine Druckhöhe von 3,6 mm WS zur Verfügung.

Welchen Durchmesser muß die Rohrleitung erhalten?

Wie groß ist die Wassergeschwindigkeit?

Da für die 10 m lange Rohrleitung eine Druckhöhe von 3,6 mm WS zur Verfügung steht, so beträgt das Druckgefälle $R = 3{,}6 : 10 = 0{,}36$ mm WS/1 m Rohr. Man geht in der Spalte für das Druckgefälle nach unten bis zum Wert 0,36 und findet, in dieser Reihe nach rechts gehend, nur die Wärmemengen 29000 und 36700 kcal/h angegeben, entsprechend den beiden handelsüblichen Durchmessern 60 mm und 70 mm. Man wählt den größeren Durchmesser $d = 70$. Um die herrschende Wassergeschwindigkeit zu bestimmen, geht man in der Spalte für den Durchmesser 70 mm bis zur Wärmemenge 35000 kcal/h und findet unter dieser Zahl eine Wassergeschwindigkeit von 0,13 m/s und damit, von dieser Zahl aus nach links gehend, ein Druckgefälle von 0,33. Da also wegen der handelsüblichen Stufung der Rohrdurchmesser ein etwas zu weites Rohr gewählt werden mußte, werden von dem zur Verfügung stehenden Druck von 3,6 mm nur $10 \cdot 0{,}33 = 3{,}3$ mm aufgebraucht.

B. Zweirohrsystem ohne Berücksichtigung der Wärmeverluste der Rohrleitung.

1. Vorbereitende Arbeit.

Liegt für ein Projekt Rohrplan und Strangschema fest, so beginnt die Ausarbeitung damit, daß man den ungünstigsten Strang heraussucht. Dies ist die Rohrverbindung des Kessels mit dem am ungünstigsten gelegenen Heizkörper, meist jenem Heizkörper, der bei niedrigster Höhenlage über dem Kessel zugleich die größte horizontale Entfernung hat. Im Zuge dieses Rohrstranges legt man dann die einzelnen Teilstrecken fest, wobei man unter Teilstrecken alle jene Rohrstrecken versteht, in welchen sich die Wassermenge nicht ändert, also von T-Stück zu T-Stück. Diese Teilstrecken numeriert man dann vom Heizkörper ausgehend durch den Rücklauf zum Kessel und von hier wieder zum Heizkörper zurück. Durch Summierung der Längen all dieser Teilstrecken bildet man den Wert Σl. Die wirksame Druckhöhe H ist nach Zahlentafel 14 bzw. 2 zu berechnen. Von ihr ist der Anteil der Einzelwiderstände nach Zahlentafel 17 abzuziehen. Der Rest wird durch Σl dividiert, wodurch das Druckgefälle R erhalten wird.

2. Vorläufige Ermittlung der Rohrdurchmesser.

Der Wert R ist in der Hilfstafel I aufzusuchen, worauf man, in derselben Waagerechten fortschreitend, über der jeweilig zu fördernden Wärmemenge sofort den vorläufigen Rohrdurchmesser abliest. Sinngemäß erfolgt, wie die nachstehenden Beispiele zeigen, die Behandlung der anderen Stromkreise.

Die so erhaltenen Durchmesser können direkt in den Vordruck (Spalte e S. 164) eingetragen werden.

Man nennt diese vorläufige Ermittlung des Rohrdurchmessers auch häufig „Annahme des Rohrdurchmessers für den Kostenanschlag".

3. Nachrechnung der Rohrleitung für die Ausführung.

Die vorläufigen Rohrdurchmesser sind aus zwei Gründen unsicher, erstens zwang uns die Notwendigkeit, mit den genormten Rohrdurchmessern auszukommen, immer wieder dazu, bald größere oder kleinere Rohrweiten zu wählen, als der verlangten Wärmeleistung genau entsprochen hätte, und zweitens war der Einfluß der Einzelwiderstände durch den erfahrungsmäßigen Prozentsatz „a" nur schätzungsweise berücksichtigt.

Diese Unsicherheiten müssen nun durch die Nachrechnung beseitigt werden.

In der großen Tabelle der Hilfstafel geht man von dem vorläufigen Durchmesser aus und sucht lotrecht unter ihm die zu fördernde Wärmemenge. Man findet dort auch gleich die richtige Wassergeschwindigkeit, die man sich für später notiert. Von diesem Tabellenrechteck aus nach links oder rechts schreitend findet man in der Randspalte den Wert R, der mit der Länge der Teilstrecke zu multiplizieren ist. Auf diese Weise findet man das richtige ΣRl. Um ΣZ zu finden, bestimmt man unter Benutzung der linken unteren Hälfte der Hilfstafel die Werte $\Sigma\zeta$ für jede Teilstrecke. Unter Benutzung dieses Wertes und der bereits früher notierten Wassergeschwindigkeit wird aus der Zahlentafel links oben der zugehörige Einzelwiderstand unmittelbar erhalten.

$\Sigma lR + \Sigma Z$, gebildet für alle Teilstrecken eines Stromkreises, muß gleich der in diesem Kreis zur Verfügung stehenden Druckhöhe H sein. Ist dies nicht in hinreichendem Maße der Fall, so müssen einzelne Teilstrecken so lange geändert werden, bis vorstehende Bedingung erfüllt ist.

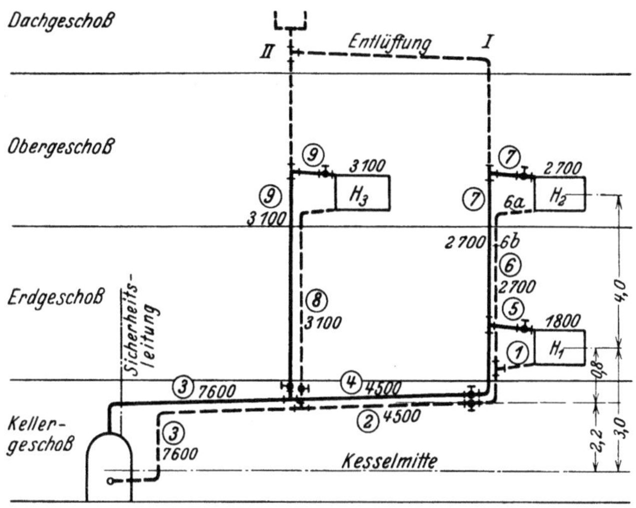

Abb. 224. Strangschema zu Beispiel 7.

4. Beispielsrechnung.

Beispiel 7. Aufgabe: Für die in nachstehend abgebildetem Strangschema Abb. 224 dargestellte Heizanlage mit unterer Verteilung ist die Rohrdimensionierung durchzuführen. Die Berechnung soll ohne Berücksichtigung der Wärmeverluste der Rohrleitung erfolgen. Die Temperatur des Wassers soll im Vorlauf 90° C, im Rücklauf 70° C betragen.

Durchrechnung.

Nach Einteilung der Teilstrecken füllt man zunächst die Spalten a, b und d des Vordruckes aus. Dann beginnt man mit der Berechnung des Druckgefälles R und der Annahme der vorläufigen Rohrdurchmesser d. Die Nennweiten dieser Rohrdurchmesser werden in Spalte e eingetragen.

1. Vorläufige Rechnung.

a) Stromkreis des Heizkörpers 1 (d. i. der ungünstigste).

(Teilstrecken 1 bis 5.)

Wirksamer Druck (aus Zahlentafel 14) . . . $H = 3{,}0 \cdot 12{,}47 = 37{,}4$ mm WS

Bleiben für Rohrreibung in den Teilstrecken 1 bis 5 (nach Zahlentafel 17) . . . . 50 vH = 18,7 „ „

Gesamtlänge dieser Teilstrecken . . . . = 29,0 m

Druckgefälle . . . . $R = 18{,}7 : 29{,}0 = 0{,}65$ mm WS/m

Hieraus folgen unter Benutzung der Hilfstafel I die „vorläufigen Rohrdurchmesser d“, die in Spalte e des Vordruckes einzutragen sind.

b) Stromkreis des Heizkörpers 2.

(Teilstrecken 2, 3, 4, 6, 7.)

Wirksamer Druck. . . . . $H = 7{,}0 \cdot 12{,}47 = 87{,}2$ mm WS

Bleiben für Rohrreibung in den genannten Teilstrecken. . 50 vH = 43,6 „ „

Hiervon aufgebraucht in den mit dem Stromkreis des Heizkörpers 1 gemeinsamen Teilstrecken 2, 3, 4 mit einer Gesamtlänge von 26 m

$26{,}0 \cdot 0{,}65 = 16{,}9$ „ „

Bleiben für Rohrreibung in den Teilstrecken 6 und 7. . . . . . = 26,7 mm WS

Gesamtlänge dieser Teilstrecken . . . . = 11,0 m

Druckgefälle . . . . $R = 26{,}7 : 11{,}0 = 2{,}4$ mm WS/m

c) Stromkreis des Heizkörpers 3.
(Teilstrecken 3, 8, 9.)

Wirksamer Druck . . . . $H = 7{,}0 \cdot 12{,}47 = 87{,}2$ mm WS
Bleiben für Rohrreibung in den genannten Teilstrecken . . 50 vH = 43,6 „ „
Hiervon aufgebraucht in Teilstrecke 3 (Stromkreis 1) $14{,}0 \cdot 0{,}65 =$ 9,1 „ „
Bleiben für Rohrreibung in den Teilstrecken 8 und 9 . . . . . = 34,5 mm WS
Gesamtlänge dieser Teilstrecken . . . . = 13,0 m
Druckgefälle . . . . $R = 34{,}5 : 13{,}0 =$ 2,7 mm WS/m

Aus dem Rohrplan				Vorläufiger Rohrdurchmesser	Nachrechnung											Unterschied	
Teilstrecke	Wärmemenge	Wärmemenge bei einer Temp.-Absenkung von ... °C	Länge der Teilstrecke l	d	mit vorläufigem Rohrdurchmesser					mit geändertem Rohrdurchmesser							
					w	R mm WS/m	lR	$\Sigma\zeta$	Z	d	w	R mm WS/m	lR	$\Sigma\zeta$	Z	lR $o-h$	Z $q-k$
Nr.	kcal/h	kcal/h	m	mm	m/s		mm WS		mm WS	mm	m/s		mm WS		mm WS	mm WS	mm WS
a	b	c	d	e	f	g	h	i	k	l	m	n	o	p	q	r	s
Stromkreis des Heizkörpers 1. Wirksamer Druck: $H = 37{,}4$ mm WS. Druckgefälle: $R = 0{,}65$ mm WS/m.																	
1	1800	—	1,5	20													
2	4500	—	5,5	32													
3	7600	—	14,0	32													
4	4500	—	6,5	32													
5	1800	—	1,5	20													
			29,0														
Stromkreis des Heizkörpers 2. Wirksamer Druck: $H = 87{,}2$ mm WS. Druckgefälle: $R = 2{,}4$ mm WS/m.																	
6	2700	—	5,5	20													
7	2700	—	5,5	20													
			11,0														
Stromkreis des Heizkörpers 3. Wirksamer Druck: $H = 87{,}2$ mm WS. Druckgefälle: $R = 2{,}7$ mm WS/m.																	
8	3100	—	6,0	20													
9	3100	—	7,0	20													
			13,0														

2. Nachrechnung der Rohrleitung.

a) Stromkreis des Heizkörpers 1.

Zur Feststellung der ζ-Werte muß die Ausführung der Heizkörperanschlüsse bekannt sein. Diese seien bei den drei Heizkörpern wie folgt ausgeführt (Abb. 225):

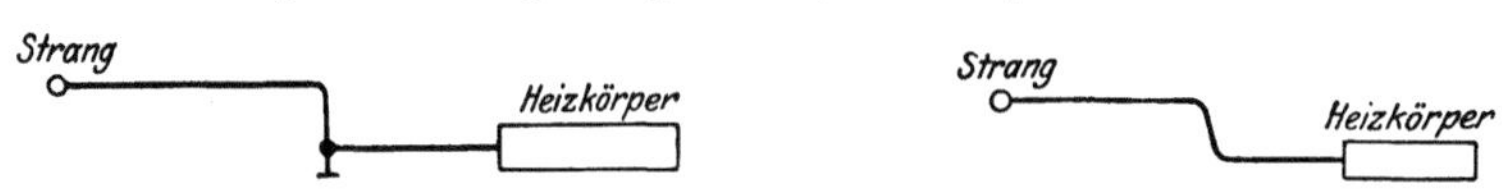

Vorlauf. Rücklauf.

Abb. 225.

Zusammenstellung der ζ-Werte.

Teilstrecke 1. Halber Heizkörper . . . . $\zeta = 1{,}5$
2 Bogen (20 mm) . . . . $\zeta = 2{,}0$
T-Stück, Abzweig[1] . . . . $\zeta = 1{,}5$
$\Sigma\zeta_1 = 5{,}0$

[1] Die ζ-Werte der T-Stücke sind nur bei den Teilstrecken in Anrechnung zu bringen, in denen sich die Schenkel s befinden, nicht dagegen in der Teilstrecke, die das gemeinsame Stück g enthält.

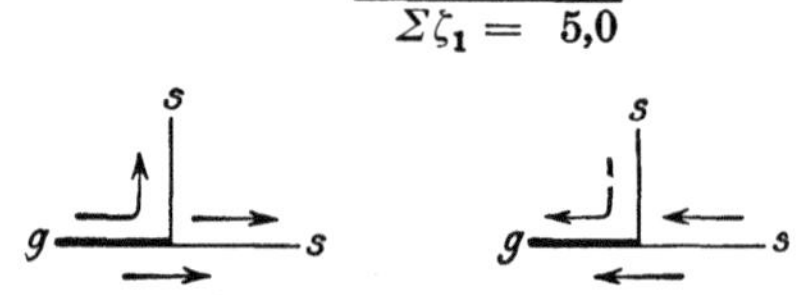

Teilstrecke 2.	Bogen (32 mm)	$\zeta = 0{,}5$
	Strangventil (32 mm)	$\zeta = 9{,}0$
	T-Stück, Durchgang[1]	$\zeta = 1{,}0$
		$\Sigma\zeta_2 = 10{,}5$
Teilstrecke 3.	4 Bogen (32 mm)	$\zeta = 2{,}0$
	Kessel	$\zeta = 2{,}5$
		$\Sigma\zeta_3 = 4{,}5$
Teilstrecke 4.	T-Stück, Durchgang	$\zeta = 1{,}0$
	Strangventil (32 mm)	$\zeta = 9{,}0$
	Bogen (32 mm)	$\zeta = 0{,}5$
		$\Sigma\zeta_4 = 10{,}5$
Teilstrecke 5.	T-Stück, Abzweig	$\zeta = 1{,}5$
	Bogen (20 mm)	$\zeta = 1{,}0$
	Eckventil mit Voreinstellung (20 mm)	$\zeta = 2{,}0$
	Halber Heizkörper	$\zeta = 1{,}5$
		$\Sigma\zeta_5 = 6{,}0$

Ausfüllen des Vordruckes.

Aufgreifen des angenommenen Durchmessers d (aus Spalte e) in der obersten Zeile der Hilfstafel I.
Aufsuchen lotrecht darunter in den oberen Zeilen die jeweils zu fördernde Wärmemenge (aus Spalte b).
Ablesen von R am linken oder rechten Rande der Hilfstafel, Eintragen dieses Wertes in Spalte g des Vordruckes.
Ablesen von w unmittelbar unter der aufgesuchten Wärmemenge, Eintragen dieses Wertes in Spalte f des Vordruckes.
Berechnen der Werte $l \cdot R$ und Eintragen des Resultates in Spalte h.
Eintragen der Werte $\Sigma\zeta$ (aus obenstehender Zusammenstellung) in die Spalte i.
Aufsuchen von w in der Zusammenstellung links oben in der Hilfstafel.
Ablesen von Z, zugehörig dem jeweiligen Wert $\Sigma\zeta$ (aus Spalte i) und Eintragen dieses Wertes in Spalte k.
Addition der Werte $l \cdot R$ und Z für alle Teilstrecken des Stromkreises.

Für den Stromkreis des Heizkörpers 1 stehen 37,4 mm WS zur Verfügung. Wenn die Rohrdimensionierung mit den vorläufig angenommenen Durchmessern d (Spalte e) ausgeführt würde, so würden hiervon nur 27,5 mm WS aufgebraucht werden. Verkleinert man den Durchmesser der Teilstrecke 1 um ein Handelsmaß (auf 13 mm), so wird, wie die weitere Nachrechnung zeigt, insgesamt ein Druck von 36,4 mm WS verbraucht. Eine weitere Änderung der Durchmesser ist nun nicht mehr nötig.

b) Stromkreis des Heizkörpers 2.

Es werden zunächst wieder die Werte $\Sigma\zeta$ für jede Teilstrecke bestimmt und dann die Spalten f bis k des Vordruckes genau wie vor ausgefüllt.

Zusammenstellung der ζ-Werte.

Teilstrecke 6.	Halber Heizkörper	$\zeta = 1{,}5$
	3 Bogen (20)	$\zeta = 3{,}0$
	T-Stück, Durchgang	$\zeta = 1{,}0$
		$\Sigma\zeta_6 = 5{,}5$
Teilstrecke 7.	T-Stück, Durchgang	$\zeta = 1{,}0$
	Knie (20)	$\zeta = 1{,}5$
	Bogen (20)	$\zeta = 1{,}0$
	Eckventil mit Voreinstellung (20)	$\zeta = 2{,}0$
	Halber Heizkörper	$\zeta = 1{,}5$
		$\Sigma\zeta_7 = 7{,}0$

Es ergibt sich dann, daß von den zur Verfügung stehenden 87,2 mm WS nur 49,8 mm WS verbraucht werden. Man kann also eine Teilstrecke im Durchmesser verkleinern. Aus Gründen praktischer Erfahrung verkleinert man nun nicht Steig- und Fallstränge, sondern einen der Anschlußstränge, und zwar wählt man meist den Rücklaufanschluß. Man wird also hier die Teilstrecke 6 in 6a und 6b aufteilen, wobei für Teilstrecke 6a eine Länge von 1,5 m und für Teilstrecke 6b eine solche von 4,0 m angenommen wird. Den Durchmesser der Teilstrecke 6a verringert man auf 13 mm. Damit ändert sich auch der Wert $\Sigma\zeta$ für Teilstrecke 6 wie folgt:

[1] Siehe Fußnote auf S. 164.

Teilstrecke 6a. Halber Heizkörper . . . . $\zeta = 1{,}5$
3 Bogen (13) . . . . $\zeta = 4{,}5$
1 plötzl. Geschwindigkeitsänderung geschätzt zu . . . $\zeta = 0{,}3$
$\Sigma\zeta_{6a} = 6{,}3$

Teilstrecke 6b. 1 T-Stück, Durchgang . . . . $\zeta_{6b} = 1{,}0$

Die mit diesem geänderten Durchmesser durchgeführte Nachrechnung zeigt, daß nun statt 49,8 mm WS insgesamt 68,4 mm WS aufgezehrt werden. Eine weitere Änderung ist nicht mehr erforderlich.

c) Stromkreis des Heizkörpers 3.

Zusammenstellung der ζ-Werte.

Teilstrecke 8. Halber Heizkörper . . . . $\zeta = 1{,}5$
3 Bogen (20) . . . . $\zeta = 3{,}0$
Strangventil (20) . . . . $\zeta = 12{,}0$
T-Stück, Abzweig . . . . $\zeta = 1{,}5$
$\Sigma\zeta_8 = 18{,}0$

Teilstrecke 9. T-Stück, Abzweig . . . . $\zeta = 1{,}5$
Strangventil (20) . . . . $\zeta = 12{,}0$
Knie (20) . . . . $\zeta = 1{,}5$
Bogen (20) . . . . $\zeta = 1{,}0$
Eckventil mit Voreinstellung (20) . . . . $\zeta = 2{,}0$
Halber Heizkörper . . . . $\zeta = 1{,}5$
$\Sigma\zeta_9 = 19{,}5$

Die Nachrechnung ergibt, daß hier keine Änderung der Durchmesser erforderlich ist.

Aus dem Rohrplan				Vorläufiger Rohrdurchmesser	Nachrechnung											Unterschied	
Teilstrecke	Wärmemenge	Wärmemenge bei einer Temp.-Absenkung von ... °C	Länge der Teilstrecke		mit vorläufigem Rohrdurchmesser					mit geändertem Rohrdurchmesser							
			l	d	w	R mm WS/m	lR	$\Sigma\zeta$	Z	d	w	R mm WS/m	lR	$\Sigma\zeta$	Z	lR $o-h$	Z $q-k$
Nr.	kcal/h	kcal/h	m	mm	m/s		mmWS		mmWS	mm	m/s		mmWS		mmWS	mm WS	mm WS
a	b	c	d	e	f	g	h	i	k	l	m	n	o	p	q	r	s

Stromkreis des Heizkörpers 1.

Wirksamer Druck: $H = 37{,}4$ mm WS. Druckgefälle: $R = 0{,}65$ mm WS/m.

a	b	c	d	e	f	g	h	i	k	l	m	n	o	p	q	r	s
1	1800	—	1,5	20	0,08	0,80	1,2	5,0	1,6	13	0,15	3,3	5,0	6,0	6,7	+3,8	+5,1
2	4500	—	5,5	32	0,07	0,28	1,5	10,5	2,6	—	—	—	—	—	—	—	—
3	7600	—	14,0	32	0,12	0,70	9,8	4,5	3,3	—	—	—	—	—	—	—	—
4	4500	—	6,5	32	0,07	0,28	1,8	10,5	2,6	—	—	—	—	—	—	—	—
5	1800	—	1,5	20	0,08	0,80	1,2	6,0	1,9	—	—	—	—	—	—	—	—

29,0 $\quad \Sigma l\, R_1^5 + \Sigma Z_1^5 = 15{,}5 \quad + \quad 12{,}0 = 27{,}5$ mm WS $\qquad +8{,}9$

Teilstrecke 1 geändert. . . . . + 8,9 „ „

Nun ist $\Sigma l\, R + \Sigma Z$ für H.K. 1 . . . . = 36,4 mm WS.

Stromkreis des Heizkörpers 2.

Wirksamer Druck: $H = 87{,}2$ mm WS. Druckgefälle: $R = 2{,}4$ mm WS/m.

a	b	c	d	e	f	g	h	i	k	l	m	n	o	p	q	r	s
6	2700	—	5,5	20	0,13	1,6	8,8	5,5	4,7	a) 13 b) 20	0,22 0,13	6,5 1,6	9,7 6,4	6,3 1,0	15,1 0,9	+7,3	+11,3
7	2700	—	5,5	20	0,13	1,6	8,8	7,0	5,9	—	—	—	—	—	—	—	—

11,0 $\quad \Sigma l\, R_6^7 + \Sigma Z_6^7 = 17{,}6 \quad + \quad 10{,}6 = 28{,}2$ mm WS $\qquad +18{,}6$

Dazu kommt $\Sigma l\, R_2^4 + \Sigma Z_2^4$ . . = 21,6 „ „

Nun ist $\Sigma l\, R + \Sigma Z$ für H.K. 2 . . . . = 49,8 mm WS

Teilstrecke 6 geändert . . . . . + 18,6 „ „

Damit wird $\Sigma l\, R + \Sigma Z$ für H.K. 2 . . = 68,4 mm WS.

Stromkreis des Heizkörpers 3.

Wirksamer Druck: $H = 87{,}2$ mm WS. Druckgefälle: $R = 2{,}7$ mm WS/m

8	3100	—	6,0	20	0,14	2,0	12,0	18,0	17,7	—	—	—	—	—	—	—	—
9	3100	—	7,0	20	0,14	2,0	14,0	19,5	18,9	—	—	—	—	—	—	—	—

13,0 $\Sigma l\, R_8^9 + \Sigma Z_8^9 = 26{,}0 + 36{,}6 = 62{,}6$ mm WS

Dazu kommt $l\, R_3 + Z_3$ . . . . $= 13{,}1$ „ „

Damit wird $\Sigma l\, R + \Sigma Z$ für H.K. 3 . . . $= 75{,}7$ mm WS.

Beispiel 8. Aufgabe: Für die in nachstehend abgebildetem Strangschema (Abb. 226) dargestellte Heizanlage mit unterer Verteilung ist die Rohrdimensionierung durchzuführen. Die Berechnung soll ohne Berücksichtigung der Wärmeverluste der Rohrleitung durchgeführt werden. Die Temperatur des Wassers soll im Vorlauf 90° C, im Rücklauf 70° C betragen. Die Heizkörperanschlüsse werden nach Abb. 225 ausgeführt.

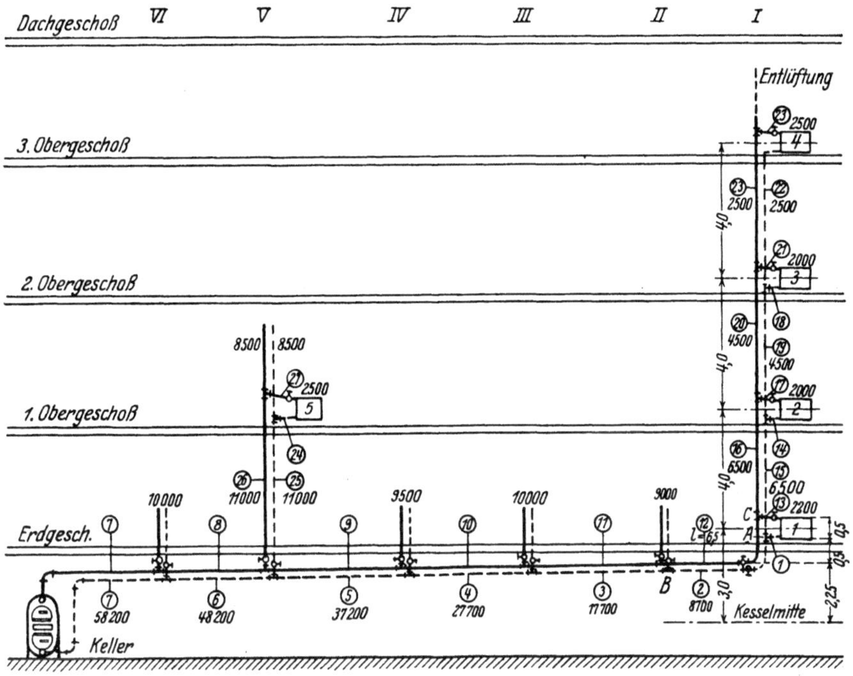

Abb. 226.

Durchrechnung. Man füllt wie im Beispiel 7 zunächst die Spalten a, b, d des Vordruckes aus und trägt nach Berechnung des Druckgefälles R den aus der Hilfstafel I in der „vorläufigen Rechnung" gefundenen Wert d in Spalte e ein.

1. Vorläufige Rechnung.

a) Stromkreis des Heizkörpers 1 (d. i. der ungünstigste).

(Teilstrecken 1 bis 13.)

Wirksamer Druck . . . . $H = 3{,}0 \cdot 12{,}47 = 37{,}4$ mm WS

Bleiben für Rohrreibung in den genannten Teilstrecken . 50 vH $= 18{,}7$ „ „

Gesamtlänge dieser Teilstrecken . . . . $= 73{,}0$ m

Druckgefälle . . . . $R = 18{,}7 : 73{,}0 = 0{,}26$ mm WS/m

b) Stromkreis des Heizkörpers 2.

(Teilstrecken 2 bis 12, 14, 15, 16, 17.)

Wirksamer Druck . . . . $H = 7{,}0 \cdot 12{,}47 = 87{,}2$ mm WS
Bleiben für Rohrreibung in den genannten Teilstrecken . 50 vH = 43,6 „ „
Hiervon aufgebraucht:
in den Teilstrecken 2 bis 12 (Länge 70 m) . . . . . $70 \cdot 0{,}26 = 18{,}2$ „ „
Bleiben für Rohrreibung in den Teilstrecken 14 bis 17. . . . . = 25,4 mm WS
Gesamtlänge dieser Teilstrecken . . . . = 10,0 m
Druckgefälle . . . . $R = 25{,}4 : 10{,}0 = 2{,}5$ mm WS/m

c) Stromkreis des Heizkörpers 3.

(Teilstrecken 2 bis 12, 15, 16, 18 bis 21.)

Wirksamer Druck . . . . $H = 11{,}0 \cdot 12{,}47 = 137{,}2$ mm WS
Bleiben für Rohrreibung in den genannten Teilstrecken . 50 vH = 68,6 „ „
Hiervon aufgebraucht:
in den Teilstrecken 2 bis 12 (wie oben) . . . . = 18,2 „ „
in den Teilstrecken 15 und 16 (Länge 8 m) . . . . . $8 \cdot 2{,}5 = 20{,}0$ „ „
Bleiben für Rohrreibung in den Teilstrecken 18 bis 21: 68,6—38,2 = 30,4 mm WS
Gesamtlänge dieser Teilstrecken . . . . = 10,0 m
Druckgefälle . . . . $R = 30{,}4 : 10{,}0 = 3{,}0$ mm WS/m

In derselben Weise wird der wirksame Druck und das Druckgefälle R für alle anderen Stromkreise berechnet.

2. Nachrechnung der Rohrleitung.

Nach Ermittlung der $\Sigma\zeta$ für die einzelnen Teilstrecken beginnt man mit der Bestimmung der wirklichen Werte für $\Sigma l R$ und ΣZ und nimmt, falls es erforderlich ist, eine Änderung der Rohrweiten vor. Die entsprechenden Werte sind in den Vordruck einzutragen.

Aus dem Rohrplan				Vorläufiger Rohrdurchmesser	Nachrechnung											Unterschied	
					mit vorläufigem Rohrdurchmesser					mit geändertem Rohrdurchmesser							
Teilstrecke Nr.	Wärmemenge kcal/h	Wärmemenge bei einer Temp.-Absenkung von ... °C kcal/h	Länge der Teilstrecke l m	d mm	w m/s	R mm WS/m	lR mmWS	$\Sigma\zeta$	Z mmWS	d mm	w m/s	R mm WS/m	lR mmWS	$\Sigma\zeta$	Z mmWS	lR $o-h$ mm WS	Z $q-k$ mmWS
a	b	c	d	e	f	g	h	i	k	l	m	n	o	p	q	r	s
1	2200	—	1,5	25	0,06	0,33	0,5	5,0	0,9	20	0,10	1,1	1,7	5,0	2,5	+ 1,2	+ 1,6
2	8700	—	5,5	50	0,06	0,13	0,7	8,5	1,5	—	—	—	—	—	—	—	—
3	17700	—	6,0	(57)[1]	0,10	0,26	1,6	1,0	0,5	—	—	—	—	—	—	—	—
4	27700	—	5,0	70	0,10	0,22	1,1	1,0	0,5	—	—	—	—	—	—	—	—
5	37200	—	7,0	(76)[1]	0,12	0,24	1,7	1,0	0,7	—	—	—	—	—	—	—	—
6	48200	—	4,0	80	0,13	0,26	1,0	1,0	0,9	—	—	—	—	—	—	—	—
7	58200	—	14,0	(88)[1]	0,14	0,28	3,9	4,5	4,4	—	—	—	—	—	—	—	—
8	48200	—	4,0	80	0,13	0,26	1,0	1,0	0,9	—	—	—	—	—	—	—	—
9	37200	—	7,0	(76)	0,12	0,24	1,7	1,0	0,7	—	—	—	—	—	—	—	—
10	27700	—	5,0	70	0,10	0,22	1,1	1,0	0,5	—	—	—	—	—	—	—	—
11	17700	—	6,0	(57)	0,10	0,26	1,6	1,0	0,5	—	—	—	—	—	—	—	—
12	8700	—	6,5	50	0,06	0,13	0,8	8,5	1,5	—	—	—	—	—	—	—	—
13	2200	—	1,5	25	0,06	0,33	0,5	6,0	1,1	—	—	—	—	—	—	—	—

Stromkreis des Heizkörpers 1.

Wirksamer Druck: $H = 37{,}4$ mm WS. Druckgefälle: $R = 0{,}26$ mm WS/m.

73,0 $\Sigma l R_1^{13} + \Sigma Z_1^{13} = 17{,}2 + 14{,}6 = 31{,}8$ mm WS   + 2,8
Teilstrecke 1 geändert . . . . + 2,8 „ „
Nun wird $\Sigma l R + \Sigma Z$ für H.K. 1 = 34,6 mm WS.

[1] Nicht genormte Rohre (vgl. S. 38).

Aus dem Rohrplan				Vorläufiger Rohrdurchmesser	Nachrechnung											Unterschied	
					mit vorläufigem Rohrdurchmesser					mit geändertem Rohrdurchmesser							
Teilstrecke	Wärmemenge	Wärmemenge bei einer Temp.-Absenkung von ... °C	Länge der Teilstrecke l	d	w	R mm WS	lR	$\Sigma\zeta$	Z	d	w	R mm WS	lR	$\Sigma\zeta$	Z	lR $o-h$	Z $q-k$
Nr.	kcal/h	kcal/h	m	mm	m/s	m	mm WS		mm WS	mm	m/s	m	mm WS		mm WS	mm WS	mm WS
a	b	c	d	e	f	g	h	i	k	l	m	n	o	p	q	r	s

Stromkreis des Heizkörpers 2.

Wirksamer Druck: $H = 87{,}2$ mm WS. Druckgefälle: $R = 2{,}5$ mm WS/m.

14	2000	—	1,0	13	0,17	4,0	4,0	6,0	8,5	—	—	—	—	—	—	—	—
15	6500	—	4,0	25	0,18	2,2	8,8	1,0	1,6	—	—	—	—	—	—	—	—
16	6500	—	4,0	25	0,18	2,2	8,8	1,0	1,6	—	—	—	—	—	—	—	—
17	2000	—	1,0	13	0,17	4,0	4,0	8,5	12,2	—	—	—	—	—	—	—	—

10,0 $\Sigma l R_{14}^{17} + \Sigma Z_{14}^{17} = 25{,}6 + 23{,}9 = 49{,}5$ mm WS
Dazu kommt $\Sigma l R_{2}^{12} + \Sigma Z_{2}^{12} = 28{,}8$ „ „
Damit wird $\Sigma l R + \Sigma Z$ für H.K. 2 = 78,3 mm WS.

Stromkreis des Heizkörpers 3.

Wirksamer Druck: $H = 137{,}2$ mm WS. Druckgefälle: $R = 3{,}0$ mm WS/m.

18	2000	—	1,0	13	0,17	4,0	4,0	6,0	8,5	—	—	—	—	—	—	—	—
19	4500	—	4,0	20	0,22	4,0	16,0	1,0	2,4	—	—	—	—	—	—	—	—
20	4500	—	4,0	20	0,22	4,0	16,0	1,0	2,4	—	—	—	—	—	—	—	—
21	2000	—	1,0	13	0,17	4,0	4,0	8,5	12,2	—	—	—	—	—	—	—	—

10,0 $\Sigma l R_{18}^{21} + \Sigma Z_{18}^{21} = 40{,}0 + 25{,}5 = 65{,}5$ mm WS
Dazu kommt $\Sigma l R_{2}^{12} + \Sigma Z_{2}^{12} = 28{,}8$ „ „
und $\Sigma l R_{15}^{16} + \Sigma Z_{15}^{16} = 20{,}8$ „ „
Damit wird $\Sigma l R + \Sigma Z$ für H.K. 3 = 115,1 mm WS.

Stromkreis des Heizkörpers 4.

Wirksamer Druck: $H = 187{,}0$ mm WS. Druckgefälle: $R = 3{,}1$ mm WS/m.

22	2500	—	5,0	13	0,22	6,0	30,0	6,0	14,4	—	—	—	—	—	—	—	—
23	2500	—	5,0	13	0,22	6,0	30,0	9,5	22,7	—	—	—	—	—	—	—	—

10,0 $\Sigma l R_{22}^{23} + \Sigma Z_{22}^{23} = 60{,}0 + 37{,}1 = 97{,}1$ mm WS
Dazu kommt $\Sigma l R_{2}^{12} + \Sigma Z_{2}^{12} = 28{,}8$ „ „
und $\Sigma l R_{15}^{16} + \Sigma Z_{15}^{16} = 20{,}8$ „ „
ferner $\Sigma l R_{19}^{20} + \Sigma Z_{19}^{20} = 36{,}8$ „ „
Damit wird $\Sigma l R + \Sigma Z$ für H.K. 4 = 183,5 mm WS.

Stromkreis des Heizkörpers 5.

Wirksamer Druck: 87,2 mm WS. Druckgefälle: $R = 3{,}2$ mm WS/m.

24	2500	—	1,0	20	0,12	1,4	1,4	5,0	3,6	13	0,22	6,0	6,0	6,0	14,4	+4,6	+10,8
25	11000	—	4,5	32	0,17	1,4	6,3	10,5	15,0	—	—	—	—	—	—	—	—
26	11000	—	5,5	32	0,17	1,4	7,7	10,5	15,0	—	—	—	—	—	—	—	—
27	2500	—	1,0	20	0,12	1,4	1,4	6,0	4,3	—	—	—	—	—	—	—	—

12,0 $\Sigma l R_{24}^{27} + \Sigma Z_{24}^{27} = 16{,}8 + 37{,}9 = 54{,}7$ mm WS + 15,4
Dazu kommt $\Sigma l R_{6}^{8} + \Sigma Z_{6}^{8} = 12{,}1$ „ „
Damit wird $\Sigma l R + \Sigma Z$ für H.K. 5 = 66,8 „ „
Teilstrecke 24 wird geändert . + 15,4 „ „
Nun ist $\Sigma l R + \Sigma Z$ für H.K. 5 = 82,2 mm WS.

Die Nachrechnung ist im vorstehenden für alle fünf Heizkörper durchgeführt. Zu bemerken ist, daß von allen 27 durchgerechneten Teilstrecken nur zwei geändert wurden. Die tatsächlich auszuführende Rohrleitung würde daher keine wesentlich anderen Kosten ergeben als die im Kostenanschlag „vorläufig“ angenommene.

C. Zweirohrsystem mit Berücksichtigung der Wärmeverluste der Rohrleitung[1].

Man könnte die Wärmeverluste der Rohrleitung vernachlässigen, wenn die Wirkung der Abkühlung:

„vom Kessel bis zum Eintritt in alle Heizkörper" und

„vom Austritt aller Heizkörper bis zum Kessel" gleich wäre.

Da dies in den allermeisten Fällen keineswegs zutrifft, darf man von der erwähnten Vereinfachung nur mit Vorsicht Gebrauch machen. Wie Beispielsrechnungen zeigten, bewirken die Wärmeverluste bei „unterer Verteilung" eine Verkleinerung der Umtriebskräfte, die jedoch nicht wesentlich ist und mit Rücksicht auf die vielen anderen nicht rechnerisch verfolgbaren Einflüsse vernachlässigt werden kann.

Bei „oberer Verteilung" hingegen werden die Auftriebskräfte unter Berücksichtigung der Wärmeverluste erheblich größer als jene Werte, die ohne Rücksichtnahme auf diese Verluste erscheinen. Das einfachste zur Zeit bekannte Verfahren, die Wärmeverluste der Rohrleitung zu berücksichtigen, ist im folgenden erörtert.

1. Vorläufige Ermittlung der Rohrdurchmesser.

Der wirksame Druck, der zur Ermittlung der vorläufigen Rohrdurchmesser in Rechnung gesetzt werden muß, setzt sich zusammen aus dem ohne Berücksichtigung der Wärmeverluste der Rohrleitung ermittelten Wert vermehrt um einen Zuschlag, der sich aus der Größe der Wärmeverluste ergibt. Dieser Zuschlag wird zunächst nach Zahlentafel 15 A überschläglich angenommen. Ist so der vorläufige wirksame Druck H' für einen Stromkreis ermittelt, so können die vorläufigen Rohrdurchmesser für den Kostenanschlag in der üblichen Weise berechnet und in den Vordruck eingetragen werden.

Es ist noch zu bemerken, daß auch die Heizflächen einen Zuschlag erhalten müssen, da wegen der Wasserabkühlung die Ein- und Austrittstemperaturen an den Heizkörpern niedriger als 90 bzw. 70° C sind. Für den Kostenanschlag wird dieser Zuschlag vorläufig nach Zahlentafel 15 B bestimmt.

2. Nachrechnung der Rohrleitung.

Nach Berechnung des vorläufigen wirksamen Druckes H' und Ermittlung der vorläufigen Rohrdurchmesser d werden zunächst die Temperaturen am Anfang und Ende jeder Teilstrecke festgestellt und dann die in den einzelnen Teilstrecken entstehenden Teildrucke h ermittelt. Die Summe dieser Teildrucke ergibt den endgültigen, d. h. tatsächlich auftretenden wirksamen Druck H in mm WS.

Die weitere Nachrechnung geschieht in bekannter Weise unter Benutzung der Hilfstafel I. Auch hier darf wie bei den früheren Beispielen $\Sigma lR + \Sigma Z$ nicht größer sein als der gefundene endgültige wirksame Druck H.

Die Berechnung der Größe H geht folgendermaßen vor sich:

Da die Durchmesser der Rohrstränge bekannt sind, läßt sich für jede Teilstrecke der Wärmeverlust genau feststellen und damit die Abkühlung des Wassers aus Gleichung (25) berechnen.

$$\vartheta = \frac{l \cdot f \cdot k(1-\eta)(t_E - t_R)^*}{G_h} \, (^\circ \mathrm{C}) \,. \tag{25}$$

[1] Siehe W. Hässelbarth: Graphisches Verfahren zur Ermittelung des Temperaturabfalles in glatten Rohren bei Schwerkraft-Warmwasserheizungen. Gesundheits-Ing. Bd. 48, S. 149. 1925.

Wierz, M.: Über die Kräfte durch Rohrabkühlung in Warmwasserheizungen. Gesundheits-Ing. Bd. 48, S. 145. 1925.

* In Gl. (25) wäre strenggenommen statt $t_E \ldots \frac{t_E + t_A}{2}$ zu schreiben. Da dies einerseits eine wesentliche Erschwernis der Rechnung mit sich bringt und andererseits ohne wesentliche Bedeutung ist, wird die einfachere Form der Gl. (25) beibehalten.

In dieser Gleichung bedeutet:

ϑ die Wasserauskühlung in der Teilstrecke (in ° C),

l die Länge der Teilstrecke (in m),

f die Rohroberfläche für 1 m Rohr (in m²) (nach Zahlentafel 13),

k die Wärmedurchgangszahl des Rohres (in kcal/m² · h · ° C) (nach Zahlentafel 11),

η den Wirkungsgrad des Wärmeschutzes (in vH-Teilen),

t_E die Eintrittstemperatur des Wassers in die Teilstrecke (in ° C),

t_A die Austrittstemperatur des Wassers aus der Teilstrecke (in ° C). Sie ergibt sich aus $(t_E - \vartheta)$,

t_R die Temperatur der das Rohr umgebenden Luft (in ° C).

Diese ist:

a) bei frei verlegten Rohren gleich der Lufttemperatur des betreffenden Raumes,

b) bei isoliert in verschlossenen Mauerschlitzen verlegten Rohren mit 35° C,

c) bei nicht isolierten, in geschlossenen Mauerschlitzen verlegten Rohren mit 45° C

anzunehmen.

G_h die stündlich durch die Teilstrecke fließende Wassermenge in Litern.

Man beginnt diese Berechnung stets mit der Teilstrecke, die am Kesselaustritt angeschlossen ist, und nimmt die Wassertemperatur dort in der Regel mit 90° C an. Zweckmäßig bedient man sich dabei folgender Vorlage:

Nr. der Teilstrecke	G_h l/h	d * mm	f m²/m	l m	k kcal/m² · h · °C	$l \cdot f \cdot k$	$1-\eta$	t_E °C	t_R °C	$t_E - t_R$ °C	ϑ °C	t_A °C

Man kennt also die Wassertemperatur am Anfangs- und Endpunkt einer jeden Teilstrecke und kann nun aus Gleichung (26) den wirksamen Druck h für diese Teilstrecke berechnen.

$$h = h' \cdot (\gamma_m - \gamma_v)\,. \tag{26}$$

Hierbei bedeutet:

h den wirksamen Druck (in mm WS),

h' die wirksame, d. h. senkrechte Höhe der Teilstrecke (in m),

γ_m das mittlere spezifische Gewicht des Wassers in dieser Teilstrecke entsprechend der Wassertemperatur t_m (in kg/m³),

γ_v das spezifische Gewicht des Wassers im Steigstrang entsprechend der mittleren Wassertemperatur t_v im Steigstrang (in kg/m³).

Für diese Berechnung kann nebenstehende Vorlage benutzt werden, die man am besten mit der vorhergehenden vereint: Den Wert $(\gamma_m - \gamma_v)$ kann man entsprechend den Temperaturen t_m und t_v direkt aus Zahlentafel 14 (S. 284) entnehmen.

t_E °C	t_A °C	t_m °C	$\gamma_m - \gamma_v$ kg/m³	h' m	h mm WS

Die Summe der so ermittelten Teildrücke h für alle Teilstrecken eines Stromkreises ergibt nun den endgültigen wirksamen Druck H. Es bleibt nur noch übrig, zu prüfen, ob der in der üblichen Weise für den gesamten Stromkreis gefundene Wert $\Sigma lR + \Sigma Z$ diesem wirksamen Druck entspricht.

Da durch diese Berechnung die Wassertemperaturen am Eintritt und Austritt der Heizkörper bekannt sind, sind damit auch die Grundlagen für die endgültige Größenbemessung der Heizkörper gegeben.

---

* Hier sind die Durchmesser aus Spalte e des Vordruckes (S. 175 und 176) einzutragen.

Bemerkungen zur Berechnung der Abkühlungsverluste.

Die Abkühlungsverhältnisse im Steigstrang brauchen seines meist sehr guten Wärmeschutzes wegen nicht berücksichtigt zu werden. Man rechnet, wie in den „Regeln" vorgeschrieben, mit einer Vorlauftemperatur im Steigstrang von $t_v = 90°$ C.

Daß auch die Wasserabkühlung in der Rücklaufsammelleitung in vielen Fällen vernachlässigt werden darf, soll im folgenden Beispiel gezeigt werden (Abb. 227).

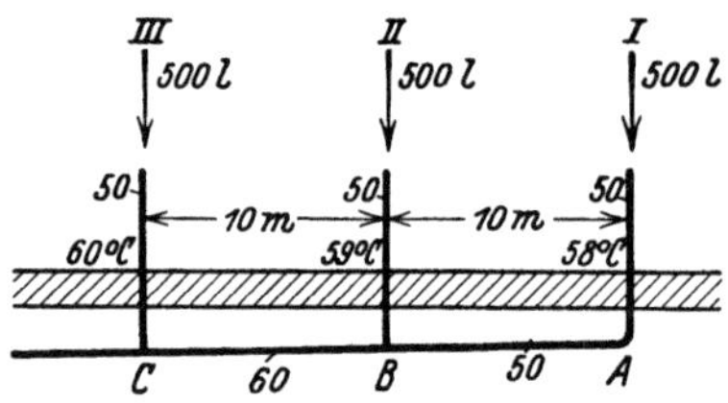

Abb. 227. Temperaturen in der Rücklaufsammelleitung.

Das im Fallstrang *I* herabkommende Wasser möge im Punkt *A* eine Temperatur von 58° C besitzen. Nimmt man die Lufttemperatur in der Umgebung des Rohres zu 10° C (unbeheiztes Kellergeschoß) und den Wirkungsgrad des Wärmeschutzes zu 60 vH an, so beträgt die Abkühlung des Wassers in der Teilstrecke von *A* nach *B* 0,8° C.

Dem Wasser von 57,2° C werden in *B* 500 l Wasser von 59° C aus Strang II zugemischt, wodurch die Temperatur in *B*, wie nachstehend gezeigt, auf 58,1° C ansteigt.

$$\frac{500 \cdot 57{,}2 + 500 \cdot 59{,}0}{1000} = 58{,}1° \text{C}.$$

Von *B* bis *C* kühlt sich dieses Wasser auf 57,6° C ab, wird aber in *C* durch Mischung mit dem Wasser aus Strang III auf 58,4° C erwärmt.

Man sieht, daß eine Abkühlung zwischen den Punkten *A* und *C* gar nicht stattfindet. In besonderen Fällen jedoch sind diese Verhältnisse sowohl für den Vorlaufsteigstrang wie auch für die Rücklaufsammelleitung rechnerisch nachzuprüfen.

3. Beispielsrechnung.

Beispiel 9. Aufgabe: Für eine Schwerkraft-Warmwasserheizanlage mit oberer Verteilung (Abb. 228) ist die Rohrnetzberechnung mit Berücksichtigung der Wärmeverluste der Rohrleitung durchzuführen.

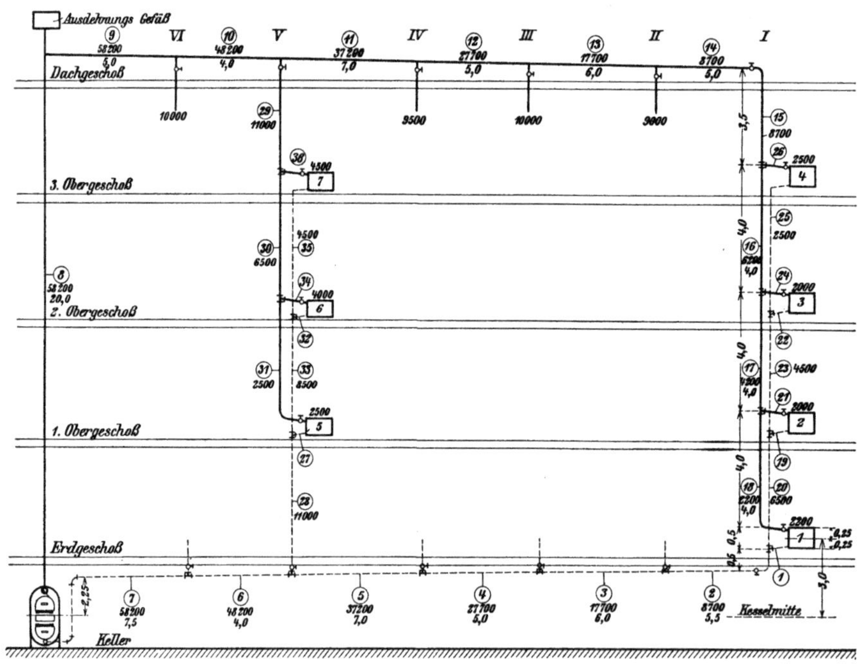

Abb. 228. Strangschema zu Beispiel 9.

Annahmen: Wassertemperatur am Kesselaustritt 90° C, Temperaturgefälle in den Heizkörpern 20° C, Temperatur im Dachboden 0° C. Die Abkühlung im Steigstrang ist zu vernachlässigen, da dieser mit bestem Wärmeschutz versehen ist und in geschlossenem Mauerkanal liegt. Der Wärmeschutz der oberen Verteilleitung betrage 80 vH, der der Fallstränge 60 vH. Letztere liegen in geschlossenen Mauerkanälen (35° C). Die Anschlüsse der Heizkörper werden nach Abb. 225, S. 164, vorgenommen. Der Fallstrang V liegt in waagerechter Richtung 5 m von der Vorlauf- bzw. Rücklaufsammelleitung entfernt.

1. Vorläufige Rechnung.

A. Bestimmung der vorläufigen Rohrweiten für den Kostenanschlag.

a) Stromkreis des Heizkörpers 1.

(Teilstrecken 1 bis 18.)

Wirksamer Druck ohne Berücksichtigung der Wärmeverluste:
(nach Zahlentafel 14) . . . . 3,0 · 12,47 = 37,4 mm WS
Zusätzlicher Druck (nach Zahlentafel 15, AIIb)[1] . . . . = 25,0 „ „
Vorläufig angenommener wirksamer Druck . . . . H' = 62,4 mm WS
Bleiben für Rohrreibung in den Teilstrecken 1 bis 18 (nach Zahlentafel 17) . . . . 50 vH = 31,2 „ „
Gesamtlänge dieser Teilstrecken . . . . = 105,5 m
Druckgefälle . . . . R = 31,2 : 105,5 = 0,3 mm WS/m

Hieraus folgen unter Benutzung der Hilfstafel I die „vorläufigen Rohrdurchmesser d“, die in Spalte e des Vordruckes auf S. 175 und 176 eingetragen sind. (Vgl. dort Stromkreis des Heizkörpers 6.)

b) Stromkreis des Heizkörpers 2.

(Teilstrecken 19, 20, 2 bis 17, 21.)

Wirksamer Druck (ohne Wärmeverluste) . . . . . . 7,0 · 12,47 = 87,2 mm WS
Zusätzlicher Druck . . . . = 25,0 „ „
Vorläufiger wirksamer Druck . . . . H' = 112,2 „ „
Bleiben für Rohrreibung in den genannten Teilstrecken . 50 vH = 56,1 „ „
Hiervon aufgebraucht in den Teilstrecken 2 bis 17 (Länge 98,5 m):
98,5 · 0,3 = 29,5 „ „
Bleiben für Rohrreibung in den Teilstrecken 19, 20, 21 . . . . = 26,6 mm WS
Gesamtlänge dieser Teilstrecken . . . . = 7,0 m
Druckgefälle . . . . R = 26,6 : 7,0 = 3,8 mm WS/m

In gleicher Weise ergeben sich die Werte für die übrigen Stromkreise und damit die „vorläufigen Rohrdurchmesser d“ für den Kostenanschlag.

B. Berechnung der Heizflächenvergrößerung für den Kostenanschlag.

Auf die in üblicher Weise berechneten Heizflächengrößen ist noch ein Zuschlag zu machen, dessen Größe sich aus Zahlentafel 15, B II ergibt. Dieser Zuschlag beträgt
bei Heizkörper 1 . . . . 5 vH,
„ „ 2, 3, 5 und 6 . . . . 3 „ ,
„ „ 4 und 7 . . . . 0 „ .

2. Nachrechnung.

A. Berechnung des endgültigen wirksamen Druckes H.

Unter Benutzung der vorläufigen Rohrdurchmesser d aus Spalte e des Vordruckes (s. S. 175) und Annahme einer konstanten Wärmedurchgangszahl $k = 11{,}0$ ergeben sich die Teildrucke h für die einzelnen Teilstrecken aus nachfolgender Rechnung:

Das Wasser tritt mit 90° C vom Kessel in die Teilstrecke 8 ein. Nach dem auf S. 172 Gesagten ist auch die Temperatur am Ende der Teilstrecke 8 bzw. am Anfang der Teilstrecke 9 gleich 90° C. Man beginnt daher die Berechnung mit Teilstrecke 9. Die waagerechten Heizkörperanschlußleitungen werden dabei vernachlässigt.

Nr. der Teilstrecke	G_h l/h	d mm	f* m²/m	l m	$f \cdot l \cdot k$	$1-\eta$	t_E °C	t_R °C	$t_E - t_R$ °C	ϑ °C	t_A °C	t_m °C	$\gamma_m - \gamma_v$** kg/m³	h' m	h mm WS
							Gemeinsamer Vorlauf								
9	2910	(88)[2]	0,298	5,0	16,4	0,2	90,0	0	90,0	0,1	89,9				
10	2410	80	0,279	4,0	12,3	0,2	89,9	0	89,9	0,1	89,8				
11	1860	(76)	0,261	7,0	20,1	0,2	89,8	0	89,8	0,2	89,6	89,4	0,41	0,16[3]	0,07 ≅ 0,1
12	1385	60	0,220	5,0	12,1	0,2	89,6	0	89,6	0,2	89,4				
13	885	(57)	0,198	6,0	13,1	0,2	89,4	0	89,4	0,3	89,1				
14	435	40	0,151	5,0	8,3	0,2	89,1	0	89,1	0,3	88,8				

[1] Waagerechte Ausdehnung der Anlage 32 m.

* Aus Zahlentafel 13, S. 283. ** Aus Zahlentafel 14, S. 284.

[2] Nicht genormte Rohrdurchmesser (vgl. S. 38).

[3] Waagerechte Ausdehnung der Anlage 32 m, Leitungsgefälle 0,005 m/lfd. m. Daraus $h' = 32 \cdot 0{,}005 = 0{,}16$ m.

Nr. der Teilstrecke	G_h l/h	d mm	f* m²/m	l m	$f \cdot l \cdot k$	$1-\eta$	t_E °C	t_R °C	$t_E - t_R$ °C	ϑ °C	t_A °C	t_m °C	$\gamma_m - \gamma_v$** kg/m³	h' m	h mm WS
							Vorlauf-Fallstrang I.								
15	435	40	0,151	3,5	5,8	0,4	88,8	35,0	53,8	0,3	88,5	88,7	0,87	3,5	3,0
16	310	40	0,151	4,0	6,6	0,4	88,5	35,0	53,5	0,4	88,1	88,3	1,14	4,0	4,6
17	210	32	0,133	4,0	5,9	0,4	88,1	35,0	53,1	0,6	87,5	87,8	1,47	4,0	5,9
18	110	25	0,105	4,0	4,6	0,4	87,5	35,0	52,5	0,9	86,6	87,1	1,94	4,0	7,8
							Rücklauf-Fallstrang I.								
25	125	13	0,0683	4,0	3,0	0,4	68,5[1]	35,0	33,5	0,3	68,2	68,4	13,37	4,0	53,3

Aus Heizkörper 3 kommen hierzu 100 l von 68,1° C. Mischtemperatur 68,2° C.

23	225	20	0,0840	4,0	3,7	0,4	68,2	35,0	33,2	0,2	68,0	68,1	13,54	4,0	54,1

Aus Heizkörper 2 kommen hierzu 100 l von 67,5° C. Mischtemperatur 67,8° C.

20	325	25	0,105	4,0	4,6	0,4	67,8	35,0	32,8	0,2	67,6	67,7	13,77	4,0	55,1

Aus Heizkörper 1 kommen hierzu 110 l von 66,6° C. Mischtemperatur 67,4° C.

2	435	40	0,151	6,0	10,0	0,4	67,4	35,0	32,4	0,3	67,1	67,2	14,05	0,5	7,0

Die Austrittstemperatur aus Teilstrecke 2 ist 67,1° C. Da die Abkühlung des Rücklaufsammelstranges vernachlässigt werden kann, ist auch die Temperatur am Kesseleintritt mit 67,1° C anzunehmen.

3—7	—	—	—	—	—	—	—	—	—	—	—	67,1	14,10	2,4[2]	33,8

Die durch Abkühlung in den Heizkörpern gewonnenen Teildrücke sind bei:

H.K.1	—	—	—	—	—	—	86,6	—	—	20,0	66,6	76,6	8,58	0,5	4,3
H.K.2	—	—	—	—	—	—	87,5	—	—	20,0	67,5	77,5	8,03	0,5	4,0
H.K.3	—	—	—	—	—	—	88,1	—	—	20,0	68,1	78,1	7,67	0,5	3,8
H.K.4	—	—	—	—	—	—	88,5	—	—	20,0	68,5	78,5	7,42	0,5	3,7
							Fallstrang V.								
29	550	32	0,133	8,5	12,4	0,4	89,8	35,0	54,8	0,5	89,3	89,6	0,27	3,5	0,9
30	325	25	0,105	4,0	4,6	0,4	89,3	35,0	54,3	0,3	89,0	89,2	0,54	4,0	2,2
31	125	20	0,0840	4,0	3,7	0,4	89,0	35,0	54,0	0,6	88,4	88,7	0,87	4,0	3,5
35	225	13	0,0683	4,0	3,0	0,4	69,3	35,0	34,3	0,2	69,1	69,2	12,93	4,0	51,8

Aus Heizkörper 6 kommen hierzu 200 l von 69,0° C. Mischtemperatur 69,0° C.

33	425	25	0,105	4,0	4,6	0,4	69,0	35,0	34,0	0,1	68,9	68,9	13,10	4,0	52,4

Aus Heizkörper 5 kommen hierzu 125 l von 68,4° C. Mischtemperatur 68,8° C.

28	550	32	0,133	9,5	13,9	0,4	68,8	35,0	33,8	0,3	68,5	68,7	13,21	4,5	59,5

Die durch Abkühlung in den Heizkörpern gewonnenen Teildrücke sind bei:

H.K.5	—	—	—	—	—	—	88,4	—	—	20,0	68,4	78,4	7,48	0,5	3,7
H.K.6	—	—	—	—	—	—	89,0	—	—	20,0	69,0	79,0	7,11	0,5	3,6
H.K.7	—	—	—	—	—	—	89,3	—	—	20,0	69,3	79,3	6,92	0,5	3,5

Sind auf diese Weise die Teildrucke h aller Teilstrecken eines Stromkreises berechnet, so kann man durch einfache Addition dieser Teildrucke den tatsächlich auftretenden wirksamen Druck H ermitteln. Es ist also der endgültige wirksame Druck H für den

Stromkreis des Heizkörpers 1.

$$H_1 = \Sigma(h_{9-14} + h_{15} + h_{16} + h_{17} + h_{18} + h_{\mathrm{H.K.}\,1} + h_2 + h_{3-7}),$$

$$H_1 = 0{,}1 + 3{,}0 + 4{,}6 + 5{,}9 + 7{,}8 + 4{,}3 + 7{,}0 + 34{,}0 = 66{,}7 \text{ mm WS}.$$

Stromkreis des Heizkörpers 2.

$$H_2 = \Sigma(h_{9-14} + h_{15} + h_{16} + h_{17} + h_{\mathrm{H.K.}\,2} + h_{20} + h_2 + h_{3-7}),$$

$$H_2 = 0{,}1 + 3{,}0 + 4{,}6 + 5{,}9 + 4{,}0 + 54{,}6 + 7{,}0 + 34{,}0 = 113{,}2 \text{ mm WS}.$$

* Aus Zahlentafel 13, S. 283. ** Aus Zahlentafel 14, S. 284.

[1] Die Eintrittstemperatur in den Heizkörper 4 ist 88,5° C, die Austrittstemperatur aus dem Heizkörper bzw. die Eintrittstemperatur in die Teilstrecke 25 beträgt bei 20° C Temperaturgefälle im Heizkörper mithin 68,5° C.

[2] Zu der aus Abb. 228 hervorgehenden Höhe von 2,25 m kann noch das Leitungsgefälle von 0,16 m hinzugerechnet werden.

Diese Werte H werden im nachstehenden Vordruck rechts oben in die betreffende Überschrift der einzelnen Stromkreise eingetragen. (Vgl. Stromkreis des Heizkörpers 5, S. 176.)

B. Nachrechnung der Rohrdurchmesser d.

Nachdem nun der endgültige wirksame Druck H für einen Stromkreis bekannt ist, erfolgt die Aufstellung der Einzelwiderstände und die Nachprüfung, ob $\Sigma l \cdot R + \Sigma Z$ des betreffenden Stromkreises diesem Wert entspricht. Ist dies nicht der Fall, so sind, wie bei den früher berechneten Beispielen, Änderungen der Rohrweite vorzunehmen. Dabei ist jedoch darauf zu achten, daß durch diese Änderungen der wirksame Druck H nicht wesentlich beeinflußt wird.

Aus dem Rohrplan				Vorläufiger Rohrdurchmesser	Nachrechnung											Unterschied	
					mit vorläufigem Rohrdurchmesser					mit geändertem Rohrdurchmesser							
Teilstrecke	Wärmemenge	Wärmemenge bei einer Temp.-Absenkung von ... ° C	Länge der Teilstrecke l	d	w	R mm WS/m	lR	$\Sigma\zeta$	Z	d	w	R mm WS/m	lR	$\Sigma\zeta$	Z	lR $o-h$	Z $q-k$
Nr.	kcal/h	kcal/h	m	mm	m/s		mm WS		mm WS	mm	m/s		mm WS		mm WS	mm WS	mm WS
a	b	c	d	e	f	g	h	i	k	l	m	n	o	p	q	r	s

Stromkreis des Heizkörpers 1.

$H' = 62{,}4$ mm WS. $R = 0{,}3$ mm WS/m. $H = 66{,}7$ mm WS.

1	2200	—	1,5	25	0,06	0,33	0,5	5,0	0,9	20	0,10	1,10	1,7	6,0	3,0	+1,2	+2,1
2	8700	—	5,5	40	0,10	0,40	2,2	10,5	5,3	—	—	—	—	—	—	—	—
3	17700	—	6,0	(57)	0,10	0,26	1,6	1,0	0,5	—	—	—	—	—	—	—	—
4	27700	—	5,0	60	0,12	0,33	1,7	1,0	0,7	—	—	—	—	—	—	—	—
5	37200	—	7,0	(76)	0,12	0,24	1,7	1,0	0,7	—	—	—	—	—	—	—	—
6	48200	—	4,0	80	0,13	0,26	1,0	1,0	0,9	—	—	—	—	—	—	—	—
7	58200	—	7,5	(88)	0,13	0,26	1,9	1,5	1,3	—	—	—	—	—	—	—	—
8	58200	—	20,0	(88)	0,13	0,26	5,2	2,5	2,1	—	—	—	—	—	—	—	—
9	58200	—	5,0	(88)	0,13	0,26	1,3	1,5	1,3	—	—	—	—	—	—	—	—
10	48200	—	4,0	80	0,13	0,26	1,0	1,0	0,9	—	—	—	—	—	—	—	—
11	37200	—	7,0	(76)	0,12	0,24	1,7	1,0	0,7	—	—	—	—	—	—	—	—
12	27700	—	5,0	60	0,12	0,33	1,7	1,0	0,7	—	—	—	—	—	—	—	—
13	17700	—	6,0	(57)	0,10	0,26	1,6	1,0	0,5	—	—	—	—	—	—	—	—
14	8700	—	5,0	40	0,10	0,40	2,0	10,0	5,0	—	—	—	—	—	—	—	—
15	8700	—	3,5	40	0,10	0,40	1,4	0,5	0,3	—	—	—	—	—	—	—	—
16	6200	—	4,0	40	0,07	0,24	1,0	1,0	0,3	—	—	—	—	—	—	—	—
17	4200	—	4,0	32	0,06	0,24	1,0	1,0	0,2	—	—	—	—	—	—	—	—
18	2200	—	5,5	25	0,06	0,33	1,8	6,5	1,2	—	—	—	—	—	—	—	—

105,5 $\Sigma l\,R_1^{18} + \Sigma Z_1^{18} = 30{,}3 + 23{,}5 = 53{,}8$ mm WS $+3{,}3$

Teilstrecke 1 geändert . . . $+\ 3{,}3$ „ „

Nun ist $\Sigma l\,R + \Sigma Z$ für H.K. 1 $= 57{,}1$ mm WS.

Stromkreis des Heizkörpers 2.

$H' = 112{,}2$ mm WS. $R = 3{,}8$ mm WS/m. $H = 113{,}2$ mm WS.

19	2000	—	1,5	13	0,17	4,0	6,0	6,0	8,5	—	—	—	—	—	—	—	—
20	6500	—	4,0	25	0,18	2,2	8,8	1,0	1,6	—	—	—	—	—	—	—	—
21	2000	—	1,5	13	0,17	4,0	6,0	8,5	12,2	—	—	—	—	—	—	—	—

7,0 $\Sigma l\,R_{19}^{21} + \Sigma Z_{19}^{21} = 20{,}8 + 22{,}3 = 43{,}1$ mm WS

Dazu kommt $\Sigma l\,R_2^{17} + \Sigma Z_2^{17} = 49{,}4$ „ „

Nun ist $\Sigma l\,R + \Sigma Z$ für H.K. 2 $= 92{,}5$ mm WS.

Stromkreis des Heizkörpers 3.

$H' = 162{,}2$ mm WS. $R = 4{,}7$ mm WS/m. $H = 160{,}9$ mm WS.

22	2000	—	2,0	13	0,17	4,0	8,0	6,0	8,5	—	—	—	—	—	—	—	—
23	4500	—	4,0	20	0,22	4,0	16,0	1,0	2,4	—	—	—	—	—	—	—	—
24	2000	—	2,0	13	0,17	4,0	8,0	8,5	12,2	—	—	—	—	—	—	—	—

8,0 $\Sigma l\,R_{22}^{24} + \Sigma Z_{22}^{24} = 32{,}0 + 23{,}1 = 55{,}1$ mm WS

Dazu kommt $\Sigma l\,R_2^{16} + \Sigma Z_2^{16} = 48{,}2$ „ „

und $l\,R_{20} + Z_{20} = 10{,}4$ „ „

Zusammen wird $\Sigma l\,R + \Sigma Z$ für H.K. 3 $= 113{,}7$ mm WS.

Eine Änderung der Teilstrecke 23 von 20 auf 13 mm ist nicht möglich. Der Rest muß durch Voreinstellung des Ventils abgedrosselt werden.

Aus dem Rohrplan				Vorläufiger Rohrdurchmesser	Nachrechnung											Unterschied	
Teilstrecke	Wärmemenge	Wärmemenge bei einer Temp.-Absenkung von ... ° C	Länge der Teilstrecke l	d	mit vorläufigem Rohrdurchmesser					mit geändertem Rohrdurchmesser							
					w	R mm WS	lR	$\Sigma\zeta$	Z	d	w	R mm WS	lR	$\Sigma\zeta$	Z	lR $o-h$	Z $q-k$
Nr.	kcal/h	kcal/h	m	mm	m/s	m	mm WS		mm WS	mm	m/s	m	mm WS		mm WS	mm WS	mm WS
a	b	c	d	e	f	g	h	i	k	l	m	n	o	p	q	r	s

Stromkreis des Heizkörpers 4.

$H' = 212{,}2$ mm WS. $R = 5{,}9$ mm WS/m. $H = 209{,}5$ mm WS.

25	2500	—	6,0	13	0,22	6,0	36,0	7,0	16,8	—	—	—	—	—	—	—	—
26	2500	—	2,0	13	0,22	6,0	12,0	8,5	20,3	—	—	—	—	—	—	—	—
			8,0														

$\Sigma l R_{25}^{26} + \Sigma Z_{25}^{26} = 48{,}0 + 37{,}1 = 85{,}1$ mm WS

Dazu kommt $\Sigma l R_2^{15} + \Sigma Z_2^{15} = 46{,}9$ „ „

und $\Sigma l R_{20,23} + \Sigma Z_{20,23} = 28{,}8$ „ „

Damit wird $\Sigma l R + \Sigma Z$ für H.K. 4 $= 160{,}8$ mm WS.

Eine weitere Verkleinerung der Durchmesser ist unmöglich, der Rest muß durch Voreinstellung des Ventils abgedrosselt werden.

Stromkreis des Heizkörpers 5.

$H' = 97{,}2$ mm WS. $R = 1{,}3$ mm WS/m. $H = 103{,}8$ mm WS.

27	2500	—	1,5	20													
28	11000	—	9,5	32													
29	11000	—	8,5	32													
30	6500	—	4,0	25													
31	2500	—	5,5	20													
			29,0														

Stromkreis des Heizkörpers 6.

$H' = 147{,}2$ mm WS. $R = 6{,}5$ mm WS/m. $H = \ldots\ldots$ mm WS.

32	4000	—	1,0	20													
33	8500	—	4,0	25													
34	4000	—	1,0	20													
			6,0														

C. Nachrechnung der Raumheizflächen.

Da für jeden Heizkörper die Vor- und Rücklauftemperaturen nunmehr genau bekannt sind, kann die notwendige Vergrößerung der Heizflächen ebenfalls genau ermittelt werden. Eine Nachrechnung zeigt, daß z. B. für Heizkörper 1 die nach Zahlentafel 15, B II angenommene Vergrößerung von 5 vH ausreichend ist.

D. Stockwerksheizung[1].

Bei dieser Heizart entsteht der wirksame Druck ausschließlich durch den Einfluß der Wärmeverluste der Rohrleitung. Hieraus ergibt sich, daß ihre Berechnung nach dem unter C. Gesagten zu erfolgen hat, jedoch wird zur überschläglichen Annahme des vorläufigen wirksamen Druckes nicht die Zahlentafel 15, sondern die Zahlentafel 16 benutzt. Im übrigen vollzieht sich die Annahme der vorläufigen Rohrweite und ihre Nachrechnung sinngemäß nach jenen Regeln, die an der genannten Stelle entwickelt sind.

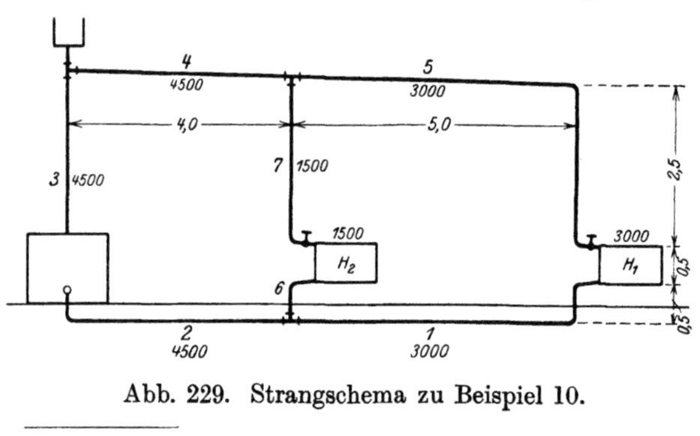

Abb. 229. Strangschema zu Beispiel 10.

[1] Wierz, M.: Die Berechnung der Etagen-Warmwasserheizung. Gesundheits-Ing. 1924, S. 345. Klinger, H. J.: Die Stockwerks-Warmwasserheizung (Etagenheizung). C. Marhold, Halle a. S. 1930.

Beispiel 10. Aufgabe: Für eine Stockwerksheizung sind die Rohrweiten zu berechnen (Abb. 229). Es können folgende Annahmen gemacht werden:

Temperatur des Wassers beim Austritt aus dem Kessel . . . . . . $t_v = 90°$ C
Temperaturgefälle in den Heizkörpern . . . . $\Delta t = 20°$ C
Raumtemperatur . . . . $t_R = 20°$ C.

Der Steigstrang ist gut isoliert. Es findet keine wesentliche Abkühlung in ihm statt. Die Verteilungsleitungen, Fallstränge und Heizkörperanschlüsse liegen nichtisoliert und frei vor der Wand. Der gemeinsame Rücklauf ist vor Wärmeabgabe geschützt im Fußbodenkanal angeordnet. Die Kesselmitte liegt 0,4 m über der Rücklaufsammelleitung.

1. Ermittlung des vorläufigen wirksamen Druckes und der vorläufigen Rohrdurchmesser.

Man beginnt die Ermittlung der vorläufigen Rohrdurchmesser hier ebenfalls, indem man den ungünstigsten Stromkreis auswählt und für diesen das Druckgefälle R berechnet. Da sich dieser Stromkreis nicht ohne weiteres erkennen läßt, muß man ihn durch eine kurze vorangehende Rechnung bestimmen.

Für den Stromkreis des Heizkörpers	1	2	
ist nach Zahlentafel 16 A der vorläufige wirksame Druck H'	18,0	7,0	mm WS
Nach Abzug von 50 vH (nach Zahlentafel 17) bleiben für Rohrreibung .	9,0	3,5	„ „
Die Gesamtlänge des Stromkreises ist	24,5	14,5	m
Das Druckgefälle R beträgt demnach	0,37	0,24	mm WS/m

a) Ungünstigster Stromkreis, d. i. der des Heizkörpers 2.

Der ungünstigste Stromkreis ist daher der des Heizkörpers 2 mit den Teilstrecken 6, 2, 3, 4, 7. Mit dem schon ermittelten Druckgefälle $R = 0{,}24$ mm WS/m müssen nun die vorläufigen Durchmesser d der Teilstrecken dieses Stromkreises berechnet und in Spalte e des Vordruckes eingetragen werden (S. 178).

b) Stromkreis des Heizkörpers 1.

(Teilstrecken 1 bis 5.)

Vorläufiger wirksamer Druck (nach Zahlentafel 16 A) . . $H' = 18{,}0$ mm WS
Bleiben für Rohrreibung in den genannten Teilstrecken . . 50 vH = 9,0 „ „
Davon bereits in den Teilstrecken 2, 3 und 4 (Länge 11,5 m) aufgebraucht . . . . 11,5 · 0,24 = 2,8 „ „
Bleiben für Rohrreibung in den Teilstrecken 1 und 5 . . . . . = 6,2 mm WS
Länge dieser Teilstrecken . . . . = 13,0 m
Druckgefälle . . . . $R = 6{,}2 : 13{,}0 = 0{,}48$ mm WS/m.

Danach ergeben sich unter Benutzung der Hilfstafel I für die Teilstrecken 1 und 5 die vorläufigen Rohrdurchmesser d.

2. Nachrechnung.

A. Berechnung des endgültigen wirksamen Druckes *H*.

Die Berechnung des endgültigen wirksamen Druckes H kann auf die schon gezeigte Weise (vgl. S. 173) vor sich gehen. Danach sind zunächst die Temperaturen am Eintritt und Austritt der einzelnen Teilstrecken zu ermitteln.

Nr. der Teil-strecke	G_h l/h	d mm	f m²/m	l m	$f \cdot l \cdot k$	t_E °C	t_R °C	$t_E - t_R$ °C	ϑ °C	t_A °C	t_m °C	$\gamma_m - \gamma_v$ kg/m³	h' m	h mm WS
4	225	32	0,133	4,0	5,85	90,0	20,0	70,0	1,8	88,2	89,1	0,61	0,1	0,06
5	150	32	0,133	7,5	11,00	88,2	20,0	68,2	5,0	83,2	85,7	2,86	2,6	7,44
7	75	25	0,105	2,5	2,90	88,2	20,0	68,2	2,6	85,6	86,9	2,07	2,6	5,38
H.K. 1	150	—	—	—	—	85,7	—	—	20,0	65,7	75,7	9,13	0,5	4,56
H.K. 2	75	—	—	—	—	86,9	—	—	20,0	66,9	76,9	8,40	0,5	4,20

Mit den so erhaltenen Teildrucken läßt sich nun der endgültige wirksame Druck H für jeden Stromkreis errechnen. Es ist:

$$H_2 = h_4 + h_7 + h_{\text{H.K.}2} = 0{,}06 + 5{,}38 + 4{,}20 = 9{,}64 \text{ mm WS},$$
$$H_1 = h_4 + h_5 + h_{\text{H.K.}1} = 0{,}06 + 7{,}44 + 4{,}56 = 12{,}06 \text{ mm WS}.$$

B. Nachrechnung der Rohrweiten.

Zusammenstellung der ζ-Werte.

Teilstr. 1 (25). Halber Heizkörper . . 1,5
3 Bogen 3,0
1 T-Stück, Durchgang 1,0
5,5

Teilstr. 2 (32). 3 Bogen 1,5
Halber Kessel 1,0
2,5

Teilstr. 3 (32). Halber Kessel 1,5
Bogen 0,5
2,0

Teilstr. 4 (32). Knie 1,0

Teilstr. 5 (32). 1 T-Stück, Durchgang 1,0
3 Bogen 1,5
Eckhahn 2,0
Halber Heizkörper . . 1,5
6,0

Teilstr. 6 (25). Halber Heizkörper . . 1,5
2 Bogen 2,0
1 T-Stück, Abzweig . . 1,5
5,0

Teilstr. 7 (25). 1 T-Stück, Abzweig . . 1,5
2 Bogen 2,0
Eckhahn 2,0
Halber Heizkörper . . 1.5
7,0

Nachrechnung der Rohrweiten.

Aus dem Rohrplan				Vorläufiger Rohrdurchmesser	Nachrechnung											Unterschied	
					mit vorläufigem Rohrdurchmesser					mit geändertem Rohrdurchmesser							
Teilstrecke	Wärmemenge	Wärmemenge bei einer Temp.-Absenkung von ... ° C	Länge der Teilstrecke l	d	w	R mm WS / m	lR	$\Sigma\zeta$	Z	d	w	R mm WS / m	lR	$\Sigma\zeta$	Z	lR $o-h$	Z $q-k$
Nr.	kcal/h	kcal/h	m	mm	m/s		mm WS		mm WS	mm	m/s		mm WS		mm WS	mm WS	mm WS
a	b	c	d	e	f	g	h	i	k	l	m	n	o	p	q	r	s
Stromkreis des Heizkörpers 2.																	
$H' = 7{,}0$ mm WS.						$R = 0{,}24$ mm WS/m.										$H = 9{,}6$ mm WS.	
6	1500	—	0,5	25	0,04	0,17	0,08	5,0	0,4	—	—	—	—	—	—	—	—
2	4500	—	4,0	32	0,07	0,28	1,12	2,5	0,7	—	—	—	—	—	—	—	—
3	4500	—	3,2	32	0,07	0,28	0,90	2,0	0,5	—	—	—	—	—	—	—	—
4	4500	—	4,0	32	0,07	0,28	1,12	1,0	0,3	—	—	—	—	—	—	—	—
7	1500	—	2,8	25	0,04	0,17	0,48	7,0	0,6	—	—	—	—	—	—	—	—
			14,5	$\Sigma l R_{H.K.2} + \Sigma Z_{H.K.2} = 3{,}70 + 2{,}5 = 6{,}2$ mm WS													
Stromkreis des Heizkörpers 1.																	
$H' = 18{,}0$ mm WS.						$R = 0{,}48$ mm WS.										$H = 12{,}1$ mm WS.	
1	3000	—	5,5	25	0,085	0,57	3,14	5,5	2,0	—	—	—	—	—	—	—	—
5	3000	—	7,5	32	0,045	0,14	1,05	6,0	0,6	—	—	—	—	—	—	—	—
			13,0	$\Sigma l R_{1,5} + \Sigma Z_{1,5} = 4{,}19 + 2{,}6 = 6{,}8$ mm WS													
				Dazu kommt $\Sigma l R_2^4 + \Sigma Z_2^4 = 4{,}6$ „ „													
				Nun ist $\Sigma l R + \Sigma Z$ für H.K. 1 $= 11{,}4$ mm WS.													

Eine Verkleinerung der Durchmesser ist nicht möglich.

E. Einrohrsystem ohne Berücksichtigung der Wärmeverluste.

1. Der wirksame Druck.

a) Berechnung der Temperaturen.

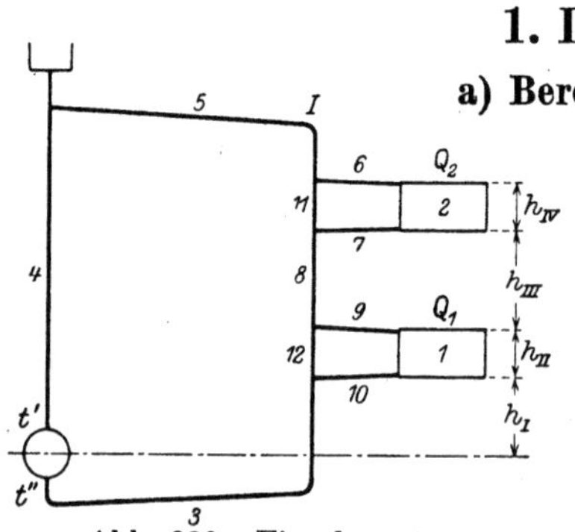

Abb. 230. Einrohrsystem.

In Abb. 230 ist:

$$t' = t_4 = t_5 = t_6\,*,$$
$$t'' = t_3,$$
$$t_8 = t_9\,.$$

Das Temperaturgefälle (Δt) der Heizkörper wähle man, um die Heizflächen auf ein Mindestmaß zu bringen, klein, jedoch muß

$$\Delta t \gg \frac{Q_H}{\Sigma Q}(t' - t'') \quad \text{sein.} \tag{27}$$

Hierin bedeutet, falls man das Temperaturgefälle für alle Heizkörper desselben Stranges gleich groß wählt:

Q_H die größte Heizkörperleistung im Strang.
ΣQ die Gesamtleistung des Stranges.

* Die Indizes der Temperaturen entsprechen den bezüglichen Teilstreckennummern.

Falls man (wie das für Ausnahmefälle zweckmäßig sein kann) den Heizkörpern desselben Stranges verschiedene Temperaturgefälle gibt, bedeutet:

Q_H die jeweilige Heizkörperleistung.
ΣQ die Gesamtleistung des Stranges.

Der eine Grenzfall ist:

$\Delta t = t' - t''$, $Q_H = \Sigma Q$. Dann geht alles Strangwasser durch den Heizkörper.

Der andere Grenzfall ist:

$\Delta t = 0$, $Q_H = 0$. Dann geht alles Wasser durch den Strang.

Gl. (27) sagt, daß das Temperaturgefälle der Heizkörper in einem bestimmten Zusammenhang mit den Größen Q_H, ΣQ und $(t' - t'')$ steht und sonach nicht beliebig gewählt werden kann.

Unbekannt ist noch die Mischtemperatur t_8.

Sie wird nach Abb. 230 wie folgt gefunden:

$$Q_1 + Q_2 = \Sigma Q = W(t' - t''),$$
$$Q_2 = W(t' - t_8),$$
$$Q_1 = W(t_8 - t'').$$

Hiernach ergibt sich:

$$t_8 = t'' + \frac{Q_1}{W} \quad \text{oder} \quad t_8 = t' - \frac{Q_2}{W}. \tag{28}$$

Auf diese Weise werden die Temperaturen aller Teilstrecken bestimmt.

b) Ermittlung des wirksamen Druckes.

α) Für den Stromkreis des Fallstranges I:

$$H = h_I(\gamma'' - \gamma') + h_{II}(\gamma_1 - \gamma') + h_{III}(\gamma_8 - \gamma') + h_{IV}(\gamma_2 - \gamma'). \tag{29}$$

Darin bedeutet z. B.:

γ'' das Raumgewicht (kg/m³) des Wassers der Temperatur t'';
γ_1 ,, ,, ,, ,, ,, ,, ,, t_1, d. i. der im Heizkörper 1 herrschenden mittleren Wassertemperatur;
γ_8 das Raumgewicht (kg/m³) des Wassers der Temperatur t_8, d. i. der in der Teilstrecke 8 herrschenden Wassertemperatur usw.

Die Ausdrücke $h_I(\gamma'' - \gamma')$, $h_{II}(\gamma_1 - \gamma')$ usw.
werden am einfachsten unter Zuhilfenahme der Zahlentafel 14 bzw. 2 bestimmt.

β) Für den Stromkreis der Heizkörper, z. B. des Heizkörpers 1:

$$H = h_{II}(\gamma_1 - \gamma_{12}) + (lR + Z)_{12}. \tag{30}$$

Hier tritt der Gesamtwiderstand im Kurzschlußrohr 12 als „zusätzlicher wirksamer Druck" auf.

2. Annahme und Nachrechnung der Rohrleitung.

Der jeweils zur Verfügung stehende Druck ist nun bekannt, so daß die Annahme und Nachrechnung der Rohrleitung genau wie beim Zweirohrsystem unter B 2 u. 3 (s. S. 162) erfolgen kann.

F. Einrohrsystem mit Berücksichtigung der Wärmeverluste.

Auch für diesen Fall können die bei der Berechnung des Zweirohrsystems gemachten Überlegungen sowohl bei der Bestimmung der Rohrleitungen und Heizkörper für den Kostenanschlag als auch bezüglich der Nachrechnung der Rohrleitung und Heizflächen für die Ausführung sinngemäße Anwendung finden. Jedoch ist hinsichtlich der Benutzung der Zahlentafel 15 zu bemerken, daß die Heizkörper durch die Fallstränge ersetzt werden. Es sind daher jene Werte der Zahlentafel zu nehmen, die dem mittelsten Heizkörper des Stranges entsprechen, das ist jener Heizkörper, der zwischen dem Kessel und dem obersten Heizkörper lotrecht etwa in der Mitte liegt. Infolge der bei den Einrohranlagen auftretenden Verhältnisse ist aber, wie auf der Zahlentafel 15 ausdrücklich vermerkt, nur die Hälfte des jeweiligen Tafelwertes anzusetzen. Dieser Zusammenhang wurde durch Beispielsrechnungen ermittelt.

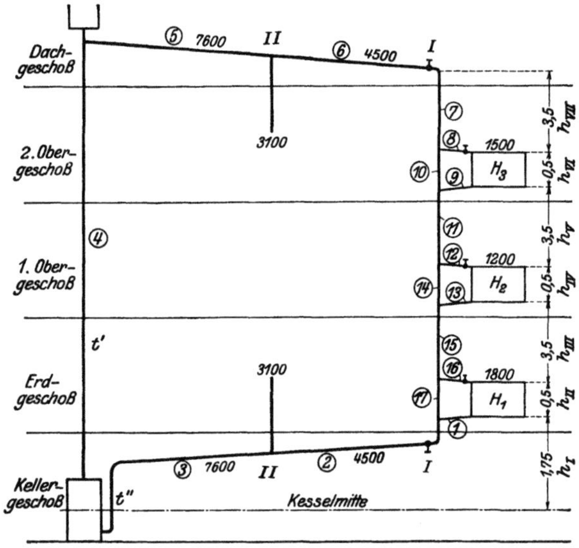

Abb. 231. Strangschema zu Beispiel 11.

Beispiel 11. Annahmen: Wassertemperatur beim Austritt aus dem Kessel $t' = 85°$ C. Temperaturgefälle aller Stränge (ohne Wärmeverluste) 15° C. Temperaturgefälle aller Heizkörper desselben Stranges gleich $\Delta t = 10°$ C[1]. Steigstrang keine Abkühlung. Dachbodentemperatur $\pm 0°$ C. Wärmeschutz der oberen Verteilung 80 vH Wirkungsgrad. Fallstränge ungeschützt vor der Wand. Gemeinsamer Rücklauf keine Abkühlung. Raumtemperatur 20° C. Alles übrige zeigt Abb. 231.

Durchrechnung.

1. Annahme der vorläufigen Rohrdurchmesser und Heizkörper.

A. Ungünstigster Stromkreis, d. i. der Stromkreis des Fallstranges I.

Temperaturgefälle der Heizkörper 10° C[1].

a) Wirksamer Druck.

α) Berechnung der Temperaturen ohne Berücksichtigung der Wärmeverluste.

$$t' = 85° \text{C} = t_4 = t_5 = t_6 = t_7 = t_8 = t_{10}, \quad W = \frac{\Sigma Q}{t - t''} = \frac{1500 + 1200 + 1800}{85 - 70} = 300 \text{ l/h},$$

$$t_9 = 85 - 10 = 75° \text{C},$$

$$t'' = 70° \text{C} = t_2 = t_3,$$

$$t_{11} = [\text{nach Gl. (28)}] = t' - \frac{Q_3}{W} = 85 - \frac{1500}{300} = 80° \text{C},$$

$$t_{12} = 80° \text{C} = t_{14},$$

$$t_{13} = 80 - 10 = 70° \text{C},$$

$$t_{15} = [\text{nach Gl. (28)}] = t_{11} - \frac{Q_2}{W} = 80 - \frac{1200}{300} = 76° \text{C},$$

$$t_{16} = 76° \text{C} = t_{17},$$

$$t_1 = 76 - 10 = 66° \text{C}.$$

Mittlere Temperatur im Heizkörper H_3 . . . . $t_{H_3} = 80°$ C
" " " " H_2 . . . . $t_{H_2} = 75°$ C
" " " " H_1 . . . . $t_{H_1} = 71°$ C

β) Bestimmung des wirksamen Druckes.

$$H = h_I(\gamma'' - \gamma') + h_{II}(\gamma_{H_1} - \gamma') + h_{III}(\gamma_{15} - \gamma') + h_{IV}(\gamma_{H_2} - \gamma') + h_V(\gamma_{11} - \gamma') + h_{VI}(\gamma_{H_3} - \gamma') + h_{VII}(\gamma' - \gamma')$$
$$= 1{,}75(\gamma_{70} - \gamma_{85}) + 0{,}5(\gamma_{71} - \gamma_{85}) + 3{,}5(\gamma_{76} - \gamma_{85}) + 0{,}5(\gamma_{75} - \gamma_{85}) + 3{,}5(\gamma_{80} - \gamma_{85}) + 0{,}5(\gamma_{80} - \gamma_{85}).$$

Benutzung der Zahlentafel 2:

$$= 1{,}75 \cdot 9{,}16 + 0{,}5 \cdot 8{,}58 + 3{,}5 \cdot 5{,}64 + 0{,}5 \cdot 6{,}24 + 3{,}5 \cdot 3{,}18 + 0{,}5 \cdot 3{,}18 = 55{,}9 \text{ mm WS}.$$

b) Annahme der vorläufigen Durchmesser des Stromkreises des Stranges I.

Wirksamer Druck ohne Berücksichtigung der Wärmeverluste . . . . = 55,9 mm WS
Berücksichtigung der Wärmeverluste nach Zahlentafel 15 A I: Fallstränge ungeschützt. 3geschossig. Waagerechte Ausdehnung der

[1] $\Delta t \gg \frac{1800}{4500} 15$; $\Delta t \gg 6°$C, s. S. 178, Gl. (27).

Anlage bis 25 m. Höhe des mittelsten Heizkörpers über Kesselmitte 6,0 m. Waagerechte Entfernung des Stranges vom Steigstrang 12 m. Ergibt nach der erwähnten Zahlentafel zusätzliche Druckhöhe . . . . = 25,0 mm WS

Bei Einrohrausführung halber Wert . . . . . = 12,5 „ „

Vorlauftemperatur 85° C, daher —15 vH . . . ∾ —2,0 „ „

Zusätzliche Druckhöhe . . . . = 10,5 mm WS . . . 10,5 mm WS

Gesamte Druckhöhe . . . . = 66,4 mm WS

Davon ab für Einzelwiderstände 50 vH . . . . = 33,2 „ „

Bleiben für Reibung . . . . = 33,2 mm WS

Länge des Stromkreises 1, 2, 3, 4, 5, 6, 7, 8, 9, 11, 12, 13, 15, 16 . . = 55,5 m

Druckgefälle . . . . $R = \frac{33,2}{55,5} \cong 0,6$ mm WS/m

Daraus folgen die Durchmesser in Spalte e der Zusammenstellung auf S. 183.

B. Kurzschlußstrecken 10, 14 und 17.

d_{10} ein Handelsmaß kleiner als d_8 bzw. d_9; $d_{10} = 20$ mm

d_{14} „ „ „ „ d_{12} „ d_{13}; $d_{14} = 20$ „

d_{17} „ „ „ „ d_{16} „ d_1; $d_{17} = 20$ „

c) Annahme der Heizkörper (Nabenabstand 500, 2säulig).

Aus Zahlentafel 15 B I abzulesen: (halben Werte wegen Einrohr) z. B. Heizkörper 2 . . . + 5 vH, d. i.

$$f_{H_2} = \frac{1200}{k\,(75-20)} + 5\text{ vH} = \frac{1200}{7{,}0 \cdot 55} + 5\text{ vH} = 3{,}12 + 0{,}16 = 3{,}28\text{ m}^2.$$

k-Wert entnommen aus Zahlentafel 11.

2. Nachrechnung der Rohrleitung und Heizkörper.

A. Stromkreis des Fallstranges I.

α) Berechnung der Temperaturen mit Berücksichtigung der Wärmeverluste der Rohrleitung. Siehe Gl. (25), S. 170.

Nr. der Teil-strecke	G_h l/h	d mm	f m²/m	l m	$f \cdot l \cdot k$	$1-\eta$	t_E °C	t_R °C	$t_E - t_R$ °C	ϑ °C	t_A °C	t_m °C	$\gamma_m - \gamma_v$ kg/m³	h' m	h mm WS
5	506	40	0,151	8,0	12,1	0,2	85,0	0	85,0	0,4	84,6	—	—	—	[1]
6	300	32	0,133	4,0	5,3	0,2	84,6	0	84,6	0,3	84,3	—	—	—	—
7	300	32	0,133	3,5	4,7	1,0	84,3	20	64,3	1,0	83,3	83,8	—	—	—
8	150	25	0,105	1,0	1,1	1,0	83,3	20	63,3	0,5	82,8	—	—	—	—
9	150	25	0,105	1,0	1,1	1,0	72,8	20	52,8	0,4	72,4	—	—	—	—
11	300	32	0,133	3,5	4,7	1,0	78,3	20	58,3	0,9	77,4	77,9	—	—	—
12	120	20	0,084	1,0	0,8	1,0	77,4	20	57,4	0,4	77,0	—	—	—	—
13	120	25	0,105	1,0	1,1	1,0	67,0	20	47,0	0,4	66,6	—	—	—	—
15	300	32	0,133	3,5	4,7	1,0	73,4	20	53,4	0,8	72,6	73,0	—	—	—
16	180	25	0,105	1,0	1,1	1,0	72,6	20	52,6	0,3	72,3	—	—	—	—
1	180	25	0,105	1,0	1,1	1,0	62,3	20	42,3	0,3	62,0	—	—	—	—

$t_9 = t_8$ — Temperaturgefälle im Heizkörper $H_3 = 82{,}8 - 10{,}0 = 72{,}8°$ C,

$$t_{11} = t_7 - \frac{Q_3}{W} = 83{,}2 - \frac{1500}{300} = 78{,}3°\text{ C}$$ [2],

$t_{13} = t_{12}$ — Temperaturgefälle im Heizkörper $H_2 = 77{,}0 - 10{,}0 = 67{,}0°$ C,

$$t_{15} = t_{11} - \frac{Q_2}{W} = 77{,}4 - \frac{1200}{300} = 73{,}4°\text{ C}$$ [2],

$t_1 = t_{16} - 10° = 72{,}3 - 10{,}0 = 62{,}3°$ C,

$$t_2 = t_{15} - \frac{Q_1}{W} = 72{,}6 - \frac{1800}{300} = 66{,}6°\text{ C}$$ [2].

[1] Zwecks klarerer Darstellung erfolgt die Berechnung der Teildrucke h unter β).

[2] Streng genommen wären zu Q_3 bzw. Q_2 und Q_1 noch jene Wärmemengen zuzuzählen, die infolge der Wärmeverluste der Rohrleitungen 8, 9 bzw. 12, 13 und 16, 1 auftreten. Der Einfluß ist bei nicht zu langen Anschlüssen gering und kann hier vernachlässigt werden. Bemerkt sei, daß hierdurch die errechnete zusätzliche Druckhöhe unter der tatsächlich auftretenden bleibt.

Da die Abkühlung der gemeinsamen Rücklaufleitung vernachlässigt werden kann (S. 172), ist 66,6° C auch die Kesseleintrittstemperatur.

$$\text{Mittlere Temperatur } t_m \text{ im Heizkörper } H_3 = \frac{82{,}8 + 72{,}8}{2} = 77{,}8^\circ\,\text{C},$$

$$\text{„ „ } t_m \text{ „ „ } H_2 = \frac{77{,}0 + 67{,}0}{2} = 72{,}0^\circ\,\text{C},$$

$$\text{„ „ } t_m \text{ „ „ } H_1 = \frac{72{,}3 + 62{,}3}{2} = 67{,}3^\circ\,\text{C}.$$

β) Bestimmung des wirksamen Druckes.

Nunmehr sind für die in Frage kommenden Teilstrecken alle Temperaturen genau bestimmt, so daß die Ermittlung des wirksamen Druckes, bei Berücksichtigung der Wärmeverluste der Rohrleitung, vor sich gehen kann.

Temperatur zugehörig Höhe	h_I*	66,6° C
„ „ „	h_{II}	67,3° C
„ „ „	h_{III}	73,0° C
„ „ „	h_{IV}	72,0° C
„ „ „	h_V	77,9° C
„ „ „	h_{VI}	77,8° C
„ „ „	h_{VII}	83,8° C

$$H = \Sigma h'(\gamma_m - \gamma_v) = 1{,}75 \cdot (\gamma_{66,6} - \gamma_{85}) + 0{,}5(\gamma_{67,3} - \gamma_{85}) + 3{,}5(\gamma_{73,0} - \gamma_{85}) + 0{,}5(\gamma_{72,0} - \gamma_{85})$$

Benutzung der Zahlentafel 2:

$$+ 3{,}5(\gamma_{77,9} - \gamma_{85}) + 0{,}5(\gamma_{77,8} - \gamma_{85}) + 3{,}5(\gamma_{83,8} - \gamma_{85}).$$

$$H = 1{,}75 \cdot 11{,}07 + 0{,}5 \cdot 10{,}68 + 3{,}5 \cdot 7{,}42 + 0{,}5 \cdot 8{,}01 + 3{,}5 \cdot 4{,}48 + 0{,}5 \cdot 4{,}54 + 3{,}5 \cdot 0{,}78 = 75{,}4 \text{ mm WS}.$$

Nunmehr erfolgt die Bildung der $\Sigma l R_1^{16} + \Sigma Z_1^{16}$ in bekannter Weise unter Benutzung der Hilfstafel I. Aus der Zusammenstellung Seite 183 ergibt sich, daß die Summe aller Widerstände $= 51{,}2$ wird, während an wirksamem Druck $= 75{,}4$ mm WS zur Verfügung stehen. Teilstrecke 2 wird daher auf 25 mm WS verengt, womit die fragliche Summe $= 73{,}3$ mm WS wird und nunmehr mit dem wirksamen Druck in genügender Übereinstimmung steht.

B. Kurzschlußstrecken 10, 14 und 17.

Teilstrecke 10. Nach Gl. (30) ist:

$$H = h_{VI}(\gamma_{H_3} - \gamma_{10}) + l\,R_{10} + Z_{10} = 0{,}5(\gamma_{77,8} - \gamma_{83,3}) + 3{,}0 = 0{,}5 \cdot 3{,}44 + 3{,}0 = 4{,}7 \text{ mm WS}$$ [1].

Nun muß

$$4{,}7 \geqq l\,R_{8,9} + Z_{8,9} \quad \text{sein,}$$

$$4{,}7 \geqq 3{,}5\,.$$

Teilstrecke 10 bleibt unverändert mit 20 mm l. W. bestehen.

Teilstrecke 14:

$$H = h_{IV}(\gamma_{H_2} - \gamma_{14}) + l\,R_{14} + Z_{14} = 0{,}5(\gamma_{72,0} - \gamma_{77,4}) + 3{,}9 = 0{,}5 \cdot 3{,}23 + 3{,}9 = 5{,}5 \text{ mm WS}$$ [1].

Nun muß

$$5{,}5 \geqq l\,R_{12,13} + Z_{12,13} \quad \text{sein,}$$

$$5{,}5 \geqq 4{,}9\,.$$

Teilstrecke 14 kann mit 20 mm l. W. bestehen bleiben.

Teilstrecke 17:

$$H = h_{II}(\gamma_{H_1} - \gamma_{17}) + l\,R_{17} + Z_{17} = 0{,}5(\gamma_{67,3} - \gamma_{72,6}) + 1{,}9 = 0{,}5 \cdot 3{,}03 + 1{,}9 = 3{,}4 \text{ mm WS}$$ [1].

Nun müßte:

$$3{,}4 \geqq l\,R_{16,1} + Z_{16,1}$$

sein, da aber

$$l\,R_{16,1} + Z_{16,1} = 5{,}1$$

ist, muß Teilstrecke 17 von 20 mm l. W. auf 13 mm l. W. verengt werden.

Es wird also

$$H = 1{,}5 + l\,R_{17} + Z_{17} = 1{,}5 + 6{,}8 = 8{,}3 \text{ mm WS,}$$

wodurch die Ungleichheit erfüllt erscheint.

---

* Die Bezeichnung dieser Höhen müßte entsprechend obenstehender Zusammenstellung eigentlich h'_I heißen. Der Übereinstimmung mit Abb. 231 wegen ist die alte Bezeichnung h_I beibehalten worden.

[1] Bei Teilstrecke 10, 14 und 17 wäre, streng genommen, die Abkühlung der Kurzschlußstrecken zu berücksichtigen. Dies kann hier wegen der geringen Länge der Teilstrecken entfallen.

Aus dem Rohrplan				Vorläufiger Rohrdurchmesser	Nachrechnung												Unterschied	
Teilstrecke	Wärmemenge	Wärmemenge bei einer Temp.-Absenkung von 10 bzw. 15° C	Länge der Teilstrecke		mit vorläufigem Rohrdurchmesser					mit geändertem Rohrdurchmesser								
			l	d	w	R mm WS / m	lR	$\Sigma\zeta$	Z	d	w	R mm WS / m	lR	$\Sigma\zeta$	Z	lR $o-h$	Z $q-k$
Nr.	kcal/h	kcal/h	m	mm	m/s		mm WS	[1]	mm WS	mm	m/s		mm WS		mm WS	mm WS	mm WS
a	b	c	d	e	f	g	h	i	k	l	m	n	o	p	q	r	s
					Stromkreis des Fallstranges 1.												
$H' = 66{,}4$ mm WS.							$R = 0{,}6$ mm WS/m.									$H = 75{,}4$ mm WS.	
1	1800	3600	1,0	25	0,10	0,80	0,8	3,0	1,5	—	—	—	—	—	—	—	—
2	4500	6000	4,0	32	0,09	0,45	1,8	10,5	4,2	25	0,17	2,0	8,0	14,0[2]	20,1	+6,2	+15,9
3	7600	10120	9,0	40	0,12	0,55	5,0	1,5	1,1	—	—	—	—	—	—	—	—
4	7600	10120	14,0	40	0,12	0,55	7,7	2,5	1,8	—	—	—	—	—	—	—	—
5	7600	10120	8,0	40	0,12	0,55	4,4	1,0	0,7	—	—	—	—	—	—	—	—
6	4500	6000	4,0	32	0,09	0,45	1,8	11,0	4,4	—	—	—	—	—	—	—	—
7	4500	6000	3,5	32	0,09	0,45	1,6	—	—	—	—	—	—	—	—	—	—
8	1500	3000	1,0	25	0,08	0,55	0,6	4,0	1,3	—	—	—	—	—	—	—	—
9	1500	3000	1,0	25	0,08	0,55	0,6	3,0	1,0	—	—	—	—	—	—	—	—
11	4500	6000	3,5	32	0,09	0,45	1,6	—	—	—	—	—	—	—	—	—	—
12	1200	2400	1,0	20	0,11	1,30	1,3	4,0	2,4	—	—	—	—	—	—	—	—
13	1200	2400	1,0	25	0,07	0,40	0,4	3,0	0,8	—	—	—	—	—	—	—	—
15	4500	6000	3,5	32	0,09	0,45	1,6	—	—	—	—	—	—	—	—	—	—
16	1800	3600	1,0	25	0,10	0,80	0,8	4,0	2,0	—	—	—	—	—	—	—	—
			55,5		$\Sigma l R + \Sigma Z = 30{,}0$ + 21,2 = 51,2 mm WS											22,1	
					Teilstrecke 2 geändert . . . + 22,1 „ „												
					Nun ist $\Sigma l R + \Sigma Z$ für Fallstrang 1 = 73,3 mm WS												
					Kurzschlußstrecken 10, 14, 17.												
10	—	3000	0,5	20	0,14	2,0	1,0	2,0	2,0	—	—	—	—	—	—	—	—
14	—	3600	0,5	20	0,16	2,6	1,3	2,0	2,6	—	—	—	—	—	—	—	—
17	—	2400	0,5	20	0,11	1,3	0,7	2,0	1,2	13	0,2	5,5	2,8	2,0	4,0	+2,1	+2,8
																+4,9	

[1] Einzelwiderstände:

Teilstr. 1 (25). 1 T-St.-A. 1,5
1 halb. Heizk. 1,5
3,0

Teilstr. 2 (32). 1 Bogen 0,5
1 Str.-Vent. 9,0
1 T-St.-D. 1,0
10,5

Teilstr. 3 (40). 3 Bogen je 0,5 1,5

Teilstr. 4 (40). 1 Kessel 2,5

Teilstr. 5 (40). 1 Knie 1,0

Teilstr. 6 (32). 1 T-St.-D. 1,0
1 Str.-Vent. 9,0
1 Knie 1,0
11,0

Teilstr. 7 (34). Nichts.

Heizkörperanschlüsse geradlinig.

Teilstr. 8 (25). 1 T-St.-A. 1,5
1 Durchgangshahn . . 1,0
1 halb. Heizk. 1,5
4,0

Teilstr. 9 (25). 1 halb. Heizk. 1,5
1 T-St.-A. 1,5
3,0

Teilstr. 11 (32). Nichts.

Teilstr. 12 (20). 1 T-St.-A. 1,5
1 Durchgangshahn . . 1,0
1 halb. Heizk. 1,5
4,0

Teilstr. 13 (25). 1 halb. Heizk. 1,5
1 T-St.-A. 1,5
3,0

Teilstr. 15 (32). Nichts.

Teilstr. 16 (25). Wie Teilstr. 8 4,0

[2] Teilstr. 2 (25). 1 Bogen 1,0
1 Str.-Vent. 12,0
1 T-St.-D. 1,0
14,0

Die eingeklammerten Zahlen bedeuten die Nennweiten der Rohre.

C. Nachrechnung der Heizkörper.

Nunmehr sind alle Temperaturen genau bekannt und es ergibt sich z. B. für Heizkörper 2

$$f_{H_2} = \frac{1200}{k(72{,}0 - 20)} = \frac{1200}{7{,}0 \cdot 52{,}0} = 3{,}3\ \mathrm{m}^2,$$

während sich nach der „Annahme" 3,35 m² ergab.

k-Wert entnommen aus Zahlentafel 11.

G. Pumpenheizung.

Der wirksame Druck einer Pumpenheizung setzt sich zusammen aus dem durch die Pumpe erzeugten Druck H_P (mm WS) und dem durch Schwerkraftwirkung entstehenden Druck H_S (mm WS). Demnach wird der Gesamtdruck H:

$$H = H_P + H_S \text{ (mm WS)}. \tag{31}$$

Um für die Darstellung des Rechnungsganges möglichst einfache Verhältnisse zu schaffen, wird im nachstehenden angenommen, daß die Schwerkraftwirkung gegenüber dem Pumpendruck zu vernachlässigen sei. Die Berechnung der Pumpenheizung stützt sich zwar in ihren Einzelheiten auf dieselben Gleichungen, die wir bei Berechnung der Schwerkraftheizungen kennengelernt hatten, insbesondere gilt auch hier die Gleichung

$$H_P = \Sigma l R + \Sigma Z, \tag{32}$$

aber die Reihenfolge der einzelnen Rechnungen ist hier aus nachstehenden Gründen gänzlich anders als früher. Während nämlich bei der Schwerkraftheizung durch die Höhe des Gebäudes der wirksame Druck H von vornherein festliegt und die Strömungsgeschwindigkeiten sowie die Rohrdurchmesser in einzelnen Teilstrecken gesucht sind, ist bei der Pumpenheizung auch der Druck H_P unbekannt. Bei gegebenem Strangschema und gegebenen Wärmemengen sind Rohrnetze mit verschiedenen Durchmessern möglich, welche alle in bezug auf das Arbeiten der Anlage gleichwertig sind. Aber nur eins dieser Rohrnetze ist das wirtschaftlich günstigste. Sind die Rohrdurchmesser sehr klein, so ist das Rohrnetz billig. Aber da die Strömungsgeschwindigkeiten hoch sind, sind auch die Druckverluste groß und damit ergibt sich ein hoher Kraftverbrauch für die Pumpe. Es ergeben also große Geschwindigkeiten zwar billige Rohrnetze, aber hohe Betriebskosten. Umgekehrt geben niedere Geschwindigkeiten teure Rohrnetze, aber geringe Betriebskosten. Es ist die Aufgabe des Ingenieurs, die wirtschaftlich günstigste Zusammenstellung von Strömungsgeschwindigkeit und Druckverlust zu finden.

Man muß bei der Rechnung der Pumpenheizung immer zuerst einmal eine willkürliche Annahme treffen, indem man entweder den Pumpendruck oder die Strömungsgeschwindigkeit wählt. Im nachstehenden wollen wir die Strömungsgeschwindigkeit frei wählen, und zwar ist es zweckmäßig, von konstanter Geschwindigkeit längs des ganzen Hauptstranges auszugehen. Bei der Ausführung werden sich natürlich wegen der Stufung der handelsüblichen Rohrdurchmesser in den einzelnen Teilstrecken kleine Abweichungen von der gewählten Geschwindigkeit ergeben, die aber nicht von großer Bedeutung sind.

Man beginnt mit der Berechnung des Hauptstranges, und zwar empfiehlt es sich, nicht nur eine einzige Geschwindigkeit, sondern sogleich zwei oder drei Geschwindigkeiten aus dem vermutlich günstigsten Bereich durchzurechnen. Weitere Einzelheiten zeigt nachstehendes Zahlenbeispiel 12.

Beispiel 12. Aufgabe: Für den in Abb. 232a und Abb. 232b dargestellten Teil des Rohrnetzes einer Gebäude-Pumpenwarmwasserheizung sind die Rohrdurchmesser zu berechnen unter Vernachlässigung des durch Schwerkraftwirkung entstehenden zusätzlichen Druckes H_S. Die Temperaturdifferenz zwischen Vor- und Rücklauf sei zu 10° C angenommen.

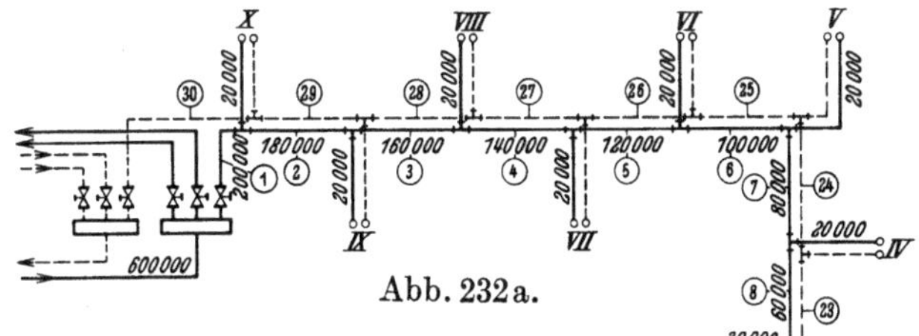
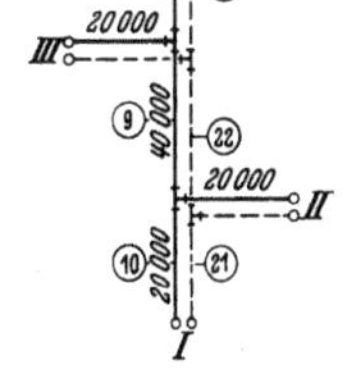

Abb. 232a.

1. Berechnung des Hauptstranges.

Als Hauptstrang ist der längste Rohrstrang, also die Vor- und Rücklaufleitung bis zum obersten Heizkörper des Steigstranges I anzusehen. Entsprechend dem oben Gesagten rechnet man diesen Rohrzug für verschiedene Geschwindigkeiten durch. Man kann hierbei immer die entsprechenden Teilstrecken im Vor- und Rücklauf zusammenfassen, wie dies auch im weiteren Gang der Rechnung durchgeführt worden ist. Man beginnt zweckmäßigerweise am Verteiler, da man hier zuerst an die größeren Rohrweiten kommt und bei diesen das Einhalten der gewählten Wassergeschwindigkeiten wegen der feineren Unterteilung der zur Verfügung stehenden Rohrdurchmesser leichter

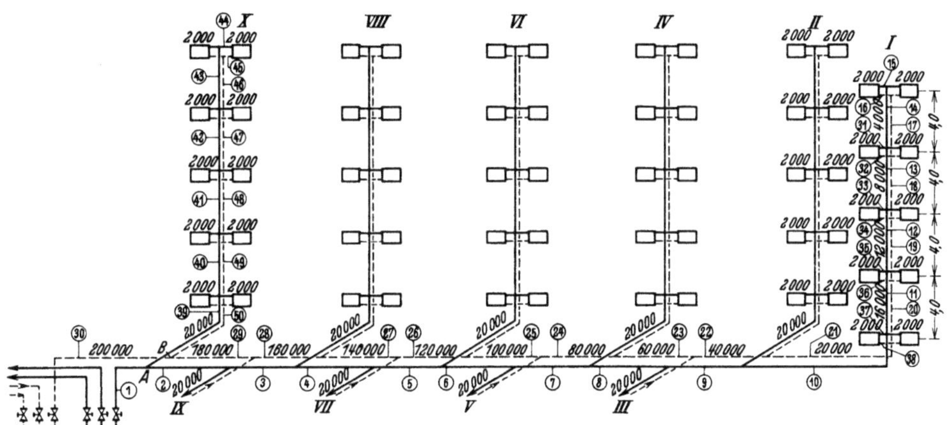

Abb. 232b.

Abb. 232a und b. Rohrplan und Strangschema einer Pumpenheizungsanlage.

möglich ist. Zunächst füllt man die Spalten a, b und d des Formblattes an Hand der Pläne aus und rechnet sich dann die Werte der Spalte c aus. Aus dem Rohrplan entnimmt man ferner die vorhandenen Einzelwiderstände. Für das vorliegende Beispiel ergibt sich folgende Zusammenstellung:

Zusammenstellung der Einzelwiderstände.

Teilstrecke 1:	1 Geschwindigkeitsänderung, angenommen zu	0,5	= 3,5
	1 Ventil	2,0	
	2 Bogen 90°	1,0	
Teilstrecke 30:	2 Bogen 90°	1,0	= 4,0
	1 Ventil	2,0	
	1 Geschwindigkeitsänderung	1,0	
Teilstrecken 2 bis 6 und 25 bis 29:	je 1 T-Stück-Durchgang	1,0	
Teilstrecken 7 und 24:	je 1 T-Stück-Abzweig	1,5	
Teilstrecken 8 bis 9 und 22 bis 23:	je 1 T-Stück-Durchgang	1,0	
Teilstrecken 10 und 21:	je 1 Bogen 90°	1,0	= 2,0
	je 1 T-Stück-Durchgang	1,0	
Teilstrecken 11 bis 14 und 17 bis 20:	je 1 T-Stück-Durchgang	1,0	

Teilstrecke 15: 1/2 Heizkörper 1,5
1 Eckventil . . . . 4,0 } = 7,0
1 T-Stück-Abzweig 1,5

Teilstrecke 16: 1 T-Stück-Abzweig 1,5
1 Doppelbogen . . . . 1,0 } = 4,0
1/2 Heizkörper 1,5

Nun kann die Dimensionierung des Hauptstranges in Angriff genommen werden. Man entscheidet, mit welchen Wassergeschwindigkeiten man die Berechnung durchführen will und füllt dann unter Benutzung der Hilfstafel II die Spalten e, f und g bzw. l, m und n des Formblattes aus. Man muß dabei immer dasjenige Tabellenrechteck heraussuchen, in dem die Wärmeleistung Q' (aus Spalte c) und die gewählte Geschwindigkeit w untereinander stehen. Wenn dies nicht genau zutrifft, nimmt man den nächstgelegenen Wert. Die Rechnung ist nachstehend für die Geschwindigkeiten $w = 0{,}8$ und $w = 1{,}2$ m/s durchgeführt.

Aus dem Rohrplan				Rechnung												
Teil-strecke	Wärme-menge Q bei $\Delta t = 10°$ C	Für die Rechnung $Q' = \frac{Q \cdot 20}{\Delta t}$	Länge der Teil-strecke l	mit $w \approx 0{,}8\ \frac{m}{s}$						mit $w \approx 1{,}2\ \frac{m}{s}$						
				d	w	R	lR	$\Sigma\zeta$	Z	d	w	R	lR	$\Sigma\zeta$	Z
Nr	kcal/h	kcal/h	m	mm	m/s	mm WS/m	mm WS		mm WS	mm	m/s	mm WS/m	mm WS		mm WS
a	b	c	d	e	f	g	h	i	k	l	m	n	o	p	q
1 u. 30[1]	200000[1]	400000[1]	20[1]	88	0,92	8,5	170	7,5	315	76	1,3	18	360	7,5	635
2 u. 29	180000	360000	20	88	0,85	7,5	150	2	72	70	1,3	22	440	2	167
3 u. 28	160000	320000	20	80	0,85	8	160	2	72	70	1,2	18	360	2	143
4 u. 27	140000	280000	20	76	0,85	9	180	2	72	60	1,3	22	440	2	167
5 u. 26	120000	240000	20	70	0,90	11	220	2	80	57	1,3	28	560	2	167
6 u. 25	100000	200000	20	60	0,85	11	220	2	72	57	1,1	20	400	2	119
7 u. 24	80000	160000	20	57	0,90	13,5	270	3	121	50	1,1	24	480	3	179
8 u. 23	60000	120000	20	50	0,85	14	280	2	72	40	1,4	50	1000	2	195
9 u. 22	40000	80000	20	40	0,90	23	460	2	80	32	1,25	48	960	2	155
10 u. 21	20000	40000	23	32	0,60	13	299	4	72	25	1,1	58	1334	4	240
11 u. 20	16000	32000	8	32	0,50	9	72	2	25	25	0,9	40	320	2	80
12 u. 19	12000	24000	8	32	0,37	5,3	43	2	14	25	0,67	23	184	2	46
13 u. 18	8000	16000	8	25	0,44	11	88	2	19	20	0,75	40	320	2	56
14 u. 17	4000	8000	8	20	0,38	11	88	2	14	13	0,67	47	376	2	46
15 u. 16	2000	4000	2	13	0,32	13	26	11	56	10	0,57	52	104	11	178
			237	$\Sigma lR_1^{30} + \Sigma Z_1^{30} = 2726 + 1156$						$\Sigma lR_1^{30} + \Sigma Z_1^{30} = 7648 + 2573$					
				3882 mm WS						10221 mm WS					

w	m/s	0,4	0,8	1,2
ΣlR	m WS	0,625	2,726	7,648
ΣZ	m WS	0,408	1,156	2,573
$\Sigma lR + \Sigma Z$	m WS	1,033	3,882	10,221
Erforderliche Pumpenleistung $N_P = 0{,}272 \cdot H_P$	kW	0,28	1,05	2,78

Aus dieser Berechnung und aus einer weiteren Rechnung für $w = 0{,}4$ m/s ergibt sich folgende Übersicht, worin die Druckverluste nun nicht mehr in mm WS, sondern in m WS angegeben sind.

Die Pumpenleistung läßt sich nach der Gleichung

$$N_P = \frac{V_s \cdot H_P}{102 \cdot \eta}\ (\mathrm{kW})$$

berechnen, worin V_s die sekundlich maximal zu fördernde Wassermenge in l/s,
H_p den von der Pumpe zu leistenden Überdruck in m WS,
η den Pumpenwirkungsgrad

bedeutet. Die sekundlich zu liefernde Wassermenge errechnet sich unter Berücksichtigung des gesamten Rohrnetzes des Gebäudes für $Q_{ges} = 600000$ kcal/h aus der Beziehung

$$V_s = \frac{Qh}{\Delta t \cdot 3600}$$

zu

$$V_s = \frac{600000}{10 \cdot 3600} = 16{,}67\ l/s\,.$$

[1] Jede dieser Teilstrecken 1 und 30 wird für 400000 kcal/h berechnet. Die Länge der Teilstrecken beträgt zusammen 20 m.

Der Pumpenwirkungsgrad sei zu 0,6 angenommen, dann ist

$$N_P = \frac{16{,}67 \cdot H_P}{102 \cdot 0{,}6} = 0{,}272 \cdot H_P\,.$$

Hat man sich unter Berücksichtigung aller wirtschaftlichen Verhältnisse (Materialpreise des Rohrnetzes, jährliche Stromkosten usw.) für eine bestimmte Geschwindigkeit entschieden, so geht man an die Dimensionierung der Seitenstränge und Heizkörperanschlüsse. Für das vorliegende Beispiel wird die Berechnung mit $w = 0{,}8$ m/s fortgesetzt.

2. Berechnung der Heizkörperanschlüsse im Steigstrang I.

Für die Bemessung der Heizkörperanschlüsse stehen folgende Drücke zur Verfügung:

Im III. Geschoß $H = \Sigma l R_{14}^{17} + \Sigma Z_{14}^{17} = 184{,}3$ mm WS
„ II. „ $H = \Sigma l R_{13}^{18} + \Sigma Z_{13}^{18} = 291{,}5$ „ „
„ I. „ $H = \Sigma l R_{12}^{19} + \Sigma Z_{12}^{19} = 348{,}1$ „ „
„ Erd- „ $H = \Sigma l R_{11}^{20} + \Sigma Z_{11}^{20} = 445{,}1$ „ „

Diese Drücke dürfen nicht überschritten werden. Man geht also hier wie bei der Berechnung der Schwerkraftanlagen so vor, daß man zunächst das zur Verfügung stehende Druckgefälle R berechnet. Nimmt man als Anteil der Einzelwiderstände in diesen kurzen Rohrstrecken, die verhältnismäßig viele Einzelwiderstände enthalten (Regulierventil, Heizkörper, Bogen), zu etwa 66 vH an, so lassen sich die R-Werte wie folgt berechnen:

Es bleiben für Rohrreibung:		l	R
Im III. Geschoß	$0{,}34 \cdot 184{,}3 = 63$ mm WS	2 m	31,5
„ II. „	$0{,}34 \cdot 291{,}5 = 99$ „ „	2 m	49,5
„ I. „	$0{,}34 \cdot 348{,}1 = 118$ „ „	2 m	59
„ Erd- „	$0{,}34 \cdot 445{,}1 = 152$ „ „	2 m	76

Aus Hilfstafel II lassen sich dann die Durchmesser leicht berechnen:

Aus dem Rohrplan				Vorläufiger Rohrdurchmesser	Nachrechnung					
					mit vorläufigem Rohrdurchmesser					
Teilstrecke	Wärmemenge	Wärmemenge bei einer Temp.-Absenkung von 10° C	Länge der Teilstrecke l	d	w	R	lR	$\Sigma\zeta$	Z	$\Sigma lR + \Sigma Z$
Nr.	kcal/h	kcal/h	m	mm	m/s	mm WS/m	mm WS		mm WS	mm WS
a	b	c	d	e	f	g	h	i	k	l
31 u. 32	2000	4000	2	13	0,32	13	26	11	56	82
33 u. 34	2000	4000	2	10	0,57	52	104	11	178	282
35 u. 36	2000	4000	2	10	0,57	52	104	11	178	282
37 u. 38	2000	4000	2	10	0,57	52	104	11	178	282

Die verbleibenden Reste an wirksamem Druck sind durch die Ventilvoreinstellung abzudrosseln.

3. Berechnung eines nahe am Verteiler gelegenen Steigstranges.

Um den weiteren Gang der Berechnung zu zeigen, sei die Berechnung des Stranges X durchgeführt. Zwischen den Abzweigpunkten A und B besteht eine Druckdifferenz von $H = (\Sigma l R_2^{29} + \Sigma Z_2^{29})$ $= 3397$ mm WS. Diese Druckdifferenz steht auch zur Bemessung der Rohrweiten des Stranges X, also der Teilstrecken 39 bis 50 zur Verfügung. Bei der Berechnung der Rohrweiten muß man hier ebenfalls so verfahren wie unter Ziffer 2. Man muß also zunächst das Druckgefälle R berechnen. Schätzt man hierzu den Anteil der Einzelwiderstände auf 30 vH, da nur wenige Einzelwiderstände im Verhältnis zur Länge des Rohrzuges vorhanden sind, so bleiben zur Dimensionierung des Rohrzuges $0{,}7 \cdot 3397$ $= 2380$ mm WS übrig. Bei einer Länge von insgesamt 57 m ergibt sich demnach

$$R = \frac{2380}{57} = 42 \text{ mm WS/m}\,.$$

Daraus folgen unter Benutzung der Hilfstafel II für die Teilstrecken 39 bis 50 folgende Rohrdurchmesser:

Aus dem Rohrplan				Vorläufiger Rohrdurchmesser	Nachrechnung											Unterschied	
					mit vorläufigem Rohrdurchmesser					mit geändertem Rohrdurchmesser							
Teilstrecke Nr.	Wärmemenge kcal/h	Wärmemenge bei einer Temp.-Absenkung von 10°C kcal/h	Länge der Teilstrecke l m	d mm	w m/s	R mmWS/m	lR mmWS	$\Sigma\zeta$	Z mmWS	d mm	w m/s	R mmWS/m	lR mmWS	$\Sigma\zeta$	Z mmWS	lR $o-h$ mmWS	Z $q-k$ mmWS
a	b	c	d	e	f	g	h	i	k	l	m	n	o	p	q	r	s
39 u. 50	20000	40000	23	32	0,6	13	300	4	72	25	1,1	60	1380	4	240	1080	168
40 u. 49	16000	32000	8	25	0,9	38	304	2	80							+1248	
41 u. 48	12000	24000	8	25	0,65	23	184	2	42								
42 u. 47	8000	16000	8	20	0,75	38	304	2	56								
43 u. 46	4000	8000	8	13	0,65	47	376	2	42								
44 u. 45	2000	4000	2	10	0,57	52	104	11	177								
			57	$\Sigma l R_{39}^{50} + \Sigma Z_{39}^{50} =$			1572	+	469								

$$\begin{aligned} & 2041 \text{ mm WS} \\ \text{Teilstrecken 39 u. 50 geändert} \quad & + 1248 \text{ mm WS} \\ \hline & 3289 \text{ mm WS} \end{aligned}$$

Da 3397 mm WS zur Verfügung stehen, ist eine weitere Veränderung der Rohrweiten nicht möglich. Die übrigen Steigstränge können auf die gleiche Weise berechnet werden.

Zusatz. Den Ausgangspunkt für diese Rechnung bildeten die drei freigewählten Werte der Geschwindigkeit. Statt dessen hätte man auch von drei frei gewählten Werten des Pumpendruckes $H_P = \Sigma l R + \Sigma Z$ ausgehen können, etwa von den Werten 1 m, 5 m und 10 m WS. Die Rechnung wäre dann ganz ähnlich derjenigen bei Schwerkraftheizung geworden. Man hätte dann schon beim Hauptstrang eine Annahme über den prozentualen Anteil der Einzelwiderstände machen, also eine vorläufige und eine endgültige Rechnung durchführen müssen. Diese vorläufige Rechnung ist bei freier Wahl der Geschwindigkeit vermieden.

VI. Berechnung der Rohrnetze von Dampfheizungen.

A. Ableitung der Gleichungen.

Die für das Druckgefälle in geraden Rohrstrecken auf S. 157 angegebene Gleichung der Hydraulik

$$R = \frac{p_1 - p_2}{l} = \lambda \cdot \frac{1}{d} \frac{w^2}{2} \frac{\gamma}{g}$$

gilt auch für Dampfleitungen. Bei diesen sind aber die Stoffwerte und auch die Dampfgeschwindigkeit längs einer Teilstrecke l veränderlich. Auf der linken Seite der erwähnten Gleichung muß daher das Druckgefälle als Differentialquotient geschrieben werden. Die Gleichung lautet mithin:

$$R = \frac{dp}{dl} = \lambda \cdot \frac{1}{d} \frac{w^2}{2} \frac{\gamma}{g}. \tag{33}$$

Wird darin w durch das stündliche Dampfgewicht G ersetzt und d in mm ausgedrückt, so erhält man [vgl. Gl. (23)]

$$\frac{dp}{dl} = 6{,}4 \cdot 10^6 \cdot \frac{\lambda}{\gamma} \cdot \frac{G^2}{d^5}. \tag{34}$$

Zwecks Integration der Gleichung multiplizieren wir beide Seiten mit $p \cdot dl$:

$$p \cdot dp = \frac{6{,}4 \cdot 10^6}{d^5} \cdot \lambda \cdot \frac{p}{\gamma} \cdot G^2 \cdot dl.$$

Ferner führen wir, um dl zu eliminieren, die stündlich je Längeneinheit gebildete Kondensatmenge q ein.

$$q = \frac{dG}{dl} \quad \text{oder} \quad dl = \frac{dG}{q}.$$

Dann ist:

$$p \cdot dp = \frac{6{,}4 \cdot 10^6}{d^5 \cdot q} \cdot \xi \cdot \frac{p}{\gamma} \cdot G^2 \cdot dG.$$

In dieser Gleichung sind für eine bestimmte Teilstrecke die Widerstandszahl λ und der Quotient $\frac{p}{\gamma}$ nur in geringem Grade veränderlich. Es entsteht daher kein wesentlicher Fehler, wenn bei der Integration der Gleichung die zwischen den Integrationsgrenzen (Rohranfang und Rohrende) geltenden Mittelwerte λ_m und $\frac{p_m}{\gamma_m}$ als konstant betrachtet werden.

Wird nunmehr die Gleichung integriert und beiderseits noch mit l dividiert so findet man:

$$\frac{p_1^2 - p_2^2}{2l} = \frac{6{,}4 \cdot 10^6}{d^5} \cdot \lambda_m \cdot \frac{p_m}{\gamma_m} \cdot \frac{G_1^3 - G_2^3}{3ql}. \tag{35}$$

Hierin ist aber:

$$\frac{p_1^2 - p_2^2}{2l} = \frac{p_1 - p_2}{l} \cdot \frac{p_1 + p_2}{2} = \frac{p_1 - p_2}{l} \cdot p_m.$$

Ferner ist, wie nachstehend im Kleindruck gezeigt wird:

$$\frac{G_1^3 - G_2^3}{3ql} = \left(G_2 + \frac{ql}{2}\right)^2.$$

Nach Einführung dieser Beziehungen in Gleichung (35) folgt als endgültige Gleichung für das Druckgefälle in Dampfleitungen:

$$\boldsymbol{R = \frac{p_1 - p_2}{l} = \frac{6{,}4 \cdot 10^6}{d^5} \cdot \frac{\lambda_m}{\gamma_m} \cdot \left(G_2 + \frac{ql}{2}\right)^2}. \tag{36}$$

Sie gilt für Hochdruck-, Niederdruck- und Unterdruckdampfleitungen.

Die Dampfmenge G_1 am Rohranfang ist gleich der Dampfmenge G_2 am Rohrende, vermehrt um die längs der Rohrstrecke l gebildete Kondensatmenge ql (Abb. 233).

Mithin:

$$G_1 = G_2 + ql.$$

$$\frac{G_1^3 - G_2^3}{3ql} = \frac{(G_2 + ql)^3 - G_2^3}{3ql} = G_2^2 + G_2 ql + \frac{(ql)^2}{3}.$$

Da ql meist klein gegen G_2, kann $\frac{(ql)^2}{3}$ durch $\frac{(ql)^2}{4}$ ersetzt werden.

Folglich:

$$\frac{G_1^3 - G_2^3}{3ql} = G_2^2 + G_2 ql + \frac{(ql)^2}{4} = \left(G_2 + \frac{ql}{2}\right)^2. \tag{37}$$

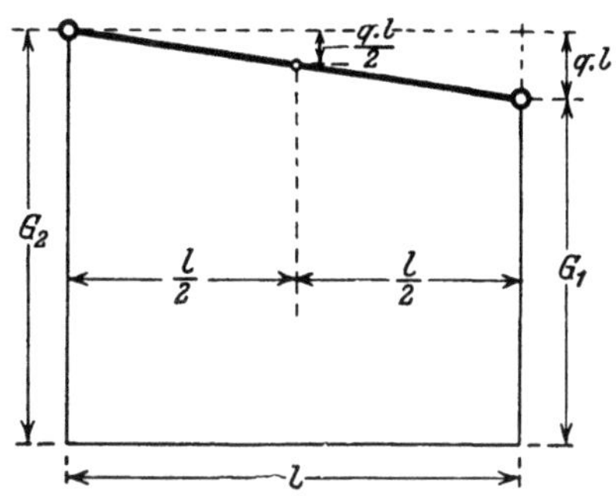

Abb. 233. Kondensatanfall längs der Leitung.

B. Niederdruckdampfheizungen.

1. Das verfügbare Druckgefälle.

Bei den Niederdruckdampfheizungen ist der Druck am Anfang der Leitung bekannt, da er gleich dem Kesseldruck ist. Am Ende der einzelnen Verzweigungsleitungen, also am Eintritt in die einzelnen Heizkörper, darf nur mehr so wenig Druck vorhanden sein, daß sich der Heizkörper bei voller Öffnung des Ventils eben mit Dampf füllt, ohne daß Dampf in die Kondensleitung übertritt. Es ist üblich, vor dem Heizkörperventil mit 200 kg/m² zu rechnen.

Das Rohrnetz muß nun so berechnet sein, daß der Kesseldruck durch die Einzelwiderstände und die Reibungsverluste in den geraden Rohrstrecken so weit aufgebraucht wird, daß vor den Heizkörperventilen nur der obengenannte Druck herrscht.

Die Rechnung beginnt auch bei der Niederdruckdampfheizung mit der Berechnung der vorläufigen Rohrdurchmesser des ungünstigsten Stranges, d. h. jenes Stranges, der den Kessel mit dem weitest entfernten Heizkörper verbindet. Man setzt wieder für die vorläufige Berechnung die Einzelwiderstände gleich a vH des gesamten Druckabfalles. Während man jedoch bei Warmwasserheizungen mit 50 vH rechnet, werden bei Niederdruckdampfheizungen nur 33 vH in Rechnung gesetzt. Sodann nimmt man wieder gleichbleibendes Druckgefälle vom Kessel bis zum letzten Heizkörper an.

Bezeichnet

p_1 die Kesselspannung,

p_2 die Endspannung vor dem Heizkörper,

Σl die gesamte Länge aller geraden Teilstrecken im ungünstigsten Strang,

so ist das Druckgefälle R in allen Teilstrecken des ungünstigsten Stranges gleich

$$R = \left(\frac{100 - a}{100}\right) \cdot \frac{p_1 - p_2}{\Sigma l}. \tag{38}$$

Dieser so ermittelte Wert wird nun weiter verwendet zur Berechnung des vorläufigen Rohrdurchmessers.

2. Erforderliche Gleichungen für die Rohrnetzberechnung.

Die rechnerische Verwertung des verfügbaren Druckgefälles stützt sich auf die im Abschnitt A abgeleitete Hauptgleichung (36)

$$R = \frac{p_1 - p_2}{l} = \frac{6{,}4 \cdot 10^6}{d^5} \cdot \frac{\lambda_m}{\gamma_m} \cdot \left(G_2 + \frac{q\,l}{2}\right)^2.$$

Da die Niederdruckdampfheizung nur den geringen Druckbereich zwischen Kessel und Heizkörper von etwa 1,1 bis 1,02 ata umfaßt, können wir für das spezifische Gewicht γ_m im ganzen Rohrnetz einen konstanten Wert benutzen. Wir wählen dafür den zum Kesseldruck von 1,1 ata gehörigen Wert $\gamma = 0{,}633$.

Ferner wurde der Einfachheit halber bei isolierter Leitung mit einer Kondensatbildung $q\,l$ gleich 10 vH der geförderten Dampfmenge gerechnet. Unter dieser Annahme und Einführung des Zahlenwertes für γ_m lautet die Ausgangsgleichung:

$$R = \frac{p_1 - p_2}{l} = 10{,}1 \cdot 10^6 \cdot \lambda \cdot \frac{(1{,}05\, G_2)^2}{d^5}. \tag{39}$$

In dieser Gleichung ist G_2 noch durch die stündlich im Stromkreis zu fördernde Wärmemenge Q_h zu ersetzen.

$$G_2 = \frac{Q_h}{r} = \frac{Q_h}{539} \quad (r = \text{Verdampfungswärme}).$$

Folglich:

$$\boldsymbol{R = \frac{p_1 - p_2}{l} = 34{,}6 \cdot \lambda \cdot \frac{(1{,}05\, Q_h)^2}{d^5}}. \tag{40}$$

Diese Gleichung entspricht der Gl. (24) bei der Warmwasserheizung.

Auch für die Einzelwiderstände gilt dieselbe Gleichungsform wie bei der Warmwasserheizung [Gl. (15)].

$$\boldsymbol{Z = \zeta \frac{w^2}{2} \frac{\gamma}{g}}.$$

Für die Bestimmung der Rohrweiten der Niederdruckdampfnetze konnte daher eine gleiche Hilfstafel wie für Warmwasserheizungen hergestellt werden.

3. Beschreibung der Hilfstafel III.

Die Hilfstafel III ist genau so aufgebaut wie die beiden Hilfstafeln I und II (vgl. S. 161). Ihre Berechnung geschah unter Verwendung der im vorigen Abschnitt abgeleiteten Gleichungen. Die Haupttafel enthält:

Die Werte Q_h in kcal/h in den oberen waagerechten Zeilen.

Greift man in den oberen Zeilen irgendeine Wärmemenge heraus, so arbeitet man nicht mit dem dort stehenden Wert Q_h, sondern mit einer um 5 vH größeren Zahl. Auf diese Weise werden in allen gewöhnlichen Fällen die Wärmeverluste gut geschützter Leitungen ohne jede Nebenrechnung ausreichend berücksichtigt.

Die Dampfgeschwindigkeiten w in m/s in den unteren waagerechten Zeilen.

Das Druckgefälle R in mm WS für 1 m Rohr.

Die Werte R sind ebenso wie bei der Aufstellung der Hilfstafel I und II noch um 5 vH erhöht, als Sicherheitszuschlag für unvorhergesehene Zusatzwiderstände, die sich bei der Ausführung der Anlage ergeben können.

Die Rohrdurchmesser von 10 bis 250 mm Nennweite.

Auf der linken Seite:

Die Dampfgeschwindigkeiten in m/s.

Die Einzelwiderstände Z für $\Sigma\zeta = 1$ bis 15.

Die Widerstandszahlen ζ für die gebräuchlichen Einzelwiderstände.

4. Berechnung der vorläufigen Rohrdurchmesser der Dampfleitungen.

Aus der Gleichung $R = \left(\frac{100 - a}{100}\right) \cdot \frac{p_1 - p_2}{\Sigma l}$ wird zuerst der Wert R für den ungünstigsten Strang (d. i. hier im allgemeinen der längste) ermittelt. Diesen Wert sucht man in der Hilfstafel III auf, schreitet in derselben Waagerechten nach rechts weiter und findet für die in jeder Teilstrecke zu fördernde Wärmemenge am Kopf der Tafel den vorläufigen Durchmesser.

Für längere, nicht gut entwässerte Leitungen, in denen das Kondenswasser dem Dampf entgegenströmt (z. B. Steigleitungen durch mehrere Stockwerke), ist es zweckmäßig, ein bestimmtes Druckgefälle R nicht zu überschreiten. Diese Grenze wird in der Praxis zur Zeit zwischen 5 und 10 kg/m² für das laufende Meter angenommen. Der Kesseldruck p_1 kann nach den auf S. 69 gemachten Angaben festgesetzt werden. Der Druck p_2 vor dem Heizkörperventil soll im allgemeinen 200 mm WS betragen (vgl. S. 67).

Für nackte Dampfleitungen sind die Werte Q_h noch um 10 vH zu erhöhen, so daß die Wärmeverluste solcher Leitungen in der Hilfstafel III mit 15 vH berücksichtigt erscheinen. Es ist ferner anzuraten, bei der „Nachrechnung der Dampfleitungen" diese Wärmeverluste genau zu ermitteln.

5. Nachrechnung der Dampfleitungen.

a) Die Rohre sind gut vor Wärmeabgabe geschützt.

Zu den vorläufigen Rohrdurchmessern werden in den betreffenden lotrechten Spalten die geförderten Wärmemengen (in den oberen Zeilen) aufgesucht und hierzu, nach links weiterschreitend, das Druckgefälle R in mm WS für 1 m Rohr gefunden. Gleichzeitig kann man unmittelbar unter der in der oberen Zeile stehenden Wärmemenge in der unteren Zeile die Dampfgeschwindigkeit w ablesen. Dieser Wert wird in der linken Seitentafel aufgesucht, wo für $\Sigma\zeta = 1$ bis 15 die Einzelwiderstände Z in mm WS sofort abgelesen werden können.

b) Die Rohre sind nackt.

In diesem Fall sind die Wärmeverluste unter Benutzung der Zahlentafel 13 zu ermitteln und ihr halber Wert zur nutzbaren Wärmemenge zu addieren. Der so erhaltene Wert ist in den oberen Zeilen der Hilfstafel III aufzusuchen. Man rechnet hierdurch allerdings etwas reichlich, da in der Hilfstafel bereits alle Wärmemengen um 5 vH erhöht sind. In Anbetracht des Umstandes, daß stets nur geringe Längen ungeschützter Rohrleitungen vorhanden sein werden, wird hierdurch eine Verteuerung des Rohrnetzes nicht eintreten. Soll die Berechnung in einzelnen Fällen genau erfolgen, so sind die gegebenen Wärmemengen erst um 5 vH zu verkleinern und dann die Wärmeverluste hinzuzuzählen. Die so erhaltenen Werte werden in den betreffenden Zeilen des Hilfsblattes III aufgesucht.

6. Bemessung der Kondenswasserleitungen.

Die Kondenswasserleitungen werden unter Berücksichtigung des auf S. 197 Gesagten nach der Zahlentafel 18 bemessen.

7. Beispielsrechnung.

Beispiel 13. Aufgabe: Für das in Abb. 234 dargestellte Strangschema einer Niederdruckdampfheizanlage sind die Rohrdurchmesser zu berechnen.

Annahme: Überdruck am Kessel 500 kg/m², Überdruck vor den Heizkörperventilen 200 kg/m². Alle Dampfleitungen sind vor Wärmeabgabe gut geschützt.

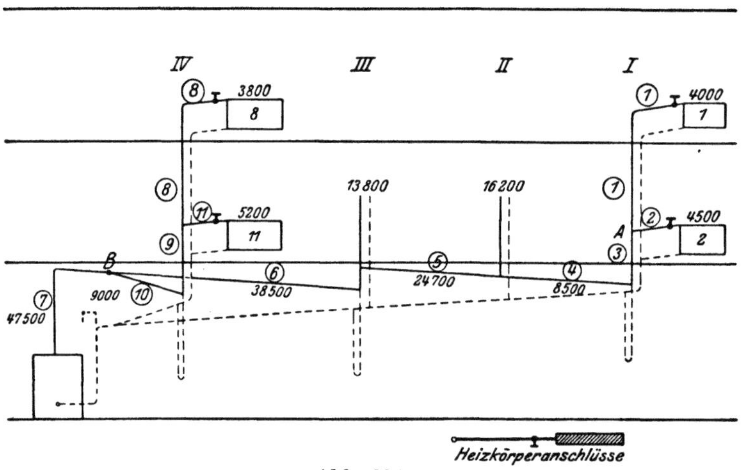

Abb. 234.

1. Vorläufige Rechnung.

a) Dampfleitung zum Heizkörper 1.
(Teilstrecken 1, 3 bis 7.)

Überdruck am Kessel . . . . = 500 kg/m²
Überdruck vor dem Heizkörperventil . . . . = 200 „

Wirksamer Druck zur Bemessung der Rohrleitungen . . . . = 300 kg/m²
Davon stehen für Rohrreibung zur Verfügung (nach Zahlentafel 17)
67 vH . . . . = 200 kg/m²
Gesamtlänge der genannten Teilstrecken . . . . = 28,5 m
Druckgefälle . . . . $R = 200 : 28,5$ = 7,0 mm WS/m

Für dieses Druckgefälle sind aus Hilfstafel III die vorläufigen Rohrweiten der Teilstrecken zu bestimmen.

b) Dampfleitung zum Heizkörper 2.
(Teilstrecken 2 bis 7.)

Für Rohrreibung stehen zur Verfügung (wie oben) . . . . . . = 200 kg/m²
Davon sind bereits aufgebraucht:
in den Teilstrecken 3 bis 7 (Länge 22,5 m): $22,5 \cdot 7,0$ . . . = 158 „

Mithin stehen im Punkt A für die Teilstrecke 2 zur Verfügung = 42 kg/m²
Länge der Teilstrecke 2 . . . . = 4,0 m
Druckgefälle . . . . $R = 42 : 4,0$. = 10,5 mm WS/m

c) Dampfleitung zum Heizkörper 8.

(Teilstrecken 7 bis 10.)

Für Rohrreibung stehen zur Verfügung (wie oben) . . . . . . = 200 kg/m²

Davon sind bereits aufgebraucht:

in der Teilstrecke 7 (Länge 3,0 m) . . . . $3{,}0 \cdot 7{,}0 =$ 21 „

Mithin stehen im Punkt B zur Verfügung . . . . = 179 kg/m²

Länge der Teilstrecken 8 bis 10 . . . . = 15,5 m

Druckgefälle . . . . $R = 179 : 15{,}5 =$ 11,5 mm WS/m.

d) Dampfleitung zum Heizkörper 11.

(Teilstrecken 7, 10, 9, 11.)

Für Rohrreibung stehen zur Verfügung . . . . = 200 kg/m²

Davon sind bereits aufgebraucht:

in der Teilstrecke 7 (wie oben) . . . . = 21

in den Teilstrecken 9 und 10 (Länge 9,5 m) $9{,}5 \cdot 11{,}5 = 109$ } = 130 „

Mithin stehen für Teilstrecke 11 zur Verfügung . . . . = 70 kg/m²

Länge der Teilstrecke 11 . . . . = 2,0 m

Druckgefälle . . . . $R = 70 : 2{,}0 =$ 35,0 mm WS/m.

Es empfiehlt sich nun nicht, ein derartig hohes Druckgefälle der Berechnung zugrunde zu legen. Man geht vielmehr, wie schon erwähnt, bei der Bestimmung der vorläufigen Rohrweiten in solchen Fällen nicht über bestimmte Erfahrungswerte für R hinaus.

Wählen wir für unser Beispiel $R = 10$ mm WS/m, so ergeben sich die in nachstehendem Vordruck (Spalte e) eingetragenen Werte d der vorläufigen Rohrweiten.

e) Bemessung der Kondensleitungen.

Nachdem die vorläufigen Durchmesser der Dampfleitungen festgelegt sind, werden für den Kostenanschlag noch die Durchmesser der Kondensleitungen angenommen. Die hierfür erhaltenen Werte bedürfen indes im allgemeinen keiner weiteren Nachrechnung und können als endgültige betrachtet werden.

Nach Zahlentafel 18 ergeben sich für die den einzelnen Teilstrecken der Dampfleitung entsprechenden Kondensleitungen folgende Durchmesser:

Für Strang I:

Kondensleitung entspr. Teilstr.	1	2	3	4	5	6	7
Entsprechende Wärmemenge Q_h	4000	4500	8500	8500	24700	38500	47500
Rohrweite d (mm)	13	13	20	20	25	32	32

Für Strang IV:

Kondensleitung entspr. Teilstr.	8	9	10	11
Entsprechende Wärmemenge Q_h	3800	9000	9000	5200
Rohrweite d (mm)	13	20	20	20

2. Nachrechnung der Dampfleitungen.

Die Nachrechnung geschieht unter Benutzung der Hilfstafel III. Man kann deutlich erkennen, daß ein um so größerer Anteil des zur Verfügung stehenden Druckes als Rest übrigbleibt, je näher der betreffende Heizkörper dem Kessel liegt. Da man aber die Rohrdurchmesser aus praktischen Gründen nicht unter ein gewisses Maß verkleinern kann, bleibt nichts weiter übrig, als diesen Rest durch die Voreinstellung der Regelorgane abzudrosseln.

Es folgt zunächst eine Zusammenstellung der Einzelwiderstände:

Teilstrecke 1.	Knie	1,5
	T-Stück, Durchgang	1,0
Teilstrecke 2.	T-Stück, Abzweig	1,5
Teilstrecke 3.	Knie	1,5
Teilstrecke 4.	T-Stück, Durchgang	1,0
Teilstrecke 5.	T-Stück, Abzweig	1,5
Teilstrecke 6.	Knie	1,0
	T-Stück, Durchgang	1,0
Teilstrecke 7.	Knie	1,0
	Kesselaustritt	1,0
Teilstrecke 8.	Knie	1,5
	T-Stück, Durchgang	1,0
Teilstrecke 9.	Knie	1,5
Teilstrecke 10.	T-Stück, Abzweig	1,5
Teilstrecke 11.	T-Stück, Abzweig	1,5

Aus dem Rohrplan				Vorläufiger Rohrdurchmesser	Nachrechnung											Unterschied	
					mit vorläufigem Rohrdurchmesser					mit geändertem Rohrdurchmesser							
Teilstrecke	Wärmemenge	Wärmemenge bei einer Temp.-Absenkung von ... ° C	Länge der Teilstrecke l	d	w	R mm WS	lR	$\Sigma\zeta$	Z	d	w	R mm WS	lR	$\Sigma\zeta$	Z	lR $o-h$	Z $q-k$
Nr.	kcal/h	kcal/h	m	mm	m/s	m	mm WS		mm WS	mm	m/s	m	mm WS		mm WS	mm WS	mm WS
a	b	c	d	e	f	g	h	i	k	l	m	n	o	p	q	r	s
Dampfleitung zum Heizkörper 1.																	
Wirksamer Druck: 300 kg/m² (mm WS). Druckgefälle: $R = 7{,}0$ mm WS/m.																	
1	4000	—	6,0	20	10	7,5	45,0	2,5	8,1	—	—	—	—	—	—	—	—
3	8500	—	1,5	25	14	8,2	12,3	1,5	9,5	—	—	—	—	—	—	—	—
4	8500	—	5,0	25	14	8,2	41,0	1,0	6,3	—	—	—	—	—	—	—	—
5	24700	—	5,0	40	16	6,3	31,5	1,5	12,5	—	—	—	—	—	—	—	—
6	38500	—	8,0	50	14	4,2	33,6	2,0	12,7	—	—	—	—	—	—	—	—
7	47500	—	3,0	50	18	6,1	18,3	2,0	21,0	—	—	—	—	—	—	—	—
			28,5	$\Sigma l\, R_{\text{H.K.1}} + \Sigma Z_{\text{H.K.1}} = 181{,}7 + 70{,}1 = 251{,}8$ mm WS													
Der Rest ist abzudrosseln!																	
Dampfleitung zum Heizkörper 2.																	
Wirksamer Druck: 300 mm WS. Druckgefälle: $R = 10{,}5$ mm WS/m.																	
2	4500	—	4,0	20	12	9,2	36,8	1,5	7,0	—	—	—	—	—	—	—	—
$l\,R_2 + Z_2 = 36{,}8 + 7{,}0 = 43{,}8$ mm WS																	
Dazu kommt $\Sigma l\, R_3^7 + \Sigma Z_3^7 = 198{,}7$ „ „																	
Damit wird $\Sigma l\, R + \Sigma Z$ für H.K. 2 $= 242{,}5$ mm WS.																	
Der Rest ist abzudrosseln!																	
Dampfleitung zum Heizkörper 8.																	
Wirksamer Druck: 300 mm WS. Druckgefälle: $R = 11{,}5$ mm WS/m.																	
8	3800	—	6,0	20	10	6,8	40,8	2,5	8,1	—	—	—	—	—	—	—	—
9	9000	—	1,5	25	14	9,1	13,7	1,5	9,5	—	—	—	—	—	—	—	—
10	9000	—	8,0	25	14	9,1	72,8	1,5	9,5	—	—	—	—	—	—	—	—
			15,5	$\Sigma l\, R_8^{10} + \Sigma Z_8^{10} = 127{,}3 + 27{,}1 = 154{,}4$ mm WS													
Dazu kommt $l\,R_7 + Z_7 = 39{,}3$ „ „																	
Damit wird $\Sigma l\, R + \Sigma Z$ für H.K. 8 $= 193{,}7$ mm WS.																	
Der Rest ist abzudrosseln!																	
Dampfleitung zum Heizkörper 11.																	
Wirksamer Druck: 300 mm WS. Druckgefälle: $R = (35{,}0)\ 10{,}0$ mm WS/m.																	
11	5200	—	2,0	20													

C. Hochdruckdampfleitungen.

1. Das verfügbare Druckgefälle.

Bei Hochdruckdampfleitungen ist in den meisten Fällen der Dampfdruck p_1 am Anfang und p_2 am Ende der Rohrstrecken bekannt. Gewöhnlich entspricht p_1 dem Kesseldruck und p_2 dem erforderlichen Druck an einer Verbrauchsstelle oder an einem Verteiler. Die Gesamtlänge aller Teilstrecken vom Kessel bis zu der entferntest liegenden Verbrauchsstelle sei gleich Σl, der Anteil der Einzelwiderstände in diesem Rohrzug gleich a vH des gesamten Druckabfalles. Dann beträgt das verfügbare Druckgefälle [nach Gl. (38)]:

$$R = \left(\frac{100 - a}{100}\right) \cdot \frac{p_1 - p_2}{\Sigma l}\,.$$

Wie weiterhin gezeigt wird, muß aber bei der Bestimmung der Rohrweiten nicht das verfügbare Druckgefälle, sondern eine daraus abgeleitete Hilfsgröße benutzt werden.

2. Erforderliche Gleichungen für die Berechnung von Hochdruckdampfleitungen.

Zur Bestimmung der Rohrweiten bei Hochdruckdampfleitungen benutzen wir die im Abschnitt A (S. 188) abgeleitete Hauptgleichung (36)

$$R = \frac{p_1 - p_2}{l} = \frac{6{,}4 \cdot 10^6}{d^5} \cdot \frac{\lambda_m}{\gamma_m}\left(G_2 + \frac{q\,l}{2}\right)^2.$$

Zwecks weiterer Verwendung der Gleichung bringen wir γ_m auf die linke Seite und bezeichnen das Produkt $\frac{p_1 - p_2}{l} \cdot \gamma_m$ mit R'. Es wird also

$$\boldsymbol{R' = \frac{p_1 - p_2}{l} \cdot \gamma_m = \frac{6{,}4 \cdot 10^6}{d^5} \cdot \lambda_m \left(G_2 + \frac{q\,l}{2}\right)^2}. \tag{41}$$

Die Größe R' erscheint in dieser Gleichung in Abhängigkeit von der zu fördernden Dampfmenge, dem Rohrdurchmesser und der Widerstandszahl. Der Zusammenhang der Rechnungsgrößen läßt sich daher in gleicher Weise in einer Hilfstafel darstellen wie bei der Niederdruckdampf- und Warmwasserheizung, nur stehen in der Randspalte links statt der Werte für das Druckgefälle R die Werte der Hilfsgröße $R' = \frac{p_1 - p_2}{l} \cdot \gamma_m$. Ergänzend zu dieser Hilfstafel wird aber eine weitere Tafel benötigt, aus der für jeden Wert von $R' \cdot l = (p_1 - p_2) \cdot \gamma_m$ bei gegebenem Anfangsdruck p_1 sofort der zugehörige Enddruck p_2 oder bei gegebenen Drücken p_1 und p_2 der zugehörige Wert $R' \cdot l$ entnommen werden kann.

Für die Einzelwiderstände gilt wieder die Gl. (15):

$$Z = p_1 - p_2 = \zeta \frac{w^2}{2} \frac{\gamma}{g},$$

worin p_1 und p_2 die Drücke vor und hinter dem Widerstand bedeuten.

In dieser Gleichung wird bei Hochdruckdampfleitungen zweckmäßig die Dampfgeschwindigkeit w durch die stündliche Dampfmenge G ersetzt mit Hilfe der Gl. (42):

$$w = \frac{10^4}{9\pi} \cdot \frac{1}{\gamma} \cdot \frac{G}{d^2}. \tag{42}$$

Dann ist:

$$Z = p_1 - p_2 = 6380 \cdot \Sigma\zeta \cdot \frac{G^2}{d^4 \cdot \gamma}$$

oder

$$\boldsymbol{Z' = (p_1 - p_2) \cdot \gamma = 6380 \cdot \Sigma\zeta \cdot \frac{G^2}{d^4}}. \tag{43}$$

In ähnlicher Weise, wie sich bei der Rohrreibung die Hilfsgröße R' ergab, erhalten wir also für die Einzelwiderstände die Hilfsgröße $Z' = (p_1 - p_2) \cdot \gamma$, welche von der Dampfmenge, dem Rohrdurchmesser und $\Sigma\zeta$ abhängt. Für diesen Zusammenhang kann daher ebenfalls eine Hilfstafel hergestellt werden, die sich jedoch mit der vorher erwähnten in einfacher Weise vereinigen läßt.

3. Beschreibung der Hilfstafel IV.

Die Hilfstafel IV enthält in der linken Randspalte die Hilfsgröße $R' = \frac{(p_1 - p_2)}{l} \cdot \gamma_m$, im Kopf die Nennweite der Rohre und in jedem Tabellenfeld zuerst die stündliche Dampfmenge G. Die darunter befindliche Zahl dient zur Ermittlung des Druckabfalles durch Einzelwiderstände; sie ist gleich Z' für $\zeta = 1$. Die Tabelle entspricht also gemäß den Gleichungen (41) und (43) dem Zusammenhang zwischen R', G und d einerseits und Z', G und d andererseits.

Es ist noch zu bemerken, daß die Widerstandszahl λ für Hochdruckdampfleitungen außer von w und d bzw. G und d noch von der kinematischen Zähigkeit ν

des Dampfes abhängt, die mit dem Druck veränderlich ist. Bei der Berechnung der Widerstandszahl λ für gleiche Dampfmengen und gleiche Rohrdurchmesser ergab sich jedoch nur eine geringe Zunahme von λ mit dem Dampfdruck. Es konnten daher bis zu einem Druck von etwa 10 ata die für Niederdruckdampf ermittelten Widerstandszahlen λ auch für Hochdruckdampf benutzt werden.

Die Hilfstafel IV enthält als notwendige Ergänzung noch die folgenden Tabellen:

1. rechts unten eine Tafel für die Werte $R' \cdot l = (p_1 - p_2)\gamma_m$ *. In der untersten Reihe stehen die Anfangsdrucke p_1, in der rechten Randspalte die Enddrucke p_2;
2. rechts oben eine Tafel für das spezifische Gewicht γ des Dampfes in Abhängigkeit vom absoluten Dampfdruck;
3. darunter eine Zusammenstellung der ζ-Werte für die verschiedenen Einzelwiderstände.

4. Berechnung der vorläufigen Rohrdurchmesser der Dampfleitungen.

Man beginnt die Rechnung mit dem ungünstigsten, d. h. längsten Strang. Da der Anfangs- bzw. Enddruck des Dampfes aus der Aufgabenstellung meist bekannt ist, kann man aus der Hilfstafel IVa die Hilfsgröße $(p_1 - p_2) \cdot \gamma_m$ entnehmen, die dem wirksamen Druck bei Niederdruckdampf-Heizanlagen entspricht. Von diesem Hilfswert ist noch ein erfahrungsmäßiger Bruchteil für Druckverluste in den Einzelwiderständen abzuziehen (nach Zahlentafel 17). Der Rest dient dann zur Bestimmung des dem Druckgefälle entsprechenden Hilfswertes R'.

Aus Hilfstafel IV ist nun für die durch die Teilstrecke strömende Dampfmenge G und die Hilfsgröße R' der vorläufige Rohrdurchmesser d direkt abzulesen.

5. Nachrechnung der Dampfleitungen.

Die Nachrechnung der Dampfleitungen beginnt bei dem entferntesten Unterverteiler. Man berechnet der tatsächlichen Reihenfolge nach den Druckabfall in den einzelnen Teilstrecken und Einzelwiderständen (Ventil, Ausgleicher usw.) und ermittelt so, ausgehend von dem bekannten Druck am Ende der Leitung, den wirklichen Druck hinter und vor dem Einzelwiderstand bzw. am Ende und am Anfang einer Teilstrecke (p_2 und p_1). Dabei geht man folgendermaßen vor:

a) Bei Einzelwiderständen.

Für die vorläufige lichte Weite d und die durchströmende Dampfmenge G ergibt Hilfstafel IV (untere Zeilen) zu einer Widerstandszahl $\zeta = 1$ den Hilfswert $Z' = (p_1 - p_2) \cdot \gamma$.

Man bestimmt nun aus Hilfstafel IV (links oben) γ für den bekannten Enddruck p_2 und erhält dann durch Division mit γ und Multiplikation mit dem wirklichen Wert ζ den gesuchten Druckabfall im Einzelwiderstand $Z = (p_1 - p_2) = \frac{\zeta \cdot Z'}{\gamma}$. Der Druck vor dem Einzelwiderstand ist dann $p_1 = p_2 + Z$.

b) Bei geraden Rohrstrecken (Teilstrecken).

Unter Benutzung der Gleichung $G_m = G_2 + \frac{q\,l}{2}$ (vgl. S. 189) wird zunächst das mittlere Dampfgewicht G_m in der Rohrstrecke berechnet.

Für den vorläufigen Rohrdurchmesser d und das mittlere Dampfgewicht G_m wird dann aus Hilfstafel IV (linke Randspalte) die Hilfsgröße $R' = \frac{(p_1 - p_2)}{l} \cdot \gamma_m$

* In der Tafel IVa stehen zur Vermeidung großer Zahlen die Werte $\frac{R' \cdot l}{1000}$.

entnommen. Multipliziert man R' mit der Länge der Teilstränge l, so erhält man den Wert $R' \cdot l$, womit man aus Zahlentafel IVa zu dem bekannten Enddruck p_2 den Anfangsdruck p_1 findet.

6. Bemessung der Kondenswasserleitungen.

Dampf von 100° C nimmt rund 1600 mal soviel Platz ein als sein Kondensat. Trotzdem lassen sich die Leitungen nicht nach dieser Verhältniszahl berechnen, da die Kondenswasserleitungen gleichzeitig auch die Abführung erheblicher Luftmengen zu besorgen haben. Eine Berechnung der erwähnten Leitungen findet daher in der Praxis nicht statt, man entnimmt vielmehr die erforderlichen Durchmesser empirisch aufgestellten Tafeln. Eine derartige, von Rietschel herrührende Zusammenstellung zeigt Zahlentafel 18, gültig für Kondensleitungen in Gebäuden.

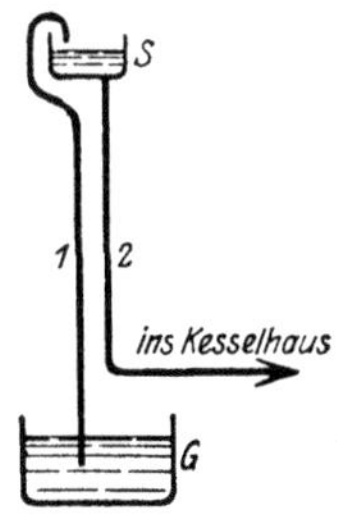

Abb. 235 Kondenswasser-Rückführung.

Liersch[1] hat im Gesundheits-Ing. 1921 erweiterte Zahlentafeln für die Bestimmung der Kondensatleitungen gegeben. Nimmt man nach unseren Forschungen den Anteil der Einzelwiderstände zu 50 vH statt wie Liersch mit 15 bis 25 vH an und beschränkt sich auf den Fall des gewöhnlichen Gefälles mit 5 mm auf 1 l. m, so kommt man wieder auf die Rietschelsche Tafel zurück.

Liegt der Fall (Abb. 235) vor, daß das Kondensat zunächst in einer Grube G gesammelt, dann hochgehoben wird und aus einem kleinen Zwischengefäß (S) ins Kesselhaus abströmt, so ist die Leitung 1 als Pumpenleitung, die Leitung 2 als Warmwasserleitung nach der Gleichung

$$h = \Sigma l R + \Sigma Z$$

zu berechnen, worin h den lotrechten Abstand zwischen dem Wasserspiegel in S und dem Wasserspiegel im Kesselhausgefäß bedeutet.

7. Beispielsrechnung.

Beispiel 14. Aufgabe: Die in Abb. 236 dargestellte Fernleitung eines Dampffernheizwerkes ist zu dimensionieren.

Annahmen: Bei A, B', C', D' befinden sich die Verteiler der entsprechenden Gebäude, bei E der Hauptverteiler im Maschinenraum des Fernheizwerkes. Die Dampfspannung bei E beträgt 7,0 ata, jene an den Gebäudeverteilern 2,5 ata. Die Dampfleitungen der Innenteilstrecken und ihre Längen gehen aus nachstehender Tabelle hervor, die Rohrleitungen sind gut gegen Wärmeverluste geschützt.

Nummer der Teilstrecke	Nutzbare Dampfmenge G in kg/h	Rohrlänge l in m
1	1430	200
2	2010	88
3	3440	88
4	1530	90
5	4970	156
6	2110	110
7	7080	210

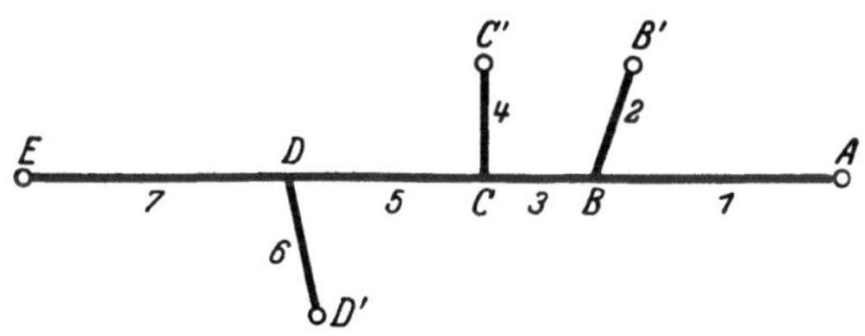

Abb. 236. Strangschema zu Beispiel 14.

1. Vorläufige Rechnung.

a) Hauptstrang.

(Teilstrecken 1, 3, 5, 7.)

Anfangsdruck am Hauptverteiler . . . . $p_1 = 7{,}0$ ata
Enddruck an den Gebäudeverteilern . . . . $p_2 = 2{,}5$ ata

[1] Liersch: „Die Bemessung der Kondensleitungen bei Dampfheizungen". Ges.-Ing. 1921, S. 70.

Für diese beiden Werte ergibt sich aus Hilfstafel IVa:

Hilfsgröße 1 (entspr. d. wirksamen Druck) . . . . . $(p_1 - p_2) \cdot \gamma_m = 112 \cdot 10^3$
Bleiben für Rohrreibung (nach Zahlentafel 17)[1] . . . . 80 vH $= 89{,}6 \cdot 10^3$
Länge der Teilstrecken 1, 3, 5, 7 . . . . $= 654$ m
Hilfsgröße 2 (entspr. d. Druckgefälle) . . . . . . $R' = 89600 : 654 = 137$.

Unter Zugrundelegen dieses Wertes ergeben sich aus Hilfstafel IV die vorläufigen Durchmesser dieses Stranges.

Nr. der Teilstrecke	G	l	R'	d
1	1430	200	137	70
3	3440	88	137	90
5	4970	156	137	110
7	7080	210	137	125

b) Seitenstränge.

(Teilstrecken 2, 4, 6.)

Der zur Berechnung der Teilstrecke 1 von A bis B zur Verfügung stehende Wert $R' \cdot l_1$ ist auch maßgebend für die Bemessung der Teilstrecke 2. Es muß also sein:

$$R_2' \cdot l_2 = R' \cdot l_1 = 137 \cdot 200 = 27{,}40 \cdot 10^3$$

und ebenso:

$$R_4' \cdot l_4 = R' \cdot (l_1 + l_3) = 137 \cdot 288 = 39{,}46 \cdot 10^3$$

$$R_6' \cdot l_6 = R' \cdot (l_1 + l_3 + l_5) = 137 \cdot 444 = 60{,}83 \cdot 10^3.$$

Daraus ergibt sich die Hilfsgröße R' für die Teilstrecken 2, 4 und 6 zu:

$$R_2' = \frac{27{,}40 \cdot 10^3}{88} = 312,$$

$$R_4' = \frac{39{,}46 \cdot 10^3}{90} = 439,$$

$$R_6' = \frac{60{,}83 \cdot 10^3}{110} = 553.$$

Nun können wieder aus der Hilfstafel IV die Rohrweiten bestimmt werden.

Nr. der Teilstrecke	G	l	R'	d
2	2010	88	312	70
4	1530	90	439	(57)[2]
6	2110	110	553	60

Hiermit ist die vorläufige Rohrnetzberechnung beendet.

2. Kondensleitungen.

Da es sich hier um eine Fernheizung handelt, kann Zahlentafel 18 nicht benutzt werden. Die Kondensleitung ist als Warmwasserleitung zu bemessen, wobei der wirksame Druck entweder durch das natürliche Gefälle oder durch die Hochlage eines Zwischengefäßes (Abb. 235) zustande kommt.

3. Nachrechnung der Dampfleitungen.

Die Nachrechnung der vorläufigen Rohrdurchmesser soll an Teilstrecke 1 erläutert werden. Zum besseren Verständnis des Rechnungsganges wird die erste Hälfte dieser Teilstrecke (vom Ventil am Gebäudeverteiler A bis zum Ausgleicher) mit 1a, die andere Hälfte (vom Ausgleicher bis zum Abzweigpunkt B) mit 1b bezeichnet. (Vgl. Abb. 237.)

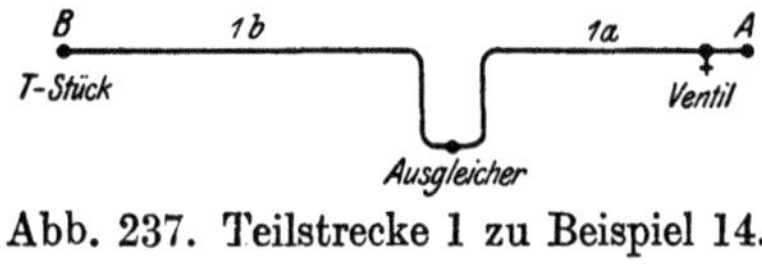

Abb. 237. Teilstrecke 1 zu Beispiel 14.

[1] Der mittlere Gebäudeabstand beträgt 100 m. Somit würde nach Zahlentafel 17 der Anteil der Einzelwiderstände 10 vH betragen. Da jedoch bei der gewählten Anordnung mit der Einschaltung von Ausgleichern in jede Teilstrecke zu rechnen ist, soll der Anteil der Einzelwiderstände mit 20 vH angenommen werden. Mehrfache Anwendung von Wasserabscheidern würde den Anteil der Einzelwiderstände weiter erhöhen.

[2] Nicht genormter Rohrdurchmesser (vgl. S. 38).

Da anzunehmen ist, daß sich das Ventil direkt am Gebäudeverteiler befindet, wird mit der Berechnung des Druckabfalles im Ventil begonnen.

a) Druckabfall im Ventil.

Vorläufige lichte Weite . . . . $d = 70$ mm
Durchströmendes Dampfgewicht . . . . $G = 1430$ kg/h
Widerstandswert . . . . $\zeta = 7{,}0$
Druck hinter dem Ventil (am Verteiler) . . . . $p_2 = 25000$ kg/m²

Aus Hilfstafel IV ergibt sich für $d = 70$, $G = 1430$ und $\zeta = 1$ der Hilfswert

$$Z' = 540\,.$$

Dieser Hilfswert ist nach S. 195:

$$Z' = (p_1 - p_2) \cdot \gamma = Z \cdot \gamma\,.$$

Man kann nun aus Hilfstafel IV (rechts oben) für den bekannten Wert $p_2 = 2{,}5$ ata das spezifische Gewicht γ bestimmen und erhält dann

$$Z_{\zeta=1} = (p_1 - p_2) = \frac{Z'}{\gamma} = \frac{540}{1{,}36} = 397 \text{ kg/m}^2.$$

Da die Widerstandszahl ζ des Ventils nicht 1, sondern 7 ist (s. Hilfstafel IV, rechts), beträgt der Druckabfall in ihm

$$Z = 7 \cdot 397 \cong 2800 \text{ kg/m}^2\,.$$

Der Druck vor dem Ventil ergibt sich demnach zu

$$p_1 = p_2 + Z = 27800 \text{ kg/m}^2\,.$$

b) Druckabfall im geraden Rohr der Teilstrecke 1a.

Zur Bestimmung des Druckabfalles im geraden Rohr der Teilstrecke 1a benötigt man ebenfalls die Größe der durchfließenden Dampfmenge G. Diese ist jedoch, wie schon auf S. 189 erwähnt, am Anfang der Teilstrecke größer als am Ende derselben, da ein Teil des Dampfes durch Wärmeabgabe der Rohrleitung kondensiert. Bei größeren Rohrlängen ist dieser Verlust an Dampfgewicht nicht zu vernachlässigen. Da das stündliche Dampfgewicht am Ende der Teilstrecke durch die Aufgabe gegeben ist, muß man zunächst das stündliche Dampfgewicht am Anfang der Teilstrecke berechnen. Der weiteren Rechnung legt man dann das mittlere Dampfgewicht in der Teilstrecke zugrunde.

Die Bestimmung des mittleren Dampfgewichtes geschieht mit Hilfe der Gleichung:

$$G_m = G + \frac{q\,l}{2}\,.$$

Man geht dabei von der Ermittlung des Wärmeverlustes der Rohrleitung aus. Für ein Rohr von 70 mm Nennweite ergibt sich nach S. 152 bei einem Wärmeschutz von 30 mm Stärke und einer Wärmeleitzahl $\lambda = 0{,}09$ ein einheitlicher Wärmeverlust von 0,72 kcal/h. m. °C. Bei einer Temperaturdifferenz von etwa $(130 - 30) = 100°$ C (entsprechend der Temperatur des Dampfes von etwa 2,8 ata und der Temperatur im Rohrkanal) ist dann der Wärmeverlust für 1 m Rohr $0{,}72 \cdot 100 = 72$ kcal/h. m. Zur Berechnung der entsprechenden Kondensatmenge muß man noch die Verdampfungswärme r kennen. Es genügt, hierfür bei allen Teilstrecken den Mittelwert von r entsprechend dem mittleren Dampfdruck im ganzen Rohrnetz in Rechnung zu setzen.

Aus Zahlentafel 3 findet man:

für $p_1 = 70000$ kg/m² den Wert $r = 495$ kcal/kg
„ $p_2 = 25000$ „ „ „ $r = 522$ „
daraus ergibt sich als Mittelwert $r = 509$ kcal/kg.

Die stündlich in jedem laufenden Meter Rohr der Teilstrecke 1a anfallende Kondensatmenge q ist dann:

$$q = \frac{72}{509} = 0{,}142 \text{ kg/h. m}\,.$$

Daraus errechnet sich das mittlere Dampfgewicht zu

$$G_m = 1430 + \frac{0{,}142 \cdot 100}{2} = 1437 \text{ kg/h}\,.$$

Da das mittlere Dampfgewicht für die Teilstrecke 1a nunmehr bekannt ist, kann man den Druckabfall in dieser Teilstrecke genau feststellen und dann den notwendigen Druck am Anfang dieser Teilstrecke berechnen.

Vorläufiger Rohrdurchmesser . . . . $d = 70$ mm
Mittleres Dampfgewicht . . . . $G_m = 1437$ kg/h
Druck am Ende der Teilstrecke . . . . $p_2 = 27800$ kg/m²
Hilfsgröße R' (aus Hilfstafel IV für d und G_m) . . . . $R' = 125$
Länge der Teilstrecke 1a . . . . $l = 100$ m
Hilfsgröße $(p_1 - p_2) \cdot \gamma_m = R' \cdot l$ . . . . $= 12{,}5 \cdot 10^3$

Zusammenstellung zu Beispiel 14.

Nr. der Teilstrecke	Länge l m	Durchmesser d mm	Dampfgewicht am Ende der Teilstrecke G_2 kg/h	Dampfverlust $q\,l$ kg/h	Dampfgewicht am Anfang der Teilstrecke G_1 kg/h	Einzelwiderstand am Ende der Teilstrecke: Art des Widerstandes	ζ	Druck hinter dem Einzelwiderstand p_2 kg/m²	Druckverlust Z kg/m²	Druck vor dem Einzelwiderstand p_1 kg/m²	Reibungswiderstand in der Teilstrecke: Mittleres Dampfgewicht G_m kg/h	Druck am Ende der Teilstrecke p_2 kg/m²	Hilfswert R'	$R' \cdot l = (p_1 - p_2) \cdot \gamma_m$	Druck am Anfang der Teilstrecke p_1 kg/m²	Einzelwiderstand am Anfang der Teilstrecke: Art des Widerstandes	ζ	Druck hinter dem Einzelwiderstand p_2 kg/m²	Druckverlust Z kg/m²	Druck vor dem Einzelwiderstand p_1 kg/m²	Das ist der Druck im Punkt
1	2	3	4	5	6	7	8	9	10	11	12	13	14	15	16	17	18	19	20	21	22
1a	100	70	1430	15	1445	Ventil	7,0	25000	2800	27800	1437	27800	125	$12,5 \cdot 10^3$	35300	—	—	—	—	—	—
1b	100	70	1445	15	1460	Ausgleicher	4,0	35300	1200	36500	1453	36500	125	$12,5 \cdot 10^3$	42500	T-Durchgang	1,0	42500	300	42800	*B*
2a	44	70	2010	6	2016	Ventil	7,0	25000	5400	30400	2013	30400	235	$10,3 \cdot 10^3$	36200	—	—	—	—	—	—
2b	44	70	2016	6	2022	Ausgleicher	4,0	36200	2200	38400	2019	38400	235	$10,3 \cdot 10^3$	43100	T-Abzweig	1,5	43100	700	43800	*B*
3a	44	90	3482	10	3492	—	—	—	—	—	3487	43800	145	$6,4 \cdot 10^3$	46500	—	—	—	—	—	—
3b	44	90	3492	10	3502	Ausgleicher	4,0	46500	1600	48100	3497	48100	145	$6,4 \cdot 10^3$	50600	T-Durchgang	1,0	50600	400	51000	*C*
4a	45	(57)	1530	6	1536	Ventil	7,0	25000	7300	32300	1533	32300	390	$17,5 \cdot 10^3$	41300	—	—	—	—	—	—
4b	45	(57)	1536	6	1542	Ausgleicher	4,0	41300	2600	43900	1539	43900	390	$17,5 \cdot 10^3$	51000	T-Abzweig	1,5	51000	800	51800	*C*
5a	78	110	5044	19	5063	—	—	—	—	—	5054	51800	120	$9,4 \cdot 10^3$	55100	—	—	—	—	—	—
5b	78	110	5063	19	5082	Ausgleicher	4,0	55100	1400	56500	5073	56500	120	$9,4 \cdot 10^3$	59700	T-Durchgang	1,0	59700	300	60000	*D*
6a	55	60	2110	7	2117	Ventil	7,0	25000	8500	33500	2114	33500	400	$22,0 \cdot 10^3$	44000	—	—	—	—	—	—
6b	55	60	2117	7	2124	Ausgleicher	4,0	44000	2800	46800	2121	46800	400	$22,0 \cdot 10^3$	55200	T-Abzweig	1,5	55200	900	56100	*D*
7a	105	130	7206	29	7235	—	—	—	—	—	7221	60000	110	$11,6 \cdot 10^3$	63600	—	—	—	—	—	—
7b	105	130	7235	29	7264	Ausgleicher	4,0	63600	1400	65000	7250	65000	110	$11,6 \cdot 10^3$	68400	Ventil	7,0	68400	2200	70600	*E*

Aus Hilfstafel IVa kann man nun für den Enddruck p_2 und die Hilfsgröße $(p_1 - p_2) \cdot \gamma_m$ den Anfangsdruck p_1 ablesen. Man muß jedoch statt $p_2 = 27800$ zunächst näherungsweise den Wert 28000 kcal/m² = 2,8 ata aufsuchen und erhält dafür den interpolierten Wert $p_1 = 3{,}55$ ata. Daraus ergibt sich $(p_1 - p_2) = 0{,}75$ ata. Ein hinreichend genau korrigierter Wert für p_1 ergibt sich nun, indem man diese Differenz von 0,75 ata = 7500 kg/m² zu dem wirklichen Enddruck $p_2 = 27800$ kg/m² hinzuzählt. Man erhält so $p_1 = 35300$ kg/m².

c) Druckabfall im Ausgleicher.

Vorläufige lichte Weite . . . . $d = 70$ mm
Mittleres Dampfgewicht $G = 1430 + ql$ . . . . $G_m = 1445$ kg/h
Widerstandswert . . . . $\zeta = 4{,}0$
Druck hinter dem Ausgleicher . . . . $p_2 = 35300$ kg/m²
Für $d = 70$, $G = 1445$ und $\zeta = 1$ wird (nach Hilfstafel IV) . $Z' = 550$
Spez. Gewicht des Dampfes (entspr. $p_2 = 3{,}53$ ata) . . . . . $\gamma = 1{,}88$ kg/m³
Druckabfall im Ausgleicher $\zeta \cdot \left(\frac{Z'}{\gamma}\right)$ . . . . $Z = 1200$ kg/m²
Druck vor dem Ausgleicher $(p_2 + Z)$ . . . . $p_1 = 36500$ kg/m².

d) Druckabfall in der Teilstrecke 1b.

$$G_m = 1445 + \frac{0{,}142 \cdot 100}{2} = 1453 \text{ kg/h}.$$

Vorläufiger Rohrdurchmesser . . . . $d = 70$ mm
Mittleres Dampfgewicht . . . . $G_m = 1453$ kg/h
Druck am Ende der Teilstrecke . . . . $p_2 = 36500$ kg/m²
Hilfsgröße R' . . . . $R' = 125$
Länge der Teilstrecke 1b . . . . $l = 100$ m
Hilfsgröße $(p_1 - p_2) \cdot \gamma_m = R' \cdot l$ . . . . $= 12{,}5 \cdot 10^3$
Für $p_2' = 3{,}6$ ata und $(p_1 - p_2) \cdot \gamma_m = 12{,}5 \cdot 10^3$ wird nach Hilfstafel IVa . . . . $p_1' = 4{,}2$ ata
Da $(p_1' - p_2') = 0{,}6$ ata $= 6000$ kg/m² ist, wird $p_1 = p_2 + 6000 = 42500$ kg/m²

e) **T**-Durchgang am Anfang der Teilstrecke 1b.

Vorläufige lichte Weite des Durchgangs . . . . $d = 70$ mm
Dampfgewicht . . . . $G = 1460$ kg/h
Widerstandswert . . . . $\zeta = 1{,}0$
Druck hinter dem **T**-Stück . . . . $p_2 = 42500$ kg/m²
Für d, G und $\zeta = 1$ wird . . . . $Z' = 560$
Spez. Gewicht des Dampfes (entspr. p_2) . . . . $\gamma = 2{,}24$ kg/m³
Druckabfall im **T**-Stück: $\zeta \cdot \left(\frac{Z'}{\gamma}\right)$ . . . . $Z = 250$ kg/m²
Druck vor dem **T**-Stück: $(p_2 + Z)$ abgerundet . . . . . . $p_1 = 42800$ kg/m²

Der Druck im Punkte B beträgt demnach 42800 kg/m².

In derselben Weise wird die Nachrechnung für die übrigen Teilstrecken durchgeführt. Eine übersichtliche Zusammenstellung der erhaltenen Werte ist auf S. 200 ausgeführt. Aus derselben ist ersichtlich, daß auf Grund der Nachrechnung keine Teilstrecke geändert zu werden braucht, also alle Durchmesser gemäß der Annahme beibehalten werden können.

Das durchgeführte Beispiel zeigt, daß bei der Berechnung der Rohrleitungen sogar für die tiefste Außentemperatur die Wärmeverluste der Leitungen im allgemeinen vernachlässigt werden können. Es würde noch besser sein, sie in überschlägiger, aber praktisch völlig ausreichender Weise dadurch zu berücksichtigen, daß man die für jede Teilstrecke in Frage kommende nutzbare Dampfmenge um 5 vH erhöht. Da bei Hochdruckfernleitungen öfters auch Rechnungen vorkommen, bei denen die Wärmeverluste in anderer Weise berücksichtigt werden müssen (z. B. bei Nachrechnung der Leitungen für mittlere Wintertemperatur), ist davon abgesehen, die Wärmemenge, wie dies bei der Niederdruckdampfheizung geschehen ist, im allgemeinen um 5 vH zu erhöhen.

D. Vakuumheizungen.

Die im vorhergehenden Abschnitt C für die Berechnung von Hochdruckdampfleitungen abgeleiteten Gleichungen (41) und (43) gelten auch für die Berechnung von Vakuumheizungen. Die Bestimmung der Rohrweiten bei dieser Heizungsart kann daher ebenfalls unter Verwendung der Hilfstafel IV vorgenommen werden. Der gesamte Rechnungsgang ist der gleiche wie bei der Berechnung von Hochdruckdampfleitungen.

VII. Berechnung von Lüftungsanlagen.

A. Die Lüftungsmaßstäbe.

Im ersten Teil des Buches lernten wir als Kennzeichen für die Verschlechterung der Luft in einem Saal drei Maßstäbe kennen, nämlich den Kohlensäuremaßstab, den Wärmemaßstab und den Feuchtigkeitsmaßstab. Die nachstehenden Ausführungen sollen das dort Gesagte auf rechnerischer Grundlage festigen und weiter ausbauen, insbesondere soll die auf S. 104 angedeutete Berechnung der Kurven der Luftverschlechterung (Abb. 182) gezeigt werden. Solche Rechnungen sind notwendig, wenn man allgemeine Richtlinien für den Bau von Versammlungsräumen und für die Bemessung ihrer Lüftungsanlagen aufstellen will, wobei es sich im ersten Fall darum handelt, den notwendigen Luftraum für jeden Besucher, also die Saalgröße, festzulegen, im zweiten Fall um den notwendigen Luftwechsel für den Betrieb der Lüftungsanlage. Dieselben Rechnungen dienen aber auch als Ergänzung zu den Erfahrungswerten auf S. 105 und sind notwendig zum Entwurf eines einzelnen Lüftungsprojektes, wenn es sich um Sonderfälle handelt, z. B. um Fabrik- und gewerbliche Räume, bei welchen die Luftverschlechterung durch einen Arbeitsprozeß bewirkt wird, bei denen also im Vergleich zu einem Versammlungsraum anormale Verhältnisse vorliegen.

Die Rechnung beruht für alle drei Maßstäbe auf grundsätzlich der gleichen Überlegung, soll daher nur an dem Beispiel des Kohlensäuremaßstabes eingehend erläutert werden.

1. Der Kohlensäuremaßstab.

Als Ausgangspunkt soll uns folgende physikalische Überlegung dienen, die eine Kohlensäurebilanz darstellt: Die Kohlensäure, die mit der Zuluft in den Raum hereingetragen wird, vermehrt um die Kohlensäurelieferung der im Raum vorhandenen Kohlensäurequellen, vermindert um die Kohlensäure, die mit der Abluft aus dem Raum hinausgetragen wird und vermindert um den Verbrauch etwa im Raum vorhandener Kohlensäureabsorptionsstellen — muß gleich sein der Anreicherung der Raumluft mit Kohlensäure.

Trifft man nachstehende Buchstabenwahl:

z [h] Zeit,

J $[\mathrm{m}]^3$ Rauminhalt,

V $[\mathrm{m^3/h}]$ stündlich zugeführte Luftmenge,

$k_a \left[\frac{\mathrm{m^3\,CO_2}}{\mathrm{m^3\,Luft}}\right]$ Kohlensäurekonzentration der Außenluft,

$k_i \left[\frac{\mathrm{m^3\,CO_2}}{\mathrm{m^3\,Luft}}\right]$ Kohlensäurekonzentration der Innenluft,

m [—] Zahl der Kohlensäurequellen im Raum,

K $[\mathrm{m^3/h}]$ Ergiebigkeit einer Kohlensäurequelle,

so ergibt die Rechnung für die einzelnen Kohlensäuremengen folgende Ausdrücke:

1. Mit der Außenluft gelangt in der Zeit dz an Kohlensäure in den Raum herein der Betrag:

$$V\left[\frac{\mathrm{m^3}}{\mathrm{h}}\right] \cdot k_a\left[\frac{\mathrm{m^3\,CO_2}}{\mathrm{m^3\,Luft}}\right] \cdot dz[\mathrm{h}] = V \cdot k_a \cdot dz\,[\mathrm{m^3\,CO_2}]\,.$$

2. Die Kohlensäurequellen liefern:

$$m \cdot K\left[\frac{\mathrm{m^3\,CO_2}}{\mathrm{h}}\right] \cdot dz[\mathrm{h}] = m \cdot K \cdot dz\,[\mathrm{m^3\,CO_2}]\,.$$

3. Die Abluft entführt aus dem Saal den Betrag:

$$V \cdot k_i \cdot dz\,[\mathrm{m^3\,CO_2}]\,.$$

Hierbei ist zur Vereinfachung angenommen, daß im ganzen Saal eine einheitliche Kohlensäurekonzentration herrscht und daß die Saalluft mit diesem Kohlensäuregehalt in den Abzugsschacht streicht.

4. Für den Kohlensäureverbrauch kommt im allgemeinen nur die Absorption der Kohlensäure durch die Umfassungswände und Einrichtungsgegenstände in Frage. Wir nehmen an, daß dieser Betrag so gering sei, daß wir ihn gleich Null setzen dürfen.

5. Aus dem Kohlensäuregehalt $J \cdot k_i$ des Raumes ergibt sich die Änderung des Kohlensäuregehaltes durch Differentiation zu:

$$J \cdot dk_i .$$

Die Bilanz heißt dann:

$$V \cdot k_a \cdot dz + m \cdot K \cdot dz - V \cdot k_i \cdot dz - 0 = J \cdot dk_i = \{m \cdot K - V \cdot (k_i - k_a)\} dz .$$

Die Integration dieser Differentialgleichung ist nachstehend in kleinerem Druck wiedergegeben. Dabei ist die Annahme gemacht, daß die Konzentration der Innenluft zu Beginn gleich k_0 sei. Das Ergebnis lautet:

$$mK - V \cdot (k_i - k_a) = \{mK - V \cdot (k_0 - k_a)\} \cdot e^{-\frac{V}{J} z} . \tag{44}$$

Da in der Differentialgleichung k_a eine konstante Göße ist, können wir statt dk_i auch $d(k_i - k_a)$ schreiben. Gleichzeitig stellen wir um und erhalten

$$\frac{d(k_i - k_a)}{mK - V \cdot (k_i - k_a)} = \frac{dz}{J} .$$

Nach einer Formelsammlung (z. B. Hütte, 26. Aufl., I. Bd., S. 90, Nr. 2) ergibt die Integration:

$$-\frac{1}{V} \cdot \ln(mK - V(k_i - k_a)) + C_1 = \frac{z}{J} .$$

Die weitere Umformung gibt

$$\ln(mK - V(k_i - k_a)) + \ln C_2 = \frac{-V}{J} z ,$$

$$mK - V(k_i - k_a) = C_3 \cdot e^{-\frac{V}{J} z} .$$

Die Bestimmung der Integrationskonstanten ergibt sich aus der Bedingung, daß für $z = 0$ der Wert $k_i = k_0$ ist. Da $e^{-0} = 1$ ist, wird

$$C_3 = mK - V \cdot (k_0 - k_a) .$$

Die Lösung der Differentialgleichung lautet:

$$mK - V(k_i - k_a) = \{mK - V \cdot (k_0 - k_a)\} e^{-\frac{V}{J} z} .$$

2. Der Temperatur- und der Feuchtigkeitsmaßstab.

Eine ganz ähnliche Rechnung, wie sie vorstehend für den Kohlensäuremaßstab vermittels einer Kohlensäurebilanz aufgestellt wurde, läßt sich auch für den Temperaturmaßstab vermittels einer Wärmebilanz und für den Feuchtigkeitsmaßstab vermittels einer Wasserdampfbilanz aufstellen.

In beiden Fällen tritt aber eine wesentliche neue Schwierigkeit hinzu. Während wir bei der Kohlensäure noch mit einigem Recht annehmen durften, daß die von den Wänden und Einrichtungsgegenständen aufgenommenen Kohlensäuremengen vernachlässigt werden können, ist dies für Wärme und Wasserdampf sicher nicht mehr zulässig. Man müßte also in den mathematischen Ansatz ein Glied einfügen, das den absorbierten Wärme- bzw. Wasserdampfmengen entspricht. Wegen der hierdurch auftretenden rechnerischen Schwierigkeiten würde die Besprechung dieser Fälle über den Rahmen dieses Handbuches hinausführen.

Wenn wir uns im nachstehenden wieder dem Kohlensäuremaßstab zuwenden, so müssen wir uns dabei stets vergegenwärtigen, daß auch die errechneten Werte des Kohlensäuregehaltes nur Näherungswerte sind, da das Außerachtlassen der Kohlensäureabsorption ebenfalls die Rechnung etwas fälscht.

3. Die lüftungstechnische Verwertung des Kohlensäuremaßstabes.

Die Verhältnisse zwingen uns also dazu, die weiteren lüftungstechnischen Betrachtungen ausschließlich an Hand des Kohlensäuremaßstabes durchzuführen. Wir greifen dazu auf die alte Pettenkofersche Aussage zurück, daß ein bestimmter Kohlensäuregehalt als greifbares Kennzeichen für die allgemeine Luftverschlechterung in einem Raum aufgefaßt werden könne.

Bei scharfen hygienischen Forderungen, wie etwa bei Schulräumen, nehmen wir 1,4 vT CO_2-Gehalt als Grenze an, bei weiter gesteckten hygienischen Forderungen, wie etwa bei kleineren Lichtspieltheatern, lassen wir 2 bis 3 vT Kohlensäure zu. Für den Kohlensäuregehalt der Außenluft rechnet man heute im allgemeinen mit 0,4 vT.

Aus der allgemeinen Lüftungsaufgabe, wie sie durch die Gleichung (44) dargestellt ist, greifen wir zur Besprechung zwei lüftungstechnisch wichtige Sonderfälle heraus.

1. Sonderfall. Der Saal soll vor dem Beginn der Besetzung so kräftig durchgelüftet sein, daß die Anfangskonzentration der Innenluft gleich der Konzentration der Außenluft gesetzt werden kann. Mit $k_0 = k_a$ geht Gleichung (44) über in

$$mK - V\cdot(k_i - k_a) = mK \cdot e^{-\frac{V}{J}z}$$

oder

$$k_i - k_a = K\frac{m}{V}\left(1 - e^{-\frac{V}{J}z}\right), \qquad (45\text{a})$$

$$= K\cdot\frac{1}{\frac{J}{m}\cdot\frac{V}{J}}\left(1 - e^{-\frac{V}{J}z}\right). \qquad (45\text{b})$$

In dieser Gleichung stellt der Bruch V/J die Luftwechselzahl dar, die mit „n" bezeichnet sei, und der Bruch J/m den vorhandenen Luftraum pro Kopf, den wir „i" nennen wollen. Mit diesen Bezeichnungen lautet die Gleichung (45b) jetzt:

$$k_i - k_a = K\frac{1}{in}(1 - e^{-nz}). \qquad (45\text{c})$$

Betrachten wir zuerst den Faktor $(1 - e^{-nz})$, in welchem die Zeit z eine Rolle spielt, so sehen wir aus Abb. 238, daß etwa vom Abszissenwert $nz = 3$ an keine wesentliche Änderung des Funktionswertes mehr eintritt. Es ergibt sich dann aus der Bedingung $nz = 3$, daß in der Luftbeschaffenheit ein Beharrungszustand erreicht ist:

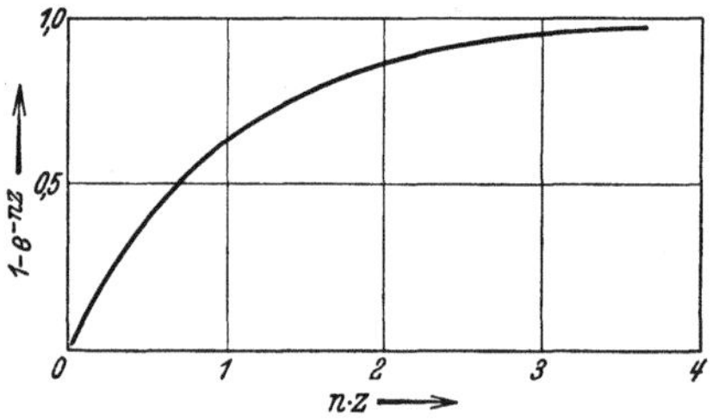

Abb. 238. Funktion $1 - e^{-nz}$.

bei 1,5maligem	Luftwechsel	nach	2	Stunden
„ 3	„	„	1	Stunde
„ 6	„	„	1/2	„

Setzen wir nunmehr in der Gleichung (45a) $z = \infty$, betrachten wir also den Beharrungszustand, so reduziert sich die Gleichung auf

$$(k_i - k_a)_{z=\infty} = K\frac{m}{V}$$

oder

$$(k_i)_{z=\infty} = k_a + \frac{K}{V/m},$$

d. h. die Kohlensäurekonzentration im Beharrungszustand ist von der Größe des Raumes unabhängig und allein durch die Luftzufuhr pro Kopf bestimmt.

Um zu Zahlenwerten zu gelangen, gehen wir nun von der Voraussetzung aus, daß der Kohlensäuregehalt der Außenluft etwa 0,4 vT beträgt, daß er bei der Innenluft auf etwa 1,4 vT steigen darf, und daß die Kohlensäureabgabe eines Menschen etwa 0,02 m³/h beträgt, so wird

$$\frac{V}{m} = \frac{K}{k_{i,\infty} - k_a} = \frac{0{,}02}{0{,}0014 - 0{,}0004} = \frac{200}{10} = 20{,}0\,,$$

d. h. es müssen je Person in der Stunde 20 m³ Luft zugeführt werden, um im Beharrungszustand bei einem Kohlensäuregehalt von 1,4 vT zu bleiben.

Es war notwendig, die Gleichung (45c) in ihren Teilen zu besprechen, da eine Besprechung im ganzen nicht gut möglich ist. Es gelingt auch nicht, die ganzen Beziehungen dieser Gleichung durch eine einzige Zahlentafel oder ein einziges Kurvenblatt zu veranschaulichen, weil die Gleichung vier Veränderliche, nämlich k_i, i, n und z enthält. Um wenigstens einigermaßen einen Überblick über die Aussagen der Gleichung geben zu können, sind in der nachstehenden Zahlentafel statt des vollen zeitlichen Ablaufes nur zwei Betriebszeiten, nämlich eine Stunde und zwei Stunden berücksichtigt.

Die waagerechten Reihen sind nach i (dem Luftraum pro Kopf) geordnet, die senkrechten Reihen nach n (der Luftwechselzahl). Erfahrungsgemäß kann die Luftwechselzahl bei natürlicher Lüftung nicht höher als etwa 2 angesetzt werden. Bei künstlicher Lüftung aber ist, wenn Zugerscheinungen hierbei vollständig vermieden werden, eine mehrfach stärkere Lufterneuerung möglich. Um dies hervorzuheben, ist in der Zahlentafel durch einen Doppelstrich zwischen $n = 2$ und $n = 4$ eine Trennung zwischen natürlichem und künstlichem Luftwechsel angedeutet.

In den einzelnen Tabellenrechtecken finden sich, durch einen Schrägstrich getrennt, zwei bzw. drei Zahlen. Die erste nicht eingeklammerte Zahl links oberhalb der Schrägstriche bedeutet den Kohlensäuregehalt nach einer Stunde. Bei künst-

	n = Luftwechselzahl				
	Natürlicher Luftwechsel		Künstlicher Luftwechsel		
i = Luftraum in m³/Kopf	**1** mal	**2** mal	**4** mal	**7** mal	**10** mal
2 m³/Kopf	**6,7** (9,1) / 2	**4,7** (5,3) / 4	**2,9** / 8	**1,8** / 14	**1,4** / 20
3 m³/Kopf	**4,6** (6,2) / 3	**3,3** (3,7) / 6	**2,0** / 12	**1,4** / 21	**1,1** / 30
5 m³/Kopf	**2,9** (3,9) / 5	**2,1** (2,4) / 10	**1,4** / 20	**1,0** / 35	**0,8** / 50
10 m³/Kopf	**1,7** (2,1) / 10	**1,3** (1,4) / 20	**0,9** / 40	**0,7** / 70	**0,6** / 100
20 m³/Kopf	**1,0** (1,3) / 20	**0,8** (0,9) / 40	**0,7** / 80	**0,5** / 140	**0,5** / 200

Erläuterungsbeispiel:

vT-Gehalt nach 1 Std. — **3,3**

vT-Gehalt nach 2 Std. — (3,7)

6 — Luftzufuhr in m³/Kopf u. Std.

licher Lüftung ($n > 2$) entspricht dieser Wert zugleich dem Beharrungszustand. Bei natürlicher Lüftung $n = 1$ und $n = 2$ tritt nach Ablauf einer Stunde noch eine Vermehrung des Kohlensäuregehaltes ein, und es ist deshalb der Betrag am Ende der zweiten Stunde in Klammern beigefügt.

Zum Zwecke einer lüftungstechnischen Auswertung der Zahlentafel nehmen wir an, daß für eine bestimmte Art von Versammlungsräumen ein Kohlensäuregehalt von 1,4 vT zugelassen sei. Dieser Bedingung entspricht in unserer Zahlentafel im wesentlichen die Diagonalreihe der Felder, die in der Zahlentafel durch doppelte Einrahmung hervorgehoben ist. Alle Felder links oberhalb der Diagonalreihe entsprechen hygienisch unzulässigen Fällen. Die Felder rechts unterhalb der Diagonalreihe bedeuten eine unnötig strenge hygienische Forderung.

Unterhalb der Schrägstriche in den Tabellenrechtecken findet sich eine weitere Zahl, welche die Luftzufuhr in m³ pro Kopf und Stunde darstellt. Unsere oben erwähnte Diagonalreihe der Felder ist einheitlich durch eine Luftzufuhr von 20 m³ pro Kopf und Stunde gekennzeichnet. Luftzufuhr in solchem Ausmaße ist bei künstlicher Lüftung bei jeder Raumgröße leicht möglich. Bei natürlicher Lüftung ist dazu jedoch, wie die Tabelle zeigt, ein Luftraum von mindestens 10 m³ pro Kopf nötig.

2. Sonderfall. In einem schlecht gelüfteten Saal sei der Kohlensäuregehalt auf den unzulässig hohen Betrag k_I angestiegen. Unmittelbar anschließend soll in einer kurzen Lüftungspause, während welcher alle Menschen den Saal verlassen, durch kräftige Lufterneuerung der Kohlensäuregehalt auf einen niedrigeren Wert k_{II} heruntergedrückt werden. Es handelt sich also hier um die Berechnung der fallenden Kurven in Abb. 182, und die lüftungstechnische Frage lautet: Wie groß muß bei vorgeschriebener Dauer „z" der Lüftungspause die Luftwechselzahl „n" sein und umgekehrt bei vorgeschriebener Luftwechselzahl die Dauer der Lüftungspause?

In der Gleichung (44) ist $m = 0$ zu setzen, weil der Saal als leer angenommen wird, für k_0 ist der zu hohe Anfangswert k_I und für k_i der verlangte niedrige Endwert k_{II} einzuführen. Dann geht Gleichung (44) über in

$$\frac{k_{II} - k_a}{k_I - k_a} = e^{-\frac{V}{J} z} = e^{-nz}. \tag{46a}$$

Wir bestimmen das Produkt nz durch Logarithmieren der Gleichung (46a) und erhalten:

$$-nz = \ln \frac{k_{II} - k_a}{k_I - k_a} \qquad \text{oder} \qquad nz = \ln \frac{k_I - k_a}{k_{II} - k_a}. \tag{46b}$$

Zahlenbeispiel:

Konzentration zu Beginn der Lüftungspause		$k_I = 2{,}4$ vT
„	„ Ende „ „	$k_{II} = 0{,}8$ vT
„	der Außenluft	$k_a = 0{,}4$ vT

Mit diesen Werten ist:

$$nz = \ln \frac{2{,}4 - 0{,}4}{0{,}8 - 0{,}4} = \ln 5 = 1{,}61.$$

Ist der stündliche Luftwechsel bekannt, z. B. $n = 4$, so ist $z = \frac{1{,}61}{4} = 0{,}4$ Stunden $= 24$ Minuten.

Ist die Dauer der Lüftungspause vorgeschrieben, z. B. $z = 15$ Minuten, so ist

$$n = \frac{1{,}61}{{}^1/_4} = 6{,}4 \text{ fach}.$$

B. Berechnung von Lüftungsschächten.

Für einen Lüftungsschacht mit natürlichem Auftrieb kommt als treibende Kraft nur der Gewichtsunterschied zwischen der kälteren Außen- und der wärmeren Innenluft in Frage. Es gilt also die Gleichung

$$H = h(\gamma_a - \gamma_i).$$

Hemmend für die Luftbewegung wirken die Widerstände der geraden Kanalstrecken und die Einzelwiderstände. Nach Früherem ist hierfür anzusetzen:

$$\Sigma R l + \Sigma Z = \left(\Sigma \lambda \frac{l}{d} + \Sigma \zeta\right) \frac{w^2}{2} \frac{\gamma_i}{g}.$$

Durch Gleichsetzen beider Ausdrücke und Auflösen der neuen Gleichung nach der Geschwindigkeit ergibt sich

$$w = \sqrt{\frac{2 g h}{\Sigma \lambda \frac{l}{d} + \Sigma \zeta} \cdot \frac{\gamma_a - \gamma_i}{\gamma_i}}. \tag{47}$$

Das stündlich geförderte Luftvolumen ist:

$$V_h = 3600\, F w. \tag{48}$$

In der Gleichung (47) ist der erste Bruch nur von der Form der Luftwege abhängig. Die Reibungszahl λ in glatten gemauerten Kanälen kann bei den praktisch vorkommenden Geschwindigkeiten etwa mit 0,03 angenommen werden. Die Länge l der Luftwege ist häufig gleich der Höhe h des Schachtes. Ist ein Luftzuführungskanal vorhanden, so ist auch dieser zu berücksichtigen.

Bei der Ermittlung der Einzelwiderstände darf nicht vergessen werden, auch die Einströmstelle der Luft aus dem Freien in den Saal zu berücksichtigen. Besteht diese in einer einfachen Öffnung in der Wand von gleichem Querschnitt wie der Kanalquerschnitt, so kann hierfür $\zeta = 1$ gesetzt werden. Sind dagegen Jalousieklappen vorhanden oder andere Regelvorrichtungen, so ist ein entsprechend höherer Wert einzusetzen.

Der zweite Bruch in der Gleichung (47) ist ein unbenannter Zahlenwert und von der Temperatur abhängig. Er kann bis auf Null abnehmen und an warmen Sommertagen sogar negativ werden.

	Höhe h in Metern	Seitenlänge s des quadratischen Schachtes in Metern						
		0,2	0,3	0,4	0,5	0,6	0,7	0,8
Sekundliche Geschwindigkeit (m/s)	5	0,63	0,65	0,67	0,68	0,68	0,69	0,69
	7	0,71	0,74	0,77	0,78	0,79	0,80	0,81
	10	0,80	0,85	0,89	0,91	0,93	0,93	0,94
	15	0,91	0,98	1,03	1,06	1,09	1,11	1,12
	20	0,97	1,07	1,14	1,18	1,21	1,24	1,26
	30	1,06	1,19	1,28	1,34	1,39	1,43	1,46
Stündliche Luftmenge (m^3/h)	5	91	211	384	610	880	1220	1590
	7	103	240	443	700	1020	1410	1870
	10	116	275	510	820	1210	1640	2170
	15	130	318	590	950	1410	1960	2580
	20	140	347	660	1060	1570	2190	2900
	30	152	386	740	1210	1800	2520	3360

Einen Überblick über die mit einem Lüftungsschacht erzielbaren Strömungsgeschwindigkeiten und Luftmengen gibt obige Tabelle. Sie ist für das in Abb. 239 gezeichnete Beispiel ermittelt und gilt unter folgenden Voraussetzungen:

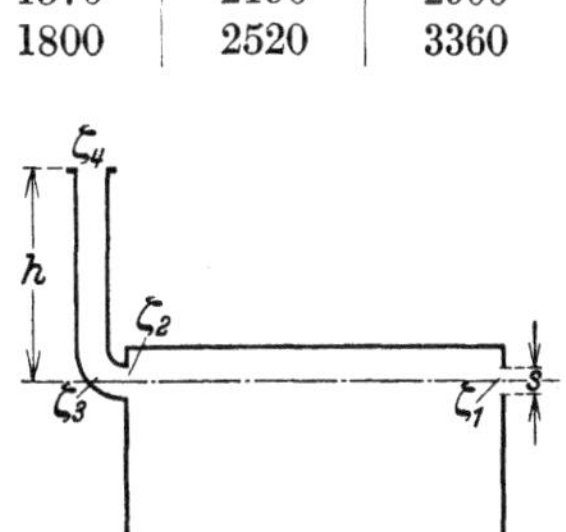

Abb. 239. Lüftungsschacht.

1. Die Einströmung der Luft aus dem Freien in den Saal erfolgt durch eine einfache Öffnung ohne Gitter von der Größe des Schachtquerschnittes.
2. Der Übertritt der Luft aus dem Saal in den Lüftungsschacht erfolgt ebenfalls durch eine Öffnung ohne Gitter.
3. Der Lüftungsschacht führt ohne jeden Knick bis über Dach.

4. Der Temperaturunterschied zwischen Innen- und Außenluft beträgt 4 °C. Bei kleineren oder größeren Temperaturunterschieden sind die Tabellenwerte für w und V_h noch mit nachstehenden Faktoren zu multiplizieren:

$t_i - t_a$	1	2	3	4	6	10	20
Faktor	0,50	0,71	0,87	1	1,22	1,58	2,24

C. Berechnung der Luftverteilungsleitungen.

1. Das Druckgefälle in geraden Kanalstrecken.

a) Blechrohre.

Wir gehen aus von der Gleichung (12) (vgl. S. 157)

$$R\,l = \lambda \frac{l}{d} \cdot \frac{w^2}{2} \frac{\gamma}{g},$$

darin ist nach Gleichung (14a)

$$\lambda = 0{,}0072 + \frac{0{,}61}{Re^{0{,}35}} + \frac{2{,}9 \cdot 10^{-5}}{d} \cdot Re^{0{,}108}.$$

Die ersten beiden Summanden geben den Wert λ_{glatt} für glatte Rohre. Der dritte Summand berücksichtigt die Rauhigkeit der Wand, und zwar ist entscheidend die relative Rauhigkeit δ/d, d. h. das Verhältnis der absoluten Rauhigkeit δ zum Rohrdurchmesser d. Wir können als den dritten Summanden auch schreiben

$$\text{konst.} \times \frac{\delta}{d} Re^{0{,}108}.$$

Im Vergleich zu den Rohren der Heiztechnik ist bei den Blechrohren von Lüftungsanlagen nicht nur die absolute Rauhigkeit sehr gering, sondern auch der Durchmesser groß, so daß die relative Rauhigkeit sehr klein wird und damit der ganze dritte Summand verschwindet.

b) Blechleitungen mit rechteckigem Querschnitt.

Die Gleichung (12) läßt sich auch auf Kanäle mit rechteckigem Querschnitt anwenden, wenn man darin für d einen gleichwertigen Durchmesser d_g einführt nach der Beziehung

$$d_g = \frac{2\,a\,b}{a+b}\,. \tag{49}$$

Darin sind a und b die Seitenlängen des Kanalquerschnittes.

Die Hydrodynamik lehrt nämlich, daß sich zu jedem rechteckigen Kanal ein kreisrundes Rohr finden läßt, das mit dem Kanal gleiches Druckgefälle hat, wenn in beiden Leitungen gleiche Strömungsgeschwindigkeit herrscht. Die Übereinstimmung gilt bei allen Geschwindigkeiten oberhalb der kritischen Geschwindigkeit. Der Durchmesser dieses gleichwertigen Rohres ist durch Gleichung (49) bestimmt. In beiden Leitungen strömen natürlich verschiedene Flüssigkeitsmengen, weil die Querschnitte nicht gleich sind.

Zu dem erwähnten rechteckigen Kanal läßt sich noch ein zweites gleichwertiges Rohr berechnen, wenn man von der Bedingung gleicher strömender Mengen in beiden Leitungen ausgeht. Dann sind natürlich die Geschwindigkeiten verschieden. Für diese zweite Art von gleichwertigem Durchmesser gilt

$$d^* = 1{,}27 \sqrt[5]{\frac{(a\,b)^3}{a+b}}\,.$$

Das Rechnen mit dem Wert d^* ist aber weder einfacher, noch ist es vom Standpunkt des Lüftungsingenieurs zweckmäßiger als das Rechnen mit dem Wert d_g.

c) Gemauerte Kanäle.

Gemauerte Kanäle sind fast immer rechteckig, so daß für sie das Berechnungsverfahren mit dem gleichwertigen Durchmesser angewandt werden muß.

Einer besonderen Erwähnung bedarf noch die Frage der Rauhigkeit solcher Kanäle. Wie schon im ersten Teil des Buches erwähnt, gilt als Forderung der Lüftungstechnik, daß die Kanalinnenseiten möglichst glatt sein müssen, nicht nur zur Verminderung der Reibung, sondern vor allem aus hygienischen Gründen. Sind dieser Forderung gemäß die Kanäle innen im Glattstrich verputzt oder doch mindestens aus guten Steinen ausgeführt und die Mörtelfugen sorgfältig verstrichen, so ist die absolute Rauhigkeit δ so gering, daß sich zusammen mit der verhältnismäßig großen Kanalinnenweite d immer eine ganz geringe relative Rauhigkeit δ/d ergibt und damit in Gleichung (14a) der dritte Summand verschwindet.

Soll bei einer schon bestehenden Anlage für einen Kanal mit schlecht ausgeführter Innenseite eine Druckverlustberechnung durchgeführt werden, so ist es am besten, den Kanal zuerst mit der Annahme glatter Wände zu rechnen und dann durch einen geschätzten Zuschlag von 50 bis 100 vH der Rauhigkeit Rechnung zu tragen.

2. Einzelwiderstände.

In der Gleichung (15)

$$Z = \Sigma\zeta \cdot \frac{w^2}{2}\frac{\gamma}{g}$$

kann man bei allen Aufgaben der Lüftungstechnik mit einem konstanten Wert $\gamma = 1{,}2$ rechnen und erhält dann

$$Z = \Sigma\zeta \cdot 0{,}061 \cdot w^2. \tag{50}$$

Wir lassen jetzt die auf S. 157 getroffene Einschränkung fallen, betrachten also auch den Fall, daß der Querschnitt und damit die Strömungsgeschwindigkeit vor und hinter dem Einzelwiderstand verschieden ist. Solche Einzelwiderstände kommen auch bei Rohrleitungen von Heizungen vor, aber sie treten dort im Berechnungsverfahren nicht so stark hervor wie hier bei den Luftleitungen. Deshalb wird der Druckverlust in ihnen erst hier besprochen. Wir knüpfen an Gleichung (10b) an, die wir gleich in der Form schreiben

$$p_{st_1} - p_{st_2} = \zeta\frac{w^2}{2}\frac{\gamma}{g} + \frac{1}{2}(w_2^2 - w_1^2)\frac{\gamma}{g}. \tag{51}$$

Hier ist noch bei jeder einzelnen Aufgabe zu bestimmen, ob man den ζ-Wert auf den Leitungsdurchmesser vor oder hinter dem Einzelwiderstand beziehen will. Demgemäß hat man für w den Wert w_1 oder w_2 zu setzen.

a) Einzelwiderstände in geraden Rohrstrecken.

Bei Einzelwiderständen mit Ablenkung des Flüssigkeitsstrahles aus seiner Richtung, also bei Krümmern, T-Stücken, Ventilen usw. läßt sich der ζ-Wert nur durch den Versuch bestimmen. Dagegen können bei Einzelwiderständen mit geradem Durchgang Gesetze aufgestellt werden, die bis zu einem gewissen Grade physikalisch begründbar sind. Der Strömungsvorgang und damit der Energieverlust hängen wesentlich davon ab, ob der Leitungsquerschnitt in Strömungsrichtung sich erweitert oder verengt, und ferner davon, ob die Änderung des Strömungsquerschnittes allmählich oder plötzlich erfolgt.

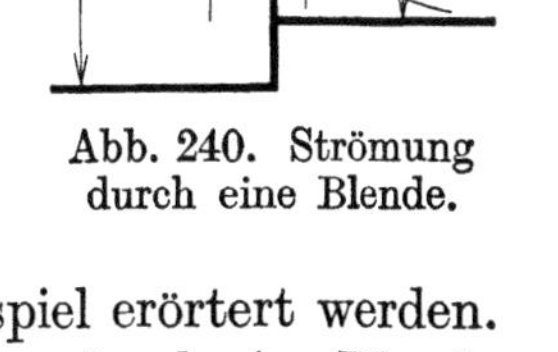

Abb. 240. Strömung durch eine Blende.

Die Verhältnisse sollen an dem in Abb. 240 gezeigten Beispiel erörtert werden. Aus einem ersten Rohr mit dem Querschnitt F_1 soll die Strömung durch eine Blende mit dem Querschnitt F_0 hindurch in ein zweites Rohr mit dem Querschnitt F_2 übertreten. Wenn, wie wir annehmen wollen, die Kante der Blende nur eine unvollkommene Abrundung hat, so schnürt sich der Flüssigkeitsstrahl nach dem Passieren der Blende noch weiter zusammen auf den Querschnitt F'. Das Querschnittsverhältnis F' zu F_0 nennt man die Einschnürung und bezeichnet sie mit dem Buchstaben α. Der Betrag der Einschnürung hängt nicht nur von der Ausrundung der Blendenkante, sondern auch von den Verhältnissen $F_0 : F_1$ und $F_2 : F_1$ der Strömungsquerschnitte ab.

a) Der Strömungsweg vom Querschnitt F_1 bis zum engsten Querschnitt F': Auf diesem Wege findet eine gleichmäßige stete Beschleunigung der Flüssigkeit statt, und diese erfolgt fast ohne Verlust. Der Betrag ist so gering ($\zeta = 0{,}06$ bis $0{,}005$), daß wir ihn bei unseren Aufgaben der Lüftungstechnik vernachlässigen dürfen.

b) Die Ausbreitung des Strahles hinter der engsten Stelle F': Wenn eine Flüssigkeitsströmung mit der großen Geschwindigkeit w' plötzlich auf eine vorausgehende Strömung mit der kleineren Geschwindigkeit w_2 aufprallt, so tritt stets ein Verlust ein, der als Carnotscher Stoßverlust bezeichnet wird. Der Betrag ist dem Quadrat der Relativgeschwindigkeit $(w' - w_2)$ proportional.

Wir erhalten dadurch:

$$\Delta p_g = \frac{(w' - w_2)^2}{2} \frac{\gamma}{g} = \left(\frac{w'}{w_2} - 1\right)^2 \frac{w_2^2}{2} \frac{\gamma}{g} = \left(\frac{F_2}{\alpha F_0} - 1\right)^2 \frac{w_2^2}{2} \frac{\gamma}{g}. \tag{52}$$

Im Anschluß an den in Abb. 240 dargestellten allgemeinen Fall können einige vereinfachte Sonderfälle berechnet werden:

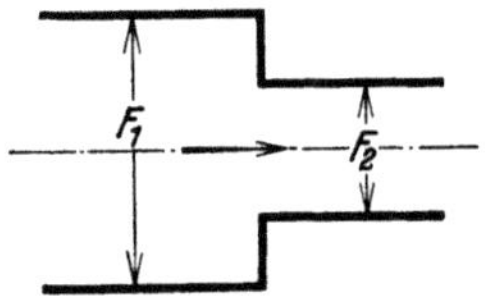

Abb. 241. Plötzliche Querschnittsverengung.

Erster Fall: Plötzlicher Übergang aus einer weiten in eine engere Leitung (Abb. 241). Mit $F_0 = F_2$ geht die Gleichung (52) über in:

$$\Delta p_g = \left(\frac{1}{\alpha} - 1\right)^2 \frac{w_2^2}{2} \frac{\gamma}{g} = \zeta \frac{w_2^2}{2} \frac{\gamma}{g}.$$

Ungefähre Zahlenwerte für die Einschnürung α gibt die nachfolgende Zahlentafel:

F_2/F_1	0÷0,2	0,4	0,5	0,6	0,7	0,8	0,9	1,0
Scharfe Kante	0,63	0,65	0,68	0,71	0,76	0,82	0,90	1,00
Schwache Kantenbrechung . .	0,75	0,77	0,79	0,82	0,85	0,88	0,94	1,00
Wenig abgerundet	0,90	0,91	0,91	0,92	0,94	0,96	0,98	1,00
Glatte, gute Abrundung . . .	0,99	0,99	0,99	0,99	1,00	1,00	1,00	1,00

Die ζ-Werte errechnen sich damit nach der Gleichung $\zeta = \left(\frac{1}{\alpha} - 1\right)^2$ zu:

F_2/F_1	0÷0,2	0,4	0,5	0,6	0,7	0,8	0,9	1,0
Scharfe Kante	0,35	0,29	0,22	0,17	0,10	0,05	0,01	0
Schwache Kantenbrechung . .	0,11	0,09	0,07	0,05	0,03	0,02	0	0
Wenig abgerundet	0,01	0,01	0,01	0,01	0	0	0	0
Glatte, gute Abrundung . . .	0	0	0	0	0	0	0	0

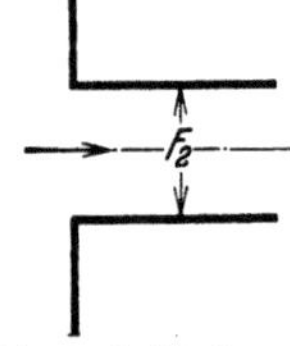

Abb. 242. Strömung aus einem Raum in eine Leitung.

Zweiter Fall: Einströmen aus einem Raum in eine Leitung (Abb. 242). Hier gilt ebenfalls die Gleichung

$$\Delta p_g = \left(\frac{1}{\alpha} - 1\right)^2 \frac{w_2^2}{2} \frac{\gamma}{g} = \zeta \frac{w_2^2}{2} \frac{\gamma}{g}$$

mit der Vereinfachung, daß für ζ nur die erste Spalte der Zahlentafel zu wählen ist.

Dritter Fall: Allmählicher Übergang aus einer weiten in eine enge Leitung (Abb. 243). Da hier die Geschwindigkeit stetig steigt, kann mit hinreichender Genauigkeit $\Delta p_g = 0$ gesetzt werden.

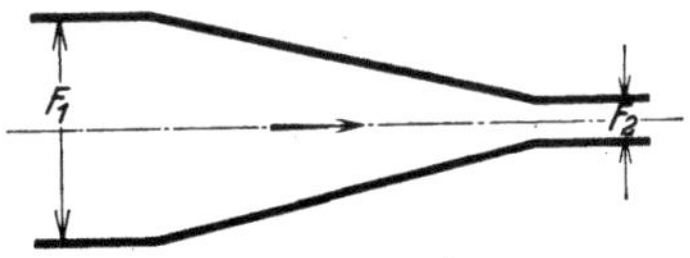

Abb. 243. Allmähliche Querschnittsverengung.

Vierter Fall: Plötzlicher Übergang aus einer engen Leitung in eine weite Leitung (Abb. 244). Dies ist der reine Fall des Carnotschen Stoßverlustes, so daß sich sofort ansetzen läßt:

$$\Delta p_g = \frac{(w_1 - w_2)^2}{2}\,\frac{\gamma}{g} = \left(1 - \frac{F_1}{F_2}\right)^2 \frac{w_1^2}{2}\,\frac{\gamma}{g}.$$

Es ist also, bezogen auf die anströmende Geschwindigkeit w_1:

$$\zeta = \left(1 - \frac{F_1}{F_2}\right)^2.$$

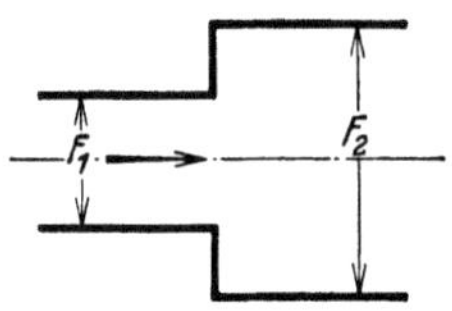

Abb. 244. Plötzliche Querschnittserweiterung.

Fünfter Fall: Ausströmen aus einer Leitung in einen Raum (Abb. 245). Wir setzen in der Formel für den Carnotschen Stoßverlust $w_2 = 0$ und $w_1 = w$ und erhalten

$$\Delta p_g = 1 \cdot \frac{w^2}{2}\,\frac{\gamma}{g}, \quad \text{also} \quad \zeta = 1.$$

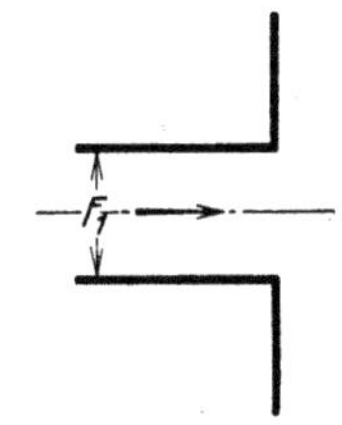

Abb. 245. Strömung aus einer Leitung in einen Raum.

Sechster Fall: Allmählicher Übergang aus einer engen in eine weite Leitung (Abb. 246). Wenn der Öffnungswinkel der Erweiterung nicht mehr als 8° beträgt, tritt kein Ablösen der Strömung von der Wand und damit keine Wirbelbildung ein. Es gilt dann auch nicht der Ansatz für den Carnotschen Stoßverlust, sondern eine rein empirische Gleichung, die den Verlust an Gesamtdruck gleich 15 vH der Differenz zwischen den dynamischen Drücken vor und nach der Erweiterung setzt. Es gilt also

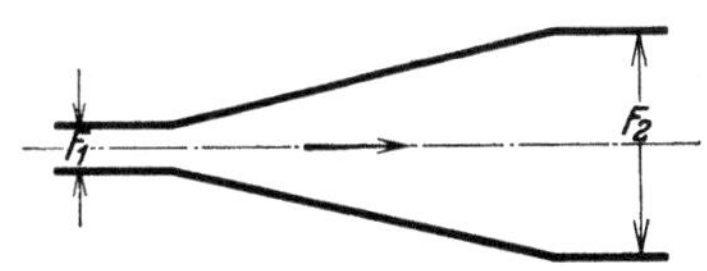

Abb. 246. Allmähliche Querschnittserweiterung.

$$\Delta p_g = 0{,}15\left(\frac{w_1^2}{2}\,\frac{\gamma}{g} - \frac{w_2^2}{2}\,\frac{\gamma}{g}\right) = 0{,}15\left(1 - \frac{F_1^2}{F_2^2}\right)\frac{w_1^2}{2}\,\frac{\gamma}{g}, \quad \text{also} \quad \zeta = 0{,}15\left(1 - \frac{F_1^2}{F_2^2}\right).$$

Beträgt der Öffnungswinkel mehr als 8°, so gilt der Ansatz für den Carnotschen Stoßverlust gemäß Abb. 244.

Siebenter Fall: Meßblende in einer Leitung gleichbleibenden Querschnittes $F_1 = F_2 = F$ (Abb. 247). Die Gleichung (52) geht dann über in:

$$\Delta p_g = \left(\frac{F}{\alpha F_0} - 1\right)^2 \frac{w^2}{2}\,\frac{\gamma}{g} = \zeta \cdot \frac{w^2}{2}\,\frac{\gamma}{g}.$$

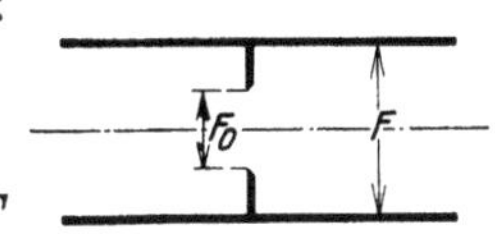

Abb. 247. Strömung durch eine Meßblende.

Da die Kontraktionsziffer α selbst wieder vom Verhältnis F_0/F abhängt, kann man den ζ-Wert als Funktion der einzigen Größe F_0/F darstellen.

Für $F_0/F = 0{,}9$ ist $\alpha = 0{,}90$ und damit $\zeta = 0{,}06$
„ $F_0/F = 0{,}8$ „ $\alpha = 0{,}82$ „ „ $\zeta = 0{,}28$
„ $F_0/F = 0{,}7$ „ $\alpha = 0{,}76$ „ „ $\zeta = 0{,}78$
„ $F_0/F = 0{,}6$ „ $\alpha = 0{,}71$ „ „ $\zeta = 1{,}82$
„ $F_0/F = 0{,}5$ „ $\alpha = 0{,}68$ „ „ $\zeta = 3{,}8$
„ $F_0/F = 0{,}4$ „ $\alpha = 0{,}65$ „ „ $\zeta = 8{,}1$

Abb. 248. Venturirohr.

Achter Fall: Das Venturirohr (Abb. 248). Hier tritt nach Früherem ein merklicher Druckverlust nur in der Erweiterung nach der engsten Stelle ein und dafür ist der Fall 6 einschlägig. Es ist also

$$\Delta p = 0{,}15\,\frac{w_0^2 - w^2}{2}\,\frac{\gamma}{g} = 0{,}15\left(\left(\frac{F}{F_0}\right)^2 - 1\right)\cdot\frac{w^2}{2}\,\frac{\gamma}{g} = \zeta \cdot \frac{w^2}{2}\,\frac{\gamma}{g},$$

und damit ergibt sich für

$F_0/F = 0{,}9$ der ζ-Wert $= 0{,}035$	$F_0/F = 0{,}6$ der ζ-Wert $= 0{,}27$
$F_0/F = 0{,}8$ „ „ $= 0{,}085$	$F_0/F = 0{,}5$ „ „ $= 0{,}45$
$F_0/F = 0{,}7$ „ „ $= 0{,}16$	$F_0/F = 0{,}4$ „ „ $= 0{,}79$

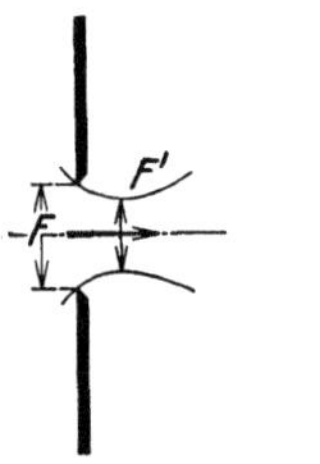

Abb. 249. Strömung von Raum zu Raum durch eine Blende.

Neunter Fall: Ausströmen aus einem ersten Raum durch eine Blende in einen zweiten Raum (Abb. 249). Dieser Fall ist ganz gesondert zu betrachten. Die Einschnürung α ist je nach Abrundung der Blendenkante aus der Zahlentafel S. 210, erste Spalte, zu nehmen.

Für die Geschwindigkeit w' gilt der Ansatz

$$w' = \mu \cdot \sqrt{2g\frac{p_1 - p_2}{\gamma}},$$

worin der Wert μ mit hinreichender Genauigkeit gleich „Eins" gesetzt werden kann.

b) Der Widerstand in Lüftungsgittern.

Wir betrachten ein Gitter, dessen Gesamtfläche F sei und dessen Öffnungen zusammen die Fläche f ausmachen. Das Verhältnis f/F ist also ein Maß der Maschenweite bei Drahtgittern oder der Lochweite bei gestanzten Gittern. Besteht zwischen beiden Seiten des Gitters ein Druckunterschied im Betrage $(p_i - p_a)$, so strömen durch die Öffnungen Luftfäden, deren Geschwindigkeit w_0 der Wurzel aus dem Druckunterschied $p_i - p_a$ proportional ist. Die Luftfäden vereinigen sich bald zu einem einheitlichen Luftstrom von der Geschwindigkeit w, wobei

$$w = w_0 \frac{f}{F}$$

ist. Auf diese Geschwindigkeit beziehen wir den ζ-Wert des Gitters. Dieser ist natürlich stark von der Maschenweite des Gitters abhängig, er ist aber auch verschieden bei Drahtgeweben aus runden Drähten und bei gestanzten Blechen. Zahlenwerte gibt die nachfolgende Tabelle:

Freier Querschnitt/Gitterfläche	0,6	0,5	0,4	0,3	0,2
Drahtgewebe	2	3	5	8	17
Gestanzte Bleche	4	6	10	20	50

Wenn die Luft auf der einen Seite des Gitters nicht ruht, sondern strömt, wie das bei Kanälen der Fall ist, so ist als Innendruck p_i der statische Druck und nicht etwa der Gesamtdruck zu setzen.

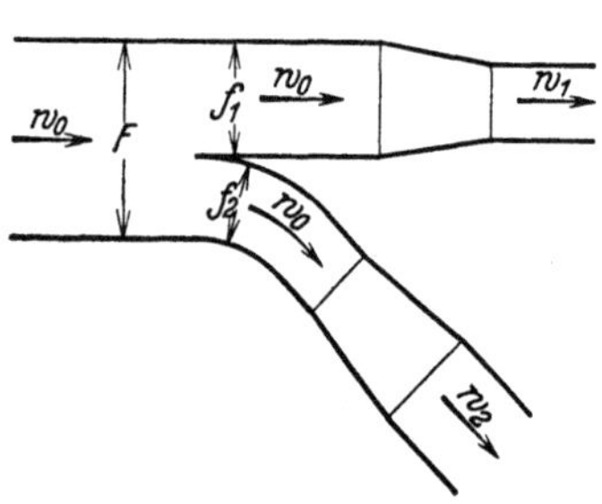

Abb. 250. Kanalabzweigung.

c) Abzweigung und Vereinigung von Kanälen.

Abzweigungen aus einem Hauptstrang sollen, wie schon erwähnt, mit möglichst schlankem Übergang ausgeführt werden, um so den Druckverlust möglichst niedrig zu halten. Zu demselben Zweck sollen auch alle Geschwindigkeitsänderungen bei der Trennung der Luftströme vermieden werden, d. h. die Geschwindigkeit im abgezweigten Strang soll gleich der im gerade fortgesetzten Strang sein und beide gleich der Geschwindigkeit im Hauptkanal vor der Trennung. Es muß also (vgl. Abb. 250) sich f_1 zu f_2 verhalten wie die Luftmengen in den beiden Teilsträngen, und es muß ferner $f_1 + f_2 = F$ sein. Kann die Geschwindigkeit und damit der Querschnitt in den Abzweigungen nicht beibehalten werden, so soll eine Änderung des Querschnittes erst später, also nach der Abzweigung, vorgenommen werden. — Die gleichen Gesichtspunkte, die hier für die Trennung zweier Luftströme aufgestellt werden, gelten auch für das Zusammenführen zweier Ströme.

3. Die Hilfstafeln V, VI und VII.

a) Kreisrunde Leitungen.

Hierzu gehören die Hilfstafeln V und VI, von denen die erste für Durchmesser von 50 bis 500 mm, die zweite für Durchmesser von 500 bis 2500 mm lichte Weite gelten. Beide Tafeln entsprechen in ihrem Aufbau vollständig den früher beschriebenen Hilfstafeln für Warmwasser- und Dampfheizungen.

b) Rechteckige Kanäle.

Die Hilfstafel VII gibt für verschiedene Querschnittsabmessungen die gleichwertigen Durchmesser **in mm** nach Gleichung (49) und die Fläche des rechteckigen Querschnittes **in** $\mathbf{m^2}$.

Im übrigen gelten auch hier die Hilfstafeln V und VI, nur dürfen die Zahlen für die geförderten Luftmengen (obere Zahlen in den kleinen Rechtecken) nicht verwendet werden, da diese nur für die kreisrunden Querschnitte gelten.

4. Der Druckverlust in den Verteilungsleitungen.

Wenn auch die Hilfstafeln V und VI den früheren Hilfstafeln durchaus entsprechen, so muß doch die Berechnung von Lüftungsrohrnetzen anders durchgeführt werden als die Berechnung von Heizungsrohrnetzen, und zwar aus zwei Gründen.

Erstens sind bei den Lüftungsrohrnetzen die Summen der Einzelwiderstände meist wesentlich höher als die Summen der Widerstände in den geraden Kanalstrecken, wie das die untenstehende Zusammenstellung zeigt. Es ist natürlich nicht zweckmäßig, mit der Berechnung des kleineren Widerstandes zu beginnen.

Stränge mit lichten Kanalabmessungen von	Anteil der Einzelwiderstände am Gesamtwiderstand in vH	
	Blechkanäle	Mauerkanäle
50 bis 150 mm	40	30
100 bis 300 mm	60	50
200 bis 600 mm	80	70
400 bis 1100 mm	90	80
über 1000 mm	95	85

Zweitens ist bei den Lüftungsrohrnetzen nicht wie beim Warmwasser- oder Niederdruckdampfnetz die zur Verfügung stehende Druckhöhe H von vornherein gegeben, sondern sie muß entweder erst durch die Berechnung des Rohrnetzes bestimmt werden, oder sie muß aus wirtschaftlichen Gründen, vor allem im Hinblick auf die entstehenden Stromkosten, aus der Erfahrung heraus frei gewählt werden.

Bei dem Entwurf und der Berechnung eines Lüftungsrohrnetzes wird man immer irgendwie von der Erfahrung ausgehen müssen. Man wählt entweder den Druck des Gebläses oder die Geschwindigkeit im Rohrnetz. In manchen Fällen können auch konstruktive Verhältnisse zur Annahme bestimmter Kanalquerschnitte zwingen. Bei kreisrunden Querschnitten ist es im Interesse der billigen Herstellung der Rohrleitungen oft zweckmäßig, wenn man mehrere Teilstrecken mit gleichem Durchmesser ausführt. Bei rechteckigen Kanälen ist sehr oft aus baulichen Gründen eine gleichbleibende Kanalhöhe im ganzen Rohrnetz notwendig, so daß die Änderung der Querschnitte nur durch Änderung der Breite erzielt werden kann.

Im allgemeinen wird es zweckmäßig sein, von der Geschwindigkeit auszugehen. Man rechnet dann unter der Annahme gleichbleibender Geschwindigkeit im Rohrnetz mehrere Geschwindigkeiten durch und prüft, unter welcher Geschwindigkeitsannahme sich die günstigsten Verhältnisse ergeben, d. h. einerseits nicht zu große Rohre und andererseits kein zu hoher Anfangsdruck und damit keine zu hohen Stromkosten während des Betriebes. Hat man sich unter Beachtung dieser Gesichtspunkte für eine Geschwindigkeit entschieden, so werden noch in einer nachträglichen Rechnung die besonderen Forderungen der Anlage berücksichtigt, so wird z. B. in dieser Rechnung der Übergang vom kreisrunden zum rechteckigen Querschnitt vollzogen.

Weitere Einzelheiten lassen sich besser an Hand des nachstehenden Beispieles besprechen.

Beispiel 15. Durch das in Abb. 251 perspektivisch dargestellte Luftverteilungsnetz sollen die an den Enden der Verzweigungen eingeschriebenen Luftmengen in m^3/h bei 20° C gefördert werden. Es sind die günstigsten Abmessungen der Blechleitungen festzustellen unter der Annahme

1. kreisrunder Rohrleitungen,
2. rechteckiger Blechkanäle.

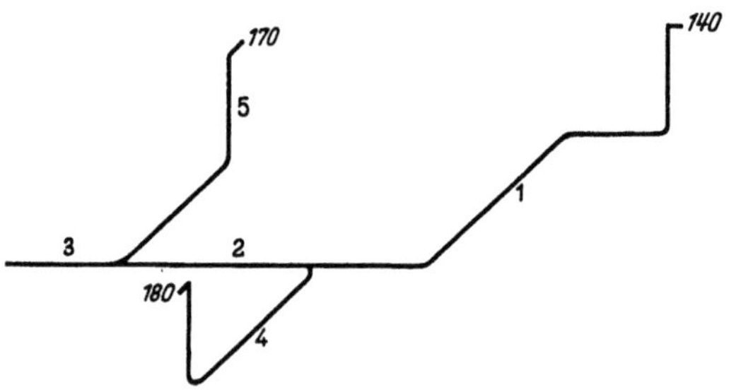

Abb. 251. Kanalnetz.

Bei den rechteckigen Blechkanälen soll angenommen sein, daß die senkrechte Kanalhöhe überall 120 mm betragen muß.

Annahme für die Rechnung. Für die Festsetzung der ζ-Werte soll angenommen werden, daß das Ende jeder Leitung mit einem Drahtgewebe versehen ist, für das der Wert $\zeta = 2$ anzusetzen ist. Die Ablenkung kurz vor der Austrittsöffnung erfolgt in scharfem rechtem Winkel (also $\zeta = 1{,}5$), alle übrigen Richtungsänderungen erfolgen in einem rechtwinkligen Bogen (also $\zeta = 0{,}1$).

Lösung der Aufgabe. Man beginnt die Aufgabe mit der Berechnung des Hauptstranges, der aus den Teilstrecken 1 bis 3 besteht. Nachfolgende Zusammenstellung A zeigt die Rechnung für die

Zusammenstellung A. Kreisrunde Rohre — Hauptstrang.

Aus Rohrplan				$w = 3$ m/s				$w = 5$ m/s				$w = 7$ m/s			
Nr.	l	$\Sigma\zeta$	V_s	R	d	Z	Rl	R	d	Z	Rl	R	d	Z	Rl
—	m	—	m^3/s	$\frac{\text{mmWS}}{\text{m}}$	mm	mm WS	mm WS	$\frac{\text{mmWS}}{\text{m}}$	mm	mm WS	mm WS	$\frac{\text{mmWS}}{\text{m}}$	mm	mm WS	mm WS
a	b	c	d	e	f	g	h	i	k	l	m	n	o	p	q
1	12,3	3,8	0,039	0,10	130	2,1	1,23	0,37	100	5,8	4,55	0,81	85	11,1	10,0
2	5,1	0	0,089	0,067	190	0	0,34	0,21	150	0	1,07	0,45	130	0	2,3
3	4,2	0	0,136	0,045	240	0	0,19	0,17	180	0	0,71	0,37	160	0	1,6
	21,6	2,8				2,1	1,76			5,8	6,33			11,1	13,9

drei Annahmen $w = 3$ m/s, 5 m/s, 7 m/s. Die ersten vier Spalten enthalten Angaben, welche aus dem Rohrplan unmittelbar zu entnehmen sind. Für jede Teilstrecke ist ein T-Stück angenommen. Spalte e bis h enthält dann die Rechnung für die erste Annahme $w = 3$ m/s. Die Werte in Spalte e und f sind aus der Hilfstafel V abgelesen, indem man jenes Tabellenrechteck aufsucht, in dem die Geschwindigkeit 3,0 zusammensteht mit der für jede Teilstrecke gültigen Luftmenge. Spalte g ergibt sich aus der linken Seitentabelle der Hilfstafel V, indem man bei der Geschwindigkeit 3,0 den entsprechenden Wert Z sucht. Spalte h entsteht durch Multiplikation von Spalte b mit e. Zuletzt bildet man die Summe aller Einzelwiderstände Z und dann die Summe aller Widerstände Rl. In gleicher Weise werden die Geschwindigkeiten 5 m/s und 7 m/s durchgerechnet.

Zusammenstellung B. Kreisrunde Rohre.

	w	m/s	3	5	7
1	ΣZ	mm WS	2,1	5,8	11,1
2	ΣRl	mm WS	1,8	6.3	13,9
3	$\Sigma Z + \Sigma Rl$	mm WS	3,9	12,1	24,0

Zusammenstellung B gibt in Zeile 1 die Summe der Einzelwiderstände, in Zeile 2 die Summe des Druckabfalles in den geraden Rohrstrecken und in Zeile 3 den Gesamtdruckverlust vom Anfang der Leitung bis zu ihrem Ende. Aus diesem Druckverlust und der geförderten Luftmenge von 0,136 m^3/s ergibt sich die theoretische Arbeit für das Gebläse. Unter Berücksichtigung der verschiedenen Wirkungsgrade und des Strompreises ermittelt man ferner die stündlichen Stromkosten. Nun hat man sich auf Grund eines Vergleiches der Herstellungskosten des Kanalnetzes und der Betriebskosten für eine der drei Geschwindigkeiten zu entscheiden. Die Geschwindigkeit 7 m/s wird man ausschalten müssen, nicht nur wegen der hohen Stromkosten, sondern auch weil bei dieser Geschwindigkeit schon stark die Gefahr der Geräuschbildung vorliegt. Wir nehmen an, daß man sich durch einen Vergleich der Stromkosten einerseits und der Herstellungskosten des Rohrnetzes andererseits für die Geschwindigkeit 5 m/s entschieden habe. Die Rohrdurchmesser der Spalte k werden dann der Ausführung zugrunde gelegt.

Die Berechnung der Abzweigungen ist in Zusammenstellung C gezeigt. Die ersten vier Spalten enthalten wieder Angaben, die aus dem Rohrplan abzulesen sind. Spalte e enthält die für die betreffenden Abzweigstrecken zur Verfügung stehende Druckhöhe H, die sich aus den Spalten l und m der Zusammenstellung A durch Addition ergeben. Spalte f enthält den Einzelwiderstand Z für 5 m Geschwindigkeit, Spalte g den Druckabfall in den geraden Rohrstrecken, der sich als Differenz von Spalte e und Spalte f errechnet. Durch Division dieses erhaltenen Wertes mit der Länge l der Teilstrecke ergibt sich das Druckgefälle R. Spalte i und k werden wieder mit Hilfe der Hilfstafel V ermittelt. Man sieht hierbei, daß sich für die Abzweigungen zuweilen etwas höhere Geschwindigkeiten errechnen als im Hauptstrang. Tatsächlich aber werden diese Geschwindigkeiten nicht auftreten, da wir die Einzelwiderstände mit der Geschwindigkeit 5 m/s ermittelt haben. Es wird sich ein Zwischenwert zwischen der Geschwindigkeit 5 m/s und den in Spalte k angegebenen Werten einstellen.

Zusammenstellung C. Kreisrunde Rohre — Abzweigungen.

Aus Rohrplan					$w = 5$ m/s				
Nr.	l	$\Sigma\zeta$	V_s	H	Z	Rl	R	d	w
—	m	—	m³/s	mmWS	mmWS	mmWS	mmWS/m	mm	m/s
a	b	c	d	e	f	g	h	i	k
4	9,0	3,7	0,050	10,4	5,4	5,0	0,56	100	6
5	7,5	3,7	0,047	11,5	5,4	6,1	0,81	90	7

Rechteckige Kanäle.

Nachdem wir aus der Berechnung der kreisrunden Rohre (Zusammenstellung C) erkannt haben, daß etwa 5 m/s die günstigste Geschwindigkeit ist, brauchen wir für die Berechnung der rechteckigen Kanäle nur mehr zwei Geschwindigkeiten durchzurechnen, nämlich 5 m/s und eine etwas niedere, nämlich 4 m/s. Die niedere Geschwindigkeit ziehen wir deswegen in die Rechnung herein, weil rechteckige Leitungen etwas höheren Druckverlust haben als runde, also 5 m/s vielleicht für rechteckige Leitungen etwas zu groß werden könnte.

Zusammenstellung D enthält in den ersten vier Spalten wieder die Angaben aus dem Rohrplan. Der Kanalquerschnitt F (Spalte e) errechnet sich durch Division der Luftmenge mit der Geschwindigkeit. Aus diesem Querschnitt und der vorgeschriebenen Kanalhöhe von 120 mm ergeben sich dann aus Hilfstafel VII die Werte von Spalte f und g. Die übrigen Spalten werden wieder wie immer aus Hilfstafel V abgelesen.

Zusammenstellung D. Rechteckige Kanäle — Hauptstrang.

Aus Rohrplan				$w = 4$ m/s						$w = 5$ m/s					
Nr.	l	$\Sigma\zeta$	V_s	F	$a \times b$	d_g	R	Rl	Z	F	$a \times b$	d_g	R	Rl	Z
—	m	—	m³/s	m²	mm × mm	mm	mmWS/m	mm WS	mm WS	m²	mm × mm	mm	mmWS/m	mm WS	mm WS
a	b	c	d	e	f	g	h	i	k	l	m	n	o	p	q
1	12,3	3,8	0,039	0,00975	80 × 120	95	0,43	5,3	3,7	0,0078	65 × 120	85	0,78	9,6	5,8
2	5,1	0	0,089	0,02225	190 × 120	150	0,21	1,1	0	0,0178	150 × 120	130	0,43	2,2	0
3	4,2	0	0,136	0,0340	280 × 120	170	0,25	1,1	0	0,0272	225 × 120	160	0,34	1,4	0
								7,5	3,7					13,2	5,8

Aus der Zusammenstellung D entnehmen wir:

	$w = 4$ m/s	$w = 5$ m/s
ΣZ	3,7	5,8
ΣRl	7,5	13,2
$\Sigma Z + \Sigma Rl$	11,2	19,0

In ganz derselben Weise wie bei den kreisrunden Rohren haben wir uns nun durch Abwägung der Rohrkosten einerseits und der Stromkosten andererseits für eine der beiden Geschwindigkeiten endgültig zu entscheiden und dann noch die Abzweigungen 4 und 5 zu berechnen.

5. Der Druckverlust in einer Lüftungskammer.

In Abb. 252 ist ein Ventilator, eine Lüftungskammer mit Filter und der Anfang einer Luftverteilungsleitung gezeichnet. Um den Ventilator in seinen Abmessungen und seiner Leistung bestimmen zu können, muß man die Luftmenge und für den Querschnitt 1 den Gesamtdruck kennen. Zu diesem Zweck muß man vom Querschnitt 5 stufenweise nach links gehend für die einzelnen Querschnitte die Drücke bestimmen. Zur Durchführung dieser Rechnung muß bekannt sein:

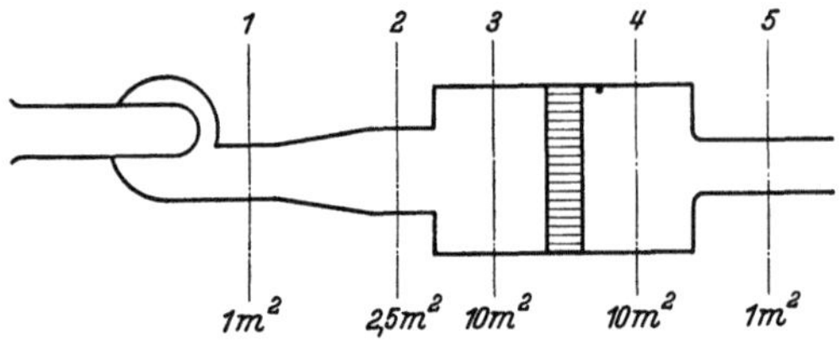

Abb. 252. Lüftungskammer.

1. die zu fördernde Luftmenge,
2. die Größe der Leitungsquerschnitte an den einzelnen Stellen,
3. der statische Druck im Querschnitt 5, welcher sich nach dem Verfahren des letzten Abschnittes berechnen läßt,
4. der Druckverlust im Filter, wofür die Angaben der Lieferfirmen maßgebend sind. Diese werden meist in der Form gegeben, daß die Flächeneinheit des Filters mit einer bestimmten Luftmenge belastet werden soll, wenn die Reinigungskraft des Filters richtig ausgenutzt werden soll. Für diese Belastung wird von der Lieferfirma auch der Widerstand des Filters in mm WS gegeben.

Beispiel 16. Es sei gegeben:
die Luftmenge zu 40000 m³/h,
die Strömungsquerschnitte gemäß Abb. 252,
der statische Druck im Querschnitt 5 zu 20 mm WS,
der Druckverlust des Filters gleich 12 mm WS bei einer Belastung des Filters von 4000 m³/m², h.
Aus der letzten Angabe errechnet sich eine Filterfläche von 10 m², wie das bereits in der Abbildung eingetragen ist.
Die Geschwindigkeiten in den einzelnen Querschnitten sind:

$$w_5 = \frac{40000}{1 \cdot 3600} = 11{,}11 \text{ m/s},$$
$$w_4 = \frac{40000}{10 \cdot 3600} = 1{,}11 \text{ m/s},$$
$$w_3 = w_4 = 1{,}11 \text{ m/s},$$
$$w_2 = \frac{40000}{2{,}5 \cdot 3600} = 4{,}44 \text{ m/s},$$
$$w_1 = \frac{40000}{1 \cdot 3600} = 11{,}11 \text{ m/s},$$
$$w_0 = \quad = 0 \text{ m/s}.$$

Berechnung des Gesamtdruckes in den einzelnen Querschnitten.

Querschnitt 5:

$p_{g_5} = p_{\text{dyn}_5} + p_{\text{st}_5}$ $\qquad p_{\text{dyn}} = \frac{w_5^2}{2} \cdot \frac{\gamma}{g} = \frac{11{,}11^2}{16{,}3} = 7{,}6$ mm WS.

$p_{g_5} = 7{,}6 + 20 = 27{,}6$ mm WS.

Querschnitt 4:

$p_{g_4} = p_{g_5} + \Delta p_g$ $\qquad \Delta p_g = 0$, weil nach Fall 2 bei guter Abrundung der ζ-Wert $= 0$ ist.

$p_{g_4} = 27{,}6 + 0 = 27{,}6$ mm WS.

Querschnitt 3:

$p_{g_3} = p_{g_4} + \Delta p_g$ $\qquad \Delta p_g = 12$ mm WS laut Angabe.

$p_{g_3} = 27{,}6 + 12{,}0 = 39{,}6$ mm WS.

Querschnitt 2:

$p_{g_2} = p_{g_3} + \Delta p_g$

$p_{g_2} = 39{,}6 + 0{,}9 = 40{,}5$ mm WS.

Nach Fall 4 ist $\Delta p_g = \left(1 - \frac{F_2}{F_3}\right)^2 \cdot \frac{w_2^2}{2} \cdot \frac{\gamma}{g} = \left(1 - \frac{2{,}5}{10}\right)^2 \cdot \frac{4{,}44^2}{16{,}3}$
$= 0.9$ mm WS.

Querschnitt 1:

$p_{g_1} = p_{g_2} + \Delta p_g$

$p_{g_1} = 40{,}5 + 1{,}0 = 41{,}5$ mm WS.

Nach Fall 6 ist $\Delta p_g = 0{,}15\left[1 - \left(\frac{F_1}{F_2}\right)^2\right]\frac{w_1^2}{2}\cdot\frac{\gamma}{g}$

$= 0{,}15\left[1 - \left(\frac{1}{2{,}5}\right)^2\right]\cdot\frac{11{,}11^2}{16{,}3} = 1{,}0$ mm WS.

Für die Berechnung der Ventilatorleistung ist also neben dem Wirkungsgrad das Produkt aus der Luftmenge von 40000 m³/h und der Gesamtdruckhöhe von 41,5 mm WS maßgebend.

Zusammenstellung der Drücke.

	Querschnitt				
	1	2	3	4	5
Geschwindigkeit . . . . . m/s	11,11	4,44	1,11	1,11	11,11
Statischer Druck . . . mm WS	33,9	39,4	39,5	27,5	20,0
Dynamischer Druck . . mm WS	7,6	1,1	0,1	0,1	7,6
Gesamtdruck . . . . . mm WS	41,5	40,5	39,6	27,6	27,6

D. Der Begriff „gleichwertige Düse".

Will man die wechselseitigen Beziehungen zwischen Ventilator und Kanalnetz untersuchen, so ist es zweckmäßig, von dem Begriff der „gleichwertigen Düse" Gebrauch zu machen. Man kann nämlich zu jedem beliebigen gegebenen Kanalnetz eine Düse berechnen, die bei gleichem Druckunterschied $p_1 - p_2$ die gleiche sekundliche Luftmenge ergibt, und kann dann für alle Untersuchungen am Ventilator (vgl. später) sich das Rohrnetz durch diese Düse ersetzt denken.

1. Strömung durch eine Düse.

Wenn der Druck vor der Düse gleich p_1, der Druck hinter der Düse gleich p_2 ist, so ergibt sich für die Ausströmgeschwindigkeit der Wert

$$w = \sqrt{2g\cdot\frac{p_1 - p_2}{\gamma}}.$$

Da bei einer gut ausgebildeten Düse (Abb. 253) die Einschnürungszahl $\alpha = 1$ gesetzt werden kann, ist die sekundlich ausströmende Luftmenge:

$$V_S = \alpha A_1 w = A_1 w.$$

Darin bedeutet A_1 den Querschnitt der Düse.

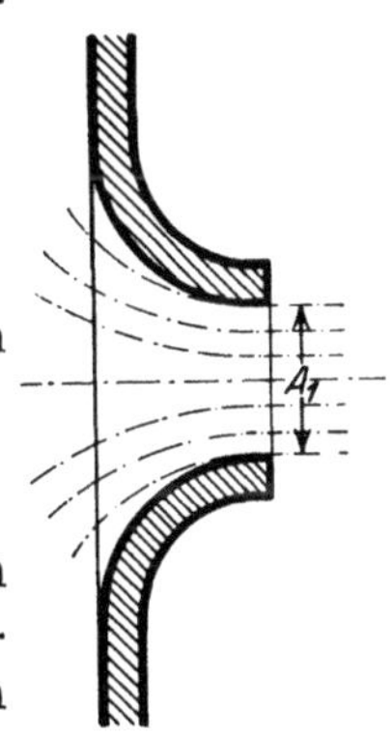

Abb. 253. Düse.

2. Strömung durch ein Rohrnetz.

Bei der Berechnung der Luftleitungen (s. S. 208 und 209) gingen wir von der Gleichung aus:

$$p_1 - p_2 = \Sigma Rl + \Sigma Z = \sum\left(\left(\lambda\frac{l}{d} + \zeta\right)\cdot\frac{w^2}{2}\frac{\gamma}{g}\right).$$

Darin ist λ nach der Ausführung auf S. 158 nur in geringem Maße von der Geschwindigkeit abhängig. Da bei ein und derselben Lüftungsanlage die Geschwindigkeit nicht in allzu weiten Grenzen veränderlich sein wird, kann man λ und damit die Werte $\left(\lambda\frac{l}{d} + \zeta\right)$ als konstant annehmen.

Es ergibt sich also bei dem Kanalnetz für die Geschwindigkeit der Ausdruck

$$w = \text{konst.} \times \sqrt{2g\frac{p_1 - p_2}{\gamma}}.$$

Als Druckverlust $p_1 - p_2$ ist hier natürlich nicht allein der Druckverlust in der Druckleitung zu nehmen, sondern es sind noch alle Verluste in der Saugleitung und der Filterkammer hinzuzufügen.

3. Der Vergleich von Kanalnetz und Düse.

Entscheidend ist, daß sowohl beim Kanalnetz als bei der Düse die Geschwindigkeit und damit auch die Luftmenge proportional der Wurzel aus dem Druckunterschied ist. Wenn deshalb von einer Düse bekannt ist, daß sie bei einem bestimmten Druckunterschied mit dem gegebenen Kanalnetz gleiche Luftmenge hat, so gilt dies auch für alle anderen Druckunterschiede, Geschwindigkeiten und Luftmengen. Diese Düse nennt man deshalb die „gleichwertige Düse".

Ist die Luftmenge V_S eines Leitungsnetzes bei irgendeinem Wert $p_1 - p_2$ des Druckabfalles bekannt — sei es durch Rechnung oder Versuch —, so errechnet sich der Querschnitt A_1 der gleichwertigen Düse zu

$$A_1 = \frac{V_S}{\sqrt{\frac{2g}{\gamma}} \cdot \sqrt{p_1 - p_2}}. \tag{53}$$

Mit Einführung des Wertes $\gamma = 1{,}2$ ergibt sich

$$A_1 \approx \frac{1}{4} \frac{V_S}{\sqrt{p_1 - p_2}}. \tag{53a}$$

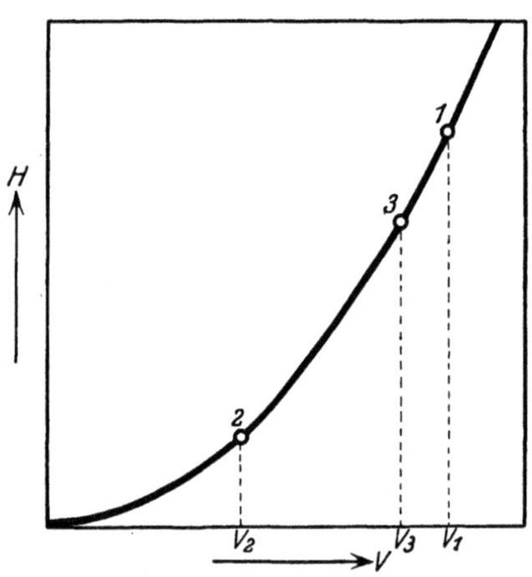

Abb. 254. Kennlinie eines Rohrnetzes. Abszisse: Luftvolumen, Ordinate: Druckverlust.

Beispiel 17. Für das im Beispiel 15 errechnete Rohrnetz ist die gleichwertige Düse zu ermitteln. Bei einer Luftmenge $V = 490\ \mathrm{m^3/h} = 0{,}136\ \mathrm{m^3/s}$ hatten wir in der Druckleitung einen Verlust von 12,1 mm WS gefunden. Dazu nehmen wir noch 10 mm WS für die Saugleitung und die Filterkammer, so daß $p_1 - p_2 = 22{,}1$ mm WS wird. Daraus ergibt sich:

$$A_1 = \frac{1}{4} \frac{0{,}136}{\sqrt{22{,}1}} = 0{,}0081\ \mathrm{m}^2,$$

was einem Durchmesser der Düse von 101 mm entspricht.

Die Gleichung (53a) kann man auch schreiben:

$$H = p_1 - p_2 = \left(\frac{1}{4 A_1}\right)^2 \cdot V_S^2.$$

Dies ist die Gleichung einer Parabel, und man bezeichnet diese Kurve als die Kennlinie der Düse und damit auch des Rohrnetzes (vgl. Abb. 254).

Die einzelnen Punkte dieser Kurve stellen verschiedene Betriebszustände dar. So kann z. B. Punkt 1 bzw. 2 den Zustand bei stärkster bzw. schwächster Luftförderung darstellen, Punkt 3 einen mittleren Betriebszustand, etwa den häufigst vorkommenden, der für alle Wirtschaftlichkeitsfragen entscheidend ist.

E. Verhalten der Ventilatoren im Betrieb.

Wenn auch der Lüftungsingenieur die Ventilatoren nicht selbst zu bauen hat, so muß er sich doch vollkommen im klaren sein über das Verhalten der Ventilatoren im Betrieb, insbesondere muß er wissen, wie sich Änderungen der Drehzahl des Ventilators oder Änderungen im Widerstand des Leitungsnetzes auswirken. Diese Verhältnisse lassen sich am besten an Hand einiger Versuche besprechen, die wir uns an nebenstehend gezeichneter Versuchsanordnung (Abb. 255) ausgeführt denken.

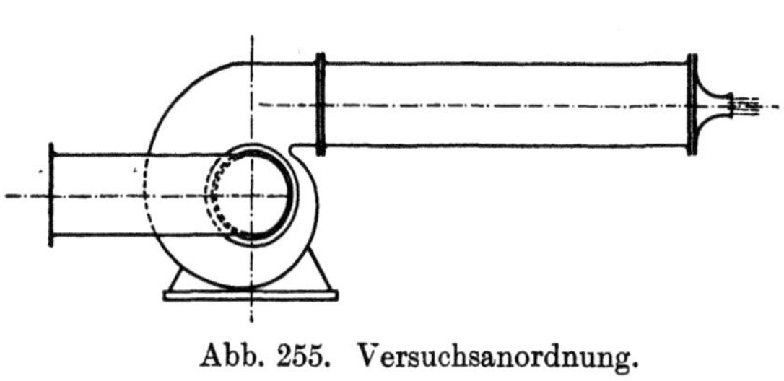

Abb. 255. Versuchsanordnung.

Ein Ventilator, dessen Drehzahl in weiten Grenzen veränderlich ist, saugt mittels einer kurzen Ansaugeleitung Luft an und preßt sie in eine kurze Ausblaseleitung. Das Ende dieser Ausblaseleitung kann durch auswechselbare Düsen verschiedener Weite abgeschlossen werden. Gemessen wird bei jedem Versuch der Querschnitt F der Düsenöffnung, die Drehzahl n, der Druckunterschied H, die sekundliche Luftmenge V_S und die aufgewendete Antriebsleistung N.

1. Erste Versuchsreihe. F konstant, n veränderlich.

Wir setzen eine Düse mittlerer Weite ein und lassen nun den Ventilator mit stetig steigender Drehzahl laufen. Es ist ohne weiteres verständlich, daß mit steigender Drehzahl die geförderte Luftmenge V, der erzielte Druckanstieg H und die aufzuwendende Antriebsleistung N zunehmen. Die Versuche haben gezeigt, daß die Luftmenge der ersten Potenz, der Druckanstieg der zweiten und die Leistung der dritten Potenz der Drehzahl proportional ist, und daß die Proportionalitätsfaktoren außer von der Bauart des Ventilators auch noch vom Querschnitt F der Düsen abhängen. Es gelten also die Gleichungen

$$1.\quad V = \varphi_1(F)\cdot n\,, \tag{54}$$
$$2.\quad H = \varphi_2(F)\cdot n^2\,, \tag{55}$$
$$3.\quad N = \varphi_3(F)\cdot n^3\,. \tag{56}$$

Aus den beiden ersten Gleichungen folgt

$$H = \varphi_4(F)\cdot V^2. \tag{57}$$

Diese Beziehung zwischen H und V ist bei festgehaltenem Werte F die Gleichung einer Parabel (vgl. Abb. 256). Düsen verschiedenen Querschnitts F würden verschiedene Parabeln ergeben, die wir als die Düsenkennlinien bezeichnen wollen.

Aus der Beziehung (54) folgt, daß sich die zu den Drehzahlen n_1, n_2 usw. gehörigen Abszissen $V_1 : V_2 : V_3$ usw. verhalten wie die Drehzahlen selbst.

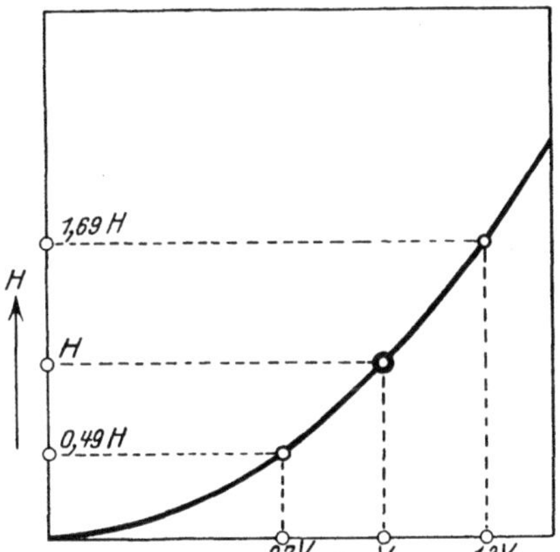

Abb. 256. Düsenkennlinie.
Abszisse: Luftvolumen,
Ordinate: Druckverlust.

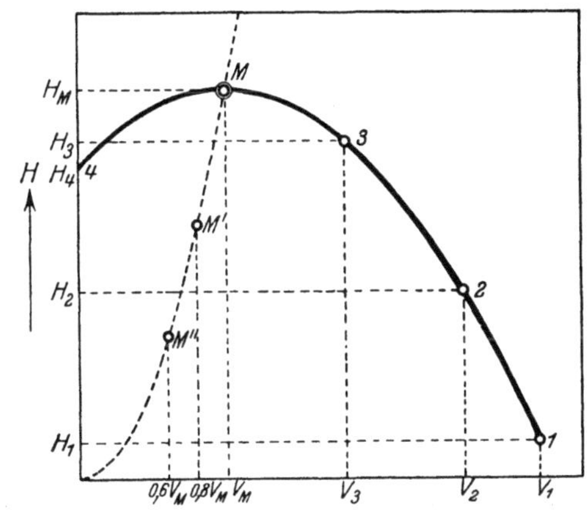

Abb. 257. Drosselkurve bei einer Drehzahl.
Abszisse: Luftvolumen,
Ordinate: Druckverlust.

2. Zweite Versuchsreihe, n konstant, F veränderlich.

Wir lassen nun den Ventilator mit konstanter Geschwindigkeit laufen, setzen aber der Reihe nach Düsen von verschiedener Weite an.

Bei dem ersten Versuch setzen wir noch keine Düse an, so daß der Ausblasequerschnitt des Ventilators vollständig frei ist. Dann ergibt sich eine sehr große geförderte Luftmenge V_1, aber ein niederer Druckunterschied H_1 (vgl. Abb. 257). Setzt man nun die verschiedenen Düsen ein, und zwar der Reihe nach immer engere Düsen, so geht die geförderte Luftmenge zurück, während gleichzeitig der Druck H

steigt. Bei einem bestimmten Düsenquerschnitt F_M erreicht jedoch der Druck H seinen Höchstwert H_M und fällt dann wieder ab, bis bei völligem Abschluß der Ausblaseleitung der Ventilator ohne Luftförderung sich dreht. Die Kurve 1, 2, 3, M, 4, welche den Zusammenhang zwischen Luftmenge und Pressung des Ventilators bei konstanter Drehzahl wiedergibt, nennt man die Drosselkurve des Ventilators; sie kann mit hinreichender Genauigkeit als Parabel aufgefaßt werden.

3. Zusammenfassung der beiden Versuchsreihen.

Untersucht man an demselben Ventilator die Drosselkurven bei verschiedenen Drehzahlen, so zeigt sich, daß alle diese Parabeln kongruent sind, und daß sich die Höchstdrucke H_M alle bei derselben Düsenöffnung F_M einstellen. Man braucht darum nur eine einzige Drosselkurve aufzunehmen und kann daraus wie folgt alle anderen Drosselkurven ableiten. (Vgl. Abb. 258.)

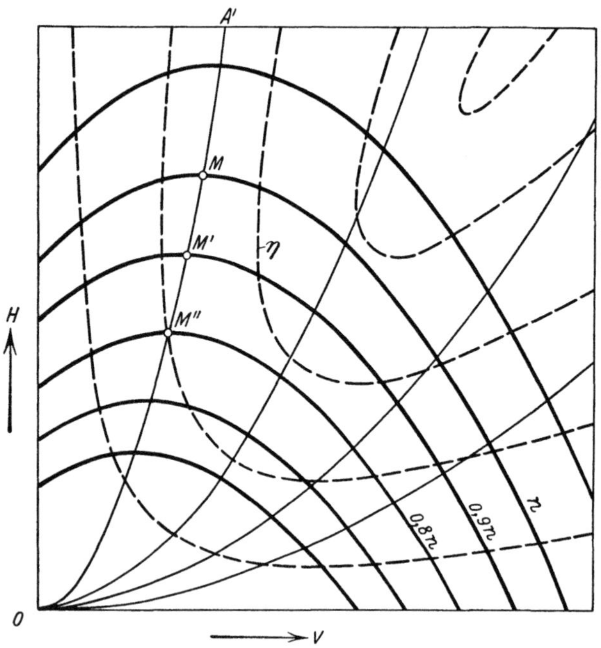

Abb. 258. Ventilatorschaubild (Düsenkennlinien, Drosselkurven, Wirkungsgradkurven).

Durch den Scheitelpunkt M der gegebenen Drosselkurve und den Ursprung O des Koordinatensystems legt man die Düsenkennlinie OM (als Parabel mit O als Scheitel) und sucht auf dieser die Scheitelpunkte $M'M''$ uzw. zu den Drosselkurven für $0{,}9n$, $0{,}8n$, $0{,}7n$ bzw. $1{,}1n$ usw., indem man ihre Abszissen gleich $0{,}9\,V_M$, $0{,}8\,V_M$ usw. macht. Durch diese Scheitelpunkte legt man dann Parabeln, die der gegebenen Drosselkurve kongruent sind, und erhält damit die ganze Schar der Drosselkurven. Ferner zeichnet man noch durch den Koordinatenursprung und die Punkte 1, 2 usw. die einzelnen Düsenkennlinien für verschiedene Düsenweiten. Die Abb. 258 enthält außer den Düsenkennlinien und den Drosselkurven auch noch Kurven gleichen Wirkungsgrades, wie sie sich aus Versuchen etwa ergeben würden.

4. Auswahl des Ventilators.

Um für ein gegebenes Rohrnetz und eine gegebene sekundliche Luftmenge den geeignetsten Ventilator zu finden, muß man für das Rohrnetz die gleichwertige Düse A_1 errechnet haben und die sekundliche Luftmenge V_s, mit der die Anlage meistens betrieben wird, kennen. Bei sehr komplizierten Kanalnetzen ist es oft nicht möglich, den Zusammenhang zwischen der Pressung $p_1 - p_2$ (einschließlich Widerstand in der Filteranlage) und der geförderten Luftmenge durch Rechnung zu finden. Man kann sich dann — wenn die Zeit dazu vorhanden ist — helfen, indem man einen beliebigen Ventilator vorübergehend einbaut und mit diesem in einem Vorversuch bei irgendeinem beliebigen Betriebszustand ein zusammengehöriges Wertepaar von V und $p_1 - p_2$ bestimmt und hieraus dann nach Gleichung (53) die gleichwertige Düse errechnet.

Ferner muß man für eine Reihe von Ventilatoren das Kurvenschaubild 258 kennen. Man sucht in jedem Schaubild den Schnittpunkt der Ordinate des Volumens V_s mit der für die Anlage ermittelten Kennlinie der Düse A_1 (Punkte M). Liegt dieser Schnittpunkt innerhalb eines Gebietes mit hohem Wirkungsgrad, so ist der Ventilator brauchbar. Hat man unter mehreren Ventilatoren, welche diese Bedingung erfüllen, die Auswahl, so soll man jenen wählen, dessen Wirkungsgrad in einem möglichst großen Betriebsbereich günstig ist, damit nicht bei Änderungen der Drehzahl des Motors oder bei Änderungen der gleichwertigen Düse (Schließen oder Öffnen von Lüftungsklappen) der Wirkungsgrad sofort stark sinkt. Das ist wichtiger als ein außergewöhnlicher Wirkungsgrad in nur engem Betriebsbereich.

VIII. Die physikalischen Gesetzmäßigkeiten für feuchte Luft[1].

1. Das Daltonsche Gesetz.

Feuchte Luft kann als eine Gasmischung mit den Bestandteilen trockene Luft und Wasserdampf aufgefaßt werden. Als Teildruck eines Bestandteiles der Mischung bezeichnet man denjenigen Druck, den der betreffende Bestandteil auf die Gefäßwände ausüben würde, wenn er den Raum allein erfüllen würde, die anderen Bestandteile also nicht vorhanden wären.

Wir bezeichnen mit

p den Gesamtdruck,

p_L den Teildruck der Luft,

p_D den Teildruck des Dampfes (ungesättigt),

p_s den Teildruck des Dampfes (im Sättigungszustand).

Ferner sei darauf aufmerksam gemacht, daß man bei Feuchtigkeitsrechnungen immer den Druck in mm QS und nicht in Atmosphären rechnet.

Nach dem Daltonschen Gesetz ist der Teildruck eines Bestandteiles unabhängig von der Anwesenheit des anderen Bestandteiles, und ferner ist der Gesamtdruck der Mischung gleich der Summe der Teildrucke. Für feuchte Luft gilt also $p = p_L + p_D$.

Der Teildruck des Wasserdampfes kann nie über einen bestimmten Betrag, welchen man den Sättigungsdruck nennt, ansteigen. Dieser Sättigungsdruck ist eine Funktion der Temperatur, wie nachstehende Übersicht zeigt.

t° C	0°	20°	40°	60°	80°	100°
p_s mm QS	4,6	17,5	55,3	149	355	760

Man kann den in einer feuchten Luft bestehenden Teildruck des Dampfes als Bruchteil φ desjenigen Sättigungsdruckes auffassen, der zur herrschenden Temperatur gehört. Man setzt also

$$p_D = \varphi \cdot p_s. \tag{58}$$

2. Die Bedeutung der Größe φ.

Wie die nachstehende Rechnung beweist, ist die Größe φ ein Maß für die Luftfeuchtigkeit. Bei einer gegebenen Temperatur der Luft ist nur ein bestimmter Wassergehalt möglich, den man den Sättigungsgehalt nennt. Die Größe φ gibt an, welcher Bruchteil dieser Höchstmenge an Wasserdampf in der Luft tatsächlich enthalten ist. Man nennt darum φ die relative Feuchtigkeit.

Ableitung: Außer dem Daltonschen Gesetz gelten für die Gewichte und die Volumina feuchter Luft sowie ihrer Bestandteile noch die beiden selbstverständlichen Gleichungen

$$G_D + G_L = G$$

und

$$V_D = V_L = V.$$

[1] Merkel, F.: Verdunstungskühlung. Forsch.-Arb. Ing. Heft 275. Berlin: V. d. I.-Verlag 1925.

Ohne allzu großen Fehler kann man den Wasserdampf als ein ideales Gas betrachten, also mit der Zustandsgleichung für ideale Gase rechnen. Diese lautet

$$p\,v = R\,T \quad \text{oder} \quad p\,V = G \cdot R\,T$$

oder

$$G = \frac{V}{T} \cdot \frac{1}{R} \cdot p. \tag{59}$$

Da man bei Feuchtigkeitsrechnungen nicht wie sonst in der Thermodynamik den Druck in kg/m² mißt, sondern in mm QS, erhalten die Gaskonstanten die Werte

$$\text{für Luft:} \quad R_L = \frac{29{,}27}{13{,}6} = 2{,}15 \quad \text{bzw.} \quad \frac{1}{R_L} = 0{,}465,$$

$$\text{für Dampf:} \quad R_D = \frac{47{,}06}{13{,}6} = 3{,}46 \quad \text{bzw.} \quad \frac{1}{R_D} = 0{,}289.$$

Für die beiden Teildrucke setzen wir

$$p_D = \varphi \cdot p_s$$

und

$$p_L = p - p_D = p - \varphi \cdot p_s.$$

Damit wird die Gl. (59)

$$\text{für die Luft:} \quad G_L = \frac{V}{T} \cdot 0{,}465 (p - \varphi \cdot p_s), \tag{60}$$

$$\text{für den Dampf:} \quad G_D = \frac{V}{T} \cdot 0{,}289 \cdot \varphi \cdot p_s, \tag{61}$$

$$\text{für das Gemisch:} \quad G = \frac{V}{T} \cdot (0{,}465 \cdot p - 0{,}176 \cdot \varphi \cdot p_s). \tag{62}$$

1. Folgerung. Aus Gl. (61) folgt, daß V m³ feuchter Luft folgende Wasserdampfgewichte enthalten

$$\text{im ungesättigten Zustand:} \quad G_D = \frac{V}{T} \cdot 0{,}289 \cdot \varphi \cdot p_s,$$

$$\text{im gesättigten Zustand:} \quad G_{D,s} = \frac{V}{T} \cdot 0{,}289 \cdot p_s.$$

Letzteres ist der Höchstgehalt an Wasserdampf, der bei der betreffenden Temperatur überhaupt möglich ist. Definiert man den Begriff relative Feuchtigkeit durch den Quotienten $\frac{\text{tatsächliches Wasserdampfgewicht}}{\text{Höchstwert am Wasserdampfgewicht}}$, so erhalten wir

$$\text{relative Feuchtigkeit} = \frac{G_D}{G_{D,s}} = \frac{\varphi \cdot p_s}{p_s} = \varphi. \tag{63}$$

Dies zeigt, daß die Größe φ, also das Verhältnis Teildruck des Dampfes zu Sättigungsdruck, zugleich ein Maß der Feuchtigkeit ist.

2. Folgerung. Das spez. Gewicht γ_φ ergibt sich aus Gl. (62), indem wir in ihr V gleich „eins" setzen. Es ist

$$\gamma_\varphi = G_{V=1} = \frac{0{,}465\,p - 0{,}176 \cdot \varphi \cdot p_s}{T}, \tag{64}$$

$$= \frac{0{,}465\,p}{T} - \frac{0{,}176 \cdot \varphi \cdot p_s}{T},$$

$$\gamma_\varphi = \gamma_{\text{trock.}} - 0{,}176 \cdot \varphi \cdot \frac{p_s}{T},$$

d. h. feuchte Luft ist immer leichter als trockene Luft,

3. Die Einführung der Größe x.

Bei den meisten einschlägigen Aufgaben ändert sich im Laufe des zu untersuchenden Vorganges das Gewicht des Luftdampfgemisches infolge von Wasseraufnahme oder Wasserausscheidung, und es ändert sich sowohl das Volumen des Gemisches als auch das Volumen des Anteiles „trockene Luft" infolge von Temperaturänderungen. Die einzige Größe, welche meist konstant bleibt, ist das Gewicht des Anteiles trockener Luft. Man wählt deshalb das Gewicht G der trockenen Luft als die Bezugsgröße. Damit gelangt man zu einer zweiten Bezeichnungsart des Feuchtigkeitsgrades, nämlich zu der Angabe

x kg Dampf auf 1 kg trockene Luft.

Im Gegensatz zur relativen Feuchtigkeit φ nennt man x die absolute Feuchtigkeit.

Unter Benutzung von Gl. (60) und Gl. (61) erhält man

$$x = \frac{G_D}{G_L} = \frac{0{,}289}{0{,}465} \cdot \frac{\varphi \cdot p_s}{p - \varphi \cdot p_s} = 0{,}622 \cdot \frac{\varphi \cdot p_s}{p - \varphi \cdot p_s}. \tag{65}$$

Diese Gleichung gibt den Zusammenhang zwischen den beiden Arten x und φ der Feuchtigkeitsangabe.

Für den Sättigungszustand ($\varphi = 1{,}00$ und $x = x_s$) folgt

$$x_s = 0{,}622 \cdot \frac{p_s}{p - p_s} \tag{66}$$

Weitere Gleichungen ergeben sich durch Umkehrung der Gl. (65). Es ist:

relative Feuchtigkeit: $$\varphi = \frac{p}{p_s} \cdot \frac{x}{0{,}622 + x}, \tag{67}$$

Teildruck des Dampfes: $$p_D = p \cdot \frac{x}{0{,}622 + x}, \tag{68}$$

Teildruck der Luft: $$p_L = p \cdot \frac{0{,}622}{0{,}622 + x}. \tag{69}$$

4. Wärmeinhalt feuchter Luft.

Der Wärmeinhalt von 1 kg trockener Luft errechnet sich nach der Gleichung

$$i_L = 0{,}24\, t$$

und der Wärmeinhalt von 1 kg Wasserdampf nach der Gleichung

$$i_D = 595 + 0{,}46\, t.$$

In diesen Gleichungen ist

0,24 die spez. Wärme der trockenen Luft,
0,46 die spez. Wärme des Wasserdampfes,
595 die Verdampfungswärme des Wassers bei 0° C.

Der Wärmeinhalt eines Gemisches, bestehend aus 1 kg trockener Luft und x kg Wasserdampf ist

$$i_{1+x} = 0{,}24\, t + 0{,}46\, x \cdot t + 595\, x. \tag{70}$$

5. Das $i-x$-Diagramm nach Mollier.

Die Bauart der letzten Gleichung läßt erkennen, daß sich in einem Schaubild die drei Linien $x =$ konst., $t =$ konst., $i =$ konst. durch Gerade darstellen lassen.

Abb. 259 zeigt dieses Schaubild[1]. Die senkrechten Geraden bedeuten gleichen Wassergehalt x, die nahezu waagerechten Geraden gleiche Temperatur t und die schrägen Geraden von links oben nach rechts unten gleichen Wärmeinhalt i_{1+x}. Die eingetragenen Kurven sind Linien gleicher relativer Feuchtigkeit φ, und zwar für einen Druck $p = 760$ mm QS. Jeder Punkt des Schaubildes stellt einen bestimmten Zustand der Luft dar; so kann man z. B. ablesen, daß Luft von 10° C und 80 vH relativer Feuchtigkeit einen absoluten Feuchtigkeitsgehalt x von 6 g Wasserdampf je 1 kg Reinluft und einen Wärmeinhalt i von etwa 6 kcal/1 kg Reinluft aufweist.

Wird Luft von dieser Beschaffenheit in einer Erwärmungs- und Befeuchtungsanlage auf 30° C und 60 vH relative Feuchtigkeit gebracht, so steigt ihre absolute Feuchtigkeit auf 16 g und ihr Wärmeinhalt auf etwa 17 kcal. Man muß also in der Erwärmungs- und Befeuchtungsanlage je 1 kg trockene Luft, 10 g Wasser und 11 kcal Wärme zuführen.

Beispiel 18. Einem Versammlungsraum für 500 Personen sollen je Besucher stündlich 40 m³ Luft von 28° C und 60 vH relative Feuchtigkeit zugeführt werden. Die Außenluft sei zu 8° C und 80 vH

[1] Mollier, R.: Ein neues Diagramm für Dampfluftgemische. Z. V. d. I. Bd. 67, S. 869—872. 1923. — Grubenmann, M.: Jx-Tafeln feuchter Luft. Berlin: Julius Springer 1926.

relativer Feuchtigkeit angenommen. Welche Wassermenge und welche Wärmemenge ist der Luft zuzuführen?

Das stündliche Luftvolumen ist $500 \cdot 40 = 20000$ m³, und das stündliche Luftgewicht ist (γ zu 1,2 angenommen) gleich 24000 kg.

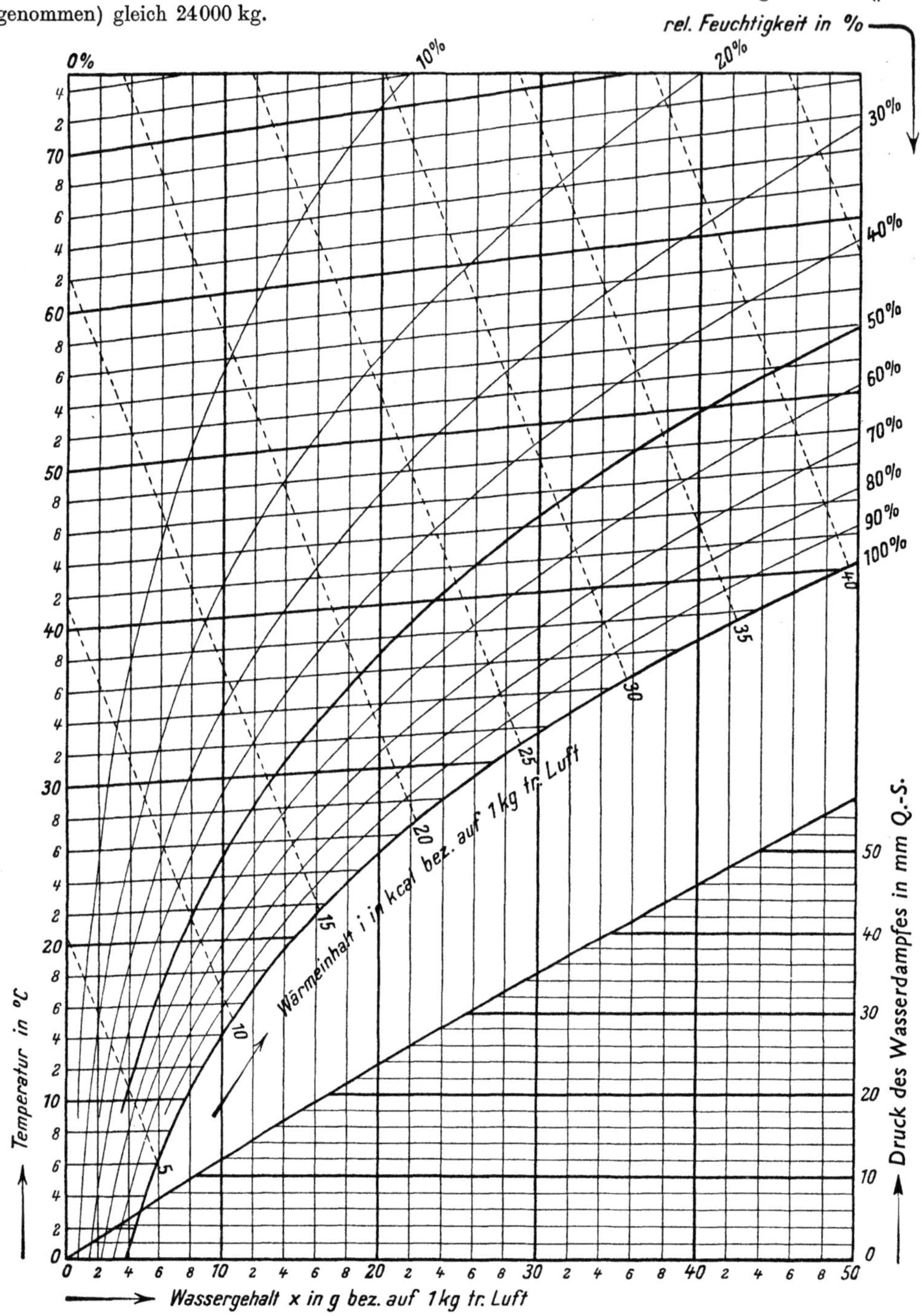

Abb. 259. i—x-Bild für feuchte Luft.

Aus dem Schaubild 259 lesen wir ab:

für die Fertigluft:	$x_2 = 14{,}0$	und $i_2 = 15{,}3$
„ „ Außenluft:	$x_1 = 5{,}2$	„ $i_1 = 5{,}0$
Unterschied:	$x_2 - x_1 = 8{,}8$;	$i_2 - i_1 = 10{,}3$

Es sind also zuzuführen:

$24 \cdot 8{,}8 = 210$ kg Wasser und $24000 \cdot 10{,}3 = 248000$ kcal/h.

Das Schaubild 259 läßt ferner erkennen, daß eine Erwärmung von Luft ohne Zufuhr von Wasser immer zu einer starken Verminderung der relativen Feuchtigkeit führt, also trockene Luft erzeugt. Folgendes Zahlenbeispiel läßt dies klar erkennen: Außenluft von 4° C und 80 vH hat nach Schaubild 259 einen Wassergehalt $x = 4{,}0$ g. Erwärmt man die Luft ohne Wasserzufuhr auf 30° C, so bleibt der Wassergehalt x unverändert, d. h. man muß im Schaubild auf der Linie $x = 4$ senkrecht nach oben gehen bis zum Schnitt mit der Temperaturlinie $t = 30°$ C; hier liest man den Wert ab $\varphi = 15$ vH. Man erhält also so trockene Luft, daß dies in den meisten Fällen aus hygienischen Gründen und wegen der Einwirkung auf die Einrichtungsgegenstände (bei Sammlungen auf die Kunstgegenstände) unzulässig ist.

Zahlentafel 1 ist unter Benutzung der Mollierschen Gleichungen berechnet und gibt die Zustandswerte für gesättigte feuchte Luft zwischen —20 und +100° C an.

6. Die Verdunstung aus feuchten Oberflächen.

Ist ungesättigte Luft mit einer feuchten Oberfläche in Berührung, so nimmt die Luft Wasser auf. Diese Wasseraufnahme ist proportional dem Unterschied zwischen der Sättigungsspannung bei der Temperatur der nassen Oberfläche und dem Teildruck des Dampfes in der feuchten Luft. Zur Bestimmung dieser Größen dient das Schaubild in der rechten unteren Ecke der Abb. 259, wobei darauf aufmerksam gemacht sei, daß die schräge Linie keine Gerade, sondern eine sehr flache Kurve ist; sie ist das Abbild der Gl. (65).

Um den Teildruck des Dampfes bei einer feuchten Luft von 30° C und 15 vH zu ermitteln, suchen wir im oberen Schaubild den Schnittpunkt der Linien $t = 30°$ C und $\varphi = 15$ vH, gehen senkrecht nach unten und lesen im unteren Schaubild ab $p_D = 4{,}8$ mm QS (rechte Teilung). Steht nun diese Luft mit einer feuchten Oberfläche von 24° C in Berührung, so haben wir noch den Sättigungsdruck für 24° C zu ermitteln. In gleicher Weise wie oben erhalten wir $p_s = 22$ mm QS.

Der Spannungsunterschied ist dann

$$p_s - p_D = 22 - 4{,}8 = 17{,}2 \text{ mm QS}.$$

Wie sich dieser Spannungsunterschied bei gleicher Luftbeschaffenheit (30° C, 15 vH) mit steigender Temperatur der Wasseroberfläche ändern würde, zeigt nachstehende Übersicht.

	Temperatur der Wasseroberfläche					
	10° C	20° C	30° C	40° C	50° C	60° C
Sättigungsdruck über dem Wasser	9,0	17,5	32,0	55,0	92,5	149,5
Teildruck des Dampfes	4,8	4,8	4,8	4,8	4,8	4,8
Sättigungsdefizit	4,2	12,7	27,2	50,2	87,7	144,7

Die Zusammenstellung zeigt, daß sehr trockene Luft selbst aus bedeutend kälteren Wasseroberflächen Wasser aufnehmen kann, wenn auch diese Wasseraufnahme aus kalten Oberflächen nur gering ist. Die Zusammenstellung zeigt aber auch, daß diese Wasseraufnahme mit steigender Wassertemperatur sehr stark wächst. Es besteht also die Möglichkeit, Befeuchtungsanlagen in ihrer Wirksamkeit durch Veränderung der Temperatur des Zusatzwassers zu regeln.

7. Anwendung auf Lüftungsaufgaben.

In stark überfüllten Sälen wird eine Verschlechterung der Luft unter anderem auch dadurch herbeigeführt, daß der Feuchtigkeitsgehalt der Raumluft infolge der

Wasserdampfabgabe der Menschen sehr stark zunimmt. Nach den Ausführungen des vorhergehenden Absatzes ist aber bei warmer Luft mit hoher relativer Feuchtigkeit die Verdunstung auf der Haut des Menschen nur gering, so daß die Wärmeabgabe des menschlichen Körpers stark vermindert ist. Die Folgen sind Wärmestauung und Unbehagen. Bei überfüllten Räumen muß deshalb die eingeführte Luft sowohl kühler als auch trockener sein als die Saalluft. Die Erfüllung dieser Bedingung erfordert für den Winter und für den Sommer verschiedene Betriebsweise der Anlage, wie nachstehende zwei Beispiele zeigen:

Im Winter sei in einem vollbesetzten Saal durch die Wärmeabgabe der Insassen die Temperatur selbst bei abgestellter Heizung auf 25° C und die Feuchtigkeit durch die Wasserdampfabgabe auf 85 vH gestiegen. Es muß also dem Raum kühle Luft und zugleich trockene Luft zugeführt werden. Die einzuführende Luft darf nicht kälter als etwa 19° C sein, damit keine Zugbelästigungen auftreten. Entnimmt man nun aus dem Freien Luft von 4° C und 80 vH Feuchtigkeit und erwärmt diese in einem Heizapparat ohne Wasserzugabe auf 19° C, so erreicht sie nach Schaubild 259 eine relative Feuchtigkeit von 30 vH, ist also ziemlich trocken. Die Lüftungsanlage erfüllt somit die Aufgabe, dem Raum kühle und zugleich trockene Luft zuzuführen, in gleicher Weise.

Viel schwieriger ist die Aufgabe im Sommer, wie nachstehendes zweite Beispiel zeigt.

An einem sehr schwülen Sommertag mit 30° C Außentemperatur und 50 vH Feuchtigkeit[1] sei ein überfülltes Lichtspielhaus zu lüften und zu kühlen. Die Temperatur im Inneren sei 26° C und die Feuchtigkeit 70 vH. Auch hier wird man nicht mit kälterer Luft als 20° C in den Saal eingehen dürfen. Als relative Feuchtigkeit der einzuführenden Luft soll 40 vH angestrebt werden. Das Schaubild 259 zeigt, daß die Außenluft auf einen Wassergehalt $x = 6$ gebracht werden muß, ehe sie in den Saal eingeführt wird. Da die Anwendung chemischer Mittel praktisch schlecht durchführbar ist, wird die Trocknung der Luft durch Unterkühlung ausgeführt. Im Schaubild 259 ist der Zustand der Außenluft durch den Schnittpunkt der Temperaturlinie 30° C und der Feuchtigkeitslinie 50 vH dargestellt. Kühlt man nun diese Luft ab, so wandert im Schaubild der Zustandspunkt senkrecht nach unten, bis er auf die Sättigungslinie trifft. Nun beginnt die Wasserausscheidung aus der Luft, und der Zustandspunkt wandert nun auf der Sättigungslinie weiter nach links unten. Diese Kühlung muß so lange weitergeführt werden, bis der Zustandspunkt die Linie $x = 6$ erreicht. Die zugehörige Temperatur lesen wir zu $+6$° C ab. Die Luft muß nachträglich wieder auf 20° C erwärmt werden, damit sie ohne Belästigung in den Saal eingeführt werden kann. Das Schaubild 259 läßt ohne weiteres auch ablesen, daß in der Kühlanlage pro Kilogramm Luft $15{,}3 - 5{,}0 = 10{,}3$ kcal entzogen werden und im Nachwärmeheizkörper $8{,}0 - 5{,}0 = 3{,}0$ kcal wieder zugeführt werden müssen.

Die Forderung, daß die Zusatzluft bei 20° C eine Feuchtigkeit von 40 vH haben soll, macht eine Unterkühlung auf $+6$° C notwendig. Da in den meisten Städten das Grundwasser und das Leitungswasser im Sommer wärmer als 8 bis 10° C ist, läßt sich eine Trocknung der Luft in diesem Ausmaße nur mit Hilfe von Kältemaschinen erreichen.

[1] Vgl. Abschnitt IX, S. 242.

IX. Meteorologische und klimatische Grundlagen der Heiz- und Lüftungstechnik.

Von Dr. **F. Bradtke.**

A. Einleitung.

1. Allgemeines.

Bei fast allen dem Heiz- und Lüftungsfach gestellten Aufgaben, sei es bei der Berechnung von Anlagen oder bei ihrer Überwachung, spielen die örtlichen Wetter- und Klimaverhältnisse eine ausschlaggebende Rolle. Nur bei gewissenhafter Beachtung dieser Verhältnisse ist es möglich, die Anlagen so herzustellen und in Betrieb zu halten, daß sie die zu stellenden gesundheitlichen und wirtschaftlichen Anforderungen erfüllen können. Aus diesem Grunde ist es notwendig, in einem Lehrbuch der Heiz- und Lüftungstechnik die für das Fach wichtigsten Grundlagen aus der Wetter- und Klimakunde kurz zu behandeln.

Wir müssen zunächst die beiden Begriffe Wetter und Klima voneinander abgrenzen.

2. Wetter und Klima.

Wir verstehen unter Wetter oder Witterung den Zustand der äußeren Atmosphäre zu einer bestimmten Zeit, wie er durch das Zusammenwirken der am Orte gerade herrschenden meteorologischen Elemente, d. h. von Luftdruck, Temperatur, Feuchtigkeit, Wind, Sonnenstrahlung, Bewölkung und Niederschlägen gegeben ist. Wir sprechen also vom Wetter eines bestimmten Tages oder vom Wetter oder der Witterung der letzten Woche oder des vergangenen Monats.

Mit Klima dagegen bezeichnen wir das durchschnittliche Verhalten der Witterung, das sich für einen Ort oder ein Gebiet und für bestimmte Zeitabschnitte des Jahres aus jahrzehntelangen Beobachtungen ergibt. So wissen wir aus der Klimaforschung, daß in Deutschland der Januar der durchschnittlich kälteste und der Juli der durchschnittlich wärmste Monat des Jahres ist. In diesem Sinne kann von einem Januar- oder Juliklima gesprochen werden.

Die in der Wetterkunde als meteorologische Elemente bezeichneten Beobachtungsgrößen, wie Luftdruck, Temperatur, Feuchtigkeit usw., werden in der Klimakunde Klimaelemente genannt. Diese werden in hohem Grade beeinflußt von den sog. Klimafaktoren, wie der geographischen Breite, Küstenlage oder Binnenlage, Höhe über dem Meeresspiegel usw.

3. Die für Heizung und Lüftung wichtigen Wetter- und Klimaelemente.

Aus dieser Unterscheidung zwischen Wetter und Klima folgt, daß für den Betrieb von Heizungs- und Lüftungsanlagen, dem die Anpassung an die jeweiligen Witterungszustände obliegt, die meteorologischen Elemente maßgebend sind. Dagegen müssen für die Berechnung und den Entwurf der Anlagen, wenn diese dem durchschnittlichen, also klimagemäßen Verhalten der Außenluft gerecht werden sollen, die klimatischen Elemente zugrunde gelegt werden.

Bei dieser Berücksichtigung der Außenluftzustände ist eine wesentliche Vereinfachung dadurch gegeben, daß von der Gesamtheit der Wetter- oder Klimaelemente bei den Aufgaben der Heizungstechnik nur die Lufttemperatur und der Wind, bei denjenigen der Lüftungstechnik nur die Lufttemperatur und Luftfeuchtigkeit in Rechnung zu stellen sind.

Wir beschränken uns daher auf die Besprechung dieser Elemente und berücksichtigen dabei nur ihr Verhalten innerhalb Deutschlands.

B. Die Temperatur der Außenluft.

1. Lufttemperatur und Sonnenstrahlung.

Die Temperatur der Außenluft ist im wesentlichen eine Folgeerscheinung der durch die Sonnenstrahlung bewirkten Erwärmung der Erdoberfläche, die ihrerseits durch Leitung und Konvektion die darüberliegenden Luftschichten aufwärmt. Infolgedessen verändert sich die Lufttemperatur in demselben Sinne, wie die von der Sonne zur Erde gehende Strahlung selbst Veränderungen erleidet, sei es durch die im Laufe des Tages oder des Jahres wechselnde Höhe des Sonnenstandes, sei es durch die größere oder geringere Absorption der Sonnenstrahlung beim Durchgang durch die Atmosphäre. Die Größe dieser absorbierten Strahlung ist abhängig vom Grade der Bewölkung, aber auch vom Gehalt der Luft an Staub und unsichtbarem Wasserdampf. Deshalb steigt bei Tage die Lufttemperatur bei klarem Himmel und trockener Luft höher und rascher an als bei bedecktem Himmel. Gleiches gilt aber auch für die Wärmeausstrahlung von der Erde nach dem Weltenraum; sie wird durch eine Wolkendecke aufgehalten und teilweise wieder zur Erde zurückgestrahlt, so daß die bei Nacht eintretende Temperaturerniedrigung weniger groß ist als bei klarem Wetter.

Der im Tages- und Jahresablauf periodisch sich ändernden Höhe des Sonnenstandes entspricht eine deutliche Periode im täglichen wie auch im jährlichen Verlauf der Lufttemperatur, worauf weiterhin noch näher eingegangen wird.

2. Ermittlung der Lufttemperatur.

Eine genaue Messung der Lufttemperatur ist nur möglich, wenn alle Fehlerquellen ausgeschaltet werden, die sich bei der Thermometeranzeige infolge von zugestrahlter oder abgestrahlter Wärme ergeben können. Das Ablesethermometer ist daher unbedingt vor Sonnenstrahlung wie auch vor Strahlungswirkungen aus der nächsten Umgebung (Hauswänden, Fensterscheiben, Erdboden) zu schützen. Zur einwandfreien Messung der Lufttemperatur wird gewöhnlich das trockene Thermometer des für Feuchtigkeitsmessungen bestimmten Assmannschen Psychrometers benutzt, bei dem die Luft zwangsläufig an den mit Strahlungsschutz versehenen beiden Thermometern vorbeigeführt wird.

Als zeitliche Werte der Außenlufttemperatur sind für die Wetter- und Klimakunde die folgenden von Wichtigkeit:

a) die mittlere Tagestemperatur,
b) die höchste und tiefste Tagestemperatur,
c) die mittlere Monatstemperatur,
d) die mittlere Jahrestemperatur,
e) die höchste und tiefste Jahrestemperatur.

Erläuterungen. Zu a) Die mittlere Tagestemperatur ergäbe sich am genauesten aus stündlichen Ablesungen der Lufttemperatur oder den Aufzeichnungen eines Temperaturschreibers. Beide Methoden sind aber für die Mehrzahl der meteorologischen Stationen zu umständlich und kostspielig. Man bestimmt gewöhnlich die mittlere Tagestemperatur aus drei, um 7 Uhr, 14 Uhr, 21 Uhr angestellten Beobachtungen nach folgender Erfahrungsformel:

$$t_m = \frac{t_7 + t_{14} + 2\,t_{21}}{4}.$$

Die so erhaltenen Tagesmittelwerte weichen von den genauen Werten meistens nur um Bruchteile eines Grades ab und ergeben bei Mittelbildung über einen Monat nur Fehler von 0,1 bis 0,2° C.

Zu b) Die höchste und tiefste Tagestemperatur werden mit einem Maximum-Minimumthermometersatz bestimmt. Die Differenz zwischen diesen Extremwerten heißt Tagesschwankung der Temperatur.

Zu c) u. d) Die mittlere Monatstemperatur wird als Mittelwert der mittleren Tagestemperaturen des betreffenden Monats, und die mittlere Jahrestemperatur als Mittelwert der mittleren Monatstemperaturen des betreffenden Jahres erhalten.

Zu e) Die höchste und tiefste Jahrestemperatur sind aus den Aufzeichnungen über die Extremwerte der Tagestemperatur zu entnehmen. Die Differenz zwischen höchster und tiefster Jahrestemperatur wird Jahresschwankung der Temperatur genannt.

Außer den vorstehend genannten Zeitwerten der Lufttemperatur werden für Klimatabellen häufig noch fünftägige Mittel der Lufttemperatur gebildet.

Für klimatische Untersuchungen und für Zwecke des Klimavergleiches verschiedener Orte sind die zeitlichen Mittelwerte der Temperatur für längere Zeiträume erforderlich. Z. B. liegt den im Klimaatlas von Deutschland veröffentlichten Mittelwerten eine Zeit von 30 Jahren (1881 bis 1910) zugrunde.

3. Der tägliche Gang der Lufttemperatur.

Stellt man für einen Beobachtungstag, der keine stärkeren Temperaturstörungen infolge von Witterungsänderungen aufweist, die stündlich gemessenen Temperaturwerte abhängig von den Tagesstunden graphisch dar, so erhält man eine wellen-

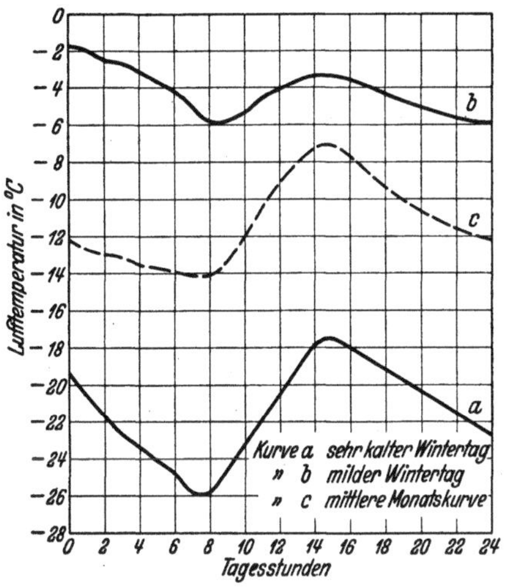

Abb. 260. Täglicher Gang der Lufttemperatur in Potsdam im Februar 1929.

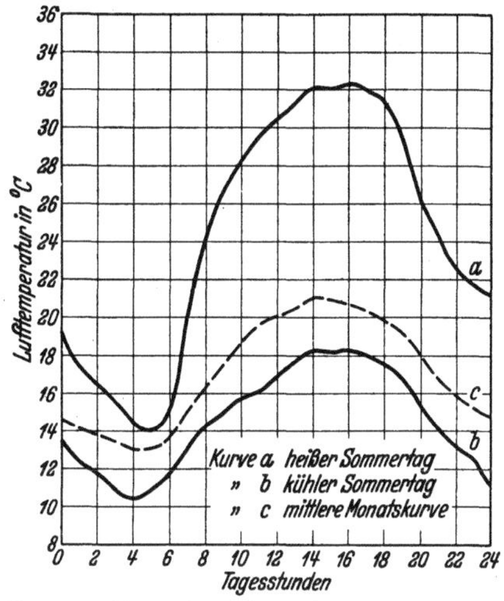

Abb. 261. Täglicher Gang der Lufttemperatur in Potsdam im Juli 1930.

förmige Kurve für den Tagesgang der Temperatur. Diese Kurve hat eine einmalige tägliche Periode entsprechend der periodisch mit dem Sonnenstande sich ändernden Temperatur der Erdoberfläche. Das Minimum der Lufttemperatur wird etwa um Sonnenaufgang, im Jahresablauf also zu verschiedenen Zeiten, erreicht. Das Maximum dagegen tritt ziemlich regelmäßig 2 bis 4 Stunden nach Mittag ein. Der Zeitunterschied zwischen beiden beträgt im Januar etwa 6 Stunden und im Juli etwa 10 Stunden.

Der beschriebene tägliche Temperaturverlauf wird durch die Kurven der Abb. 260 und Abb. 261 veranschaulicht, die nach stündlichen Beobachtungen der Lufttemperatur in Potsdam[1] aufgezeichnet sind.

Abb. 260 enthält Tageskurven aus dem äußerst kalten Monat Februar 1929, Abb. 261 solche aus einem Sommermonat, dem Juli 1930. Darin entspricht:

Abb. 260:
- Kurve *a* (10. Febr.) einem sehr kalten Wintertag mit klarem Himmel,
- „ *b* (24. Febr.) einem milden Wintertag mit bedecktem Himmel,
- „ *c* (Monatsmittel) dem mittleren Tagesgang im Februar 1929.

Abb. 261:
- Kurve *a* (3. Juli) einem sehr heißen Sommertag mit geringer Bewölkung,
- „ *b* (10. Juli) einem kühlen Sommertag mit starker Bewölkung,
- „ *c* (Monatsmittel) dem mittleren Tagesgang im Juli 1930.

[1] Ergebnisse der meteorologischen Beobachtungen in Potsdam. Jahreshefte, herausgeg. von R. Süring. Berlin: Julius Springer.

Die Abbildungen zeigen deutlich den Unterschied des Temperaturganges bei klarem und trübem Wetter. Starke Bewölkung wirkt als Schutz gegen die Ein- und Ausstrahlung von Wärme, und die Temperaturkurven verlaufen dabei viel flacher als an klaren Tagen. Dem entsprechen auch die Temperaturunterschiede zwischen dem Morgenminimum und Nachmittagsmaximum in nebenstehender Übersicht:

Tag	24. Febr.	10. Febr.	10. Juli	3. Juli
Wetter	trübe	klar	trübe	klar
Maximum	—3,3°	—17,5°	18,3°	32,4°
Minimum	—5,8°	—25,9°	10,4°	14,1°
Unterschied	2,5°	8,4°	7,9°	18,3°

Der normale tägliche Temperaturverlauf kann durch rasch verlaufende Witterungsänderungen verwischt oder abgeändert werden. Daß solche Störungen aber nicht zu oft vorkommen, zeigen die in den Abb. 260 und 261 enthaltenen Monatsmittelkurven, die vollkommen dem normalen Kurvencharakter entsprechen.

4. Folgerungen aus dem täglichen Gang der Lufttemperatur für den Heizbetrieb.

Für den täglichen Heizbetrieb ist der beschriebene Tagesgang der Temperatur nicht ohne Bedeutung. Um dies zu beweisen, besprechen wir den häufigsten Fall des ununterbrochenen Betriebes mit nächtlicher Betriebseinschränkung. Die Anlage soll von 5 bis 8 Uhr aufgeheizt und dann bis 22 Uhr normal betrieben werden, so daß eine Raumtemperatur von 19° C gehalten wird.

Die Anheizzeit fällt nun, wie die Temperaturkurven der Abb. 260 zeigten, gerade in den Bereich des täglichen Temperaturminimums, das meist um mehrere Grade tiefer liegt als die mittlere Außentemperatur während des Beharrungszustandes, und zwar um so mehr, je klarer das Wetter ist und je weiter wir von der eigentlichen Wintermitte entfernt sind. Beim Anheizen ist demnach nicht nur das während der Nacht ausgekühlte Gebäude wieder hochzuheizen, sondern es fällt in diese Zeit auch noch der erhöhte Wärmebedarf infolge des Minimums der Außentemperatur.

Die Frage, um wieviel der stündliche Wärmeverlust während der Anheizzeit größer ist als während des Beharrungszustandes, soll mit nachstehender Zusammenstellung beantwortet werden. Darin sind für die Monate der Heizzeit auf Grund der Stundenwerte der Temperatur in Potsdam[1] die Mitteltemperaturen für die Zeit von 5 bis 8 Uhr und von 8 bis 22 Uhr wie auch die zugehörigen Unterschiede zwischen Innen- und Außentemperatur enthalten. Die Werte sind für klare Tage ermittelt worden, an denen der tägliche Temperaturgang am deutlichsten zum Ausdruck kommt.

Monat	Mittlere Tages-temperatur	Mittlere Außen-temperatur		Mittlere Innen-temperatur		Mittlerer Temperatur-Unterschied	
		5 bis 8 Uhr	8 bis 22 Uhr	5 bis 8 Uhr	8 bis 22 Uhr	5 bis 8 Uhr	8 bis 22 Uhr
Sept.	13,3	8,1	16,8	17,5	19,0	9,4	2,2
Okt.	8,4	4,1	11,0	17,5	19,0	13,4	8,0
Nov.	3,3	0,0	5,0	17,0	19,0	17,0	14,0
Dez.	0,2	—2,6	1,4	17,0	19,0	19,6	17,6
Jan.	—1,1	—3,7	0,0	17,0	19,0	20,7	19,0
Febr.	0,1	—2,7	1,3	17,0	19,0	19,7	17,7
März	2,9	—0,4	4,6	17,5	19,0	17,9	14,4
April	7,3	3,2	9,6	17,5	19,0	14,3	9,4
Mai	12,7	7,6	16,0	17,5	19,0	9,9	3,0

[1] Benutzt wurden verschiedene Jahrgänge von „Meteorologische Beobachtungen in Potsdam". Berlin: Julius Springer.

Die Werte der Temperaturunterschiede sind außerdem in Abb. 262 graphisch dargestellt.

Aus der Zahlentafel und aus Abb. 262 ist zu ersehen, daß während der Monate Dezember, Januar und Februar die Temperaturunterschiede und damit auch die stündlichen Wärmeverluste für Anheiz- und Tagbetrieb nur wenig voneinander abweichen, daß sie aber in den Übergangsmonaten erhebliche Unterschiede aufweisen.

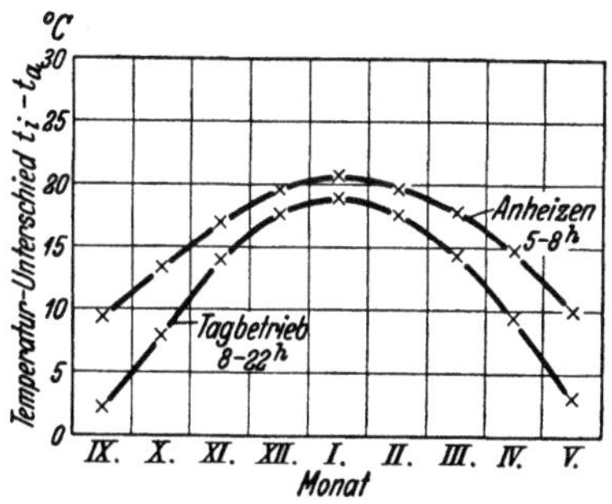

Abb. 262. Kurven für den Temperaturunterschied ($t_i - t_a$) beim Anheizen und Tagbetrieb.

Diese Tatsache bietet die Erklärung dafür, weshalb erfahrungsgemäß der Heizbetrieb in den kälteren Monaten der Heizperiode wesentlich einfacher durchzuführen ist als in den wärmeren Monaten; denn bei tieferen Temperaturen braucht die Kesselleistung beim Übergang vom Anheiz- zum Tagbetrieb verhältnismäßig weniger geändert zu werden als bei höheren Temperaturen. Dies zeigt sehr anschaulich das folgende Kurvenbild Abb. 263 für die Belastung einer Heizungsanlage bei verschiedenen Außentemperaturen[1].

In den Übergangsmonaten wird nun die Abdrosselung der Kesselleistung meist nicht in dem erforderlichen Maße durchgeführt, teils weil der Heizer Bedienungsfehler macht, teils aber auch wegen nicht genügender Anpassungsfähigkeit der Kesselanlage. Häufiges Überheizen der Räume und ein unwirtschaftlicher Heizbetrieb sind die Folge davon. In der Arbeit von Eberle und Raiss: Die Heizung von Schulgebäuden[2], ist auf das Überheizen der Räume in der Übergangszeit und die damit verknüpfte Brennstoffverschwendung mehrfach hingewiesen worden.

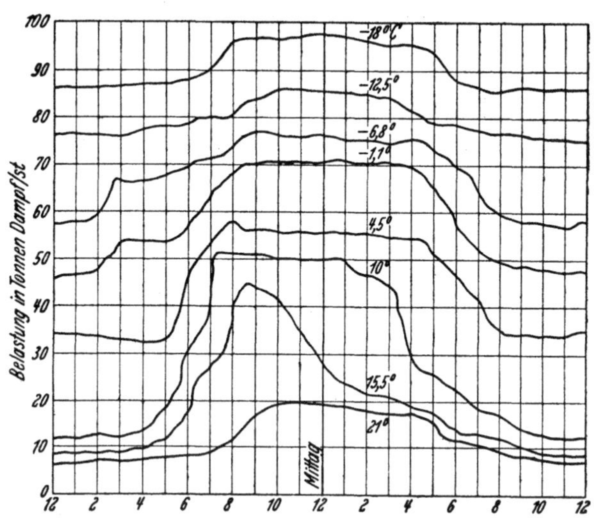

Abb. 263. Belastung einer Heizungsanlage bei verschiedenen Außentemperaturen.

5. Der jährliche Gang der Lufttemperatur und seine Abhängigkeit von den Klimafaktoren.

Aus den mittleren Tagestemperaturen der einzelnen Monate erhält man durch Mittelbildung die mittleren Monatstemperaturen. Letztere, in Abhängigkeit von der Zeit aufgetragen, ergeben den jährlichen Gang der Lufttemperatur.

Die Jahreskurve hat wegen der zu- und abnehmenden Wirkung der Sonnenstrahlung ebenso einen gesetzmäßigen Verlauf wie die Tageskurve; sie besitzt eine ausgesprochene jährliche Periode und hat in unserem Gebiet ihr Minimum meist im Januar, ihr Maximum meist im Juli. Dies ist aus der Abb. 264 ersichtlich, in der die Jahreskurven für Berlin und Kiel (Binnenlage und Küstenlage), bezogen auf

[1] Entnommen dem Buch von Rybka: Amerikanische Heizungs- und Lüftungspraxis. Berlin: Julius Springer 1932.

[2] Eberle u. Raiss: Die Heizung von Schulgebäuden. Heft 29 der Beihefte zum Gesundheits-Ing. München: R. Oldenbourg 1931.

die Jahre 1881 bis 1910 nach dem Klimaatlas von Deutschland, dargestellt sind. Durchschnittlich ist also der Januar der kälteste und der Juli der wärmste Monat des Jahres, wenn auch bei Einzeljahren Abweichungen von diesem Klimagesetz vorkommen, wie z. B. in dem kalten Winter 1928/29, in dem die mittlere Temperatur im Februar erheblich tiefer als im Januar lag.

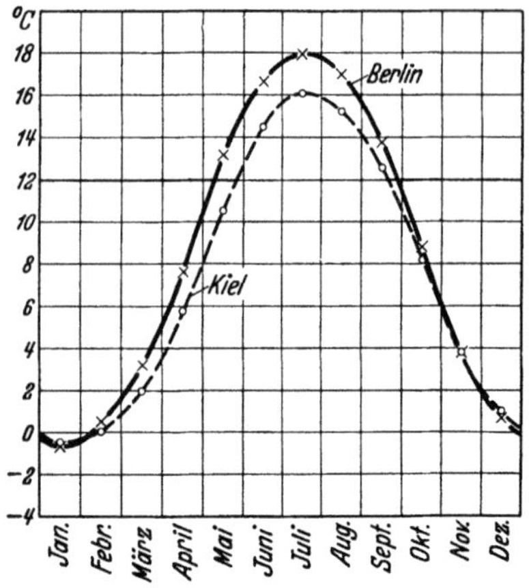

Abb. 264. Jährlicher Gang der Lufttemperatur in Berlin und Kiel.

Hinsichtlich des Einflusses der Klimafaktoren auf die Jahreskurve der Lufttemperatur ist folgendes von Wichtigkeit. Bei Orten mit Küstenlage verläuft die Jahreskurve flacher als bei Binnenorten (vgl. Abb. 264), weil sich das Meer langsamer erwärmt und wieder abkühlt als das Festland. Die mittlere Jahresschwankung der Temperatur, d. h. der Unterschied zwischen mittlerer Juli- und Januartemperatur, beträgt daher in Kiel nur 16,7° gegenüber 18,7° C in Berlin. Legt man für Beginn und Ende der Heizperiode eine Außentemperatur von 12° C zugrunde, die man die Grenztemperatur nennt, so ergibt sich nach Abb. 264, daß der Heizwinter für Küstenorte länger als für Binnenorte dauert. Er umfaßt in Berlin 224 und in Kiel 242 Heiztage.

Als Klimafaktor für Orte in Deutschland ist ferner die mehr östliche oder mehr westliche Lage der Orte von Bedeutung; denn Ostdeutschland steht bereits unter dem Einfluß des osteuropäischen Kontinentalklimas, während Westdeutschland klimatisch schon vom Atlantischen Ozean her beeinflußt wird. Dieser Klimaunterschied macht sich besonders im Winter bemerkbar. Als Beispiel dafür sind in Abb. 265 die Jahreskurven der Lufttemperatur von Königsberg und Köln dargestellt. Königsberg hat nicht nur die größere Winterkälte, sondern auch eine um etwa einen Monat längere Heizperiode als Köln, bezogen auf eine Grenztemperatur von 12° C. Die Jahresschwankung der Lufttemperatur beträgt in Königsberg 20,2°, in Köln nur 16,3° C.

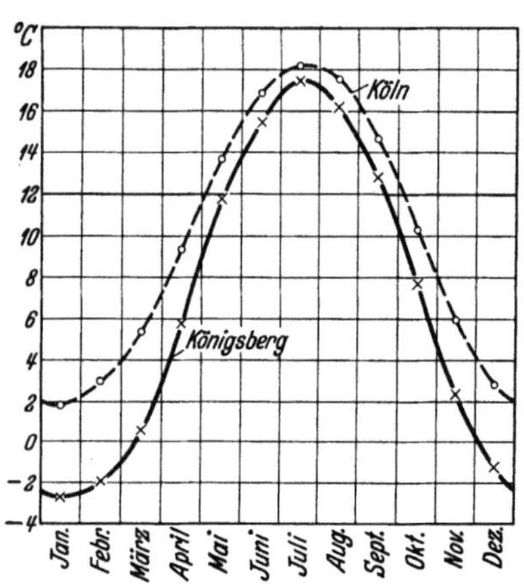

Abb. 265. Jährlicher Gang der Lufttemperatur in Königsberg und Köln.

Als weiterer Klimafaktor kommt noch die Höhenlage eines Ortes in Frage. Die Abnahme der Lufttemperatur mit der Höhe beträgt je 100 m Erhebung etwa 0,5° C. Sie bedingt bei hochgelegenen Orten eine tiefere Lage der Jahreskurve und damit eine längere Heizzeit als bei Orten des gleichen Klimagebietes im Flachland.

6. Die Heizgradtage als heiztechnische Folgerung aus dem Jahresgang der Lufttemperatur.

Wie wir im vorhergehenden Abschnitt gesehen haben, kennzeichnen die auf einen längeren Zeitraum bezogenen Jahreskurven der Lufttemperatur den Klimacharakter der zugehörigen Orte. Sie kennzeichnen damit zugleich die Anforderungen, die das Klima an die Beheizung der Gebäude in den betreffenden Orten stellt; denn aus den Jahreskurven kann sowohl der Unterschied zwischen der Innentemperatur und mittleren Außentemperatur als auch die Zahl der erforderlichen Heiztage abgeleitet werden. Von diesen beiden Größen ist der Wärme- und damit auch der Brennstoffverbrauch eines Gebäudes während der Heizzeit abhängig.

Bezeichnet:

Q [kcal] den Gesamtwärmeverbrauch während der Heizzeit,

$q \left[\frac{\text{kcal}}{\text{Tag, }^\circ\text{C}}\right]$ den Wärmeverlust des Gebäudes je Tag und je Grad Temperaturunterschied zwischen Innen- und Außenluft,

$t_i - t_{am}$ [° C] den Unterschied zwischen Innen- und mittlerer Außentemperatur,

Z [Tag] die Zahl der Heiztage,

so ist der Wärmeverbrauch für Z Heiztage:

$$Q = q \cdot (t_i - t_{am}) \cdot Z \,. \tag{71}$$

In dieser Gleichung ist der Beiwert q eine von der Größe und Bauart des Gebäudes abhängige Konstante. Die nach den Gesetzen des Wärmeüberganges lineare Beziehung zwischen dem Wärmeverbrauch Q und dem Temperaturunterschied $t_i - t_{am}$ trifft auch für den praktischen Heizbetrieb zu, wenn zur Ermittlung dieser Größen genügend lange Heizabschnitte zugrunde gelegt werden. Schon bei der Dauer eines Monats sind die Einflüsse ungewöhnlicher Witterungszustände auf den durch die mittlere Außentemperatur bedingten Wärmeverbrauch kaum noch bemerkbar. Nur in den Frühlingsmonaten tritt die Wirkung der erhöhten Sonnenstrahlung stärker hervor.

Für das in Gleichung (71) enthaltene Produkt Temperaturunterschied $(t_i - t_{am})$ $\times$ Zahl der Heiztage Z hat sich die zuerst in Amerika gebrauchte Bezeichnung „Gradtage“ eingeführt. Wird für diese G geschrieben, so ist:

$$G = (t_i - t_{am})\, Z \,. \tag{72}$$

Für gleiche, auf dieselbe Innentemperatur beheizte Gebäude an zwei verschiedenen Orten gilt dann nach den Gleichungen (71) und (72):

$$\frac{Q_1}{Q_2} = \frac{(t_i - t_{am})_1 Z_1}{(t_i - t_{am})_2 Z_2} = \frac{G_1}{G_2}, \tag{73}$$

d. h. die erforderlichen Wärmemengen an beiden Orten verhalten sich wie die zugehörigen Gradtage.

Für den Übergang von den Wärmemengen zu den entsprechenden Brennstoffmengen dient die Gleichung:

$$Q = \eta B H_u \,.$$

Darin ist:

B die zur Erzeugung der Wärmemenge Q erforderliche Brennstoffmenge,

H_u der untere Heizwert des Brennstoffes,

η der Wirkungsgrad der Anlage.

Nach Gleichungen (71) und (72) ist dann:

$$\frac{\eta B H_u}{G} = q \qquad \text{oder} \qquad \frac{B}{G} = \frac{q}{\eta H_u} \,. \tag{74}$$

Der Quotient B/G, d. i. der auf 1° Temperaturunterschied und einen Tag bezogene Brennstoffverbrauch, wird Gradtagverbrauch genannt.

Gleichung (74) besagt, daß für ein bestimmtes Gebäude (q = konst), einen bestimmten Brennstoff (H_u = konst) und unveränderten Wirkungsgrad der Anlage (η = konst) der Gradtagverbrauch konstant ist. Dieser Satz ist für Betriebsuntersuchungen und Überwachungen von Heizanlagen von großer Bedeutung. Wird z. B. bei Ermittlung des Gradtagverbrauches der aufeinanderfolgenden Monate festgestellt, daß der Quotient B/G stärkere Schwankungen aufweist, so deutet dies auf Mängel des Betriebes hin, die durch die Anlage, den Brennstoff oder die Bedienung verursacht sein können. Dieses Überwachungsverfahren mittels Gradtagen ist in Amerika schon seit Jahren im Gebrauch und seit einiger Zeit durch E. Schulz[1] in Deutschland eingeführt.

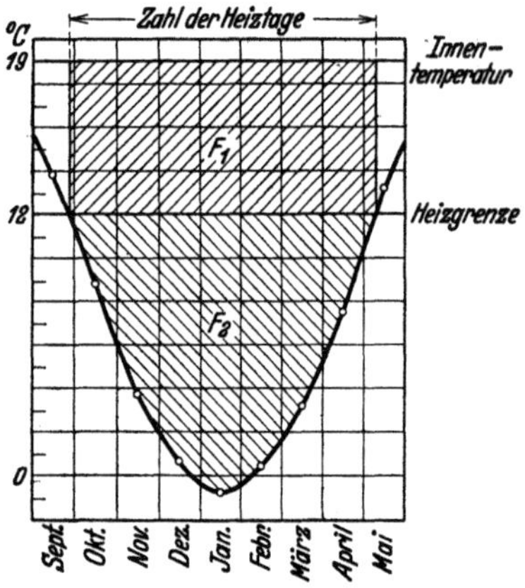

Abb. 266. Flächenaufteilung zur Bestimmung der Heizgradtage für Berlin.

Bei der Gradtagermittlung hat man zu unterscheiden zwischen meteorologischen und klimatischen Gradtagen. Erstere beziehen sich auf den durch die Witterungszustände bedingten Gang der Außentemperatur in einer bestimmten Heizzeit, letztere auf den durchschnittlichen Gang der Außentemperatur, wie er durch die im vorhergehenden Abschnitt besprochenen klimatischen Jahreskurven der Lufttemperatur gegeben ist. Die meteorologischen Gradtage sind für Betriebsuntersuchungen erforderlich. Die klimatischen Gradtage, für verschiedene Orte berechnet, bilden wertvolle Vergleichsziffern für den durch die Klimafaktoren verursachten verschiedenen Heizwärmebedarf dieser Orte. Für Deutschland sind bereits heiztechnische Klimakarten entworfen worden, die zur angenäherten Ermittlung der klimatischen Gradtage eines beliebigen Ortes dienen sollen[2].

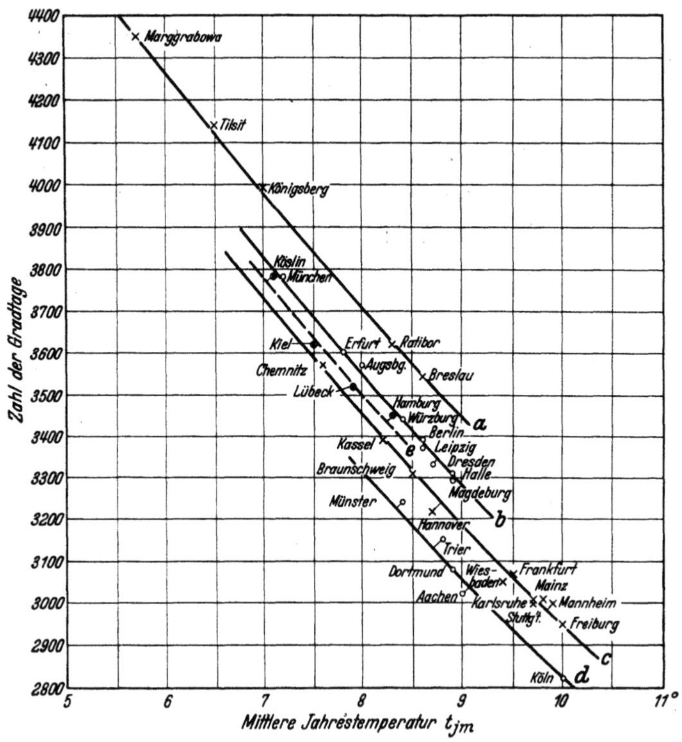

Abb. 267. Abhängigkeit der Gradtagwerte von der mittleren Jahrestemperatur.

Die Ermittlung der Gradtage für einen bestimmten Ort aus der Jahreskurve der Lufttemperatur wird durch Abb. 266 erläutert. Darin sind außer der Temperaturkurve die gebräuchliche Grenztemperatur $t_g = 12°$ C für Anfang und Ende der Heizperiode und die normale Raumtemperatur von 19° C eingezeichnet. Die Zahl der Gradtage G ist gleich dem Inhalt der schraffierten Fläche $(F_1 + F_2)$, die unten von der Temperaturkurve, oben von der Innentemperaturlinie und seitlich von der Anfangs- und Endordinate der Heizzeit begrenzt wird.

Wird in Gleichung (72) die Grenztemperatur $t_g = 12°$ eingeführt, so erhält sie die Form:

$$\left. \begin{aligned} G &= Z\,(19 - 12) \\ &+ Z \cdot (12 - t_{am})\,. \end{aligned} \right\} \quad (75)$$

[1] Schulz, E.: XII. Kongreßbericht f. Heizung u. Lüftung, Teil II, S. 178—179. München: R. Oldenbourg 1927. — Schulz, E.: Öffentliche Heizkraftwerke und Elektrizitätswirtschaft in Städten. Berlin: Julius Springer 1933.

[2] Schulz, E.: XII. Kongreßbericht f. Heizung u. Lüftung, Teil II, S. 179. München: R. Oldenbourg 1927. — Cammerer u. Krause: Grundlagen für wirtschaftlichen Wärmeschutz. Arch. Wärmewirtsch. 1933, Heft 5, S. 117. — Raiss: Der Einfluß des Klimas auf den Heizwärmebedarf in Deutschland. Gesundheits-Ing. 1933, Nr. 34, S. 397.

Das Rechteck F_1 über der Grenztemperatur entspricht dem ersten Summanden, die Fläche F_2 unter der Grenztemperatur dem zweiten Summanden der Gleichung (75). F_1 ist durch einfache Abmessung, F_2 durch Planimetrierung oder Teilflächenzerlegung zu ermitteln.

Nachstehende Tabelle[1] enthält für 34 über ganz Deutschland verteilte Orte die klimatischen Zahlenwerte der Gradtage, der Heiztage, der Temperaturunterschiede $19 - t_{am}$ und der mittleren Jahrestemperaturen. Sie wurde zusammengestellt nach den von Raiss[2] berechneten Werten, die als besonders genau anzusprechen sind, da für die Außentemperaturkurve nicht Monatsmitteltemperaturen, sondern fünftägige Temperaturmittel zugrunde gelegt wurden.

Ort	Zahl der Gradtage $t_i = 19°$ $t_g = 12°$	Zahl der Heiztage bei $t_g = 12°$	Mittlerer Temperaturunterschied $19° - t_{am}$	Mittlere Jahrestemp. t_{jm}
Marggrabowa*	4350	253	17,2	5,7
Tilsit*	4150	244	17,0	6,5
Königsberg	3990	243	16,4	7,0
Ratibor*	3610	233	15,5	8,3
Breslau	3540	229	15,45	8,6
München	3780	237	15,95	7,2
Erfurt	3600	231	15,6	7,8
Augsburg	3570	230	15,55	8,0
Nürnberg	3440	224	15,35	8,4
Berlin	3390	224	15,15	8,6
Leipzig	3370	223	15,1	8,6
Dresden	3330	222	15,0	8,7
Halle	3310	221	15,0	8,9
Magdeburg	3290	221	14,9	8,9
Chemnitz	3570	230	15,5	7,6
Kassel	3390	224	15,15	8,2
Braunschweig	3310	221	15,0	8,5
Hannover	3220	218	14,8	8,7
Frankfurt a. M.	3070	214	14,35	9,5
Wiesbaden	3050	213	14,3	9,4
Karlsruhe	3010	212	14,2	9,7
Mainz	3010	212	14,2	9,8
Stuttgart	3000	212	14,15	9,7
Mannheim	3000	212	14,15	9,9
Freiburg	2950	210	14,05	10,0
Münster	3240	219	14,8	8,4
Trier	3150	216	14,6	8,8
Dortmund	3080	214	14,4	8,9
Aachen	3020	212	14,25	9,0
Köln	2820	209	13,5	10,0
Köslin*	3780	245	15,4	7,1
Kiel	3620	239	15,15	7,5
Lübeck	3520	237	14,85	7,9
Hamburg	3450	236	14,6	8,3

Die mit * bezeichneten Orte sind von mir gemäß dem Verfahren von Raiss nach fünftägigen Temperaturmitteln berechnet worden.

Hottinger[3] hat für die Schweiz nachgewiesen, daß die Gradtagzahlen verschiedener Orte allein von ihren mittleren Jahrestemperaturen abhängig sind. Wie die nach den Werten unserer Zahlentafel gezeichnete Abb. 267 zeigt, trifft dies für größere Gebiete, z. B. Deutschland, nur für Orte mit gleichartiger Klimalage zu.

Die in der obigen Tabelle enthaltenen Gradtagzahlen lassen unmittelbar erkennen, welche Anforderungen das Klima an die Beheizung der Gebäude in den angeführten Orten stellt. Die größten Unterschiede im Heizwärmebedarf bestehen zwischen den ost- und westdeutschen Orten. Dasselbe auf gleiche Weise beheizte Gebäude würde z. B. in Königsberg um 42 vH mehr Wärme benötigen als in Köln. In Berlin wäre der entsprechende Wärmebedarf um 15 vH kleiner als in Königsberg und um 20 vH größer als in Köln.

---

[1] Entnommen aus Bradtke: Zur Bestimmung der „Heizgradtage". Gesundheits-Ing. 1934, S. 221.

[2] Raiss: Der Einfluß des Klimas auf den Heizwärmebedarf in Deutschland. Gesundheits-Ing. 1933, S. 397.

[3] Hottinger: Zur Bestimmung der „Heizgradtage". Gesundheits-Ing. 1933, S. 553.

7. Mittlere und absolute Jahresextreme der Lufttemperatur.

Aus der im vorhergehenden Abschnitt befindlichen Tabelle (Spalte für Temperaturunterschied) kann man entnehmen, daß die mittlere Wintertemperatur bei allen aufgeführten Orten einige Grade über Null liegt. Die für den Entwurf von Heizanlagen notwendige Wärmebedarfsrechnung stützt sich aber nicht auf diese Temperatur, weil dann die Anlagen bei größerer Kälte versagen würden, sondern nach den „Regeln" DIN 4701 auf die durchschnittlich tiefste Wintertemperatur, die sich als Mittelwert der Jahresminima eines längeren Zeitraumes ergibt. Diese Berechnungsweise bietet erfahrungegemäß genügend Sicherheit dafür, daß die Anlagen auch bei den seltenen Fällen mit noch tieferer Temperatur ausreichen, da „Kältespitzen durch die Wärmespeicherung des Gebäudes und durchgehenden Betrieb überwunden werden können" (Regeln Seite 8). Die Benutzung der absolut tiefsten Wintertemperatur würde zu teure Anlagen ergeben.

In der folgenden Tabelle sind für eine Reihe von deutschen Orten die mittleren und absoluten Jahresminima der Temperatur zusammengestellt. Die mittleren

Ort	Mittlere Jahres-temp.	Winter: Jahresminima der Temperatur, mittlere	Winter: Jahresminima der Temperatur, absolute	Winter: Tiefsttemp. für Wärmebedarfsrechnung laut „Regeln"	Sommer: Jahresmaxima der Temperatur, mittlere	Sommer: Jahresmaxima der Temperatur, absolute	Sommer: Zahl der Tage mit mindestens 25° Höchsttemp.
Marggrabowa	5,7	—24,4	—36,4	—25	31,0	34,0	25
Königsberg	7,0	—19,4	—30,1	—20	32,5	36,0	25
Ratibor	8,3	—19,0	—27,3	—20	31,9	34,9	37
Breslau	8,6	—16,9	—22,6	—15	32,4	36,7	33
München	7,2	—16,1	—25,4	—15	32,4	36,7	33
Chemnitz	7,6	—16,9	—28,3	—15	31,1	34,9	23
Augsburg	8,0	—16,5	—26,5	—15	31,2	35,0	27
Nürnberg	8,4	—17,4	—27,8	—15	32,4	37,2	32
Leipzig	8,6	—15,2	—26,0	—15	31,7	35,8	30
Halle	8,9	—14,3	—25,6	—15	32,2	36,2	32
Magdeburg	8,9	—14,3	—24,8	—15	33,4	36,4	36
Berlin (Süd)	9,1	—13,6	—23,1	—15	33,2	36,4	34
Kassel	8,2	—14,9	—26,6	—15	32,3	37,0	30
Braunschweig	8,5	—14,7	—23,7	—15	32,2	35,9	28
Frankfurt a. M.	9,5	—12,8	—20,0	—15	32,9	36,7	39
Karlsruhe	9,7	—14,0	—23,2	—15	32,4	36,0	40
Stuttgart	9,7	—13,6	—25,0	—15	32,4	36,2	38
Mainz	9,8	—14,3	—19,7	—15	32,6	36,5	39
Freiburg	10,0	—13,6	—21,7	—15	32,7	36,6	—
Münster	8,4	—13,5	—27,0	—15	32,3	35,2	30
Trier	8,8	—12,9	—21,0	—15	32,3	35,8	38
Aachen	9,0	—11,3	—20,2	—10	31,9	36,4	27
Köln	10,0	—10,0	—19,6	—10	31,8	34,8	28
Kiel	7,5	—11,1	—19,3	—10	27,1	29,5	4
Hamburg	8,3	—11,5	—18,4	—10	29,5	32,1	12

Werte sind den „Regeln", die Absolutwerte dem Klimaatlas von Deutschland (Zeit 1881 bis 1910) entnommen. Eine weitere Spalte enthält die aufgerundeten Temperaturen, die nach den „Regeln" der Wärmebedarfsrechnung zugrunde zu legen sind. Der Unterschied zwischen mittlerem und absolutem Jahresminimum beträgt bei den meisten Orten 9 bis 11°. Bei äußerster Kälte wäre also eine Mehrleistung von etwa 30 vH aus den Anlagen herauszuholen.

Es erschien zweckmäßig, in die vorstehende Tabelle auch die mittleren und absoluten Jahresmaxima der Temperatur aufzunehmen. Diese Werte sind für die Lüftungstechnik von Bedeutung, denn sie geben darüber Auskunft, mit welchen höchsten Außentemperaturen man im Sommerbetrieb zu rechnen hat, und — soweit es sich um Kühlanlagen handelt — um wieviel Grade die Luft vor Einführung in die Räume heruntergekühlt werden muß und welche Kühlleistung im äußersten Fall aufzubringen ist. Zur Vervollständigung enthält die letzte Spalte die Zahl der „Sommertage", an denen die Lufttemperatur mindestens 25° C erreicht. An solchen Tagen werden sich viele Gebäude soweit aufwärmen, daß auch in nicht dicht besetzten Räumen die Temperatur über das erträgliche Maß ansteigen kann.

Im Gegensatz zu dem erheblichen Unterschied zwischen mittleren und absoluten Tiefstwerten der Temperatur im Winter ist im Sommer die Spanne zwischen den mittleren und absoluten Höchstwerten bei allen Orten nur gering (etwa 2 bis 5°). Außerdem ist ein wesentlicher Einfluß der Klimafaktoren auf die Jahresmaxima der Temperatur kaum erkennbar. Lediglich die Küstenstationen Kiel und Hamburg machen mit ihren etwas tieferen Temperaturen eine Ausnahme.

Bei der Berechnung von mit Kühlung verbundenen Lüftungsanlagen kann man demnach für ganz Deutschland ein einheitliches mittleres Maximum der Außentemperatur von rd. 32° C zugrunde legen. Nur bei den Küstenorten ist diese Temperatur etwas niedriger anzunehmen. Die Zahl der Tage, an denen wegen hoher Außentemperatur mit stärkerer Kühlung der Frischluft zu rechnen ist, kann durchschnittlich zu etwa 30 angesetzt werden. Für die Küstenorte liegt auch diese Ziffer wesentlich günstiger.

C. Die Feuchtigkeit der Außenluft.

1. Allgemeines.

Die für feuchte Luft wichtigen physikalischen Begriffe und Gesetzmäßigkeiten sind bereits früher behandelt worden (vgl. S. 221—226) und können hier als bekannt vorausgesetzt werden.

Im Gegensatz zu der Bedeutung der Außenlufttemperatur für die Aufgaben der Heizungstechnik spielt die Außenluftfeuchtigkeit in heiztechnischer Hinsicht nur eine untergeordnete Rolle. Sie ist jedoch bei der Beheizung von Räumen insofern zu beachten, als sie die Feuchtigkeitsverhältnisse der Raumluft in merklicher Weise beeinflußt. Die Ursache dafür bildet der natürliche Luftwechsel der Räume, der einen dauernden Austausch zwischen Innen- und Außenluft bewirkt. Je tiefer im Laufe des Winters die Temperatur und damit der Wasserdampfgehalt der Außenluft herabsinkt, um so geringer ist die relative Feuchtigkeit der Innenluft. Bei bekanntem Wasserdampfgehalt der Außenluft läßt sich die relative Feuchtigkeit der Innenluft bei gegebener Raumtemperatur berechnen, falls keine Wasseraufnahme der Luft im Raum erfolgt. Wie aus den nachstehenden Versuchszahlen von Liese[1] zu entnehmen ist, liegen aber die wirklichen relativen Feuchtigkeiten der Raumluft

Monat	Versuchzsahlen von Liese (Monatsmittel)				Berechnete Werte	
	Außenluft		Innenluft		relative Feuchtigkeit d. Innnnluft	Wasserdampfaufnahme der Luft im Raum
	Temperatur °C	relative Feuchtigkeit vH	Temperatur °C	relative Feuchtigkeit vH	vH	g/kg
Oktober	9,4	72	19,6	45	37	1,1
November	4,5	70	19,2	37	27	1,5
Dezember	1,0	71	18,6	32	22	1,4
Januar	—3,0	69	18,5	27	16	1,5
Februar	—0,1	68	19,5	30	18	1,7
März	5,8	68	20,3	31	26	0,7
April	7,8	64	19,6	34	30	0,6

[1] Liese: Luftbefeuchtung in beheizten Räumen. Dtsch. med. Wschr. 1933 Nr. 33 S. 1172.

höher als die berechneten Werte, woraus hervorgeht, daß die Luft im Raum selbst noch Wasserdampf aufnimmt, der von anwesenden Personen, von Wänden und hygroskopischen Gegenständen abgegeben wird.

Wenn die Außenluftfeuchtigkeit schon bei dem natürlichen Luftwechsel der Räume die Zustandsverhältnisse der Innenluft beeinflußt, so ist dies in noch viel höherem Grade bei allen künstlichen Lüftungsanlagen der Fall, weil dabei ein wesentlich größerer Luftwechsel in Frage kommt. Bei den einfachsten, nur mit Luftschächten oder Ventilator ausgestatteten Anlagen wie auch bei Luftheizungen ohne Befeuchtungseinrichtung wird sich wie bei dem natürlichen Luftwechsel die Innenluftfeuchtigkeit entsprechend der Außenluftfeuchtigkeit und der im Raum hinzukommenden Wasserdampfabgabe einstellen. Es ist nicht möglich, mit solchen Anlagen dauernd befriedigende Feuchtigkeitsverhältnisse in den zu belüftenden Räumen zu erzielen. Von hochwertigen Anlagen wird mehr verlangt: die Raumluft soll nicht nur erneuert, sondern vor allem auch mit den Temperaturen und Feuchtigkeiten in die Räume eingeführt und verteilt werden, daß darin die Behaglichkeitsbedingungen für die Insassen aufrechterhalten werden. Solche Anlagen (Klimaanlagen) müssen daher mit Heizung, Kühlung und Befeuchtung der Luft ausgestattet sein, um die erforderliche Einregelung des Luftzustandes durchführen zu können. Für Berechnung und Betrieb hochwertiger Anlagen ist daher die Feuchtigkeit der Außenluft ebenso wichtig wie ihre Temperatur.

2. Die Ermittlung der Luftfeuchtigkeit.

Die Luftfeuchtigkeit als meteorologisches Element wird von den Wetterwarten zu denselben Beobachtungszeiten gemessen wie die Lufttemperatur, nämlich um 7 Uhr, 14 Uhr und 21 Uhr. Als genauestes Meßinstrument wird dabei das Aßmannsche Psychrometer (vgl. S. 228) benutzt. Man ermittelt damit zunächst den Teildruck des Wasserdampfes nach der Formel (vgl. Hütte, 26. Aufl., S. 1008):

$$p_d = p_f - 0{,}5 \cdot \frac{b}{760} \cdot (t - t_f) \tag{76}$$

p_d Teildruck des Wasserdampfes in mm Q.-S. bei der Temperatur t,
p_f Sättigungsdruck des Wasserdampfes in mm Q.-S. bei der Temperatur t_f,
b Barometerstand in mm Q.-S.,
t Temperatur des trockenen Thermometers in °C,
t_f Temperatur des feuchten Thermometers in °C,
$t - t_f$ psychrometrische Differenz in °C.

Die Formel ist für Temperaturen zwischen Null und 40° gültig. Bezüglich der Formeln für Temperaturen oberhalb 40° und unterhalb 0° wird auf die „Hütte" verwiesen.

Aus dem mit obiger Formel errechneten Teildruck p_d und dem aus Zahlentafel 1 zu entnehmenden Sättigungsdruck[1] bei der Temperatur t erhält man die relative Feuchtigkeit:

$$\varphi = \frac{p_d}{p_s} \cdot 100\,[\text{vH}]. \tag{77}$$

In meteorologischen Veröffentlichungen wird zur Kennzeichnung der Luftfeuchtigkeit meist der Dampfdruck p_d und die relative Feuchtigkeit φ angegeben. Mit diesen Größen können die für lüftungstechnische Zwecke wichtigen Werte des Wassergehaltes x in kg je kg trockener Luft und des Wärmeinhaltes i in kcal je kg trockener Luft nach früher angegebenen Formeln (S. 223) berechnet oder aus dem i—x-Diagramm Abb. 259 entnommen werden.

[1] Das Buch von H. Bongards: Feuchtigkeitsmessung, R. Oldenbourg 1926, enthält die Sättigungsdrucke für Zehntel-Temperaturgrade.

Die klimatischen Monats- und Jahresmittelwerte des Dampfdruckes und der relativen Feuchtigkeit für zahlreiche deutsche Orte enthält der Klimaatlas von Deutschland.

3. Täglicher und jährlicher Gang des Dampfdruckes und der relativen Feuchtigkeit.

Der Dampfdruck der Außenluft liegt gewöhnlich unterhalb des Sättigungsdruckes. Nur bei Nebel oder Regen, und zwar vorwiegend in der kälteren Jahreshälfte, wird zeitweise der Sättigungsdruck und damit eine relative Feuchtigkeit von 100 vH erreicht. Die Größe des Dampfdruckes ist abhängig von der Wasserdampfmenge, die jeweils von der Erdoberfläche an die Luft abgegeben wird. Da die Verdunstungsmenge mit steigender Lufttemperatur zunimmt, muß auch der Dampfdruck in seinem zeitlichen Verlauf sich ähnlich wie die Lufttemperatur verhalten, d. h. im täglichen Gang das Maximum in den ersten Nachmittagsstunden, im jährlichen Gang in den wärmsten Monaten Juli und August erreichen. Wie nachstehende Tabelle[1] für Zweimonatsmittelwerte und für die drei Beobachtungszeiten 7 Uhr, 14 Uhr und 21 Uhr zeigt, trifft dies für den jährlichen Gang vollkommen, für den täglichen Gang aber nur in den Wintermonaten (November—Februar) zu. In den Sommermonaten (Mai—August) tritt im Tagesgang an die Stelle des Wintermaximums ein Minimum des Dampfdruckes, weil die durch die hohe Erwärmung des Erdbodens erzeugten Konvektionsströme den Wasserdampf in höhere Luftschichten emportragen.

	Lufttemperatur [° C]			Dampfdruck [mm Q.-S.]			Relative Feuchtigkeit [vH]		
	7 Uhr	14 Uhr	21 Uhr	7 Uhr	14 Uhr	21 Uhr	7 Uhr	14 Uhr	21 Uhr
Jan.—Febr.	−5,5	−0,9	−3,7	3,0	3,4	3,2	90	73	85
März—April	2,2	8,6	4,8	5,0	5,0	5,1	89	61	79
Mai—Juni	12,7	20,1	14,7	8,9	8,0	8,8	80	46	70
Juli—Aug.	14,8	21,9	17,1	10,5	10,1	10,6	84	53	72
Sept.—Okt.	9,5	16,1	11,7	8,2	8,6	8,9	91	64	84
Nov.—Dez.	2,4	5,5	3,4	5.2	5,6	5,5	92	80	92

Aus der Tabelle ist weiter zu ersehen, daß der tägliche und jährliche Gang der relativen Feuchtigkeit gegenläufig zu demjenigen der Lufttemperatur ist. Hohen Temperaturen entsprechen geringe, tiefen Temperaturen große relative Feuchtigkeiten. Dies kommt daher, daß in der Formel (77) für die relative Feuchtigkeit im Nenner der Sättigungsdruck steht, der mit zunehmender Temperatur viel stärker anwächst als der wirkliche Dampfdruck p_d.

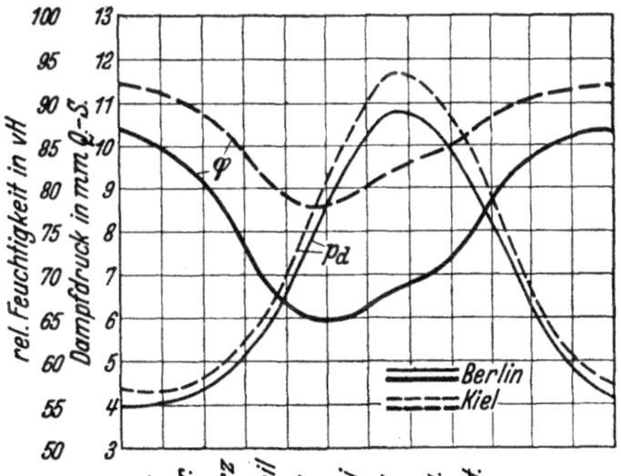

Abb. 268. Jährlicher Gang des Dampfdruckes und der relativen Feuchtigkeit.

Abb. 268 zeigt den jährlichen Gang der Feuchtigkeitsgrößen für Berlin und Kiel nach den Angaben der Monatsmittelwerte im Klimaatlas von Deutschland. Wie aus den Kurven zu entnehmen ist, hat Kiel wegen der Nähe des Meeres während des ganzen Jahres sowohl einen höheren Dampfdruck als auch eine höhere relative Feuchtigkeit als Berlin. Für andere Orte in Deutschland ist der Jahresgang der Feuchtigkeitsgrößen der gleiche. Das Maximum des Dampfdruckes fällt in den Juli,

[1] Zusammengestellt nach den Ergebnissen der meteorologischen Beobachtungen in Potsdam. Jahrgänge 1929 und 1930. Berlin: Julius Springer.

das Minimum in den Januar. Die relative Feuchtigkeit erreicht ihren Höchstwert im Dezember bis Januar, ihren Kleinstwert bereits im Mai bis Juni. Auch sonst bestehen keine erheblichen Unterschiede zwischen den Monatswerten verschiedener Orte, die im Binnenlande, oder von solchen, die an der Küste liegen. Der Einfluß der Klimafaktoren auf die Luftfeuchtigkeit in Deutschland ist wesentlich geringer als auf die Lufttemperatur. Dies geht schon aus den Jahresmittelwerten des Dampfdruckes und der relativen Feuchtigkeit hervor, die in folgender Tabelle mit den größten und kleinsten Monatsmittelwerten für einige über ganz Deutschland verteilte Orte zusammengestellt sind.

Ort	Dampfdruck			Relative Feuchtigkeit		
	Januar	Juli	Jahr	Dezember	Mai	Jahr
Königsberg	3,5	11,3	6,8	90	72	81
Breslau	3,6	10,4	6,5	84	65	74
München	3,5	10,4	6,6	86	65	75
Nürnberg	3,8	11,2	7,1	88	68	77
Magdeburg	4,0	11,1	7,1	87	67	77
Berlin	4,0	10,8	6,9	87	65	76
Frankfurt a. M.	4,1	11,0	7,1	86	66	76
Aachen	4,4	10,7	7,1	86	68	76
Kiel	4,3	11,7	7,4	92	78	86
Hamburg	4,3	11,3	7,3	90	69	81

4. Berücksichtigung der Außenluftfeuchtigkeit bei Lüftungsanlagen.

Einleitend wurde bereits auf die Unmöglichkeit hingewiesen, mit einfachen Lüftungsanlagen, die keine Vorrichtungen zur Einregelung der Innenluftfeuchtigkeit besitzen, dauernd befriedigende Luftzustände in den Räumen herzustellen. Die Umstände, bei denen solche Anlagen nicht genügen, sind folgende:

1. Geringe Außenluftfeuchtigkeit im Winter bei schwacher Raumbesetzung, d. h. bei geringer Feuchtigkeitsabgabe der Rauminsassen.

2. Hohe Außenluftfeuchtigkeit im Sommer bei starker Raumbesetzung, d. h. bei hoher Feuchtigkeitsabgabe der Rauminsassen.

Im ersten Falle wird über zu große Trockenheit, im zweiten über zu große Feuchtigkeit (Schwüle) der Raumluft geklagt werden.

Wie sich an Hand der Potsdamer meteorologischen Beobachtungen feststellen läßt, sind im Winter, wo der durchschnittliche Dampfdruck 3 bis 5 mm beträgt, Werte dieser Größe bis unter 1 mm möglich, und zwar besonders bei den trockenen kalten Winden aus östlichen Richtungen. Aus den Messungen in dem strengen Monat Februar 1929 habe ich folgende Tabelle für vorkommende Mindestluftfeuchtigkeiten abgeleitet:

Lufttemperatur °C	0	−5	−10	−15	−20
Rel. Feuchtigkeit vH	35	40	45	50	55
Dampfdruck mm Q.-S.	1,6	1,3	1,0	0,7	0,5

Berechnet man mit diesen Zahlen die relativen Feuchtigkeiten für eine Aufwärmung der Zuluft auf nur 20° C, so erhält man Werte, die zwischen 9 und 3 vH liegen. Bei ungenügender Wasserdampfabgabe im Raum wird man darin kaum auf eine relative Feuchtigkeit von 20 vH kommen, die unterhalb der zulässigen Grenze (etwa 30 vH) liegt. Bei Luftheizungen, die eine höhere Aufwärmung der Luft als 20° C erfordern, werden unter solchen Umständen die Luftverhältnisse, besonders in der Nähe der Zuluftöffnungen, unerträglich sein. Bei seinen einleitend erwähnten Messungen konnte Liese feststellen, daß bei −17,7° Außentemperatur die relative Feuchtigkeit in dem benutzten Raum bei natürlichem Luftwechsel an drei Tagen auf 12 vH absank. Er berichtet, „daß an diesen Tagen die Luftverhältnisse im Raum als nicht so angenehm wie sonst empfunden wurden, und an einem dieser Tage war der Aufenthalt im Raum wegen eines aufdringlichen Trockengeruches sogar ausgesprochen unangenehm".

Im Sommer, wo der durchschnittliche Dampfdruck 9 bis 11 mm beträgt, kann diese Größe maximal auf 15 bis 16 mm ansteigen. Bei einer Lufttemperatur von 22° C beträgt dabei die relative Feuchtigkeit 75 bis 80 vH. Mit solcher Luft können die Feuchtigkeitsverhältnisse in einem stark besetzten Raum nicht verbessert werden. Die relative Feuchtigkeit der Raumluft wird über 80 vH betragen, während als zulässige Grenze 70 vH gilt. Damit dürfte bewiesen sein, daß einfache Lüftungsanlagen ohne Regelung der Feuchtigkeit in den beschriebenen Fällen nicht ausreichen. Diese Anlagen werden wegen ihrer unbefriedigenden Leistung häufig stillgelegt und haben sehr dazu beigetragen, das Ansehen der Lüftungstechnik in Deutschland herabzusetzen.

Bei hochwertigen Anlagen mit allen Einrichtungen zur Temperatur- und Feuchtigkeitsregelung, die auch vollkommen automatisch erfolgen kann, läßt sich der erforderliche Luftzustand in den zu belüftenden Räumen bei allen vorkommenden Außenluftverhältnissen erzielen, im Winter durch Befeuchtung der Luft, im Sommer durch die bei Abkühlung unter den Taupunkt bewirkte Trocknung der Luft.

Für den Winterbetrieb kann die bereits oben benutzte Tabelle der Mindestluftfeuchtigkeiten zugrunde gelegt werden, um zu berechnen, welche größten Wassermengen für die Luftbefeuchtung in Frage kommen. Was den Sommerbetrieb anbelangt, wollen wir nunmehr die Frage beantworten, mit welchen ungünstigsten Zustandsverhältnissen der Außenluft man in der warmen Jahreszeit zu rechnen hat.

In der folgenden Tabelle sind aus zwei Jahrgängen (1929—1930) der Potsdamer meteorologischen Beobachtungen erstens die Tage mit einer höchsten Lufttemperatur von über 32° C und zweitens die Tage mit einem höchsten Dampfdruck von über 15 mm Q.-S. mit den sonst erforderlichen Angaben zusammengestellt.

Zeitangaben			Temperatur	Dampfdruck	Relative Feuchtigkeit	Bemerkungen
1929	21. Juli	15 Uhr	34,7	13,2	32	Regen 4—6 Uhr
„	23. „	14 „	32,7	13,5	36	trockenes Wetter
„	1. Sept.	14 „	32,3	9,8	27	„ „
1930	12. Juni	15 „	32,4	7,7	21	„ „
„	14. „	15 „	32,1	13,5	31	„ „
„	3. Juli	16 „	32,4	5,9	16	„ „
„	4. „	16 „	32,4	7,3	20	„ „
„	5. „	12 „	33,5	8,5	22	Gewitterregen $14^3/_4$—$16^3/_4$ Uhr
1929	4. Juli	19 Uhr	24,9	16,0	68	Regen 5—7 Uhr, 16—17 Uhr
„	14. „	22 „	22,0	15,8	80	„ 12—13 Uhr
„	21. „	24 „	23,6	15,1	75	„ 4— 6 „
„	24. „	14 „	22,2	15,2	76	„ 13—14 „
1930	20. Juni	19 „	24,0	15,8	68	„ 23—24 „
„	23. „	21 „	21,9	16,1	82	Gewitterneigung
„	27. „	14 „	20,4	16,1	90	wiederholt Regen
„	5. Juli	15 „	20,3	16,9	95	Gewitterregen $14^3/_4$—$16^3/_4$ Uhr
„	19. Aug.	16 „	19,6	15,7	94	wiederholt Regen
1929	22. Juli	14 „	31,1	15,5	45	Gewitterneigung

Aus der Tabelle ist folgendes zu entnehmen:

1. Bei den hohen Temperaturen war die relative Feuchtigkeit verhältnismäßig gering und betrug im Höchstfall nur 36 vH. Es handelte sich hierbei meist um Tage mit trockenem Wetter.

2. Bei den hohen Dampfdrücken, vereint mit hohen relativen Feuchtigkeiten, lag die Lufttemperatur meist nicht besonders hoch (20 bis 25° C). Nur der 22. Juli 1929 machte mit 31,1° Lufttemperatur eine Ausnahme. Es kam an den betreffenden Tagen immer zu Regen oder Gewitter.

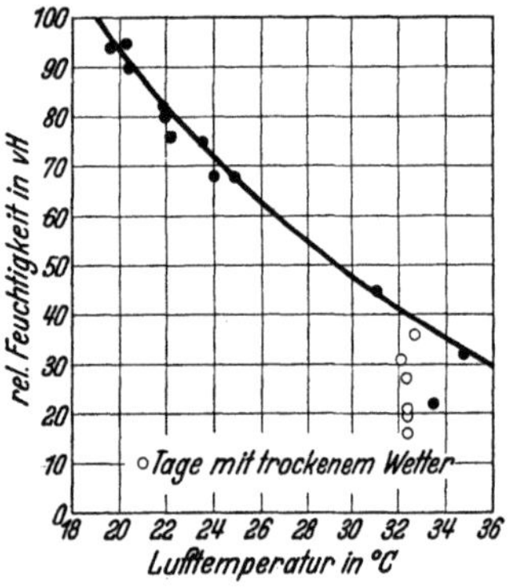

Abb. 269. Kurve der Höchstwerte der relativen Feuchtigkeit bei verschiedenen Lufttemperaturen.

In Abb. 269 sind die Luftzustandswerte der Tabelle eingetragen, die Temperaturen als Abszissen, die relativen Feuchtigkeiten als Ordinaten. Die durch die Höchstwerte gelegte Kurve gibt die für die Lüftungstechnik ungünstigsten Feuchtigkeiten an, mit denen man bei verschiedenen Lufttemperaturen rechnen kann. Die Werte bei trockenem Wetter (helle Kreise) liegen sämtlich unterhalb der Kurve. Auf S. 237 ist für Lüftungszwecke als mittleres Maximum der Außentemperatur in Deutschland 32° C festgestellt worden. Nach Abb. 269 gehört zu dieser Temperatur eine höchste relative Feuchtigkeit von rd. 40 vH. Als zusammengehörige Werte von Temperatur und höchster relativer Feuchtigkeit im Sommer sind aus der Kurve die folgenden abzugreifen:

Temperatur . . . . . °C	20	22	24	26	28	30	32	34
Rel. Feuchtigkeit . . vH	94	82	72	63	55	48	41	35
Ber. Dampfdruck mm Q.-S.	16,5	16,3	16,1	15,9	15,6	15,3	14,6	13,9

Die Annahme, der man häufig begegnet, daß an schwülen Sommertagen bei Temperaturen über 30° C die relative Feuchtigkeit etwa 80 vH betrage, ist nicht zutreffend. Solche Luftverhältnisse, die einem Dampfdruck von über 25 mm entsprächen, sind nur in den Tropen möglich. Z. B. beträgt der höchste Dampfdruck eines mittleren Tropentages in Batavia auf Java 21 mm[1].

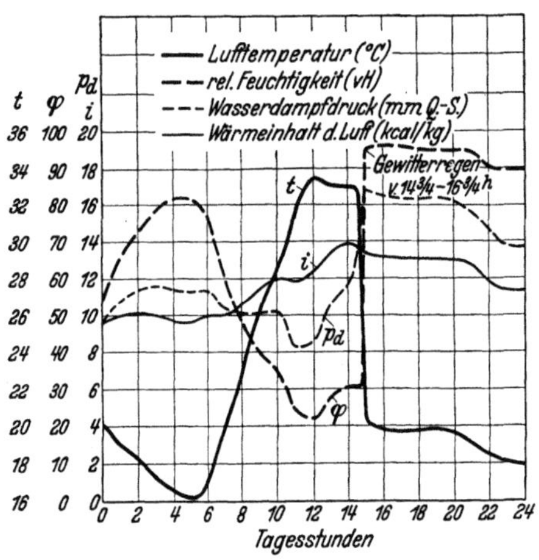

Abb. 270.
Luftzustandskurven an einem Gewittertage.

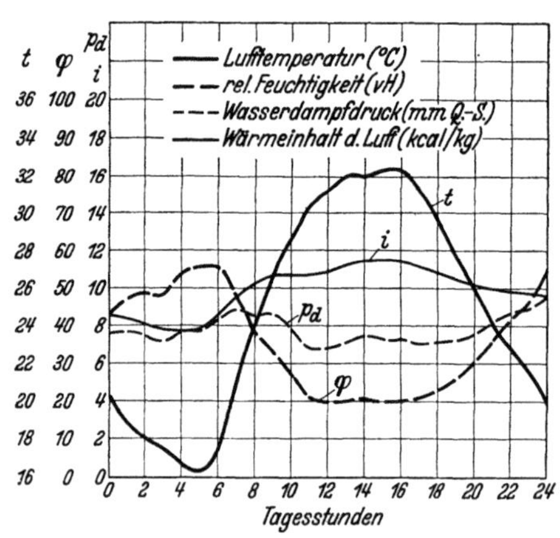

Abb. 271. Luftzustandskurven an einem Tage mit trockener Sommerhitze.

Bei der einem Gewitter vorangehenden Schwüle kommen auch nur die in der vorstehenden Tabelle angegebenen Höchstwerte der Luftfeuchtigkeit vor. Um dies näher zu veranschaulichen, zeigt Abb. 270 den Verlauf der Luftzustandsgrößen an einem heißen Gewittertage (5. Juli 1930) und zum Vergleich Abb. 271 die Luftverhältnisse des Vortages mit trockener Sommerhitze[2]. Aus den Abbildungen ist

[1] Vick, F.: Zur Frage der Schwülekurven. Gesundh.-Ing. 1933 S. 222.

[2] Nach den Potsdamer meteorologischen Beobachtungen Jg. 1930. Berlin: Julius Springer.

zu ersehen, daß zur Zeit des Temperaturmaximums Temperatur und relative Feuchtigkeit an den beiden Tagen nicht wesentlich verschieden sind. Was allein auf das Kommen eines Gewitters hindeutet und vermutlich das Schwüleempfinden hervorruft, ist der bei der hohen Temperatur erfolgende rasche Anstieg des Dampfdruckes und Wärmeinhaltes der Luft in den letzten drei Stunden vor Ausbruch des Gewitters. Am Vortage ist der Anstieg dieser Größen zur selben Zeit nur schwach.

Bei Ausbruch des Gewitters und Einsetzen des Gewitterregens sinkt die Temperatur plötzlich von 33° auf 20° herab, und die relative Feuchtigkeit schnellt von 31 vH auf 95 vH empor. Diese Werte kennzeichnen die völlige Veränderung des Luftzustandes durch ein Gewitter. In vielen Fällen wird so nach einer Reihe von heißen Tagen durch ein Gewitter ein Umschwung der Wetterlage herbeigeführt.

Am anschaulichsten ist für unsere Zwecke die Darstellung der besprochenen Luftzustände vor und nach dem Gewitter in dem Mollierschen i—x-Diagramm der Abb. 272. Der Kurvenzug vom ersten bis zweiten Mitternachtspunkt entspricht dem Vortage, derjenige vom zweiten bis dritten Mitternachtspunkt dem Gewittertage. Bei der Kurve des Vortages liegen der auf- und absteigende Ast zum größten Teil nahe beisammen, d. h. der Wassergehalt x der Luft erfährt keine stärkere Änderung, bei der Kurve des Gewittertages dagegen entfernen sich die beiden Kurvenhälften erheblich voneinander. Der Wassergehalt x nimmt am Gewittertage schon in der Zeit von Mittag bis zum Einsetzen des Gewitterregens erheblich zu und wird dann durch den Regen weiter stark gesteigert. Innerhalb von drei Stunden findet eine Zunahme des Wassergehaltes um etwa 7 g je kg trockener Luft statt. Die durch den Regen bewirkte, durch Pfeil gekennzeichnete Zustandsänderung der Luft bewegt sich nahezu auf einer Linie gleichen Wärmeinhaltes.

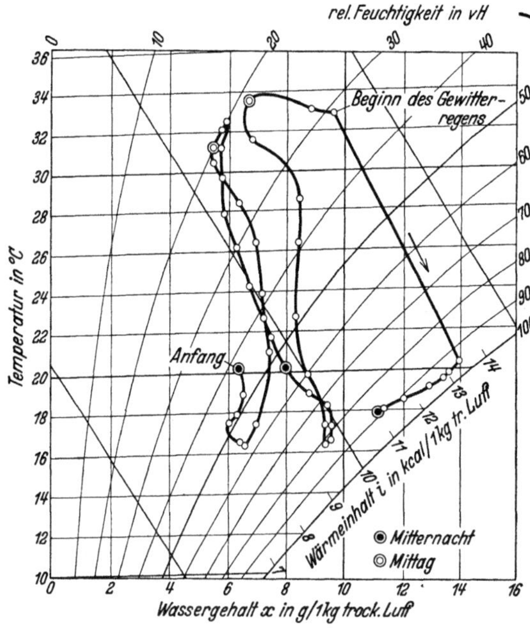

Abb. 272. Änderung des Luftzustandes an einem Gewittertage und am Tage vorher.

Wie wir nachgewiesen haben, kann für die Berechnung von hochwertigen Lüftungsanlagen als ungünstigster Zustand der Außenluft $t = 32°$ C und $\varphi = 40$ vH angenommen werden. Wird mittels der Kühlanlage die Luft auf 14° C gekühlt, wobei ihr 2 g Wasser je kg trockener Luft entzogen werden, so hat sie nach dem Mollier-Diagramm bei Aufwärmung auf eine Raumtemperatur von 22° C eine relative Feuchtigkeit von rd. 60 vH. Unter diesen Bedingungen, die schon bei Kühlung der Luft mit Brunnen- oder Leitungswasser zu erreichen sind, wird trotz der hinzukommenden Wasserdampfabgabe der Menschen die Luftfeuchtigkeit im Raum bei ausreichendem Luftwechsel die zulässige Höchstgrenze von 70 vH nicht überschreiten.

D. Der Wind.

1. Windgeschwindigkeit und Windrichtung.

Der Wind, die horizontale Bewegung der Luft, steht in engster Beziehung zu der jeweils über der Erdoberfläche herrschenden Luftdruckverteilung, die für größere Gebiete, z. B. Europa, durch täglich erscheinende Wetterkarten veranschaulicht wird. In den erdnahen Schichten strömt die Luft aus den Gebieten hohen Luftdruckes heraus und in die Gebiete tiefen Luftdruckes hinein.

Die Geschwindigkeit des Windes ist von der Größe des Luftdruckgefälles abhängig, die Richtung des Windes dagegen stimmt nicht mit der Richtung des Druckgefälles überein, weil die Luft bei ihrer Bewegung durch die Erddrehung eine Ablenkung erfährt.

Auf den Wetterwarten wird die Geschwindigkeit und Richtung des Windes gleichzeitig mit den übrigen meteorologischen Elementen festgestellt. Die Messung der Windgeschwindigkeit in m/s erfolgt mit dem bekannten Robinsonschen Schalenkreuzanemometer, die Bestimmung der Windrichtung mittels Windfahne. Von bedeutenden Stationen werden außerdem selbstschreibende Geräte zur Daueraufzeichnung der Windverhältnisse benutzt.

2. Der tägliche und jährliche Gang der Windgeschwindigkeit.

Die Windgeschwindigkeit wird in ihrem täglichen Verlauf von den durch die Sonnenstrahlung verursachten Vertikalbewegungen der Luft wesentlich beeinflußt. Diese Vertikalströme, die bald nach Mittag am stärksten sind, tragen die am Erdboden erwärmte Luft empor und führen kühlere und horizontal schneller bewegte Luft aus der Höhe herab. Hierdurch wird die Windgeschwindigkeit am Boden erhöht, in den oberen Luftschichten dagegen vermindert. Der Bodenwind erreicht daher bald nach Mittag seine Höchstgeschwindigkeit, während der Höhenwind um diese Zeit am schwächsten ist. Den normalen täglichen Gang der Windgeschwindigkeit zeigt die ausgezogene Kurve der Abb. 273 nach Potsdamer Messungen.

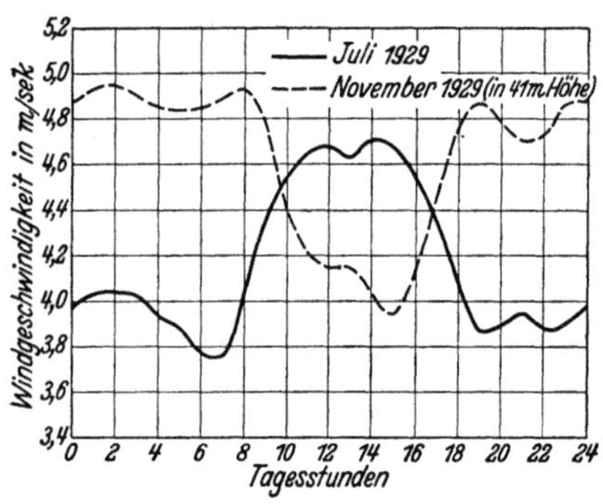

Abb. 273. Täglicher Gang der Windgeschwindigkeit in Potsdam.

Zu beachten ist aber noch folgendes: Im Winter hat die Windgeschwindigkeit schon in der geringen Höhe von etwa 40 m über dem Boden den gleichen Tagesgang wie der Höhenwind, d. h. sie ist nachts am größten und über Mittag am kleinsten (vgl. die gestrichelte Kurve der Abb. 273). Dieses Verhalten des Windes im Winter wird sich vermutlich auch schon in geringerer Höhe bemerkbar machen, so daß die oberen Etagen unserer Mietshäuser, besonders aber der Hochbauten, im Winter von dem nächtlichen Windmaximum beeinflußt werden können, was für die Auskühlung der oberen Stockwerke durch Lufteinfall von Bedeutung wäre.

Der jährliche Gang der Windgeschwindigkeit ist aus der folgenden Tabelle ersichtlich, in der die Monatsmittelwerte für einige deutsche Orte nach dem Klimaatlas von Deutschland zusammengestellt sind:

Ort und Höhe des Anemometers über Boden	Jan.	Febr.	März	April	Mai	Juni	Juli	Aug.	Sept.	Okt.	Nov.	Dez.	Jahr
Hamburg . . . . 28 m	6,2	5,9	5,9	5,3	5,1	4,9	4,9	5,0	4,9	5,5	5,8	6,1	5,5
Kiel . . . . 15 m	6,0	5,8	5,9	5,0	4,8	4,5	4,5	4,7	4,6	5,1	5,6	5,8	5,2
Aachen . . . . . 27 m	5,5	5,4	5,1	4,6	4,0	3,6	3,7	4,2	3,5	4,3	4,8	5,2	4,5
Berlin . . . . . . 33 m	4,9	5,0	5,2	4,6	4,4	4,2	4,1	4,2	4,0	4,5	4,3	4,8	4,5
Dresden . . . . . 20 m	4,3	4,2	3,9	3,7	3,3	3,5	3,5	3,5	3,3	3,2	4,0	4,3	3,7
Nürnberg . . . . 19 m	2,9	2,6	2,8	2,9	2,6	2,7	2,6	2,5	2,5	2,4	2,6	2,8	2,7
München . . . . . 19 m	1,8	2,0	2,1	1,9	1,8	1,8	1,7	1,6	1,5	1,6	1,7	1,8	1,8

Die Tabelle zeigt, daß die durchschnittliche Windgeschwindigkeit der Wintermonate größer als die der Sommermonate ist. Die Erklärung dafür liegt in dem häufigen Auftreten kräftiger Tiefdruckgebiete im Winter, deren starkes Druckgefälle mit hohen Windgeschwindigkeiten verknüpft ist. Da die Tiefdruckgebiete, die meist vom Atlantischen Ozean kommen, sich über dem Festlande verflachen, ist die Windgeschwindigkeit der einzelnen Orte um so schwächer, je weiter sie von der Küste entfernt liegen. Orte wie München oder Nürnberg haben nach der Tabelle wesentlich schwächeren Wind als Hamburg oder Kiel. Es ist anzunehmen, daß diese Unterschiede in den Windverhältnissen der Orte auch im Brennstoffverbrauch der Heizanlagen zum Ausdruck kommen werden. Untersuchungen darüber fehlen jedoch.

3. Häufigkeit der Windrichtungen in Deutschland.

Zur Vervollständigung der Angaben über die Windverhältnisse in Deutschland wollen wir uns nunmehr der Frage zuwenden, aus welchen Himmelsrichtungen der Wind am häufigsten weht. In Klimatabellen wird die Häufigkeit der Windrichtungen gewöhnlich nach der achtteiligen Windrose und in Prozenten der Gesamtzahl der Windbeobachtungen angegeben. Diese Häufigkeitszahlen sind aber für heiztechnische Zwecke insofern nicht recht geeignet, als in ihnen auch alle schwächeren Winde mitberücksichtigt sind, die für die Auskühlung der Gebäude ohne Bedeutung sind.

Aus diesem Grunde sind in der nachstehenden Tabelle für verschiedene deutsche Orte die Häufigkeitszahlen der einzelnen Windrichtungen nur für höhere Wind-

Ort	Häufigkeit der Windrichtungen in vH im Winter bei Windgeschwindigkeiten über 5 m/s.								Prozentische Häufigkeit der Winde über 5 m/s
	N	NO	O	SO	S	SW	W	NW	
Kiel	5,5	5,2	5,2	4,9	16,3	28,8	26,7	7,4	32,6
Hamburg	2,6	3,3	8,1	7,0	8,1	37,1	25,0	8,8	27,2
Aachen	1,7	5,0	3,9	2,5	11,9	45,7	22,1	6,2	35,7
Memel	5,1	3,3	3,8	11,9	15,7	24,7	22,8	12,7	36,9
Breslau	3,7	1,2	2,4	10,2	10,6	15,9	37,8	18,3	24,6
Berlin	1,6	3,3	12,3	7,0	4,5	15,2	38,1	18,3	24,4
Leipzig	2,6	9,7	7,0	1,8	14,0	35,1	21,9	7,9	11,4
München	0,8	7,0	7,0	0,8	0,8	47,7	32,8	3,1	12,8

geschwindigkeiten (untere Grenze 5 m/s) und lediglich für den Winter zusammengestellt[1]. Die Werte der letzten Spalte geben an, mit welcher Häufigkeit Winde von über 5 m/s in der Gesamtzahl der Windbeobachtungen vorkommen. Die Tabellenwerte zeigen, daß in Deutschland die starken Winde am häufigsten aus westlichen Richtungen (SW bis NW) wehen. Gegenüber diesen Richtungen treten die übrigen Richtungen völlig zurück. Sehr deutlich ist dies auch aus der graphischen Darstellung der Häufigkeitszahlen einiger Orte in Abb. 274 ersichtlich.

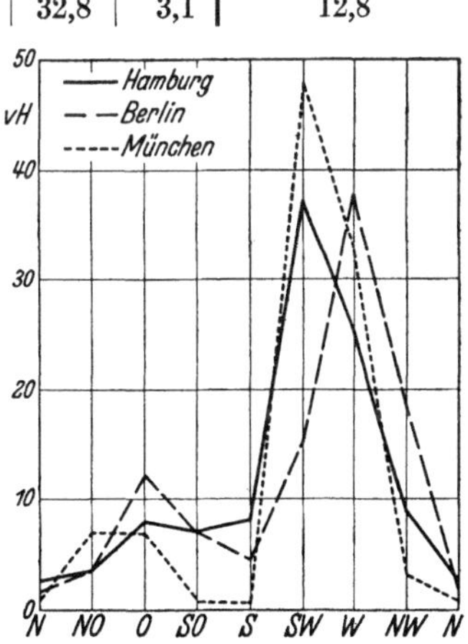

Abb. 274. Häufigkeit der Windrichtungen bei Geschwindigkeiten von mehr als 5 m/s.

Zur weiteren Veranschaulichung der Windverhältnisse soll noch Abb. 275 dienen. Darin sind die Häufigkeitszahlen der Windrichtungen zusammen mit den mittleren Windgeschwindigkeiten für die über 7 m/s betragenden Tagesmaxima in Potsdam dargestellt. Die Kurven gelten für die Heizmonate der beiden Jahrgänge 1929 und 1930, in denen Ostwinde verhältnismäßig häufig waren. Sie enthalten auch die Werte für die

[1] Benutzt wurde: Die Winde in Deutschland, bearbeitet von R. Assmann, Verlag F. Vieweg und Sohn, Braunschweig 1910.

in Potsdam beobachteten Zwischenrichtungen nach der 16teiligen Windrose. Windmaxima aus nördlichen Richtungen waren dabei so selten, daß die Geschwindigkeitskurve zwischen WNW und NO nicht gezeichnet werden konnte.

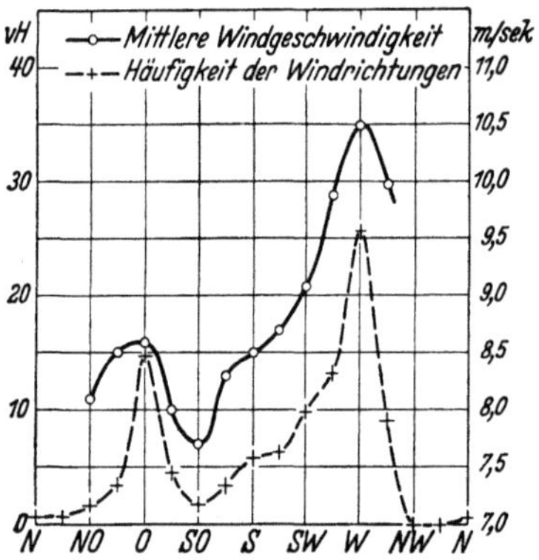

Abb. 275. Häufigkeit der Windrichtungen und mittlere Geschwindigkeit der täglichen Windmaxima in Potsdam in den Heizmonaten der Jahre 1929 und 1930.

Abb. 275 zeigt, daß trotz der Häufigkeitsspitze der Ostwinde die Westwinde unbedingt die Vorherrschaft haben, wie dies auch nach Abb. 274 für das nahegelegene Berlin charakteristisch ist. Von besonderer Wichtigkeit für unsere Zwecke ist das Ergebnis, daß die Häufigkeits- und Geschwindigkeitskurve fast den gleichen Verlauf haben. Die Westwinde sind demnach nicht nur am häufigsten, sondern besitzen auch die größte Geschwindigkeit. Tägliche Windmaxima von über 10 m/s z. B. kamen achtmal häufiger bei West- als bei Ostwind vor. Bei Orten mit vorherrschendem Südwestwind (vgl. obige Tabelle) wird ähnliches für diese Windrichtung gelten.

4. Folgerungen für die Heizungstechnik.

Die auskühlende Wirkung des Windes auf beheizte Gebäude, die weniger der Vergrößerung des Wärmeüberganges an den Außenflächen als dem Eindringen von Luft durch Undichtigkeiten an Fenstern und Türen zuzuschreiben ist, hat in den „Regeln“ (DIN 4701) ihre Berücksichtigung durch besondere Windzuschläge gefunden. Diese kommen aber nur für Außenflächen mit Nord-, Nordost- und Ostlage in Frage und betragen unter sehr ungünstigen Bedingungen bei Wänden 10 vH und bei Fenstern und Türen 50 vH des zuschlagfreien Wärmeverlustes.

Bei Festsetzung dieser Zuschläge ging man von der Tatsache aus, daß die Winde aus Nord bis Ost im Winter die durchschnittlich kältesten sind. Die Zuschläge haben deshalb auch ihre Berechtigung, wenn sich auch im vorhergehenden Abschnitt ergab, daß Winde aus den betreffenden Richtungen verhältnismäßig selten sind. Es soll damit die starke Auskühlung von Gebäuden bei den immerhin möglichen Fällen sehr kalter und zugleich starker Winde aus Nord bis Ost vermieden werden.

Andererseits darf aber nicht übersehen werden, daß die häufigsten und stärksten Winde aus westlichen Richtungen kommen. Sind sie auch meist wärmer als die nördlichen bis östlichen Winde, so herrschen dabei doch häufig Temperaturen von nur wenig über Null. Auch recht kalte westliche Winde kamen vor. Z. B. wurde in Potsdam beobachtet:

am 16. Januar 1929 18 bis 19 Uhr: Westwind 10,7 m/s bei — 9,1° C,
am 17. Januar 1929 0 bis 1 Uhr: Westwind 8,4 m/s bei —10,2° C.

Da nach den „Regeln“ Gebäudeaußenflächen nach Südwest bis Nordwest keine Windzuschläge erhalten, ist es selbstverständlich und wird auch durch die Erfahrung bestätigt, daß Räume mit solcher Lage häufig eine starke Auskühlung durch Lufteinfall bei westlichen Winden erfahren, denn man muß berücksichtigen, daß der Lufteinfall vom Winddruck und damit vom Quadrat der Windgeschwindigkeit abhängt. Die Gebäudeauskühlung kann dabei noch durch Niederschläge erhöht werden, welche ebenfalls bei westlichen Winden am häufigsten sind.

Der Betrieb von Heizungsanlagen wird an Tagen mit starken Winden aus Südwest bis Nordwest oft mehr Schwierigkeiten bereiten und mehr Brennstoff erfordern als an kälteren Tagen mit nördlichen oder östlichen Winden, weil diese in der Regel wesentlich schwächer sind. Im ordnungsgemäßen Heizbetrieb müssen daher die meteorologischen Bedingungen nicht nur im Hinblick auf die Außentemperatur, sondern auch auf die Windverhältnisse gewissenhaft beachtet werden.

X. Hygienische Grundlagen der Heizungs- und Lüftungstechnik.

Von Dr. **F. Bradtke.**

A. Einleitung.

Heizungs- und Lüftungsanlagen erfüllen nur dann ihren Zweck, wenn sie in den Aufenthalts- und Arbeitsräumen der Menschen, unabhängig von der Jahreszeit und der herrschenden Witterung, Umgebungsbedingungen zu schaffen gestatten, die dem Wohlbefinden und der Leistungsfähigkeit der Rauminsassen am zuträglichsten sind. Die dabei auftretenden Schwierigkeiten werden erfahrungsgemäß um so größer, je mehr Menschen in einem Raum unterzubringen sind, und je schwankender die Raumbesetzung ist. Die Wirkung von Menschenanhäufungen auf die Luftverhältnisse in geschlossenen Räumen ist so stark, daß sie sowohl bei dem Entwurf als auch dem Betrieb der Anlagen berücksichtigt werden muß, wenn nachteilige Rückwirkungen der Raumluft auf die Menschen vermieden werden sollen. Zur Lösung dieser Aufgabe sind die hygienischen Grundlagen unseres Faches unentbehrlich. Auch sonst stehen Heizungs- und Lüftungsanlagen in so unmittelbarer Beziehung zum menschlichen Dasein, daß sie den Forderungen der Hygiene in allen Fällen entsprechen sollten, ganz gleich, ob es sich um bedeutende oder einfache Anlagen handelt.

In den nachstehenden Ausführungen wird versucht, die hygienischen Grundlagen unseres Faches in einer der Denkweise des Ingenieurs angepaßten Form darzustellen.

B. Wärmeregelung des menschlichen Körpers.

Der gesunde menschliche Körper besitzt die Fähigkeit, unter den verschiedenartigsten Umgebungsbedingungen eine Innentemperatur von etwa 37° C aufrechtzuerhalten. Dies setzt voraus, daß der Körper einen Gleichgewichtszustand herzustellen vermag zwischen der im Körperinnern erzeugten und der nach außen hin abströmenden Wärme. Die Einstellung dieses Gleichgewichtes wird durch selbsttätige, vom Nervensystem gesteuerte und sehr empfindlich auf äußere Einflüsse ansprechende Wärmeregelungsvorgänge bewirkt.

Man unterscheidet eine chemische und eine physikalische Wärmeregelung. Beide arbeiten Hand in Hand, um die Körpertemperatur auf gleicher Höhe zu halten und Störungen des Wohlbefindens sowie Schädigungen der Gesundheit zu verhindern.

Die chemische Wärmeregelung überwacht die innere Wärmeerzeugung des Körpers, die sie durch Steigerung oder Abschwächung der inneren Verbrennungsvorgänge erhöht oder senkt, je nachdem der Körper mehr oder weniger Wärme an die Umgebung verliert oder Energie in Form von Arbeit verbraucht. Im gleichen Sinne beeinflußt sie das Bedürfnis nach Nahrungsaufnahme und Muskelbewegung, die beide zur Erzeugung von Wärme dienen.

Die physikalische Wärmeregelung überwacht die äußere Wärmeabgabe des Körpers, die von den physikalischen Umgebungsbedingungen abhängig ist.

Der Gesamtwärmeverlust des Körpers umfaßt folgende Teilbeträge:

a) Wärmeabgabe durch Strahlung von der Haut- und Kleideroberfläche an kältere Gegenstände der Umgebung,

b) Wärmeabgabe durch Leitung und Konvektion von der Haut- und Kleideroberfläche an die Luft,

c) Wärmeabgabe bei der Verdampfung von Feuchtigkeit der Haut und Kleidung,

d) Wärmeabgabe an die Atemluft durch Zuführung von Wärme- und Wasserdampf.

Diese vier Teilbeträge der „Entwärmung des Körpers“ werden von der physikalischen Wärmeregelung so gegeneinander abgeglichen, daß ihre Summe in einem ziemlich weiten Bereich der Umgebungsfaktoren nahezu unverändert bleibt. Sinkt z. B. die Umgebungstemperatur, so nimmt die Wärmeabgabe durch Strahlung, Leitung und Konvektion zu, die Wärmeabgabe durch Wasserverdampfung dagegen ab. Das Umgekehrte tritt bei steigender Lufttemperatur ein.

Das Hauptorgan dieser Wärmeregelung ist die Haut. Ihre Wärmeabgabe an die Luft ist bekanntlich von deren Temperatur und Geschwindigkeit abhängig. Jede Änderung der beiden Faktoren wird von den Hautnerven mit einer Erweiterung oder Zusammenziehung der die Blutgefäße der Haut umschließenden Muskelfasern beantwortet. Hierdurch wird die Durchblutung der Haut erhöht oder vermindert und damit gleichzeitig ein Steigen oder Fallen der Hauttemperatur herbeigeführt. Diese Regelung der Hauttemperatur erfolgt immer in dem Sinne, daß einer Änderung der Wärmeabgabe infolge wechselnder Umgebungsbedingungen entgegengewirkt wird.

Bei höherer Lufttemperatur reicht aber dieses Mittel nicht mehr aus, um die erforderliche Entwärmung zu erzielen. Alsdann treten die in der Haut vorhandenen Schweißdrüsen in Funktion. Sie scheiden so viel Feuchtigkeit ab, daß die der Haut bei Verdampfung der Feuchtigkeit entzogene Wärme zur Konstanthaltung der Gesamtwärmeabgabe des Körpers ausreicht.

Der auf die Atmung entfallende Anteil der Entwärmung ist nur gering. Infolgedessen spielt die Atmung bei der physikalischen Wärmeregelung im Vergleich zur Haut nur eine untergeordnete Rolle.

Sind die Umgebungsbedingungen derart ungünstig, daß es der selbsttätigen Wärmeregelung des Körpers nicht mehr möglich ist, die der inneren Wärmeerzeugung entsprechende Entwärmung herzustellen, so treten Störungen des Wohlbefindens ein. Extreme Verhältnisse können zu Schädigungen der Gesundheit und zum Tode führen. Zu starke Kältewirkungen auf den Körper haben oft Erkrankungen zur Folge. Andererseits kommt es bei hoher Temperatur und Feuchtigkeit der Umgebungsluft, z. B. bei Menschenanhäufungen in geschlossenen Räumen, häufig zu jener als „Wärmestauung“ bezeichneten Herabsetzung der äußeren Wärmeabgabe, die Unbehagen, Kopfschmerz und Ohnmachtsanfälle verursacht. Die auftretenden Beschwerden sind aber nicht nur vom Wärmestau, sondern auch von der Empfindlichkeit und dem Gesundheitszustand der Personen abhängig. Ebenso wie das Wohlbefinden wird auch die Arbeitsfähigkeit der Menschen unter schlechten Entwärmungsmöglichkeiten außerordentlich herabgesetzt.

C. Durch die Haut vermittelte Einflüsse der Umgebungsluft auf den menschlichen Körper. — Behaglichkeitsmaßstäbe.

1. Die Hauttemperatur als Behaglichkeitsmaßstab.

a) Allgemeines.

Auf die Bedeutung der Haut für die Wärmeregelung des menschlichen Körpers wurde bereits hingewiesen. Eine wichtige Rolle dabei spielt die Einstellung ihrer Oberflächentemperatur in Abhängigkeit von den Luftzustandsverhältnissen. Da hiervon auch das Wärme- oder Kältegefühl, mithin also die Behaglichkeit, in der betreffenden Umgebung abhängig ist, liegt es nahe, die Hauttemperatur als Maßstab für die Wirkung der Umgebungsbedingungen auf den menschlichen Körper zu benutzen.

Die Hygieniker haben zahlreiche Messungen zur Ermittlung der Hauttemperatur bei verschiedenen Luftzuständen angestellt. Bei den grundlegenden Versuchen von Reichenbach und Heymann[1] ergab sich, daß die Stirn für Hauttemperaturmessungen am geeignetsten ist. Ihre Temperatur liegt nur wenig von dem Mittelwert der Temperaturen anderer Körperstellen entfernt, folgt am gesetzmäßigsten der Lufttemperatur und weist die geringsten Unterschiede bei verschiedenen Personen auf.

b) Hauttemperatur in ruhiger Luft.

Die durch sorgfältige Messungen mit Thermoelement und Galvanometer von Reichenbach und Heymann an sich selbst ermittelten Stirntemperaturen bei ruhiger Luft (d. h. freier Strömung der Luft), normaler Bekleidung und Vermeidung körperlicher Betätigung sind in der Abb. 276 in Abhängigkeit von der Lufttemperatur dargestellt.

Die durch die Versuchspunkte gelegten Kurven für die beiden Versuchspersonen R. und H. fallen bei Lufttemperaturen über 14° C zusammen und haben in dem Bereich zwischen 14 und 25° C gesetzmäßigen Verlauf. Ober- und unterhalb dieses Bereiches biegen die Kurven aus ihrer Richtung ab. Spätere von Heymann und Korff-Petersen[2] unter Mitwirkung von Weiss durchgeführte Versuche zeigen ebenfalls den oberen Wendepunkt im Kurvenverlauf sehr deutlich, und zwar bei der gleichen Lufttemperatur von 25° C. Es darf wohl angenommen werden, daß die untere Grenze dem Beginn des Frierens mit einsetzender erhöhter Wärmeerzeugung durch Muskelbewegung, die obere Grenze dem unbehaglichen Wärmegefühl vor Ausbruch des Schweißes entspricht. Zwischen diesen Grenzen muß eine Temperaturzone liegen, die weder ein ausgesprochenes Wärme noch Kältegefühl hervorruft, und die daher den Behaglichkeitsbereich darstellt. Heymann und Korff-Petersen fanden, daß normales Befinden bei Stirntemperaturen von 30,5 bis 32,5° C in ruhiger Luft vorhanden ist. Nach Abb. 276 würden dazu Lufttemperaturen von 16 bis 22° C gehören. Dem Mittelwert von 31,5° C ist eine Lufttemperatur von 18,8° C zugeordnet, die mit der für unser Wohlbefinden in normalen Wohnräumen erfahrungsgemäß günstigsten Raumtemperatur von etwa 19° C übereinstimmt.

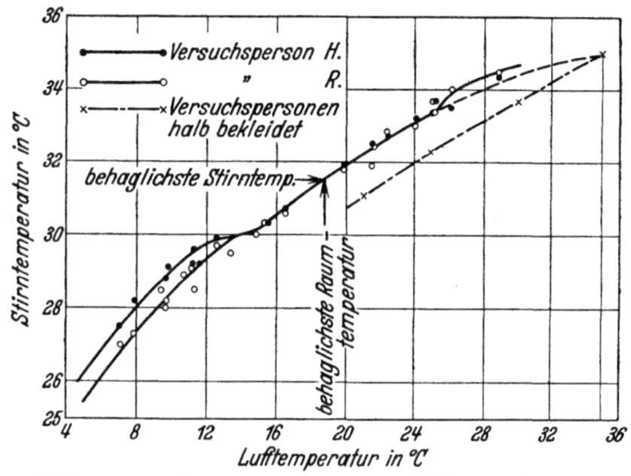

Abb. 276. Stirntemperatur in Abhängigkeit von der Lufttemperatur in ruhiger Luft.

Um zu zeigen, welchen Einfluß die Kleidung auf die Hauttemperatur ausübt, ist in Abb. 276 noch eine Kurve nach Versuchen von Strauss und Schwarz[3] eingezeichnet, bei denen die Stirntemperatur bei einigen Personen mit nacktem Oberkörper in ruhender Luft festgestellt wurde. Die vier Kurvenpunkte entsprechen den Mittelwerten von drei Versuchspersonen. Wegen der Vergrößerung der freien Oberfläche des Körpers liegt die Hauttemperatur gemäß dem Gesetz der Wärmeregelung tiefer als bei normal bekleideten Personen. Durch die Art der Kleidung wird also die

[1] Heymann u. Reichenbach: Beziehungen zwischen Haut- und Lufttemperatur. Zeitschr. f. Hyg. u. Infektionskrankh. Bd. 57 (1907).

[2] Heymann u. Korff-Petersen: Das Verhalten der Hauttemperatur und des subjektiven Empfindens bei verschiedenen Katathermometerwerten. Zeitschr. f. Hyg. u. Infektionskrankh. Bd. 105 (1926).

[3] Strauß u. Schwarz: Die Wirkung abgestufter Windgeschwindigkeiten auf die Hauttemperatur des ruhenden Menschen bei verschiedenen Temperatur- und Feuchtigkeitsgraden der Luft. Zeitschr. f. Hyg. u. Infektionskrankh. Bd. 114 (1932).

Hauttemperatur und damit das Behaglichkeitsempfinden merklich beeinflußt. Besonders bei ungünstigen Umgebungsbedingungen, die dem Körper die Wärmeregelung erschweren, ist die Kleidung von ausschlaggebender Bedeutung für unser Wohlbefinden.

Nach den Messungen von Strauss und Schwarz ist bei 35° C die Stirntemperatur gleich der Lufttemperatur. Auch die Kurve von Reichenbach und Heymann läuft verlängert (in Abb. 276 gestrichelt) etwa auf diesen Punkt hinaus. Dasselbe ist aus Versuchen von Liese[1] zu entnehmen. Weiter geht aus Beobachtungen Rubners[2] hervor, daß bei etwa 35° C der Temperaturunterschied zwischen nackten und bekleideten Hautoberflächen verschwindet. Infolgedessen muß dabei auch die Temperatur der Kleideroberfläche mit derjenigen der Luft übereinstimmen. Sind diese Feststellungen zutreffend, so folgt, daß bei einer Lufttemperatur von 35° C und gleicher Temperatur der Umgebungswände die Wärmeabgabe des Körpers durch Leitung, Konvektion und Strahlung aufhört und nur die Entwärmung durch Schweißverdunstung und in geringem Betrage durch Atmung übrigbleibt.

c) Hauttemperatur in bewegter Luft.

Alle Änderungen der Umgebungsbedingungen, die eine erhöhte Wärmeabgabe des menschlichen Körpers bedingen, haben als Gegenmaßnahme seiner physikalischen Wärmeregelung eine Senkung der Hauttemperatur zur Folge. Diese muß sich also bei gleichbleibender Lufttemperatur in bewegter Luft tiefer als in ruhender Luft einstellen. Damit wird aber zugleich das Behaglichkeitsempfinden geändert. Man hat daher in der Luftbewegung ein Mittel zur Verfügung, um innerhalb bestimmter Temperatur- und Geschwindigkeitsgrenzen unbehagliche Luftzustände in geschlossenen Räumen oder an Arbeitsplätzen in behagliche oder zum mindesten erträgliche zu verwandeln.

Um das gesetzmäßige Verhalten der Hauttemperatur in bewegter Luft zu ermitteln, habe ich die bereits erwähnten Versuche von Heymann und Korff-Petersen bearbeitet. Bei diesen unter Mitwirkung von Weiss durchgeführten Versuchen befanden sich die beiden Personen H. und P., deren Stirntemperaturen gemessen wurden, normal bekleidet im freien Luftstrom bei Temperaturen von $t_L = 12$ bis 27°C und Geschwindigkeiten von $w = 0{,}15$ bis 5,0 m/s. Die Messungen fanden in der kalten Jahreszeit statt.

Für ruhige Luft läßt sich nach meinen Auswertungen der vorliegenden Versuche die Abhängigkeit der Stirntemperatur t_H von der Lufttemperatur t_L durch folgende Annäherungsgleichung darstellen:

$$\frac{t_H}{t_L} = \left(\frac{35}{t_L}\right)^n. \tag{78}$$

Nach dieser Beziehung wird, in Übereinstimmung mit früheren Erörterungen, bei 35° C die Stirntemperatur gleich der Lufttemperatur. Durch Logarithmieren der Gleichung (78) ergibt sich:

$$n = \frac{\log \frac{t_H}{t_L}}{\log \frac{35}{t_L}} \quad (\text{im Mittel } n \sim 0{,}84). \tag{79}$$

Die Größe n, die mit zunehmender Luftgeschwindigkeit abnimmt, ist eine Kennziffer für die Einstellung der Stirntemperatur bei verschiedenen Luftgeschwindigkeiten. Bei Temperaturen unter 14° und über 25° C, bei denen schon in ruhiger Luft Störungen in der Stirntemperaturkurve auftreten, kommen auch in bewegter Luft Abweichungen vom Normalverhalten der Hauttemperatur vor. Der weiteren Be-

[1] Liese: Hauttemperaturmessungen am ruhenden und arbeitenden Menschen unter dem Einfluß schwacher Luftströme. Arch. f. Hyg. Bd. 104 (1930).

[2] Rubner: Handbuch der Hygiene. 8. Aufl. (1907).

arbeitung sind daher nur die Versuchswerte zwischen diesen Temperaturen zugrunde gelegt.

In Abb. 277 sind die Produktwerte $w\,n$ (d. h. Luftgeschwindigkeit mal Kennziffer) in Abhängigkeit von w für die beiden Personen H. und P. aufgetragen. Man ersieht aus der Abbildung, daß man für H. und P. eine einheitliche Kurve zugrunde legen kann. Das ist insofern bemerkenswert, als beide, wohl wegen ihrer sehr verschiedenen Körperkonstitution, bei ruhiger Luft abweichende Stirntemperaturen aufwiesen. Für bewegte Luft erhielten auch Strauß und Schwarz bei ihren Messungen an vier verschiedenen Personen nur sehr geringe Abweichungen der Stirntemperaturen bei gleichen Luftverhältnissen. Man darf also wohl annehmen, daß verschiedene Menschen ziemlich gleichartig auf bewegte Luft reagieren.

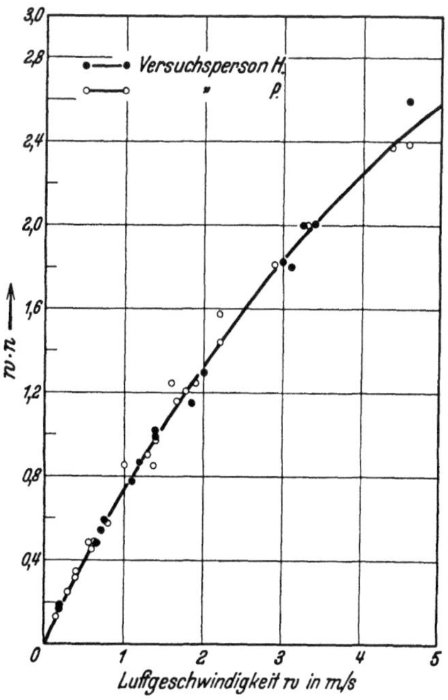

Abb. 277. Abhängigkeit der Werte $w \cdot n$ von der Luftgeschwindigkeit.

Aus der Kurve in Abb. 277 konnte nun in einfacher Weise das Schaubild Abb. 278 hergestellt werden. Es zeigt die Stirntemperatur in Abhängigkeit von der Luftgeschwindigkeit mit der Lufttemperatur als Parameter. Man ersieht daraus, daß die Stirntemperatur von $w = 0{,}2$ m/s ab bei zunehmender Luftgeschwindigkeit um so stärker abfällt, je tiefer die Lufttemperatur liegt. Bei geringer Luftbewegung ($w < 0{,}2$ m/s) dagegen wird die Stirntemperatur bei höherer Lufttemperatur stärker als bei tieferer gesenkt, was wohl auf die vom Temperaturunterschied zwischen Haut und Luft abhängige Eigenkonvektion des Körpers zurückzuführen ist, deren Wirkung bei geringen Lufttemperaturen derjenigen der künstlichen Luftbewegung gleichkommt.

Bei Lufttemperaturen über 30° C wird die Stirntemperatur durch Luftbewegung nur noch wenig gesenkt und bei 35° C wird sie davon überhaupt nicht mehr beeinflußt. Letzteres ist von Strauß und Schwarz durch Messung bei dieser Temperatur bestätigt worden.

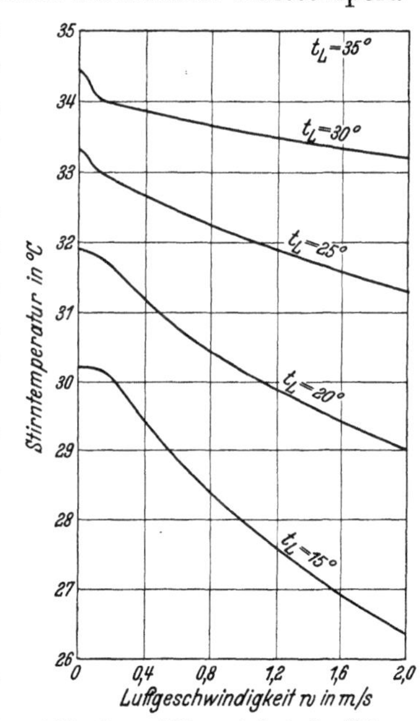

Abb. 278. Abhängigkeit der Stirntemperatur von der Luftgeschwindigkeit bei verschiedenen Lufttemperaturen.

Auf das Behaglichkeitsempfinden in bewegter Luft wird weiterhin im Zusammenhang mit zwei weiteren Behaglichkeitsmaßstäben eingegangen werden.

2. Der Katawert als Behaglichkeitsmaßstab.

a) Das Katathermometer.

Die Hygieniker waren seit langem bemüht, einen objektiven, meßtechnisch leicht feststellbaren Maßstab für die Behaglichkeit bei verschiedenen Umgebungsbedingungen zu finden. Diese Bestrebungen führten den englischen Forscher Leonhard Hill im Jahre 1916 zur Herstellung seines Katathermometers. Das in Abb. 279 dargestellte Instrument ist ein einfaches Alkohol-Stabthermometer, dessen Gefäß 4 cm Länge und 1,8 cm Außendurchmesser besitzt, und auf dessen Stiel nur die beiden Temperaturen 38 und 35° C vermerkt sind. Für den Gebrauch wird das

Thermometer in einem Wasserbade aufgewärmt, wobei der Alkohol bis in die obere Erweiterung emporsteigt. Nach Abtrocknung des anhaftenden Wassers mit einem Tuch wird dann mit Stoppuhr die Zeit ermittelt, die der Alkoholfaden braucht, um von 38 auf 35° C zu fallen. Während der Abkühlungszeit z wird von dem Thermometergefäß, unabhängig von den Umgebungsbedingungen, immer die gleiche Wärmemenge Q (Wasserwert mal Temperaturabfall) abgegeben, die durch Eichung festgestellt und auf dem Stiel eingraviert wird. Diese Wärmemenge wird nach Hill in Milligrammkalorien, bezogen auf 1 cm² Gefäßoberfläche, angegeben. Vernachlässigt man den geringen Wärmefluß vom Gefäß zum Stiel und ferner den geringen Temperaturabfall in der etwa 0,1 mm starken Gefäßwand, so ist:

Abb. 279. Katathermometer.

$$Q = \alpha \cdot \Theta \cdot z \left[\frac{\text{mgcal}}{\text{cm}^2}\right]. \tag{80}$$

Hierin bezeichnet $\Theta = 36{,}5 - t_L$ den mittleren Temperaturunterschied zwischen Gefäßoberfläche und Luft und α die äußere Wärmeübergangszahl in $\frac{\text{mgcal}}{\text{cm}^2 \cdot \text{s} \cdot {}^\circ\text{C}}$. Für den Quotienten Q/z, den wir A nennen wollen, sind verschiedene Bezeichnungen, wie „Katawert“, „Abkühlungsgröße“, „Kühlstärke“ der Luft gebräuchlich. Bei allen Katathermometermessungen handelt es sich immer um die Ermittlung des Katawertes (Abkühlungsgröße) A. Er ist:

$$A = \frac{Q}{z} = \alpha \cdot \Theta = \alpha \cdot (36{,}5 - t_L). \tag{81}$$

Für die Wärmeübergangszahl ist nach Hill für ruhige Luft der konstante Wert

$$\alpha = 0{,}27$$

einzusetzen. Diese Angabe ist aber nicht zutreffend, denn α muß nach der Lehre vom Wärmeübergang von dem Temperaturunterschied Θ abhängen. Nach Hills und eigenen Versuchen in ruhiger Luft fand ich:

$$\alpha = 0{,}22\, \Theta^{0,06}.$$

Für bewegte Luft mit der Strömungsgeschwindigkeit w senkrecht zur Thermometerachse gelten nach Hill die empirischen Gleichungen:

$$\left.\begin{aligned} \alpha &= 0{,}20 + 0{,}40\,\sqrt{w} \quad \text{für} \quad w \leqq 1 \\ \alpha &= 0{,}13 + 0{,}47\,\sqrt{w} \quad \text{für} \quad w \geqq 1. \end{aligned}\right\} \tag{82}$$

Diese Gleichungen für α habe ich mit bisher nicht veröffentlichten Versuchen bei Geschwindigkeiten von $w = 0{,}02$ bis $10{,}0$ m/s nachgeprüft und bestätigt gefunden.

Da der Katawert A bei trockener Gefäßoberfläche ermittelt wird, wird er „trockener Katawert“ genannt, im Gegensatz zum „feuchten Katawert“ A_f, den man erhält, wenn das Gefäß während der Messung von einer feuchten Musselinhülle umgeben ist. A_f ist etwa dreimal so groß wie A, weil zu der Wärmeabgabe durch Leitung, Konvektion und Strahlung beim feuchten Instrument noch diejenige durch Verdunstung hinzukommt. Der trockene Katawert ist nur von der Temperatur und Geschwindigkeit der Luft, der feuchte Katawert auch von dem Wasserdampfgehalt der Luft abhängig. Das feuchte Instrument kommt hauptsächlich für Untersuchungen in gewerblichen Betrieben mit hoher Temperatur und Feuchtigkeit in Frage, d. h. wenn der Entwärmungsvorgang zum größten Teil auf die Hautwasserabgabe angewiesen ist.

Es ist nun selbstverständlich, daß man mit dem Katathermometer nur die Wärmeabgabe des Instrumentes bei verschiedenen Luftverhältnissen bestimmen kann. Sollen die an verschiedenen Orten zu ermittelnden Katawerte miteinander vergleichbar sein, so muß immer das gleiche genormte Thermometermodell verwendet werden, damit die Wärmeübergangszahl α unbeeinflußt bleibt. Geringe durch die Herstellung bedingte Änderungen des Wasserwertes finden in der Eichziffer Q ihre Berücksichtigung; sie haben auf α keinen Einfluß.

Das Katathermometer ist demnach kein Meßinstrument für die Entwärmung des menschlichen Körpers, für den andere physikalische Wärmeaustauschbedingungen vorliegen. Man kann aber die bei bestimmten Luftzuständen festgestellten Katawerte mit den dabei herrschenden Behaglichkeitsgraden in Verbindung bringen und so einer Skala der Katawerte eine solche der Behaglichkeit zuordnen. Um einen Überblick über die bei bestimmten Geschwindigkeiten und Temperaturen der Luft geltenden Katawerte zu gewinnen, sind in dem Schaubild Abb. 280 Kurven gleicher Katawerte und außerdem noch gestrichelte Kurven gleicher Stirntemperatur eingezeichnet. Das Schaubild zeigt, daß beide Kurvensysteme zwar einen ähnlichen ansteigenden Verlauf besitzen, daß aber die Katawerte von kleinen Luftgeschwindigkeiten viel stärker beeinflußt werden als die Stirntemperatur, d. h. das Instrument reagiert bei schwacher Luftbewegung auf Änderungen der Luftgeschwindigkeit weit mehr als der menschliche Körper. Dieser Umstand ist zu beachten, weil er zu Fehlschlüssen Veranlassung geben kann.

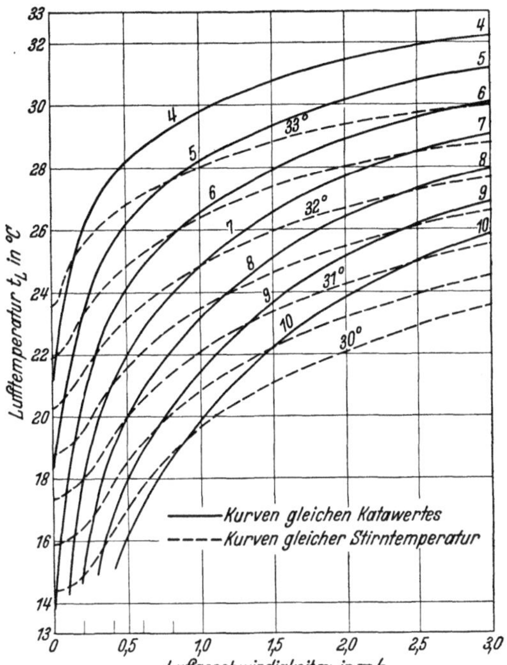

Abb. 280. Kurven gleicher Katawerte und Stirntemperaturen.

b) Trockener Katawert und Behaglichkeit in ruhiger Luft.

Die Hygieniker geben an, daß Katawerte von 4—6 etwa der Behaglichkeitszone bei ruhiger oder leicht bewegter Luft entsprechen sollen. Aus der Abb. 280 ist jedoch zu ersehen, daß diese Angabe nicht ausreicht, um eine Behaglichkeitszone festzulegen, denn Katawerte von 4 oder 6 können bei schwacher Luftbewegung (0 bis 0,1 m/s) durch Raumtemperaturen veranlaßt werden, die sicher nicht mehr als behaglich empfunden werden. Wird jedoch hinzugefügt, daß dabei die Stirntemperatur nicht unter 30,5° C fallen oder über 32,5° C steigen darf, so ist damit die Behaglichkeitszone nach Temperatur und Geschwindigkeit der Luft abgegrenzt; denn am Schnittpunkt der Katawertlinie 4 und der Stirntemperaturlinie 32,5 liegt die Lufttemperatur 22° C und am Schnittpunkt der Katawertlinie 6 und der Stirntemperaturlinie 30,5 die Lufttemperatur 15,9° C. Dieselben Behaglichkeitsgrenzen wurden bereits im Abschnitt über die Hauttemperatur ermittelt.

Der günstigste Katawert von 5 und die günstigste Stirntemperatur von 31,5° C bedingen nach Abb. 280 eine Lufttemperatur von 18,8° C, die, wie ebenfalls früher ermittelt wurde, unserem Wohlbefinden in geschlossenen Räumen und bei natürlicher Luftbewegung am meisten entspricht.

c) Trockener Katawert und Behaglichkeit in bewegter Luft.

Bei den Untersuchungen über die Stirntemperatur in bewegter Luft haben Heymann und Korff-Petersen auch die gleichzeitigen Katawerte der Luft gemessen und das Behaglichkeitsempfinden der beiden Versuchspersonen H. und P. notiert. Dabei ergab sich, daß normales Befinden für H. bei Stirntemperaturen von

30,0 bis 33,5° C und für P. bei 30,3 bis 32,2° C, im Mittel für beide Personen also bei 30,15 bis 32,85° C bestand. Nehmen wir die größte Behaglichkeit in der Mitte des Bereiches an, so kommen wir mit 31,5° C Stirntemperatur in bewegter Luft auf den gleichen Wert wie in ruhiger Luft.

Was die Katawerte anbelangt, so wurde bewegte Luft bei $A < 5$ als zu warm und bei $A > 9{,}5$ als zu kühl empfunden. Da sich nach der Formel $A = \Theta\left(a + b\sqrt{w}\right)$ der gleiche Katawert aus den verschiedensten Kombinationen von Lufttemperatur und Luftgeschwindigkeit ergeben kann, so folgt, daß bei einem bestimmten Katawert Lufttemperaturen vorkommen können, die außerhalb des Behaglichkeitsbereiches liegen. Der oben angegebene Grenzwert $A = 9{,}5$ z. B. kann bei einer Luftgeschwindigkeit von 0,31 m/s durch eine Lufttemperatur von 14° C veranlaßt werden, die schon in ruhiger Luft nicht behaglich wirkt. Der Katawert ist daher keine eindeutige Kennzahl für das Wohlbefinden des Menschen.

Im Gegensatz zu Heymann und Korff-Petersen nehme ich an, daß gerade bei bewegter Luft die Behaglichkeit besser durch die Stirntemperatur als durch den Katawert gekennzeichnet wird, weil das Wärme- oder Kältegefühl in enger Beziehung zur Hauttemperatur steht, und weil verschiedene Menschen auf Luftbewegung ziemlich gleichartig mit der Stirntemperatur reagieren. Größere Unterschiede bei Versuchspersonen kommen eigentlich nur an der oberen Grenze bei schwach bewegter warmer Luft vor. Nachstehend sind die zur günstigsten Stirntemperatur von 31,5° C gehörigen Lufttemperaturen und Katawerte bei verschiedenen Luftgeschwindigkeiten zusammengestellt.

	Ruhige Luft	Luftgeschwindigkeit w in m/s								
		0,1	0,2	0,4	0,6	0,8	1,0	1,2	2	3
t_L	18,8	19,0	19,5	21,0	22,0	22,9	23,5	24,0	25,5	26,7
A	5,0	5,7	6,4	7,0	7,3	7,6	7,8	8,0	8,8	9,3
$B = t_L/A$	3,76	3,33	3,05	3,00	3,01	3,02	3,02	3,00	2,90	2,87

Der in der letzten Reihe der Tabelle gebildete Wert $B = t_L/A$ ist viel weniger mit t_L und w veränderlich als der Katawert selbst, und er ist sogar bei Geschwindigkeiten von 0,2 bis 1,2 m/s, die hauptsächlich für die Lüftungstechnik in Frage kommen, nahezu konstant. Auch bei anderen Stirntemperaturen ändert sich die Größe B nur wenig. Bei einer graphischen Darstellung gemäß Abb. 280 hatten die Kurven gleicher B-Werte einen ganz ähnlichen Verlauf wie die Kurven gleicher Stirntemperatur. Ich glaube daher, daß man die Größe B zur Beurteilung der Behaglichkeit und Festlegung ihres Bereiches mit mehr Recht als den Katawert benutzen darf.

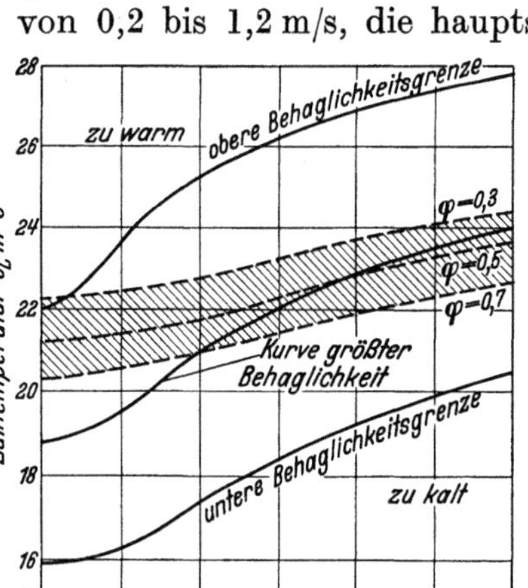

Abb. 281. Behaglichkeitsbereich bei bewegter Luft.

Nach den Beobachtungen von Heymann und Korff-Petersen erhält man für die Behaglichkeitszone als unteren Grenzwert etwa $B = 2$ und als oberen etwa $B = 5$. Mit diesen Zahlen habe ich mittels der Formeln (81) bis (82) die untere und obere Grenzkurve für Geschwindigkeiten von 0,4 bis 1,2 m/s berechnet und dann nach den etwas höheren Grenzwerten 2,65 und 5,5 für ruhige Luft hin extrapoliert. Diese Kurven sind in Abb. 281 dargestellt und die dazugehörigen Zahlenwerte in der folgenden Tabelle zusammengefaßt. Es ergibt sich, daß die aus den gesetzmäßigen Zusammenhängen mit $B = 2$ und $B = 5$ ermittelten Stirntemperaturen den Beobachtungswerten für den Behaglichkeitsbereich in bewegter Luft (30,15 bis 32,85° C) sehr nahe kommen. Die in Abb. 281 eingezeichnete mittlere Kurve entspricht der Stirntemperatur 31,5° C und somit der größten Behaglichkeit. Das schraffierte Band wird bei Besprechung der effektiven Temperatur erläutert werden.

		Ruhige Luft	Luftgeschwindigkeit w in m/s						
			0,1	0,2	0,4	0,6	0,8	1,0	1,2
Obere Behaglichkeitsgrenze	Lufttemp. t_L	22,0	22,6	23,75	25,3	26,2	26,9	27,4	27,8
	Katawert A	4,0	4,5	4,8	5,1	5,3	5,4	5,5	5,6
	$B = t_L/A$	5,5	5,0	5,0	5,0	5,0	5,0	5,0	5,0
	Stirntemp. t_H	32,5	32,5	32,6	32,75	32,8	32,8	32,8	32,8
Größte Behaglichkeit	Lufttemp. t_L	18,8	19,0	19,5	21,0	22,0	22,9	23,5	24,0
	Katawert A	5,0	5,7	6,4	7,0	7,3	7,6	7,8	8,0
	$B = t_L/A$	3,75	3,35	3,0	3,0	3,0	3,0	3,0	3,0
	Stirntemp. t_H	31,5	31,5	31,5	31,5	31,5	31,5	31,5	31,5
Untere Behaglichkeitsgrenze	Lufttemp. t_L	15,9	16,0	16,3	17,4	18,4	19,2	19,9	20,5
	Katawert A	6,0	6,7	7,6	8,7	9,2	9,6	10,0	10,3
	$B = t_L/A$	2,65	2,4	2,15	2,0	2,0	2,0	2,0	2,0
	Stirntemp. t_H	30,5	30,5	30,5	30,3	30,2	30,15	30,1	30,1

Die bisher mit Recht gegen das Katathermometer erhobenen Einwände werden hinfällig, wenn man statt des Katawertes A die Größe $B = t_L/A$ als Maßstab für die Behaglichkeit verwendet. Versuchstechnisch ist diese Größe sehr leicht zu ermitteln, da bei Bestimmung des Katawertes die Lufttemperatur ohnehin gemessen wird, um nach Gleichung (81) und (82) die Luftgeschwindigkeit berechnen zu können. Der besondere Vorzug des Instrumentes liegt gerade darin, daß man mit ihm in einfachster Weise auch sehr kleine Luftgeschwindigkeiten bestimmen kann, die von Anemometern wegen ihrer zu hohen Anlaufgeschwindigkeit nicht mehr angezeigt werden. Ferner braucht man nicht die horizontale Richtung der Luftbewegung im Raum zu kennen, was für Anemometermessungen erforderlich ist.

Aus den vorstehenden Darlegungen folgt, daß man im Katathermometer ein wertvolles Instrument für heizungs- und lüftungstechnische Untersuchungen besitzt. Die Verteilung der Luftbewegung im Raum, Zugerscheinungen und die auf die Rauminsassen treffenden Luftgeschwindigkeiten können damit leicht festgestellt werden; schließlich dürfen aus den Katawerten in Verbindung mit der Lufttemperatur auch Schlüsse auf die Behaglichkeitswirkung der Luftverhältnisse auf den Menschen gezogen werden.

3. Die effektive Temperatur als Behaglichkeitsmaßstab.

In Amerika hat man vor etwa 10 Jahren mit der sog. effektiven Temperatur einen rein subjektiven Maßstab für die Behaglichkeitswirkung verschiedener Luftzustände aufgestellt. Man versteht darunter die Temperatur einer mit Wasserdampf gesättigten Luft ($\varphi = 1{,}0$), die das gleiche Temperaturgefühl auslöst wie der Luftzustand, dessen Behaglichkeit anzugeben ist. Einer bestimmten Raumluft wird z. B. die effektive Temperatur $t_{\text{eff}} = 20°$ C zugeordnet, wenn sie auf die Mehrzahl der Menschen gleich behaglich wirkt wie gesättigte Luft von 20° C. Die zu verschiedenen Luftzuständen gehörigen effektiven Temperaturen sind durch Massenversuche an vielen Personen festgestellt worden, und die Ergebnisse dieser Untersuchungen hat man in Zahlentafeln und Kurvenblättern niedergelegt[1]. Als Beispiel eines solchen Kurvenblattes, das für normal gekleidete und sehr leicht tätige Rauminsassen bei

[1] Houghteen and Yagloglon: Determining lines of equal comfort. Trans. Amer. Soc. of heat. a. ventil. engineers Bd. 29 (1923) S. 163.

ruhiger Luft gilt, soll Abb. 282[1] dienen. Über ein Liniennetz, das alle Größen zur Kennzeichnung des Raumluftzustandes enthält, sind noch Linien gleicher effektiver Temperatur gelegt. Diese laufen auf der Sättigungslinie durch den Schnittpunkt der Temperatur des trockenen und feuchten Thermometers gemäß der oben gegebenen Definition für die effektive Temperatur. Innerhalb des Schaubildes liegt die eigentliche Behaglichkeitszone der Amerikaner zwischen den effektiven Temperaturen 17 und 21° C und den relativen Feuchtigkeiten von 40 und 70 vH, die später auf 30

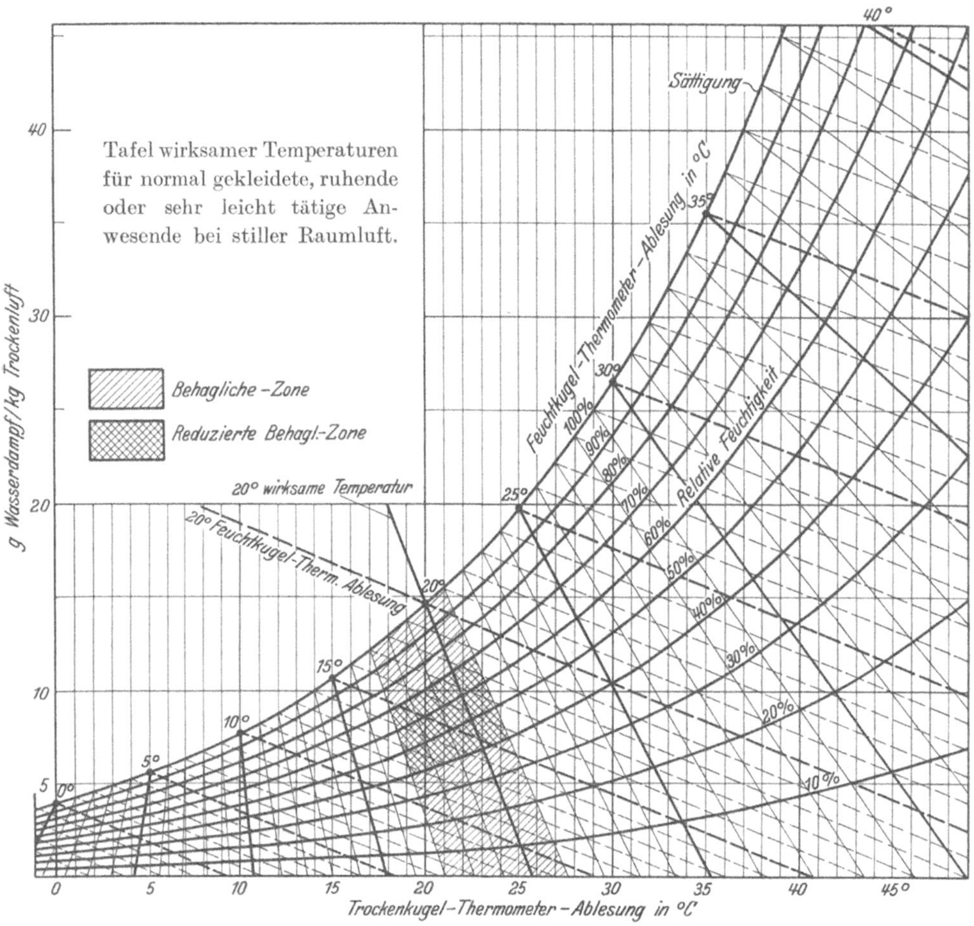

Abb. 282. Psychrometertafel. (Nach „A. S. H. V. E.-Guide“ 1930.)

und 60 vH abgeändert wurden. Zur günstigsten Behaglichkeitslinie von $t_{\text{eff}} = 19°$ C gehören in ruhiger Luft:

$$\begin{aligned} &\text{bei } \varphi = 0{,}7: \quad t = 20{,}3° \text{ C},\\ &\text{,,} \quad \varphi = 0{,}5: \quad t = 21{,}2° \text{ C},\\ &\text{,,} \quad \varphi = 0{,}3: \quad t = 22{,}3° \text{ C}. \end{aligned}$$

Diese Werte gelten für den Winter. Die behaglichste Raumtemperatur von 21,2° C liegt um $2^1/_2$° C höher als bei uns, denn wir fanden dafür den Wert von 18,8° C. Dieser Unterschied ist bezeichnend für das durch Klima, Rasse, Gewohnheit, Kleidung bedingte abweichende Temperaturempfinden anderer Völker.

Gleiche Schaubilder wie für ruhige Luft sind von den Amerikanern auch für bewegte Luft entworfen worden. Die für $t_{\text{eff}} = 19°$ C daraus entnommenen günstigsten Lufttemperaturen bei 30, 50 und 70 vH relativer Feuchtigkeit sind in Abb. 281 in

[1] Entnommen aus Rybka: Amerikanische Heizungs- und Lüftungspraxis. Berlin: Julius Springer 1932.

Abhängigkeit von der Luftgeschwindigkeit dargestellt (gestrichelte Kurven). Man erhält dabei das überraschende Ergebnis, daß im Gegensatz zu ruhiger Luft das Behaglichkeitsempfinden der Amerikaner bei bewegter Luft sich dem für deutsche Verhältnisse ermittelten sehr nähert. Nur liegen die behaglichsten Luftzustände nicht auf einer Kurve, sondern auf einem Band von etwa 2° C Temperaturbreite.

Auffällig ist bei der effektiven Temperatur als Maßstab des Wohlbefindens der große, schon bei normalen Raumtemperaturen vorhandene Einfluß der relativen Feuchtigkeit, der nach unseren Anschauungen erst bei Temperaturen außerhalb des Behaglichkeitsbereiches stärker hervortritt, denn es ist bekannt, daß sowohl tiefe als hohe Temperaturen um so unbehaglicher wirken, je feuchter die Luft ist. Der amerikanische Behaglichkeitsmaßstab ist daher mehrfach angezweifelt worden. So schreibt Strauß[1]: „In der Zurückführung des jeweils bestehenden Klimas auf einen anderen Temperaturzustand bei feuchtigkeitsgesättigter Luft liegt eine nicht zu übersehende Schwäche des ganzen Systems. Denn eine feuchtigkeitsgesättigte Atmosphäre wird niemals angenehm empfunden, das Temperaturgefühl versagt hier am ehesten, weil unter diesen Umständen dem Wasserdampf im Verhältnis zu den anderen Faktoren der Wärmeentziehung eine überragende Bedeutung zukommt.

4. Einfluß des Außenklimas auf das Behaglichkeitsempfinden in Innenräumen.

Bei Aufstellung von Behaglichkeitskurven für den praktischen Gebrauch in der Heizungs- und Lüftungstechnik muß der Einfluß des Außenklimas auf das Temperaturempfinden beachtet werden. Da sich die Menschen in der Kleidung, Nahrungsaufnahme, Betätigung im Freien usw. der Jahreszeit anpassen und sich so in einer dauernden Akklimatisierung an die Außenluftzustände befinden, so ist es selbstverständlich, daß dabei auch das Behaglichkeitsempfinden Änderungen erfährt.

Die von mir bearbeiteten Versuche von Heymann und Korff-Petersen fanden in der kalten Jahreszeit statt. Daher gilt der daraus abgeleitete Behaglichkeitsbereich in Abb. 281 auch nur für den Winter. Für den Lüftungsbetrieb im Sommer müssen die Kurven dieser Abbildung nach oben verlegt werden. Leider fehlt es an systematischen Versuchen über die Behaglichkeit bei bewegter Innenluft in der warmen Jahreszeit. Einen Anhalt gewähren Beobachtungen an der Hörsaallüftung der Versuchsanstalt für Heiz- und Lüftungswesen[2], die sich auf die einzuhaltenden Innentemperaturen bei verschiedenen Außentemperaturen im Sommer beziehen. Von den etwas streuenden Versuchszahlen sind nur die oberen Grenzwerte in Abb. 283 graphisch dargestellt. Eine zweite Kurve zeigt die Innentemperaturen, die man in der amerikanischen Praxis bei der Theaterlüftung anwendet[3]. Die höhere Lage dieser Kurve ist auf die Anpassung der Amerikaner an die größere Sommerhitze zurückzuführen. Beide Kurven gelten für eine relative Feuchtigkeit der Innenluft von 50 bis 60 vH.

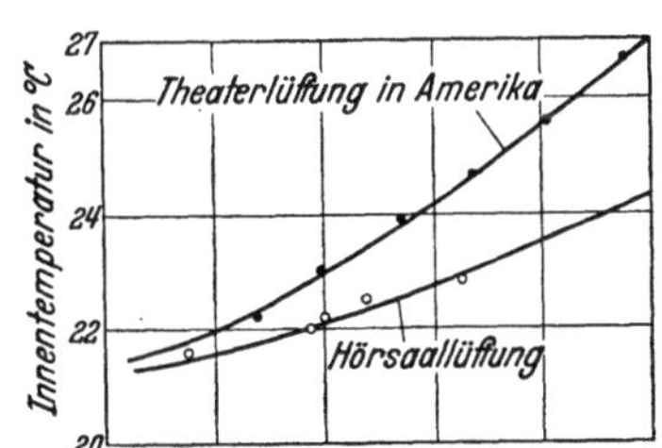

Abb. 283. Innentemperatur in Abhängigkeit von der Außentemperatur.

Da wir im Hörsaal unserer Versuchsanstalt bei 8—10fachem Luftwechsel mit einer Luftgeschwindigkeit von 0,2 m/s am menschlichen Körper rechnen, würde nach Abb. 281 die günstigste Innentemperatur im Winter bei 19,5° C liegen. Im Sommer bei 20 bis 32° C

[1] Strauß: Klima und Arbeit. 1. Mitteilung. Methodische Voruntersuchungen. Arch. f. Gewerbepath. u. Gewerbehyg. Bd. 1 (1930).

[2] Brabbée: Vorläufige Betriebsergebnisse der Lüftung im Hörsaal der Prüfanstalt für Heiz- und Lüftungsanlagen. Gesundheits-Ing. Bd. 38 (1915).

[3] Berestneff: Neue amerikanische Heizungs-, Kühlungs- und Lüftungsmethoden für große öffentliche Räume. Gesundheits-Ing. 1932.

Außentemperatur würde daher nach Abb. 282 im Mittel eine um rund 3° C höhere Innentemperatur als im Winter einzuhalten sein. Nach amerikanischen Versuchen[1] liegt die behaglichste Innentemperatur im Sommer um 3,2° C höher als im Winter, und zwar bei einer Luftgeschwindigkeit von 0,1 m/s. Diese Feststellungen stimmen gut überein mit englischen Forschungsergebnissen[2], nach denen im Sommer der Katawert durchschnittlich um den Betrag 1,0 tiefer liegen soll als im Winter. Benutzen wir diese Angaben zur Umrechnung unserer winterlichen Behaglichkeitswerte für den Sommer, so ergibt sich folgende Tabelle für die günstigsten Lufttemperaturen in beiden Jahreszeiten.

		ruhige Luft	Luftgeschwindigkeit w in m/s						
			0,1	0,2	0,4	0,6	0,8	1,0	1,2
Sommer	A	4,0	4,7	5,4	6,0	6,3	6,6	6,8	7,0
	t_L	22,0	22,1	22,3	23,3	24,2	24,7	25,2	25,7
Winter	A	5,0	5,7	6,4	7,0	7,3	7,6	7,8	8,0
	t_L	18,8	19,0	19,5	21,0	22,0	22,9	23,5	24,0

Es erübrigt sich, auch die obere und untere Behaglichkeitsgrenze der Abb. 281 in derselben Weise auf den Sommer umzurechnen; denn im praktischen Lüftungsbetriebe wird man sich möglichst nach der Kurve größter Behaglichkeit zu richten haben, weil an den Grenzen schon Abweichungen im Temperaturempfinden verschiedener Menschen vorkommen.

5. Wärme- und Wasserdampfabgabe des menschlichen Körpers.

a) Wärmeabgabe.

Aus dem Abschnitt über die Wärmeregelung des menschlichen Körpers wissen wir, aus welchen Teilbeträgen sich dessen Gesamtwärmeabgabe zusammensetzt. Bezeichnen wir die auf Leitung, Konvektion und Strahlung entfallende „trockene Wärme" mit Q_{tr} und die auf die Verdunstung der abgegebenen Feuchtigkeit entfallende „feuchte Wärme" mit Q_f, so ist die Gesamtwärmeabgabe:

$$Q = Q_{tr} + Q_f .$$

Die beiden Summanden Q_{tr} und Q_f sind durch Versuche im Forschungsinstitut der amerikanischen Heizungs- und Lüftungsingenieure bei verschiedenen Lufttemperaturen und Luftgeschwindigkeiten ermittelt worden. Aus einer von A. Berestneff[3] mitgeteilten Zusammenstellung der Werte läßt sich folgende Tabelle für Q_{tr}, Q_f und Q für ruhige Luft und Luftbewegung von $w = 1{,}0$ m/s ableiten. Sie gilt für einen

Luftbewegung	Wärmeabgabe kcal/h	Lufttemperatur in °C											
		10	12	14	16	18	20	22	24	26	28	30	32
Ruhige Luft	Q_{tr}	117	108	99	91	84	79	73	66	59	50	40	28
	Q_f	18	18	18	18	20	23	28	35	42	51	59	70
	$Q = Q_{tr} + Q_f$	135	126	117	109	104	102	101	101	101	101	99	98
$w = 1{,}0$ m/s	Q_{tr}	130	121	112	104	96	89	83	75	69	59	47	32
	Q_f	16	16	16	16	16	17	21	27	33	42	52	66
	$Q = Q_{tr} + Q_f$	146	137	128	120	112	106	104	102	102	101	99	98

[1] The American Society of Heating and Ventilating Engineers Guide 1932.

[2] Vernon, Bedford and Warner: The influence of cooling power and of variability of air current an sensations of air movement. Med. Rev. Council Report 1926, Nr 100.

[3] Berestneff: Neue amerikanische Heizungs-, Kühlungs-, und Lüftungsmethoden für große öffentliche Räume. Gesundheits-Ing. 1932.

normal bekleideten, sitzenden Mann bei leichter Betätigung. Die Tabellenwerte sind in Abb. 284 für ruhige Luft graphisch dargestellt. Zum Vergleich zeigt die gestrichelte Kurve die Gesamtwärmeabgabe Q bei $w = 1{,}0$ m/s.

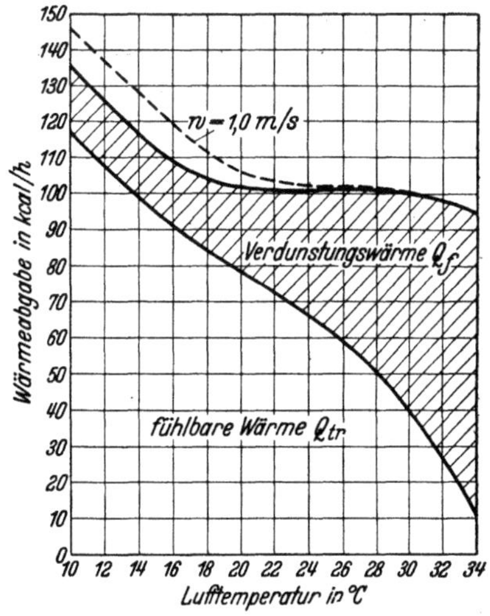

Abb. 284. Stündliche Wärmeabgabe des menschlichen Körpers in Abhängigkeit von der Lufttemperatur.

Aus dem Schaubild ist zu ersehen, daß die Gesamtwärmeabgabe des Körpers bei ruhiger Luft über einen großen Temperaturbereich hin konstant bleibt und etwa 100 kcal/h beträgt. Dieser Wert wird allgemein als Normalwärmeabgabe des nicht körperliche Arbeit verrichtenden Menschen bei lüftungstechnischen Berechnungen zugrunde gelegt. Für gewerbliche Betriebe kann man bei mittlerer körperlicher Arbeit mit 200 bis 250 kcal/h und bei schwerer bis schwerster Arbeit mit 400 bis 500 kcal/h für den Arbeiter rechnen. Bei der Luftgeschwindigkeit $w = 1{,}0$ m/s ist nach Abb. 284 die Wärmeabgabe bei Temperaturen unter 18° C um rund 10 bis 15 vH größer als bei ruhiger Luft, und es ist schon eine um mehrere Grade höhere Temperatur als bei ruhiger Luft erforderlich, um an die normale Wärmeabgabe von etwa 100 kcal/h heranzukommen. Dasselbe wurde früher hinsichtlich des Einflusses der Temperatur und Bewegung der Luft auf die Behaglichkeit festgestellt. Bei Temperaturen über 30° C wird die Gesamtwärmeabgabe durch Luftbewegung nicht mehr geändert. Ähnliches ergab sich für die Einstellung der Hauttemperatur, die durch bewegte Luft von über 30° C nur wenig beeinflußt wird.

b) Wasserdampfabgabe.

Bei lüftungstechnischen Berechnungen, zumal für dichtbesetzte Räume, muß man nicht nur die Wärmeabgabe der Menschen, sondern auch ihre Wasserdampfabgabe in Rechnung stellen. Bezeichnen wir die stündliche Feuchtigkeitsabgabe mit G in g/h, so ist:

$$G = \frac{Q_f}{r} \cdot 1000 \left[\frac{\text{g}}{\text{h}}\right].$$

$r = 595 - 0{,}54\,t$ = Verdampfungswärme in kcal/kg. Bei einer Oberflächentemperatur des Körpers von 25 bis 35° C können wir mit einem mittleren Wert von $r = 580$ kcal/kg rechnen.

Dann erhält man aus den für Q_f bereits mitgeteilten Werten folgende Tabelle für die abgegebenen Wasserdampfmengen in g/h bei einer relativen Feuchtigkeit der Luft von 30 bis 70 vH.

	Lufttemperatur in °C										
	10	12	14	16	18	20	22	24	26	28	30
Ruhige Luft	31	31	31	31	34	40	48	60	73	88	102
$w = 1{,}0$ m/s	28	28	28	28	28	29	36	47	57	73	90

Die vom Menschen abgegebene Feuchtigkeitsmenge bleibt bei Temperaturen unterhalb der unteren Behaglichkeitsgrenze konstant. Daher steigt die Gesamtwärmeabgabe dann rasch mit abnehmender Temperatur an. Nach Abb. 281 liegt die untere Behaglichkeitsgrenze bei ruhiger Luft bei 16° C und bei $w = 1{,}0$ m/s bei 20° C, also ganz in Übereinstimmung mit den Temperaturen, bei denen die Regelung der Wasserdampfabgabe aufhört.

Bei der Lüftung im Winter kann man mit einer Wasserdampfabgabe je Person von rund 40 g/h und bei derjenigen im Sommer, bei etwa 3° C höherer Raumtemperatur, mit rund 50 g/h bei einer Luftgeschwindigkeit am Menschen von $w = 0{,}2$ m/s rechnen.

D. Durch die Atmung vermittelte Einflüsse der Umgebungsluft auf den menschlichen Körper.

1. Die Bedeutung der Kohlensäure.

Bei den Wechselwirkungen zwischen der Raumluft und dem menschlichen Körper, von denen die an der Haut sich abspielenden physikalischen Vorgänge bereits behandelt sind, spielt noch die Atmung eine wichtige Rolle. Sie führt Umgebungsluft mit ihren chemischen Bestandteilen (Sauerstoff, Kohlensäure, Stickstoff, Argon) und mit ihren Beimengungen (Wasserdampf, Geruchsstoffe, Staub, Kleinlebewesen) durch die Atmungswege in die Lungen. Hier wird der Atemluft ein Teil des Sauerstoffes entzogen und dafür Kohlensäure an sie abgegeben. Die Atmung dient der Aufrechterhaltung der im Körper stattfindenden Verbrennungsvorgänge, denen sie den erforderlichen Sauerstoff liefert. Wenn wir vom Wasserdampf absehen, so ist nach Vernon[1] die Zusammensetzung der ein- und ausgeatmeten Luft in Volumprozenten die folgende:

	Eingeatmete Frischluft	Ausgeatmete Luft
Sauerstoff	21,0 vH	16,5 vH
Kohlensäure	0,04 „	4,0 „
Stickstoff, Argon	79,0 „	79,5 „

Der Kohlensäuregehalt der ausgeatmeten Luft ist 100 mal so groß wie derjenige der Außenluft. Stellt man die Forderung, daß er im Raum nicht über 0,14 vH ansteigen darf, so läßt sich aus dem normalen Atemluftvolumen eines Erwachsenen von 0,5 m³/h und den angegebenen CO_2-Prozenten die einer Person zuzuführende Luftmenge berechnen. Sie beträgt:

$$L = \frac{4 \cdot 0{,}5}{0{,}14 - 0{,}04} = \frac{2}{0{,}10} = 20\,\text{m}^3/\text{h}.$$

Die zeitliche Zunahme des CO_2-Gehaltes in einem Raum unter der Einwirkung von Kohlensäurequellen (Menschen, Gaslampen usw.) ist an anderer Stelle (S. 204—206) behandelt worden.

Wenn auch infolge der Atmung der Menschen die Luft bewohnter Räume ärmer an Sauerstoff und reicher an Kohlensäure wird, so werden durch diese Änderungen in der Zusammensetzung der Luft doch niemals schädigende Wirkungen auf die Gesundheit der Rauminsassen ausgeübt; denn die Abnahme des Sauerstoffes müßte viel größere Beträge erreichen, um nachteilig zu wirken, und die Schädlichkeitsgrenze der Kohlensäure liegt mit 4 vH weit von dem selbst in überfüllten Räumen erreichbaren Wert entfernt. Trotzdem hat der CO_2-Gehalt der Luft hygienisch eine große Bedeutung. Er dient:

1. als Maßstab für die Luftverschlechterung,
2. zur Bestimmung des Luftwechsels.

Pettenkofer hat den Kohlensäuremaßstab nicht deshalb eingeführt, weil er die Kohlensäure für schädlich hielt, sondern weil er erkannte, daß gleichlaufend mit der CO_2-Zunahme der Raumluft diese durch andere vom Menschen herrührende, üblen Geruch verbreitende Ausdünstungs- und Zersetzungsstoffe („Ekelstoffe") verdorben wird. Mit der Kohlensäuremessung wollte er lediglich den Grad der Luft-

[1] Vernon: The Principles of Heating and Ventilation, S. 128. London: Edward Arnold & Co. 1934.

verschlechterung und den Luftwechsel bestimmen, eine Methode, die auch heute noch zu diesem Zweck benutzt wird.

2. Die Bedeutung des Wasserdampfes.

Die Vorgänge innerhalb der Atmungsorgane, an denen der Wasserdampf beteiligt ist, sind rein physikalischer Natur, denn es handelt sich dabei nur um eine Zustandsänderung feuchter Luft, die von ihrem Einatmungszustand auf etwa 35° C erwärmt und auf 95 vH gesättigt wird[1]. Hierbei muß eine vom Wasserdampfgehalt der Umgebungsluft abhängige Feuchtigkeitsmenge von den Atmungsorganen abgegeben werden, beispielsweise:

bei trockener Zimmerluft ($t = 20°$ C, $\varphi = 0{,}25$): $37{,}6 - 4{,}3 = 33{,}3$ g/m³,

„ kalter Außenluft ($t = -10°$ C, $\varphi = 0{,}90$): $37{,}6 - 1{,}9 = 35{,}7$ g/m³.

Merkwürdig ist nun, daß bei der Zimmerluft meist über große Trockenheit der Luft geklagt wird, während bei der noch mehr Wasserdampfabgabe erfordernden Außenluft eine Austrocknungswirkung auf die Atmungsorgane nicht verspürt wird. Auf diesen Widerspruch hat v. Gonzenbach[2] aufmerksam gemacht. Das Gefühl der Trockenheit der Luft kann also nicht mit dem Wasserdampfgehalt der Luft zusammenhängen. Die Hygieniker sind sich darüber einig, daß man bei Klagen über zu trockene Raumluft den Staubgehalt derselben dafür verantwortlich machen muß. Sie stellen daher die Forderung, den Staub in der Wohnung mit allen Mitteln zu bekämpfen und ihn besonders von den Heizvorrichtungen, an denen er durch Konvektionsströme am meisten aufgewirbelt wird, zu entfernen.

Wenn als Grenzwerte der relativen Feuchtigkeit in Aufenthaltsräumen 30 bis 70 vH angegeben werden, so hat diese Vorschrift auch mit Rücksicht auf den Staub ihre Berechtigung. Da dieser sehr hygroskopisch ist, nimmt er je nach dem Feuchtigkeitsgehalt der Luft mehr oder weniger Wasser auf. Bei zu trockener Raumluft ist auch der Staub trocken, leicht und flugfähig und gibt daher eher zu Reizwirkungen auf die Atmungsorgane Veranlassung als bei feuchterer Luft.

Von der Verwendung besonderer Luftbefeuchter in beheizten Räumen wird seitens der Hygieniker abgeraten, weil diese Apparate nur eine geringe Wirkung haben und bei nicht sauberer Behandlung leicht zu einer Luftverschlechterung führen können.

3. Die Bedeutung der sonstigen Beimengungen der Luft.

Außer dem Wasserdampf sind in der Luft ständig noch Staub und Kleinlebewesen (Bakterien, Hefe- und Schimmelpilze) in sehr wechselnden Mengen enthalten. Diese organischen und anorganischen Beimengungen der Luft, die als kleinste Teilchen sich auch bei schwächster Luftbewegung noch schwebend halten, tragen ebenso wie die bereits erwähnten Geruchsstoffe zur Verschlechterung der Raumluft bei. Sie sind in der Luft unserer Wohnungen und vor allem in derjenigen stärker besetzter Räume in viel größerer Zahl vorhanden als in reiner Außenluft. Die Reizwirkung des Staubes auf die Atmungsorgane ist bekannt. Ist er organischer Herkunft, so besteht noch die Möglichkeit seiner Verschwelung auf Heizflächen oder seiner Zersetzung durch die ihm anhaftenden Fäulniserreger, wodurch auch in schwach besetzten Räumen unangenehme Gerüche entstehen können. Als gesundheitsgefährdend sind diese Beimengungen der Luft im allgemeinen nicht zu betrachten. Nur da, wo mit Erregern ansteckender Krankheiten in größerer Menge zu rechnen ist, sind be-

[1] Loewy: Über Klimatophysiologie. Leipzig: Georg Thieme 1931.

[2] Hottinger u. v. Gonzenbach: Die Heiz- und Lüftungsanlagen in den verschiedenen Gebäudearten. Berlin: Julius Springer 1929.

sondere Vorsichtsmaßnahmen geboten. Ferner können die in manchen gewerblichen Betrieben auftretenden Staubarten zu ernsten Gesundheitsschädigungen der Arbeiter führen. Solche Staubarten sollen daher möglichst an den Stellen ihrer Entstehung sogleich durch Absaugung entfernt werden.

Dem Eindringen von Außenluftstaub in künstlich belüftete Räume ist durch Einbau von Staubfiltern an den Luftentnahmestellen zu begegnen.

Eine Raumluft, die durch menschliche Ausdünstungs- und Zersetzungsstoffe stark verschlechtert ist und bei Betreten des Raumes sofort unangenehm auffällt, hat auch nachteilige Wirkungen auf die Rauminsassen. Solche Luft führt zu einer verflachten Atmung und zu ungenügender Sauerstoffzufuhr in die Lungen, also zu einer Abschwächung der inneren Verbrennungsvorgänge des Körpers. Die Folge davon ist eine Verminderung des Appetites und Schädigung des Allgemeinbefindens, was bei Menschen, die sich viel in verdorbener Luft aufhalten, meist durch bleiches, ungesundes Aussehen zum Ausdruck kommt.

Für die im Zusammenhang mit dem Problem der Luftverschlechterung eine Zeitlang aufgetauchte Theorie von einem schädlichen Atemgift in der Luft besetzter Räume hat sich bisher kein Gültigkeitsbeweis erbringen lassen.

E. Ergänzende hygienische Betrachtung zur Frage der Raumbeheizung.

Die vorstehenden Ausführungen über die hygienischen Grundlagen unseres Faches haben sich hauptsächlich mit folgenden Fragen beschäftigt:

1. Welche Einflüsse werden von verschiedenen Raumluftverhältnissen auf den menschlichen Körper ausgeübt?

2. Wie muß das sog. „Raumklima“, zu dem Temperatur, Feuchtigkeit, Bewegung und auch Reinheit der Luft gehören, beschaffen sein, damit größte Behaglichkeit für den Menschen erzielt wird?

Soweit diese Fragen beantwortet werden konnten, waren damit auch die Anforderungen gekennzeichnet, die hygienischerseits an die Heizung und Lüftung von Räumen zu stellen sind. Die technischen Mittel und Wege, über die unser Fach zur Erfüllung der hygienischen Ansprüche verfügt, sind im Hauptteil des Buches behandelt worden und brauchen hier nicht nochmals besprochen zu werden. Nur auf eine für die Beheizung von Räumen wichtige hygienische Frage, die bisher nicht erörtert wurde, soll noch kurz eingegangen werden.

Die Tatsache, daß bei der Gesamtwärmeabgabe des menschlichen Körpers ein größerer Teilbetrag auf die Wärmeabgabe durch Strahlung entfällt, bedingt, daß das Behaglichkeitsempfinden in einem beheizten Raum abhängig sein muß:

1. von der Temperatur der Umschließungsflächen (Wände, Decke, Fußboden),
2. von der Oberflächentemperatur der Heizvorrichtungen.

Wie die Behaglichkeit von der Oberflächentemperatur der Wände bei einem mit Warmwasser oder Gas beheizten Raum beeinflußt wird, zeigen die folgenden Versuchswerte von M. Fishenden[1] über die zusammengehörigen mittleren Wand- und Raumtemperaturen, bei denen sich die Versuchspersonen am behaglichsten fühlten:

Mittlere Temperatur in °C		Temperatur-unterschied
der Raumluft	der Wände	
19,5°	16,1°	3,4°
18,9°	17,1°	1,8°
18,3°	18,3°	—

[1] Fishenden, M.: The Heating of Rooms, Fuel Research Board. Technical Paper No. 12. London 1925.

Eine behagliche Temperatur in beheizten Räumen von etwa 19° C, wie sie sich aus den Stirntemperaturmessungen von Heymann und Korff-Petersen ergab, würde demnach eine um etwa 2° C tiefere mittlere Temperatur der Raumwände voraussetzen. Da der Temperaturunterschied zwischen Wand und Luft bei normalen Außenwänden wesentlich größer als 2° C ist, so folgt, daß ein Raum mit mehreren Außenwänden eine höhere Lufttemperatur als 19° C braucht, um behaglich zu wirken.

Ferner darf gefolgert werden, daß die Behaglichkeitstemperatur in dem gleichen Raum bei Niederdruckdampfheizung wegen der höheren Strahlung etwas tiefer liegen wird als bei Warmwasserheizung.

Das Problem der Strahlungswirkungen auf die Behaglichkeit hat dazu angeregt, Heizsysteme und Heizkörper zu schaffen, die den Rauminsassen mehr Wärme durch Strahlung zuführen, als die bisher übliche Konvektionsheizung mit Radiatoren, bei denen die abgegebene Strahlungswärme nur etwa 25 bis 30 vH beträgt. Wand-, Decken- und Fußbodenheizungen mit eingebetteten Rohren, ferner flache, vor die Wand gesetzte oder in diese eingelassene Plattenheizkörper wurden in den letzten Jahren schon vielfach zur Raumbeheizung, und zwar hauptsächlich im Auslande, benutzt. Zur Anpreisung der Strahlungsheizung gegenüber der Konvektionsheizung wird meist die dabei erzeugte gleichmäßigere Temperaturverteilung im Raum hervorgehoben. Bei dem vorwiegend in England benutzten System der Deckenheizung liegt nun aber die Deckentemperatur mit 40 bis 50° C noch wesentlich höher als bei Verwendung von Konvektionsheizkörpern, und man darf daher wohl annehmen, daß die dabei auf die Köpfe der Anwesenden ausgeübte Strahlungswirkung nicht besonders behaglich sein kann. Günstiger in dieser Hinsicht wird die Fußbodenheizung wirken, die nach Versuchen von Settele[1] eine ganz gleichmäßige vertikale Temperaturverteilung bei 25 bis 30° C Fußbodentemperatur hervorruft.

Die Vor- und Nachteile der verschiedenen Methoden der Strahlungsheizung haben sich aber noch nicht so klar herausgestellt, daß eine zuverlässige Bewertung derselben sowohl in hygienischer als wirtschaftlicher Hinsicht möglich wäre. Die Frage bedarf auch noch der Klärung, wie weit die Konvektion überhaupt ausgeschaltet und durch Strahlung ersetzt werden darf, ohne daß die Behaglichkeit darunter leidet. Ein gewisses Maß von Luftbewegung durch Konvektion ist vielleicht für das menschliche Wohlbefinden sogar erforderlich. Besonders zum Abfangen der an Fenstern und Außenwänden herabfallenden kalten Luft werden Konvektionsheizkörper nie ganz zu entbehren sein.

[1] Settele: Über die Auswirkung verschiedener Heizungsanordnungen auf die Temperaturverteilung im Raum. Ges. Ing. 1933. Nr. 43.

Dritter Teil.

Zahlentafeln.

Zahlentafel 1.

Zahlenwerte für Rechnungen mit feuchter Luft, gültig für einen Barometerstand von 760 mm QS.

1. t, ° C, Lufttemperatur.
2. γ, kg/m³, Spez. Gewicht der trockenen Luft.
3. γ_s, kg/m³, Spez. Gewicht gesättigter feuchter Luft.
4. p_s, mm QS, Sättigungsdruck des Wasserdampfes.
5. x_s, g/kg, Wassergehalt gesättigter feuchter Luft, bez. auf 1 kg tr. Luft.
6. i_s, kal/kg, Wärmeinhalt gesättigter feuchter Luft, bez. auf 1 kg tr. Luft.

t	γ	γ_s	p_s	x_s	i_s
° C	kg/m³	kg/m³	mm QS	g/kg	kcal/kg
−20	1,396	1,395	0,77	0,63	−4,43
−19	1,394	1,393	0,85	0,70	−4,15
−18	1,385	1,384	0,94	0,77	−3,87
−17	1,379	1,378	1,03	0,85	−3,58
−16	1,374	1,373	1,13	0,93	−3,29
−15	1,368	1,367	1,24	1,01	−3,01
−14	1,363	1,362	1,36	1,11	−2,71
−13	1,358	1,357	1,49	1,22	−2,40
−12	1,353	1,352	1,63	1,34	−2,09
−11	1,348	1,347	1,78	1,46	−1,78
−10	1,342	1,341	1,95	1,60	−1,45
− 9	1,337	1,336	2,13	1,75	−1,13
− 8	1,332	1,331	2,32	1,91	−0,79
− 7	1,327	1,325	2,53	2,08	−0,45
− 6	1,322	1,320	2,76	2,27	−0,10
− 5	1,317	1,315	3,01	2,47	+0,26
− 4	1,312	1,310	3,28	2,69	0,64
− 3	1,308	1,306	3,57	2,94	1,03
− 2	1,303	1,301	3,88	3,19	1,41
− 1	1,298	1,295	4,22	3,47	1,82
0	1,293	1,290	4,58	3,78	2,25
1	1,288	1,285	4,93	4,07	2,66
2	1,284	1,281	5,29	4,37	3,08
3	1,279	1,275	5,69	4,70	3,52
4	1,275	1,271	6,10	5,03	3,96
5	1,270	1,266	6,54	5,40	4,42
6	1,265	1,261	7,01	5,79	4,90
7	1,261	1,256	7,51	6,21	5,40
8	1,256	1,251	8,05	6,65	5,90
9	1,252	1,247	8,61	7,13	6,43
10	1,248	1,242	9,21	7,63	6,97
11	1,243	1,237	9,84	8,15	7,53
12	1,239	1,232	10,52	8,75	8,14
13	1,235	1,228	11,23	9,35	8,74
14	1,230	1,223	11,99	9,97	9,36

Zahlentafel 1 (Fortsetzung).

Zahlenwerte für Rechnungen mit feuchter Luft usw.

t	γ	γ_s	p_s	x_s	i_s
°C	kg/m³	kg/m³	mm QS	g/kg	kcal/kg
15	1,226	1,218	12,79	10,6	9,98
16	1,222	1,214	13,63	11,4	10,7
17	1,217	1,208	14,53	12,1	11,4
18	1,213	1,204	15,48	12,9	12,1
19	1,209	1,200	16,48	13,8	12,9
20	1,205	1,195	17,53	14,7	14,8
21	1,201	1,190	18,65	15,6	14,6
22	1,197	1,185	19,83	16,6	15,3
23	1,193	1,181	21,07	17,7	16,2
24	1,189	1,176	22,38	18,8	17,2
25	1,185	1,171	23,76	20,0	18,1
26	1,181	1,166	25,21	21,4	19,2
27	1,177	1,161	26,74	22,6	20,2
28	1,173	1,156	28,35	24,0	21,3
29	1,169	1,151	30,04	25,6	22,5
30	1,165	1,146	31,82	27,2	23,8
31	1,161	1,141	33,70	28,8	25,0
32	1,157	1,136	35,66	30,6	26,3
33	1,154	1,131	37,73	32,5	27,7
34	1,150	1,126	39,90	34,4	29,2
35	1,146	1,121	42,18	36,6	30,8
36	1,142	1,116	44,56	38,8	32,4
37	1,139	1,111	47,07	41,1	34,0
38	1,135	1,107	49,69	43,5	35,7
39	1,132	1,102	52,44	46,0	37,6
40	1,128	1,097	55,32	48,8	39,6
41	1,124	1,091	58,34	51,7	41,6
42	1,121	1,086	61,50	54,8	43,7
43	1,117	1,081	64,80	58,0	45,9
44	1,114	1,076	68,26	61,3	48,3
45	1,110	1,070	71,88	65,0	50,8
46	1,107	1,065	75,65	68,9	53,4
47	1,103	1,059	79,60	72,8	56,2
48	1,100	1,054	83,71	77,0	59,0
49	1,096	1,048	88,02	81,5	62,1
50	1,093	1,043	92,51	86,2	65,3
51	1,090	1,037	97,20	91,3	68,6
52	1,086	1,031	102,1	96,6	72,3
53	1,083	1,025	107,2	102	75,9
54	1,080	1,019	112,5	108	80,0
55	1,076	1,013	118,0	114	84,1
56	1,073	1,007	123,8	121	88,6
57	1,070	1,001	129,8	128	93,2
58	1,067	0,995	136,1	136	98,5
59	1,063	0,987	142,6	144	104
60	1,060	0,981	149,4	152	109
61	1,057	0,974	156,4	161	115
62	1,054	0,968	163,8	171	121
63	1,051	0,961	171,4	181	128
64	1,048	0,954	179,3	192	135

Zahlentafel 1 (Fortsetzung).

Zahlenwerte für Rechnungen mit feuchter Luft usw.

t	γ	γ_s	p_s	x_s	i_s
°C	kg/m³	kg/m³	mm QS	g/kg	kcal/kg
65	1,044	0,946	187,5	204	143
66	1,041	0,939	196,1	216	151
67	1,038	0,932	205,0	230	160
68	1,035	0,924	214,2	244	169
69	1,032	0,917	223,7	259	179
70	1,029	0,909	233,7	276	190
71	1,026	0,901	243,9	294	202
72	1,023	0,893	254,6	314	214
73	1,020	0,885	265,7	335	227
74	1,017	0,877	277,2	357	242
75	1,014	0,868	289,1	382	258
76	1,011	0,859	301,4	408	275
77	1,009	0,851	314,1	437	293
78	1,006	0,842	327,3	470	315
79	1,003	0,833	341,0	506	338
80	1,000	0,823	355,1	545	363
81	0,997	0,813	369,7	589	391
82	0,994	0,803	384,9	639	425
83	0,992	0,794	400,6	695	460
84	0,989	0,783	416,8	756	500
85	0,986	0,773	433,6	828	545
86	0,983	0,762	450,9	908	597
87	0,981	0,751	468,7	1000	657
88	0,978	0,740	487,1	1110	725
89	0,975	0,729	506,1	1240	810
90	0,973	0,718	525,8	1400	912
91	0,970	0,706	546,1	1590	1035
92	0,967	0,694	567,0	1830	1185
93	0,965	0,681	588,6	2135	1380
94	0,962	0,669	610,9	2545	1645
95	0,959	0,656	633,9	3120	2015
96	0,957	0,643	657,6	3990	2575
97	0,954	0,630	682,1	5450	3510
98	0,951	0,616	707,3	8350	5360
99	0,949	0,602	733,2	17000	10910
100	0,947	0,589	760,0	—	—

Zahlentafel 2.

Gewicht von 1 m³ Wasser in kg zwischen 40 und 100 °C.

Temp.	kg/m³	Temp.	kg/m³	Temp.	kg/m³	Temp.	kg/m³
40,0	992,24	**46,0**	989,82	**52,0**	987,15	**58,0**	984,25
40,1	992,20	46,1	989,78	52,1	987,10	58,1	984,20
40,2	992,17	46,2	989,74	52,2	987,06	58,2	984,15
40,3	992,13	46,3	989,69	52,3	987,01	58,3	984,10
40,4	992,09	46,4	989,65	52,4	986,97	58,4	984,05
40,5	992,05	46,5	989,61	52,5	986,92	58,5	984,00
40,6	992,01	46,6	989,57	52,6	986,87	58,6	983,95
40,7	991,97	46,7	989,53	52,7	986,83	58,7	983,90
40,8	991,94	46,8	989,48	52,8	986,79	58,8	983,85
40,9	991,90	46,9	989,44	52,9	986,74	58,9	983,80
41,0	991,86	**47,0**	989,40	**53,0**	986,69	**59,0**	983,75
41,1	991,82	47,1	989,36	53,1	986,64	59,1	983,70
41,2	991,78	47,2	989,31	53,2	986,59	59,2	983,65
41,3	991,74	47,3	989,27	53,3	986,55	59,3	983,60
41,4	991,70	47,4	989,22	53,4	986,50	59,4	983,55
41,5	991,66	47,5	989,18	53,5	986,45	59,5	983,50
41,6	991,62	47,6	989,14	53,6	986,40	59,6	983,45
41,7	991,58	47,7	989,09	53,7	986,35	59,7	983,40
41,8	991,55	47,8	989,05	53,8	986,31	59,8	983,34
41,9	991,51	47,9	989,00	53,9	986,26	59,9	983,29
42,0	991,47	**48,0**	988,96	**54,0**	986,21	**60,0**	983,24
42,1	991,43	48,1	988,92	54,1	986,16	60,1	983,19
42,2	991,39	48,2	988,87	54,2	986,11	60,2	983,14
42,3	991,35	48,3	988,83	54,3	986,07	60,3	983,08
42,4	991,31	48,4	988,78	54,4	986,02	60,4	983,03
42,5	991,27	48,5	988,74	54,5	985,97	60,5	982,98
42,6	991,23	48,6	988,70	54,6	985,92	60,6	982,93
42,7	991,19	48,7	988,65	54,7	985,87	60,7	982,88
42,8	991,15	48,8	988,61	54,8	985,83	60,8	982,83
42,9	991,11	48,9	988,56	54,9	985,78	60,9	982,77
43,0	991,07	**49,0**	988,52	**55,0**	985,73	**61,0**	982,72
43,1	991,03	49,1	988,47	55,1	985,68	61,1	982,67
43,2	990,99	49,2	988,43	55,2	985,63	61,2	982,62
43,3	990,94	49,3	988,38	55,3	985,59	61,3	982,57
43,4	990,90	49,4	988,34	55,4	985,54	61,4	982,51
43,5	990,86	49,5	988,29	55,5	985,49	61,5	982,46
43,6	990,82	49,6	988,25	55,6	985,44	61,6	982,41
43,7	990,78	49,7	988,20	55,7	985,39	61,7	982,36
43,8	990,74	49,8	988,16	55,8	985,35	61,8	982,31
43,9	990,70	49,9	988,11	55,9	985,30	61,9	982,26
44,0	990,66	**50,0**	988,07	**56,0**	985,25	**62,0**	982,20
44,1	990,62	50,1	988,02	56,1	985,20	62,1	982,15
44,2	990,58	50,2	987,97	56,2	985,15	62,2	982,10
44,3	990,54	50,3	987,92	56,3	985,10	62,3	982,05
44.4	990,50	50,4	987,89	56,4	985,05	62,4	981,99
44,5	990,46	50,5	987,84	56,5	985,00	62,5	981,94
44,6	990,42	50,6	987,80	56,6	984,95	62,6	981,89
44,7	990,38	50,7	987,75	56,7	984,90	62,7	981,83
44,8	990,33	50,8	987,71	56,8	984,85	62,8	981,78
44,9	990,29	50,9	987,66	56,9	984,80	62,9	981,72
45,0	990,25	**51,0**	987,62	**57,0**	984,75	**63,0**	981,67
45,1	990,21	51,1	987,57	57,1	984,70	63,1	981,62
45,2	990,16	51,2	987,52	57,2	984,65	63,2	981,57
45,3	990,12	51,3	987,48	57,3	984,60	63,3	981,51
45,4	990,07	51,4	987,43	57,4	984,55	63,4	981,46
45,5	990,03	51,5	987,38	57,5	984,50	63,5	981,40
45,6	989,99	51,6	987,33	57,6	984,45	63,6	981,35
45,7	989,95	51,7	987,28	57,7	984,40	63,7	981,29
45,8	989,90	51,8	987,23	57,8	984,35	63,8	981,24
45,9	989,86	51,9	987,19	57,9	984,30	63,9	981,18

Zahlentafel 2 (Fortsetzung).

Gewicht von 1 m³ Wasser in kg zwischen 40 und 100° C.

Temp.	kg/m³	Temp.	kg/m³	Temp.	kg/m³	Temp.	kg/m³
64,0	981,13	**70,0**	977,81	**76,0**	974,29	**82,0**	970,57
64,1	981,07	70,1	977,75	76,1	974,23	82,1	970,50
64,2	981,02	70,2	977,70	76,2	974,16	82,2	970,44
64,3	980,97	70,3	977,64	76,3	974,10	82,3	970,38
64,4	980,91	70,4	977,58	76,4	974,04	82,4	970,32
64,5	980,86	70,5	977,52	76,5	973,98	82,5	970,25
64,6	980,81	70,6	977,46	76,6	973,92	82,6	970,19
64,7	980,76	70,7	977,40	76,7	973,86	82,7	970,13
64,8	980,71	70,8	977,35	76,8	973,80	82,8	970,06
64,9	980,65	70,9	977,29	76,9	973,74	82,9	970,00
65,0	980,59	**71,0**	977,23	**77,0**	973,68	**83,0**	969,94
65,1	980,53	71,1	977,17	77,1	973,62	83,1	969,87
65,2	980,48	71,2	977,12	77,2	973,55	83,2	969,81
65,3	980,42	71,3	977,07	77,3	973,49	83,3	969,75
65,4	980,37	71,4	977,01	77,4	973,43	83,4	969,68
65,5	980,32	71,5	976,95	77,5	973,37	83,5	969,62
65,6	980,26	71,6	976,90	77,6	973,31	83,6	969,56
65,7	980,21	71,7	976,84	77,7	973,25	83,7	969,50
65,8	980,16	71,8	976,78	77,8	973,19	83,8	969,43
65,9	980,10	71,9	976,72	77,9	973,13	83,9	969,37
66,0	980,05	**72,0**	976,66	**78,0**	973,07	**84,0**	969,30
66,1	979,99	72,1	976,60	78,1	973,01	84,1	969,24
66,2	979,93	72,2	976,54	78,2	972,95	84,2	969,18
66,3	979,87	72,3	976,48	78,3	972,88	84,3	969,11
66,4	979,82	72,4	976,42	78,4	972,82	84,4	969,05
66,5	979,77	72,5	976,36	78,5	972,76	84,5	968,98
66,6	979,72	72,6	976,30	78,6	972,70	84,6	968,91
66,7	979,67	72,7	976,25	78,7	972,63	84,7	968,84
66,8	979,61	72,8	976,19	78,8	972,57	84,8	968,77
66,9	979,56	72,9	976,13	78,9	972,51	84,9	968,71
67,0	979,50	**73,0**	976,07	**79,0**	972,45	**85,0**	968,65
67,1	979,44	73,1	976,01	79,1	972,39	85,1	968,58
67,2	979,39	73,2	975,95	79,2	972,33	85,2	968,52
67,3	979,33	73,3	975,89	79,3	972,26	85,3	968,46
67,4	979,28	73,4	975,83	79,4	972,20	85,4	968,39
67,5	979,22	73,5	975,77	79,5	972,14	85,5	968,33
67,6	979,16	73,6	975,71	79,6	972,08	85,6	968,27
67,7	979,11	73,7	975,66	79,7	972,02	85,7	968,20
67,8	979,06	73,8	975,60	79,8	971,96	85,8	968,14
67,9	979,00	73,9	975,54	79,9	971,89	85,9	968,07
68,0	978,94	**74,0**	975,48	**80,0**	971,83	**86,0**	968,00
68,1	978,88	74,1	975,42	80,1	971,77	86,1	967,93
68,2	978,82	74,2	975,36	80,2	971,71	86,2	967,86
68,3	978,77	74,3	975,30	80,3	971,65	86,3	967,80
68,4	978,71	74,4	975,24	80,4	971,58	86,4	967,74
68,5	978,66	74,5	975,18	80,5	971,52	86,5	967,67
68,6	978,61	74,6	975,13	80,6	971,46	86,6	967,61
68,7	978,55	74,7	975,07	80,7	971,40	86,7	967,54
68,8	978,50	74,8	975,01	80,8	971,33	86,8	967,48
68,9	978,44	74,9	974,95	80,9	971,27	86,9	967,41
69,0	978,38	**75,0**	974,89	**81,0**	971,21	**87,0**	967,34
69,1	978,32	75,1	974,83	81,1	971,14	87,1	967,28
69,2	978,27	75,2	974,77	81,2	971,08	87,2	967,21
69,3	978,21	75,3	974,71	81,3	971,02	87,3	967,14
69,4	978,16	75,4	974,65	81,4	970,96	87,4	967,08
69,5	978,10	75,5	974,59	81,5	970,89	87,5	967,01
69,6	978,04	75,6	974,53	81,6	970,83	87,6	966,95
69,7	977,98	75,7	974,47	81,7	970,77	87,7	966,88
69,8	977,93	75,8	974,41	81,8	970,70	87,8	966,81
69,9	977,87	75,9	974,35	81,9	970,63	87,9	966,75

Zahlentafel 2 (Fortsetzung).

Gewicht von 1 m³ Wasser in kg zwischen 40 und 100° C.

Temp.	kg/m³	Temp.	kg/m³	Temp.	kg/m³	Temp.	kg/m³
88,0	966,68	**91,0**	964,67	**94,0**	962,61	**97,0**	960,51
88,1	966,62	91,1	964,61	94,1	962,54	97,1	960,44
88,2	966,55	91,2	964,54	94,2	962,47	97,2	960,37
88,3	966,48	91,3	964,47	94,3	962,40	97,3	960,30
88,4	966,41	91,4	964,40	94,4	962,34	97,4	960,23
88,5	966,35	91,5	964,33	94,5	962,27	97,5	960,16
88,6	966,28	91,6	964,26	94,6	962,20	97,6	960,09
88,7	966,21	91,7	964,19	94,7	962,13	97,7	960,02
88,8	966,14	91,8	964,13	94,8	962,06	97,8	959,95
88,9	966,08	91,9	964,06	94,9	961,99	97,9	959,88
89,0	966,01	**92,0**	963,99	**95,0**	961,92	**98,0**	959,81
89,1	965,95	92,1	963,92	95,1	961,85	98,1	959,74
89,2	965,88	92,2	963,85	95,2	961,78	98,2	959,67
89,3	965,82	92,3	963,78	95,3	961,71	98,3	959,60
89,4	965,75	92,4	963,71	95,4	961,64	98,4	959,53
89,5	965,68	92,5	963,65	95,5	961,57	98,5	959,46
89,6	965,61	92,6	963,58	95,6	961,50	98,6	959,39
89,7	965,54	92,7	963,51	95,7	961,43	98,7	959,32
89,8	965,48	92,8	963,44	95,8	961,36	98,8	959,24
89,9	965,41	92,9	963,37	95,9	961,29	98,9	959,17
90,0	965,34	**93,0**	963,30	**96,0**	961,22	**99,0**	959,09
90,1	965,28	93,1	963,23	96,1	961,15	99,1	959,02
90,2	965,21	93,2	963,16	96,2	961,08	99,2	958,95
90,3	965,15	93,3	963,10	96,3	961,01	99,3	958,88
90,4	965,08	93,4	963,03	96,4	960,94	99,4	958,81
90,5	965,01	93,5	962,96	96,5	960,87	99,5	958,74
90,6	964,94	93,6	962,89	96,6	960,80	99,6	958,67
90,7	964,88	93,7	962,82	96,7	960,73	99,7	958,60
90,8	964,81	93,8	962,75	96,8	960,66	99,8	958,52
90,9	964,74	93,9	962,68	96,9	960,59	99,9	958,45
						100,0	958,38

Zahlentafel 3.

Spannung, Temperatur usw. des Wasserdampfes.

Druck (abs.) in kg/m²	Temperatur in ° C	Verdampfungs-wärme	Gesamt-wärmeinhalt	Gewicht von 1 m³ Dampf in kg
p	t	r	i''	γ
1 000	45,4	570,5	615,9	0,067
1 200	49,0	568,5	617,6	0,080
1 500	53,6	566,6	619,6	0,098
2 000	59,7	562,7	622,3	0,129
2 500	64,6	559,9	624,5	0,158
3 000	68,7	557,6	626,3	0,188
3 500	72,3	555,6	627,8	0,217
4 000	75,4	553,8	629,2	0,246
5 000	80,9	550,6	631,5	0,303
6 000	85,5	548,0	633,4	0,359
7 000	89,5	545,6	635,1	0,415
8 000	93,0	543,6	636,5	0,470
9 000	96,2	541,7	637,8	0,525
10 000	99,1	539,9	639,0	0,579
11 000	101,8	538,3	640,1	0,633
12 000	104,2	536,7	641,1	0,687
14 000	108,7	533,9	642,8	0,793
16 000	112,7	531,4	644,3	0,898
18 000	116,3	529,1	645,7	1,003
20 000	119,6	527,0	646,9	1,107
25 000	126,7	522,3	649,5	1,365
30 000	132,9	518,1	651,6	1,618
35 000	138,2	514,5	653,4	1,870
40 000	142,9	511,1	654,9	2,120
45 000	147,2	508,0	656,2	2,368
50 000	151,1	505,2	657,3	2,614
55 000	154,7	502,5	658,4	2,860
60 000	158,1	500,0	659,3	3,104
65 000	161,2	497,5	660,2	3,348
70 000	164,2	495,2	660,9	3,591
75 000	167,0	493,0	661,7	3,833
80 000	169,6	490,9	662,3	4,075
85 000	172,1	488,8	662,9	4,316
90 000	174,5	486,8	663,4	4,556
95 000	176,8	484,9	663,9	4,797
100 000	179,0	483,1	664,4	5,037

Zahlentafel 4a.

Feste und flüssige Brennstoffe.

	Holz	Torf	Lausitzer Braunkohle	Böhmische Braunkohle	Schlesische Steinkohle	Westfälische Steinkohle	Anthrazit	Braunkohlenbriketts	Koks, trocken	Koks, naß	Gasöl	Braunkohlenteeröl	Steinkohlenteeröl
C [in Gew.-Proz.]	40	41	26	52	73	79	86	55	87	70	85	84	89
H ,,	4,5	4	3	4	5	5	3	4	0,5	0,5	13	11	7
O + N ,,	37	21	12	13	10	7	4	24	2	2	1,7	4,3	3,5
S ,,	—	0,5	1	1	1	1	1	0,5	0,5	0,5	0,3	0,7	0,5
Asche ,,	1,5	13,5	10	6	8	5	4	6,5	9	7	—	—	—
Wasser ,,	16	20	48	24	3	3	2	10	1	20	—	—	—
Heizwert, oberer [kcal/kg]	3240	3840	2680	5100	7270	7860	8570	4840	7200	5820	—	—	—
Heizwert, unterer [kcal/kg]	3140	3650	2310	4820	7050	7620	8320	4720	7170	5680	10250	9600	9100
Theoret. Luftbedarf [m^3/kg, 0° 760]	3,6	4,1	2,8	5,3	7,6	8,2	8,4	5,2	7,9	6,4	10,7	10,1	9,7
Theoret. CO_2-Gehalt der Rauchgase [vH]	20,9	19,3	18,3	18,8	18,6	18,6	18,6	20,0	20,6	20,6	—	—	—
Betriebswerte: Luftüberschußzahl .	2	2	1,5	1,5	1,5	1,5	1,5	1,5	1,5	1,5	1,2	1,2	1,2
Betriebswerte: Luftbedarf [m^3/kg]	7,1	8,1	4,2	8,0	11,4	12,3	12,6	7,8	11,9	9,6	12,8	12,1	11,6
Betriebswerte: Rauchgasgewicht [kg/kg]	9,8	10,1	6,2	11,1	15,5	16,8	17,9	10,8	16,2	13,3	17,6	16,5	15,6
Betriebswerte: CO_2-Gehalt [vH]	10,5	9,7	12,2	12,5	12,4	12,4	12,4	13,3	13,9	13,9	—	—	—
Spez. Gewicht i. M. [kg/m^3]	600	640	—	1300	1350	1350	1550	1150	1400	bis 1800	880	920	1040
Schüttgewicht i. M. [kg/m^3]	—	360	730	750	800	830	850	710	400	bis 530	—	—	—

Zahlentafel 4b.

Gasförmige Brennstoffe[1].

	Art des Heizgases	Steinkohlengas	Stadtgas (Mischgas)	Wassergas
Mittlere Zusammensetzung des Gases:	Oberer Heizwert . . . . [kcal/Nm^3]	5250	4300	2700
	Unterer Heizwert . . . . [kcal/Nm^3]	4680	3870	2450
	CO_2 . . . . [Vol.-Proz.]	4	5	6
	C_mH_n . . . . ,,	3	2	—
	CO . . . . ,,	7	18	38
	H_2 . . . . ,,	50	50	50
	CH_4 . . . . ,,	30	19	(0,2)
	N_2 . . . . ,,	6	6	6
	Spezifisches Gewicht . . . . [kg/m^3, Luft = 1]	0,43	0,47	0,55
	Theoretischer Luftbedarf . . . . [m^3/m^3]	4,85	3,85	2,10
Verbrennungserzeugnisse je m^3 Heizgas bei Verbrennung ohne Luftüberschuß:	CO_2 . . . . [m^3]	0,45	0,43	0,38
	N_2 . . . . ,,	3,90	3,12	1,74
	Trockene Abgase . . . . ,,	4,35	3,55	2,12
	Maximaler CO_2-Gehalt . . . . [vH]	10,5	12,0	18,0
	Verbrennungswassermenge . . . . [kg/m^3]	0,95	0,75	0,40
	Feuchtes Abgasvolumen . . . . [m^3/m^3]			
	a) bei 1,5fachem Luftüberschuß und 100° C	10,9	8,8	5,0
	b) ,, 1,5 ,, ,, ,, 150° C	12,4	10,0	5,7
	Taupunkt der Abgase bei 1,5fachem Luftüberschuß [°C]	54	54	53

[1] Nach Angabe des Deutschen Vereins von Gas- und Wasserfachmännern e. V. (1 Nm^3 = Normalkubikmeter = 1 m^3 Gas bei 0° C und 760 mm QS, trocken).

Zahlentafel 5.

Annahme der Temperaturen für unbeheizte Räume.

Zugrunde gelegte Außentemperatur	$-10°$ C	$-15°$ C	$-20°$ C
Ungeheizte oder nicht täglich geheizte, abgeschlossene Räume mit Ausnahme der direkt unter der Dachfläche liegenden	$+7°$	$+5$	$+2°$
Ungeheizte oder nicht täglich geheizte Räume, direkt unter der Dachfläche liegend:			
mit doppelter Dachschalung oder beliebiger Dachbauart von $k < 1{,}4$	$+5°$	$0°$	$-3°$
mit einfacher Dachschalung	$0°$	$-5°$	$-10°$
ohne Dachschalung, mit Fugendichtung	$0°$	$-5°$	$-10°$
mit Glas- oder Metalldach	$-5°$	$-10°$	$-15°$
ohne Dachschalung, ohne Fugendichtung	$-5°$	$-10°$	$-15°$
Ungeheizte, von beheizten Räumen umgebene Räume ohne Außenflächen	$+10°$	$+10°$	$+10°$
Ungeheizte, oft von der Außenluft bestrichene Räume, wie Vorflure, abgeschlossene Durchfahrten, Treppenhäuser usw.	$+5°$	$0°$	$-3°$
Ungeheizte Kellerräume	$+7°$	$+5°$	$+2°$
Temperatur des Erdreiches unter dem Kellerfußboden	$+7°$	$+7°$	$+7°$
Temperatur des an die Außenwände anliegenden Erdreiches unter der Erdoberfläche im Mittel	$0°$	$0°$	$0°$
Temperatur angebauter Nachbarhäuser im Mittel[1]			
a) bei Einzelheizung	$+5°$	$+5°$	$+5°$
b) bei Zentralheizung	$+10°$	$+10°$	$+10°$
Kesselräume	$+20°$	$+20°$	$+20°$

[1] Die Grenzmauer ist dabei in voller Stärke, also gegebenenfalls als Summe der Wandstärken beider Giebelwände anzunehmen.

Zahlentafel 6.

Wärmeübergangszahlen.

In geschlossenen Räumen:		
Wandflächen, Fußböden und Decken bei Wärmeübergang von unten nach oben	$\alpha = 7$	$\frac{1}{\alpha} = 0{,}14$
Fußböden und Decken bei Wärmeübergang von oben nach unten	$\alpha = 5$	$\frac{1}{\alpha} = 0{,}20$
Im Freien	$\alpha = 20$	$\frac{1}{\alpha} = 0{,}05$

Zahlentafel 7.

Mittlere Wärmeleitzahlen von Baustoffen[1].

Material	λ in kcal/m h °C
Asbestschiefer	0,19
Beton:	
Eisenbeton	1,3
Kiesbeton (Raumgewicht etwa 2200 kg/m³)	1,1
Schlackenbetonsteinmauerwerk	0,60
Schlackenbeton gestampft (Raumgewicht etwa 1250 kg/m³) als Außenwand	0,60
desgl. hinter äußerer Kiesbetonschicht	0,50
desgl. als Innenwand	0,50
Bimsbetonsteinmauerwerk	0,45
Bimsbeton oder Leichtbeton gestampft (Raumgewicht etwa 800 kg/m³) als Außenwand	0,40
desgl. hinter äußerer Kiesbetonschicht	0,30
desgl. als Innenwand	0,30
Bimsbetondielen	0,30
Fliesen und Kacheln	0,90
Gipsdielen:	
als innere Wandverkleidung	0,25
als Dachverkleidung	0,30
Glas:	
Fensterglas	0,65
Holz:	
vor Feuchtigkeitswirkungen geschützt	0,12
dem Regenanfall ausgesetzt (an Außenflächen)	0,18
bei mehrschichtigen Bauweisen, wo nur die äußerste Schicht dem Regenanfall ausgesetzt, im Mittel	0,15
Holzzement, Steinholz	0,15
Hobelspäne als Füllstoff in geschlossenen Hohlräumen	0,10
Sägemehl	0,07
Isolierdielen und -platten:	
Tektonisolierdielen, Heraklitplatten, Kunsttuffstein, gebrannte Kieselgursteine usw. etwa	0,12
Kalksandstein:	
als Außenwand	0,9
als Innenwand	0,8
Kork:	
als Korksteinplatten, Raumgewicht < 250 kg/m³	0,04
,, ,, ,, 250 bis 400 kg/m³	0,05 bis 0,06
Lehm:	
gestampft als Außenwand	0,8
gestampft in Innenräumen	0,5
Lehmwickel auf Holzstaken	0,4
Linoleum:	
als Fußbodenbelag	0,16

[1] Vollständige Zusammenstellung aller vorliegenden Meßergebnisse von Wärmeleitzahlen mit Literaturverzeichnis vgl. E. Schmidt: Die Wärmeleitzahlen von Stoffen auf Grund von Meßergebnissen. Mitt. a. d. Forschungsheim f. Wärmeschutz 1924, Heft 5.

Zahlentafel 7 (Fortsetzung).

Mittlere Wärmeleitzahlen von Baustoffen.

Material	λ in kcal/m h °C
Metalle:	
Gußeisen	45
Schmiedeeisen (0,1 bis 1,5 vH C)	30 bis 45
Natursteine:	
dichte Gesteine (Granit, Basalt, Dolomitkalk, Marmor usw.), Raumgewicht > 2600 kg/m³	2,5
porige Gesteine (Sandstein, weicher oder sandiger Kalkstein)	1,5
Pappe:	
Dachpappe	0,12
Pappe als Wandbelag	0,06
Putz:	
gewöhnlicher Kalkputz an Außenflächen	0,75
desgl. an Innenflächen	0,60
auf Putzträger (Holzstabgewebe usw.) an Außenflächen	0,60
desgl. an Innenflächen	0,40
Sand:	
gewachsene Erde oder dem Regen ausgesetzte Kies- oder Sandschüttung	2,0
trockene Sandschüttung in Decken	0,5
Schiefer	1,20
Schlacke:	
Schlackenschüttung in Hohlräumen, Decken usw.	0,16
Torf:	
kernimprägnierte Torfleichtplatten, Raumgewicht < 250 kg/m³	0,04
Torfplatten, Raumgewicht 250 bis 400 kg/m³	0,05 bis 0,06
Torfmull, wasserabweisend imprägniert	0,03 „ 0,04
Torfmull, gewöhnlich	0,06 „ 0,08
Zement: abgebunden	0,80
Ziegel:	
Ziegelsteinmauerwerk als Außenwand	0,75
desgl. mit wasserdichter Außenhaut (Ziegelbehang, Blechverkleidung usw.)	0,66
desgl. als Innenwand	0,60

Zahlentafel 8.

Wärmeleitwiderstände $\frac{1}{\Lambda}$ von Luftschichten.

Die Zahlen sind mittlere Werte und vernachlässigen die Einflüsse der Temperatur und der Oberflächenbeschaffenheit, weil die Ungenauigkeiten der Schichtdicke in der Praxis viel größere Abweichungen hervorrufen. Der Wärmefluß durch die aus Festigkeitsgründen erforderlichen Überbrückungen der Hohlräume ist nicht eingerechnet und muß besonders ermittelt werden.

	Dicke der Luftschicht				
	1 cm	2 cm	5 cm	10 cm	15 cm
Für alle senkrechten Luftschichten und für waagrechte Luftschichten mit Wärmestrom von unten nach oben	0,14	0,17	0,19	0,21	0,22
Für waagrechte Luftschichten mit Wärmestrom von oben nach unten	0,17	0,20	0,21	0,23	0,24

Zahlentafel 9/I.

k-Werte für Normalwände.

(Auszug aus den „Regeln für die Berechnung des Wärmebedarfs und .... usw." des V. d. C.-I.)

Bauart	Wandstärke des Mauerwerks in m ohne Putz						
	0,12	0,25	0,38	0,51	0,64	0,77	0,90
Ziegelsteine:							
einseitig verputzt, Außenwand	2,6	1,8	1,38	1,11	0,93	0,80	0,70
beiderseits verputzt, Außenwand	2,5	1,7	1,34	1,09	0,91	0,79	0,69
„ „ Innenwand	1,9	1,33	1,04	0,85	0,71	0,62	0,55
Schlackenbetonsteine:							
beiderseits verputzt, Außenwand	2,3	1,5	1,15	0,92	0,76	0,66	0,58
„ „ Innenwand	1,9	1,33	1,04	0,85	0,71	0,62	0,55
Bimsbetonsteine, Schwemmsteine:							
beiderseits verputzt, Außenwand	2,0	1,25	0,93	0,73	0,60	—	—
„ „ Innenwand	1,7	1,12	0,85	0,68	0,57	—	—
Kalksandsteine:							
einseitig verputzt, Außenwand	2,9	2,0	1,6	1,27	1,08	0,93	0,82
beiderseits verputzt, Außenwand	2,7	1,9	1,5	1,23	1,05	0,91	0,81
„ „ Innenwand	2,1	1,6	1,24	1,03	0,89	0,78	0,69
Porige Gesteine: Sandstein, weicher oder sandiger Kalkstein usw. (Raumgewicht < 2600 kg/m³):	0,30	0,40	0,50	0,60	0.70	0,80	0,90
einseitig verputzt, Außenwand	2,4	2,0	1,8	1,6	1,45	1,33	1,22
beiderseits verputzt, Außenwand	2,3	2,0	1,8	1,6	1,41	1,30	1,19
„ „ Innenwand	1,9	1,7	1,5	1,37	1,25	1,16	1,08
Dichte Gesteine: Dolomitkalkstein, Marmor, Granit, Basalt usw. (Raumgewicht > 2600 kg/m³):							
einseitig verputzt, Außenwand	2,9	2,6	2,4	2,2	2,0	1,9	1,7
beiderseits verputzt, Außenwand	2,8	2,5	2,3	2,1	1,9	1,8	1,7
„ „ Innenwand	2,2	2,0	1,9	1,8	1,6	1,5	1,45
Kiesbeton:	0,05	0,10	0,15	0,20	0,30	0,40	0,50
unverputzt, Außenwand	4,2	3,6	3,1	2,7	2,2	1,8	1,6
„ Innenwand	3,1	2,7	2,4	2,2	1,8	1,6	1,36
beiderseits verputzt, Außenwand	3,5	3,0	2,7	2,4	2,0	1,7	1,44
„ „ Innenwand	2,7	2,4	2,2	2,0	1,7	1,44	1,27

Zahlentafel 9/II.

k-Werte für Isolierwände.

(Auszug aus den „Regeln für die Berechnung des Wärmebedarfs und .... usw." des V. d. C.-I.)

Bauart	Wandstärke des Mauerwerks in m ohne Putz, Luftschicht, Verkleidung, Isolierung						
	0,12	0,25	0,38	0,51	0,64	0,77	0,90
Ziegelsteinmauerwerk:							
beiderseits verputzt, mit einer Luftschicht[1] von 5 bis 12 cm Dicke	—	1,38	1,11	0,93	0,81	0,70	0,63
mit unter Putz verlegter Isolierung aus Kork- oder kernimprägnierten Torfleichtplatten an der Innenseite							
von 2 cm Stärke	1,11	0,93	0,80	0,70	0,63	0,57	0,52
3 „ „	0,87	0,76	0,67	0,60	0,54	0,50	0,46
4 „ „	0,71	0,64	0,57	0,52	0,48	0,44	0,41
5 „ „	0,61	0,55	0,50	0,46	0,43	0,40	0,37
10 „ „	0,34	0,33	0,31	0,29	0,28	0,27	0,25

[1] Dabei ist vorausgesetzt, daß die Luftschichten abgeschlossen, also weder mit der Außenluft noch mit dem Inneren der beheizten Räume verbunden sind.

Zahlentafel 9/III.

k-Werte für Dächer.

(Auszug aus den „Regeln für die Berechnung des Wärmebedarfs und .... usw." des V. d. C.-I.)

Bauart	*k*
Einfache, unverschalte Dächer:	
Ziegel, Wellblech, Zink- oder Kupferblech auf Latten ohne Schalung und Fugendichtung	10
Ziegel auf Latten mit gedichteten Fugen	5
Einfache Schalung nur auf Sparrenoberseite:	
Einfache dichte Holzschalung auf Sparrenoberseite (Nut und Feder oder Stülpschalung) von 2,5 cm Stärke	
a) mit einfachem Belag aus Dachpappe, Zink- oder Kupferblech, Schiefer	2,1
b) mit Ziegeln oder Wellblech ohne Fugendichtung auf Latten	2,4
c) dieselben Bauweisen, aber mit Isolierschicht aus Kork- oder kernimprägnierten Torfleichtplatten, welche entweder auf der Außenseite der Schalung unter Betonestrich oder auf ihrer Innenseite unter Putz verlegt sind, bei Stärke der Isolierplatten von 2 cm	1,00
3 „	0,80
4 „	0,67
5 „	0,57
Einfache Schalung nur auf Sparrenunterseite:	
Dachhaut aus Ziegeln, Blech, Wellblech usw. mit ungedichteten Fugen, Schalung aus 2,5 cm starken Brettern mit dichten Fugen (Nut und Feder oder Stülpschalung) auf Sparrenunterseite	2,6
gleiche Ausführung, aber Raum zwischen den Sparren ausgelegt mit:	
Lehmwickeln . . . 6,0 cm stark	1,83
Ziegelsteinschicht . . . 6,5 „ „	1,94
„ . . . 12,0 „ „	1,67
Schlackenbetonsteinschicht . . . 12,0 „ „	1,43
Bimsbetonsteinschicht . . . 12,0 „ „	1,25

Zahlentafel 9/IV.

k-Werte für Decken- und Fußbodenkonstruktionen.

(Auszug aus den „Regeln für die Berechnung des Wärmebedarfs und .... usw." des V. d. C.-I.)

Bauart	Wenn der darüber liegende Raum	
	kälter ist	wärmer ist
Einfache Holzbalkendecken:		
Balkenlage mit einfacher Holzdielung mit dichten Fugen (z. B. Nut und Feder) bei		
2,5 cm Bretterstärke	2,1	1,7
3,5 „ „	1,8	1,45
6 „ „ (doppelte Bretterlage)	1,28	1,11
Holzbalkendecken mit Einschub, etwa 26 cm Balkenhöhe, mit Füllbrettern in halber Balkenhöhe auf angenagelten Latten und 10 cm starker Schüttung aus		
Lehm oder Sand	0,77	0,67
Schlacken	0,58	0,53
Eisenbetondecken, ohne Belag, mit Zementglattstrich:		
7,5 cm stark	3,0	2,2
10 „ „	2,8	2,1
15 „ „	2,4	1,9
20 „ „	2,2	1,8
mit Belag: 10 „ Betonstärke und 3 mm Linoleumbelag	2,6	2,0
mit Holzdielung von 3,5 cm Stärke auf Lagerhölzern bei etwa 10 cm Höhe des Luftraumes zwischen den Lagerhölzern	1,18	1,01

Zahlentafel 9/V.

k-Werte für Türen, Fenster und Oberlichte.

(Auszug aus den „Regeln für die Berechnung des Wärmebedarfs und .... usw." des V. d. C.-I.)

	Fugen vollständig abgedichtet	Fugen normaler Durchlässigkeit
Türen.		
1. Außentür, Eisen	—	6,5
2. „ , Holz	—	4,5
3. Balkontür, Holz mit Glasfüllung, einfach	—	6,5
4. „ „ „ „ doppelt	—	4,5
5. Innentür	—	3
Fenster.		
6. Einfachfenster, Eisenrahmen oder Bleifassung	6	8
7. „ Holzrahmen	5	7
8. Doppelverglasung, Eisenrahmen	3,5	5,5
9. „ Holzrahmen	2,5	4,5
10. Doppelfenster, Eisenrahmen	2,8	3,8
11. „ Holzrahmen	2,5	3,5
12. Oberlicht, einfach	5	8
13. „ doppelt	2,5	4,5
14. Schaufenster	4	6
15. Gegen Innenraum, Einfachfenster	3	4
16. „ „ Doppelfenster	2	3
17. „ Dachraum, Oberlicht, einfach	3,5	5
18. „ „ „ doppelt	2	3,5

Zahlentafel 10.

Zuschläge zur Wärmebedarfsberechnung in vH.

a) Zuschläge für

			Wand	Fenster und Türen
I	Himmelsrichtung	N, NW, NO, O	10	
		W, SW, SO	5	
II	Räume mit mehreren Außenflächen oder mit Erkerausbauten	a) mit Fenster oder Tür in einer Außenfläche	5	10
		b) mit Fenster oder Tür in mehreren Außenflächen	5	25
III	Lage der Außenflächen in bezug auf Windangriff (Nur bei N, NO und O-Lage)	a) ungünstig	5	25
		b) außergewöhnlich ungünstig	10	50

Zahlentafel 10 (Fortsetzung).

b) Zuschläge für Anheizen und Betriebsunterbrechungen (in vH).

	Betriebsweise		
	I	II	III
1. Massiver Beton, Natursteine, Fliesen	20	40	60
2. Ziegel- und Kalksandsteinmauerwerk	15	30	45
3. Hohlziegel- und Schlackenbeton	10	20	30
4. Bimsbeton, Gipsdielen	5	10	15
5. Massive Holzbauweisen	4	8	12
6. Holzbauarten mit Luftschichten (Barackenwände, verschalte Decken und Dächer, Fußböden)	2	4	6
7. Beliebige Bauarten mit innerer, nur unter Putz oder Verschalung liegender Isolierung aus Kork- oder Torfplatten	2	4	6
8. Fenster, Türen, dünne Wände, Dächer und Decken unter 5 cm Gesamtstärke	0	0	0

c) Zuschläge für hohe Räume.

Auf den nach vorstehenden Angaben errechneten Wärmebedarf einschließlich der Zuschläge nach 6a und b ist für Räume über 4 m lichter Höhe noch ein Zuschlag zu machen von 1 vH für je 0,5 m Überhöhe, jedoch nicht über 20 vH.

Bei Treppenhäusern bleibt dieser Zuschlag unberücksichtigt.

Zahlentafel 11.

Wärmedurchgangszahlen für Heizkörper.

Art der Heizkörper	W.W.H. *k*	N.D.H. *k*
a) Normalradiatoren		
einsäulig:		
Bis 500 mm Nabenabstand	7,4	8,6
„ 600 „ „	7,3	8,5
„ 700 „ „	7,2	8,4
„ 800 „ „	7,1	8,3
„ 900 „ „	7,0	8,2
zweisäulig:		
Bis 500 mm Nabenabstand	7,0	8,2
„ 600 „ „	6,9	8,1
„ 700 „ „	6,8	8,0
„ 800 „ „	6,7	7,9
„ 900 „ „	6,6	7,8
„ 1000 „ „	6,5	7,7
„ 1100 „ „	6,4	7,6
dreisäulig:		
Bis 500 mm Nabenabstand	6,4	7,6
„ 600 „ „	6,3	7,5
„ 700 „ „	6,2	7,4
„ 800 „ „	6,1	7,3
„ 900 „ „	6,0	7,2
„ 1000 „ „	5,9	7,1
„ 1100 „ „	5,8	7,0
viersäulig:		
Bis 500 mm Nabenabstand	6,1	7,3
„ 600 „ „	6,0	7,2
„ 700 „ „	5,9	7,1
„ 800 „ „	5,8	7,0
„ 900 „ „	5,7	6,9
„ 1000 „ „	5,6	6,8
„ 1100 „ „	5,5	6,7

Zahlentafel 11 (Fortsetzung).

Wärmedurchgangszahlen für Heizkörper.

Art der Heizkörper	W.W.H. *k*	N.D.H. *k*
b) Leicht-Radiatoren und schmiedeeiserne Radiatoren:		
Tiefe unter 110 mm		
Bis 500 mm Nabenabstand	7,3	8,4
„ 600 „ „	7,2	8,3
„ 700 „ „	7,1	8,2
„ 900 „ „	6,9	8,0
Tiefe von 110—180 mm		
Bis 500 mm Nabenabstand	6,8	7,9
„ 600 „ „	6,7	7,8
„ 700 „ „	6,6	7,7
„ 900 „ „	6,4	7,5
Tiefe von 180—250 mm		
Bis 500 mm Nabenabstand	6,7	7,8
„ 600 „ „	6,6	7,7
„ 700 „ „	6,5	7,6
„ 900 „ „	6,3	7,4
Tiefe über 250 mm		
Bis 500 mm Nabenabstand	6,6	7,7
„ 600 „ „	6,5	7,6
„ 700 „ „	6,4	7,5
„ 900 „ „	6,2	7,3
c) Rohrheizkörper aus glatten Rohren		
waagerechte Einzelrohre		
30÷49,9 mm Ø	11,6	12,6
50÷69,9 mm Ø	11,1	12,0
70÷100 mm Ø	10,6	11,5
mehrere waagerechte Rohre übereinander		
30÷49,9 mm Ø	9,3	10,1
50÷69,9 mm Ø	8,9	9,6
70÷100 mm Ø	8,5	9,2
d) Rippenrohre		
einzeln	5,0	5,5
mehrfach übereinander	4,5	4,9

Zahlentafel 12/I.

Wärmedurchgangszahlen *k* und Widerstände von Heizkörpern bei Anwendung größerer Luftgeschwindigkeiten.

Luftröhrenkessel — *k*-Werte für Dampf.

k-Werte, abhängig von der Luftgeschwindigkeit in den Röhren.
Mittlere Lufttemperatur 0° C, gewöhnlicher Barometerstand.
Heizmittel: Dampf von 1 bis 5 ata.

Luftgeschwindigkeit *w* in m/s	Innerer Rohrdurchmesser *d* in m							
	0,0215	0,0335	0,0460	0,0575	0,0700	0,0825	0,0945	0,1190
	Abstand der Rohre in m							
	0,045	0,060	0,078	0,094	0,110	0,125	0,140	0,175
1,0	7,1	6,6	6,3	6,1	5,9	5,7	5,6	5,4
1,5	9,8	9,1	8,7	8,4	8,1	7,9	7,7	7,4
2,0	12,3	11,4	10,9	10,5	10,2	9,9	9,7	9,3
2,5	14,6	13,6	13,0	12,5	12,1	11,8	11,6	11,1
3,0	16,9	15,8	15,0	14,4	14,0	13,6	13,3	12,9
3,5	19,1	17,8	16,9	16,3	15,8	15,4	15,1	14,5
4,0	21,2	19,8	18,8	18,1	17,6	17,1	16,8	16,1
4,5	23,3	21,7	20,6	19,9	19,3	18,8	18,4	17,7
5,0	25,3	23,6	22,4	21,6	21,0	20,4	20,0	19,2
6,0	29,2	27,2	25,9	25,0	24,2	23,6	23,1	22,2
7,0	33,0	30,8	29,2	28,2	27,3	26,6	26,1	25,1
8,0	36,7	34,2	32,5	31,4	30,4	29,6	29,0	27,9
9,0	40,3	37,5	35,6	34,4	33,3	32,5	31,8	30,6
10,0	43,8	40,8	38,8	37,4	36,2	35,3	34,6	33,2
11,0	47,2	44,0	41,8	40,4	39,1	38,1	37,3	35,9
12,0	50,6	47,1	44,8	43,2	41,8	40,8	39,9	38,4
13,0	53,9	50,2	47,7	46,0	44,6	43,4	42,5	41,0
14,0	57,2	53,3	50,6	48,8	47,3	46,1	45,1	43,5
15,0	60,4	56,2	53,4	51,6	50,0	48,7	47,6	45,9
17,0	66,6	62,0	58,9	56,9	55,1	53,7	52,5	50,6
20,0	75,7	70,5	67,0	64,7	62,7	61,1	59,8	57,6
25,0	90,3	84,1	80,0	77,2	74,8	72,8	71,3	68,7
30,0	104,3	97,1	92,3	89,1	86,3	84,0	82,3	79,3

Die Werte der Zahlentafel sind bei einer mittleren Lufttemperatur von:

10° C mit 0,97
20° C „ 0,95
30° C „ 0,92
40° C „ 0,90
50° C „ 0,88

} zu multiplizieren.

Zahlentafel 12/II.

Luftröhrenkessel — k-Werte für Wasser.

k-Werte abhängig von der Luftgeschwindigkeit in den Röhren.
Mittlere Lufttemperatur 0 °C, gewöhnlicher Barometerstand.
Heizmittel: Warmwasser von 80 °C mittlerer Temperatur.

Luft-geschwindigkeit w in m/s	Innerer Rohrdurchmesser d in m											
	0,0335				0,0575				0,0825			
	Wassergeschwindigkeit in m/s											
	0,005	0,01	0,03	2,0	0,005	0,01	0,03	2,0	0,005	0,01	0,03	2,0
1,0	6,3	6,5	6,5	6,6	5,8	5,9	6,0	6,1	5,5	5,6	5,7	5,7
1,5	8,7	8,8	9,0	9,1	7,9	8,1	8,3	8,4	7,6	7,8	7,9	7,9
2,0	10,6	11,0	11,2	11,4	9,8	10,1	10,3	10,5	9,3	9,5	9,8	9,9
2,5	12,5	13,0	13,3	13,6	11,6	11,2	12,3	12,5	10,9	11,3	11,6	11,8
3,0	14,4	15,0	15,5	15,8	13,2	13,7	14,1	14,4	12,4	12,9	13,5	13,6
3,5	15,9	16,7	17,3	17,8	14,7	15,3	15,9	16,3	14,0	14,6	15,0	15,4
4,0	17,5	18,4	19,2	19,8	16,2	16,9	17,6	18,1	15,4	16,1	16,5	17,1
4,5	19,0	20,0	21,0	21,7	17,6	18,5	19,3	19,9	16,7	17,6	18,3	18,8
5,0	20,4	21,7	22,7	23,6	18,9	20,0	20,9	21,6	18,0	19,0	19,8	20,4
6,0	23,1	24,7	26,1	27,2	21,5	22,9	24,0	25,0	20,6	21,7	22,7	23,6
7,0	25,6	27,6	29,3	30,8	23,7	25,4	26,9	28,2	22,7	24,2	25,6	26,6
8,0	28,0	30,2	32,4	34,2	26,1	28,1	30,0	31,4	24,8	26,6	28,3	29,6
9,0	30,1	32,8	35,4	37,5	28,1	30,5	32,6	34,4	26,8	29,8	30,9	32,5
10,0	32,2	35,4	38,3	40,8	30,1	32,8	35,3	37,4	28,7	31,2	33,5	35,3
11,0	34,2	37,8	41,2	44,0	32,0	35,1	38,0	40,4	30,5	33,3	36,0	38,1
12,0	36,1	40,1	43,9	47,1	33,7	37,2	40,4	43,2	32,2	35,4	38,4	40,8
13,0	37,8	42,2	46,5	50,2	35,4	39,2	42,9	46,0	33,8	37,3	40,6	43,4
14,0	39,5	44,4	49,1	53,3	37,0	41,2	45,3	48,8	35,4	39,3	43,0	46,1
15,0	41,1	46,4	51,6	56,2	38,6	43,2	47,7	51,6	36,9	41,1	45,2	48,7
17,0	44,1	50,2	56,5	62,0	41,5	46,9	52,2	56,9	39,7	44,7	49,5	53,7
20,0	48,3	55,7	63,5	70,5	45,5	52,0	58,7	64,7	43,6	49,7	55,7	61,1
25,0	54,2	63,9	74,2	84,1	51,3	59,8	68,8	77,2	49,3	57,1	65,2	72,8
30,0	59,4	71,1	84,1	97,1	56,3	66,8	78,1	89,1	54,2	63,9	74,2	84,0

Die Werte der Zahlentafel sind bei einer mittleren Lufttemperatur von:

10 °C mit 0,97
20 °C „ 0,95
30 °C „ 0,92
40 °C „ 0,90
50 °C „ 0,88

zu multiplizieren.

Zahlentafel 12/III.

Lufttöhrenkessel — Widerstandswerte.

Widerstandswerte, abhängig von der Luftgeschwindigkeit in den Röhren.
Mittlere Lufttemperatur 0° C, gewöhnlicher Barometerstand.

Luftgeschwindigkeit w in m/s	Innerer Rohrdurchmesser in m												
	0,0215		0,0335		0,0460		0,0575		0,0700		0,0825		Z'
	R	Z	R	Z	R	Z	R	Z	R	Z	R	Z	
1,0	0,152	0,0197	0,093	0,046	0,058	0,049	0,0436	0,053	0,034	0,056	0,0276	0,050	0,020
1,5	0,322	0,0440	0,183	0,104	0,123	0,111	0,0925	0,119	0,072	0,126	0,0584	0,133	0,044
2,0	0,548	0,0785	0,313	0,183	0,209	0,197	0,158	0,210	0,123	0,223	0,0995	0,236	0,079
2,5	0,829	0,123	0,472	0,287	0,316	0,308	0,238	0,328	0,186	0,349	0,151	0,369	0,123
3,0	1,16	0,177	0,662	0,414	0,443	0,443	0,334	0,473	0,260	0,502	0,211	0,532	0,178
3,5	1,54	0,241	0,880	0,563	0,590	0,602	0,444	0,643	0,347	0,683	0,281	0,723	0,241
4,0	2,17	0,315	1,23	0,735	0,820	0,788	0,617	0,840	0,482	0,892	0,390	0,945	0,315
4,5	2,46	0,339	1,40	0,903	0,940	0,998	0,707	1,06	0,552	1,13	0,447	1,20	0,394
5,0	2,99	0,492	1,71	1,15	1,14	1,23	0,850	1,31	0,671	1,39	0,543	1,48	0,492
6,0	4,20	0,708	2,39	1,65	1,60	1,77	1,21	1,89	0,941	2,01	0,762	2,12	0,708
7,0	5.58	0,966	3,18	2,25	2,13	2,42	1,60	2,58	1,25	2,74	1,01	2,90	0,966
8,0	7,15	1,26	4,07	2,96	2,73	3,15	2,05	3,36	1,60	3,57	1,30	3,78	1,26
9,0	8,89	1,60	5,06	3,72	3,39	3,99	2,55	4,26	1,99	4,52	1,62	4,79	1,60
10,0	10,8	1,97	6,16	4,60	4,12	4,92	3,11	5,25	2,42	5,58	1,96	5,81	1,97
11,0	12,9	2,38	7,35	5,55	4,92	5,95	3,70	6,35	2,89	6,75	2,34	7,17	2,38
12,0	15,1	2,84	8,63	6,62	5,78	7,09	4,35	7,56	3,39	8,03	2,75	8,50	2,84
13,0	17,6	3,33	10,0	7,77	6,70	8,32	5,04	8,88	3,94	9,43	3,19	9,98	3,33
14,0	20,1	3,86	11,5	9,00	7,68	9,65	5,78	10,3	4,51	10,9	3,65	11,6	3,87
15,0	22,9	4,43	13,0	10,3	8,73	11,1	6,57	11,8	5,13	12,6	4,16	13,3	4,44
17,0	28,8	5,69	16,5	13,3	11,0	14,2	8,29	15.2	6,47	16,1	5,24	17,1	5,7
20,0	39,0	7,88	22,2	18,4	14,9	19,7	11,2	21,0	8,74	22,3	7,08	23,6	7,8
25,0	59,0	12,3	33,8	28,7	22,5	30,8	16,9	32,8	13,2	34,9	10,7	36,9	12,3
30,0	82,5	17,7	47,1	41,4	31,5	44,3	23,7	47,2	18,5	50,2	15,0	53,2	17,8

R = Druckgefälle in mm WS/m.

Z = Druckverlust durch die Widerstände beim Luftein- und -austritt, falls hinter dem Kessel eine Rohrleitung angeschlossen ist, in mm WS.

Ist hinter dem Kessel keine Rohrleitung angeschlossen, so sind die Werte von Z um die bezüglichen Werte von Z' (mm WS) zu vergrößern.

Die Werte der Zahlentafel sind bei einer mittleren Lufttemperatur von:

10° C mit 0,96	40° C mit 0,87	zu multiplizieren.
20° C „ 0,93	50° C „ 0,84	
30° C „ 0,90		

Zahlentafel 13.

Angaben über die Rohre der Heizungstechnik unter Verwendung der DIN-Normen 2441 und 2449.

Rohrart	Nennweite		Außendurchmesser	Wandstärke	Innendurchmesser	Gewicht	Inhalt	Außenfläche
						von 1 m Rohr		
	Zoll	mm	mm	mm	mm	kg/m	dm³/m	m²/m
Verstärktes Gewinderohr	3/8	10	16,75	2,75	11,25	0,95	0,10	0,0526
	1/2	13	21,75	3,25	14,75	1,44	0,17	0,0683
	3/4	20	26,75	3,5	19,75	2,01	0,31	0,0840
	1	25	33,5	4	25,5	2,91	0,51	0,105
	1 1/4	32	42,25	4	34,25	3,77	0,92	0,133
	1 1/2	40	48,25	4,25	39,75	4,61	1,24	0,151
	2	50	60	4,5	51	6,16	2,04	0,188
Nahtloses Rohr	—	50	57	2,75	51,5	3,68	2,08	0,179
	—	—	(63)[1]	3	(57)	4,45	2,55	0,198
	—	60	70	3	64	4,96	3,22	0,220
	—	70	76	3	70	5,40	3,85	0,239
	—	—	(83)	3,25	(76,5)	6,35	4,54	0,261
	—	80	89	3,25	82,5	6,87	5,35	0,279
	—	—	(95)	3,5	(88)	7,30	6,08	0,298
	—	90	102	3,75	94,5	9,09	7,01	0,320
	—	100	108	3,75	100,5	9,64	7,93	0,339
	—	—	(114)	4	(106)	10,10	8,84	0,358
	—	110	121	4	113	11,5	10,0	0,380
	—	120	127	4	119	12,1	11,1	0,399
	—	125	133	4	125	12,7	12,3	0,417
	—	130	140	4,5	131	15,0	13,5	0,439
	—	135	146	4,5	137	15,7	14,7	0,459
	—	140	152	4,5	143	16,4	16,1	0,477
	—	150	159	4,5	150	17,2	17,7	0,499
	—	160	171	4,5	162	18,5	20,6	0,537
	—	175	191	5,5	180	25,2	25,4	0,599
	—	200	216	6,5	203	33,6	32,4	0,678
	—	225	241	6,5	228	37,6	40,9	0,756
	—	250	267	7	253	44,9	50,3	0,838
	—	275	292	7,5	277	52,6	60,3	0,916
	—	300	318	8	302	61,2	71,6	0,998
	—	325	343	8	327	66,1	84,0	1,076
	—	350	368	8	352	71,0	97,4	1,155
	—	375	394	9	376	85,5	111,0	1,237
	—	400	419	10	399	101	125,0	1,315

[1] Die eingeklammerten Rohre sind nicht in die Normenblätter aufgenommen worden, sie sind an dieser Stelle nur aufgeführt, weil sie in der Heizungsindustrie noch vielfach Verwendung finden.

Zahlentafel 14.

Auftriebswerte in mm WS bei Temperaturen des Wassers im Steigstrang von 95, 90, 85 und 80° C und Temperaturen im Fallstrang von 95 bis 50° C. (Bezogen auf 1 m lotrechtes Rohr.)

Auftriebswerte in mm WS bei einer Temperatur im					Auftriebswerte in mm WS bei einer Temperatur im				
Fallstrang von	Steigstrang von				Fallstrang von	Steigstrang von			
	95	90	85	80		95	90	85	80
94,9	0,07	—	—	—	89,9	3,49	0,07	—	—
94,8	0,14	—	—	—	89,8	3,56	0,14	—	—
94,7	0,20	—	—	—	89,7	3,62	0,20	—	—
94,6	0,28	—	—	—	89,6	3,69	0,27	—	—
94,5	0,35	—	—	—	89,5	3,76	0,34	—	—
94,4	0,42	—	—	—	89,4	3,83	0,41	—	—
94,3	0,48	—	—	—	89,3	3,90	0,48	—	—
94,2	0,55	—	—	—	89,2	3,96	0,54	—	—
94,1	0,62	—	—	—	89,1	4,03	0,61	—	—
94,0	0,69	—	—	—	**89,0**	4,09	0,67	—	—
93,9	0.76	—	—	—	88,9	4.16	0,74	—	—
93,8	0,83	—	—	—	88,8	4,22	0,80	—	—
93,7	0,90	—	—	—	88,7	4,29	0,87	—	—
93,6	0,97	—	—	—	88,6	4,36	0,94	—	—
93,5	1,04	—	—	—	88,5	4,43	1,01	—	—
93,4	1,11	—	—	—	88,4	4,49	1,07	—	—
93,3	1,18	—	—	—	88,3	4,56	1,14	—	—
93,2	1,24	—	—	—	88,2	4,63	1,21	—	—
93,1	1,31	—	—	—	88,1	4,70	1,28	—	—
93,0	1,38	—	—	—	**88,0**	4,76	1,34	—	—
92,9	1,45	—	—	—	87,9	4.83	1,41	—	—
92,8	1,52	—	—	—	87,8	4,89	1,47	—	—
92,7	1,59	—	—	—	87,7	4,96	1,54	—	—
92,6	1,66	—	—	—	87,6	5,03	1,61	—	—
92,5	1,73	—	—	—	87,5	5,09	1,67	—	—
92,4	1,79	—	—	—	87,4	5,16	1,74	—	—
92,3	1,86	—	—	—	87,3	5.22	1,80	—	—
92,2	1,93	—	—	—	87,2	5,29	1,87	—	—
92,1	2,00	—	—	—	87,1	5,36	1,94	—	—
92,0	2,07	—	—	—	**87,0**	5.42	2,00	—	—
91,9	2,14	—	—	—	86,9	5,49	2,07	—	—
91,8	2,21	—	—	—	86,8	5,56	2,14	—	—
91,7	2,27	—	—	—	86,7	5,62	2,20	—	—
91,6	2,34	—	—	—	86,6	5,69	2,27	—	—
91,5	2,41	—	—	—	86,5	5,75	2,33	—	—
91,4	2,48	—	—	—	86,4	5,82	2,40	—	—
91,3	2,55	—	—	—	86,3	5,88	2,46	—	—
91,2	2,62	—	—	—	86,2	5,94	2,52	—	—
91,1	2,69	—	—	—	86,1	6,01	2,59	—	—
91,0	2,75	—	—	—	**86,0**	6,08	2,66	—	—
90.9	2,82	—	—	—	85,9	6,15	2,73	—	—
90,8	2,89	—	—	—	85,8	6,22	2,80	—	—
90,7	2,96	—	—	—	85,7	6,28	2,86	—	—
90,6	3,02	—	—	—	85,6	6,35	2,93	—	—
90,5	3,09	—	—	—	85,5	6,41	2,99	—	—
90,4	3,16	—	—	—	85,4	6,47	3,05	—	—
90,3	3,23	—	—	—	85,3	6,54	3,12	—	—
90.2	3,29	—	—	—	85,2	6,60	3,18	—	—
90,1	3,36	—	—	—	85,1	6,66	3,24	—	—
90,0	3.42	—	—	—	**85,0**	6,73	3,31	—	—

Zahlentafel 14 (Fortsetzung).

Auftriebswerte in mm WS usw.

Auftriebswerte in mm WS bei einer Temperatur im					Auftriebswerte in mm WS bei einer Temperatur im				
Fall-strang von	Steigstrang von				Fall-strang von	Steigstrang von			
	95	90	85	80		95	90	85	80
84,9	6,79	3,37	0,06	—	78,9	10,59	7,17	3,86	0,68
84,8	6,85	3,43	0,12	—	78,8	10,65	7,23	3,92	0,74
84,7	6,92	3,50	0,19	—	78,7	10,71	7,29	3,98	0,80
84,6	6,99	3,57	0,26	—	78,6	10,78	7,36	4,05	0,87
84,5	7,06	3,64	0,33	—	78,5	10,84	7,42	4,11	0,93
84,4	7,13	3,71	0,40	—	78,4	10,90	7,48	4,17	0,99
84,3	7,19	3,77	0,46	—	78,3	10,96	7,54	4,23	1,05
84,2	7,26	3,84	0,53	—	78,2	11,03	7,61	4,30	1,12
84,1	7,32	3,90	0,59	—	78,1	11,09	7,67	4,36	1,18
84,0	7,38	3,96	0,65	—	**78,0**	11,15	7,73	4,42	1,24
83,9	7,45	4,03	0,72	—	77,9	11,21	7,79	4,48	1,30
83,8	7,51	4,09	0,78	—	77,8	11,27	7,85	4,54	1,36
83,7	7,58	4,16	0,85	—	77,7	11,33	7,91	4,60	1,42
83,6	7,64	4,22	0,91	—	77,6	11,39	7,97	4,66	1,48
83,5	7,70	4,28	0,97	—	77,5	11,45	8,03	4,72	1,54
83,4	7,76	4,34	1,03	—	77,4	11,51	8,09	4,78	1,60
83,3	7,83	4,41	1,10	—	77,3	11,57	8,15	4,84	1,66
83,2	7,89	4,47	1,16	—	77,2	11,63	8,21	4,90	1,72
83,1	7,95	4,53	1,22	—	77,1	11,70	8,28	4,97	1,79
83,0	8,02	4,60	1,29	—	**77,0**	11,76	8,34	5,03	1,85
82,9	8,08	4,66	1,35	—	76,9	11,82	8,40	5,09	1,91
82,8	8,14	4,72	1,41	—	76,8	11,88	8,46	5,15	1,97
82,7	8,21	4,79	1,48	—	76,7	11,94	8,52	5,21	2,03
82,6	8,27	4,85	1,54	—	76,6	12,00	8,58	5,27	2,09
82,5	8,33	4,91	1,60	—	76,5	12,06	8,64	5,33	2,15
82,4	8,40	4,98	1,67	—	76,4	12,12	8,70	5,39	2,21
82,3	8,46	5,04	1,73	—	76,3	12,18	8,76	5,45	2,27
82,2	8,52	5,10	1,79	—	76,2	12,24	8,82	5,51	2,33
82,1	8,58	5,16	1,85	—	76,1	12,31	8,89	5,58	2,40
82,0	8,65	5,23	1,92	—	**76,0**	12,37	8,95	5,64	2,46
81,9	8,71	5,29	1,98	—	75,9	12,43	9,01	5,70	2,52
81,8	8,78	5,36	2,05	—	75,8	12,49	9,07	5,76	2,58
81,7	8,85	5,43	2,12	—	75,7	12,55	9,13	5,82	2,64
81,6	8,91	5,49	2,18	—	75,6	12,61	9,19	5,88	2,70
81,5	8,97	5,55	2,24	—	75,5	12,67	9,25	5,94	2,76
81,4	9,04	5,62	2,31	—	75,4	12,73	9,31	6,00	2,82
81,3	9,10	5,68	2,37	—	75,3	12,79	9,37	6,06	2,88
81,2	9,16	5,74	2,43	—	75,2	12,85	9,43	6,12	2,94
81,1	9,22	5,80	2,49	—	75,1	12,91	9,49	6,18	3,00
81,0	9,29	5,87	2,56	—	**75,0**	12,97	9,55	6,24	3,06
80,9	9,35	5,93	2,62	—	74,9	13,03	9,61	6,30	3,12
80,8	9,41	5,99	2,68	—	74,8	13,09	9,67	6,36	3,18
80,7	9,48	6,06	2,75	—	74,7	13,15	9,73	6,42	3,24
80,6	9,54	6,12	2,81	—	74,6	13,21	9,78	6,47	3,29
80,5	9,60	6,18	2,87	—	74,5	13,26	9,84	6,53	3,35
80,4	9,66	6,24	2,93	—	74,4	13,32	9,90	6,59	3,41
80,3	9,73	6,31	3,00	—	74,3	13,38	9,96	6,65	3,47
80,2	9,79	6,37	3,06	—	74,2	13,44	10,02	6,71	3,53
80,1	9,85	6,43	3,12	—	74,1	13,50	10,08	6,77	3,59
80,0	9,91	6,49	3,18	—	**74,0**	13,56	10,14	6,83	3,65
79,9	9,97	6,55	3,24	0,06	73,9	13,62	10,20	6,89	3,71
79,8	10,04	6,62	3,31	0,13	73,8	13,68	10,26	6,95	3,77
79,7	10,10	6,68	3,37	0,19	73,7	13,74	10,32	7,01	3,83
79,6	10,16	6,74	3,43	0,25	73,6	13,79	10,37	7,06	3,88
79,5	10,22	6,80	3,49	0,31	73,5	13,85	10,43	7,12	3,94
79,4	10,28	6,86	3,55	0,37	73,4	13,91	10,49	7,18	4,00
79,3	10,34	6,92	3,61	0,43	73,3	13,97	10,55	7,24	4,06
79,2	10,41	6,99	3,68	0,50	73,2	14,03	10,61	7,30	4,12
79,1	10,47	7,05	3,74	0,56	73,1	14,09	10,67	7,36	4,18
79,0	10,53	7,11	3,80	0,62	**73,0**	14,15	10,73	7,42	4,24

Zahlentafel 14 (Fortsetzung).

Auftriebswerte in mm WS usw.

Auftriebswerte in mm WS bei einer Temperatur im					Auftriebswerte in mm WS bei einer Temperatur im				
Fallstrang von	Steigstrang von				Fallstrang von	Steigstrang von			
	95	90	85	80		95	90	85	80
72,9	14,21	10,79	7,48	4,30	66,9	17,64	14,22	10,91	7,73
72,8	14,27	10,85	7,54	4,36	66,8	17,69	14,27	10,96	7,78
72,7	14,33	10,91	7,60	4,42	66,7	17,75	14,33	11,02	7,84
72,6	14,38	10,96	7,65	4,47	66,6	17,80	14,38	11,07	7,89
72,5	14,44	11,02	7,71	4,53	66,5	17,85	14,43	11,12	7,94
72,4	14,50	11,08	7,77	4,59	66,4	17,90	14,48	11,17	7,99
72,3	14,56	11,14	7,83	4,65	66,3	17,95	14,53	11,22	8,04
72,2	14,62	11,20	7,89	4,71	66,2	18,01	14,59	11,28	8,10
72,1	14,68	11,26	7,95	4,77	66,1	18,07	14,65	11,34	8,16
72,0	14,74	11,32	8,01	4,83	**66,0**	18,13	14,71	11,40	8,22
71,9	14,80	11,38	8,07	4,89	65,9	18,18	14,76	11,45	8,27
71,8	14,86	11,44	8,13	4,95	65,8	18,24	14,82	11,51	8,33
71,7	14,92	11,50	8,19	5,01	65,7	18,29	14,87	11,56	8,38
71,6	14,98	11,56	8,25	5,07	65,6	18,34	14,92	11,61	8,43
71,5	15,03	11,61	8,30	5,12	65,5	18,40	14,98	11,67	8,49
71,4	15,09	11,67	8,36	5,18	65,4	18,45	15,03	11,72	8,54
71,3	15,15	11,73	8,42	5,24	65,3	18,50	15,08	11,77	8,59
71,2	15,20	11,78	8,47	5,29	65,2	18,56	15,14	11,83	8,65
71,1	15,25	11,83	8,52	5,34	65,1	18,61	15,19	11,88	8,70
71,0	15,31	11,89	8,58	5,40	**65,0**	18,67	15,25	11,94	8,76
70,9	15,37	11,95	8,64	5,46	64,9	18,73	15,31	12,00	8,82
70,8	15,43	12,01	8,70	5,52	64,8	18,79	15,37	12,06	8,88
70,7	15,48	12,06	8,75	5,57	64,7	18,84	15,42	12,11	8,93
70,6	15,54	12,12	8,81	5,63	64,6	18,89	15,47	12,16	8,98
70,5	15,60	12,18	8,87	5,69	64,5	18,94	15,52	12,21	9,03
70,4	15,66	12,24	8,93	5,75	64,4	18,99	15,57	12,26	9,08
70,3	15,72	12,30	8,99	5,81	64,3	19,05	15,63	12,32	9,14
70,2	15,78	12,36	9,05	5,87	64,2	19,10	15,68	12,37	9,19
70,1	15,83	12,41	9,10	5,92	64,1	19,15	15,73	12,42	9,24
70,0	15,89	12,47	9,16	5,98	**64,0**	19,21	15,79	12,48	9,30
69,9	15,95	12,53	9,22	6,04	63,9	19,26	15,84	12,53	9,35
69,8	16,01	12,59	9,28	6,10	63,8	19,32	15,90	12,59	9,41
69,7	16,06	12,64	9,33	6,15	63,7	19,37	15,95	12,64	9,46
69,6	16,12	12,70	9,39	6,21	63,6	19,43	16,01	12,70	9,52
69,5	16,18	12,76	9,45	6,27	63,5	19,48	16,06	12,75	9,57
69,4	16,24	12,82	9,51	6,33	63,4	19,54	16,12	12,81	9,63
69,3	16,29	12,87	9,56	6,38	63,3	19,59	16,17	12,86	9,68
69,2	16,35	12,93	9,62	6,44	63,2	19,65	16,23	12,92	9,74
69,1	16,40	12,98	9,67	6,49	63,1	19,70	16,28	12,97	9,79
69,0	16,46	13,04	9,73	6,55	**63,0**	19,75	16,33	13,02	9,84
68,9	16,52	13,10	9,79	6,61	62,9	19,80	16,38	13,07	9,89
68,8	16,58	13,16	9,85	6,67	62,8	19,86	16,44	13,13	9,95
68,7	16,63	13,21	9,90	6,72	62,7	19,91	16,49	13,18	10,00
68,6	16,69	13,27	9,96	6,78	62,6	19,97	16,55	13,24	10,06
68,5	16,74	13,32	10,01	6,83	62,5	20,02	16,60	13,29	10,11
68,4	16,79	13,37	10,06	6,88	62,4	20,07	16,65	13,34	10,16
68,3	16,85	13,43	10,12	6,94	62,3	20,13	16,71	13,40	10,22
68,2	16,90	13,48	10,17	6,99	62,2	20,18	16,76	13,45	10,27
68,1	16,96	13,54	10,23	7,05	62,1	20,23	16,81	13,50	10,32
68,0	17,02	13,60	10,29	7,11	**62,0**	20,28	16,86	13,55	10,37
67,9	17,08	13,66	10,35	7,17	61,9	20,34	16,92	13,61	10,43
67,8	17,14	13,72	10,41	7,23	61,8	20,39	16,97	13,66	10,48
67,7	17,19	13,77	10,46	7,28	61,7	20,44	17,02	13,71	10,53
67,6	17,24	13,82	10,51	7,33	61,6	20,49	17,07	13,76	10,58
67,5	17,30	13,88	10,57	7,39	61,5	20,54	17,12	13,81	10,63
67,4	17,36	13,94	10,63	7,45	61,4	20,59	17,17	13,86	10,68
67,3	17,41	13,99	10,68	7,50	61,3	20,65	17,23	13,92	10,74
67,2	17,47	14,05	10,74	7,56	61,2	20,70	17,28	13,97	10,79
67,1	17,52	14,10	10,79	7,61	61,1	20,75	17,33	14,02	10,84
67,0	17,58	14,16	10,85	7,67	**61,0**	20,80	17,38	14,07	10,89

Zahlentafel 14 (Fortsetzung).

Auftriebswerte in mm WS usw.

Auftriebswerte in mm WS bei einer Temperatur im					Auftriebswerte in mm WS bei einer Temperatur im				
Fallstrang von	Steigstrang von				Fallstrang von	Steigstrang von			
	95	90	85	80		95	90	85	80
60,9	20,85	17,43	14,12	10,94	55,4	23,62	20,20	16,89	13,71
60,8	20,91	17,49	14,18	11,00	55,3	23,67	20,25	16,94	13,76
60,7	20,96	17,54	14,23	11,05	55,2	23,71	20,29	16,98	13,80
60,6	21,01	17,59	14,28	11,10	55,1	23,76	20,34	17,03	13,85
60,5	21,06	17,64	14,33	11,15	**55,0**	23,81	20,39	17,08	13,90
60,4	21,11	17,69	14,38	11,20	54,9	23,86	20,44	17,13	13,95
60,3	21,16	17,74	14,43	11,25	54,8	23,91	20,49	17,18	14,00
60,2	21,22	17,80	14,49	11,31	54,7	23,95	20,53	17,22	14,04
60,1	21,27	17,85	14,54	11,36	54,6	24,00	20,58	17,27	14,09
60,0	21,32	17,90	14,59	11,41	54,5	24,05	20,63	17,32	14,14
59,9	21,37	17,95	14,64	11,46	54,4	24,10	20,68	17,37	14,19
59,8	21,42	18,00	14,69	11,51	54,3	24,15	20,73	17,42	14,24
59,7	21,48	18,06	14,75	11,57	54,2	24,19	20,77	17,46	14,28
59,6	21,53	18,11	14,80	11,62	54,1	24,24	20,82	17,51	14,33
59,5	21,58	18,16	14,85	11,67	**54,0**	24,29	20,87	17,56	14,38
59,4	21,63	18,21	14,90	11,72	53,9	24,34	20,92	17,61	14,43
59,3	21,68	18,26	14,95	11,77	53,8	24,39	20,97	17,66	14,48
59,2	21,73	18,31	15,00	11,82	53,7	24,43	21,01	17,70	14,52
59,1	21,78	18,36	15,05	11,87	53,6	24,48	21,06	17,75	14,57
59,0	21,83	18,41	15,10	11,92	53,5	24,53	21,11	17,80	14,62
58,9	21,88	18,46	15,15	11,97	53,4	24,58	21,16	17,85	14,67
58,8	21,93	18,51	15,20	12,02	53,3	24,63	21,21	17,90	14,72
58,7	21,98	18,56	15,25	12,07	53,2	24,67	21,25	17,94	14,76
58,6	22,03	18,61	15,30	12,12	53,1	24,72	21,30	17,99	14,81
58,5	22,08	18,66	15,35	12,17	**53,0**	24,77	21,35	18,04	14,86
58,4	22,13	18,71	15,40	12,22	52,9	24,82	21,40	18,09	14,91
58,3	22,18	18,76	15,45	12,27	52,8	24,87	21,45	18,14	14,96
58,2	22,23	18,81	15,50	12,32	52,7	24,91	21,49	18,18	15,00
58,1	22,28	18,86	15,55	12,37	52,6	24,95	21,53	18,22	15,04
58,0	22,33	18,91	15,60	12,42	52,5	25,00	21,58	18,27	15,09
57,9	22,38	18,96	15,65	12,47	52,4	25,05	21,63	18,32	15,14
57,8	22,43	19,01	15,70	12,52	52,3	25,09	21,67	18,36	15,18
57,7	22,48	19,06	15,75	12,57	52,2	25,14	21,72	18,41	15,23
57,6	22,53	19,11	15,80	12,62	52,1	25,18	21,76	18,45	15,27
57,5	22,58	19,16	15,85	12,67	**52,0**	25,23	21,81	18,50	15,32
57,4	22,63	19,21	15,90	12,72	51,9	25,27	21,85	18,54	15,36
57,3	22,68	19,26	15,95	12,77	51,8	25,31	21,89	18,58	15,40
57,2	22,73	19,31	16,00	12,82	51,7	25,36	21,94	18,63	15,45
57,1	22,78	19,36	16,05	12,87	51,6	25,41	21,99	18,68	15,50
57,0	22,83	19,41	16,10	12,92	51,5	25,46	22,04	18,73	15,55
56,9	22,88	19,46	16,15	12,97	51,4	25,51	22,09	18,78	15,60
56,8	22,93	19,51	16,20	13,02	51,3	25,56	22,14	18,83	15,65
56,7	22,98	19,56	16,25	13,07	51,2	25,60	22,18	18,87	15,69
56,6	23,03	19,61	16,30	13,12	51,1	25,65	22,23	18,92	15,74
56,5	23,08	19,66	16,35	13,17	**51,0**	25,70	22,28	18,97	15,79
56,4	23,13	19,71	16,40	13,22	50,9	25,74	22,32	19,01	15,83
56,3	23,18	19,76	16,45	13,27	50,8	25,79	22,37	19,06	15,88
56,2	23,23	19,81	16,50	13,32	50,7	25,83	22,41	19,10	15,92
56,1	23,28	19,86	16,55	13,37	50,6	25,88	22,46	19,15	15,97
56,0	23,33	19,91	16,60	13,42	50,5	25,92	22,50	19,19	16,01
55,9	23,38	19,96	16,65	13,47	50,4	25,96	22,54	19,23	16,05
55,8	23,43	20,01	16,70	13,52	50,3	26,00	22,58	19,27	16,09
55,7	23,47	20,05	16,74	13,56	50,2	26,05	22,63	19,32	16,14
55,6	23,52	20,10	16,79	13,61	50,1	26,10	22,68	19,37	16,19
55,5	23,57	20,15	16,84	13,66	**50,0**	26,15	22,73	19,42	16,24

Zahlentafel 15.

Zusätzlicher Druck und Vergrößerung der Heizflächen bei „oberer Verteilung" und Berücksichtigung der Wärmeverluste der Rohrleitung (für den Kostenanschlag).

Beim Zweirohr- sind die vollen, beim Einrohrsystem die halben Tafelwerte zu nehmen.

A. Zusätzlicher Druck in mm WS.*)

Die nachstehenden Werte gelten für eine Vorlauftemperatur am Kessel von 90° C. Sie sind für eine Vorlauftemperatur von 85° C um 15 vH, für eine solche von 80° C um 30 vH zu verringern.

I. Fallstränge nackt und frei vor der Wand.**)

a) Gebäude mit 1 oder 2 Geschossen.

Waagerechte Ausdehnung der Anlage	Höhe der Heizkörpermitte über Kesselmitte	Waagerechte Entfernung des Stranges vom Steigestrang					
		bis 10 m	10 bis 20 m	20 bis 30 m	30 bis 50 m	50 bis 75 m	75 bis 100 m
bis 25 m	bis 7 m	10	10	15	—	—	—
25 bis 50 m	„	10	10	15	20	—	—
50 bis 75 m	„	10	10	15	15	20	—
75 bis 100 m	„	10	10	10	15	20	25

b) Gebäude mit 3 oder 4 Geschossen.

Waagerechte Ausdehnung der Anlage	Höhe der Heizkörpermitte über Kesselmitte	Waagerechte Entfernung des Stranges vom Steigestrang					
		bis 10 m	10 bis 20 m	20 bis 30 m	30 bis 50 m	50 bis 75 m	75 bis 100 m
bis 25 m	bis 15 m	25	25	35	—	—	—
25 bis 50 m	„	25	25	30	35	—	—
50 bis 75 m	„	25	25	25	30	35	—
75 bis 100 m	„	25	25	25	30	35	40

c) Gebäude mit mehr als 4 Geschossen.

Waagerechte Ausdehnung der Anlage	Höhe der Heizkörpermitte über Kesselmitte	Waagerechte Entfernung des Stranges vom Steigestrang					
		bis 10 m	10 bis 20 m	20 bis 30 m	30 bis 50 m	50 bis 75 m	75 bis 100 m
bis 25	bis 7 m	45	50	55	—	—	—
	über 7 m	30	35	45	—	—	—
25 bis 50 m	bis 7 m	55	60	65	75	—	—
	über 7 m	40	45	50	55	—	—
50 bis 75 m	bis 7 m	55	55	60	65	75	—
	über 7 m	40	40	45	50	55	—
75 bis 100 m	bis 7 m	55	55	55	60	65	75
	über 7 m	40	40	40	45	50	65

*) Ist zu dem ohne Berücksichtigung der Rohrabkühlung berechneten wirksamen Druck zuzuzählen.

**) Es liegen folgende Annahmen zugrunde: Steigestrang keine Abkühlung, Dachbodentemperatur ±0° C, Wärmeschutz der oberen Verteilungsleitung 80 vH Wirkungsgrad, gemeinsame Rückleitung keine Abkühlung. Außentemperatur −15° C, Raumtemperatur +20° C, Temperaturgefälle der Heizkörper 20° C.

Zahlentafel 15 (Fortsetzung).

II. Fallstränge geschützt in Mauerschlitzen.*)

a) Gebäude mit 1 oder 2 Geschossen.

Waagerechte Ausdehnung der Anlage	Höhe der Heizkörpermitte über Kesselmitte	Waagerechte Entfernung des Stranges vom Steigestrang					
		bis 10 m	10 bis 20 m	20 bis 30 m	30 bis 50 m	50 bis 75 m	75 bis 100 m
bis 25 m	bis 7 m	5	10	10	—	—	—
25 bis 50 m	„	5	5	10	10	—	—
50 bis 75 m	„	5	5	5	10	15	—
75 bis 100 m	„	5	5	5	10	15	20

b) Gebäude mit 3 oder 4 Geschossen.

Waagerechte Ausdehnung der Anlage	Höhe der Heizkörpermitte über Kesselmitte	Waagerechte Entfernung des Stranges vom Steigestrang.					
		bis 10 m	10 bis 20 m	20 bis 30 m	30 bis 50 m	50 bis 75 m	75 bis 100 m
bis 25 m	bis 15 m	10	15	20	—	—	—
25 bis 50 m	„	10	15	20	25	—	—
50 bis 75 m	„	5	10	15	20	25	—
75 bis 100 m	„	5	5	10	15	20	25

c) Gebäude mit mehr als 4 Geschossen.

Waagerechte Ausdehnung der Anlage	Höhe der Heizkörpermitte über Kesselmitte	Waagerechte Entfernung des Stranges vom Steigestrang					
		bis 10 m	10 bis 20 m	20 bis 30 m	30 bis 50 m	50 bis 75 m	75 bis 100 m
bis 25 m	bis 10 m	15	20	20	—	—	—
	über 10 m	10	15	15	—	—	—
25 bis 50 m	bis 10 m	15	20	20	30	—	—
	über 10 m	10	15	15	20	—	—
50 bis 75 m	bis 10 m	15	15	20	20	30	—
	über 10 m	10	10	15	15	20	—
75 bis 100 m	bis 10 m	15	15	20	20	30	35
	über 10 m	10	10	15	15	20	25

B. Vergrößerung der Heizflächen, ausgedrückt in v. H. der ohne Berücksichtigung der Rohrabkühlung berechneten Werte.

I. Fallstränge nackt und frei vor der Wand.**)

Geschoßzahl des Gebäudes	Vergrößerung der Heizflächen in v. H.		
	Erdgeschoß	1. bzw. 2. Obergeschoß	3., 4. bzw. 5. Obergeschoß
1 oder 2	10	5	—
3 oder 4	15	10	5
über 4	25	10	5

II. Fallstränge geschützt in Mauerschlitzen.*)

Geschoßzahl des Gebäudes	Vergrößerung der Heizflächen in v. H.		
	Erdgeschoß	1. bzw. 2. Obergeschoß	3., 4. bzw. 5. Obergeschoß
1 oder 2	5	0	—
3 oder 4	5	3	0
über 4	5	5	3

*) Es liegt außer den Annahmen unter I folgendes zugrunde: Wirkungsgrad des Wärmeschutzes der Fallstränge 60 vH, Lufttemperatur im Mauerschlitz 35° C.

**) Siehe Fußnote zu A **.

Zahlentafel 16.

Vorläufiger wirksamer Druck und Vergrößerung der Heizkörper bei Stockwerksheizungen (für den Kostenanschlag).

A. Vorläufiger wirksamer Druck in mm WS.

Die nachstehenden Werte gelten für eine Vorlauftemperatur am Kessel von 90° C. Sie sind für eine Vorlauftemperatur von 85° C um 15 vH, für eine solche von 80° C um 30 vH zu verringern.

I. Fallstränge nackt und frei vor der Wand.*)

Waagerechte Ausdehnung der Anlage	Waagerechte Entfernung des Fallstranges vom Steigstrang in m						
	bis 5	5 bis 10	10 bis 15	15 bis 20	20 bis 30	30 bis 40	40 bis 50
bis 10 m	7	18	—	—	—	—	—
10 bis 25 m	7	11	15	20	25	—	—
25 bis 50 m	5	8	11	14	18	24	30

II. Fallstränge geschützt in Mauerschlitzen.**)

Waagerechte Ausdehnung der Anlage	Waagerechte Entfernung des Fallstranges vom Steigstrang in m						
	bis 5	5 bis 10	10 bis 15	15 bis 20	20 bis 30	30 bis 40	40 bis 50
bis 10 m	5	15	—	—	—	—	—
10 bis 25 m	5	8	12	16	22	—	—
25 bis 50 m	4	6	8	11	15	20	25

B. Vergrößerung der Heizflächen in v. H. der ohne Berücksichtigung der Rohrabkühlung berechneten Werte.

I. Fallstränge nackt und frei vor der Wand.*)

Waagerechte Ausdehnung der Anlage	Waagerechte Entfernung des Fallstranges vom Steigstrang in m						
	bis 5	5 bis 10	10 bis 15	15 bis 20	20 bis 30	30 bis 40	40 bis 50
bis 10 m	10	15	—	—	—	—	—
10 bis 25 m	10	10	15	20	25	—	—
35 bis 50 m	5	5	10	10	15	20	30

II. Fallstränge geschützt in Mauerschlitzen.**)

Waagerechte Ausdehnung der Anlage	Waagerechte Entfernung des Fallstranges vom Steigstrang in m						
	bis 5	5 bis 10	10 bis 15	15 bis 20	20 bis 30	30 bis 40	40 bis 50
bis 10 m	5	10	—	—	—	—	—
10 bis 25 m	5	5	10	15	20	—	—
25 bis 50 m	3	3	5	10	15	20	30

*) Es liegen folgende Annahmen zugrunde:
Steigstrang keine Abkühlung, Verteilungsleitung nackt, Rückläufe keine Abkühlung, Außentemperatur — 15° C, Raumtemperatur + 20° C, Temperaturgefälle der Heizkörper 20° C.

**) Außer obigen Annahmen ist vorausgesetzt:
Wirkungsgrad des Wärmeschutzes der Fallstränge 60 v. H., Lufttemperatur im Schlitz 35° C.

Zahlentafel 17.

Anteil der Einzelwiderstände und der Rohrreibung an dem Gesamtwiderstand des Rohrnetzes.

Die nachstehenden Sätze gelten sowohl für Zweirohr- als auch für Einrohranlagen, sowohl für obere als auch für untere Verteilung.

	Art der Heizanlage	Anteil der Einzel-widerstände	Anteil der Rohrreibung
1*)	Gewöhnliche Gebäudeheizungen, unabhängig von der waagerechten und lotrechten Ausdehnung der Anlage	50 vH	50 vH
2	Fernleitungen mit einer mittleren Entfernung der einzelnen Gebäude von etwa 50 m	20 vH	80 vH
3	Fernleitungen mit einer mittleren Entfernung der einzelnen Gebäude von etwa 100 m	10 vH	90 vH
4	Pumpen- und Verteilerräume, je nach Wahl von Schiebern und Ventilen	70—90 vH	30—10 vH
5	Niederdruckdampfheizungen jeder Art	33 vH	67 vH

Zahlentafel 18.

Durchmesser der Kondenswasserleitungen für Dampfheizungen**).

Durchmesser in mm	Hochliegende Leitungen		Tiefliegende Leitungen		
			waagerecht oder lotrecht		
	waagerecht	lotrecht	$l \leqq 50$ m	$l > 50$ u. < 100 m	$l > 100$ m
d***)	Die für Bildung des Kondenswassers dem Dampf entzogene Wärmemenge in kcal/h				
1	2	3	4	5	6
13	4000	6000	28000	18000	8000
20	15000	22000	70000	45000	25000
25	28000	42000	125000	80000	40000
32	68000	100000	270000	175000	85000
40	104000	155000	375000	250000	115000
50	215000	320000	650000	440000	215000
(57)	315000	470000	950000	620000	315000
60	425000	635000	1250000	850000	425000
70	500000	750000	1500000	1050000	500000
(76)	600000	900000	1850000	1250000	600000
80	750000	1120000	2250000	1500000	750000
(88)	900000	1350000	2650000	1800000	900000
90	1100000	1650000	3100000	2000000	1100000
100	1250000	1850000	3500000	2400000	1250000

Anmerkung. Die Heizkörperanschlüsse sind nicht unter $d = 14$ mm zu nehmen.

Die Durchmesser der bei tiefliegenden Leitungen erforderlichen Luftleitungen sind nach Spalte 4 zu wählen.

l bedeutet in der Zahlentafel die Länge der Rohrleitung des untersten und vom Kessel am entferntesten gelegenen Heizkörpers in m,

*) Bei Wahl von Regel- und Absperreinrichtungen, die sehr kleine Widerstände aufweisen, können die in der Zusammenstellung angegebenen Sätze um 10 vH (z. B. von 50 auf 40 vH) vermindert werden.

**) Beachtenswert ist hierzu der Aufsatz: O. Liersch, „Die Bemessung der Kondensleitungen bei Dampfheizungen". Ges. Ing. 1921, S. 70. Jedoch ist zu bemerken: α) das Gefälle kann für die Mehrzahl aller Anlagen mit 5 mm/1 lfd. m angenommen werden. β) Der Anteil der Einzelwiderstände beträgt nach Ermittlungen der Anstalt 50 vH, während Liersch 15 bzw. 25 vH einsetzt.

***) Die angegebenen Werte sind die „Nennweiten" der Rohre. Bei nichtgenormten Rohren ist der innere Durchmesser angegeben (eingeklammerte Werte).

Sachverzeichnis.

GPSR Compliance

The European Union's (EU) General Product Safety Regulation (GPSR) is a set of rules that requires consumer products to be safe and our obligations to ensure this.

If you have any concerns about our products, you can contact us on ProductSafety@springernature.com

In case Publisher is established outside the EU, the EU authorized representative is:

Springer Nature Customer Service Center GmbH
Europaplatz 3
69115 Heidelberg, Germany

Batch number: 10684220

Printed by Printforce, the Netherlands